SIDA, BOTANICAL MISCELLANY 13
BOTANICAL RESEARCH INSTITUTE OF TEXAS, INC.

# FLORA DE MANANTLÁN

PLANTAS VASCULARES DE LA RESERVA DE LA BIOSFERA SIERRA DE MANANTLÁN
JALISCO-COLIMA, MÉXICO

J. ANTONIO VÁZQUEZ G.[1,2]
RAMÓN CUEVAS G.[1]
THEODORE S. COCHRANE[2]
HUGH H. ILTIS[2]
FRANCISCO J. SANTANA M.[1]
LUIS GUZMÁN H.[1]

[1]HERBARIO ZEA
INSTITUTO MANANTLÁN DE ECOLOGÍA
Y CONSERVACIÓN DE LA BIODIVERSIDAD
CENTRO UNIVERSITARIO COSTA SUR
UNIVERSIDAD DE GUADALAJARA

[2]HERBARIUM WIS
DEPARTMENT OF BOTANY
UNIVERSITY OF WISCONSIN–MADISON

CONABIO

1995

ISSN 0833-1475

SIDA, BOTANICAL MISCELLANY NO. 13
FOUNDED BY WM. F. MAHLER AND BARNEY L. LIPSCOMB, 1987
EDITOR: BARNEY L. LIPSCOMB
DESIGN CONSULTANT: LINNY HEAGY
ART DIRECTOR: KANDIS ELLIOT
DIRECTOR: S.H. SOHMER
BOTANICAL RESEARCH INSTITUTE OF TEXAS
509 PECAN STREET
FORT WORTH, TEXAS 76102-4060 USA

*FLORA DE MANANTLÁN* IS PUBLISHED WITH THE SUPPORT OF:

COMISIÓN NACIONAL PARA EL CONOCIMIENTO Y USO
DE LA BIODIVERSIDAD (CONABIO);
UNIVERSITY OF WISCONSIN–MADISON;
UNIVERSIDAD DE GUADALAJARA;
AND BOTANICAL RESEARCH INSTITUTE OF TEXAS (BRIT)

DISTRIBUTION OF COPIES BY:

BOTANICAL RESEARCH INSTITUTE OF TEXAS
509 PECAN STREET, FORT WORTH TX 76102-4060 USA
FAX: 817•322•4112

HERBARIUM WIS, DEPARTMENT OF BOTANY
UNIVERSITY OF WISCONSIN–MADISON
430 LINCOLN DRIVE, MADISON WI 53706-1381 USA
FAX: 608•262•7509

HERBARIO ZEA, INSTITUTO MANANTLÁN DE ECOLOGÍA
Y CONSERVACIÓN DE LA BIODIVERSIDAD
CENTRO UNIVERSITARIO COSTA SUR
UNIVERSIDAD DE GUADALAJARA
INDEPENDENCIA NACIONAL 151
AP. POSTAL 64, AUTLÁN, JALISCO, 48900 MÉXICO
FAX: 338•1•03•85

BRIT

SIDA, BOTANICAL MISCELLANY NO. 13


PRINTED IN THE UNITED STATES OF AMERICA

*PORTADA:*
*La Sierra de Manantlán en la Sierra Madre del Sur, México, es el hábitat para 110 especies de mamíferos, incluyendo pumas y jaguares, 336 especies de aves y 2774 especies de plantas vasculares. Este paisaje magnífico es una vista hacia El Durazno, desde las cimas en las cercanías de Las Joyas. Foto: Hugh H. Iltis, 1979*

*FOTO INSERTADA EN LA PORTADA:*
**MAGNOLIA ILTISIANA,** *endémica al occidente de México, es abundante localmente en los bosques mesófilos de montaña más húmedos de la Sierra de Manantlán. La amenaza de corta de esta clase de árboles produjo el ímpetu directo y final para la adquisición de 1245 ha para el establecimiento de la Estación Científica Las Joyas. Foto: Rafael Guzmán, 1984*

*LOMO DEL LIBRO:*
*Inflorescencia pistilada (comparable al elote del maíz) del teosinte (milpilla) diploide perenne* **(ZEA DIPLOPERENNIS).** *Este pariente primitivo del maíz se encuentra en estado silvestre solamente en las montañas de la Sierra de Manantlán.*
*Foto: Lowell R. Nault, 1979*

*A los jóvenes botánicos de México,*

*a quienes legamos nuestro júbilo de descubrimiento*
*y la agonía de defender la naturaleza salvaje de la Sierra de Manantlán,*
*les dedicamos este volumen en anticipación.*

*A los grandes eruditos de la Flora del suroeste de México,*

*Rogers McVaugh, Luz María Villarreal de Puga y Jerzy Rzedowski,*
*quienes asentaron las bases de lo que ahora conocemos de su gran biodiversidad,*
*les dedicamos este volumen en admiración.*

*To the young botanists of Mexico,*

*to whom we bequeath our joys of discovery*
*and the agony of defending Manantlán's wild nature,*
*we pass on this volume in anticipation.*

*To the grand old students of southwestern Mexico's flora,*

*Rogers McVaugh, Luz María Villarreal de Puga and Jerzy Rzedowski,*
*who laid the foundations of what we now know of its great biodiversity,*
*we dedicate this volume in admiration.*

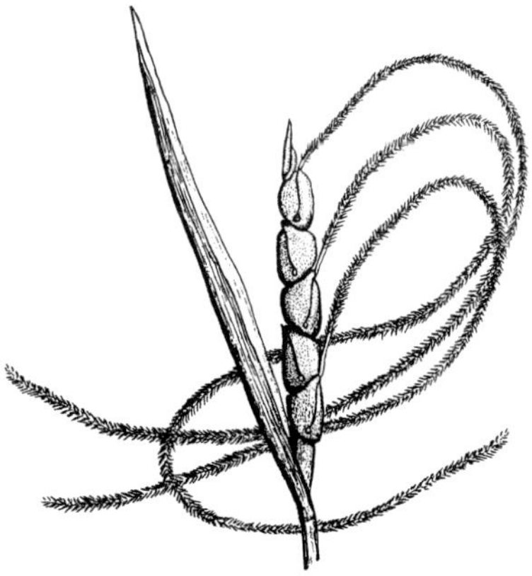

*"Para quién estudia historia natural, la vida nunca puede ser suficientemente larga."*
*"For anyone studying natural history, life can never be long enough."*
—Miriam Rothschild

# Flora de Manantlán

Prefacio
Agradecimientos
Contenido

## Resumen

La flora vascular de la Reserva de la Biosfera Sierra de Manantlán (RBSM), Jalisco-Colima, México (19°21–44′N, 103°49′–104°28′W) se inventarió con el propósito de fundamentar presentes y futuras investigaciones científicas, apoyar la docencia de la biología tropical y sobre todo, contribuir a la conservación de la biodiversidad de la RBSM. El estudio se basó en 40,000 especímenes de herbario, derivados de medio siglo de exploraciones botánicas en el área; en floras regionales, monografías y trabajos taxonómicos. Para esta zona de amplio rango altitudinal, abrupto relieve, enorme variación climática y geológica se reportaron 181 familias, 981 géneros, 2774 especies, 223 taxa infraespecíficos, varios cientos de endémicos regionales, 30 endémicos locales y se documentó para cada especie su distribución geográfica y altitudinal en la RBSM. Se incluyeron otras contribuciones donde se describieron e ilustraron los 13 tipos de vegetación de la zona (desde bosques tropicales húmedos y secos, bosques de ***Pinus*** y ***Quercus***, bosques mesófilos, hasta bosques de ***Abies***), los rasgos más sobresalientes de la flora, tales como su fitogeografía, endemismo, usos, diversidad, estado de conservación y, en menor detalle, las generalidades sobre el ambiente físico de la Sierra de Manantlán. La introducción en español e inglés resumió el descubrimiento del famoso teosinte perenne, ***Zea diploperennis***, su importancia científica como planta interfértil con el maíz, su impacto en el establecimiento de la RBSM y su papel en la creación del Instituto Manantlán de Ecología y Conservación de la Biodiversidad (IMECBIO) de la Universidad de Guadalajara–Costa Sur, centro interdisciplinario dedicado a la investigación científica y manejo de la Reserva. En este trabajo colaboraron estrechamente la Universidad de Guadalajara y la Universidad de Wisconsin–Madison además de 139 taxónomos de numerosos herbarios de instituciones nacionales e internacionales.



## Abstract

The Sierra de Manantlán Biosphere Reserve (SMBR) in the states of Jalisco and Colima of southwestern Mexico lies at 19°21–44′N, 103°49′–104°28′W, and has an area of 140,000 ha and altitudinal range of 400–2860 m. Part of the Sierra Madre del Sur, the Sierra de Manantlán relates floristically and physiographically to the nearby Sierra Madre Occidental and the Neovolcanic Plateau. Of its two sharply distinct topographic divisions, the southeastern plateau of Cerro Grande is calcareous and dry, while the western volcanic Sierra de Manantlán proper is more humid. Their great elevational relief and climatic variation produce distinctive vegetational zonation, from tropical moist or xeric forests at the base of the Sierra, through oak or pine forests, to fir-oak-***Cupressus*** cloud forests at the top. The consequent exceptional biological diversity includes 2774 species and 223 infraspecific taxa of vascular plants. Among the several hundred regional and 30 local endemics is the perennial teosinte ***Zea diploperennis***, interfertile with maize. Scientifically important, its preservation *in situ* played a major role in the establishment of the SMBR. This in turn led to intensive faunistic and floristic exploring, collecting, and monographing, and the creation of the interdisciplinary Instituto Manantlán de Ecología y Conservación de La Biodiversidad (IMECBIO) of the University of Guadalajara, Centro Universitario Costa Sur, in Autlán, charged with overseeing the study, protection, management, and development of the Reserve.

# Contenido

## Índice de Cuadros



## Índice de Figuras

# PREFACIO

Existe hoy en día, en estos tiempos de crisis ambiental, una creciente apreciación mundial de que a la par con la necesidad urgente de proteger áreas naturales de la destrucción humana, debemos esforzarnos por inventariar lo más preciso posible su biodiversidad. Generar esta información es fundamental para parques nacionales, reservas de la biosfera y otras áreas silvestres protegidas, especialmente para que las investigaciones ecológicas futuras puedan tener una base taxonómica. Además, para que todo ciudadano pueda tener una documentación confiable de los recursos bióticos locales, especialmente las comunidades rurales, las cuales conocen y dependen más del uso de las especies de plantas silvestres; los profesores, quienes transmiten el conocimiento biológico a la siguiente generación; y el hombre instruido que quiere entender la vida y su lugar en ella.

Solamente con un conocimiento profundo del mundo viviente puede haber entendimiento ecológico y amor genuino del ambiente; y sólo a través de un amor profundo por la naturaleza podemos generar la energía psicológica para preservarla, a ella y a su diversidad. Mientras tanto, el tic-tac de "la bomba demográfica" suena más rápido que nunca. La necesidad creciente de usar la tierra y los recursos naturales es más rapaz e indiscriminada que nunca. Ya nada en la naturaleza está seguro, y lo que salvemos ahora de nuestra herencia natural declinante es todo lo que habremos salvado para las futuras generaciones. Por eso, en un mundo lleno de ignorancia, pobreza e inestabilidad política, los taxónomos, les guste o no, cargan consigo una responsabilidad social enorme.

Sin embargo, preservar la naturaleza y documentarla se dice más fácil de lo que en realidad es, especialmente en los trópicos. En éstos, aunque la biota es enormemente rica y los ecosistemas extremadamente complejos, los recursos económicos para apoyar taxónomos y colecciones biológicas son frecuentemente escasos. Las dificultades se multiplican por el hecho de que las especies no han sido colectadas suficientemente y por consiguiente no se conocen bien. Además, muchas de las especies no se han descrito para la ciencia, y la mayoría de los especialistas que identifican especímenes correctamente se encuentran lejos de los trópicos, principalmente en las instituciones científicas de Norteamérica y Europa. Aún cuando los biólogos moleculares consideran que los inventarios de biodiversidad son altamente anticuados, como para merecer apoyo financiero, y que progresan lentamente, la colaboración entre biólogos de zonas tropicales y zonas templadas es indispensable todavía y continua incrementando nuestro conocimiento.

Por todo lo anterior, es que es un placer presentar los resultados del inventario florístico de la Reserva de la Biosfera Sierra de Manantlán (RBSM), producto de 17 años de colaboración entre botánicos de la Universidad de Guadalajara y de la Universidad de Wisconsin–Madison, y de 139 especialistas de todo el mundo que contribuyeron con sus identificaciones para hacer este listado, de una flora notablemente diversa y con alto endemismo en las montañas mexicanas, tan preciso como fue posible. Sin embargo, la conservación de este maravilloso paisaje biológico ha sido siempre la principal prioridad en la mente de nuestra pequeña banda de botánicos mexicanos y americanos, quienes poco después del descubrimiento sensacional de ***Zea diploperennis,*** una nueva especie de teosinte silvestre pariente del maíz cultivado (Guzmán M. 1978a, Iltis et al. 1979), iniciaron éste proyecto.

Nosotros contemplamos el documentar la biodiversidad de la RBSM y el usar dicho conocimiento como una herramienta política para convencer al gobierno local, estatal y federal de proteger para siempre este patrimonio mexicano excepcional. Ahora, se cuenta con una Reserva de aproximadamente 140,000 has (341,000 *acres*), establecida por el gobierno y reconocida internacionalmente como una casa de tesoro florístico y aceptada dentro del programa MAB-UNESCO. También existe el Instituto Manantlán de Ecología y Conservación de la Biodiversidad (IMECBIO), antes Laboratorio Natural Las Joyas, el cual tiene el compromiso de promover un manejo ambiental efectivo de la Reserva, incluyendo la conservación de su biodiversidad. De hecho, la RBSM es una de las primeras reservas en el mundo que se estableció explícitamente para preservar *in situ* un pariente silvestre de uno de los principales cultivos agrícolas, el maíz, el cual constituye la tercera planta alimenticia más importante del mundo.

De 1978 a la fecha hemos documentado una flora de 2774 especies de plantas vasculares, una de las más ricas en el mundo para un área de este tamaño, avalada por más de 30,000 colecciones depositadas en los herbarios ZEA (especializado en la RBSM), IBUG, WIS y MICH (como se cita en *Flora Novo-Galiciana* por Rogers McVaugh). Más aún, continúan los descubrimientos asombrosos, como el álamo tropical de crecimiento rápido (Vázquez G. y Cuevas G. 1989), la magnolia majestuosa de la ECLJ (Vázquez G. 1994) y el primer reporte del maple dulce en el Occidente de México (Jardel P. et al., en prensa).

Todos los autores y especialistas colaboradores hicieron importantes contribuciones, pero fueron sobre todo Antonio Vázquez y Ted Cochrane quienes con entusiasmo y perseverancia llevaron este inventario florístico a su conclusión. A todos, les damos las gracias. Es de gran satisfacción que muchos jóvenes mexicanos fueron inspirados y hasta realizados en su carrera como biólogos, y varios, ahora estudiantes americanos prominentes, igualmente recibieron aquí su introducción a la botánica tropical. Deseamos que ellos continúen su colaboración internacional armoniosamente por siempre y que esta Flora sirva como una base sólida para la investigación y enseñanza efectiva y, lo más importante, para guiar una inspección completa y continua que facilite la protección de los tesoros bióticos de la Sierra de Manantlán, de modo que éstos puedan sobrevivir y brindar satisfacción a la humanidad durante milenios.

**Hugh H. Iltis**

Profesor Emérito de Botánica
Director Emérito del Herbario
Universidad de Wisconsin–Madison

Investigador Asociado
Instituto de Investigación Botánica de Texas

Mazorca de teosinte anual

# Foreword

There is today, in these environmentally troubled times, a growing, world-wide appreciation that, in conjunction with the desperate need to protect wild nature from human destruction, we must make every effort to inventory accurately the plants and animals surviving in protected areas. Such basic research is especially important in national parks, biosphere reserves, and designated natural areas, not only that future ecological research may have an accurate taxonomic foundation, but also that local citizens may have reliable documentation of local biotic resources, especially those living in communities which directly use wild plants, the teachers in schools and universities who pass on biological knowledge to the next generation, and the literate man on the street who wants to understand life and his place in it.

Only with a deep knowledge of the living world can there be ecological understanding and effectual love of the environment; and only through a deep love of nature can we generate the psychological energy to preserve nature and its diversity for the future. In the meanwhile, the "population bomb" is ticking ever faster. The hunger for land and natural resources is becoming ever more rapacious. Nothing in nature is safe or sacred any more, and what we save today of our vanishing natural heritage is **all** that will **ever** be saved for future generations. In a world filled with poverty, ignorance, and political instability, plant taxonomists, whether they like it or not, bear enormous social responsibilities (Iltis 1991).

But preservation of nature and its documentation is easier said than done, especially in the tropics. Even though here the biota is enormously richer and the ecosystems more complex than farther north, the economic resources to support taxonomists and biological collections are often much too inadequate. The difficulties are compounded by the further complication that the species are often misunderstood, under-collected or even still undescribed and that the few taxonomic specialists who do know the organisms well enough to name them are, for the most part, working far away in the older, larger scientific institutions of North America and Europe. Nevertheless, though in the eyes of modern molecular biology such biodiversity inventories are generally considered too old-fashioned to deserve serious financial support, and progress is slow, the much-needed collaboration between tropical and temperate biologists is steadily increasing our knowledge. It is thus a pleasant task to present this floristic inventory of the Sierra de Manantlán Biosphere Reserve (SMBR), the result of 17 years of fruitful collaboration between botanists of the Universidad de Guadalajara and the University of Wisconsin–Madison, and 139 plant taxonomists worldwide, who lent their expertise to make this as accurate a listing as possible of the remarkably diverse and richly endemic flora of these Mexican mountains. From the very beginning, it was the preservation of this marvelous biological landscape that was uppermost in the minds of our small band of Mexican and American botanists who, soon after the sensational discovery of a new maize relative (Guzmán M. 1978) and its description as ***Zea diploperennis*** (Iltis et al. 1979), initiated this project. We sought not only to document the biodiversity of the SMBR, but to use this knowledge as a political tool to convince local, state and federal governments to protect this remarkable Mexican *patrimonio* for all time.

Today we have a governmentally established biosphere reserve of over 140,000 ha (341,000 acres), internationally recognized as a floristic treasure-house and officially accepted within UNESCO's Man and Biosphere Program (MAB). There is also now in place a scientific organization, the Instituto Manantlán de Ecología y Conservación de la Biodiversidad (IMECBIO), deeply involved in promoting effective environmental management of the reserve, including conservation of its biodiversity. In fact, the SMBR is one of the first reserves in the world to be established explicitly for preserving *in situ* a wild relative of a major crop, namely maize, the world's third-most important food plant. Since 1978, we have documented here a local flora of 2774 species of native vascular plants, one of the richest in the world for an area this size, properly vouchered by nearly 40,000 collections in the herbaria of the SMBR (at the Manantlán Institute of Ecology, University of Guadalajara, in Autlán), the University of Wisconsin–Madison, and the University of Michigan (as cited in the published volumes of McVaugh's *Flora Novo-Galiciana*). And new, often astounding, discoveries are continually being made, as for example, a new tropical cottonwood (Vázquez G. & Cuevas G. 1989), a gigantic and majestic magnolia (Vázquez G. 1994) and the first record of sugar maple for western Mexico (Jardel P. et al., in press).

While each author and collaborator has made important contributions, it was above all Antonio Vázquez and Ted Cochrane who, with drive and perseverance, pushed this floristic inventory to completion. To each and every one, we owe many thanks. It is a great personal satisfaction that many young Mexicans were inspired by this endeavor to become accomplished biologists, and several, now prominent American students, along with some older investigators, similarly received here their start in tropical botany. May they all continue their harmonious international collaboration far into the future. And may this floristic inventory serve as a solid foundation for effective teaching and further biological research, and, most importantly, help insure the continual monitoring and protection by which alone the biotic treasures of the Sierra de Manantlán will survive, and so bring joy to humanity for millennia to come.

**Hugh H. Iltis**

Professor Emeritus of Botany
Director Emeritus of the Herbarium
University of Wisconsin–Madison

Research Associate
Botanical Research Institute of Texas

Espiguilla de teosinte anual

# AGRADECIMIENTOS

El proyecto Flora de Manantlán está financiado por la Universidad de Guadalajara a través del Instituto Manantlán de Ecología y Conservación de la Biodiversidad (IMECBIO) y por el Departamento de Botánica de la Universidad de Wisconsin–Madison. También ha sido financiado en distintas etapas por el Gobierno del Estado de Jalisco; World Wildlife Fund (WWF), E.U.A.; The Nature Conservancy, International Program (TNC); National Science Foundation (NSF); Programa del Hombre y la Biosfera (MAB-UNESCO); Consejo Nacional de Ciencia y Tecnología (CONACYT); y por O. N. and E. K. Allen Herbarium Fund, Natural History Museums Council, J. J. Davis Fund y Tinker Foundation, Latin American and Iberian Studies Program, de la Universidad de Wisconsin–Madison. Nuestras gracias debemos a Julie Stellrecht, en paz descanse, de Jocotepec, México, quien donó fondos (al LNLJ vía TNC) para dos vehículos de doble tracción que facilitaron numerosas exploraciones. Esta publicación fue posible gracias al apoyo económico brindado por la Comisión Nacional para el Conocimiento y Uso de la Biodiversidad (CONABIO); la Universidad de Guadalajara; el Botanical Research Institute of Texas (BRIT); y por el O. N. and E. K. Allen Herbarium Fund, el Natural History Museums Council y un Anonymous Fund, los tres anteriores de la University of Wisconsin–Madison.

Agradecemos a Rafael Guzmán M., ex-director del LNLJ (ahora IMECBIO) y a Luz María Villarreal de Puga, del Instituto de Botánica, Universidad de Guadalajara, su apoyo en el inicio y en la implementación de este proyecto; muy especialmente, a Enrique Jardel P., actual director de IMECBIO y Eduardo Santana C., Jefe del Departamento de Ecología Aplicada de la Universidad de Guadalajara–Costa Sur, por su interés y apoyo a la continuidad y conclusión de esta obra; y a Jorge Soberón M. y Sy Sohmer, el facilitar la publicación de esta obra. Nosotros agradecemos a los directores de herbario: Luz Ma. Villarreal de Puga del Instituto de Botánica, Universidad de Guadalajara, Patricia D. Dávila A. del Instituto de Biología, Universidad Autónoma de México y a William R. Anderson de la Universidad de Michigan por facilitarnos acceso a sus colecciones así como a los curadores de todos los herbarios listados en el Cuadro 2 y el Apéndice 1.

A los especialistas de grupos taxonómicos de plantas, quienes verificaron e identificaron especímenes de la Sierra de Manantlán, les estamos profundamente agradecidos, y su colaboración se reconoce grandemente en el Apéndice 1. En particular debemos señalar a Billie Turner, Rogers McVaugh, T. P. Ramamoorthy, Allan J. Bornstein y Guy Nesom por su esfuerzo extraordinario. Especial reconocimiento debemos a Rogers McVaugh por la revisión del manuscrito y valiosos consejos, a Jerzy Rzedowski por sus varias correcciones, a Barney L. Lipscomb y al personal editorial de *Sida, Botanical Miscellany*, y a Kandis Elliot, artista del Departamento de Botánica de la Universidad de Wisconsin–Madison, por su excelente trabajo y rapidez en la publicación. Los mapas, que fueron esenciales en el Capítulo 2, fueron elaborados por Pedro Cruz, Manuel Ramírez y Ángel Aguirre, del Area de Cartografía, IMECBIO, y estamos endeudados con ellos. Kandis Elliot preparó las láminas a color a partir de diapositivas originales y estructuró la mayoría de las ilustraciones y texto, le damos a ella nuestro más florecido reconocimiento. Leticia Hernández L. y Susana

Vázquez G. mejoraron el castellano y Mark A. Wetter la versión en inglés del manuscrito, y David Parker y Ernesto Barrios asesoraron en el uso de aplicaciones de computadora.

La mayoría de las personas que han colectado en la Sierra de Manantlán se listan en el Cuadro 1. Pero cada uno, haya sido mencionado o no, debe enterarse que su contribución fue valiosa y muy apreciada. Los colectores aparte de los autores que estuvieron por algún tiempo asociados al herbario en IBUG, del Instituto de Botánica incluyen Rafael Guzmán M., Luz Ma. González V., Miguel Cházaro B., Jorge A. Pérez de la R., Gregorio Nieves H.; en ZEA, del IMECBIO: Nora M. Núñez L., Manuel Rosales C., Domitila De Níz L., Luis Robles H., Gerardo López H., Isidro Briseño, Raúl López V., Margarita Anaya C., Josefina Ramos H., Leticia Hernández L. y Enrique V. Sánchez R. Además, a Bruce F. Benz, por las substanciales aportaciones derivadas de su proyecto etnobotánico, así como a Enrique Jardel P., Angela Saldaña, Arturo Solís M., Lázaro R. Sánchez y Ma. del Rosario Pineda por sus importantes estudios de la vegetación de Manantlán. Entre otros que colectaron para el herbario WIS, de la Universidad de Wisconsin–Madison se incluye a Alex A. Lasseigne, John Doebley, Michael Nee, Emmet J. Judziewicz, Mark A. Wetter, Paul D. Sørensen, Robert R. Kowal y John L. Blum; y en MICH: a Rogers McVaugh, no sólo por sus colectas propias, sino también por que numerosos registros de especies aquí citadas se basan en reportes tomados de sus volúmenes publicados de la *Flora Novo-Galiciana* y a William R. Anderson, Robert L. Wilbur y Walter N. Koelz por sus colectas significativas.

Extendemos nuestro mayor agradecimiento a los pobladores de la Sierra de Manantlán por su apoyo en el establecimiento de la Reserva de la Biosfera, por permitirnos colectar y estudiar las especies que comparten su ambiente, en sus tierras; por acompañarnos y guiarnos en el campo y por compartir su techo, alimentos y alegría; por proporcionarnos gratuitamente la información solicitada; por su gran interés y simpatía hacia la exploración de su patrimonio florístico. Tal vez, después de algunos años podamos compensarles modestamente con una flora formal e ilustrada, por ahora, solo un listado florístico y nuestro más sincero reconocimiento.

*Capparis quiriguensis,* La Calera
foto: H. H. Iltis

# Acknowledgments

The Manantlán flora project was financed primarily by the Instituto Manantlán de Ecología y Conservación de Biodiversidad (IMECBIO, formerly Laboratorio Natural Las Joyas, or LNLJ) of the Universidad de Guadalajara, and the Department of Botany Herbarium of the University of Wisconsin–Madison. Over the years financial support has also come from many other agencies, including the State of Jalisco, Mexico; World Wildlife Fund (WWF), USA; The Nature Conservancy, International Program (TNC); National Science Foundation (NSF); Man and the Biosphere program (MAB–UNESCO); Consejo Nacional de Ciencia y Tecnología (CONACYT); and the O. N. and E. K. Allen Herbarium Fund, the Natural History Museums Council, the J. J. Davis Fund, and the Tinker Foundation (Latin American and Iberian Studies Program), all of the University of Wisconsin–Madison, which enabled field work to be carried out long before there was any such project. Our thanks are due also to the late Julie Stellrecht, of Jocotepec, Mexico, who, early on, donated funds (by way of TNC to the LNLJ) for two four-wheel-drive vehicles that for years facilitated our numerous explorations. Generous financial support from the Comisión Nacional para el Conocimiento y Uso de la Biodiversidad (CONABIO); the Universidad de Guadalajara; the Botanical Research Institute of Texas (BRIT); and the O. N. and E. K. Allen Herbarium Fund, the Natural History Museums Council, and the Anonymous Fund, all of the University of Wisconsin–Madison, made publication of this work possible.

Thanks are due to Rafael Guzmán M., former director of LNLJ (now IMECBIO), and Luz María Villarreal de Puga, of the Instituto de Botánica, Universidad de Guadalajara, for their help in initiating and implementing this project; Enrique Jardel P., current Director of IMECBIO, and Eduardo Santana C., Director of the Department of Applied Ecology of the University of Guadalajara–Costa Sur, whose interest and encouragement permitted us to continue and conclude it; and Jorge Soberón M. and Sy Sohmer, of IMECBIO and BRIT, respectively, for facilitating its publication. We thank the herbarium directors of the Instituto de Botánica, Universidad de Guadalajara (L. M. Villarreal de Puga), Instituto de Biología, Universidad Nacional Autónoma de México (P. D. Dávila A.), and University of Michigan (W. R. Anderson) for providing access to their collections, as well as all the curators of the listed herbaria (Table 2 and Appendix 1).

Specialists in various plant groups have been invaluable by verifying or identifying specimens from the Sierra de Manantlán. These botanists are gratefully acknowledged in Appendix 1. In particular, we must single out Billie Turner, Rogers McVaugh, T. P. Ramamoorthy, and Guy Nesom for their extraordinary efforts. Special acknowledgment is due to Rogers McVaugh, who reviewed the manuscript and provided us with helpful advice, Jerzy Rzedowski, who passed along corrections on the manuscript, and Barney L. Lipscomb and the editorial staff of *Sida, Botanical Miscellany*, for their excellent work and rapid publication. The maps in Chapter 2 were originally prepared by Pedro Cruz C., Manuel Ramírez, and Ángel Aguirre, of the Area de Cartografía, IMECBIO, and we are greatly indebted to them. Kandis Elliot, illustrator at the Department of Botany, University of Wisconsin–Madison, redrew the maps for publication, prepared the color plates from original transparencies, and electronically formatted this book.

To name all of the many who have at some point made plant collections in the Sierra de Manantlán would be impractical, but most have been listed in Table 1. Each and every one of them, whether listed or not, should realize that their contribution was valuable and much appreciated. Collectors other than the authors associated at one time or another with Herbarium IBUG of the Instituto de Botánica include Rafael Guzmán M., Gregorio Nieves H., and Miguel Cházaro B. Those who have collected for Herbarium ZEA of IMECBIO (LNLJ) include Arturo Solís M., Nora M. Núñez L., Domitila De Níz L., Luis Robles H., Gerardo López H., Manuel Rosales C., Isidro Briseño, Raúl López V., Margarita Anaya C., Josefina Ramos H., Leticia Hernández L., Enrique V. Sánchez R., Ma. Elizabeth Muñoz M., and last but not least, Bruce Benz, who organized the extensive ethnobotanical survey. Other relevant surveys conducted in a variety of forest communities were made by Enrique Jardel P., Angela Saldaña, Arturo Solís M., Lazaro R. Sánchez and Ma. del Rosario P. Those who collected for Herbarium WIS of the University of Wisconsin include Alex A. Lasseigne, John Doebley, Michael Nee, Emmet J. Judziewicz, Mark A. Wetter, Paul D. Sørensen, Robert R. Kowal, and the late John L. Blum. In addition, the main collectors for Herbarium MICH of the University of Michigan, the collections of which form the basis of the records here cited from the published volumes of McVaugh's *Flora Novo-Galiciana*, include, in addition to Rogers McVaugh himself, William R. Anderson, Robert L. Wilbur, and Walter N. Koelz.

Finally, we owe our greatest debt to the citizens of the Sierra de Manantlán: they encouraged, for the most part, the establishment of the biosphere reserve, allowed collecting on their lands, accompanied us in the field, functioned as guides, freely gave us information on uses, locations, and ecology, and generally showed much interest in and sympathy toward the exploration of their floristic *patrimonio*. Many years hence, we hope to repay their trust with an illustrated Manantlán Flora. For now, only a checklist and our deepest thanks.

***Salvia gesneraeflora,*** Las Capillas
foto: H. H. Iltis

# FOTOGRAFÍAS

# Fotografías

**A** Servando Carvajal H., Hugh H. Iltis, Luz Ma. Villarreal de Puga y J. Antonio Vázquez G.—Miembros de la tercera expedición botánica (Dic. 1979 a Ene. 1980) a la Sierra de Manantlán conducida por el Dr. Iltis, en colaboración con el Instituto de Botánica de la Universidad de Guadalajara. Esta toma es en el campamento nublado, "cloud camp", El Almeal, Cuautitlán, durante la búsqueda de nuevas poblaciones de teosintes. *Foto: Paul D. Sørensen, 1980*

**B** Rafael Guzmán M.—En una población de ***Zea diploperennis*** en la Estación Científica Las Joyas. Además de su sensacional descubrimiento del teosinte perenne, pariente del maíz cultivado, Rafael fundó el Laboratorio Natural Las Joyas, ahora Instituto Manantlán de Ecología y Conservación de la Biodiversidad y su liderazgo contribuyó significantemente en hacer la Reserva de la Biosfera Sierra de Manantlán una realidad. Actualmente, labora como profesor investigador titular en la Universidad de Guadalajara. (La foto de la mazorca de teosinte fué tomada en La Ventana en 1978, y la foto de las milpas de teosinte fué tomada en Las Joyas en 1980.)
*Ambas fotos: Hugh H. Iltis*

A

B

**C** Theodore S. Cochrane y Ramón Cuevas G.—En El Terrero, Cerro Grande, preparados para realizar muestreos de vegetación en gradientes ambientales. Ted labora como curador del Herbario WIS, además de ser un experto en las floras de Wisconsin y de la Sierra de Manantlán, se distingue de la mayoría de los colectores botánicos por sus excelentes ejemplares de herbario meticulosamente procesados y documentados. Ramón laboró como director del Herbario ZEA (1988-1991) y es una de las personas quien más ha explorado y colectado en la Sierra de Manantlán (>3200 números). Recientemente ha explorado intensamente la flora de la Estación Científica y junto con Nora M. Núñez de Cuevas estudia las gimnospermas de la Sierra de Manantlán. *Foto: J. Antonio Vázquez G., 1991*

**D** Francisco J. Santana M.—En el Herbario IBUG del Instituto de Botánica de la Universidad de Guadalajara. Francisco ha destacado como conocedor de las Gramíneas de Jalisco, de las floras de Colima y de la Sierra de Manantlán y recientemente en sus trabajos etnobotánicos. Desde 1992 labora como director del Herbario ZEA del Instituto Manantlán de Ecología y Conservación de la Biodiversidad.
*Foto: Ramón Cuevas G., 1984*

**E** Luis Guzmán H.—Cerca del bosque tropical subcaducifolio de La Calera, La Resolana. Luis ha jugado un papel crucial, como excelente curador, en el desarrollo y mantenimiento de las colecciones del Herbario ZEA. Además, es conocedor de las cactáceas de Jalisco y en especial, de la Sierra de Manantlán.
*Foto: Ramón Cuevas G., 1989*

**F** Mark A. Wetter, J. Alfredo Aragón C. y el burro Balvino, en Las Joyas—Mark labora como curador del Herbario WIS, Departamento de Botánica de la Universidad de Wisconsin–Madison, y ha participado activamente en colectas de Asteraceae y en muestreos de vegetación, además de apoyar con el manejo de prestamos y correspondencia con los especialistas. Alfredo trabaja como guía y asistente de campo en la Estación Científica Las Joyas.
*Foto: Robert R. Kowal, 1989*

**G** Alicia L. Leinberger y Leticia Hernández L.—En muestreos de diversidad de plantas leñosas en bosque de ***Quercus*** subperennifolio, en el frente Oeste de Toxín (2300 m), Cerro Grande. *Foto: J. Antonio Vázquez G., 1991*

C

D

E

F

G

**H** Bruce F. Benz, Miguel Cházaro B., J. Antonio Vázquez G. y Hugh H. Iltis—Descendiendo rumbo a Campo Cuatro, Comala, en una de las primeras exploraciones en Cerro Grande. Al fondo se aprecian El Nevado de Colima y el Volcán de Fuego.
*Auto-foto, 1987*

**I** Luis Guzmán H., Ramón Cuevas G., Saúl Moreno G., ejidatario de El Terrero, Sergio Graf M., Miguel Olvera y Manuel Rosales C.—Agrónomos forestales implementan un proyecto piloto de manejo del bosques orientado a un desarrollo sustentable en El Terrero, Cerro Grande. *Foto: Hugh H. Iltis, 1987*

**J** El Sr. Don José Cruz (1925–1993)—Conocedor y amante de la flora y fauna de la Sierra de Manantlán; guía y amigo de los científicos y del público en general. Fue nuestro maestro de botánica empírica, usó las brechas y caminos como aulas de clases y el bosque mismo como laboratorio de prácticas. En esta toma, Don José al pie de un "encino chilillo", ***Quercus salicifolia***, uno de los arboles de mayor diámetro (2.3 m dbh) en la cañada de El Triguito, Estación Científica Las Joyas.
*Foto: Ramón Cuevas G., 1987*

**K** Enrique Jardel P.—El maestro Enrique labora como director del Instituto Manantlán de Ecología y Conservación de la Biodiversidad desde 1989. Sus experiencia en planificación de areas silvestres protegidas y ecología forestal, manifiesta en la estrategia de conservación de la RBSM (Jardel P., coord. 1992), ha sido clave en el manejo exitoso de la RBSM y de la Estación Científica Las Joyas.
*Foto: Hugh H. Iltis, 1992*

H

I

J

K

**L** Vista panorámica al Sur de El Chante—Se observa al fondo la abrupta topografía de la Sierra de Manantlán y al frente, los campos de cultivo de maíz en pendientes pronunciadas. *Foto: Hugh H. Iltis, 1980*

**M** Bosque tropical caducifolio—Durante el otoño se observa en variadas tonalidades la discrepancia fenológica de las especies de ***Bursera,*** cerca de Los Mazos, La Resolana. *Foto: Ramón Cuevas G., 1990*

**N** Bosque de ***Pinus***—Vertiente norte del Cerro El Almeal, camino a la Estación Científica Las Joyas. *Foto: Theodore S. Cochrane, 1989*

L

M

N

**O** Bosque mesófilo de montaña—Rodales de la Estación Científica Las Joyas.
*Foto: Rafael Guzmán M., 1985*

**P** Bosque mesófilo de montaña—En Los Barbechos, Las Joyas.
*Foto: Luis Villarreal, 1985*

**Q** Bosque mesófilo de montaña—Rodales entremezclados con torres kársticas, cerca de Pozo Blanco, Cerro Grande. *Foto: J. Antonio Vázquez G., 1990*

O

P

Q

**R** Bosque de ***Pinus***—Rodal del valle de Las Neverías. *Foto: Rafael Guzmán M., 1985*

**S** Bosque de ***Pinus oocarpa***—Cima del Cerro Piedra Bola, ESE de Las Joyas. La regeneración del estrato herbáceo, después de un incendio en pinares, en ocasiones se halla dominada por ***Pteridium arachnoideum*** y ***Phytolacca rugosa.***
*Foto: Hugh H. Iltis, 1984*

**T** Bosque de ***Quercus*** caducifolio—Rodal al SO de El Terrero, Cerro Grande, con bromeliáceas epífitas y algunas lorantáceas hemiparásitas.
*Fotos: J. Antonio Vázquez G., 1991*

**U** El Río Armería, Zacualpan, Colima—El límite oriental de la Reserva de La Biosfera Sierra de Manantlán. *Foto: Theodore S. Cochrane, 1989*

R

S

T

U

**V** *Bursera* spp.—Tres especies simpátricas de copal creciendo como vecinas en el bosque tropical caducifolio de Campo Cuatro, Cerro Grande. La variación en forma, tamaño y disposición de sus hojas quizá reduce su competencia por la luz.
*Fotos: J. Antonio Vázquez G., 1990*

**W** *Abies religiosa* var. *emarginata*—Colectado por Ramón Cuevas en el paraje de Tierritas Blancas, Cuautitlán (camino a Neverías). *Foto: Ramón Cuevas G., 1986*

**X** *Equisetum myriochaetum*—En las cercanías de Telcruz, Cuautitlán.
*Foto: Ramón Cuevas G., 1987*

**Y** *Acrocomia mexicana*—Al E de Lagunillas, camino a Cuautitlán.
*Foto: J. Antonio Vázquez G., 1986*

V

W

X

Y

Z *Encyclia meliosma*—Colectada en el Rincón de Manantlán y floreció en el invernadero de la Universidad de Wisconsin–Madison, *Iltis y Guzmán-M. 29129.*
*Foto: Claudia S. Lipke, 1984*

AA *Laelia autumnalis*—Picacho del Sol y La Luna, Estación Científica Las Joyas.
*Foto: J. Antonio Vázquez G., 1985*

BB *Cypripedium irapeanum* vel aff.—"Zapatito", "zapatilla de venus" (en peligro de extinción local). En una población de aproximadamente 23 individuos en Cerro Grande, la cual, constituye quizá el primer registro para el Estado de Colima.
*Foto: J. Antonio Vázquez G., 1991*

CC *Rossioglossum splendens*—Especie abundante en la Estación Científica Las Joyas, en bosque mesófilo de montaña. Colectada en El Zarzamoro, *Iltis y Solheim 3156.*
*Foto: Hugh H. Iltis, 1980*

DD *Bomarea hirtella*—Arbusto extendido en pendientes pronunciadas, al NO de Telcruz, Cuautitlán. *Foto: Ramón Cuevas G., 1986*

EE *Rhynchostele cervantesii*—Epífita abundante en la Estación Científica Las Joyas.
*Foto: J. Antonio Vázquez G., 1985*

FF *Weldenia candida* forma *caerulea*—Especie postrada que llega a formar una carpeta, entre matorrales de ericáceas en las abruptas cimas de Las Capillas, Cuautitlán.
*Foto: J. Antonio Vázquez G., 1990*

Z

AA

CC

BB

EE

DD

FF

**GG** ***Agave pedunculifera***—En pendientes rocosas del Cerro Alto de Las Yeguas, NO del Rincón de Manantlán. *Foto: Hugh H. Iltis, 1980*

**HH** ***Talauma*** sp.—"Yoloxochitl", en nahuatl quiere decir flor de corazón. Especie afín a ***T. mexicana***, pero que puede tratarse realmente de una especie no descrita. Su fruto es sincárpico, de pericarpio grueso, lignificado y con carpelos de dehiscencia circumcisiva lo distinguen de su emparentado género, ***Magnolia***. Estas poblaciones de Cuautitlán, reportadas por primera vez por Rafael Guzmán M. en 1984, representan el límite occidental de distribución conocida para el género en América. *Foto: J. Antonio Vázquez G., 1989*

**II** ***Magnolia iltisiana***—Flores de exquisita fragancia, contienen el alcaloide magnolina de valor farmacéutico, y los habitantes preparan un té para ayudarse en el tratamiento de padecimientos cardiacos. Cerca de la Estación Científica Las Joyas. *Foto: Rafael Guzmán M., 1984*

**JJ** ***Licaria triandra***—Especie tropical abundante en el Arroyo El Tecolote, al E de Casimiro Castillo. *Foto: J. Antonio Vázquez G., 1987*

**KK** ***Drymonia serrulata***—Especie abundante en las cañadas húmedas al O de La Pareja, Cuautitlán. *Foto: Ramón Cuevas G., 1986*

GG

IIII

II

JJ

KK

LL *Salvia* spp.—Especies simpátricas cerca de El Terrero, Cerro Grande, en claros de bosque de ***Cupressus-Oreopanax-Quercus***. El género ***Salvia*** destaca entre los más diversificados en la Sierra de Manantlán (36 spp.). ***Salvia gesneraeflora*** (roja y grande), ***Salvia longispicata*** (azul y pequeña), ***Salvia santanae*** sp. nov. ined. (azul y mediana), ***Salvia vazquezii*** sp. nov. ined. (púrpura y grande) y ***Salvia cinnabarina*** (roja y pequeña). *Foto: Hugh H. Iltis, 1988*

MM *Galphimia glauca*—Arbusto de 1.9 m de altura, en el bosque tropical caducifolio, cerca de Toxín, Tolimán. *Foto: J. Antonio Vázquez G., 1987*

NN *Cochlospermum vitifolium*—A la orilla de la carretera en pendientes pronunciadas rumbo a Los Mazos, La Resolana. *Foto: J. Antonio Vázquez G., 1987*

OO *Fuchsia fulgens*—Epífita en los encinares de Zacahuautla, camino a la Estación Científica Las Joyas, Autlán. *Foto: Ramón Cuevas G., 1988*

PP *Pachycereus pecten-aboriginum*—Cactus candelabro, de fruto comestibles, en las cercanías de Ahuacapán, Autlán. *Foto: Rafael Guzmán M., 1985*

LL

MM

NN

OO

PP

QQ *Tibouchina* sp.—Hierba perenne en el margen del bosque de ***Pinus*** y ***Quercus*** en el Picacho del Sol y La Luna, Estación Científica Las Joyas.
*Foto: J. Antonio Vázquez G., 1985*

RR ***Vernonia bealliae***—Arbusto grande en laderas de montaña húmedas cerca de La Cumbre, Cuautitlán. *Foto: Hugh H. Iltis, 1987*

SS ***Coussapoa purpusii***—Uno de los árboles más altos en bosques tropicales subdeciduos y deciduos, alcanzando hasta 40 m de altura, pero aquí en las cercanías de Toxín, Tolimán, sólamente un pequeño arbolito menor de 6 m.
*Foto: Ramón Cuevas G., 1990*

TT ***Gentiana caliculata***—Hierba perenne de ramas decumbentes en claros del bosque de ***Pinus*** y ***Quercus***, muy rara en la Sierra de Manantlán, sólo conocida del norte de El Zarzamoro, camino a Las Juntas, Estación Científica Las Joyas.
*Foto: Ramón Cuevas G., 1990*

UU ***Arbutus occidentalis*** var. ***occidentalis***—Arbusto de 4 dm de altura, componente importante del matorral de ericáceas en Las Capillas, Sierra de Manantlán.
*Foto: Hugh H. Iltis, 1980*

QQ

RR

SS

TT

UU

**VV** *Sideroxylon capiri*—Colectada en la base del Cerro Grande, Pueblo Nuevo, Comala, en bosque tropical subdeciduo en transición con bosque tropical caducifolio, *Cochrane 12575*. *Foto: Theodore S. Cochrane, 1991*

**WW** *Phymosia rosea*—Encontrada en cañada húmeda, al margen de un rodal de *Abies religiosa*, entre La Cumbre y San Miguel. *Foto: Miguel Magaña V., 1987*

**XX** *Oreopanax echinops*—Se muestra sólo una porción del racimo de infrutescencias, observada en el paraje "Arroyo de Las Aralias", cerca de San Miguel, Cuautitlán. *Foto: J. Antonio Vázquez G., 1986*

**YY** *Monotropa hypopithys*—Saprófita en el cochal (hojarasca de pino), Charco de Los Perros, Estación Científica Las Joyas. *Foto: Ramón Cuevas G., 1986*

**ZZ** *Dyssodia squamosa*—Arbusto de la familia Compositae, un elemento de los claros en el bosque tropical subdeciduo de El Tecolote, La Resolana. *Foto: J. Antonio Vázquez G., 1986*

VV

WW

XX

YY

ZZ

# Capítulo 1

# Introducción

# Introducción

La Reserva de la Biosfera Sierra de Manantlán (RBSM) se localiza al suroeste de México y forma parte de la Sierra Madre del Sur, se encuentra en las inmediaciones de Autlán y los Volcanes de Colima-Jalisco, aproximadamente a 50 km al norte del Puerto de Manzanillo, Colima; la Sierra se extiende a lo largo 80 km de noroeste a sureste y varía de 10–24 km de ancho (Fig. 1). Con una superficie de 1400 $km^2$ (140,000 ha), constituye una área poco menor que el parque nacional (ahora Reserva de la Biosfera) Great Smoky Mountains de Tennessee y North Carolina, E. U. A., pero con un gradiente altitudinal mayor (30%) y una flora el doble de rica. Aunque la Sierra de Manantlán alberga maravillosos tesoros biológicos es sorprendente que su flora y su fauna comenzaron a estudiarse, en esencia, hasta a mediados del presente siglo (McVaugh 1952, 1972a; Rzedowski y McVaugh 1966).

**Reseña Histórica**

*El descubrimiento de un teosinte perenne:* La Sierra de Manantlán alcanzó fama internacional en diciembre de 1978. Poco después del redescubrimiento de ***Zea perennis*** (Guzmán M. 1978a), estudiantes de la Facultad de Agricultura, de la Universidad de Guadalajara [Rafael Guzmán Mejía y Roberto Alvarez Corona (oriundo de Cuautitlán)], colectaron una especie de teosinte perenne al este de la Comunidad Indígena de Cuzalapa, en la localidad conocida como Cerro de La Ventana, municipio de Cuautitlán, Jalisco. Esta colecta fue inicialmente reportada como la segunda localidad conocida de ***Z. perennis*** (Guzmán M. 1978b), sin embargo, resultó ser una nueva especie para la ciencia (Iltis et al. 1979). En enero de 1979 la publicación del descubrimiento del teosinte silvestre perenne, denominado ***Z. diploperennis*** por Hugh H. Iltis, John Doebley y Rafael Guzmán (Iltis et al. 1979) llamó la atención sobre la Sierra de Manantlán, única región del mundo donde esta planta crece en forma natural. Además de ser perenne y contribuir a esclarecer interrogantes sobre la evolución del género ***Zea*** y el origen del maíz (***Z. mays*** subsp. ***mays***), ***Z. diploperennis*** presenta el mismo número de cromosomas que el maíz cultivado, pudiéndose hibridizar libremente en estado silvestre. ***Zea diploperennis*** es también inmune a cuatro de las enfermedades más importantes que afectan al maíz (Nault y Findley 1982). Información substancial relacionada con la biología, ecología y conservación del género ***Zea*** puede encontrarse en Benz (1993). Todo lo anterior, favoreció que ***Z. diploperennis***, se convirtiera en un símbolo internacional de la necesidad de preservar diversidad genética en áreas silvestres protegidas (Vietmeyer 1979).

*La propuesta de protección de la RBSM:* En 1983, Luz Ma. Villarreal de Puga y Rafael Guzmán M. asesorados por Hugh H. Iltis, Gonzalo Halffter y Arturo Gómez-Pompa, iniciaron gestiones encaminadas a la designación de la Sierra de Manantlán como área natural protegida. En 1984, con el apoyo decidido de Raúl Padilla López y Enrique Alfaro Anguiano, actual y anterior rectores de la Universidad de Guadalajara, se gestionaron ante Enrique Alvarez del Castillo, entonces Gobernador del Estado de Jalisco, las primeras acciones oficiales de conservación mediante la adquisición de 1245 ha (Fig. 2) para la creación de una estación científica en Las Joyas (un hermoso valle entre las cumbres de Manantlán). Poco después, en Junio de 1985, la Universidad de Guadalajara estableció el Laboratorio Natural Las Joyas (LNLJ), una pequeña institución de investigación comisionada específicamente a la administración de todas las actividades en el predio Las Joyas. Subsecuentemente (1985–1987), tanto agrónomos como biólogos de la Universidad de Guadalajara y la Universidad de Wisconsin realizaron intensas exploraciones e inventarios taxonómicos de los recursos naturales, en especial de su flora y fauna (Iltis 1980, 1981; Guzmán M. 1982, 1985a, 1985b; Judziewicz et al. 1985, inéd.; Navarro P. 1987; Vázquez G. y Cuevas G. 1987, Vázquez G. y Franco A. 1987, Vázquez G. et al. 1990; Santana C. et al. 1987). De esta forma se reveló la alta diversidad biológica, se documentó la riqueza de recursos en estas montañas y con ello se fomentó una mejor apreciación del valor intrínseco y extrínseco de sus ecosistemas y su biodiversidad. Dichos esfuerzos, asesorados por Craig McFarland (consultor del World Wildlife Fund), fueron cristalizándose en propuestas para la protección de la totalidad de la Sierra de Manantlán (Guzmán M. 1984, 1985a, 1985b; Iltis 1980; LNLJ 1985, 1987, 1989a, 1989b).

*El decreto oficial de la RBSM:* En 1987 la Sierra de Manantlán fue declarada Reserva de la Biosfera por el Presidente de México, Miguel de La Madrid y consecuentemente se integró al Sistema Nacional de Areas Silvestres Protegidas (SINAP) que actualmente coordina la Secretaría de Desarrollo Social y Solidaridad (SEDESOL) (SEDUE 1984). Más tarde (a mediados de 1987) fue aceptada oficialmente en el programa internacional de El Hombre y La Biosfera, MAB-UNESCO. Las reservas de la biosfera son áreas selectas en el mundo que representan ecosistemas terrestres o marinos sobresalientes, poseen una diversidad biológica y ambiental excepcional que sirve de sustento y oportunidad de desarrollo a poblaciones aledañas y son potencialmente autosustentables (UNESCO 1984). Los principales objetivos de una reserva de la biosfera son: la conservación de la diversidad biológica, el mantenimiento de los procesos ecológicos esenciales, el desarrollo sustentable y la investigación científica (UICN 1980). Las reservas de la biosfera pretenden ser modelos de una gestión racional del ambiente y los recursos naturales en un espacio concreto (Batisse 1986). A su temprana edad, es evidente que la RBSM ha comenzado a escalar sólidamente y fomenta la esperanza de que este proyecto de conservación se convierta en catalizador de una forma alternativa de desarrollo basada en la gestión racional de los recursos naturales (Santana C. et al. 1989). La historia de este proyecto y su desarrollo conceptual ha sido documentado con más detalle en diversas publicaciones nacionales e internacionales (Guzmán M. 1985a, Halffter 1987, Iltis 1988, Santana C. et al. 1989, Jardel P. et al. 1989, Sheen-Stone 1989, Vázquez G. et al. 1990, Guzmán M. 1991, Guzmán M. y Iltis 1991, Jardel P. 1990 ó 1992). En forma ilustrativa, el buen comienzo de la RBSM puede atribuirse al conjunto de los siguientes aspectos.

*La participación de universidades en la conservación de la RBSM:* Esfuerzos de colaboración científica entre biólogos de la Universidad de Guadalajara y la Universidad de Wisconsin eventualmente cristalizaron en la propuesta de protección de la Reserva de la Biosfera Sierra de Manantlán, la cual fue avalada en primera instancia por la Universidad de Guadalajara y es reconocida actualmente a nivel internacional. Desde un principio, la Universidad de Guadalajara ha tomado la iniciativa y el liderazgo en la planificación y en las actividades orientadas a la conservación de la RBSM. Desde 1985, estableció un pequeño laboratorio (Laboratorio Natural Las Joyas) que ahora se ha transformado en el Instituto Manantlán de Ecología y Conservación de la Biodiversidad (IMECBIO). IMECBIO es ahora un centro sobresaliente de investigación científica en el Occidente de México, ubicado en Autlán, Jalisco, que tiene presencia física en la zona de protección a través de centros operativos y una estación científica en Las Joyas. Además, IMECBIO cuenta con bases de datos biológicos, ecológicos y sociales que han servido como una plataforma de conocimientos que fundamentan un sinnúmero de investigaciones científicas inter-institucionales, la elaboración de planes y estrategias de conservación y la docencia a nivel medio y superior.

*La participación y apoyo de los pobladores de la RBSM y de su área de influencia:* La colaboración de los pobladores en numerosas actividades de la RBSM incluyendo las etapas importantes de planificación es y ha sido fundamental debido a la importancia de las prácticas tradicionales en la Sierra de Manantlán en selección, mejoramiento, conservación, y quizá domesticación de gran variedad de su germoplasma y al manejo de múltiples recursos a través de siglos o quizá milenios. La riqueza forestal es un recurso muy apreciado, pues no sólo existen más de 40 especies de arboles con valor maderable si no también un gran número de especies medicinales, alimenticias y de muchos otros usos. En concreto, se ha avanzado en la suspensión de aprovechamientos forestales y en el combate de incendios con apoyo decidido de los pobladores de la Sierra. Otras actividades de conservación han recibido buena aceptación y apoyo local en virtud de la importancia de la RBSM como fuente de abastecimiento de agua a los poblados, industrias y valles agrícolas de la región vecina, cuya población asciende a 400,000 habitantes aproximadamente (Jardel P. et al. 1989).

*Los apoyos del gobierno Mexicano, de agencias internacionales y de la publicidad:* Desde la concepción del proyecto de conservación de la Sierra de Manantlán como Reserva de La Biosfera hasta el decreto oficial de la misma e implementación inicial de su protección, la Reserva ha gozado en general de un excelente apoyo tanto de los gobiernos estatal y federal como de agencias y sociedades científicas nacionales e internacionales dedicadas al conocimiento y conservación de la biodiversidad. Gracias a todos ellos, la RBSM, como parte del SINAP/SEDESOL, cuenta ahora con protección legal a largo plazo y ha alcanzado reconocimiento internacional. Sin embargo, sin subestimar el progreso obtenido, todavía resta de encontrar formas más ágiles y más eficientes de conciliación y comunicación entre los varios niveles de gobierno [local, municipal, estatal y federal], los grupos sociales locales y la comunidad científica a fin de lograr una conservación más efectiva (LNLJ 1989a).

**Rasgos Biológicos**

Las características biológicas de la Sierra de Manantlán se describen con más detalle en los capítulos subsecuentes. A continuación se mencionan solamente algunos de los rasgos biológicos más sobresalientes de estas montañas tropicales.

La Sierra de Manantlán forma parte de la confluencia de 2 reinos biogeográficos: el Holártico y el Neotropical, razón por la cual, en las montañas existen elementos de procedencia boreal, mientras que en las partes de baja altitud la predominancia corresponde a las especies tropicales, llegándose a dar ecotonías entre ambos elementos, por lo mismo, no es raro encontrar especies de clima templado conviviendo con especies tropicales o viceversa. La Sierra de Manantlán, por su elevado endemismo y las grandes disyunciones en varias de sus especies puede considerarse quizá como un refugio que amortiguó las glaciaciones del Pleistoceno.

La fauna es muy diversa, incluye 336 especies de aves (lo cual representa el 33% de las registradas para México), 108 especies de mamíferos, 53 de reptiles y anfibios y 16 de peces. En el área están presentes las 6 especies de felinos silvestres para México. Entre otros mamíferos cabe mencionar la nutria (***Lutra longicaudis***), el venado cola blanca (***Odocoileus virginianus***), el jabalí (***Tayassu tajacu***) y aves como el choncho (***Penelope purpurascens***), la guacamaya verde (***Ara militaris***) y el águila real (***Aquila chrysaetos***) (Santana C. et al. 1987, Jardel P. et al. 1989).

La flora de la Sierra de Manantlán es importante por la presencia del famoso teosinte perenne endémico, ***Zea diploperennis***, pero más aún por la presencia de la mayoría de las comunidades vegetales típicas del estado de Jalisco y por su riqueza florística de 2774 especies y 981 géneros en 181 familias de plantas vasculares, cifra que sobrepasa el 35% de las estimadas para la región de Nueva Galicia, cuya extención superficial es 88 veces mayor. Además, la flora de Manantlán ostenta una gran diversidad y esplendor en formas biológicas.

Numerosos descubrimientos, incluyendo árboles enormes como el álamo tropical (***Populus guzmanantlensis***) que llega a alcanzar hasta 40 m de altura (Vázquez G. y Cuevas G. 1989) o la majestuosa magnolia perennifolia, ***Magnolia iltisiana*** (Vázquez G. 1990, 1994), están haciendo de Manantlán un distinguido centro de topótipos preservados *in situ*. Otros hallazgos incluyen especies altamente disyuntas, tal es el caso de los reportes más occidentales en México de ***Acer skutchii***, ***Talauma*** sp. y ***Capparis quiriguensis***, entre muchos otros.

**El Proyecto Flora de Manantlán**

En 1979, a raíz del descubrimiento y publicación de ***Zea diploperennis***, se intensificaron las exploraciones y colectas botánicas por científicos de la Universidad de Guadalajara y la Universidad de Wisconsin, haciendo particular énfasis en hábitats de ***Zea diploperennis***. Fue en el Instituto de Botánica, de la Universidad de Guadalajara, a cargo de Luz Ma. Villarreal de Puga, donde se idealizó por primera vez el proyecto de la flora de Manantlán. Es hasta mediados de 1984 cuando se listan por primera vez 400 especies de plantas vasculares por Rafael Guzmán, basado en aproximadamente 1000 especímenes depositados en el Herbario del Instituto de Botánica de la Universidad de Guadalajara (IBUG). Dicho listado fundamentó la caracterización de la vegetación de la Sierra de Manantlán (el cual fue revisado e incrementado por Antonio Vázquez) en el primer estudio descriptivo de la Sierra de Manantlán (Guzmán M. 1985b).

Antes de la creación del Laboratorio Natural Las Joyas, apoyados en trabajos de la *Flora Novo-Galiciana* (inicialmente en Rzedowski y McVaugh 1966; McVaugh 1961, 1972a, 1974, 1983, 1984 y posteriormente en McVaugh 1985, 1987, 1989, 1992, 1993), el listado fue incrementado substancialmente y se ordenó filogenéticamente por A. Vázquez y Carmen Anaya con las facilidades brindadas por el CONACYT de Occidente en Guadalajara. Simultáneamente, con apoyo de Hugh Iltis y Ted Cochrane, Emmet Judziewicz de la Universidad de Wisconsin ayudó a acondicionar un pequeño herbario para colecciones de Manantlán en WIS y trabajó arduamente, apoyado en muy variadas fuentes de literatura (incluyendo *Flora Novo-Galiciana*), en la elaboración de un listado con aproximadamente 900 especies, con información sobre su hábitat, localidad, abundancia y endemismo (Judziewicz et al. 1985, inéd.).

En 1985 con el establecimiento del Laboratorio Natural Las Joyas por la Universidad de Guadalajara, se creó el Area de Flora y su Herbario ZEA, destinada a implementar el proyecto flora de la Sierra de Manantlán. Es a partir de entonces que el trabajo se realiza más sistemáticamente, y se plantean tres etapas para concluirlo: la primera, tendiente a determinar la cantidad de especies existentes en la Sierra de Manantlán, su identidad taxonómica, así como el lugar y tipo de hábitat en que se encuentran, mediante extensas exploraciones e intensivas colectas botánicas en sitios de alta diversidad aparente, dicha etapa concluye con el presente trabajo. La segunda etapa consiste en colectas selectivas para estudio por especialistas y descripción de especies nuevas para la ciencia. La tercera etapa culminará con la elaboración de las respectivas descripciones y guías para la identificación de la flora de la Sierra de Manantlán.

Desde un principio, los proyectos con relación a la flora de Manantlán fueron divididos en las siguientes líneas: a) inventario de la flora y desarrollo de las colecciones botánicas, b) autoecología, c) estudios descriptivos de vegetación, d) plantas útiles y e) jardines botánicos (LNLJ 1987). Todas estas líneas han contribuido substancialmente al conocimiento de la flora de Manantlán, aunque es evidente que la línea de inventario de la flora y desarrollo de las colecciones botánicas ha servido como fundamento central. Dada la importancia magnitud del trabajo y la estrecha colaboración que desde un inicio (1977) ha existido entre la Universidad de Guadalajara y la Universidad de Wisconsin, el estudio de la flora de la Sierra de Manantlán se planteó como el proyecto inicial de mayores alcances dentro del ahora ya formalizado convenio de intercambio académico y científico entre ambas universidades.

Como resultado de las exploraciones botánicas preliminares se planteó la existencia de 2000 especies para la flora vascular de la Sierra de Manantlán. Teniendo en cuenta que la morfología de las especies puede variar en ciertos caracteres de una localidad a otra, se propuso que 10 ejemplares de distintas localidades (Fig. 3) representarían la variabilidad morfológica de las especies, dando esto una cifra de 20,000 ejemplares necesarios para elaborar la flora de la Sierra de Manantlán. Considerando las colectas realizadas con anterioridad a este trabajo (Cuadro 1), se estimó que existían en ese entonces, de 8000 a 9000 ejemplares de Manantlán en los distintos herbarios, repartidos como sigue: 1000 en IBUG, 2000 en MICH, 2000 en WIS, 2000 en ZEA, 1000 en los herbarios de México (MEXU, ENCB, CHAPA), 500 en XAL y 500 en otros herbarios de Jalisco (CREG, GUADA y otros). Por consiguiente faltaban por colectarse de 11,000 a 12,000 ejemplares (en aprox. 4000 a 5000 números), lo cual se logró en un periodo de cinco años (1985–1990). En la actualidad se estima que entre los herbarios antes mencionados, existen cerca de 40,000 ejemplares (Cuadro 2), el doble de lo que se estimó previamente como necesario para representar la flora de la Sierra de Manantlán. Sin embargo, el inventario ha reportado 2774 especies para la RBSM, en contraste a las 2000 estimadas al inicio del proyecto, y lo que es más, se siguen adicionando más registros de especies a una taza del orden de 20–40 especies cada 6 meses, muchas de las cuales han resultado nuevas para la ciencia.

Todavía se requiere de mucho trabajo antes de iniciar la elaboración de una flora formal, de entender su ecología y su génesis evolutiva. Por lo tanto, nosotros solicitamos de urgencia a los lectores intrigados con esta riqueza biológica que visiten el Instituto Manantlán de Ecología y Conservación de la Biodiversidad, conozcan la Sierra de Manantlán y contribuyan a su exploración. Entre más conozcamos su biota, más podremos amarla y entre más grande sea nuestro amor más fuerte lucharemos por su preservación. Nosotros debemos ser buenos predecesores de las futuras generaciones, para que en los siglos venideros, las niñas y niños de México y del mundo continúen disfrutando maravillados la belleza natural de los diversos ambientes y rica biota que adornan las montañas llamadas Manantlán.

## Literatura Citada


Batisse, M. 1986. Developing and focusing the biosphere reserve concept. Nat. & Resources 22:1–10.

Benz, B. F. (compilador). 1993. Biología, ecología y conservación del género *Zea*. Contr. Simp. Int. sobre *Zea diploperennis* y la conservación de recursos genéticos. Univ. de Guadalajara. Guadalajara, Jalisco. 302 pp.

Guzmán M., R. 1978a. Redescubrimiento de *Zea perennis* (Gramineae). Phytologia 38:177.

Guzmán M., R. 1978b. Una nueva localidad para el teosinte *Zea perennis* y primer reporte de *Zea mexicana* para Jalisco. Bol. Inst. Bot. Univ. Guadalajara. Época 2, 6:9–10.

Guzmán M., R. 1982. El teosinte en Jalisco: su distribución y ecología. Tesis. Facultad de Agronomía, Univ. de Guadalajara. Zapopan, Jalisco. 88 pp.

Guzmán M., R. 1984. Reserva de la Biosfera de la Sierra de Manantlán, Jalisco. Documentos Científicos. Univ. de Guadalajara. Guadalajara, Jalisco. 16 pp.

Guzmán M., R. 1985a. Protección e investigación al hábitat de ***Zea diploperennis.*** Documentos Científicos. Univ. de Guadalajara. Guadalajara, Jalisco. 40 pp.

Guzmán M., R. 1985b. Reserva de la Biosfera de la Sierra de Manantlán, Jalisco. Estudio descriptivo. Tiempos de Ciencia 1:10–26.

Guzmán M., R. 1991. Gauging success in protecting Mexican biosphere reserves. M.S. Thesis. University of Wisconsin. Madison, Wis. 154 pp.

Guzmán M., R. y H. H. Iltis. 1991. Biosphere reserve established in Mexico to protect rare maize relative. Diversity 7:82–84. [Traducción y reimpresión bajo el titulo de Protección a genes perennes de maíz en una Reserva de la Biosfera. Diversity 7:89–92. 1991. (Edición en Español.)]

Halffter, G. 1987. La Reserva de la Biosfera Sierra de Manantlán y la conservación *in situ* de los recursos bióticos. Revista Soc. Mex. Hist. Nat. 39:27–34.

Iltis, H. H. 1980. The third University of Wisconsin–University of Guadalajara teosinte expedition to the Sierra de Manantlán, Jalisco, Mexico. Contr. Univ. Wisconsin Herb. 1–78. [Ed. 2. 1980 y Ed. 3. 1983.]

Iltis, H. H. 1981. Wild maize, wild mountains and wild tomatoes: the role of good fortune and serendipity in botanical explorations. Bot. Soc. America. Misc. Ser. Publ. 160:39.

Iltis, H. H. 1988. Serendipity in exploration of biodiversity: what good are weedy tomatoes? Pp. 98–105. En: E. O. Wilson (ed.). Biodiversity. National Academy Press. Washington, D. C.

Iltis, H. H., J. F. Doebley, R. Guzmán y B. Pazy. 1979. ***Zea diploperennis*** (Gramineae): a new teosinte from Mexico. Science 203:186–188.

Jardel P., E. J. 1990. Conservación y uso sostenido de recursos forestales en ecosistemas de montaña. Pp. 209–235. En: R. Rojas (ed.). En busca del equilibrio perdido: el uso de los recursos naturales en México. Univ. de Guadalajara. Guadalajara, Jalisco.

Jardel P., E. J. (Coord.). 1992. Estrategia para la conservación de la Reserva de la Biosfera Sierra de Manantlán. LNLJ, Univ. de Guadalajara. El Grullo, Jalisco. 312 pp.

Jardel P., E. J., R. Cuevas G., M. A. León C., P. León C., L. G. Mariscal R., M. R. Pineda L., A. Saldaña A., L. R. Sánchez V. y J. Téllez. 1989. Conservación y aprovechamiento de los recursos forestales de la Reserva de la Biosfera Sierra de Manantlán. Tiempos de Ciencia 16:18–24.

LNLJ (Laboratorio Natural Las Joyas). 1985. Plan global, estructura y desarrollo. LNLJ, Univ. de Guadalajara. Guadalajara, Jalisco. 277 pp.

LNLJ. 1987. Plan operativo 1986–1987: Reserva de la Biosfera Sierra de Manantlán. LNLJ, Univ. de Guadalajara. Guadalajara. Jalisco. 219 pp.

LNLJ. 1989a. Plan operativo 1989–1990: Reserva de la Biosfera Sierra de Manantlán. LNLJ, Univ. de Guadalajara. El Grullo, Jalisco. 90 pp.

LNLJ. 1989b. La Reserva de la Biosfera Sierra de Manantlán y el Laboratorio Natural Las Joyas. LNLJ, Univ. de Guadalajara. El Grullo, Jalisco. 11 pp. [Mimeo.]

McVaugh, R. 1952. A cloud forest in Jalisco. Asa Gray Bull. N. S. 1:373–375.

McVaugh, R. 1961. Euphorbiaceae novae Novo-Galicianae. Brittonia 13:145–205.

McVaugh, R. 1972a. Botanical exploration in Nueva Galicia, México from 1790 to the present time. Contr. Univ. Michigan Herb. 9:205–357.

McVaugh, R. 1974. Flora Novo-Galiciana (Fagaceae. Beech Family). Contr. Univ. Michigan Herb. 12:1–93.

McVaugh, R. 1983. Flora Novo-Galiciana (Gramineae). Univ. Michigan Press, Ann Arbor. Vol. 14, 436 pp.

McVaugh, R. 1984. Flora Novo-Galiciana (Compositae). Univ. Michigan Press, Ann Arbor. Vol. 12, 1157 pp.

McVaugh, R. 1985. Flora Novo-Galiciana (Orchidaceae). Univ. Michigan Press, Ann Arbor. Vol. 16, 363 pp.

McVaugh, R. 1987. Flora Novo-Galiciana (Leguminosae). Univ. Michigan Press, Ann Arbor. Vol. 5, 786 pp.

McVaugh, R. 1989. Flora Novo-Galiciana (Bromeliaceae to Dioscoreaceae). Univ. Michigan Herb., Ann Arbor. Vol. 15, 398 pp.

McVaugh, R. 1992. Flora Novo-Galiciana (Gymnosperms and Pteridophytes). Univ. Michigan Herb., Ann Arbor. Vol. 17, 467 pp.

McVaugh, R. 1993. Flora Novo-Galiciana (Limnocharitaceae to Typhaceae). Univ. Michigan Herb., Ann Arbor. Vol. 13, 480 pp.

Nault, L. R. y W. R. Findley. 1982. ***Zea diploperennis***: a primitive relative offers new traits to improve corn. Desert Pl. 3:203–205.

Navarro P., S. 1987. Los recursos acuáticos de la Sierra de Manantlán: inventario y análisis preliminar sobre la conservación y utilización. Tesis de licenciatura. Facultad de Ciencias. Univ. de Guadalajara. Guadalajara, Jalisco. 119 pp.

Rzedowski, J. y R. McVaugh. 1966. La vegetación de Nueva-Galicia. Contr. Univ. Michigan Herb. 9:1–123.

Santana C., E., L. I. Iñiguez D., S. Navarro P., C. Palomera G., L. E. Rivera C., R. Amparán S. y V. Bedoy V. 1987. Ecología y conservación de la fauna en la Reserva de la Biosfera Sierra de Manantlán. Pp. 113–156. En: O. Pérez P. (ed.). Primer curso de educación ambiental con profesores de la Reserva de la Biosfera Sierra de Manantlán. LNLJ, Univ. de Guadalajara-SEP. El Grullo, Jalisco. [Mimeo.]

Santana C., E., R. Guzmán M. y E. Jardel P. 1989. The Sierra de Manantlán Biosphere Reserve: the difficult task of becoming a catalyst for regional sustained development. Pp. 212–222. En: W. P. Gregg, S. L. Krugman y J. D. Wood (eds.). Proc. symp. on biosphere reserves, IV World Wilderness Congress. U. S. National Park Service. Atlanta, Ga.

SEDUE (Secretaría de Desarrollo Urbano y Ecología). 1984. Programa nacional de ecología 1984–1988. Poder Ejecutivo Federal. México, D. F. 271 pp.

Sheen-Stone, O. 1989. Mexico's wonder weed. W.W.F. Report (Aug./Sep.):9–12.

UICN (Union Int. para la Conservación de la Naturaleza y de los Recursos Naturales). 1980. Estrategia mundial para la conservación. UICN-PNUMA-WWF. Morges, Suiza. 42 pp.

UNESCO (United Nations Educational, Scientific and Cultural Organization). 1984. Action plan for biosphere reserves. Nat. & Resources 20:1–12.

Vázquez G., J. A. 1990. Taxonomy of the genus ***Magnolia*** in Mexico and Central America. M. S. Thesis. University of Wisconsin. Madison, Wis. 225 pp.

Vázquez G., J. A. 1994. ***Magnolia*** (Magnoliaceae) in Mexico and Central America: a synopsis. Brittonia 46:1–23.

Vázquez G., J. A. y R. Cuevas G. 1987. Listado preliminar de recursos silvestres de importancia económica en la Sierra de Manantlán, Jalisco, México. LNLJ, Univ. de Guadalajara. Notas sobre la Flora de Manantlán 1(1):1–6 (inéd.).

Vázquez G., J. A. y Ma. B. Franco A. 1987. Contribución al conocimiento del estatus florístico de la Sierra de Manantlán. LNLJ, Univ. de Guadalajara. Notas sobre La Flora de Manantlán 1(4):16–23 (inéd.).

Vázquez G., J. A. y R. Cuevas G. 1989. Una nueva especie tropical de ***Populus*** (Salicaceae) de la Sierra de Manantlán, Jalisco, México. Acta Bot. Mex. 8:39–45.

Vázquez G., J. A., R. Cuevas G., T. S. Cochrane y H. H. Iltis. 1990. Flora de la Reserva de la Biosfera Sierra de Manantlán, Jalisco-Colima, México. Univ. de Guadalajara. Guadalajara, Jalisco. 166 pp.

Vietmeyer, N. D. 1979. A wild relative may give corn perennial genes. Smithsonian 10:68–79.

# Introduction


**Hugh H. Iltis**
**Theodore S. Cochrane**


The Sierra de Manantlán, a rugged forested mountain range of the Sierra Madre del Sur of southwestern Mexico, south of Guadalajara and southeast of Puerto Vallarta, ranges from Autlán in the state of Jalisco to the twin volcanoes in the state of Colima. Paralleling the Pacific Ocean, which, on a clear evening from its highest peaks, is visible shimmering in the distance, the Sierra runs from northwest to southeast for 80 km (50 miles) and is anywhere from 10 km (6 miles) to 24 km (15 miles) wide (Fig. 1). The "Reserva de la Biosfera Sierra de Manantlán" itself contains 140,000 ha (345,000 acres or 539 square miles), an area two-thirds the size of the Great Smoky Mountains National Park of Tennessee and North Carolina but with an altitudinal gradient one and one-half times as great and a flora twice as rich.

The Sierra de Manantlán achieved international fame in 1977 when Rafael Guzmán, then a University of Guadalajara undergraduate botany student, after rediscovering ***Zea perennis*** (Guzmán 1978a) near Ciudad Guzmán, discovered near Cuautitlán in the Sierra de Manantlán (Guzmán 1978b) what soon turned out to be an undescribed species of perennial wild maize or *teosinte*, ***Z. diploperennis***, which, because it easily hybridized with maize, ***Z. mays***, was of worldwide general interest. Subsequent field work in these mountains by plant taxonomists from the University of Guadalajara and the University of Wisconsin–Madison soon uncovered exceptionally high floristic diversity, which resulted in proposals for their protection (Iltis 1980). The first official conservation measures were implemented in 1984 with the purchase of 1245 ha (3076 acres) for a scientific station at Las Joyas ["the Jewels"], in a beautiful high valley near the top of the Sierra (Fig. 2), and soon thereafter, on June 1, 1985, the University of Guadalajara established the Laboratorio Natural Las Joyas (LNLJ), a research institute charged specifically with administering all activities in the area, with its headquarters in nearby El Grullo, a small town at the base of the Sierra. The Sierra de Manantlán Biosphere Reserve (RBSM) was created in 1987 by decree of the Mexican Government, formally dedicated by President de La Madrid, and officially accepted into UNESCO's "Man and the Biosphere" program (MAB) the very next year, making it one of Mexico's major biosphere reserves (Guzmán M. & Iltis 1991). In 1994, the Laboratorio was elevated to the Instituto Manantlán de Ecología y Conservación de la Biodiversidad (IMECBIO), an agency charged with overseeing the study, protection, management, and development of the area and to act as the ecology department of the University of Guadalajara. Soon thereafter (1994), IMECBIO was incorporated into the Centro Universitario Costa Sur of the University of Guadalajara; now, located in the larger city of Autlán, the Institute is looking forward to a bright future.

**Botanical History**

As wonderful as the flora of Manantlán has turned out to be, its riches remained totally uncollected until this century. The first botanical collector of Sierra de Manantlán plants seems to have been a certain Mr. Burnett, who collected oaks on Cerro Grande in 1913 (McVaugh 1972a). As far as we can tell, it was not until 1949 that a botanist again explored the Sierra, namely Rogers McVaugh, who, in company with Robert Wilbur, then a graduate student at the University of Michigan and now a senior professor at Duke University, visited Manantlán as a part of McVaugh's investigation into the taxonomy of the native black cherry, ***Prunus serotina***. Having reached the highest ridges of these mountains on foot from a camp not far from Rancho Manantlán, they were so impressed by the Sierra's unique flora and beautiful scenery (R. McVaugh 1994, pers. comm.) that only two months later Wilbur returned on an expedition, sponsored by the University of Michigan Botanical Gardens, with his brother C. R. (Roger) Wilbur and the young bryologist Howard Crum, who was later to become an eminent specialist on Mexican mosses (Sharp et al. 1994). The party explored the Sierra and the environs of Autlán, El Chante, and La Resolana (Casimiro Castillo), collecting in a little over eight weeks about 1100 vascular plants and 1000 bryophytes. During the 1950s, 1960s, and early 1970s, McVaugh made another 13 extended trips and several shorter ones to Nueva Galicia, collecting plants in preparation for his proposed *Flora Novo-Galiciana* and exploring little known areas, including the Sierra de Manantlán. On each of these trips he was accompanied for longer or shorter periods by one or more companions, including over the years several whose names are now well known to Mexican botanists, e.g., William R. Anderson, Arthur Cronquist, Charles Feddema, Howard Scott Gentry, Efraím Hernández Xolocotzi, Stephen D. Koch, Gordon McPherson, John T. Mickel, Faustino Miranda, Alfredo Pérez Jiménez, Jerzy Rzedowski, and Warren D. Stevens. The history of botanical exploration in Nueva Galicia prior to 1972 has been chronicled by McVaugh (1972a). McVaugh's own contributions to herbaria and to our knowledge of Mexican plants have been recounted recently (Cházaro B. et al. 1994).

Plant collecting in the Sierra de Manantlán continued in the late 1970s, when Rafael Guzmán, a student at the University of Guadalajara's Instituto de Botánica of the plant taxonomist and Institute's director, Luz Ma. Villarreal de Puga, rediscovered near Ciudad Guzmán not far from the Sierra the long-lost tetraploid perennial *teosinte*, ***Zea perennis***. The story of Guzmán's discovery has been retold often (e.g., Vietmeier 1979; Lovejoy 1979b; Iltis 1980, 1981, 1987a; Guzmán M. 1985a, 1991; Halffter 1987; Vázquez G. et al. 1990; Guzmán M. & Iltis 1991). Obsessed with the Origin-of-Maize problem (his botanist father had published a study on this very subject in 1911), Hugh Iltis had searched Jalisco in vain for the tetraploid perennial *teosinte* in 1960, and he subsequently urged Puga to rediscover it, both in person in 1972 and by way of a 1976 New Year's card, which, picturing that *teosinte*, flatly declared it to be extinct. Challenging her students to prove the American wrong led Guzmán to rediscover ***Z. perennis.***

Soon afterward, in December 1977, Guzmán encountered still another population of perennial *teosinte*, this one at La Ventana on Cerro San Miguel, in the Sierra de Manantlán. This soon proved to be a new but diploid perennial species, named ***Z. diploperennis*** in a paper in *Science* authored by Hugh Iltis, John Doebley, now at the University of Minnesota, Guzmán, of the University of Guadalajara, and the Israeli cytologist, Batia Pazy, of the University of Jerusalem (Iltis et al. 1979). Thus, Iltis's childhood interest, Puga's teaching, and Guzmán's persistence (as well as Doebley's and Pazy's expertise) led to the involvement of the University of Wisconsin with the University of Guadalajara, and so with Manantlán, and hence to the writing of this checklist. Persistence, serendipity, and biophilia (the love for living organisms) have in this case had their sweet rewards!

Since 1978, the exploration of the Sierra de Manantlán has been intense and unabated (Table 1). By now, 17 years later, some 100 botanists, singly or in groups, have collected in the Sierra and have deposited specimens in many herbaria in the United States, Mexico, and Europe. The principal collections of Manantlán material on which the present work is based, then, are in the herbaria of the University of Wisconsin–Madison (WIS) and the Instituto Manantlán de Ecología (ZEA), supplemented by the smaller Manantlán holdings of the University of Michigan (MICH) and Instituto de Botánica, Universidad de Guadalajara (IBUG), as well as the Instituto de Biología, Universidad Autónoma de México (MEXU), Escuela Nacional de Ciencias Biológicas (ENCB), Colegio de Postgraduados, Chapingo (CHAPA), Centro de Enseñanza Técnica Industrial de Guadalajara (CREG), and Departamento de Botánica, Universidad Autónoma de Guadalajara (GUADA). An estimated 40,000 Sierra de Manantlán collections exist in these herbaria (Table 2), surely a remarkable number on which to base a local flora.

Beginning with his first visit to the Sierra de Manantlán in 1978, Iltis has since led field trips there almost every year. The December 1979 to January 1980 expedition included 19 botanists, ornithologists, and entomologists and yielded some 5000 specimens of 800 numbers (Iltis 1980), as well as a preliminary checklist of birds and an ecological assessment. Falling in love with Manantlán and its flora at first sight, Iltis has imparted his deep appreciation of these mountains to many students and colleagues at the universities of Wisconsin and Guadalajara, and among those who visited Manantlán during the 1980s were the Wisconsin students Michael Nee, Stephen Solheim, Bruce Benz, George Schatz, Theodore Cochrane, Emmet Judziewicz, and Martin Burd, and also the Mexican students (who subsequently became students at the University of Wisconsin) Rafael Guzmán M., J. Antonio Vázquez G., Miguel Cházaro B., and Luz Ma. González V., as well as professors Robert Kowal, Edward Beals, John Blum, and Paul Sørensen. Cochrane and Judziewicz collected extensively in the Sierra on a four-week trip in the winter of 1984–1985, making 830 collections (3200 specimens), and the former has returned there regularly since, collecting large sets of exsiccatae.

At about the same time, Maestra Puga's students from the University of Guadalajara conducted explorations, beginning with Rafael Guzmán in 1977. By 1985, with the Laboratorio Natural Las Joyas (LNLJ) in place, Guzmán serving as its first director and Antonio Vázquez as Area de Flora Coordinator, the Flora de Manantlán project was formally launched. Collections were systematically made on a monthly basis during the first year; about a dozen trips, each one week in duration and centered on the Las Joyas Scientific Station (ECLJ), were planned and led by Vázquez. These collections (about 1600 numbers) became the nucleus of Herbarium ZEA (Holmgren & Holmgren 1993), now located at IMECBIO in Autlán. Field work from 1986 through 1988 was led by Vázquez in company with Ramón Cuevas G., María de la O Villalobos S. and Ma. Baudelia Franco A., and was planned with the intention of visiting selected stations throughout the entire Sierra, each three times a year, in the wet season and both early and late in the dry season. From 1988 to 1990, numerous collecting excursions were led by Cuevas, in company with Manuel Rosales C., Luis Guzmán H., Enrique Sánchez V., Arturo Solís M., and others, including trips connected with various investigations of the second administration directed by Enrique Jardel P. (Table 1). Begining in 1990, major vegetation surveys, such as Vázquez's ecological gradient analyses teams, Jardel's researchers on cloud forests, Benz's ethnobotanical team, and Lazaro Sanchez's ecology group at Las Joyas, have added significant collections and new records to the checklist. Since 1988 Francisco Santana M. and Luis Guzmán H. have been collecting intensively, including in remote areas, and Cuevas (1994) has reworked the rich collecting grounds at the Las Joyas Scientific Station. It is fair to say that except for the Valley of Mexico, the Sierra de Manantlán has one of the most thoroughly explored floras in Mexico.

**Description of the Sierra de Manantlán**

(More detailed descriptions of the physical characteristics and vegetation of the Sierra de Manantlán are given in Guzmán M. 1985b, Jardel P. 1992, and the introductory chapters of the present work, all of which may be consulted for more extensive citations of literature.)

*Physical Geography:* The Sierra de Manantlán is divided into two main topographic-geologic parts (Figs. 4, 5): the southeastern portion, consisting primarily of Cerro Grande, a well-defined plateau of karstic Upper Cretaceous limestone reaching 2560 m; and the northwestern portion, the rugged Sierra de Manantlán proper, which is of more recent and volcanic origin. Here, small mesas exist, but in general the topography is very rough, featuring peaks, ridges, steep-sided ravines, and enormous basaltic cliffs, with an altitudinal amplitude ranging from 400 m (1310 ft) at La Resolana (Casimiro Castillo) to 2860 m (9380 ft) at Cerro Las Capillas.

Its limestones riddled with caves, Cerro Grande is relatively dry, lacking permanent streams and bodies of water except for the spring-fed ponds at La Laguna (Lazcano S. 1988) (Fig. 6). In contrast, the northern and eastern slopes of the Sierra de Manantlán are drained by the Ayuquila and Armería rivers and their many tributaries, the west end by the Río Purificación (via the El Tecolote sub-basin), and the entire southern slope eastward to the vicinity of La Lima by the Río Marabasco (via the Cuzalapa, Ayotitlán, and Minatitlán sub-basins) (Fig. 6). Of the approximately 2440 water courses, only 34 are permanently flowing; all the rest are intermittent. In a country not blessed with an overabundance of water, the Sierra is enormously important to the communities of the nearby valleys as a source of water for both drinking and irrigation. Several endemic fish (Lyons & Navarro P. 1990) as well as undescribed red algae (***Lemanea***; Blum in ms.) have been discovered, but most of the aquatic biota is essentially unknown.

*Soils:* In the Sierra de Manantlán the soils of greatest extent (Fig. 7), such as entisols and cambisols, are of low fertility and are susceptible to erosion. They occur all along the ridges of the Sierra. Soils of moderate fertility, namely acrisols and luvisols, are less extensive but common on gentle slopes. On Cerro Grande the soils are mostly andosols although the highest elevations are overlain by transported volcanic material. Mollisols and lithosols cover the sides of the plateau, and "terra rosa," insoluble calcareous clays, accumulates around sinkholes.

*Climate:* The climate is mild and lacks a cold winter, though winter frosts are locally common in the highest valleys above 2300 m (as the name Arroyo Neverías implies). Highly seasonal, it is characterized by a pronounced wet season from June to October alternating with a pronounced dry season from November to the middle of June (Figs. 8, 9). Average annual precipitation varies from about 800 mm (32 inches) in the broad valleys lying in the rainshadow of the Sierra at the base of its north slope to 1700 mm (67 inches) in the cloud forests at the highest elevations facing the Pacific Ocean (Martínez R. et al. 1991) (Figs. 9, 10). Mean annual temperatures vary from 12 to 27 ° C (54 to 81 ° F) among the few meteorological stations that exist in the Sierra de Manantlán. Unfortunately, there are no stations at Las Capillas and nearby peaks, the coldest habitats with the largest number of endemic plant species.

*Vegetation:* The soaring east-west topography; the diverse geology; the dramatic climate (highly seasonal and combined with moist Pacific Ocean westerlies unloading on the south-facing slopes and thus creating an enormous rain shadow to the north of the Sierra); the occurrence of temperate as well as tropical elements: all are interrelated factors that have resulted in an intricate and complex mosaic of vegetation (Vázquez et al. 1990) (Fig. 11, p. 55). Three of the 17 floristic provinces recognized for Mexico by Rzedowski (1978) are represented here, namely the Pacific Coast, Balsas Depression, and Southern Mountains provinces, which occupy 25%, 15%, and 60% of the Sierra de Manantlán

Biosphere Reserve, respectively. The 13 characteristic vegetation types described for western Mexico by Rzedowski and McVaugh (1966) are by and large recognizable in the field (Vázquez G. et al. 1990); however, delimiting their extent must, perforce, be quite arbitrary, for vegetational patterns are often obscured through intergradation of the principal types and by the complexities of secondary succession.

The Sierra de Manantlán must have been, and still is, a Pleistocene forest refugium (survivium), both as part of a cool temperate archipelago of localized and relictual cloud forest islands (Vázquez G. 1993, 1995) and as a refuge for tropical mesophytes during xeric periods. It is home not only to a rich forest flora of magnolia, walnut, basswood, fir, and sugar maple (***Acer skutchii***), but also to a caper (***Capparis quiriguensis***), a yoloxochitl (***Talauma*** sp.), and other tropical species (e.g., ***Calatola laevigata***) of low dispersal potential, whose closest but highly disjunct populations are in eastern and southeastern Mexico, separated from Manantlán by distances far too great to be explained by colonization through long-distance dispersal. Finally, the topographic isolation of the Sierra de Manantlán explains its role as an evolutionary center. Its flora contains over two dozen species—some remarkably distinct—that are restricted to the Sierra de Manantlán (so far as known), often its crest and upper slopes, plus another six dozen or more regional endemics of the Sierra Madre del Sur.

Forest vegetation covers all of the Reserve except for areas in permanent agriculture (including *pastizales*—pastures) and a very limited amount of fire-induced pine–tussock grass savanna (symbol VXA, *vegetación xeróphyta de altura*, Table 5) at the highest elevations (above 2500–2800 m) and a savanna-like community dominated by ***Byrsonima*** and ***Curatella*** (VSb, *vegetación sabanoide*) near its base. Few if any of the vegetation types have escaped grazing by cattle, and much destructive overgrazing has taken place in the past and is certainly taking place at present.

The most extensive vegetation types are arranged in a zonal pattern, sharply so on the north-facing slopes and on Cerro Grande, but much more irregularly on the south side of the Sierra. From the subarid lower slopes upward, for example, on the routes from El Chante to Tecopatlán, on through Manantlán to Cerro La Cumbre, or from Ahuacapán to Las Joyas, they are the tropical dry (deciduous) forests (BTC), subtropical scrub (Ms), oak forests (BQ), pine-oak forests (BPQ), and montane mesophytic forests (BMM), the latter discontinuous and, influenced by cold air drainage, extending downward in the narrow valleys. These, and other types of lesser extent, such as the tropical moist (subdeciduous) forests (BTS), gallery forests (BG), pine forests (BP), and fir forests (BAb), are all characterized in Rzedowski and McVaugh (1966), Guzmán M. (1985b), and in the more detailed phytogeographic analysis by Vázquez and Cuevas in the present work. The extensive seasonal forests and xerophytic formations dominated by cereoid candelabra cacti that once covered the fertile valley floors at low elevations in the Sierra de Manantlán rain shadow, as between El Grullo and Autlán, have almost all been wiped out by agriculture (sugar cane, tomatoes in the past) and are barely represented within the Reserve.

The cerros and plateaus of the eastern, Cerro Grande portion of the Sierra, especially, are surrounded at 400 to 1200 m (1300 to 3900 ft) by tropical deciduous forest (BTC), a species-rich community of non-spiny trees that reach heights of 8 to 15 m (26 to 49 ft). Species of ***Lysiloma***, ***Heliocarpus***, and Bombacaceae (***Pseudobombax***, ***Ceiba pentandra***) characterize much of this xeromorphic landscape. At the same or higher elevations (800 to 1200 m, 2600 to 3900 ft), this vegetation gives way to subtropical scrub (Ms), in reality mostly secondary vegetation (VS) (important associates include ***Pithecellobium acatlense***, ***Ziziphus mexicana***, ***Stemmadenia tomentosa*** var. ***palmeri***, and ***Zanthoxylum*** spp.) that incorporates a derived spiny forest whose dominants include ***Acacia cochliacantha*** and ***Jacquinia macrocarpa***.

Mesophytic montane forest (BMM) and especially the fir forest (BAb) make up but little of the total area; nonetheless, they are highly conspicuous and important habitat types. The former occupies protected canyons and steep slopes that are more humid but less cool than sites typical for conifers and oaks and extends over an altitudinal range from 700 to 2600 m (2300 to 8500 ft). Often studded with thousands of tillandsias, orchids, ferns, and other epiphytes, the primary arborescent components include such generically Holarctic elements as ***Magnolia iltisiana*** (Vázquez G. 1990, 1994), ***Ilex brandegeana, Tilia mexicana*** (much cut in the past and exported to Michoacan for the making of guitars), ***Carpinus tropicalis,*** and ***Ostrya virginiana,*** these mixed with tropical elements like ***Dendropanax arboreus, Styrax argenteus, Meliosma, Clethra,*** and ***Rapanea.*** Their twigs and branches are often draped with non-vascular epiphytes, the most prominent being the moss-like liverwort ***Bryopteris filicina.*** In the high part of the Sierra (2000 to 2600 m, or 6600 to 8500 ft) the fir forest frequently replaces mesophytic montane forest in the heads of the canyons, the two types sometimes intermixed. The leading dominants, ***Abies religiosa*** and ***A. religiosa*** var. ***emarginata,*** also form pockets or understory layers in pine forest, as at El Guízar, or pure stands, such as in Arroyo Manantlán, where they descend to as low as 1500 m (4900 ft), and on Cerro Grande, where ***Cupressus lusitanica*** can be as important as ***A. religiosa. Ostrya virginiana, Quercus laurina,*** and ***Pinus pseudostrobus*** are associates, along with ***Holodiscus argenteus, Fuchsia arborescens,*** and ***Buddleja parviflora.***

The transition to oak forests (BQ), of which there are two types, is usually rather sharp. A deciduous woodland (***Quercus*** spp., including ***Q. castanea, Q. magnoliifolia, Q. resinosa,*** and ***Acacia pennatula***) is characteristic of drier, lower altitudes from 400 to 1500 m (1300 to 4900 ft) and a subdeciduous forest of taller trees (***Q. laurina, Q. candicans, Q. crassipes, Q. obtusata,*** and others) of relatively moist sites above 1500 m (4900 ft). At about 1000 m (3200 ft) and extending upward to 2500 m (8200 ft) the oak forests merge into extensive pine-oak forests (BPQ) made up of mixtures of ***Pinus oocarpa, P. maximinoi*** and ***P. douglasiana,*** and ***Quercus resinosa, Q. elliptica, Q. magnoliifolia*** and ***Q. castanea.*** Giant trees of ***Q. salicifolia*** are often most striking (Photos G, J). These unstable, poorly characterized associations show preclimax relationships to the oak and pine climaxes. In the high parts of the Sierra, generally above 800 m (2600 ft), where pines are mixed with oaks, and more continuously from 1800 to 2800 m (5900 to 9200 ft), the climax forest is made up largely of pines [***Pinus douglasiana, P. herrerae, P. leiophylla, P. montezumae***; see Cuevas G. & Núñez L. (1988) for a treatment of the Manantlán pines], which grow in pure or mixed stands. Besides oaks, such species as ***Arbutus xalapensis, Comarostaphylis discolor,*** and ***Clethra*** grow in association.

The tropical moist forest (BTS) occurs on lower to middle slopes (400 to 1200 m, 1300 to 3900 ft) entirely in the west end of the Sierra. The overstory is dominated by trees 15 to 35 m (50 to 115 ft) tall and 30 to 60 cm (12 to 24 in) in diameter. Among the many characteristic species are ***Brosimum alicastrum, Sideroxylon cartilagineum, Coussapoa purpusii, Hura polyandra, Guarea glabra, Dendropanax arborea,*** and ***Calophyllum brasiliense*** var. ***rekoi,*** and occasionally, ***Populus guzmanantlensis.***

Physiognomically, gallery forests (BG) are very heterogeneous, tree sizes ranging from 5 to 40 m (15 to 130 ft). They occur over a great altitudinal range (400 to 2200 m, 1300 to 7200 ft) and contain numerous species. Wetter types along rivers and larger arroyos are usually dominated by ***Alnus*** spp. and mixed with ***Fraxinus uhdei, Juglans major*** var. ***glabra,*** and ***Ostrya*** or ***Carpinus.*** At lower altitudes ***Salix humboldtiana*** and ***S. bonplandiana*** dominate, along with ***Cecropia obtusifolia, Ficus*** spp., ***Inga eriocarpa,*** and ***Astianthus. Lonchocarpus salvadorensis*** is a common associate across the southern half of the Sierra.

The ten families with the largest number of species are Compositae (333), Leguminosae (254), Gramineae (221), Orchidaceae (181), Euphorbiaceae (100), Solanaceae (71), Rubiaceae (66), Labiatae (63), Cyperaceae (54), and Malvaceae (53) (Fig. 12). The ten families with the largest number of genera are Compositae (93), Gramineae (77), Leguminosae (62), Orchidaceae (55), Rubiaceae (27), Euphorbiaceae (24), Malvaceae (22), Liliaceae (20), Scrophulariaceae (20), and Cactaceae (16) (Fig. 13). Genera of particular importance include ***Salvia*** (nearly 40 species, at least 8 endemic), ***Euphorbia, Solanum, Eupatorium*** s. l., ***Senecio*** s. l., and such epiphytic orchids as ***Encyclia*** and ***Epidendrum*** (Fig. 14), which up to this day have remained insufficiently studied. Both on cliffs and sometimes in open woods grow a number of cacti and rosette xerophytes, such as ***Furcraea bedinghausii***, the enigmatic ***F. guerrerensis*** with giant inflorescences over 6 m tall, as well as several species of ***Agave***.

**Scope and Limitations of the Checklist**

This is a floristic checklist. Listed alphabetically within each family are all the vascular plant species that have been found growing in the wild in the Sierra de Manantlán Biosphere Reserve (Fig. 1) and certain contiguous corridors within its zone of influence [such as along the much-travelled Autlán-La Resolana (Casimiro Castillo) highway (Mexico 80), the large tract of seasonally dry forest between El Camichín and Tuxcacuesco and the nearby Cerro del Palacio, and the Manantlán foothills between Cuzalapa and Ayotitlán]. Each entry gives the scientific name of the plant and cites one or more voucher specimens and its herbarium of deposition. Otherwise, little information is given—some common names, few synonyms, and no habitats. Thus, although not an identification book nor a vegetation study, this is, nevertheless, a convenient source of distributional and altitudinal data and should be of great value to anyone interested in Mexican biodiversity, which is great and wonderful indeed.

The Sierra de Manantlán flora consists of 2774 species of vascular plants, a number greater than reported for any any other area of similar size in Mexico. These are distributed among 181 families, the largest 10 of which contain nearly half of all the species (Fig. 12). Whatever bryophytes that were collected are now at the Missouri Botanical Garden in St. Louis, lichens and algae, at the University of Wisconsin, and fungi, at the Instituto de Botánica of Universidad de Guadalajara, most of them waiting to be named. Probably 90% or more of the vascular plant species that grow in the Sierra de Manantlán, and certainly all the common ones, are now accounted for. Since the printing of the review edition of the checklist (50 copies, Vázquez G. et al. 1990), hundreds of additions, corrections, and revisions have come to light, warranting the publication of this new version. Experience, thus, would indicate that further collecting will continue to turn up new and interesting additions.

Of course, even now, not all our specimens have been identified, nor have all even been available for consultation when preparing the present edition, which reflects the state of our knowledge of the flora as of January 1995. One attribute of this work deserves special mention, and that is our concerted effort, expensive and time-consuming as it turned out to be, to make this checklist as accurate as possible. Many thousands of collections have been sent all over the world for identification to specialists, whose cooperation has greatly increased the value of this work. Of these we must single out the most patient Billie Turner and Guy Nesom for suffering our vast numbers of Compositae, Rogers McVaugh and Grady Webster for the irritatingly difficult Euphorbiaceae, T. P. Ramamoorthy for the beautiful and richly diverse ***Salvia***, Allan J. Bornstein for the impossible ***Piper*** and ***Peperomia***, and John T. Mickel, who graciously identified or verified many ferns. But the help of all others must be gratefully acknowledged as well (Appendix 1). By far the single most important contribution to our knowledge of the flora of this part of Mexico is

Rogers McVaugh's *Flora Novo-Galiciana* (1974–present), of which the eight volumes published so far have been freely consulted and invaluable.

Much work remains to be done before we can start writing a proper flora, before we can understand its ecology, its pollinators, its evolutionary genesis. Therefore, we urge all readers intrigued by this biotic wealth to come to the Sierra de Manantlán and contribute to its exploration. There is much to be learned, and even the rankest amateur, with care, can contribute to our knowledge. The better we get to know this biota, the more we shall be able to love it. And the greater our love, the greater our will to fight for its preservation. *We must strive to be good ancestors to future generations,* so that in centuries to come, Mexican boys and girls, and their American friends as well, will continue to enjoy the natural beauty of the Mexican landscape, and be empowered with a sense of wonder by the rich biota that adorns the mountains called Manantlán.

***Lamourouxia multifida,*** Las Joyas
foto: H. H. Iltis

## LITERATURE CITED


Cházaro B., M. J., R. Acevedo R., E. Lomelí M. y R. Patiño B. 1994. La Flora Novo-Galiciana y Rogers McVaugh. Fontqueria 39:263–279.

Cuevas G., R. 1994. Flora de la Estación Científica Las Joyas, Municipio de Aután, Jalisco, México. Tesis de Maestría. Colegio de Postgraduados. Montecillo, México. 133 pp.

Cuevas G., R. y N. M. Núñez L. 1988. Taxonomía de los pinos de la Sierra de Manantlán, Jalisco. Tesis. Facultad de Agronomía, Univ. de Guadalajara. Zapopan, Jalisco. 104 pp.

Guzmán M., R. 1978a. Redescubrimiento de ***Zea perennis*** (Gramineae). Phytologia 38:177.

Guzmán M., R. 1978b. Una nueva localidad para el teosinte ***Zea perennis*** y primer reporte de ***Zea mexicana*** para Jalisco. Bol. Inst. Bot. Univ. Guadalajara. Época 2, 6:9–10.

Guzmán M., R. 1985a. Protección e investigación al hábitat de ***Zea diploperennis***. Documentos Científicos. Univ. de Guadalajara. Guadalajara, Jalisco. 40 pp.

Guzmán M., R. 1985b. Reserva de la Biosfera de la Sierra de Manantlán, Jalisco. Estudio descriptivo. Tiempos de Ciencia 1:10–26.

Guzmán M., R. 1991. Gauging success in protecting Mexican biosphere reserves. M.S. Thesis. University of Wisconsin. Madison, Wis. 154 pp.

Guzmán M. y H. H. Iltis. 1991. Biosphere reserve established in Mexico to protect rare maize relative. Diversity 7:82–84.

Halffter, G. 1987. La Reserva de La Biosfera Sierra de Manantlán y la conservación *in situ* de los recursos bióticos. Revista Soc. Mex. Hist. Nat. 39:27–34.

Holmgren, P. K. y N. H. Holmgren. 1993. Additions to Index Herbariorum (herbaria), Ed. 8—second series. Taxon 42:496–497.

Iltis, H. H. 1980. The third University of Wisconsin-University of Guadalajara teosinte expedition to the Sierra de Manantlán, Jalisco, Mexico. Contr. Univ. Wisconsin Herb. 1:1–78. [Ed. 2. 1980 y Ed. 3. 1983.]

Iltis, H. H. 1981. Wild maize, wild mountains and wild tomatoes: the role of good fortune and serendipity in botanical explorations. Bot. Soc. Misc. Ser. Publ. 160:39.

Iltis, H. H. 1987a. Sierra de Manantlán (Jalisco, Mexico) miscellanea. Contr. Univ. Wisconsin Herb. 7:1–70. [Ed. 2. 1989.]

Iltis, H. H., J. F. Doebley, R. Guzmán M. y B. Pazy. 1979. ***Zea diploperennis*** (Gramineae): a new teosinte from Mexico. Science 203:186–188.

Jardel P., E. J. (Coord.). 1992. Estrategia para la conservación de la Reserva de la Biosfera Sierra de Manantlán. LNLJ, Univ. de Guadalajara. El Grullo, Jalisco. 312 pp.

Lazcano S., C. 1988. Las cavernas de Cerro Grande, Estados de Jalisco y Colima. LNLJ, Univ. de Guadalajara. Guadalajara, Jalisco. 144 pp.

Lovejoy, T. E. 1979b. Conservation beyond our borders. Nat. Conservancy News 29:4–7.

Lyons, J. y S. Navarro P. 1990. Fishes of the Sierra de Manantlán, west-central Mexico. Southw. Naturalist 35:32–46.

Martínez R., L. M., J. J. Sandoval L. y R. D. Guevara G. 1991. El clima en la Reserva de la Biosfera Sierra de Manantlán (Jalisco-Colima, México) y en su área de influencia. Agrociencia Ser. Agua-Suelo-Clima 2:107–119.

McVaugh, R. 1972a. Botanical exploration in Nueva Galicia, Mexico from 1790 to the present time. Contr. Univ. Michigan Herb. 9:205–357.

McVaugh, R. 1974. Flora Novo-Galiciana (Fagaceae. Beech Family). Contr. Univ. Michigan Herb. 12:1–93

McVaugh. R. 1983. Flora Novo-Galiciana (Gramineae). Univ. Michigan Press, Ann Arbor. Vol. 14, 436 pp.

McVaugh, R. 1984. Flora Novo-Galiciana (Compositae). Univ. Michigan Press, Ann Arbor. Vol.12, 1157 pp.

McVaugh, R. 1985. Flora Novo-Galiciana (Orchidaceae). Univ. Michigan Press, Ann Arbor. Vol. 16, 363 pp.

McVaugh, R. 1987. Flora Novo-Galiciana (Leguminosae). Univ. Michigan Press, Ann Arbor. Vol. 5, 786 pp.

McVaugh, R. 1989. Flora Novo-Galiciana (Bromeliaceae to Dioscoreaceae). Univ. Michigan Herb., Ann Arbor. Vol. 15, 398 pp.

McVaugh, R. 1992. Flora Novo-Galiciana (Gymnosperms and Pteridophytes). Univ. Michigan Herb., Ann Arbor. Vol. 17, 467 pp.

McVaugh, R. 1993. Flora Novo-Galiciana (Limnocharitaceae to Typhaceae). Univ. Michigan Herb., Ann Arbor. Vol. 13, 480 pp.

Rzedowski, J. 1978. Vegetación de México. Limusa. México, D. F. 432 pp.

Rzedowski, J. y R. McVaugh. 1966. La vegetación de Nueva Galicia. Contr. Univ. Michigan Herb. 9:1–123.

Sharp, A. J., H. Crum y P. M. Eckel (eds.) 1994. The moss flora of Mexico. Mem. N. Y. Bot. Gard. 69. Pts. 1, 2, 1113 pp.

Vázquez G., J. A. 1990. Taxonomy of the genus ***Magnolia*** in Mexico and Central America. M. S. Thesis. University of Wisconsin, Madison, Wis. 225 pp.

Vázquez G., J. A. 1993. Cloud forest archipelagos: preservation of fragmented montane ecosystems in tropical America. Pp. 203–216. En: L. S. Hamilton, J. O. Juvik y F. Scatena (eds.). Proc. int. symp. on tropical montane cloud forests. East West Center-UNESCO (Int. Hydrol. Program)-IITF. San Juan, Puerto Rico.

Vázquez G., J. A. 1994. ***Magnolia*** (Magnoliaceae) in Mexico and Central America: a synopsis. Brittonia 46:1–23.

Vázquez G., J. A. 1995. Cloud forest archipelagos: preservation of montane ecosystems in tropical America. Pp. 315–332. En: L. S. Hamilton, J. O. Juvik y F. N. Scatena (eds.). Tropical montane cloud forests. Ecol. St. 110. Springer-Verlag, New York.

Vázquez G., J. A., R. Cuevas G., T. S. Cochrane y H. H. Iltis. 1990. Flora de la Reserva de la Biosfera Sierra de Manantlán, Jalisco-Colima, México. Univ. de Guadalajara. Guadalajara, Jalisco. 166 pp.

Vietmeyer, N. D. 1979. A wild relative may give corn perennial genes. Smithsonian 10:68–76.

# Un Bosque Nublado en Jalisco: Carta Descriptiva de la Sierra de Manantlán

Rogers McVaugh

El presente antecedente, traducido de McVaugh (1952) por J. Antonio Vázquez G. e impreso con permiso del autor, trata de una carta descriptiva de la Sierra de Manantlán enviadas por Rogers McVaugh al Profesor Harley H. Bartlett, de la Universidad de Michigan, entonces editor responsable del *Asa Gray Bulletin*.

**Carta No. 4. Un Bosque Nublado en Jalisco**

4 de noviembre de 1952: Estimado tío Harley: ¡Viva Ruíz Cortínez! ¡Viva Eisenhower! Esta vez no te escribo del Nevado de Colima, nosotros ahora acampamos en un bosque nublado (estamos secándonos de una tormenta que nos agarró durante el medio día), aproximadamente 50 millas al N de Manzanillo, Colima, pero dentro del Estado de Jalisco. Aquí las montañas no parecen tener nombre; nos dijeron que les llaman "Sierra de los Aserraderos del Pacífico" [Nos dimos cuenta más tarde que **Sierra de Manantlán** es un nombre aceptado para este rango, R. McVaugh]. La compañía maderera ha abierto un camino hasta aquí arriba (vía Santiago, Col. a El Durazno, Jal.) y de esta forma estamos disfrutando los beneficios. El camino por sí mismo es maravilloso, al menos en las últimas 10 millas se puede ir de 1035 a 2560 m en una serie de curvas cerradas que van tan escarpadas que nuestro vehículo se resistía a ellas, excepto en primera velocidad. Nosotros estamos disfrutando mucho el viaje, especialmente porque hemos venido directamente del trópico cálido seco y pasamos repentinamente dentro de los lomeríos de pinares a 1065 m de altitud, entonces en tan sólo media hora entramos dentro de un bosque nublado con grandes oyameles a 1980 m, y finalmente en un bosque mixto húmedo donde los enormes pinos predominan en una elevada meseta.

6 de noviembre: Anteayer fuí interrumpido por un regaderazo de lluvia, y ahora estamos esperando otra tormenta; pero esta vez dentro de la camioneta. El martes cuando salimos a colectar, comenzó a llover, y por supuesto, no estábamos preparados, pues la estación lluviosa se suponía había terminado el 15 de octubre, entonces nos apresuramos al campamento y cubrimos con la tienda de campaña las secadoras, durante el resto del día secamos nuestra ropa y nuestras plantas. Ayer no hubo más lluvias, pero hubo nubes en constante movimiento durante todo el día.

El bosque nublado es realmente la cosa más impresionante de su clase que nosotros hallamos visto: todos los árboles, incluyendo los enormes oyameles, están cubiertos por una capa gruesa de musgos, líquenes y hepáticas; algunas veces, una rama del grueso de una pulgada puede parecer 3 ó 4 veces su talla a causa de su cubierta. La mayoría de los troncos, incluyendo rugosos, lisos, erectos y lianas, tienen un buen número de plantas epifíticas; los helechos por supuesto son los más abundantes, e incluyen muchas especies de ***Polypodium*** y varios otros géneros como ***Elaphoglossum***, ***Asplenium*** y ***Lycopodium*** (pareciendo como una cortina de cuerdas colgando de las ramas), el género ***Tillandsia*** (gallitos) es muy abundante, y así lo son las orquídeas (ahora la mayoría estériles); hay un cactus epifítico que parece como una cuerda que cuelga hasta 6 m de las ramas. Ahí está un ***Sedum***, también, y por supuesto se encuentran otras plantas ocasionalmente. Todos los lugares están permanentemente mojados, y después de haber respirado niebla durante 3 días pudimos entender el por qué.

El bosque por sí mismo es una intrigante mezcla: los oyameles son los más altos (1.5 m de diámetro y 38 m de alto), pero de ninguna forma es bosque de oyamel; de hecho, predominan los árboles de hoja ancha, nuestra misma ***Ostrya***, es tal vés la más común y muy grande (aprox. 1 m de diámetro), además hay encinos, ***Tilia***, ***Meliosma***, ***Styrax***, ***Symplocos***, ***Cornus***, ***Ternstroemia*** y ***Alnus***; todos estos son árboles enormes y abundantes. Casi no hay pinos, es más o menos la mezcla que se podría encontrar en una barranca profunda en el Nevado de Colima a la misma altitud, pero muy localmente; en cambio aquí, debido a la permanente incidencia de nubes, se extiende ampliamente en todas las laderas de las montañas.

9 de noviembre: Conforme las lluvias continuaron en nuestro campo nublado, y las trocas de la compañía maderera empezaban a tener dificultades para subir ("con mucho patinando", como dice la gente), decidimos trasladarnos hacia abajo e instalar otro campamento; esta vez en un bosque de pino a menos de 1830 m; aquí los oyameles están ausentes; ha habido relativamente poca tala, pues las pendientes son muy pronunciadas y difícilmente los pinos alcanzan más de 1 m de diámetro, por lo tanto, supongo que el corte no recupera el gasto. Aunque hay encinos, los pinos llegan a formar rodales casi puros, siendo más notorio en las laderas de exposición S y W. Hay pocos arbustos en el estrato bajo, pero las hierbas perennes son numerosas y variadas. Los géneros dominantes son: ***Stevia***, ***Eryngium***, ***Cacalia***, ***Cuphea***, ***Crotalaria*** y ***Andropogon***. Hay también muchos individuos pero pocas especies de ***Penstemon***, ***Lobelia***, ***Polygala***, ***Ranunculus*** y por supuesto, un buen número de plantas que no conocemos. En general el aspecto de los bosques no es muy diferente de los que hay en nuestra tierra, sin embargo, en las barrancas a 1830 m de altitud, puedes pasar repentinamente al trópico (excepto por ***Carpinus*** y ***Ostrya***, los cuales parecen estar en un hábitat apropiado conviviendo con ***Ardisia***, ***Clusia*** y ***Saurauia***). Nuestro más interesante hallazgo fue ***Podocarpus*** y aparentemente semillando normalmente en su hábitat adecuado.

A pesar de todas estas interesantes cosas, nosotros tuvimos que descender ayer, porque las lluvias continuaron y no esperábamos que se nos terminará el papel periódico, pues teníamos más colectas de las que habíamos pensado hacer en una semana, y así el papel se convirtió en el factor que limitó nuestra estancia. Nosotros planeamos regresar cuando las lluvias hayan terminado, tal vez a principios de diciembre. El patrón de lluvias aquí en las montañas del sur es muy interesante, las noches son hermosamente claras y estrelladas (pero la Osa Mayor no se alcanza a ver por la baja altitud, y además porque en este mes está más abajo durante la noche). Las mañanas son muy bellas y soleadas; de 10 a 11 del día las nubes empiezan a oscurecer el sol, y la lluvia llega de repente, frecuentemente con relámpagos y truenos, de 11 a 12 ó de 2 a 3. Después de esto se pone oscuro y nublado, aunque en forma irregular con manchas de brillo azul por aquí y por allá hasta que llega el crepúsculo. Tan pronto como empieza a oscurecer, las nubes desaparecen como por arte de magia, y entonces las estrellas salen. Ese fue el patrón durante una semana; así nosotros tuvimos que ajustarnos para nuestras actividades de comer, dormir y trabajar.

Los mejores saludos de nunca
**Rogers McVaugh**

## Literatura Citada

McVaugh, R. 1952. A cloud forest in Jalisco. Asa Gray Bull. N. S. 1:373–375.

*Cuphea hookeriana*, Las Joyas
foto: H. H. Iltis

# Exploración Botánica en la Sierra de Manantlán

J. Antonio Vázquez G.
Theodore S. Cochrane

Resulta difícil creer que las exploraciones botánicas en la Sierra de Manantlán iniciaron prácticamente hasta la segunda mitad de este siglo (1949). Previo a 1950, las colectas se realizaban principalmente cerca de las ciudades y pueblos más accesibles, ya que entonces, internarse en las montañas era lento y difícil (McVaugh 1994). Debido a esto, las colectas más frecuentes y extensivas en la Sierra de Manantlán se iniciaron hace apenas 40 años (en 1949), por investigadores de la Universidad de Michigan-Ann Arbor facilitado principalmente por la construcción de caminos. Cabe mencionar sin embargo, que una de las primeras colectas de ejemplares de herbario se hizo al Este de la Sierra de Manantlán en 1913, por el botánico Sr. Burnett, desconocido para los autores, quien tuvo acceso vía tren y colectó encinos en Cerro Grande, en altitudes mayores a 2000 m.s.n.m. (Trelease 1924). De esta localidad se reportan 4 especies de encinos, incluyendo el tipo de ***Quercus colimae*** Trel. [***Q. crassipes***], colectado por Burnett. La localidad de Cerro Grande fue temporalmente desconocida para R. McVaugh (autor de *Flora Novo-Galiciana*), quien supuso que la localidad mencionada por Burnett se trataba del Nevado de Colima, donde se han encontrado todas las especies citadas en dicha localidad (McVaugh 1972a).

**Pro-Flora-Novogaliciana** (1949 al presente):
*Nota:* La información de esta sección está basada en McVaugh (1972a).

El Dr. Rogers McVaugh, ahora en University of North Carolina-Chapel Hill (la mayor parte de su carrera impresionante estuvo adscrito a la Universidad de Michigan-Ann Arbor), con sus numerosas colectas intensivas durante más de 25 años en Nueva Galicia, es sin duda el más grande explorador de todos los tiempos en Nueva Galicia y el explorador pionero más importante de la Sierra de Manantlán.

En Marzo de 1949, el Dr. McVaugh y su entonces asistente Robert Wilbur se integraron a un grupo de zoólogos, encabezados por el Dr. Emmet Hooper, incluyendo al ornitólogo Alemán, Dr. Helmuth Wagner, quien tenía ya algo de tiempo como residente en México. Habiendo sido todos financiados por la Universidad de Michigan, emprendieron una expedición que incluyó partes de Michoacán y Jalisco: Ciudad Guzmán, Atenquique, El Izote, Nevado de Colima y Piedra Ancha. El 7 de Abril de 1949 este grupo acampó a 3 km al N de La Resolana (hoy Casimiro Castillo), en las cercanías de la entonces nueva carretera a La Resolana. Las colectas duraron 3 días (Nos. 10172–10236 de McVaugh), y se concentraron en las tierras bajas alrededor del campamento, en las laderas de exposición hacia el mar, y a través del pasaje que conduce a Autlán (posiblemente entre La Calera y Los Mazos) (Fig. 3). Dos días después, un nuevo campamento fue establecido en el Rancho Manantlán; en un ascenso realizado vía El Chante con ayuda de animales de carga; al siguiente día se instaló un campamento más permanente, haciéndose colectas en una barranca (Nos. 10237–10341 de McVaugh), a 2300 m.s.n.m., cerca de un gran nacimiento de agua, al margen del bosque de oyamel. En tan sólo 2 meses más tarde Robert Wilbur regresó a la Sierra, a las inmediaciones entre Autlán y La Resolana, en compañía de su hermano y del briólogo Howard Crum. Esta expedición fue financiada por el Jardín Botánico de la Universidad de Michigan. Del 25 de Junio al 24 de Agosto, realizaron la mejor y más grande colecta (Nos. 1372–2479 de Wilbur) que se haya realizado en Jalisco en un lapso de tiempo tan corto. Las primeras series de duplicados fueron depositados en la Universidad de Michigan (MICH) y en la Universidad Nacional Autónoma de México (MEXU).

En Abril de 1951 McVaugh y David B. Hoover colectaron solamente de paso entre Tequesquitlán y La Resolana (Nos. 11833–11912 de McVaugh) y entre La Resolana y Autlán (Nos. 11913–11962 de McVaugh). En Noviembre de 1952, McVaugh y Joseph Sooby colectaron en las cercanías del aserradero El Cuartón, aserradero San Miguel Uno y en el descenso entre San Miguel Uno y El Durazno (Nos. 13827–14018 de McVaugh), habiendo entrado por una brecha que inicia en Santiago, Col., la cual recibía mantenimiento por la Compañía Aserraderos del Pacífico. En Julio de 1957, McVaugh, su hijo Michael R. McVaugh y John T. Mickel colectaron en las cercanías de El Durazno (Nos. 15409–15479 de McVaugh). En Noviembre de 1959, McVaugh y Walter N. Koelz colectaron en el pasaje de Autlán a La Resolana, 14–15 km al SO de Autlán (Nos. 848–849 de McVaugh y Koelz). Después colectaron en el valle de la Villa de Ahuacapán (Nos. 900–1018 de McVaugh y Koelz), principalmente en bosques de barranca y en las montañas al E del aserradero de Corralitos.

En Septiembre de 1960, Efraím Hernández X. y Jerzy Rzedowski acompañaron al Dr. McVaugh et al. en uno de sus extensos recorridos; en esta ocasión intentaron un ascenso en camioneta vía Ahuacapán-Corralitos, sin embargo, a la altura de 1800 m.s.n.m., el deterioro del camino impidió el paso, y sólo se colectaron pocos números (19531–19643 de McVaugh). En Noviembre de 1962, acompañando a Arthur Cronquist, McVaugh colectó pocos números de ***Bursera*** al SO de Autlán (Nos. 21995–21999). En Marzo de 1965, McVaugh, William R. Anderson, Chester Laskowski y Michael Baad colectaron en El Chante, La Cumbre, San Miguel, Neverías, El Cuartón, regresaron a La Cumbre y descendieron hacia El Durazno donde encontraron abundancia de ***Matudaea*** y ***Podocarpus*** (Nos. 23177–23262 de McVaugh).

En Febrero de 1975, McVaugh, Ruth B. McVaugh, Gordon McPherson y Howard y Marie Gentry colectaron entre El Chante y la Sierra, en la vecindad del aserradero (Rincón de Manantlán), ascendieron hacia La Cumbre, al sitio abandonado del aserradero El Guízar y al Rancho El Guadalupe (20–27 km al E de La Cumbre).

**Búsqueda de Teosintes** (1977 al presente):
La colectas continuaron en 1977, cuando Rafael Guzmán, estudiante del Instituto de Botánica de la Universidad de Guadalajara y la profesora Luz Ma. Villarreal de Puga, directora del mismo, redescubrieron cerca de Ciudad Guzmán, no lejos de la Sierra, el teosinte tetraploide, ***Zea perennis***, que supuestamente se había extinto (Guzmán M. 1978a). Poco después, en Diciembre de 1977, Guzmán encontró otra población de teosinte perenne, en Cuautitlán: La Ventana, Cerro San Miguel, Sierra de Manantlán (Guzmán M. 1978b). Esta población resultó ser una nueva especie de teosinte perenne, pero diploide, pronto descrita como ***Z. diploperennis*** en la revista *Science* por Hugh H. Iltis de la Universidad de Wisconsin, John Doebley, ahora en la Universidad de Minnesota, Guzmán, de la Universidad de Guadalajara y la citóloga Israelita, Batia Pazy, de la Universidad de Jerusalem (Iltis et al. 1979). Desde 1978, la exploración de la Sierra de Manantlán ha continuado sin interrupción, e Iltis ha colectado casi cada año desde entonces (Cuadro 1).

En 1979–1980 se realizó la más grande y mejor integrada expedición en la Sierra de Manantlán, no sólo con la finalidad de continuar la búsqueda de más poblaciones de teosinte pero además de documentar mejor la riqueza biológica de la Sierra. La expedición incluyó 19 investigadores, incluyendo botánicos, ecólogos, ornitólogos y entomólogos y produjo cerca de 5000 especímenes en 800 números (Iltis 1980), así como una lista preliminar sobre las aves y ecología del lugar. En dicha expedición se encontraban: Hugh Iltis, Edward Beals, Donald Waller, Robert Kowal, Kurt Rusterholz, Stephen Solheim, George Schatz, Bradley Schnee (de UW–Madison), Paul Sørensen y Penny Matekaitas (de Northern Illinois University), John Blum (ex UW–Milwaukee, en paz descanse), Cladwell Hahn (del WWF-Washington), John Schwartz y Marty Bender (del Land Institute, Salina, Kansas), Luz Ma. Villarreal de Puga, Rafael Guzmán M., Servando Carvajal H., J. Antonio Vázquez G. y Eugenio Nieto R. (del Instituto de Botánica y de la Facultad de Agricultura de la Universidad de Guadalajara). Ahora, 16 años después, cerca de 100 botánicos, solos o acompañados, han colectado en la Sierra y han depositado especímenes en muchos herbarios de México, Estados Unidos y Europa.

**Pro-Flora de Manantlán** (1984 al presente):
En 1984–1985 Theodore Cochrane y Emmet Judziewicz en compañía de Ramón Cuevas colectaron extensivamente en la Sierra durante cuatro semanas, haciendo 830 colectas (3200 especímenes), y Cochrane ha regresado regularmente desde entonces y colectado enormes series de exsiccatae. En este mismo año, Iltis encontró que gran cantidad de arbolado viejo, incluyendo majestuosas magnolias, se encontraban marcadas para ser extraídas. La oportuna notificación de este acto ilegal aceleró la adquisición del predio Las Joyas (1245 ha) para el establecimiento de la Estación Científica Las Joyas (Fig. 2). Más tarde, dichas poblaciones de magnolia se describieron como especie nueva, ***Magnolia iltisiana***, en honor del profesor aguerrido (Vázquez G. 1990, 1994).

Durante el mismo periodo, estudiantes de la Maestra Puga de la Universidad de Guadalajara condujeron exploraciones, comenzando con Rafael Guzmán en 1977. En 1985, con el establecimiento del Laboratorio Natural Las Joyas (LNLJ), fungiendo Guzmán como director y Antonio Vázquez como coordinador del Area de Flora, el proyecto Flora de Manantlán se inició oficialmente. A partir de entonces las colecciones se hicieron sistemáticamente. Durante el primer año, se hicieron una docena de viajes aproximadamente, cada uno de una semana de duración y enfocados en la Estación Científica Las Joyas (ECLJ), planeados y dirigidos por Vázquez. Estas colectas (cerca de 1600 números) constituyeron la fundación del Herbario ZEA (Holmgren y Holmgren 1993), ahora localizado en IMECBIO en Autlán, Jalisco. Las colectas de 1986 a 1988 continuaron a conducidas por Vázquez en compañía de Cuevas, María de la O Villalobos S. y Ma. Baudelia Franco A., planeadas con la intención de visitar estaciones selectas a través de la Sierra de Manantlán, cada una tres veces por año, en las estaciones húmeda, semihúmeda y seca. Encuentros importantes durante este periodo incluyen el álamo tropical de rápido crecimiento, ***Populus guzmanantlensis*** en 1986 en la Barranca del Tecolote (Vázquez G. y Cuevas G. 1989), y helechos arborescentes (en 1987), ***Cyathea costaricensis*** y ***C. mexicana***, en Cuzalapa y Telcruz respectivamente (Villalobos S. en prep.). Como resultado de dichas exploraciones se reportaron para la zona más 2150 especies de plantas vasculares (Vázquez G. et al. 1990), cifra que se ha incrementado con la presente contribución en más del 25% .

De 1988 a 1990, numerosas excursiones fueron dirigidas por Cuevas en compañía de Manuel Rosales C., Luis Guzmán H. y Enrique V. Sánchez R., Arturo Solís M. y otros, incluyendo varios investigadores de la segunda administración a cargo de Enrique Jardel P. (Cuadro 1). En los últimos años Cuevas ha intensificado la exploración durante la preparación de un listado florístico para la ECLJ (Cuevas G. 1994).

**Pro-Vegetación de Manantlán** (1990 al presente):
De 1990 a la fecha, importantes levantamientos de vegetación tales como el equipo de análisis de gradientes conducido por Vázquez, los investigadores de bosque mesófilo de Jardel (Muñoz M. 1992, Santiago P. 1992), el equipo etnobotánico de Benz (Benz et al. 1994) y el grupo de ecología de Lázaro Sánchez han incrementado significativamente las colecciones y nuevos registros para la flora. Desde 1988 Francisco Santana M. y Luis Guzmán H. han colectado intensiva y selectivamente, incluyendo areas remotas. Cabe resaltar que la flora de la Sierra de Manantlán destaca ahora entre las floras más y mejor exploradas en México. En este periodo se reporta la localidad más occidental de ***Acer skutchii*** en México (Jardel P. et al., en prensa).

## Literatura Citada


Benz, B. F., F. J. Santana M., M. R. Pineda L., J. Cevallos E., L. Robles H. y D. De Níz L. 1994. Characterization of mestizo plant use in the Sierra de Manantlán, Jalisco-Colima, México. J. Ethnobiol. 14:23–41.

Cuevas G., R. 1991. Flora de la Estación Científica Las Joyas, Municipio de Autlán, Jalisco, México. Tesis de Maestría. Colegio de Postgraduados. Montecillo, México. 133 pp.

Guzmán M., R. 1978a. Redescubrimiento de ***Zea perennis*** (Gramineae). Phytologia 38:177.

Guzmán M., R. 1978b. Una nueva localidad para el teosinte ***Zea perennis*** y primer reporte de ***Zea mexicana*** para Jalisco. Bol. Inst. Bot. Univ. Guadalajara. Época 2, 6:9–10.

Holmgren, P. K. y N. H. Holmgren. 1993. Additions to Index Herbariorum (herbaria), Ed. 8—second series. Taxon 42:496–497.

Iltis, H. H. 1980. The third University of Wisconsin–University of Guadalajara teosinte expedition to the Sierra de Manantlán, Jalisco, Mexico. Contr. Univ. Wisconsin Herb. 1:1–78. [Ed. 2. 1980 y Ed. 3. 1983.]

Iltis, H. H., J. F. Doebley, R. Guzmán M. y B. Pazy. 1979. ***Zea diploperennis*** (Gramineae): a new teosinte from Mexico. Science 203:186–188.

McVaugh, R. 1972a. Botanical exploration in Nueva Galicia, México from 1790 to the present time. Contr. Univ. Michigan Herb. 9:205–357.

McVaugh, R. 1994. Exploración botánica en Nueva Galicia y su importancia en la producción de una nueva Flora Novo-Galiciana. Bol. Inst. Bot. Univ. Guadalajara. Época 3, 1:1–38.

Muñoz M., Ma. E. 1992. Distribución de las especies arbóreas del bosque mesófilo de montaña en la Reserva de la Biosfera Sierra de Manantlán. Tesis. Facultad de Ciencias, Univ. de Guadalajara. Guadalajara, Jalisco. 102 pp.

Santiago P., A. L. 1992. Estudio fitosociológico del bosque mesófilo de montaña de la Sierra de Manantlán. Tesis. Facultad de Ciencias, Univ. de Guadalajara. Guadalajara, Jalisco. 123 pp.

Trelease, W. 1924. The American oaks. Mem. Natl. Acad. Sci. 20:Figs. 255, 420.

Vázquez G., J. A. 1990. Taxonomy of the genus ***Magnolia*** in Mexico and Central America. M.S. Thesis. University of Wisconsin. Madison, Wis. 225 pp.

Vázquez G., J. A. 1994. ***Magnolia*** (Magnoliaceae) in Mexico and Central America: a synopsis. Brittonia 46:1–23.

Vázquez G., J. A. y R. Cuevas G. 1989. Una nueva especie tropical de ***Populus*** (Salicaceae) de la Sierra de Manantlán, Jalisco, México. Acta Bot. Mex. 8:39–45.

Vázquez G., J. A., R. Cuevas G., T. S. Cochrane y H. H. Iltis. 1990. Flora de la Reserva de la Biosfera Sierra de Manantlán, Jalisco-Colima, México. Univ. de Guadalajara. Guadalajara, Jalisco. 166 pp.

Villalobos S., M. C. de la O (en prep.). Pteridofitas de la Sierra de Manantlán. Tesis. Facultad de Ciencias. Univ. de Guadalajara. El Grullo, Jalisco.

## Cuadro 1
## Principales colectores en la Sierra de Manantlán

**1913** Burnett.

**1949** Rogers McVaugh, Robert L. Wilbur, C. Roger Wilbur y Howard Crum.

**1951** McVaugh y David B. Hoover.

**1952** McVaugh y Joseph Sooby.

**1957** McVaugh, John T. Mickel y Michael R. McVaugh.

**1959** McVaugh y Walter N. Koelz.

**1960** McVaugh, Richard W. Pippen, Jerzy Rzedowski y Efraím Hernández Xolocotzi.

**1962** McVaugh y Arthur Cronquist.

**1965** McVaugh, William R. Anderson, Chester W. Laskowski y Michael F. Baad.

**1975** McVaugh, Ruth B. McVaugh, Gordon McPherson, Howard S. Gentry, Marie Gentry y Carlos Luis Díaz Luna.

**1976** Tod F. Stuessy y Robert C. Gardner.

**1977** Rafael Guzmán Mejia, Roberto Álvarez Corona, y Díaz L.

**1978** Hugh H. Iltis, Alex Lasseigne, John F. Doebley y Guzmán M.

**1979** Iltis, Michael Nee, Guzmán M., Lowell R. Nault y Walter Goeppinger.

**1980** Iltis, Guzmán M., Robert R. Kowal, Stephen L. Solheim, John Blum, Paul D. Sørensen, Edward W. Beals, Luz María Villarreal de Puga, Servando Carvajal Hernández, José Antonio Vázquez García, Nault, Donald M. Waller y Penny Matekaitis.

**1981** Vázquez G., Gregorio Nieves Hernández, Conrado Sánchez Salamanca, Iltis y Villarreal de P.

**1982** Arturo Solís Magallanes, Vázquez G., Iltis, Bruce F. Benz, Martin Burd, Rzedowski, Ricardo Ornelas Uribe, Ismael Calzada, Jorge Alberto Pérez de la Rosa, Francisco Javier Santana Michel y Ricardo Michel.

**1983** Hernández X., Nieves H., Pérez de la R., Iltis, Solheim, McVaugh, Guzmán M., Santana M. y Benz.

**1984** Iltis, Guzmán M., Ana Valenzuela Ramírez, Ma. de Jesus Saínz Chavez, Hilda Arreola Nava, Villarreal de P., Pérez de la R., Luz Ma. González Villarreal, Iltis, Sharyn Wisniewski, Theodore S. Cochrane, Emmet J. Judziewicz, Ramón Cuevas Guzmán y Santana M.

**1985** Vázquez G., María de la O Villalobos Santana, América Loza Llamas, Cecilia Téllez Bañuelos, Josefina Ramos Herrera, Rosa Romo Campos, Calzada, Nieves H., Francisco Trujillo Flores, Laura Guzmán Davalos, Gastón Guzmán, Margarita Anaya Corona, Cochrane, Judziewicz y Rafael Ursúa Gómez.

**1986** Vázquez G., Villalobos S., Ma. Baudelia Franco Alvarez, Cuevas G., Solís M., Martha Olivia Flores Luna, Victor Bedoy, Rafael Soltero Quintana, Santana M., Pérez de la R., Sergio Samudio, Fernando Guévara, Sonia Navarro, Raymundo Ramírez Delgadillo, Domitila De Níz Lara, George M. Diggs, Morán C., Saínz C., Efraín Hernández Márquez y López C.

**1987** Vázquez G., Cuevas G., Manuel Rosales Castellanos, Luis Guzmán Hernández, Santana M., Gerald Bold, Hector Gaxiola, Iltis, Miguel Cházaro Basañez, Benz, Diggs, Isabel Alcocer, Leia Scheinvar, Arreola N., Pérez de la R., González V., Agustín Flores Macias, Oscar Reyna Bustos, Soltero Q. y Enrique Jardel Peláez.

**1988** Cuevas G., Nora Minerva Núñez López, Guzmán H., Santana M., Rosales C., Raúl López Velázquez, De Níz L., Iltis, Ángel Kato, Enrique Cortez Flores, Ornelas U., Flores M., Lázaro Rafael Sánchez Velásquez, Luis Robles Hernández, Benz, Leticia Hernández López, Gerardo López Hernández, Vázquez G., Pepita Lorente Adame, Isidro Briseño Villaseñor, Solís M., Martha O. Flores L., Anaya C., Nieves H. y Anderson.

**1989** Cuevas G., Santana M., Guzmán H., Núñez L., López H., De Níz L., Robles H., Anaya C., Cházaro B., Reyna B., Mark A. Wetter, Kowal, Cochrane, Ramírez D., Secundino González Casillas, Lynn Clark, Santana M., Pedro Tenorio, Briseño V., Lorente A., Ana Lilia Cárdenas Torres y Judith Cevallos Espinosa.

**1990** Cuevas G., Santana M., Guzmán H., Núñez L., Hernández L., Cochrane, Nieves H., Vázquez G., Beals, De Níz L., Cárdenas T., Cevallos E. y Robles H.

**1991** Cuevas G., Santana M., Guzmán H., Cochrane, Wetter, Rosales C., Enrique Valente Sánchez Rodríguez, Vázquez G., Benz, Jardel P., Solís M., De Níz L. y Cevallos E.

**1992** Santana M., Guzmán H., Sánchez R., Benz, Cuevas G., Alicia L. Leinberger, Vázquez G., Mario Navarrete, Jardel P., Ana L. Santiago Pérez, Ma. Elizabeth Muñoz Mendoza, Rosales A., Cevallos E., González T., Soltero Q., Iltis y De Níz L.

**1993** Santana M., Guzmán H., Sánchez R., Benz, Cochrane, Harvey Ballard, Vázquez G., Jardel P., Santiago P., Francisco Hernández Vázquez, Navarrete, Rubén Ramírez Villeda, Martín Vázquez López, Rosales A., Muñoz M., Cevallos E., Leinberger, Daniel T. Aussem y Sonia H. Pérez Rubio.

# El Herbario ZEA del Instituto Manantlán de Ecología y Conservación de la Biodiversidad

Luis Guzmán H.
Ramón Cuevas G.
J. Antonio Vázquez G.

Un herbario es una colección de especímenes de plantas prensadas y secas (algunas veces en líquidos de preservación), arregladas bajo un sistema de clasificación determinado y disponible para consulta y referencia (Lawrence 1951, Jones 1987), y sus funciones de acuerdo a Benson (1957) y Jones (1987) son las siguientes: 1) ser una colección convencional de referencia para verificar la identificación de nuevos especímenes colectados, 2) servir de material de apoyo para la enseñanza en cursos de taxonomía, etnobotánica, fitogeografía, etc., a nivel de licenciatura y postgrado, principalmente, 3) preservar especímenes y servir como depósito para los especímenes de respaldo de estudios científicos y 4) como base de datos para estudios científicos, ecológicos, taxonómicos, etnobotánicos, fitogeográficos, etc. Las características y funciones de los herbarios se describen con más detalle en Cházaro B. (1990) y Carvajal H. (1987).

Los herbarios en México y en otros paises han llegado a considerarse monumentos nacionales. Con frecuencia, los herbarios forman parte de museos de historia natural, sirven como bancos de DNA, o se les compara con bibliotecas representativas del reino vegetal. Sin duda alguna, el valor real de los especímenes de herbario escapa del alcance de nuestra imaginación, sólo podemos abreviar que entre más conocemos más nos damos cuenta de su gran valor y de que sólo conservándolos podremos apreciarlos mejor y por siempre.

**Reseña Histórica del Herbario ZEA**

El Herbario ZEA se inició el primero de junio de 1985 en la ciudad de Guadalajara con la creación del Laboratorio Natural Las Joyas de la Sierra de Manantlán (ahora Instituto Manantlán de Ecología y Conservación de la Biodiversidad), bajo la dirección de J. Antonio Vázquez G.

En 1986 se designaron sus siglas "ZEA", por Ramón Cuevas G. y Vázquez, con fundamento en que esta zona forma parte de la región donde el género ***Zea*** alcanza su mayor diversificación, por la presencia de ***Z. perennis, Z. diploperennis, Z. mays*** subsp. ***parviglumis*** y diferentes maíces criollos de ***Z. mays*** subsp. ***mays***.

Es hasta 1993, cuando quedaron sus siglas registradas internacionalmente en *Index Herbariorum* (Holmgren y Holmgren 1993). A finales de 1987, el Herbario cambió su sede a la ciudad de El Grullo, Jalisco, debido a la necesidad de estar más cerca de la Reserva, intensificándose con ésto las colectas en el área. Actualmente, IMECBIO (incluyendo ZEA) se encuentra en proceso de buscar la posibilidad de transladar su sede a la ciudad de Autlán.

El Herbario ZEA ha aceptado intercambio con herbarios nacionales, pero éste ha sido limitado ya que por ahora no se cuenta con infraestructura para el crecimiento substancial de la colección de plantas secas, por lo mismo, se han donado más colecciones que las que se han recibido, y en algunas ocasiones se han intercambiado ejemplares por literatura y equipo, en apoyo a la biblioteca y laboratorios asociados al herbario. Se ha tenido también bastante intercambio de especímenes con el Herbario de la Universidad de Wisconsin (WIS), en el cual existe una colección de ejemplares de la Sierra de Manantlán equiparable a la del Herbario ZEA, y es razonable afirmar que como resultado del buen intercambio ambos herbarios comparten aproximadamente el 75% de sus colecciones de la Sierra de Manantlán.

Actualmente las mayores colecciones de la Sierra de Manantlán se localizan en los herbarios ZEA, WIS, MICH e IBUG, pero hay otros herbarios que también cuentan con colecciones substanciales de la Sierra de Manantlán (Cuadro 2).

**Objetivos del Herbario ZEA**

1. Servir de fuente de información para el inventario florístico de la flora vascular de la Reserva de la Biosfera Sierra de Manantlán.
2. Servir de base informativa para otros proyectos de investigación básica y aplicada que se generan en la institución.
3. Apoyar la generación de guías para la identificación de especies.
4. Apoyar la docencia y formación de recursos humanos.
5. Proporcionar información para programas de monitoreo y conservación de los recursos naturales del área.
6. Servir como base informativa para la creación del sistema de información geográfica de la Reserva.

**Estado Actual del Herbario ZEA**

HERBARIO: Reserva de la Biosfera Sierra de Manantlán.

ESPECÍMENES: 13,000.

TIPOS: 25 (1 Holótipo, 3 Isótipos y 21 Parátipos).

INTERCAMBIO DISPONIBLE: Angiospermas y gimnospermas y pteridofitas de la Reserva de la Biosfera Sierra de Manantlán.

INTERCAMBIO DESEADO: Angiospermas y gimnospermas y pteridofitas del Occidente de México.

DIRECTOR DEL HERBARIO (1992–presente): Francisco Javier Santana Michel (Gramineae, plantas útiles, flora de Manantlán).

CURADOR: Luis Guzmán Hernández (Cactaceae de Jalisco, flora de Manantlán).

PERSONAL: J. Antonio Vázquez García (Magnoliaceae del neotrópico, flora de Manantlán); fundador y ex-director de ZEA (1985–1987). Ramón Cuevas Guzmán (Pinaceae de Manantlán, flora de Manantlán); ex-director de ZEA (1988–1991). Nora Minerva Núñez López (Pinaceae y Araliaceae de Manantlán). Enrique Valente Sánchez Rodríguez (Crassulaceae de Manantlán, ilustrador botánico). Leticia Hernández López (endemismo en la flora de Jalisco y Colima, áreas silvestres protegidas de Jalisco y Colima). Raquel Álvarez Rodríguez (base de datos).

PERSONAL ASOCIADO EN MÉXICO: Bruce F. Benz (etnobotánica, evolución de ***Zea***). Judith Cevallos Espinosa (plantas útiles). Ma. Elizabeth Muñoz Mendoza (plantas útiles, bosque mesófilo de montaña).

PERSONAL INTERNACIONAL ASOCIADO: Hugh H. Iltis (taxonomía y evolución de ***Zea***, Capparidaceae, flora de Wisconsin, flora de Manantlán). Theodore S. Cochrane (Cyperaceae, flora de Wisconsin, flora de Manantlán).

INFRAESTRUCTURA ASOCIADA: Biblioteca, colecciones vivas, laboratorio de biosistemática, laboratorio de computo (incluye base de datos), sala de fitoproceso, colección de macromicetos y colecciones de frutos, maderas y semillas.

**Apoyo a la Investigación y Docencia**

En el campo de la investigación, el Herbario ZEA ha fungido como centro de operaciones a numerosos botánicos mexicanos e internacionales que han visitado la Sierra de Manantlán desde hace más de nueve años, así mismo sus especímenes han servido para fundamentar numerosas investigaciones científicas realizadas en la Reserva, no sólo de carácter taxonómico, sino que también otras de tipo ecológico y etnobotánico. Un buen número de investigaciones realizadas en la Reserva de la Biosfera Sierra de Manantlán que han dependido substancialmente de los servicios del Herbario ZEA han generado importantes publicaciones científicas (Cuadro 3). Adicionalmente, muchos de los ejemplares del Herbario ZEA han sido citados en revistas botánicas de prestigio (Vázquez G. y Cuevas G. 1989, Smith y Sytsma 1990, Kowal 1991, Vázquez G. 1994, Benz et al. 1994), y en libros de megaproyectos, como los de la *Flora Novo-Galiciana* (McVaugh 1992, 1993), los de la Flora de Jalisco (González V. 1990, Cervantes A. 1992) y el de la *Flora de Manantlán* (Vázquez G. et al. 1990).

Las colecciones del Herbario ZEA han servido también para ayudar en la enseñanza, capacitación y formación de recursos humanos en el campo de la taxonomía y la ecología vegetal, principalmente mediante la realización de tesis de licenciatura y algunas de postgrado (Cuadro 3). El Herbario ZEA también ha fungido como aula de clases o sala de proyecciones durante cursos de educación ambiental para niños y adolescentes o en visitas de estudiantes de primaria, secundaria y preparatoria. A diferencia de otros herbarios, la docencia impartida en ZEA, tanto a biólogos como a el público en general, ha sido con la tendencia a familiarizar a los alumnos con conceptos de taxonomía, diversidad biológica, evolución y equilibrio ecológico; transmitir mensajes claros del estado actual de los ecosistemas y las varias formas de valorar la diversidad biológica; y responsabilizar a cada uno de nosotros en la conservación de la naturaleza.

**Problemas y Necesidades**

En Latino América, la vasta flora tropical, el reducido número de taxónomos y recursos bibliográficos y la falta de presupuesto económico imponen limitaciones difíciles de superar (Forero 1975) y, no pocas veces, el propio taxónomo tiene que disponer de su raquítico salario para continuar sus investigaciones y hasta para darle mantenimiento a sus herbarios. Además, todavía nos acompaña la mala costumbre de subestimar a los herbarios pequeños (locales), lo cual reduce su elegibilidad a obtener fondos. Un herbario debe valorarse no sólo por su tamaño si no por la calidad de sus especímenes, la producción de publicaciones, su envolvimiento en actividades de conservación biológica y/o desarrollo sustentable y la formación de recursos humanos.

En zonas tropicales de baja altitud, como es el caso de Autlán, Jalisco, la conservación de especímenes de herbario es otro problema cotidiano y difícil de resolver, especialmente cuando aumenta la incidencia de plagas (insectos) en la estación calurosa y/o húmeda, la cual, sólo se puede contrarrestar mediante aplicaciones periódicas de insecticidas y con el uso de sistemas de refrigeración y/o clima controlado. El Herbario ZEA (incluyendo sus laboratorios) requieren para su exitosa continuidad de un edificio diseñado específicamente para sus funciones. Además de su infraestructura asociada (ver página 29) debe incluir un salón grande con clima controlado para conservación de los especímenes de herbario y como instalaciones de apoyo un pequeño vivero con sombra y un invernadero con varios ambientes para las colecciones vivas.

En síntesis, las aportaciones del Herbario ZEA, directa o indirectamente, han jugado un papel crucial en el establecimiento, consolidación, progreso y exito de la Reserva de la Biosfera Sierra de Manantlán. Más aún, el Herbario ZEA es la sede principal de las colecciones de una de las floras más exploradas de México y en sus 9 años de actividad ha contribuido significativamente en los proyectos de Flora de Jalisco, Flora de Nueva Galicia y consecuentemente en la Flora de México alcanzando con ello reconocimiento nacional e internacional. No obstante, su permanencia y futuro se ven amenazados por la falta de recursos económicos para adquirir y mantener instalaciones adecuadas.

## Literatura Citada


Benson, L. 1957. Plant classification. D. C. Heath. Boston, Mass. Pp. 398–400.

Benz, B. F., F. J. Santana M., M. R. Pineda L., J. Cevallos E., L. Robles H. y D. De Níz L. 1994. Characterization of mestizo plant use in the Sierra de Manantlán, Jalisco-Colima, México. J. Ethnobiol. 14:23–41.

Carvajal H., S. 1987. ¿Qué es el Herbario del Centro de Enzeñanza Técnica Industrial? Bol. Técn. CERETI 1:1–6.

Cervantes A., N. 1992. La familia Malvaceae en el Estado de Jalisco. Colección Flora de Jalisco. Instituto de Botánica, Univ. de Guadalajara. Guadalajara, Jalisco. 393 pp.

Cházaro B., M. J. 1990. Notas sobre el Herbario del Instituto de Botánica de la Universidad de Guadalajara. Tiempos de Ciencia 19:29–37.

Cuevas G., R. y N. M. Núñez L. 1988. Taxonomía de los pinos de la Sierra de Manantlán, Jalisco. Tesis. Facultad de Agronomía, Univ. de Guadalajara. Zapopan, Jalisco. 104 pp.

Cuevas G., R., E. V. Sánchez R., N. M. Núñez L. y F. J. Santana M. 1991. Guía para identificación de arboles de la Estación Científica Las Joyas en la Sierra de Manantlán, Jalisco. LNLJ, Univ. de Guadalajara-SEDUE. Guadalajara, Jalisco. 32 pp.

Cuevas G., R., N. M. Núñez L., D. De Níz L., L. Guzmán H. y F. J. Santana M. 1992. Catálogo de nombres vulgares y científicos de plantas de la Reserva de la Biosfera Sierra de Manantlán, Jalisco-Colima, México. Bol. Inst. Bot. Univ. Guadalajara. Época 3, 1:217–306.

De Níz L., D. 1989. Contribución al conocimiento de las plantas medicinales de la Sierra de Manantlán, Jalisco. Tesis. Facultad de Ciencias, Univ. de Guadalajara. Guadalajara, Jalisco. 103 pp.

Forero, E. 1975. La importancia de los herbarios nacionales de América Latina para la investigación botánica moderna. Taxon 24:133–138.

González V., L. M. 1990. Las Ericáceas de Jalisco, México. Colección Flora de Jalisco. Instituto de Botánica, Univ. de Guadalajara. Guadalajara, Jalisco. 140 pp.

Guzmán H., L. 1992. Las cactáceas de La Sierra de Manantlán, Jalisco. Tesis. Facultad de Agronomía, Univ. de Guadalajara. Guadalajara, Jalisco. 81 pp.

Holmgren, P. K. y N. H. Holmgren. 1993. Additions to Index Herbariorum (herbaria), Ed. 8—second series. Taxon 42:496–497.

Jardel P., E. J. 1991. Perturbaciones naturales y antropogénicas y su influencia en la dinámica sucesional de los bosques de Las Joyas, Sierra de Manantlán, Jalisco. Tiempos de Ciencia 22:9–26.

Jones, S. B., Jr. 1987. Sistemática vegetal. Ed. 2. McGraw Hill. México, D. F. Pp. 209–212.

Kowal, R. R. 1991. A new variety of ***Senecio*** (Asteraceae: Senecioneae) from the Sierra de Manantlán, Jalisco, Mexico, with notes on the ***S. Roldana*** complex. Brittonia 43:102–115.

Lawrence, G. H. M. 1951. Taxonomy of vascular plants. MacMillan. New York. 823 pp.

Lorente A., M. P. 1992. Plantas de importancia apícola de tres localidades de la Reserva de la Biosfera Sierra de Manantlán. Jalisco, México. Tesis. Facultad de Ciencias, Univ. de Guadalajara. Guadalajara, Jalisco. 70 pp.

Loza L., J. A. 1988. Estudio florístico de las leguminosas en la Estación Científica Las Joyas de la Sierra de Manantlán, Jalisco. Tesis. Facultad de Ciencias, Univ. de Guadalajara. Guadalajara, Jalisco. 83 pp.

McVaugh, R. 1992. Flora Novo-Galiciana (Gymnosperms and Pteridophytes). Univ. Michigan Herb., Ann Arbor. Vol. 17, 467 pp.

McVaugh, R. 1993. Flora Novo-Galiciana (Limnocharitaceae to Typhaceae). Univ. Michigan Herb., Ann Arbor. Vol. 13, 480 pp.

Muñoz M., Ma. E. 1992. Distribución de las especies arbóreas del bosque mesófilo de montaña en la Reserva de la Biosfera Sierra de Manantlán. Tesis. Facultad de Ciencias, Univ. de Guadalajara. Guadalajara, Jalisco. 102 pp.

Saldaña A., A. y E. Jardel P. 1991. Regeneración natural del estrato arbóreo en bosques subtropicales de montaña en la Sierra de Manantlán, México: estudios preliminares. Biotam 3:36–49.

Sánchez V., L. R. 1988. Sucesión forestal en la Sierra de Manantlán, Jalisco. Tesis de Maestría en Ciencias. Colegio de Postgraduados, Centro de Botánica. Chapingo, México. 54 pp.

Sánchez V., L. R. y E. García M. 1993. Sucesión forestal en los bosques mesófilo de montaña y de ***Pinus*** de la Sierra de Manantlán, Jalisco, México. Agrociencia Ser. Recursos Naturales Renovables 3:7–27.

Santiago P., A. L. 1992. Estudio fitosociológico del bosque mesófilo de montaña de la Sierra de Manantlán. Tesis. Facultad de Ciencias, Univ. de Guadalajara. Guadalajara, Jalisco. 123 pp.

Smith, R. L. y K. J. Sytsma. 1990. Evolution of ***Populus*** (Sect. ***Aigeiros***): introgressive hybridization and the chloroplast contribution of ***Populus alba*** (Sect. ***Populus***). Amer. J. Bot. 77:1176–1187.

Vázquez G., J. A. 1990. Taxonomy of the genus ***Magnolia*** in Mexico and Central America. M.S. Thesis. University of Wisconsin. Madison, Wis. 225 pp.

Vázquez G., J. A. 1994. ***Magnolia*** (Magnoliaceae) in Mexico and Central America: a synopsis. Brittonia 46:1–23.

Vázquez G., J. A. y R. Cuevas G. 1987. Listado preliminar de recursos silvestres de importancia económica en la Sierra de Manantlán, Jalisco, México. LNLJ, Univ. de Guadalajara. Notas sobre la Flora de Manantlán 1(1):1–6 (inéd.).

Vázquez G., J. A. y R. Cuevas G. 1989. Una nueva especie tropical de ***Populus*** (Salicaceae) de la Sierra de Manantlán, Jalisco, México. Acta Bot. Mex. 8:39–45.

Vázquez G., J. A., R. Cuevas G., T. S. Cochrane y H. H. Iltis. 1990. Flora de la Reserva de la Biosfera Sierra de Manantlán, Jalisco-Colima, México. Univ. de Guadalajara. Guadalajara, Jalisco. 166 pp.

Zúñiga P., R. 1988. Guía foliar de las especies arbóreas de la Sierra de Manantlán. Tesis. Facultad de Ciencias, Univ. de Guadalajara. Guadalajara, Jalisco. 84 pp.

## Cuadro 2
## Herbarios con más ejemplares de la Sierra de Manantlán
(Las cifras son apreciaciones subjetivas de los autores)

**CHAPA** (<1000): Colegio de Postgraduados, Montecillo, México.

**ENCB** (<1000): Escuela Nacional de Ciencias Biológicas, Instituto Politécnico Nacional, México, D. F.

**GUADA** (<500): Facultad de Biología, Universidad Autónoma de Guadalajara, Jalisco, México.

**IBUG** (<5000): Instituto de Botánica, Universidad de Guadalajara, Jalisco, México.

**MEXU** (<2000): Herbario Nacional de México, Instituto de Biología, Universidad Nacional Autónoma de México, México, D. F.

**MICH** (3000–4000): University of Michigan Herbarium, Ann Arbor, MI, U.S.A.

**WIS** (13,000): Department of Botany Herbarium, University of Wisconsin–Madison, WI, U.S.A.

**XAL** (<1000): Instituto Nacional de Ecología (ex INIREB), Xalapa, Veracruz, México.

**ZEA** (13,000): Instituto Manantlán de Ecología y Conservación de la Biodiversidad, Universidad de Guadalajara, Jalisco, México.

## Cuadro 3
## Algunos trabajos apoyados en el Herbario ZEA

| Año | Autor | Título y tipo de trabajo |
|---|---|---|
| 1987 | Vázquez G. y Cuevas G. | Recursos silvestres de importancia económica en la Sierra de Manantlán. **Nota** técnica. |
| 1988 | Cuevas G. y Núñez L. | Taxonomía de los pinos de la Sierra de Manantlán, Jalisco. **Tesis** de Licenciatura. |
| 1988 | Loza LL. | Estudio florístico de las leguminosas en la Estación Científica Las Joyas de la Sierra de Manantlán, Jalisco. **Tesis** de Licenciatura. |
| 1988 | Sánchez V. | Sucesión forestal en la Sierra de Manantlán, Jalisco. **Tesis** de Maestría. |
| 1988 | Zúñiga P. | Guía foliar de las especies arbóreas de la Sierra de Manantlán. **Tesis** de Licenciatura. |
| 1989 | De Níz L. | Contribución al conocimiento de las plantas medicinales de la Sierra de Manantlán, Jalisco. **Tesis** de Licenciatura. |
| 1989 | Vázquez G. y Cuevas G. | Una nueva especie tropical de ***Populus*** (Salicaceae) de la Sierra de Manantlán. **Artículo** científico. |
| 1990 | Vázquez G. | Taxonomy of the genus ***Magnolia*** in Mexico and Central America. **Tesis** de Maestría. |
| 1990 | Vázquez G. et al. | Flora de la Reserva de la Biosfera Sierra de Manantlán, Jalisco–Colima, México. **Libro.** |
| 1991 | Cuevas G. et al. | Guía para identificación de arboles de la Estación Científica Las Joyas en la Sierra de Manantlán, Jalisco. **Artículo** técnico. |
| 1991 | Jardel P. | Perturbaciones naturales y antropogénicas y su influencia en la dinámica sucesional de los bosques de Las Joyas, Sierra de Manantlán, Jalisco. **Artículo** científico. |
| 1991 | Saldaña A. y Jardel P. | Regeneración natural del estrato arbóreo en bosques subtropicales de montaña en la Sierra de Manantlán. **Artículo** científico. |
| 1992 | Cuevas G. et al. | Catálogo de nombres vulgares y científicos de plantas de la Reserva de la Biosfera Sierra de Manantlán, Jalisco–Colima. **Artículo** científico. |
| 1992 | Guzmán H. | Las Cactáceas de la Sierra de Manantlán, Jalisco. **Tesis** de Licenciatura. |
| 1992 | Lorente A. | Plantas de importancia apícola en tres localidades de la Reserva de la Biosfera Sierra de Manantlán. **Tesis** de Licenciatura. |
| 1992 | Muñoz M. | Distribución de especies arbóreas del bosque mesófilo de montaña en la Reserva de la Biosfera Sierra de Manantlán. **Tesis** de Licenciatura. |
| 1992 | Santiago P. | Estudio fitosociológico del bosque mesófilo de montaña de la Sierra de Manantlán. **Tesis** de Licenciatura. |
| 1993 | Sánchez V. | Sucesión forestal en los bosques mesófilo de montaña y de ***Pinus*** de la Sierra de Manantlán, Jalisco, México. **Artículo** científico. |
| 1994 | Benz et al. | Characterization of mestizo plant use in the Sierra de Manantlán, Jalisco–Colima. **Artículo** científico. |
| 1994 | Vázquez G. | ***Magnolia*** (Magnoliaceae) in Mexico and Central America: a synopsis. **Artículo** científico. |

# Capítulo 2

# Descripción de la Sierra de Manantlán

# Descripción de la Sierra de Manantlán

La notable biodiversidad de la Reserva de la Biosfera Sierra de Manantlán se debe principalmente a la interacción de tres factores ambientales fundamentales, tales como el clima, la topografía y la geología. El gran rango altitudinal en el relieve topográfico (de más de 2400 m) juega un papel importante en la zonificación marcada de la vegetación. Los bosques tropicales húmedos y secos (caducifolios y subcaducifolios) ocurren por lo general desde los 400 hasta los 1700 m de altitud mientras que los bosques mesófilos predominan entre los 1500 y 2400 m. A mayores elevaciones dominan los bosques de ***Quercus*** y los bosques de ***Pinus***, en cañadas protegidas suelen ocurrir los bosques de ***Abies*** mientras que en áreas más expuestas, como cimas de montaña y lomas, los rodales de ***Cupressus*** no son raros.

El clima tiene cambios estacionales marcados, con una definición clara entre la estación lluviosa y la estación seca, y con drásticos efectos orográficos. Las pendientes del sur y del suroeste y especialmente las lomas reciben los ciclones del Pacífico además de lluvias relativamente fuertes mientras que en el norte y noreste permanecen condiciones semidesérticas debido principalmente al efecto Foehn (sombra orográfica).

La historia geológica de estas montañas es simple y claramente definida. La Sierra de Manantlán Central, de origen volcánico y relativamente reciente, está delimitada claramente de las montañas del sudeste, de origen calcáreo y más antiguas. La primera es mucho más húmeda, con arroyos permanentes, y la segunda es kárstica y seca, ambas con suelos superficiales.

En adición a estos factores ambientales de gran contraste, los factores históricos de establecimiento continuo de plantas (desde el Terciario temprano para Cerro Grande y desde el Neogene temprano para la Sierra de Manantlán Central) no interrumpidos por glaciaciones, pero fuertemente influenciado por ciclos húmedos y secos durante las épocas de hielo han resultado en sobrevivencia de relictos y en evolución pronunciada de numerosos neoendémicos. En consecuencia, la Sierra de Manantlán presenta un mosaico de vegetación de complejidad excepcional.

El presente capítulo contiene mapas que muestran el área de estudio en que se basa el listado florístico e información sobre nombres de lugares y poblados comunes. Las siguientes figuras son autoexplicatorias. Sin embargo, algunas son detalladas, y el estudio de sus leyendas será de utilidad. Estas figuras permitirán al lector visualizar los factores ambientales individualmente, pero deberán interpretarse teniendo en mente la relación que pueden tener con la rica biodiversidad de la Sierra de Manantlán.

FIG. 1: LOCALIZACIÓN /La Sierra de Manantlán localizada al suroeste del Estado de Jalisco, forma parte de la Sierra Madre del Sur, que es un sistema montañoso mexicano que se extiende desde las cercanías de Puerto Vallarta, en el suroeste de México, hasta el Estado de Oaxaca por la vertiente del Océano Pacífico. Se ubica a 19° latitud norte, 5° al sur del Trópico de Cáncer y a 55 km al norte del Puerto de Manzanillo, Colima, en las inmediaciones de Autlán a Colima y de Ciudad Guzmán a Manzanillo. Comprende una extensión de 140,000 hectáreas, en una amplitud altitudinal que va de los 400 a 2860 m.s.n.m. (Cruz C. 1989, Jardel P. 1992).

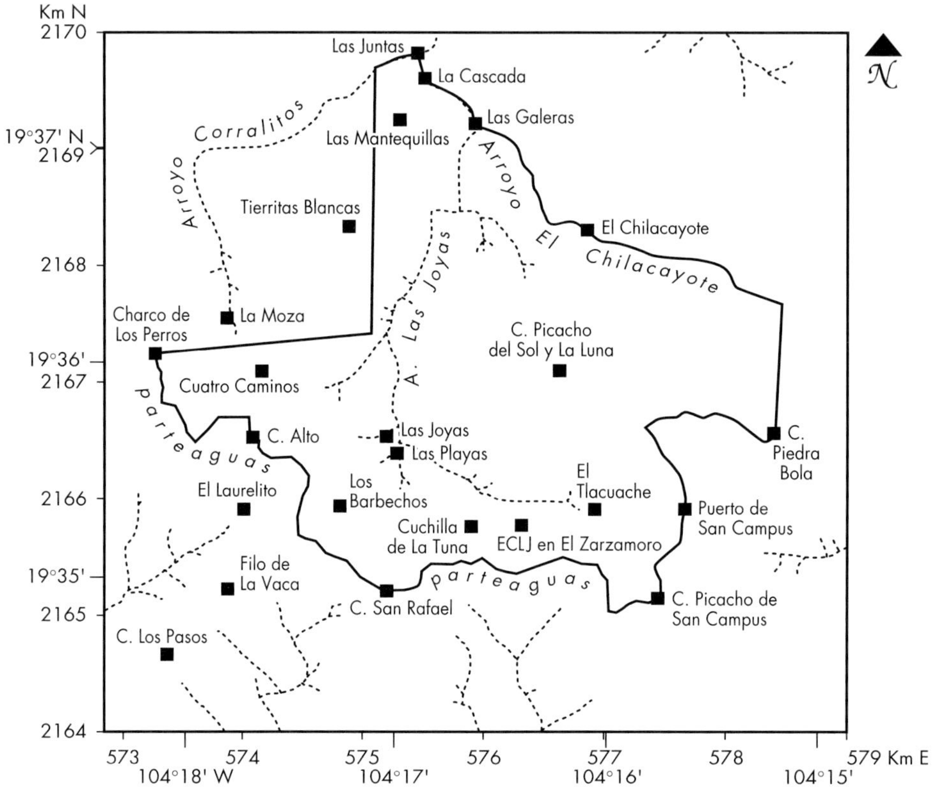


**FIG. 2: PARAJES DE LA ESTACIÓN CIENTÍFICA LAS JOYAS** /La ECLJ se localiza al oeste de La Sierra de Manantlán (19°35′N, 104°17′W), en la zona núcleo Manantlán-Las Joyas de la RBSM. El predio Las Joyas consiste de 1245 hectáreas (ca. 1% de la superficie de la RBSM) y varía de los 1600 a los 2220 m.s.n.m.

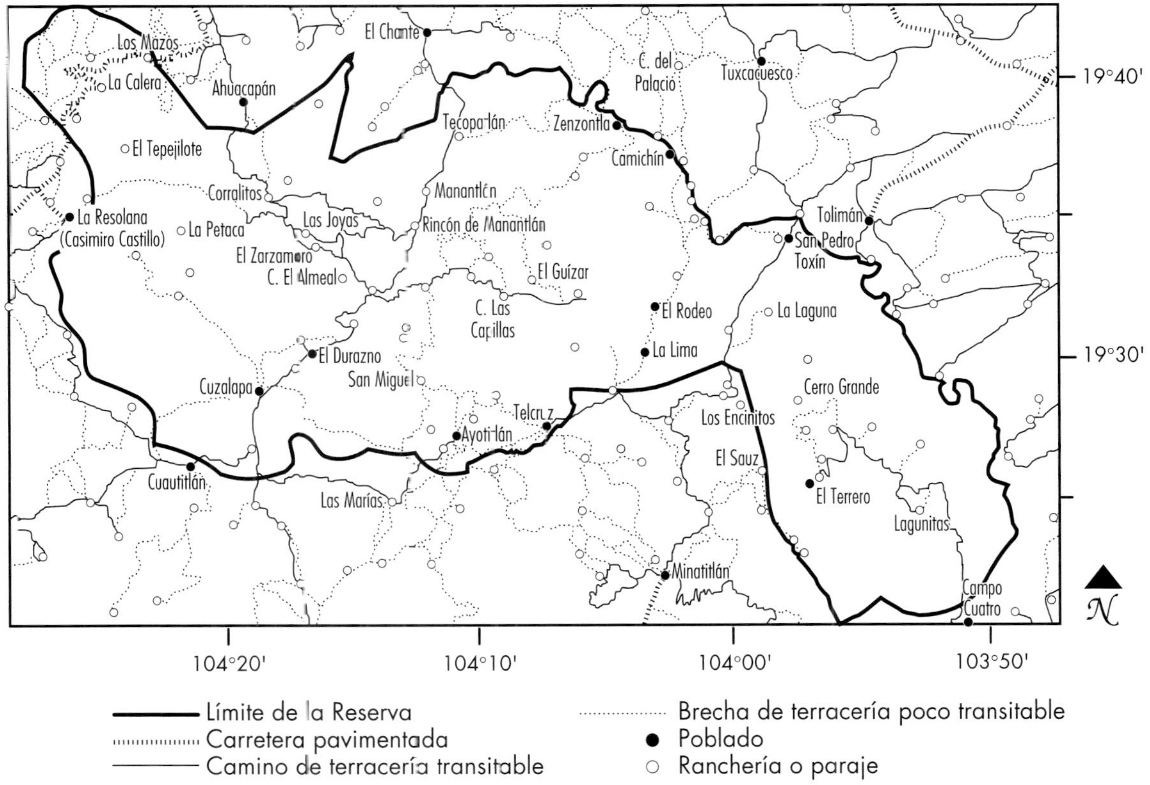


**FIG. 3: LOCALIDADES Y CAMINOS** /La RBSM forma parte de 27 comunidades agrarias, en ella se encuentran cerca de 41 localidades y numerosos parajes, los cuales corresponden a siete municipios (Cuadro 4). La población de habitantes del interior y de los límites de la RBSM se ha estimado cercana a 32,000 personas (Jardel P. 1992). Guzmán M. (1985b) señala que el crecimiento demográfico más acentuado ocurrió debido al establecimiento de aserraderos y aparentemente ha disminuido desde que se empezaron a retirar las compañías madereras. Las principales vías de acceso a las partes altas de la RBSM incluyen 1) Carretera Autlán–La Resolana (Casimiro Castillo)–Cuautitlán: a la Estación Científica Las Joyas, vía Ahuacapán–Corralitos; a la Torre de Microondas, vía Los Mazos; y a La Nogalera, vía Cuzalapa–El Durazno. 2) Carretera Autlán–El Grullo–Tolimán: al Rincón de Manantlán, vía El Chante; a La Laguna, Cerro Grande, vía Puerto de Toxín. 3) Carretera Colima–Minatitlán: a las partes altas de Cerro Grande, vía El Sauz–El Terrero o vía Campo Cuatro–Lagunitas; y a Telcruz vía La Loma.

## Cuadro 4
## Localidades más exploradas en la RBSM

Esta gaceta incluye una selección de más de 120 nombres que se han aplicado a poblados, rancherías, montañas, ríos, arroyos, lugares o parajes en la Reserva de La Biosfera Sierra de Manantlán y áreas adyacentes. Se basa principalmente en mapas topográficos de CETENAL y del Area de Cartografía de IMECBIO, en localidades reportadas en Vázquez G. et al. (1990) y otras más recientemente identificadas por los autores.

| Localidades | Municipio | Coordenadas geográficas |
|---|---|---|
| Agua Fría | Minatitlán | 19°19'11" 103°55'36" |
| Ahuacapán | Autlán | 19°42'45" 104°20'11" |
| Alcoste | Tuxcacuesco | 19°39'03" 104°03'10" |
| Autlán | Autlán | 19°46'05" 104°21'59" |
| Ayotitlán | Cuautitlán | 19°28'13" 104°11'04" |
| Campo Cuatro | Comala | 19°21'16" 103°51'05" |
| Cañadas Vanas | Tolimán | 19°29'03" 103°56'51" |
| Casimiro Castillo | La Resolana | 19°36'11" 104°26'07" |
| Cerro Alto | Autlán, ECLJ | 19°35'38" 104°17'41" |
| Cerro Alto Las Yeguas | Autlán | 19°36'54" 104°14'18" |
| Cerro del Palacio | Tuxcacuesco | 19°40'35" 104°00'44" |
| Chancol | Cuautitlán | 19°28'52" 104°10'25" |
| Charco Azul | Cuautitlán | 19°29'32" 104°26'03" |
| Charco de Los Perros | Autlán, ECLJ | 19°36'06" 104°18'07" |
| Cofradía | Cuautitlán | 19°29'30" 104°19'44" |
| Corralitos | Autlán | 19°37'01" 104°18'31" |
| Cuautitlán | Cuautitlán | 19°27'06" 104°21'24" |
| Cuchilla de La Tuna | Autlán, ECLJ | 19°35'03" 104°16'41" |
| Cuzalapa | Cuautitlán | 19°29'51" 104°18'57" |
| ECLJ | Autlán, ECLJ | 19°35'37" 104°17'02" |
| El Aguacate | Autlán | 19°40'25" 104°19'26" |
| El Almeal | Cuautitlán | 19°33'58" 104°15'25" |
| El Camichín | Tuxcacuesco | 19°38'33" 104°02'40" |
| El Chante | Autlán | 19°41'42" 104°12'35" |
| El Chilacayote | Autlán, ECLJ | 19°36'26" 104°15'54" |
| El Cuartón | Cuautitlán | 19°33'22" 104°09'14" |
| El Durazno | Cuautitlán | 19°31'17" 104°16'52" |
| El Guamuchil | Tuxcacuesco | 19°35'02" 104°00'54" |
| El Guízar | Cuautitlán | 19°33'35" 104°08'22" |
| El Laurelito | Autlán, ECLJ | 19°35'13" 104°17'41" |
| El Muñeco | Cuautitlán | 19°33'25" 104°06'19" |
| El Murciélago (Cerro) | Cuautitlán | 19°30'04" 104°12'54" |
| El Pedregal | Cuautitlán | 19°29'54" 104°04'57" |
| El Quelitán | Cuautitlán | 19°31'13" 104°06'17" |
| El Rodeo | Tuxcacuesco | 19°32'54" 104°03'14" |
| El Sauz | Minatitlán | 19°26'45" 104°59'17" |
| El Tapeizte | Tolimán | 19°28'26" 104°57'14" |
| El Tecolote | La Resolana | 19°36'35" 104°25'24" |
| El Tepejilote | La Resolana | 19°38'10" 104°23'48" |

| Localidades | Municipio | Coordenadas geográficas |
|---|---|---|
| El Terrero | Tolimán | 19°26'52" 103°57'01" |
| El Tigre | La Resolana | 19°39'45" 104°25'52" |
| El Tlacuache | Autlán, ECLJ | 19°34'58" 104°16'00" |
| El Zapotillo | La Resolana | 19°38'05" 104°26'35" |
| El Zarzamoro | Autlán, ECLJ | 19°35'08" 104°16'26" |
| Filo de La Vaca | Autlán, ECLJ | 19°35'02" 104°17'20" |
| Filo de San Rafael | Autlán, ECLJ | 19°34'48" 104°16'34" |
| Guayabillas | Cuautitlán | 19°27'47" 104°09'35" |
| Juluapan | Comala | 19°18'24" 103°49'48" |
| La Antena | Tolimán | 19°29'26" 103°57'34" |
| La Astilla | Cuautitlán | 19°24'00" 104°06'18" |
| La Caja | Comala | 19°22'28" 103°47'51" |
| La Calera | La Resolana | 19°40'52" 104°25'05" |
| La Cañita | Tuxcacuesco | 19°38'30" 104°06'02" |
| La Cascada | Autlán, ECLJ | 19°36'22" 104°15'27" |
| La Cidrita | Autlán | 19°43'53" 104°21'23" |
| La Cumbre | Cuautitlán | 19°33'35" 104°14'25" |
| La Hierbabuenita | Autlán, ECLJ | 19°37'13" 104°16'58" |
| La Huertita | La Resolana | 19°32'45" 104°21'10" |
| La Laguna | Tolimán | 19°32'48" 103°58'54" |
| La Lanilla (Cerro) | La Resolana | 19°34'48" 104°22'58" |
| La Lima | Tuxcacuesco | 19°31'10" 104°03'44" |
| La Loma | Tolimán | 19°28'42" 104°02'48" |
| La Lupe (Arroyo) | Cuautitlán | 19°33'13" 104°06'58" |
| La Moza | Autlán, ECLJ | 19°35'51" 104°17'54" |
| La Nance Gorda | La Resolana | 19°39'11" 104°24'46" |
| La Naranjera | La Resolana | 19°36'02" 104°25'41" |
| La Palma | Tuxcacuesco | 19°36'50" 104°01'54" |
| La Paloma (Arroyo) | Cuautitlán | 19°30'00" 104°16'24" |
| La Pareja | Cuautitlán | 19°31'43" 104°17'16" |
| La Pasión | Tuxcacuesco | 19°37'49" 104°06'28" |
| La Petaca | La Resolana | 19°35'39" 104°21'57" |
| La Resolana | La Resolana | 19°36'11" 104°26'07" |
| La Salada (Agua Salada) | Tolimán | 19°26'38" 104°02'31" |
| La Taza | Tolimán | 19°35'10" 103°58'27" |
| La Ventana | Cuautitlán | 19°31'45" 104°13'00" |
| La Yerbabuena | Autlán | 19°39'36" 104°14'25" |
| Lagunitas | Tolimán | 19°25'29" 103°53'03" |
| Las Capillas | Cuautitlán | 19°33'19" 104°09'13" |
| Las Galeras | Autlán, ECLJ | 19°37'01" 104°16'31" |
| Las Juntas | Autlán, ECLJ | 19°37'16" 103°16'51" |
| Las Mantequillas | Autlán, ECLJ | 19°36'54" 103°16'41" |
| Las Marías | Cuautitlán | 19°25'50" 103°13'42" |
| Las Playas | Autlán, ECLJ | 19°35'37" 103°17'02" |
| Los Barbechos | Autlán, ECLJ | 19°35'29" 103°17'20" |

| Localidades | Municipio | Coordenadas geográficas |
|---|---|---|
| Los Encinitos | Tolimán | 19°28'51" 103°59'27" |
| Los Jardines | Cuautitlán | 19°33'50" 104°07'06" |
| Los Mazos | La Resolana | 19°41'45" 104°24'00" |
| Los Picachos | Tolimán | 19°28'34" 103°55'00" |
| Manantlán (Rancho) | Cuautitlán | 19°37'10" 104°12'18" |
| Mesa de Los Chayotes | Cuautitlán | 19°34'37" 104°07'27" |
| Mezcalitos | Tolimán | 19°28'35" 103°56'04" |
| Neverías | Cuautitlán | 19°34'02" 104°10'34" |
| Parotal | La Resolana | 19°33'10" 104°22'24" |
| Paso Real | Tolimán | 19°36'16" 103°57'37" |
| Peña Colorada | Cuautitlán | 19°23'14" 104°05'33" |
| Perote (Cerro) | Autlán | 19°40'21" 104°16'28" |
| Picacho del Sol y La Luna | Autlán, ECLJ | 19°35'54" 104°16'09" |
| Piedra Bola | Autlán, ECLJ | 19°35'29" 104°15'04" |
| Piedra Pesada | La Resolana | 19°32'56" 104°28'35" |
| Platanarillos | Minatitlán | 19°24'03" 103°57'39" |
| Pozo Blanco | Tolimán | 19°28'29" 103°57'24" |
| Primera Agua | Tuxcacuesco | 19°33'59" 104°02'27" |
| Pueblo Nuevo | Minatitlán | 19°19'11" 103°55'24" |
| Puente de La Rosa | Cuautitlán | 19°27'32" 104°19'10" |
| Puerto de Toxín | Tolimán | 19°33'16" 103°59'37" |
| Ranchitos | Minatitlán | 19°24'48" 103°58'01" |
| Resumidero de Toxín | Tolimán | 19°28'30" 104°00'44" |
| Rincón de La Nance | Cuautitlán | 19°29'06" 104°23'48" |
| Rincón de Luisa | Autlán | 19°43'14" 104°15'40" |
| Rincón de Manantlán | Cuautitlán | 19°35'55" 104°12'35" |
| San Campus (Puerto) | Autlán, ECLJ | 19°35'10" 104°15'44" |
| San Miguel (Cerro) | Cuautitlán | 19°31'56" 104°13'13" |
| San Miguel (Mesa) | Cuautitlán | 19°30'16" 104°12'35" |
| San Miguel (Rancho) | Cuautitlán | 19°30'07" 104°12'27" |
| San Pedro Toxín | Tolimán | 19°35'26" 103°58'10" |
| Tacubaya | La Resolana | 19°35'36" 104°28'11" |
| Tecomates | La Resolana | 19°32'54" 104°29'27" |
| Tecomatlán | Autlán | 19°41'14" 104°21'30" |
| Tecopatlán | Autlán | 19°37'36" 104°17'44" |
| Telcruz | Cuautitlán | 19°28'36" 104°07'35" |
| Teutlán | Tolimán | 19°34'38" 103°54'44" |
| Tierritas Blancas | Autlán, ECLJ | 19°35'54" 104°17'37" |
| Tolimán | Tolimán | 19°36'11" 103°54'59" |
| Torre de Microondas | La Resolana | 19°40'32" 104°23'02" |
| Toxín | Tolimán | 19°29'32" 104°00'45" |
| Tuxcacuesco | Tuxcacuesco | 19°41'59" 103°59'09" |
| Yerbabuenita | Autlán | 19°39'36" 104°14'25" |
| Zacualpan | Comala | 19°21'57" 103°49'25" |
| Zenzontla | Tuxcacuesco | 19°39'38" 104°04'49" |

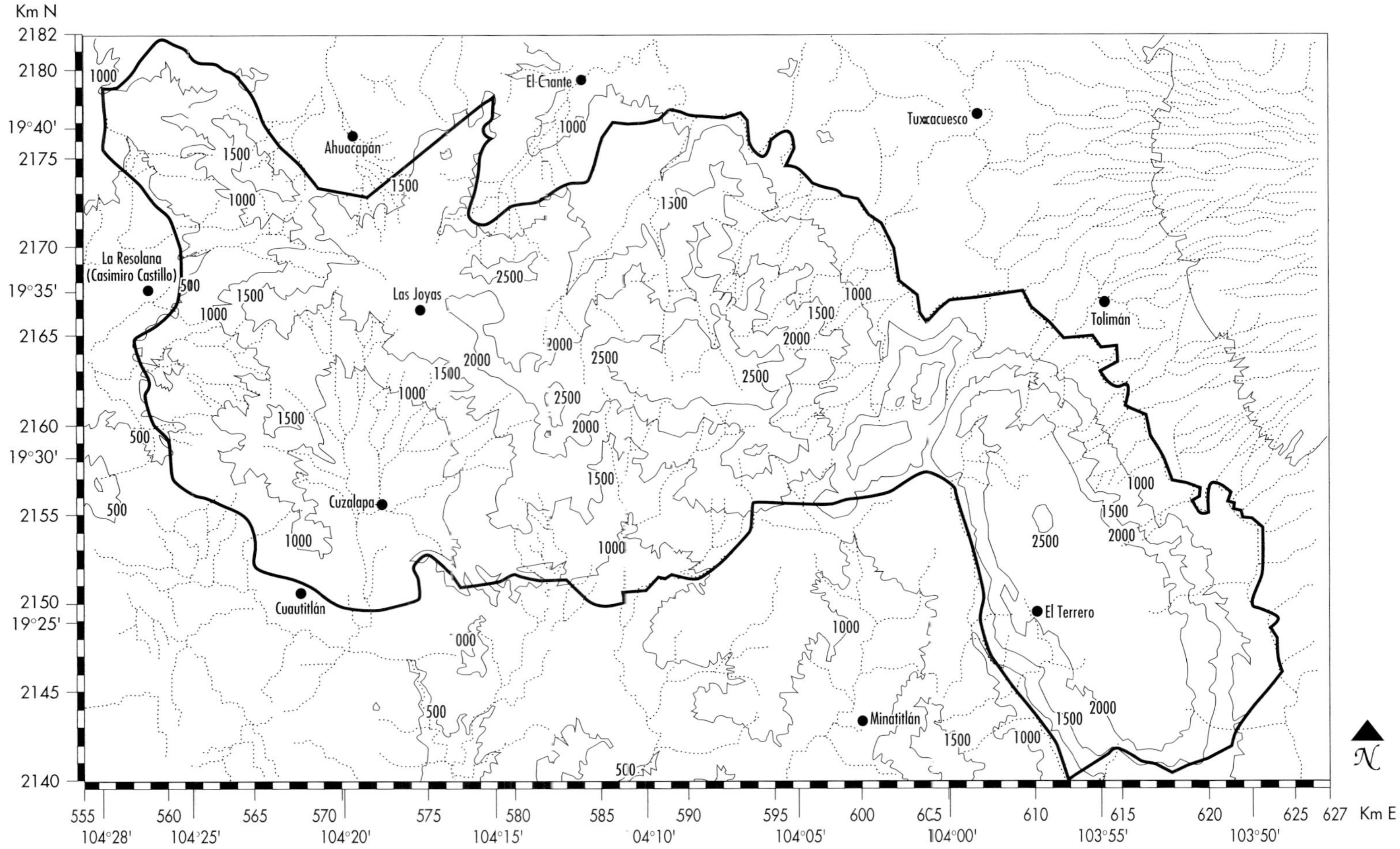


**Fig. 4: Fisiografía y Orografía** /La Sierra de Manantlán presenta una topografía accidentada y un rango altitudinal que va de los 400 a los 2860 m.s.n.m. Las zonas más bajas se localizan en el valle de La Resolana, y las más elevadas en la porción central de la misma sierra. Existen algunas pequeñas mesetas entre los 2000 y 2600 m.s.n.m., algunas de ellas se localizan en Cerro Grande, El Guízar, Los Jardines y Llanos de San Miguel, pero en términos generales el relieve es muy abrupto (Cruz C. 1989, Jardel P. 1992).

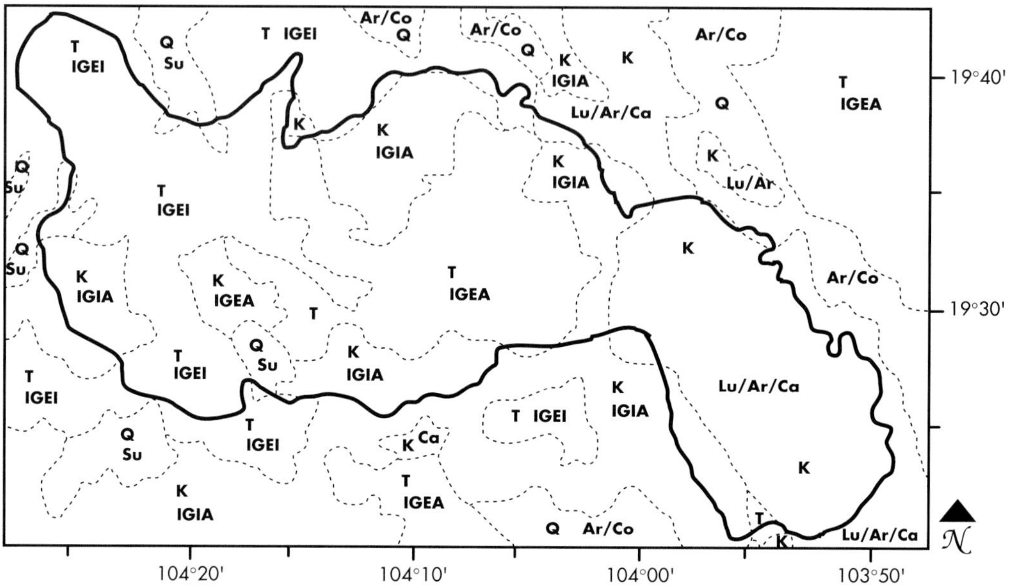


*SIMBOLOGÍA* Límite de la Reserva

| PERÍODOS | | ROCAS ÍGNEAS | | ROCAS SEDIMENTARIAS | |
|---|---|---|---|---|---|
| Cuaternario | **Q** | Ígnea Intrusiva Ácida | **IGIA** | Lutita/Arenisca/Caliza | **Lu/Ar/Ca** |
| Cretácico | **K** | Ígnea Extrusiva Ácida | **IGEA** | Arenisca/Conglomerado | **Ar/Co** |
| Terciario | **T** | Ígnea Intrusiva Interm. | **IGEI** | Lutita/Arenisca | **Lu/Ar** |
| | | | | Suelos | **Su** |
| | | | | Caliza | **Ca** |

FIG. 5: GEOLOGÍA /La Sierra Madre del Sur aparentemente se formó durante el Eoceno, hace aproximadamente 50 millones de años, como resultado de una intensa actividad orogénica, contemporánea con la Sierra Madre Oriental, pero antes de que surgieran la Sierra Madre Occidental y el Eje Volcánico Transversal (Rzedowski 1978). La Sierra de Manantlán en su porción occidental y central es de origen ígneo o volcánico, formada principalmente durante los períodos Terciario y Cuaternario, mientras que la porción oriental que incluye el macizo Cerro Grande es de origen calcáreo, que data probablemente del Cretácico superior y que subsecuentes movimientos tectónicos formaron un domo calcáreo kárstico como resultado del levantamiento de antiguos pisos marinos. Las fuerzas geológicas: tectonismo, vulcanismo y la erosión han influido en su geoforma actual (Cruz C. 1989).

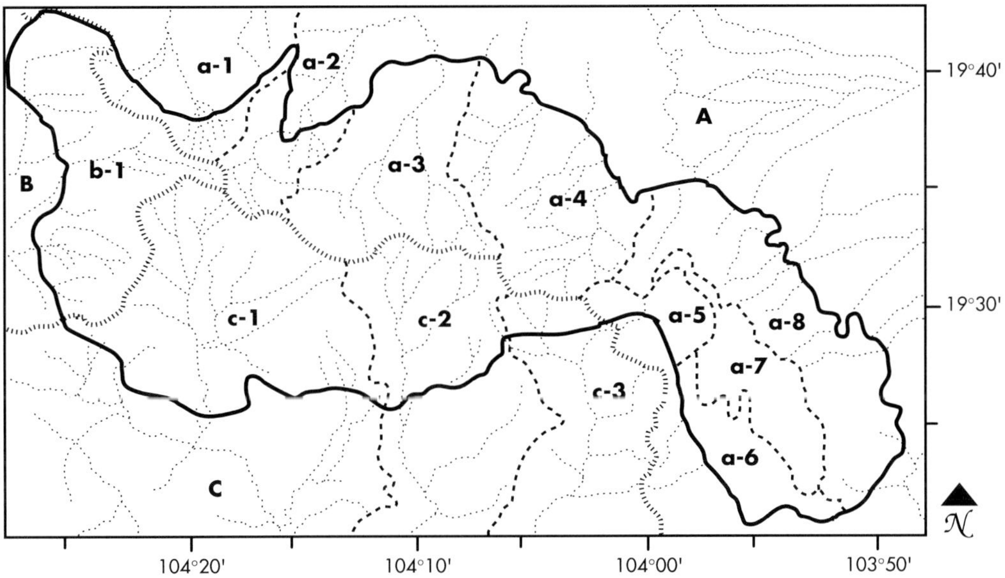


*SIMBOLOGÍA*

**A** CUENCA RÍO AYUQUILA–ARMERÍA

**a-1** Subcuenca Ahuacapán
**a-2** Subcuenca La Yerbabuena
**a-3** Subcuenca Manantlán
**a-4** Subcuenca La Pasión-Cerro Blanco
**a-5** Subcuenca Toxín
**a-6** Subcuenca Juluapan
**a-7** Subcuenca Meseta Cerro Grande
**a-8** Subcuenca Zacualpan-Teutlán

**B** CUENCA RÍO PURIFICACIÓN

**b-1** Subcuenca El Tecolote

**C** CUENCA RÍO MARABASCO

**c-1** Subcuenca Cuzalapa
**c-2** Subcuenca Ayotitlán
**c-3** Subcuenca Minatitlán

Límite de la Reserva

FIG. 6: CUENCAS E HIDROGRAFÍA /La Sierra de Manantlán forma parte de dos grandes regiones hidrográficas, integradas por las las cuencas de los ríos Armería, Purificación y Marabasco, dichas cuencas se subdividen en 12 subcuencas que presentan aproximadamente 2440 corrientes, de las cuales sólo 34 son permanentes. Los principales patrones de drenaje son del tipo dendrítico y subdendrítico con modificaciones de tipo pinado y radial-centrípeto-kárstico (Cruz C. 1989).

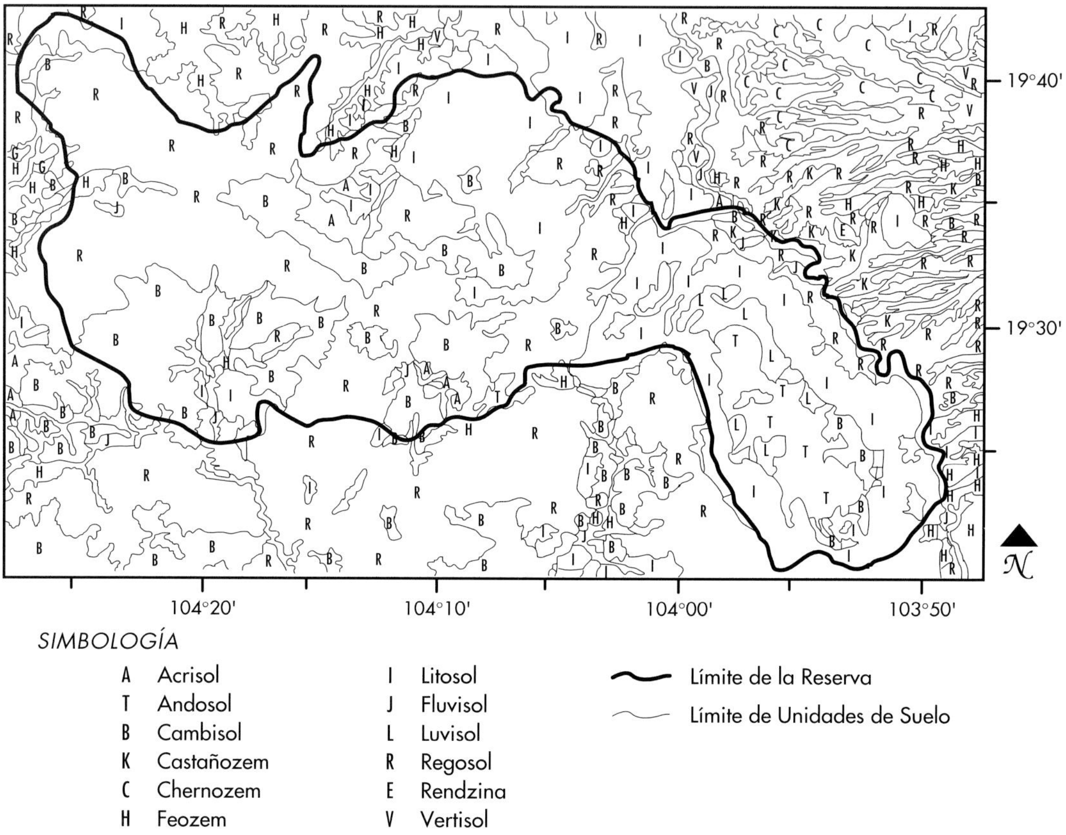


**FIG. 7: SUELOS** /De acuerdo a la cartografía de CETENAL (1970), los Regosoles (Entisoles) y Cambisoles (Inceptisoles) y Litosoles ocupan mayor extensión en la Sierra de Manantlán central y occidental, su desarrollo es en general de nulo a incipiente, son de baja fertilidad y con cierta susceptibilidad a la erosión (Cruz C. 1989). En zonas de pendiente más suave, se observan los Acrisoles y Luvisoles (Alfisoles), suelos algo más desarrollados y de moderada fertilidad, pero sólo en extensiones muy reducidas, otros suelos de menor extensión incluyen Feozems (Suelos Pardos), Fluvisoles y Andosoles. En Cerro Grande en cambio, a pesar de que la roca madre es roca caliza, a excepción de los Litosoles predominan suelos derivados de material volcánico, Andosoles, Luvisoles y Regosoles; mientras que los suelos derivados de roca caliza, Rendzinas (Molisoles) y Terra Rosa, se hallan muy restringidos a algunas laderas y alrededores de los resumideros respectivamente; otros suelos de menor extensión en Cerro Grande incluyen Cambisoles, Castañozem, Fluvisoles, Feozem y Acrisoles.

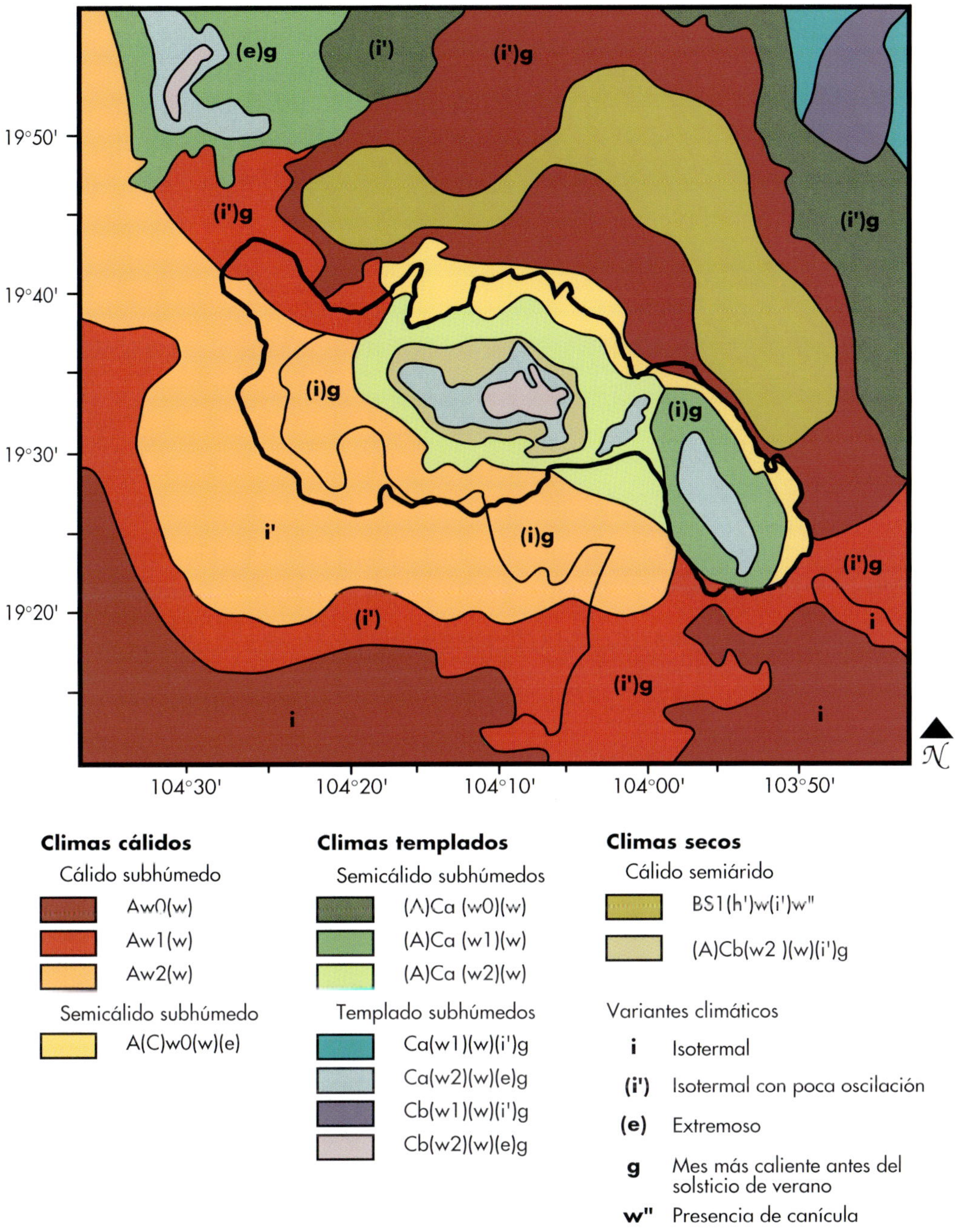


FIG. 8: CLIMA /Los estaciones meteorológicas que existen dentro y alrededor de la Sierra de Manantlán son pocas y representan principalmente zonas de baja elevación. La información referente al clima se basa en Martínez R. et al. (1991), quienes usando la clasificación de climas de Köppen modificada por García (1972), estiman, con ayuda de la técnica del cuadrante mediano, los climas para la región y reportan tres grupos de climas y siete subgrupos: cálido subhúmedo (A y A(C)), templado subhúmedo ((A)Ca, (A)Cb, Ca y Cb) y seco subhúmedo (BS(h')w), éste último ocurre fuera de la Reserva, al norte, y es resultado del efecto Foehn *(rain-shadow effect)* que causan las Serranías como barrera geográfica a los vientos húmedos procedentes del mar. El gradiente altotérmico para la zona es de 0.4°C/100 m, temperaturas medias anuales de los (12)16–22(27)°C y una precipitación media anual de 575–1700 mm. Al norte, el mes más lluvioso es julio, mientras que al sur es septiembre, coincidiendo con la mayor incidencia de ciclones. El mes más seco es abril, las heladas se presentan eventualmente y las neblinas son frecuentes por las tardes y mañanas (Martínez R. et al. 1991).

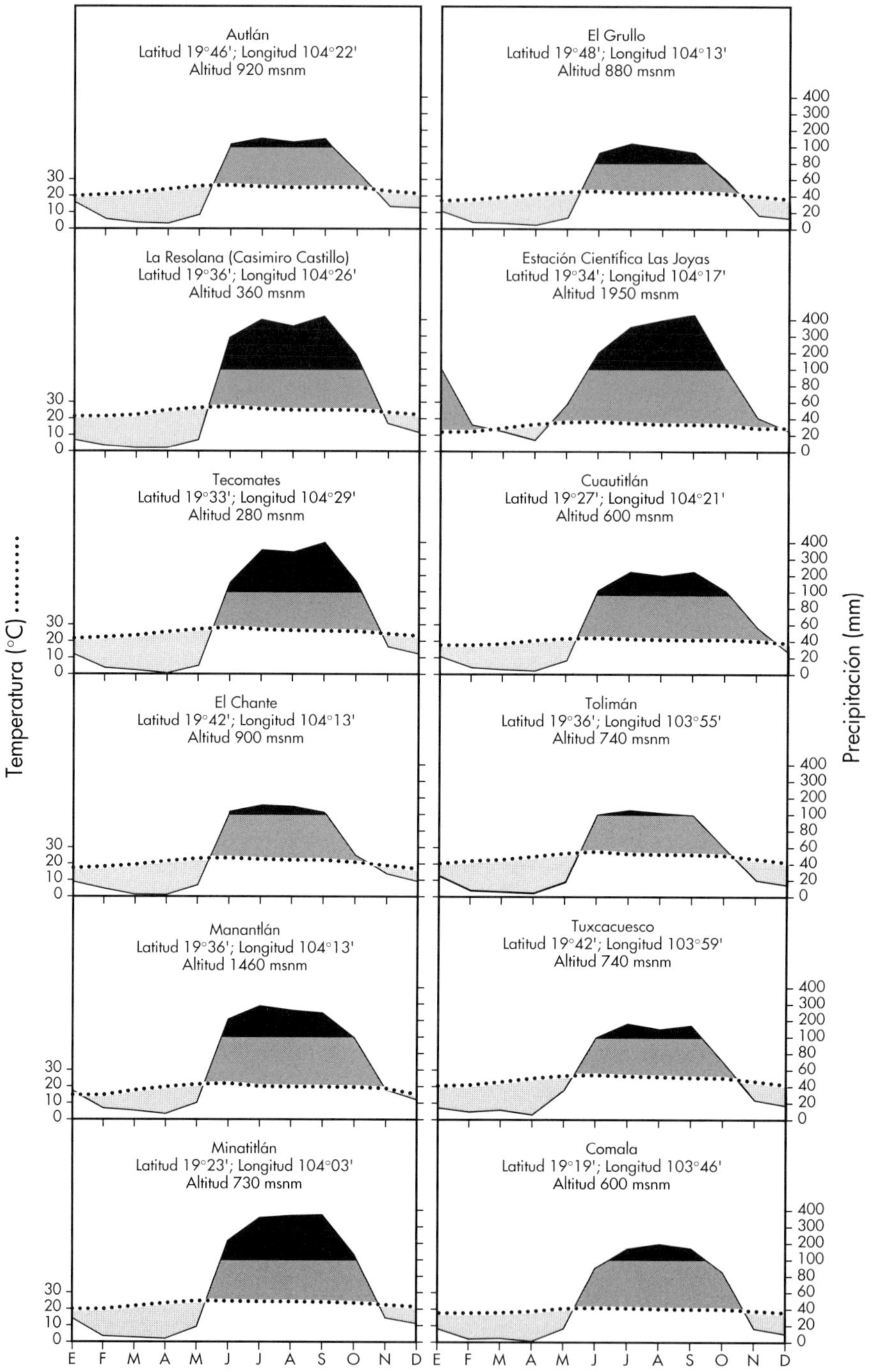


**Fig. 9: Diagramas Climáticos** /Se construyeron diagramas climático-ecológicos representativos de la RBSM y su área de influencia siguiendo la metodología de Walter (1985) y se basaron en datos de García (1972) y de Martínez R. et al. (1991). Cada división en la ordenada representa 10°C de temperatura media anual ó 20 mm de precipitación media mensual, con reducción de escala a 1/10 para precipitación media mensual > 100 mm. Esto permite leer la intensidad y duración de la aridez o humedad de las diferentes estaciones desde un punto de vista ecológico. De este modo, una curva de evapotranspiración potencial toma, en esencia, el lugar de la curva de temperatura y al compararla con la curva de precipitación se puede obtener una idea del balance hídrico.

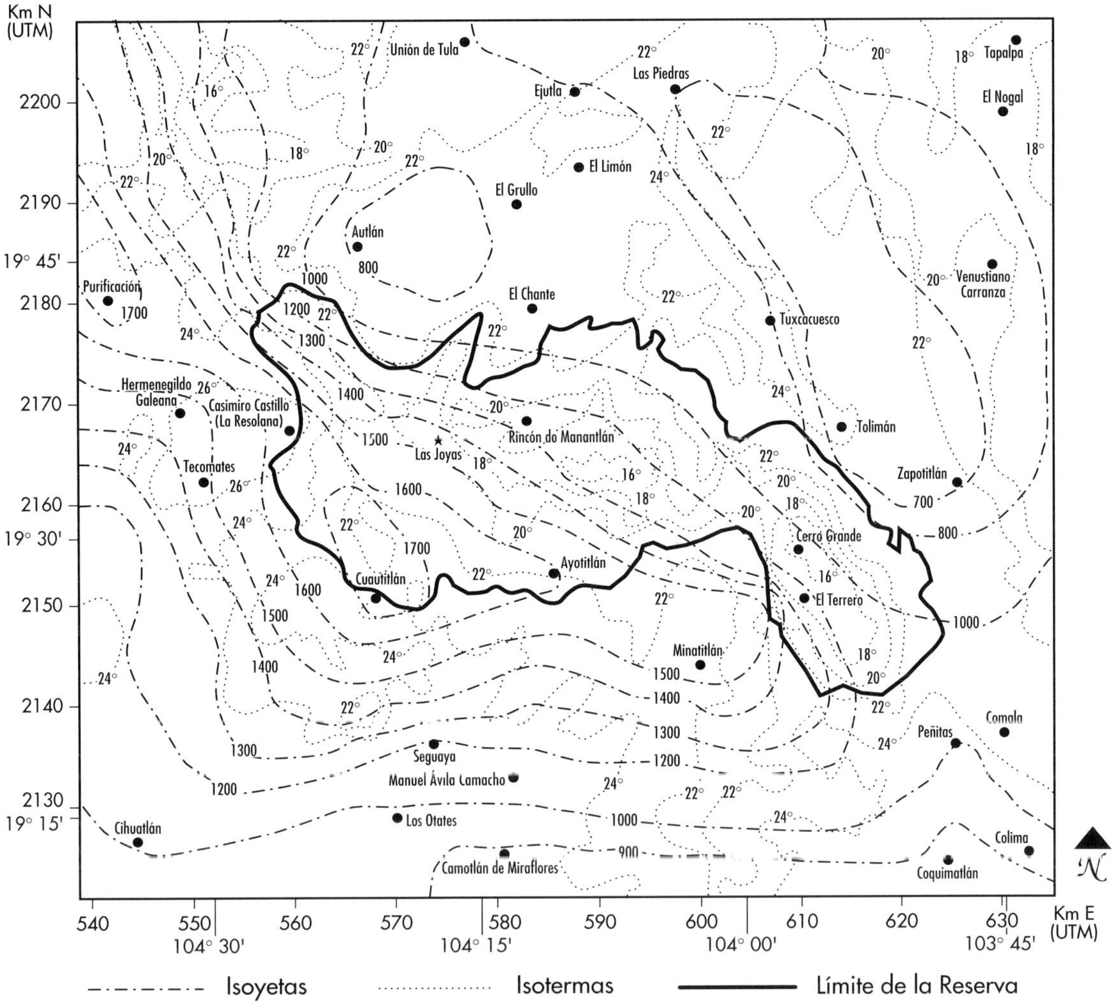


Modificado de Ángel Aguirre G. en Martínez R. et al. (1991). Impreso con permiso de los autores.

**FIG. 10: ISOYETAS E ISOTERMAS** /El gradiente de precipitación media anual en la RBSM aumenta, en forma general, de norte a sur, siendo menor (< 800–1200 mm) al norte de la Sierra (Autlán, Tuxcacuesco y Tolimán), principalmente en tierras bajas de la Sierra de Manantlán central y partes altas de Cerro Grande; intermedio (1200–1500 mm) en las partes altas de la Sierra de Manantlán Central (Corralitos, Las Joyas, La Cumbre, Capillas, etc.) y en la partes bajas del suroeste de Cerro Grande (E de Minatitlán); y mayor (1500–1700 mm) en las porciones suroeste, sur y oeste de la Sierra (en las subcuencas Cuzalapa, Ayotitlán y Barranca de La Naranjera). La zona más cálida es el oeste de la Sierra, en las cercanías de Casimiro Castillo, y las zonas más frías son Cerro San Miguel, Las Capillas, Cerro de En Medio y Los Picachos. La temperatura media anual varia de 16 a 22 °C, ocasionalmente alcanza los 26 °C. El mes más caliente es junio, y el más frío es enero (Martínez R. et al. 1991).

## LITERATURA CITADA

CETENAL (Centro de Estudios del Territorio Nacional). 1970. Cartas climáticas. Escala 1:50,000.

Cruz C., P. 1989. Atlas cartográfico de la Reserva de la Biosfera Sierra de Manantlán, Jalisco, México. LNLJ, Univ. de Guadalajara. El Grullo, Jalisco (inéd.).

García, E. 1972. Modificaciones al sistema de clasificación climática de Köppen. Inst. Geogr. y Est., UNAM. México, D. F. 243 pp.

Guzmán M., R. 1985b. Reserva de la Biosfera de la Sierra de Manantlán, Jalisco. Estudio descriptivo. Tiempos de Ciencia 1:10–26.

Jardel P., E. J. (Coord.). 1992. Estrategia para la conservación de la Reserva de la Biosfera Sierra de Manantlán. LNLJ, Univ. de Guadalajara. El Grullo, Jalisco. 312 pp.

Martínez R., L. M., J. J. Sandoval L. y R. D. Guevara G. 1991. El clima en la Reserva de la Biosfera Sierra de Manantlán (Jalisco-Colima, México) y en su área de influencia. Agrociencia Ser. Agua-Suelo-Clima 2:107–119.

Rzedowski, J. 1978. Vegetación de México. Limusa. México, D. F. 432 pp.

Vázquez G., J. A., R. Cuevas G., T. S. Cochrane y H. H. Iltis. 1990. Flora de la Reserva de la Biosfera Sierra de Manantlán, Jalisco-Colima, México. Univ. de Guadalajara. Guadalajara, Jalisco. 166 pp.

Walter, H. 1985. Vegetation of the earth and ecological systems of the geo-biosphere. Ed. 3. Springer-Verlag. Berlin, Alemania. 318 pp.

*Symplocos sousae,* Las Capillas
foto: H. H. Iltis

# Capítulo 3

# Generalidades sobre la Flora de Manantlán

# Fitogeografía y Vegetación de la Sierra de Manantlán, Jalisco-Colima, México

J. Antonio Vázquez G.
Ramón Cuevas G.

La vegetación de la Sierra de Manantlán se describió en forma preliminar por Guzmán M. (1985b), desde entonces ha sido incrementada considerablemente por Cuevas G. y Núñez L. (1988), Vázquez G. et al. (1990) y Jardel P. (1992). Los estudios cuantitativos de la vegetación en la RBSM son todavía escasos como para exponer un marco general. Sólo existen descripciones para algunos rodales de ciertas formaciones vegetales, principalmente para bosque mesófilo de montaña (Jardel P. et al. 1995, Muñoz M. 1992, Santiago P. y Jardel P. 1995, Vázquez G. 1993, 1995), bosque de ***Pinus*** y bosque de ***Pinus*** y ***Quercus*** (Sánchez V. y García M. 1993, Rosales A. 1992) y bosque de ***Abies*** (Figueroa R. 1991). En cambio, los trabajos sobre fitogeografía de la flora vascular de la Sierra de Manantlán son casi nulos.

En la presente contribución se describen las características fitogeográficas más sobresalientes de la Sierra de Manantlán, posibles orígenes de su flora, su contexto florístico y fisiográfico, y se actualiza e incrementa la descripción de sus principales formaciones vegetales. Se sigue la clasificación de vegetación de Rzedowski y McVaugh (1966) y Rzedowski (1978) ya que se ajusta mucho mejor a nuestra región que el sistema de Miranda y Hernández X. (1963). Algunas dificultades en el uso del sistema de Miranda y Hernandez X. se exponen con detalle en Rzedowski (1978).

## Características Fitogeográficas Sobresalientes

*Transición Holártico-Neotropical*: La flora de la Sierra de Manantlán, al igual que la mayoría de las serranías tropicales al norte de Mesoamérica, se encuentra en la franja de transición de los reinos biogeográficos Holártico y Neotropical. En cuanto a su composición, los elementos dominantes son sin duda los autóctonos tropicales. En cuanto a los elementos alóctonos, los Sudamericanos pueden ser equiparables o superiores a los Boreales (Rzedowski 1993).

*Vicarianza Pacífica-Atlántica*: Estudios comparativos de los bosques mesófilos de montaña en México (Vázquez G. 1993, 1995) muestran que los de la vertiente Pacífica divergen de los de la vertiente Atlántica en su composición florística tanto al nivel de género como al nivel de especie. Por un lado, los bosques mesófilos de Veracruz son más similares a los de Tamaulipas (Puig y Bracho 1986, Vázquez G. 1993, 1995), y estos últimos muestran sólo una ligera similitud con los del sudeste de los Estados Unidos, mientras que por otro lado, los de la Sierra de Manantlán, tanto de la zona volcánica como el de la zona calcárea, son más similares al de Atoyac, Guerrero (Vázquez G. 1993, 1995). La vicarianza biogeográfica es sin duda un factor importante en la divergencia de estas floras. Algunos ejemplos de géneros vicariantes incluyen ***Diospyros, Juglans, Magnolia*** y ***Tilia***.

*Disyunciones*: Algunas disyunciones de especies en la zona, tales como ***Arbutus occidentalis*** y ***Salvia ramamoorthyana*** son sin duda resultado de dispersión a grandes distancias, sin embargo, muchas otras como ***Acer skutchii***, ***Calatola laevigata*** y ***Capparis quiriguensis*** son posiblemente resultado de la vicarianza biogeográfica.

*Especiación alopátrica*: En regiones montañosas como México, con gran variedad de climas y suelos, la especiación alopátrica es un fenómeno característico que ha contribuido grandemente a la diversidad y endemismo de muchas regiones del país. En Manantlán se ejemplifica en los géneros ***Magnolia***, ***Juglans***, ***Populus*** y ***Saurauia***.

*Especiación simpátrica*: La especiación simpátrica se pone de manifiesto con la alta diversidad de muchos de sus géneros, además, en la Sierra de Manantlán (Cerro Grande) se ha observado que en 100 $m^2$ se pueden encontrar hasta de 4 a 6 especies de ***Peperomia***, 4 a 5 especies de ***Salvia***, 3 a 4 especies de ***Bursera***, 3 a 4 especies de ***Quercus*** o 2 a 3 especies de ***Ficus***; algunas de esas especies son endémicas de la Sierra de Manantlán, y otras todavía no se han descrito para la ciencia.

*Radiación*: Algunos géneros se han diversificado grandemente en el Occidente de México en forma comparable al fenómeno de radiación en islas. Por ejemplo, en tan sólo 1400 $km^2$ de la Sierra de Manantlán los siguientes géneros contienen entre 25 y 42 especies: ***Eupatorium*** (42), ***Salvia*** (36), ***Desmodium*** (34), ***Quercus*** (33), ***Ipomoea*** (32), ***Euphorbia*** (30), ***Solanum*** (30), ***Cassia*** s. l. (26), ***Cyperus*** (25) y ***Paspalum*** (25). Algunos de estos, ***Solanum***, ***Euphorbia*** e ***Ipomoea***, presentan un variado espectro de formas biológicas que incluyen hierbas, arbustos, árboles y trepadoras. Mientras que el resto, aunque con menor variedad de formas biológicas, ocurren en la mayoría de los hábitats presentes en la zona, gracias a su variación en morfología foliar, fenología o adaptación a diferentes polinizadores.

*Endemismo*: Se estima que 1% de las especies son endémicas estrictas a la Sierra de Manantlán, y cerca del 10% de sus especies son endémicas estrictas al estado de Jalisco (Hernández L., en el presente trabajo) y quizá entre el 30 al 40% son endémicas para el Occidente de México. La composición y patrones del endemismo se describen en mayor detalle en Hernández L. (en el presente trabajo).

*Refugios*: Las enormes disyunciones florísticas en muchas especies de la flora de Manantlán difícilmente pueden explicarse por la dispersión a grandes distancias, esto sugiere, que algunas áreas húmedas en cañadas protegidas, tanto en áreas tropicales (El Tigre, La Calera, El Chical) como en cañadas de clima templado (región de Los Mazos, Rincón de Manantlán, Las Joyas, Arroyo Corralitos, Barranca de La Nogalera, norte de Telcruz), actuaron como refugios ("survivios") del Pleistoceno.

*Relictos*: La Sierra de Manantlán presenta refugios para poblaciones o especies relicto como es el caso de algunos elementos mesófilos como ***Acer skutchii***, ***Matudaea trinervia***, ***Podocarpus reichei***, ***Magnolia iltisiana*** y de algunos otros tropicales como ***Talauma*** sp., ***Calatola laevigata***, ***Populus guzmanantlensis*** y ***Capparis quiriguensis***.

**Posibles Orígenes de la Flora**

La flora como parte de la geo-biosfera se encuentra íntimamente ligada a la historia de la tierra, de ahí que el factor histórico sea decisivo en la interpretación de sus posibles orígenes, en especial, la teoría de Tectónica de Placas es fundamental para el entendimiento de la historia evolutiva (Raven y Axelrod 1974). Aunque las angiospermas han existido desde el Cretácico Inferior, las diferencias florísticas en su distribución geográfica se acentuaron hasta el período Terciario, después de la separación de los continentes. Las masas continentales que han estado aisladas durante más tiempo se han diferenciado más, como es el caso del viejo y nuevo mundo, ahora reconocidos como distintos reinos florísticos, el Paleártico y Neártico respectivamente; mientras que las masas continentales que se separaron hasta el Pleistoceno (Norte América, Groenlandia y Euro-Asia) presentan solamente pequeñas diferencias florísticas que pueden ser consideradas como de un mismo reino florístico, el Holártico (Walter 1985).

La flora mexicana actual (incluyendo la de regiones montañosas como la Sierra de Manantlán) debió originarse de las contribuciones de 2 grandes paleofloras: la Flora Neotropical Terciaria y la Flora Ártica Terciaria (Chaney 1947). Al parecer, la flora tropical surgió primeramente en el Terciario, antes de que emergieran las montañas y el Altiplano. Al surgir las elevaciones, se dieron condiciones ecológicas apropiadas para el establecimiento de una gran variedad de elementos de la flora boreal (Sharp 1953), del mismo modo, y en forma equiparable, los elementos de la flora andina han enriquecido la flora mexicana de zonas templadas (Rzedowski 1965). Como resultado de la interacción de dos paleofloras, por la influencia de la ya existente topografía compleja, y la presencia de gran variedad de climas, se fueron definiendo las principales zonas florísticas del país. Toledo (1982) muestra que el bosque mesófilo de montaña ocupaba grandes extensiones durante el Pleistoceno, los cambios climáticos fueron causando extinción de las especies más susceptibles, en estas circunstancias muchas poblaciones o especies se han extinto, tal vez especies o poblaciones que tuvieron una distribución más amplia, se extinguieron del occidente y ahora se hallan restringidas al este de México (Rzedowski y McVaugh 1966).

**Regiones y Provincias Florísticas**

La Sierra de Manantlán incluye porciones de 3 de las 17 provincias florísticas y 2 de las 4 regiones florísticas definidas para México (Rzedowski 1978), las cuales se describen a continuación.

*Mesoamericana de Montaña*: Esta presenta importantes proporciones de elementos florísticos característicos tanto del Reino Holártico como del Reino Neotropical. Su distribución es muy discontinua y corresponde a los macizos montañosos del país. Esta región está representada en la zona por la provincia de *Serranías Meridionales*, la cual ocurre por encima de los 800 m de altitud, tanto en mesetas como en laderas y cañadas de pendiente muy variada. Dicha provincia de origen alóctono es también un importante componente de la flora de México, incluye los extensos sistemas montañosos y las numerosas montañas aisladas que favorecieron la formación de endemismos. Quizá cerca del 60% de la superficie de la Sierra de Manantlán forma parte de esta provincia, la cual está bien representada en Las Joyas, La Cumbre, El Almeal, San Miguel, Neverías, Las Capillas, El Muñeco, El Ceboruco, La Lupe, El Guízar, Los Jardines, El Terrero, Picachos y Lagunitas.

*Caribea*: Esta corresponde al Reino Neotropical, se extiende por las planicies costeras del Atlántico y Pacífico, alcanzando a ocupar zonas más continentales de baja altitud y/o latitud. En la Sierra de Manantlán se presenta circundando casi por completo el complejo montañoso, el cual, se confina principalmente a las tierras bajas, valles y barrancas. Esta región está representada por dos provincias florísticas: 1) *Costa Pacífica*: es considerada una de las provincias florísticas más importantes de México, debido a su origen autóctono, su gran extensión y la abundancia de elementos endémicos a nivel de género. En la Sierra de Manantlán, su extensión aproximada es del 25%, y el endemismo se limita a nivel de especie; su representación es evidente en zonas como La Calera, El Tigre, tierras bajas de El Tecolote y La Petaca, La Nance, Cuzalapa, Ayotitlán y Juluapan. 2) *Depresión del Balsas*: esta provincia también es de origen autóctono, aunque su extensión es reducida, presenta marcadas relaciones florísticas con la Provincia Costa Pacífica, sin embargo, el endemismo a nivel de especie sugiere una clara distinción. Su extensión en la Sierra de Manantlán es cercana al 15%, y tiene notoria representación en Campo Cuatro, Zacualpan, Puerto de Toxín, El Rodeo, Zenzontla y las zonas de menor precipitación al norte de la Sierra.

**Provincias y Subregiones Fisiográficas**

La clasificación fisiográfica de Cuanalo de la C. et al. (1989), aunque no en nivel nomenclatural, concuerda en forma general con la clasificación florística propuesta por

Rzedowski (1978). Por ejemplo, las partes bajas de la provincia fisiográfica *Sierra Madre del Sur* equivalen al rango florístico *Costa Pacífica*, mientras que las partes altas equivalen, al menos para la zona, al rango florístico *Serranías Meridionales*. De igual modo, la provincia *Sudserranense* equivale al rango florístico *Depresión del Balsas*. A continuación se describen para la RBSM y su zona de influencia cuatro provincias fisiográficas y sus respectivas subregiones. Estudios más detallados de la vegetación y sus elementos florísticos permitirán evaluar mejor la correspondencia entre unidades fisiográficas y florísticas.

*Sierra Madre del Sur*: La Sierra de Manantlán, en su totalidad, corresponde a esta provincia fisiográfica. Las porciones central y occidental de la Sierra constituyen la sección más sudeste de la subregión *Talpa de Allende*, mientras que la porción oriental de la Sierra (Cerro Grande) constituye la sección marginal noreste de la subregión *Manzanillo*. Las partes sur y sudeste (pendientes costeras) de la zona de influencia de la RBSM también corresponden a la subregión *Manzanillo*, mientras que la sección suroeste del área de influencia corresponde a la subregión *Higuera Blanca*.

*Sudserranense*: Esta provincia está representada en la zona de influencia de la Sierra de Manantlán por la sección noroeste de la subregión *Colima*, localizada al norte y noreste de la RBSM, y es consistente con el deslindamiento de la provincia florística de la Depresión del Balsas.

*Eje Neovolcánico*: Esta provincia está representada sólo en la zona de influencia por las porciones occidentales de la subregión *Nevado de Colima*, localizada al este y nornoroeste de la Reserva.

*Sierra Madre Occidental*: Esta provincia está representada solamente por una pequeña sección marginal al suroeste de la subregión *Atemajac*, localizada al noroeste de la RBSM.

**Tipos de Vegetación**

La ocurrencia de variados elementos florísticos tanto tropicales como templados aunado a la variaciones en el ambiente físico-químico ha dado como resultado un intrincado y complejo mosaico de asociaciones vegetales con floras extraordinariamente contrastantes en áreas muy reducidas. La transición entre tales asociaciones vegetales puede ser marcada por discontinuidades abruptas, como se ha observado en gradientes altitudinales de montañas tropicales (Beals 1969, Grubb 1974, Kitayama 1992, Vázquez G. 1993, 1995) o más frecuentemente gradual e imperceptible, al grado que cada asociación puede diferir de las demás en su composición florística o en su ambiente físico-químico (Gleason 1926, Curtis y McIntosh 1951, Whittaker 1956, Curtis 1959). La gran variación en clima y topografía, aún dentro de áreas pequeñas, dificulta delinear tipos de vegetación y aún provincias florísticas. No obstante, aquí se presenta un contexto fitogeográfico esquemático que nos indica las posibles relaciones entre los principales tipos de cubierta vegetal que se han definido para la Sierra de Manantlán (Cuadro 5). Posteriormente, se describen fisonómica y florísticamente las principales formaciones vegetales y su distribución aproximada (Fig. 11), la cual corresponde en forma general a la distribución de los distintos tipos de clima descritos para la zona (García 1972, Martínez R. et al. 1991, Villalpando I. y García 1993).

*Bosque mesófilo de montaña* (BMM)**:** Los bosques mesófilos de la Sierra de Manantlán presentan mayores relaciones florísticas con otros bosques de la Sierra del Sur, que con otros bosques del Centro o Sur de Jalisco. Estos bosques no son tan extraordinariamente ricos como los de Chiapas, Costa Rica, Panamá y los de Los Andes, pero si destacan entre los más ricos de México (al norte del Istmo de Tehuantepec) (Vázquez G. 1993 ó 1995). Es un tipo de vegetación que habita en los sitios más húmedos y menos fríos que los típicos de coníferas y encinares templados, confinado principalmente a las cañadas protegidas y laderas de pendientes pronunciadas (Rzedowski 1978). Es una comunidad de aspecto siempre verde, donde se mezclan elementos caducifolios y perennifolios, la altura de los árboles fluctúa entre los 12 y 40 m; los diámetros son del orden de los 30 a 150 cm, encontrándosele en altitudes que van desde los 700 a los 2600 m. Entre mayor es la humedad en la base de la montaña, la incidencia de nubes ocurre a una elevación menor (Walter 1985), por ello encontramos bosques mesófilos que descienden hasta los 700 m zonas de alta precipitación como es la zona sur de la Sierra (por ejemplo, cerca de El Durazno). Las precipitaciones medias anuales varían entre los 1000 y 1700 mm (Martínez R. et al. 1991); las temperaturas promedio son del orden de 8 a 25°C, siendo frecuentes las neblinas por las tardes y mañanas, presentándose heladas eventuales. Entre los principales componentes de esta vegetación se pueden mencionar a: ***Magnolia iltisiana, Ilex brandegeana, Cornus disciflora, Tilia mexicana, Dendropanax arboreus, Ternstroemia lineata, Carpinus tropicalis, Ostrya virginiana, Saurauia serrata, Fraxinus uhdei, Gymnanthes actinostemoides, Styrax argenteus, Symplococarpon purpusii, Quercus salicifolia*** y ***Clusia salvinii***. En este tipo de vegetación, las orquídeas, helechos y hongos alcanzan su mayor diversificación (Rzedowski y McVaugh 1966, Guzmán M. 1985b, Vázquez G. 1987a, Cuevas G. 1988).

**CUADRO 5**
**Contexto fitogeográfico para la vegetación de la RBSM**

| REGIÓN | PROVINCIA | NOMENCLATURA | SIMBOLOGÍA |
|---|---|---|---|
| Mesoamericana de montaña | Serranías meridionales | Bosque mesófilo de montaña | BMM |
| | | Bosque de ***Abies*** y/o ***Cupressus*** | BA/C |
| | | Bosque de ***Pinus*** y ***Quercus*** | BP/Q |
| | | Bosque de ***Quercus*** | BQ |
| | | Bosque de ***Pinus*** | BP |
| | | Vegetación xerófita de altura | VXA |
| Caribea | Depresión del Balsas | Bosque tropical caducifolio | BTC |
| | | Bosque tropical espinoso | BTE |
| | | Bosque de galería | BG |
| | Costa Pacífica | Bosque tropical subcaducifolio | BTS |
| | | Bosque tropical caducifolio | BTC |
| | | Bosque de galería | BG |
| | | Vegetación sabanoide | VSb |
| Antrópica | | Pastizal | P |
| | | Agricultura | Agr. |
| | | Silvicultura | Silv. |
| | | Sin cubierta vegetal | Sveg. |

*Bosque de **Abies** y/o **Cupressus*** (BA/C): Es una comunidad que resalta por el color verde esmeralda de su follaje perenne, la forma cónica de sus copas y su fuste esbelto; sus componentes alcanzan alturas de 30 a 40 m, desarrollándose a altitudes que van de los 2000 a los 2800 m, pero algunas veces se le ha visto hasta los 1600 m. Esta comunidad requiere de lugares donde exista un alto porcentaje de humedad atmosférica, que estén protegidos de los fuertes vientos y con un periodo lluvioso de 7 a 9 meses por año (Rzedowski 1978). Con frecuencia el bosque de ***Abies*** substituye al bosque mesófilo de montaña en las partes más altas de las cañadas, y algunas veces se mezclan. Este tipo de vegetación no forma extensos y continuos rodales en la Sierra de Manantlán como en el Eje Neovolcánico. Referencias de pobladores en el área indican que las masas forestales de ***Abies*** eran mucho más extensas, pero la estructura y composición del bosque fue modificada por la explotación forestal.

Fig. 11: Vegetación de la Sierra de Manantlán

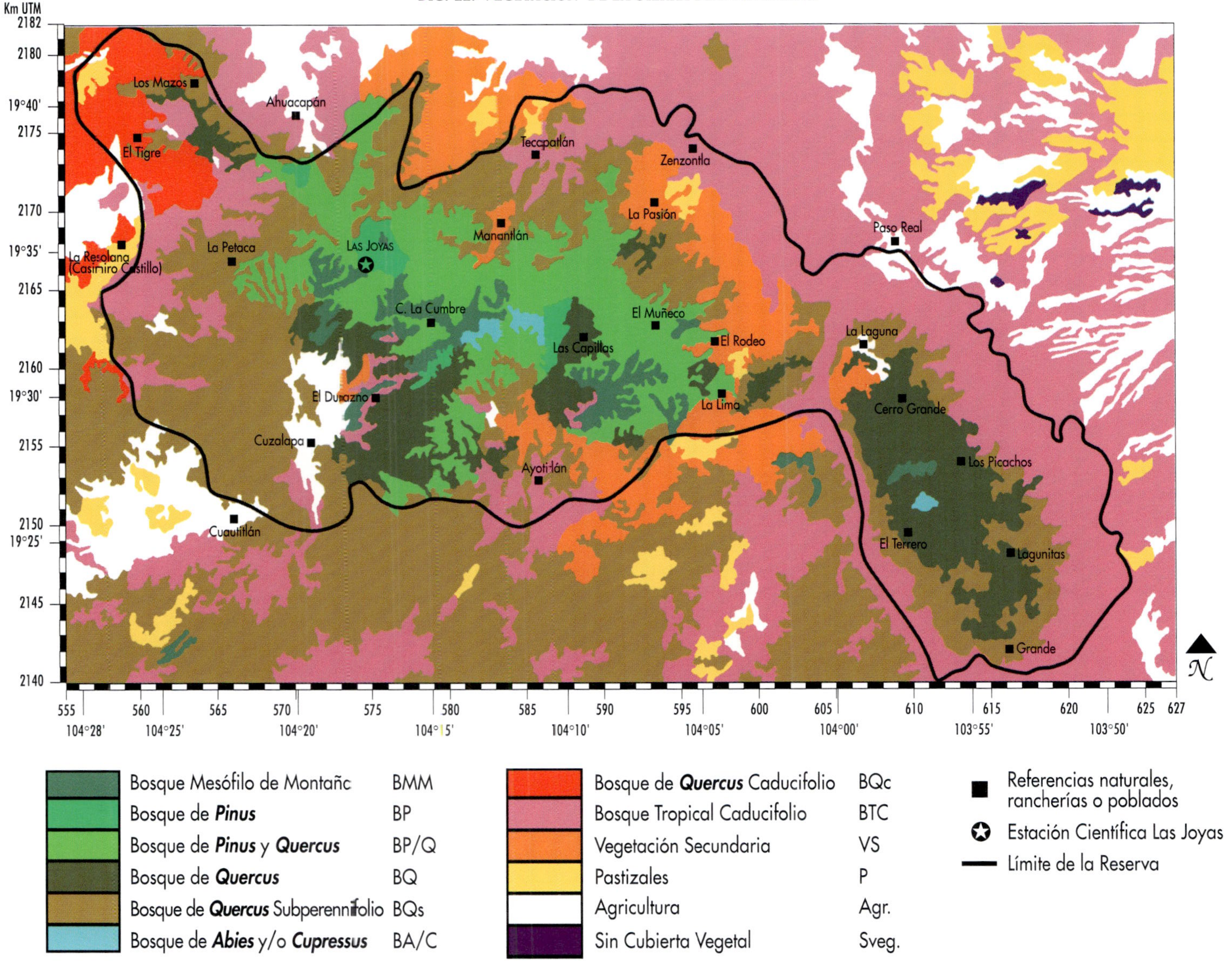

Los principales componentes que se han observado son: ***Abies religiosa, A. religiosa*** var. ***emarginata, Pinus pseudostrobus, Cupressus lusitanica, Quercus laurina, Q. crassipes, Holodiscus argenteus, Ceanothus caeruleus, Fuchsia arborescens*** y ***Dahlia tenuicaulis***.

*Bosque de* ***Pinus*** *y* ***Quercus*** (BP/Q): Bajo esta nominación estamos incluyendo una mezcla de especies del género ***Pinus*** y ***Quercus***, caracterizado principalmente por la presencia de individuos cuya altura oscila entre los (6) 8 y 20 (25) m, de hojas coriáceas caducas y aciculares perennes, con ramificación abundante desde su parte media; generalmente careciendo de estrato arbustivo y presentando un estrato herbáceo. Se desarrolla en altitudes de 1000 a los 2500 m, sobre suelos con profundidad variable, en clima templado subhúmedo con lluvias en verano (C (w)), con precipitación pluvial que varía entre los 1000 a 1500 mm al año, con temperatura media anual entre 15 y 19 °C. Entre los principales componentes se han observado ***Pinus oocarpa, P. maximinoi, P. douglasiana, P. pseudostrobus, P. herrerae, Quercus resinosa, Q. elliptica, Q. magnoliifolia, Q. obtusata, Q. castanea, Q.*** aff. ***gentryi*** y ***Q. rugosa*** entre otros. Esta vegetación es muy inestable con tendencia a convertirse en pinares o encinares, jugando un papel importante en este sentido la influencia del hombre.

*Bosque de* ***Quercus*** (BQ): En este tipo de vegetación quedan agrupados los bosques donde domina el género ***Quercus***; esta vegetación por tener requerimientos muy similares al BP, muchas veces se mezcla con éste, se hace muy difícil su separación, encontrándose mezclas que corresponden a etapas sucesionales. En la Sierra de Manantlán se han definido 2 tipos de bosque de ***Quercus*** partiendo de sus características fisonómicas: por un lado el *bosque de* ***Quercus*** *caducifolio* (BQc) y por el otro el *bosque de* ***Quercus*** *subperennifolio* (BQs). El BQc se caracteriza por ser una vegetación de 5 a 9 m de altura, que pierde sus hojas durante un período corto que coincide con la época más seca del año; se desarrolla en altitudes entre los 400 y los 1500 m, con clima cálido y templado subhúmedo. Entre los principales componentes se han observado: ***Quercus castanea, Q. elliptica, Q.*** aff. ***gentryi, Q. glaucescens, Q. insignis, Q. magnoliifolia, Q. planipocula, Q. rugosa, Q. splendens, Q. uxoris, Acacia pennatula*** y algunas veces ***Pinus oocarpa*** y ***P. maximinoi***. El BQs es una comunidad de 15 a 35 m de altura cuyas especies se defolian por períodos muy cortos, generalmente menos de un mes, sin haber coincidencia de las especies en la caducidad, por lo cual el bosque nunca queda totalmente defoliado; se desarrolla en altitudes arriba de los 1500 m, en clima templado y más húmedo que el bosque de BQc. Entre sus principales componentes se han encontrado: ***Quercus xalapensis, Q. candicans, Q. conspersa, Q. crassifolia, Q. crassipes, Q. laurina, Q. martinezii, Q. obtusata, Q. peduncularis, Q. praineana, Q. salicifolia*** y ***Q. scytophylla***. Los pinos se ven representados por ***Pinus maximinoi, P. douglasiana, P. leiophylla*** y en algunas ocasiones ***P. pseudostrobus***.

*Bosque de* ***Pinus*** (BP): Este tipo de vegetación, en el que predomina el género ***Pinus***, ocupa la mayor extensión en las partes altas de la Sierra, y es una comunidad importante por su potencial como recurso forestal maderable. Los pinares mantienen un aspecto siempre verde, y sus componentes arbóreos presentan alturas que oscilan entre 10 y 35 m. Se les encuentra generalmente arriba de los 800 m, donde se mezclan con encinos (***Quercus***), y al ascender hacia lugares más húmedos, se presentan con más continuidad entre 1800 y 2800 m. Las precipitaciones medias anuales varían entre 900 y 1500 mm. Los principales componentes florísticos encontrados en esta comunidad son: ***Pinus douglasiana, P. herrerae, P. leiophylla, P. maximinoi, P. devoniana, P. montezumae*** forma ***macrocarpa, P. oocarpa*** y ***P. pseudostrobus***. Forman rodales puros o mezclados, en los que también se encuentran otros componentes florísticos como ***Quercus elliptica, Q. laurina, Q. crassipes*** y otros encinos, ***Arbutus xalapensis, Clethra*** sp., ***Comarostaphylis***

***discolor, Fuchsia microphylla, Lamourouxia multifida, Halenia brevicornis*** y ***Micropleura renifolia*** (Rzedowski y McVaugh 1966, Cuevas G. y Núñez L. 1988).

*Vegetación xerófita de altura* (VXA): Se define aquí como un tipo de vegetación típico de cumbres de montañas, en elevaciones de 2500 a 3000 m aproximadamente, en zonas rocosas expuestas al efecto secante de vientos incesantes y heladas frecuentes. Su diversidad en el estrato herbáceo es alta, lo cual se debe en parte a su gran número de elementos endémicos. Esa vegetación es en cierta forma comparable al *Open pine forest* y *Ridge flora* descritos por Leavenworth (1946) del Cerro Tancítaro, Michoacán y posiblemente exista también un tipo de vegetación análogo a éste en el Nevado de Colima, pues a la fecha los pocos estudios de su vegetación se han concentrado en el estrato arbóreo (Madrigal S. 1970). En la Sierra de Manantlán este tipo de vegetación se encuentra en las cimas de 2500–2860 m.s.n.m. (Las Capillas, Neverías, Cerro Alto San Jerónimo, El Guízar y El Muñeco). Dentro de la misma sierra, su composición florística varía de lugar en lugar, más bien se caracteriza por presentar árboles esparcidos generalmente pequeños como: ***Arbutus xalapensis, Salix paradoxa, Quercus crassifolia, Alnus*** sp., ***Pinus durangensis, Symplocos sousae*** y algunos arboles medianos como: ***Quercus laurina*** o ***Abies religosa*** var. ***religiosa***. Muchas de las especies arbustivas y herbáceas presentan un alto grado de esclerificación en sus hojas, talla reducida y/o hábito prostrado. Algunos arbustos incluyen: ***Bocconia frutescens, Furcraea bedinghausii*** y ***Litsea glaucescens***. En el estrato arbustivo y herbáceo figuran las ericáceas (***Comarostaphylis discolor*** subsp. ***manantlanensis, Arbutus occidentalis, Vaccinium confertum, Gaultheria hirtella*** y ***Pernettia prostrata***), algunas escrofulariáceas (***Castilleja integrifolia, C. mcvaughii, Penstemon roseus***) y muchas otras: ***Coreopsis petrophiloides, Stevia lucida*** var. ***lucida, Pityrogramma tartarea, Plecosorus speciosissimus, Cyperus seslerioides, Geranium hernandezii, Osbertia stolonifera, Paspalum prostratum*** var. ***pygmaeum, Rubus pumilus, Salvia albocaerulea, S. ramamoorthyana, S. subpatens, S. viscidifolia, Weldenia candida, Agrostis novogaliciana, A. tolucensis, Cerastium sinaloensis, Drymaria excisa, D. miniscula, Alchemilla*** spp., ***Halenia crumiana, Luzula caricina, Malaxis tepicana, Muhlenbergia ramulosa, Physalis stapelioides*** y ***Valeriana vaginata.*** Por efecto de escala cartográfica este tipo de vegetación queda incluido dentro de bosque de ***Pinus*** y ***Quercus***.

*Bosque tropical caducifolio* (BTC): Bajo esta denominación queda comprendida una comunidad que se encuentra dominada por especies arbóreas no espinosas que se defolian por completo durante un período largo, que coincide con la estación seca del año. Se desarrolla en altitudes de 600 a 1300 m y hasta 1700 m en Cerro Grande, quizá debido al efecto *massenerhebung* (Grubb 1971), de que entre mayor es la masa de la montaña, mayor oportunidad hay de mantener el aire caliente a mayor elevación. Los suelos generalmente son someros y de drenaje rápido, con precipitaciones de 600 a 1000 mm; la temperatura media anual oscila entre 20 y 28 °C. Es una comunidad cuyos componentes alcanzan alturas de 8 a 15 m. Entre ellos podemos citar a ***Lysiloma acapulcense, L. microphyllum, Jacaratia mexicana, Amphipterygium adstringens, Cochlospermum vitifolium, Ceiba aesculifolia, Pseudobombax ellipticum, Bursera*** spp., ***Heliocarpus terebinthinaceus*** y ***Pachycereus pecten-aboriginum***.

*Bosque tropical espinoso* (BTE): En algunos lugares se distinguen pequeños manchones, donde las especies dominantes suelen ser: ***Pithecellobium acatlense, Ziziphus mexicana, Zanthoxylum fagara, Cercidium praecox, Fouquieria formosa, Recchia mexicana, Celtis caudata, Pereskiopsis diguetii, Guaiacum coulteri, Pachycereus pecten-aboriginum, Caesalpinia cacalaco, Lysiloma tergemina, Morisonia americana, Jacquinia macrocarpa*** y ***Tillandsia*** spp. como epífitas frecuentes. En lugares más perturbados dominan matorrales espinosos de ***Opuntia, Mimosa*** y ***Acacia***. Sin embargo, en ocasiones es difícil distinguirlo de un BTC típico, por eso, otros autores seguido lo refieren como parte del BTC.

*Bosque tropical subcaducifolio* (BTS): Esta comunidad incluye principalmente árboles caducifolios, no obstante, permanece verde la mayor parte del año debido a la presencia de algunos elementos perennifolios y a su fenología diferencial. Es una vegetación intermedia entre el bosque tropical perennifolio que ocurre en áreas más húmedas y el bosque tropical caducifolio. En la Sierra de Manantlán ocurre entre 400 y 1200 m, con una precipitación media anual superior a los 900 mm, generalmente entre 1000 y 1500 mm; la temperatura media anual puede ser de desde los 22 a los 27°C, sus componentes son árboles de 15 a 35 m de altura y de 30 a 60 cm de diámetro. Entre los principales se han observado: ***Brosimum alicastrum, Sideroxylon cartilagineum, Cedrela odorata, Trophis racemosa, Aphananthe monoica, Coussapoa purpusii, Tabebuia palmeri, Hura polyandra, Guarea glabra, Enterolobium cyclocarpum, Dendropanax arboreus, Bursera simaruba, Ficus insipida, Trichilia americana, Inga laurina, Sapium pedicellatum, Annona purpurea, A. reticulata, Calophyllum brasiliense*** var. ***rekoi, Cnidoscolus autlanensis, Cecropia obtusifolia, Sloanea terniflora, Acacia glomerosa, Lonchocarpus salvadorensis*** y epífitas: ***Aechmea bracteata*** var. ***pacifica, Oncidium reflexum*** y ***Catasetum pendulum.***

*Bosque de galería* (BG): Bajo esta denominación se incluye la vegetación que se desarrolla por los bordes y costados a lo largo de los ríos y arroyos o corrientes más o menos permanentes. Este es un tipo de vegetación desde el punto de vista fisonómico muy heterogéneo (Rzedowski 1978), pues su altura puede variar desde los 5 hasta los 40 m. Tiene un rango altitudinal muy amplio, desde los 400 hasta los 2000 ó 2200 m. En las partes más altas y húmedas se han encontrado ***Alnus acuminata*** subsp. ***arguta, A. jorullensis*** subsp. ***lutea, Calliandra laevis, Inga eriocarpa, Fraxinus uhdei, Juglans major*** var. ***glabrata*** y ***Ostrya virginiana***. En las partes bajas y cálidas se han encontrado ***Salix bonplandiana, S. humboldtiana, Populus guzmanantlensis, Cecropia obtusifolia, Ficus glabrata, Ardisia compressa, A. revoluta, Sloanea terniflora, Astianthus viminalis*** y ***Bixa orellana***. Por efecto de escala cartográfica la mayor parte de esta vegetación queda incluida en el mapa dentro de BMM y BTS.

*Vegetación sabanoide* (VSb): Esta es una comunidad de extensión muy reducida en la Sierra de Manantlán. Se desarrolla principalmente sobre suelos planos y generalmente mal drenados, desde los 700 a los 1000 m de altitud. Sus componentes alcanzan alturas de 4 a 8 m, contándose entre las principales ***Byrsonima crassifolia, Curatella americana***, y en algunas ocasiones ***Quercus castanea***. Por efecto de escala cartográfica, este tipo de vegetación queda incluido en el mapa dentro de BTC.

*Pastizal* (P): Bajo este nombre se agrupa la comunidad vegetal donde dominan las gramíneas. De acuerdo a la composición florística de esta comunidad, en nuestra zona, ha sido dividida en dos grupos, sin embargo, en la cartografía aquí usada no se hizo distinción de los mismos. El primero, *Pastizal inducido* (Pi), se establece después de deforestar un sitio, que bien puede ser en zonas tropicales o en lugares de clima templado. De las especies que se instalan, la mayoría son anuales, nativas o naturalizadas: ***Cathestecum breviflorum, Setariopsis auriculata, Aristida adscencionis, A. jorullensis, A. ternipes, Axonopus centralis, A. compressus, Brachiaria plantaginea, Diectomis fastigiata, Digitaria ciliaris, D. horizontalis, Hackelochloa granularis, Hilaria ciliata, Ixophorus unisetus, Heteropogon contortus, Panicum fasciculatum, Paspalum notatum, P. paniculatum*** y ***Setaria geniculata***. En altitudes superiores a los 2000 m, se pueden encontrar dominando: ***Muhlenbergia macroura, M. quadridentata, M. ramulosa, M. vaginata, M. virescens, Festuca pringlei, F. rosei, F. breviglumis, Deschampsia elongata, Agrostis tolucencis*** y ***A. novogaliciana***. El segundo grupo, *Pastizal cultivado* (Pc), es aquel en el cual deliberadamente se han abierto sitios (principalmente en zonas tropicales) para sembrar pastos, encontrándose entre estos: ***Panicum maximum, Cenchrus ciliaris, Hyparrenia rufa, Cynodon nlemfuensis*** y ***Chloris gayana***.

*Agricultura* (Agr.): En esta denominación encajan todas aquellas áreas que son empleadas para el cultivo, principalmente para la producción de alimentos básicos tales como maíz, frijol, caña de azúcar, café, algunas cucurbitáceas y pequeños huertos de frutales.

*Sin cubierta vegetal* (Sveg.): Las áreas que aparecen en el mapa con esta nominación son aquéllas que se encuentran muy erosionadas o sobrepastoreadas, y por consiguiente, la vegetación es muy escasa o bien no existe.

## LITERATURA CITADA


Beals, E. W. 1969. Vegetation change along altitudinal gradients. Science 165:981–985.

Chaney, R. W. 1947. Tertiary centres and migration routes. Ecol. Monogr. 17:139–148.

Cuanalo de la C., H., E. Ojeda T., A. Santos O. y C. A. Ortíz S. 1989. Provincias, regiones y subregiones terrestres de México. Colegio de Postgraduados. Chapingo, México. 624 pp.

Cuevas G., R. 1988. El bosque mesófilo de montaña en la Sierra de Manantlán, Jalisco, México. LNLJ, Univ. de Guadalajara. Notas sobre la Flora de Manantlán 1(11):49–58 (inéd.).

Cuevas G., R. y N. M. Núñez L. 1988. Taxonomía de los pinos de la Sierra de Manantlán, Jalisco. Tesis. Facultad de Agronomía, Univ. de Guadalajara. Zapopan, Jalisco. 104 pp.

Curtis, J. T. 1959. The vegetation of Wisconsin: an ordination of plant communities. Univ. Wisconsin Press. Madison, Wis. 657 pp.

Curtis, J. T. y R. P. McIntosh. 1951. An upland forest continuum in the prairie-forest border region of Wisconsin. Ecology 32:376–396.

Figueroa R., B. L. 1991. Estructura y distribución de las poblaciones de ***Abies*** sp. en Cerro Grande, municipios de Tolimán, Jalisco y Minatitlán, Colima. Tesis. Facultad de Ciencias, Univ. de Guadalajara. Guadalajara, Jalisco. 83 pp.

García, E. 1972. Modificaciones al sistema de clasificación climática de Köppen. Inst. Geogr. y Est., UNAM. México, D. F. 243 pp

Gleason, H. A. 1926. The individualistic concept of the plant association. Bull. Torrey Bot. Club 53:7–26.

Grubb, P. J. 1971. Interpretation of the "Massenerhebung" effect on tropical mountains. Nature 229:44–45.

Grubb, P. J. 1974. Factors controlling the distribution of forest types on tropical mountains: new facts and new perspective. Pp. 13–46. En: J. R. Flenley (ed.). Altitudinal zonation in Malesia. Trans. 3rd Aberdeen-Hull Symp. on Malesian Ecol. Dept. of Geogr., University of Hull. Hull, Inglaterra.

Guzmán M., R. 1985b. Reserva de la Biosfera de la Sierra de Manantlán, Jalisco. Estudio descriptivo. Tiempos de Ciencia 1:10–26.

Jardel P., E. J. (Coord.). 1992. Estrategia para la conservación de la Reserva de la Biosfera Sierra de Manantlán. LNLJ, Univ. de Guadalajara. El Grullo, Jalisco. 312 pp.

Jardel P., E. J., A. L. Santiago P. y M. E. Muñoz M. 1995 [1993]. El bosque mesófilo de montaña de la Sierra de Manantlán. Tiempos de Ciencia 30:20–28.

Kitayama, K. 1992. An altitudinal transect study of the vegetation of Mount Kinabalu, Borneo. Vegetatio 102:149–171.

Leavenworth, W. C. 1946. A preliminary study of the vegetation of the region between Cerro Tancítaro and the Río Tepalcatepec, Michoacán, México. Amer. Midl. Naturalist 36:137–206.

Madrigal S., X. 1970. Caracterización fito-ecológica preliminar de los volcanes de Fuego y Nevado de Colima, México. INIF, Secretaría de Agricultura y Ganadería. Bol. Divulg. 31:1–36.

Martínez R., L. M., J. J. Sandoval L. y R. D. Guevara G. 1991. El clima en la Reserva de la Biosfera Sierra de Manantlán (Jalisco-Colima, México) y en su área de influencia. Agrociencia Ser. Agua-Suelo-Clima 2:107–119.

Miranda, F. y E. Hernández X. 1963. Los tipos de vegetación de México y su clasificación. Bol. Soc. Bot. Méx. 28:29–179.

Muñoz M., Ma. E. 1992. Distribución de las especies arbóreas del bosque mesófilo de montaña en la Reserva de la Biosfera Sierra de Manantlán. Tesis. Facultad de Ciencias, Univ. de Guadalajara. Guadalajara, Jalisco. 102 pp.

Puig, H. y R. Bracho (eds.). 1986. El bosque mesófilo de montaña de Tamaulipas. Instituto de Ecología. México, D. F. 186 pp.

Raven, P. H. y D. L. Axelrod. 1974. Angiosperm biogeography and past continental movements. Ann. Missouri Bot. Gard. 61:539–673.

Rosales A., J. J. 1992. Descripción cuantitativa de los bosques de la Estación Científica Las Joyas de la Reserva de la Biosfera Sierra de Manantlán. Tesis. Facultad de Ciencias Biológicas. Univ. de Guadalajara. Guadalajara, Jalisco. 80 pp.

Rzedowski, J. 1965. Relaciones geográficas y posibles orígenes de la flora de México. Bol. Soc. Bot. Méx. 29:121–177.

Rzedowski, J. 1978. Vegetación de México. Limusa. México, D. F. 432 pp.

Rzedowski, J. 1993. Diversity and origins of the phanerogamic flora of Mexico. Pp. 129–146. En: T. P. Ramamoorthy, R. Bye, A. Lot y J. Fa (eds.). Biological diversity of Mexico: origins and distribution. Oxford Univ. Press. New York.

Rzedowski, J. y R. McVaugh. 1966. La vegetación de Nueva-Galicia. Contr. Univ. Michigan Herb. 9:1–123.

Sánchez V., L. R. y E. García M. 1993. Sucesión forestal en los bosques mesófilo de montaña y de ***Pinus*** de la Sierra de Manantlán, Jalisco, México. Agrociencia Ser. Recursos Naturales Renovables 3:7–27.

Santiago P., A. L. y E. J. Jardel P. 1995 [1993]. Composición y estructura del bosque mesófilo de montaña en la Sierra de Manantlán, Jalisco-Colima. Biotam 5:13–26.

Sharp, A. J. 1953. Notes on the flora of Mexico; world distribution of the woody dicotyledonous families and the origin of the modern vegetation. J. Ecol. 41:374–380.

Toledo, V. M. 1982. Pleistocene changes of vegetation in tropical Mexico. Pp. 93–111. En: G. Prance (ed.). Biological diversification in the tropics. Columbia Univ. Press. New York.

Vázquez G., J. A. 1987a. El bosque mesófilo de montaña. Notas sobre la Flora de Manantlán. LNLJ, Univ. de Guadalajara. 1(2):7–10 (inéd.).

Vázquez G., J. A. 1993. Cloud forest archipelagos: preservation of montane ecosystems in tropical America. Pp. 203–216. En: L. S. Hamilton, J. O. Juvik y F. Scatena (eds.). Proc. int. symp. on tropical montane cloud forests. East West Center-UNESCO (Int. Hydrol. Program)-IITF. San Juan, Puerto Rico.

Vázquez G., J. A. 1994. ***Magnolia*** (Magnoliaceae) in Mexico and Central America: a synopsis. Brittonia 46 :1–23.

Vázquez G., J. A. 1995. Cloud forest archipelagos: preservation of montane ecosystems in tropical America. Pp. 315–332. En: L. S. Hamilton, J. O. Juvik y F. N. Scatena (eds.). Tropical montane cloud forests. Ecol. St. 110. Springer-Verlag. New York.

Vázquez G., J. A., R. Cuevas G., T. S. Cochrane y H. H. Iltis. 1990. Flora de la Reserva de la Biosfera Sierra de Manantlán, Jalisco-Colima, México. Univ. de Guadalajara. Guadalajara, Jalisco. 166 pp.

Villalpando I., F. y E. García. 1993. Agroclimatología del Estado de Jalisco. Univ. de Guadalajara. Guadalajara, Jalisco. 80 pp.

Walter, H. 1985. Vegetation of the earth and ecological systems of the geo-biosphere. Ed. 3. Springer-Verlag. Berlin, Alemania. 318 pp.

Whittaker, R. 1956. Vegetation of the Great Smoky Mountains. Ecol. Monogr. 26:1–80.

# Diversidad, Estado, Usos y Conservación de la Flora Vascular de la Sierra de Manantlán

J. Antonio Vázquez G.
Ramón Cuevas G.

La oportunidad que tenemos ahora de observar las variaciones morfológicas en las especies es como entrar en una máquina del tiempo que gradualmente nos transporta al pasado más remoto, a un mundo lleno de misterio, verdad y fascinación que nos permite explorar sus orígenes y evolución. En nuestro paso por el mundo encontramos fragmentos de nuestros orígenes, que nos sugieren lo que realmente somos. Además, por nuestra increíble semejanza con otras especies nos queda más claro que todas las especies tenemos el mismo valor y los mismos derechos.

Entender que el planeta es el albergue de varios millones de especies, y no sólo del ***Homo sapiens,*** y que cada especie tiene el mismo derecho natural de compartir la tierra, el mar, la luz, el aire, o el hábitat, que brinde la oportunidad de vivir, es un reto a la evolución de la conciencia humana y a la vez una señal de alarma para la humanidad actual. Los humanos somos, y seremos responsables de lo que a otras especies les suceda por el deterioro ambiental. Seremos también inevitables deudores a las próximas generaciones, pues será cada vez más difícil o quizá imposible encontrar la pureza en un nacimiento de agua, la fragancia de orquídeas extravagantes, la sensación de misterio en el bosque, los espectáculos de la fauna salvaje, el esplendor de la riqueza natural y de sus caprichosas formas biológicas.

## Diversidad

México está considerado como uno de los países con megadiversidad (Mittermeier 1988), le sigue a Brasil y Colombia en cuanto a riqueza biótica. En relación a la flora vascular, Jalisco (con ca. 7000 spp.) figura entre los 5 estados más diversos de México (Rzedowski 1993), sólo algunas floras de los estados del este y sudeste del país le superan en riqueza florística. Dentro de Jalisco, la flora de Manantlán y posiblemente la flora de Talpa-Cuale-San Sebastián figuran entre las más diversas del estado. La flora de Manantlán con 2774 especies de plantas vasculares (reportadas a la fecha) en tan sólo 1400 $km^2$ representa, en forma conservadora, el 10% de la flora Mexicana y es mucho más diversa que las floras nativas de Quintana Roo (1257 spp., Sousa S. y Cabrera C. 1983), Wisconsin (1811 spp., Read 1976, inéd.), Península de Yucatán (1907 spp., Sosa et al. 1985), Valle de México (2065 spp., Rzedowski y Rzedowski 1979, 1985, 1990) o Tabasco (2147 spp., Cowan 1983); y de riqueza equivalente a las floras de Desierto de Sonora (2634 spp., Wiggins 1964), Baja California (2640 spp., Wiggins 1980) o Tennessee (2785 spp., Wofford y Kral 1993).

La gran diversidad de la Flora de Manantlán se debe a un conjunto de factores complejamente intrincados como son: la edad de sus montañas (Eoceno para centro y occidente de la RBSM y Cretácico para el ESE de la misma), sus relaciones fisiográficas y florísticas, su topografía abrupta y seccionada, el aislamiento geográfico, la gran variedad de climas (García 1972, Villalpando I. y García 1993, Martínez R. et al. 1991), su espectro geológico y edafológico (Lazcano S. 1988, Quintero A. 1988), su gran gradiente altitudinal (400 a 2860 m), la heterogeneidad de sus bosques y montañas y la diversidad de su fauna (especialmente la interacción de insectos y aves con la flora en numerosos procesos coevolutivos).

En el listado florístico de la presente obra (Capítulo 4), se reportan 7 clases de plantas vasculares, las cuales incluyen 181 familias, 981 géneros, 2774 especies, 45 subespecies, 171 variedades y 7 formas (Cuadro 6). La magnitud de esta flora equivale al 35% de la flora estimada para Nueva Galicia. De las 181 familias, sólo 10 de ellas incluyen más del 50% de las especies reportadas (Fig. 12). En 20 familias se concentra el 54% de los géneros reportados (Fig. 13). Los 10 géneros con mayor diversificación son ***Eupatorium*** (42), ***Salvia*** (36), ***Desmodium*** (34), ***Quercus*** (33), ***Ipomoea*** (32), ***Euphorbia*** s. l. (30), ***Solanum*** (30), ***Senna/Chamaecrista*** (26), ***Cyperus*** (25) y ***Paspalum*** (25) (Fig. 14). Nótese que la mayoría de los géneros se componen de especies principalmente herbáceas y que son los géneros de tubifloras (las cuales son polinizadas por insectos y aves) los que alcanzan la mayor diversificación. Nótese también, que de los géneros con especies arborescentes sólo ***Quercus*** (33) tiene comparable diversificación. Otros géneros arborescentes ricos en especies incluyen a ***Ficus*** (17), ***Bursera*** (12) y ***Acacia*** (10). Las 2774 especies aquí reportadas están consideradas a ser el 90% de la cantidad de especies que se cree existen en la Sierra de Manantlán.

**Estado de Conservación de las Especies**

En las últimas décadas, el estado actual y posibilidades de sobrevivencia de las especies en su hábitat natural ha sido preocupación de los científicos. Conservar la diversidad biológica, con un enfoque antropocéntrico, es mantener bienes indispensables para la subsistencia de la humanidad, su confort, su ambiente óptimo, su progreso científico y su desarrollo tecnológico. Desde un enfoque biológico, conservar la biodiversidad es reconocer que cada especie juega un papel importante y vital en el funcionamiento de un ecosistema y que tal interacción se ha perfeccionado mediante evolución durante millones de años para funcionar de una manera balanceada, duradera y muchas veces predecible. En este marco, resulta prudente inspeccionar el estado de las especies y ecosistemas, no sólo por su valor actual o potencial, sino también para que oportunamente se pueda señalar la fragilidad de los mismos ante la multitud de embates de disturbio, principalmente por humanos.

Las categorías que designan el estado de conservación de las especies (UICN 1981) y ecosistemas, aunque son útiles, califican inapropiadamente la gran variedad de situaciones que se pueden presentar en el espectro biológico, más aún las implicaciones que dichas categorías tienen para el manejo resultan controvertibles. Por tales motivos, es necesario hacer distinciones dentro de cada categoría (Extinta, En Peligro, Vulnerable y Rara).

*Extintas*: Cuando el último fragmento de una especie (individuo, tejido, célula o moléculas de DNA, según aplique) se ha perdido definitivamente, puede considerarse como *Extinción absoluta.* Cuando existan fragmentos de una especie [individuos dioicos (de un sólo sexo), o un sólo individuo bajo cultivo o cautiverio], la variabilidad genética o morfológica no es representativa de lo que fue la especie, por lo que puede considerarse como *Extinción relativa.* Cuando el único individuo observado de una especie en particular y en una determinada área (zona protegida, municipio, estado, etc.) ha sido exterminado o colectado, y no se ha vuelto a reportar, bien sea por falta de más exploraciones o dificultad de acceso a lugares remotos, puede considerarse como *Extinción subjetiva.* Cuando se extermina totalmente la especie en su hábitat silvestre, bien sea un sitio, predio, ecosistema, municipio, área protegida, estado o país, se trata de *Extinción local.* Aunque la extinción local es un evento cotidiano, cada día va adquiriendo mayor significado y utilidad por sus valiosas implicaciones en las políticas de manejo de vida silvestre en áreas protegidas, municipios, estados y países.

Algunas especies, particularmente de la familia Orchidaceae, no han vuelto a ser reportadas desde la única vez que fueron colectadas. Es muy probable que algunas especies se han extinto localmente de la Sierra de Manantlán (por ejemplo, ***Rhipsalis baccifera***) y no se han vuelto a colectar desde hace varios años (Vázquez G. y Franco A. 1987, Vázquez G. et al. 1990).

*En peligro*: Aquellas especies cuya sobrevivencia es poco probable de seguir operando los factores causales, bien sea a nivel local o a nivel global, directos (cuando la reducción numérica de la especie alcanza un nivel crítico) o indirectos (cuando se reducen drásticamente los hábitats de la especie). Dentro de esta categoría, y para el rango geográfico de Manantlán, podemos citar: ***Coussapoa purpusii, Cedrela*** sp., ***Guaiacum coulteri, Heliconia mooreana, Pleuropetalum sprucei, Talauma*** sp., ***Acer skutchii, Mexicoa ghiesbreghtiana, Lycopodium cuernavacense, Cypripedium irapeanum*** y ***Perymenium wilburorum.***

*Vulnerables*: Entre las especies que experimentan una disminución substancial en la Sierra de Manantlán, debido a agentes causales directos y/o indirectos se encuentran: ***Abies religiosa*** var. ***religiosa, A. religiosa*** var. ***emarginata, Calophyllum brasiliense, Cedrela odorata, Cedrela salvadorensis, Crescentia alata, Cupressus lusitanica, Fraxinus uhdei, Juglans major*** var. ***glabrata, Magnolia iltisiana, Podocarpus reichei, Populus guzmanantlensis, Salix paradoxa, Sloanea terniflora, Swietenia humilis, Tabebuia donnell-smithii*** y ***T. rosea.***

*Raras*: Entre las especies con pequeñas poblaciones silvestres en la Sierra de Manantlán, sujetas a convertirse en vulnerables o en peligro, cabe citar a: ***Agrostis novogaliciana, Aquilegia skinneri, Arbutus occidentalis, Axonopus mexicanus, A. rosei, Brahea dulcis, Berberis*** spp., ***Calochortus purpureus, Chusquea nelsonii, Cnidoscolus*** spp., ***Costus pictus, Croton wilburi, Crysophila nana, Dahlia tenuicaulis, Episcia punctata, Equisetum myriochaetum, Furcruea bedinghausii, F. guerreroense, Gentiana caliculata, Heliocereus luzmariae, Heuchera longipetala, Ledenbergia macrantha, Leucocarpus perfoliatus, Mammillaria beneckei, M. reppenhagenii, Manihot auriculata, M. aesculifolia, Marattia weinmanniifolia, Matudaea trinervia, Montanoa andersonii, Muhlenbergia jaliscana, Pedicularis glabra, Phymosia rosea, Robinsonella cordata, Saturcja jaliscana, Schoenocaulon jaliscense, Tigridia ehrenbergii, T. meleagris, T. pavonia, Zamia loddigesii, Zea mays*** subsp. ***parviglumis, Zea diploperennis*** y ***Zygadenus virescens.***

*Naturalizada*: Incluye numerosas especies exóticas que generalmente presentan altos niveles de ploidia, gran variabilidad genética y morfológica. Muchas de ellas se comportan como invasoras y pueden llegar a afectar la flora nativa reduciendo y aún extirpando poblaciones y hasta especies enteras. Además, pueden deteriorar hábitats, modificar la composición de comunidades y con ello hasta el paisaje entero. Estas incluyen numerosas malezas como ***Sorghum halepense, Leonotis nepetiifolia, Ricinus communis*** y ***Plumbago scandens***. Poca atención se le ha dado en México al control y erradicación de la flora exótica naturalizada, la cual en forma gradual, y a veces imperceptible, va deteriorando paisajes naturales, áreas protegidas, recursos acuíferos, campos de cultivo y hasta monumentos arqueológicos. Dicha flora exótica naturalizada representa una seria amenaza para las áreas naturales protegidas de todo el mundo, así como para la economía de poblaciones rurales, por ello urge un diagnóstico tanto de la magnitud de ésta flora como de su impacto en la RBSM.

**Estado de Conservación de los Ecosistemas**

Datos derivados de levantamientos de percepción remota apoyan la idea de que la deforestación a gran escala y la degradación de hábitats son sin duda la causa principal de la

## CUADRO 6
## Diversidad taxonómica de la flora de la RBSM (julio 1995)

| | FAMILIAS | GÉNEROS | ESPECIES | TAXA INFRA-ESPECÍFICOS | ESPECIES Y TAXA INFR. | HIBRIDOS Y FORMAS INTERM. |
|---|---|---|---|---|---|---|
| Lycopodiopsida | 2 | 2 | 10 | 0 | 10 | 0 |
| Equisetopsida | 1 | 1 | 2 | 1 | 3 | 0 |
| Filicopsida | 15 | 49 | 151 | 5 | 156 | 2 |
| Cycadopsida | 1 | 1 | 1 | 0 | 1 | 0 |
| Pinopsida | 3 | 4 | 13 | 5 | 18 | 0 |
| Magnoliopsida | 140 | 716 | 1968 | 191 | 2159 | 4 |
| Liliopsida | 19 | 208 | 629 | 21 | 650 | 2 |
| **Totales*** | **181** | **981** | **2774** | **223** | **2997** | **8** |

| FAMILIAS | GÉNEROS | ESPECIES | E/G |
|---|---|---|---|
| Compositae | 93 | 333 | 3.6 |
| Gramineae | 77 | 221 | 2.9 |
| Leguminosae | 62 | 254 | 4.1 |
| Orchidaceae | 55 | 181 | 3.3 |
| Rubiaceae | 27 | 66 | 2.4 |
| Euphorbiaceae | 24 | 100 | 4.1 |
| Malvaceae | 22 | 53 | 2.4 |
| Liliaceae | 20 | 43 | 2.1 |
| Scrophulariaceae | 20 | 43 | 2.1 |
| Cactaceae | 16 | 24 | 1.5 |
| Aspleniaceae | 15 | 48 | 3.2 |
| (Otras familias | 550 | 1408 | 2.5) |
| **Todas las fam.** | **981** | **2774** | **2.8** |

| GÉNEROS | ESPECIES |
|---|---|
| ***Eupatorium*** s. l. | 42 |
| ***Salvia*** | 36 |
| ***Desmodium*** | 34 |
| ***Quercus*** | 33 |
| ***Ipomoea*** | 32 |
| ***Euphorbia*** s. l. | 30 |
| ***Solanum*** | 30 |
| ***Senna, Chamaecrista*** | 26 |
| ***Cyperus*** | 25 |
| ***Paspalum*** | 25 |

*Los totales que aquí se dan no separan especies nativas de la Sierra de Manantlán de aquellas que son escapadas de cultivo o naturalizadas.

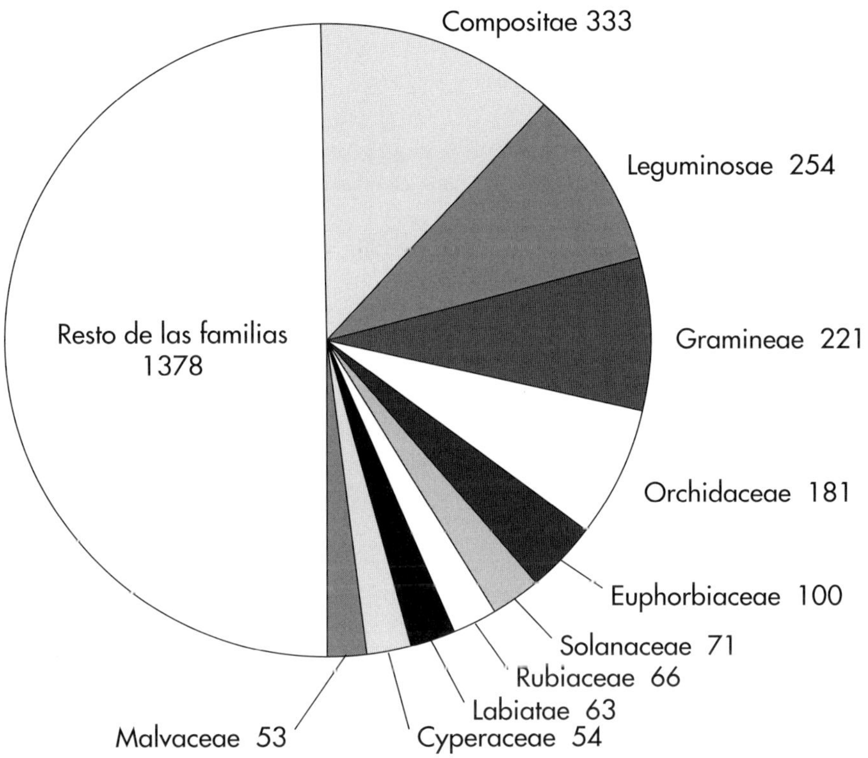


FIG. 12: FAMILIAS CON MÁS ESPECIES EN LA RESERVA DE LA BIOSFERA SIERRA DE MANANTLÁN

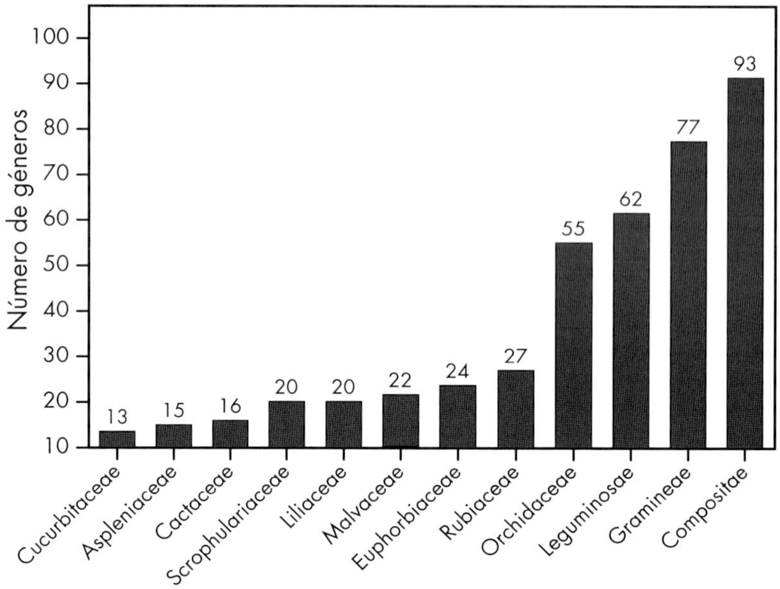


FIG. 13: FAMILIAS CON MÁS GÉNEROS EN LA RESERVA DE LA BIOSFERA SIERRA DE MANANTLÁN

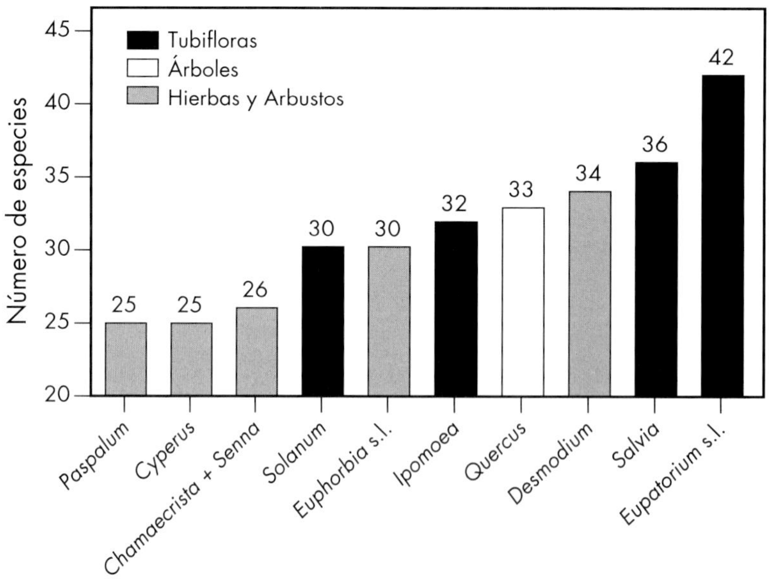


FIG. 14: GÉNEROS MÁS DIVERSIFICADOS EN LA RESERVA DE LA BIOSFERA SIERRA DE MANANTLÁN

extinción de especies y comunidades vegetales (Myers 1988, UICN 1980). En particular, se ha demostrado que la regeneración del bosque tropical perennifolio (*tropical rain forest*) es muy limitada, debido a la fragilidad de las semillas de sus árboles, al grado que se ha considerado este ecosistema como un recurso no renovable (Gómez-Pompa et al. 1972), el cual se extinguirá casi por completo durante el próximo siglo (Wilson 1988). Lo anterior quizá aplica también al bosque tropical subdeciduo, con el cual está muy emparentado florísticamente (Rzedowski 1978). Otro de los ecosistemas declinantes es el bosque tropical deciduo, que al parecer es aún más susceptible a la deforestación que otros bosques más húmedos, ya que puede deforestarse aceleradamente mediante el fuego y ha sido considerado por Janzen (1988) como el ecosistema más amenazado. LaBastille y Pool (1978), en cambio, consideran que probablemente el bosque mesófilo de montaña (*cloud forest*) del Caribe y Centro América sea el ecosistema que está desapareciendo más rápidamente que ningún otro. Estos archipiélagos de bosque mesófilos de montaña, con su distribución tan discontinua, su excesiva fragmentación y su evidente declinación (Vázquez G. 1993, 1995), esquematizan claramente la forma en que otros tipos de cubierta vegetal se reducirán y finalmente se extinguirán del planeta como resultado de las actividades humanas (deforestación, degradación de hábitats, uso inapropiado del suelo y uso excesivo de recursos, principalmente).

**Uso Actual de las Especies**

Trabajos preliminares (Vázquez G. y Cuevas G. 1987) muestran que numerosas especies nativas constituyen valiosos recursos de uso actual y potencial, además de muchos otros usos que restan por descubrir. Entre las examinadas se incluyen no sólo alimenticias y medicinales, sino también forrajeras, maderables, industriales y otras (Cuadro 7).

Encuestas realizadas a los pobladores de nueve comunidades de la RBSM, las cuales se basan en un 32% de las especies de la flora total (900), han permitido reconocer que a más de 500 especies se les ha reconocido alguna utilidad, muchas de estas son recolectadas y comercializadas; 300 de ellas se han reportado como medicinales, más de 200 como comestibles, y algunas otras se han registrado como forrajeras, maderables, industriales, etc. (Benz et al. 1992, Santana M. et al. 1992).

Estudios recientes (Benz et al. 1994) reportan que el uso de recursos vegetales parece ser una función de la abundancia taxonómica relativa de la flora de cierta área y sugieren que el bosque de ***Quercus*** y el bosque de galería son más usados como fuente de madera, que el bosque tropical deciduo y el bosque de ***Pinus*** y ***Quercus*** son identificados más frecuentemente como fuente de medicinas y que el bosque mesófilo de montaña es más reconocido por sus productos comestibles.

**Conservación de la Biodiversidad**

En el contexto moderno, las especies se definen como una población (conjunto de individuos) o series de poblaciones en las que ocurre un libre flujo genético en condiciones naturales. El contenido de información genética de una especie es inmenso, un solo individuo de una especie de plantas vasculares puede tener hasta 400,000 genes en cada una de sus incontables células (Wilson 1988), organizadas en cuerdas de DNA que abarcan hasta 5,000,000,000 de pares de nucleótidos [información genética comparable a la de 1,000 libros de 600 páginas cada uno, con 500 palabras por página (Raven et al. 1992)].

Nuevas especies pueden crearse mediante procesos relativamente rápidos como la poliploidia o tan lentos como la especiación geográfica. Las especies también pueden extinguirse repentinamente y en forma masiva durante grandes catástrofes, o más lentamente mediante procesos de selección natural. Nosotros, como individuos, tenemos una expectativa de vida de 70 años, sin embargo como especie (***Homo sapiens***), se estima que hemos subsistido por 0.5 millones de años. Los estudios paleontológicos sugieren que otras especies pueden vivir de 1 a 10 millones de años (Wilson 1988). Se estima que durante los pasados 600 millones de años la taza de extinción ha sido de una especie por año (Raup y Sepkoski 1984), ahora, dicha taza es ciertamente de cientos o miles de veces mayor (Soulé y Simberloff 1986).

En síntesis, conservar la biodiversidad local no sólo se traduce en mayor variedad de alimentos, materia prima, multitud de bienes concretos y oportunidades para el desarrollo económico y social, sino también en un ambiente óptimo, saludable y agradable para gozo de todo ser viviente (hombres, plantas y animales), oportunidad de conocer y manejar mejor el mundo viviente del cual hemos surgido como producto de la evolución. Sin embargo, la tarea de conservación es sumamente compleja y difícil, principalmente por la multitud de intereses y factores involucrados.

Actualmente, los científicos colaboran más con los habitantes locales y con el gobierno estatal y federal en el laborioso reto de inventariar la diversidad de la flora y fauna, investigar el funcionamiento de los ecosistemas, las posibilidades de su conservación y lo factible del uso sustentable en ciertos recursos. Sin embargo, en nuestro sistema dominantemente antropocéntrico y capitalista, existen algunas corporaciones voraces para las que la biodiversidad no tiene el mismo valor y significado, sólo significa una oportunidad más de lucrar. Tampoco faltan los políticos rapaces y corruptos que consienten propuestas de desastre ecológico y mal informan a la sociedad de las pérdidas, anteponiendo sobre todo su carrera y otros intereses personales. Por ello, no es sorpresa para nadie que generalmente los últimos en beneficiarse sean siempre los más necesitados y por lo mismo, la esperanza está en crear conciencia del valor de nuestra biodiversidad, luchar por establecer estándares elevados de un ambiente, que además de productivo sea diverso y saludable para nuestro cuerpo y mente.

A la sociedad en general que habita, estudia, maneja o influye directa o indirectamente en la Reserva de la Biosfera Sierra de Manantlán, notificamos que por un lado, es urgente encontrar alternativas de conservación y uso sustentable de los recursos, tal vez, reexaminando tecnologías tradicionales (Altieri y Merrick 1987) del México prehispánico, o quizá en innovadoras tecnologías de agroforestería o de uso múltiple. Por otro lado, debemos esforzarnos por superar nuestra calidad, capacidad productiva y de negociación; mejorar la organización y la comunicación; y saber distinguir entre empresas que buscan un manejo sustentable de aquellas que saquean y ultrajan nuestro universo natural (saludable y diverso) convirtiéndolo en hostilidad y miseria. En breve, la biodiversidad de la Reserva de la Biosfera Sierra de Manantlán representa una herencia para Mexicanos del presente y del futuro, un legado de cultura, sabiduría y ética de nuestra madre naturaleza. Ante todo deseamos que ustedes hermanos de la Sierra de Manantlán, Jalisciences, Mexicanos e Internacionales, valoren, respeten, manejen sabiamente y conserven este patrimonio mundial por siempre.

## Cuadro 7
## Ejemplos sobresalientes de plantas silvestres de uso actual y potencial en la RBSM
(Modificado y actualizado de Vázquez G. y Cuevas G. 1987)

| | |
|---|---|
| **MADERABLES** | |
| Álamo | *Populus guzmanantlensis* |
| Barcino | *Cordia eleagnoides* |
| Caoba | *Swietenia humilis* |
| Capomo | *Brosimum alicastrum* |
| Cedro blanco | *Cupressus lusitanica* |
| Cedro rojo | *Cedrela odorata* |
| Cirimo | *Tilia mexicana* |
| Encino blanco | *Quercus salicifolia* |
| Encino chilillo | *Quercus laurina* |
| Encino de asta | *Quercus candicans* |
| Encino rojo | *Quercus obtusata* |
| Encino rojo | *Quercus castanea* |
| Fresno | *Fraxinus uhdei* |
| Guayacán | *Guaiacum coulteri* |
| Habillo | *Hura polyandra* |
| Madroño | *Arbutus xalapensis* |
| Magnolia | *Magnolia iltisiana* |
| Mezquite | *Prosopis laevigata* |
| Mora | *Ostrya virginiana* |
| Nogal | *Juglans major* var. *glabrata* |
| Oreja de ratón | *Quercus crassipes* |
| Oyamel | *Abies religiosa* |
| Parota | *Enterolobium cyclocarpum* |
| Pino | *Pinus douglasiana* |
| Pino cerdón | *Pinus oocarpa* |
| Pino chino | *Pinus herrerae* |
| Pino ocote | *Pinus pseudostrobus* |
| Pochote | *Ceiba aesculifolia* |
| Primavera | *Tabebuia chrysantha* |
| Rosa morada | *Tabebuia rosea* |
| Tepeguaje | *Lysiloma acapulcense* |
| **FRUTALES** | |
| Achíote | *Bixa orellana* |
| Anona | *Annona reticulata* |
| Arrayán | *Psidium sartorianum* |
| Bonete | *Jacaratia mexicana* |
| Cabeza de negro | *Annona purpurea* |
| Capulín | *Prunus serotina* subsp. *capuli* |
| Chirimoya | *Annona cherimola* |
| Cordobán | *Ardisia compressa* |
| Cordobán | *Ardisia revoluta* |
| Coyul | *Acrocomia mexicana* |
| Limoncillo | *Rheedia edulis* |
| Nance | *Byrsonima crassifolia* |
| Nuéz real | *Juglans major* var. *glabrata* |
| Pitaya | *Stenocereus queretaroensis* |
| Talayote | *Gonolobus* spp. |
| Tejocote | *Crataegus pubescens* |
| Zapote blanco | *Casimiroa watsonii* |
| Zarzamora | *Rubus adenotrichos* |
| Zarzamora | *Rubus coriifolius* |
| **MEDICINALES** | |
| Aceitilla | *Bidens pilosa* |
| Anís | *Tagetes filifolia* |
| Árnica | *Heterotheca inuloides* var. *rosei* |
| Capulín | *Prunus serotina* subsp. *capuli* |
| Cascabelillo | *Crotalaria* spp. |
| Cola de caballo | *Equisetum hyemale* var. *affine* |
| Conguerán | *Phytolacca rugosa* |
| Flor de tila | *Ternstroemia lineata* |
| Gordolobo | *Gnaphalium bourgovii* |
| Guaco | *Aristolochia taliscana* |
| Magnolia | *Magnolia iltisiana* |
| Malva | *Malva parviflora* |
| Passionaria | *Passiflora* spp. |
| Salvia | *Hyptis albida* |
| Santa María | *Tagetes lucida* subsp. *lineata* |
| Tilia | *Tilia mexicana* |
| Tronadora | *Tecoma stans* |
| Zarzaparrilla | *Smilax spinosa* |
| **ALIMENTICIAS** | |
| Berro | *Rorippa nasturtium-aquaticum* |
| Camote de cerro | *Dioscorea remotiflora* |
| Charahuesca | *Dahlia coccinea* |
| Frijol de cerro | *Phaseolus lunatus* var. *lunatus* |
| Guaje | *Leucaena esculenta* |
| Jícama de cerro | *Margaritaria nobilis* |
| Jícama jabalinera | *Ipomoea bracteata* |
| Malva | *Malva parviflora* |
| Mezquite | *Prosopis laevigata* |
| Nopal | *Nopalea karwinskiana* |
| Parota | *Enterolobium cyclocarpum* |
| Quelite | *Amaranthus hybridus* |
| Quelite borrego | *Phacelia platycarpa* |
| Quiote | *Agave maximiliana* |
| Sonajilla | *Crotalaria longirostrata* |
| Tomate de hoja | *Physalis philadelphica* |
| Verdolaga | *Portulaca oleracea* |
| **FORRAJERAS** | |
| Alfalfilla | *Crotalaria* spp. |
| Cabeza burro | *Paspalum notatum* var. *notatum* |
| Capomo | *Brosimum alicastrum* |
| Colorado | *Heteropogon contortus* |
| Fresadilla | *Digitaria ciliaris* |
| Grama | *Cynodon dactylon* |
| Guaje | *Leucaena esculenta* |
| Guinea | *Panicum maximum* |
| Higuera | *Ficus insipida* |
| Hinchajeta | *Desmodium* sp. |
| Huizache | *Acacia farnesiana* |
| Milpilla | *Zea diploperennis* |
| Navajita | *Bouteloua repens* |
| Pata de gallo | *Eleusine indica* |
| Pataiste | *Ixophorus unisetus* |
| Pelo de ángel | *Calliandra anomala* |
| Tepame | *Acacia pennatula* |
| Tímbre | *Acacia angustissima* |
| Trébol | *Trifolium amabile* |
| Zacate grullo | *Ixophorus unisetus* |

| | |
|---|---|
| **FIBRAS** | |
| Bejuco relumbroso | *Celastrus pringlei* |
| Cuerámo | *Lonchocarpus salvadorensis* |
| Guácima | *Guazuma ulmifolia* |
| Maguey | *Agave* spp. |
| Majahua | *Heliocarpus terebinthinaceus* |
| **ACEITES** | |
| Coquito aceite | *Orbignya guacuyule* |
| Coyul | *Acrocomia mexicana* |
| Higuerilla | *Ricinus communis* |
| **BEBIDAS** | |
| Agua miel | *Agave* spp. |
| Canelillo | *Litsea glaucescens* |
| Capulín | *Prunus serotina* subsp. *capuli* |
| Damiana | *Turnera caerulea* |
| Garañona | *Satureja macrostema* var. *laevigata* |
| Lechuguilla | *Agave maximiliana* |
| Lentisco | *Myrcianthes fragrans* |
| Mezcal | *Agave* spp. |
| Timbuche | *Ardisia compressa* |
| Vino capomo | *Brosimum alicastrum* |
| Zarzamora | *Rubus* spp. |
| **DROGAS Y ALCALOIDES** | |
| Ozote | *Ipomoea* spp. |
| Peyote | *Psacalium poculiferum* |
| Toloache | *Datura stramonium* |
| **BIOINSECTICIDAS** | |
| Barbasco | *Lonchocarpus* spp. |
| Clarincillo | *Senecio guadalajarensis* |
| Hierba cáncer | *Hippocratea volubilis* |
| Periquillo | *Trichilia americana* |
| **SAPONINAS** | |
| Amole | *Ziziphus mexicana* |
| Amole | *Cayaponia racemosa* |
| Bolitario | *Sapindus saponaria* |
| Huinar | *Sida rhombifolia* |
| Naranjillo | *Jacquinia macrocarpa* |

## Literatura Citada


Altieri, M. y L. C. Merrick. 1987. *In-situ* conservation of crop genetic resources through maintenance of traditional farming systems. Econ. Bot. 41:86–96.

Benz, B. F., F. J. Santana M., J. Cevallos E., E. Muñoz M., J. Rosales A., M. R. Pineda L. y D. De Níz L. 1992. Ethnobotanical research in the Sierra de Manantlán Biosphere Reserve (II). P. 23. En: III Int. Congr. of Ethnobiology. México, D. F.

Benz, B. F., F. J. Santana M., M. R. Pineda L., J. Cevallos E., L. Robles H. y D. De Níz L. 1994. Characterization of mestizo plant use in the Sierra de Manantlán, Jalisco-Colima, México. J. Ethnobiol. 14:23–41.

Cowan, C. P. 1983. Listados florísticos de México. 1. Flora de Tabasco. Inst. Biol., UNAM. México, D. F. 123 pp.

García, E. 1972. Modificaciones al sistema de clasificación climática de Köppen. Inst. Geogr. y Est., UNAM. México, D. F. 243 pp.

Gomez-Pompa, A., C. Vázquez Y. y S. Guevara. 1972. The tropical rain forest: a nonrenewable resource. Science 177:762–765.

Janzen, D. H. 1988. Tropical dry forests: the most endangered major tropical ecosystem. Pp. 130–137. En: E. O. Wilson (ed.). Biodiversity. National Academy Press. Washington, D. C.

LaBastille, A. y D. J. Pool. 1978. On the need of a system of cloud forest parks in Middle America and the Caribbean. Environ. Conservation 5:183–190.

Lazcano S., C. 1988. Las cavernas de Cerro Grande, estados de Jalisco y Colima. LNLJ, Univ. de Guadalajara. Guadalajara, Jalisco. 144 pp.

Martínez R., L. M., J. J. Sandoval L. y R. D. Guevara G. 1991. El clima en la Reserva de la Biosfera Sierra de Manantlán (Jalisco-Colima, México) y en su área de influencia. Agrociencia Ser. Agua-Suelo-Clima 2:107–119.

Mittermeier, R. A. 1988. Primate diversity and the tropical forests: case studies from Brazil and Madagascar and the importance of megadiversity countries. Pp. 145–154. En: E. O. Wilson (ed.). Biodiversity. National Academy Press. Washington, D. C.

Myers, N. 1988. Tropical forests and their species: going, going...? Pp. 28–35. En: E. O. Wilson (ed.). Biodiversity. National Academy Press. Washington, D. C.

Quintero A., A. L. 1988. Contribución al estudio sobre la formación del suelo en la Estación Científica Las Joyas, Sierra de Manantlán, Jalisco. Tesis. Facultad de Agronomía, Univ. de Guadalajara. Zapopan, Jalisco. 53 pp.

Raup, D. M. y J. J. Sepkoski, Jr. 1984. Periodicity of extinctions in the geologic past. Proc. Natl. Acad. Sci. USA 81:801–805.

Raven, P. H., R. F. Evert y S. E. Eichhorn. 1992. Biology of Plants. Ed. 5. Worth Publishers, Inc. New York. 791 pp.

Rzedowski, J. 1978. Vegetación de México. Limusa. México, D. F. 432 pp.

Rzedowski, J. 1993. Diversity and origins of the phanerogamic flora of Mexico. Pp. 129–146. En: T. P. Ramamoorthy, R. Bye, A. Lot y J. Fa (eds.). Biological diversity of Mexico: origins and distribution. Oxford Univ. Press. New York.

Rzedowski, J. y G. C. de Rzedowski (eds.). 1979. Flora fanerogámica del Valle de México (Saururaceae-Polygalaceae). CECSA. México, D. F. Vol. 1, 403 pp.

Rzedowski, J. y G. C. de Rzedowski (eds.). 1985. Flora fanerogámica del Valle de México. Dicotyledoneae (Euphorbiaceae-Compositae). Escuela Nacional de Ciencias Biológicas, IPN, e Instituto de Ecología. Vol. 2, 674 pp.

Rzedowski, J. y G. C. de Rzedowski (eds.). 1990. Flora fanerogámica del Valle de México (Monocotyledoneae). Instituto de Ecología. Vol. 3, 494 pp.

Santana M., F. J., B. F. Benz, M. R. Pineda L., D. De Níz L. y J. Cevallos E. 1992. Usos tradicionales de las plantas por los pobladores de la Reserva de la Biosfera Sierra de Manantlán, Jalisco-Colima, México. Pp. 138–139. En: Congreso Int. de Etnobotánica. Córdoba, España.

Sosa, V., J. S. Flores, V. Rico-Gray, R. Lira y J. J. Ortíz. 1985. Lista florística y sinonimia maya. Etnoflora yucatanense. INIREB. Xalapa, Veracruz. 225 pp.

Soulé, M. E. y D. Simberloff. 1986. What do genetics and ecology tell us about the design of nature reserves? Biol. Conservation 35:19–40.

Sousa S., M. y E. F. Cabrera C. 1983. Listados florísticos de México. II. Flora de Quintana Roo. Inst. Biol., UNAM. México, D. F. 100 pp.

UICN (Unión Int. para la Conservación de la Naturaleza y de los Recursos Naturales). 1980. Estrategia mundial para la conservación. UICN-PNUMA-WWF. Morges, Suiza. 42 pp.

UICN. 1981. Como usar las categorías del libro rojo de datos de la UICN. Kew Herbarium, Royal Botanic Gardens. Kew, Inglaterra. 10 pp.

Vázquez G., J. A. 1993. Cloud forest archipelagos: preservation of montane ecosystems in tropical America. Pp. 203–216. En: L. S. Hamilton, J. O. Juvik y F. Scatena (eds.). Proc. int. symp. on tropical montane cloud forests. EWC-UNESCO (Int. Hydrol. Program)-IITF. San Juan, Puerto Rico.

Vázquez G., J. A. 1995. Cloud forest archipelagos: preservation of montane ecosystems in tropical America. Pp. 315–332. En: L. S. Hamilton, J. O. Juvik y F. N. Scatena (eds.). Tropical montane cloud forests. Ecol. St. 110. Springer-Verlag, New York.

Vázquez G., J. A. y R. Cuevas G. 1987. Listado preliminar de recursos silvestres de importancia económica en la Sierra de Manantlán, Jalisco, México. LNLJ, Univ. de Guadalajara. Notas sobre la Flora de Manantlán 1(1):1–6 (inéd.).

Vázquez G., J. A., R. Cuevas G., T. S. Cochrane y H. H. Iltis. 1990. Flora de la Reserva de la Biosfera Sierra de Manantlán, Jalisco-Colima, México. Univ. de Guadalajara. Guadalajara, Jalisco. 166 pp.

Vázquez G., J. A. y Ma. B. Franco A. 1987. Contribución al conocimiento del estatus florístico de la Sierra de Manantlán. LNLJ, Univ. de Guadalajara. Notas sobre La Flora de Manantlán 1(4):16–23 (inéd.).

Villalpando I., F. y E. García. 1993. Agroclimatología del Estado de Jalisco. Univ. de Guadalajara. Guadalajara, Jalisco. 80 pp.

Wiggins, I. L. 1964. Flora of the Sonoran Desert. Pp. 189–1669. En: F. Shreve y I. L. Wiggins. Vegetation and flora of the Sonoran Desert. 2 vol. Stanford Univ. Press. Stanford, Calif.

Wiggins, I. L. 1980. Flora of Baja California. Stanford Univ. Press. Stanford, Calif. 1025 pp.

Wilson, E. O. (ed.). 1988. Biodiversity. National Academy Press. Washington, D. C. 521 pp.

Wofford, B. E. y R. Kral. 1993. Checklist of the vascular plants of Tennesee. Sida, Bot. Misc. 10:1–66.

# La Flora Endémica de la Sierra de Manantlán, Jalisco-Colima, México: Observaciones Preliminares

Leticia Hernández L.

Un taxón se considera endémico cuando se halla restringido a un área determinada debido a fenómenos históricos, ecológicos o fisiológicos o a la combinación de ellos. En dichos fenómenos la tolerancia de las especies a diferentes condiciones ambientales juega un papel muy importante para su establecimiento. El endemismo puede resultar de procesos de especiación (alopátrica, simpátrica y parapátrica), selección natural y flujo genético. En cualquier caso el aislamiento geográfico es determinante.

Los taxa endémicos pueden ser clasificados de acuerdo a varios criterios tales como su área de origen y periodo de persistencia. Son endémicos autóctonos si se diferenciaron o se originaron en la región en que se encuentran actualmente y alóctonos si se diferenciaron en una región diferente a la región donde ahora sobreviven (Brown y Gibson 1983). En base a su edad un taxón endémico puede ser paleoendémico o neoendémico, en el primer caso se incluyen relictos de especies que una vez tuvieron una distribución más amplia pero que debido a eventos biogeográficos ahora sólo sobreviven en áreas muy reducidas y no tienen relativos cercanos. En el segundo caso se clasifican los taxa de origen reciente, del Periodo Cuaternario hasta el presente, tienen relativos cercanos y potencialmente podrían expandir su rango de distribución (Cain 1944, Stebbins y Major 1965). La información genética de las especies endémicas, tales como los niveles de ploidia, es una herramienta para subdividir las paleoendémicas y neoendémicas en otras categorías. Por ejemplo, mientras más altos los niveles de ploidia más antiguo es el taxón endémico (Favarger y Contandriopoulos 1961, Stebbins 1974) .

La especies endémicas pueden variar en abundancia dependiendo de las especies en cuestión y pueden ser desde abundantes localmente hasta muy raras. Pueden variar también en rango taxonómico (familia, género, especie o variedad) y escala (por ejemplo, un continente o una montaña). El término endemismo se aplica también a nivel de comunidades, sin embargo las comunidades se conforman de especies. Por lo tanto, el endemismo a nivel de comunidades puede ser resultado del endemismo a nivel de especies (Major 1988).

La magnitud del endemismo puede ser indicador de la unicidad de una flora dada (Rzedowski 1991), por esta razón, ha sido posible clasificar las regiones florísticas del mundo basados en los patrones de endemismo de plantas vasculares (Good 1974, Takhtajan 1986). Además, cuando el endemismo se interpreta correctamente puede ser también un criterio fundamental en el estudio del origen y evolución de una población de plantas determinada (Major 1988). En cuanto a patrones de distribución se ha reportado un alto grado de endemismo en regiones montañosas, debido en parte a que proporcionan una gran cantidad de microhábitats en distancias verticales muy cortas. Tales condiciones facilitan también la especialización geográfica de las especies y quizá estas zonas han amortiguado cambios climáticos causados por glaciaciones durante el Pleistoceno (Major 1988) permitiendo la sobrevivencia de algunas especies. Por su unicidad y susceptibilidad (Reid y Miller 1989, Kruckeberg y Rabinowitz 1985) el endemismo es uno de los principales criterios usados en la planificación para la conservación de biodiversidad (Gentry 1986, 1992b; Huntley 1988; Hernández L. 1991; Villaseñor 1991; Rzedowski 1991, 1993) y es también una de las prioridades de investigación en las agencias internacionales de conservación (Soulé y Kohm 1989, BOSTID 1992). En este contexto, la Reserva de la Biosfera Sierra de Manantlán (RBSM) juega un papel muy importante en la conservación en Jalisco y México.

En México se ha reportado un elevado endemismo en numerosas familias como son: Euphorbiaceae (McVaugh 1961, 1993, 1995; Lott 1993), Labiatae (Ramamoorthy y Elliot 1993), Acanthaceae (Daniel 1993), Compositae (McVaugh 1984, Villaseñor 1991, Turner y Nesom 1993), Pteridophyta (McVaugh 1992; Riba 1993), Commelinaceae (Hunt 1993; McVaugh 1993), Leguminosae (McVaugh 1987; Sousa S. y Delgado S. 1993) y Gramineae (McVaugh 1983; Valdés R. y Cabral C. 1993).

A nivel local sin embargo, los patrones de endemismo han sido escasamente estudiados. Datos preliminares sobre el endemismo en la Sierra de Manantlán comenzaron a reportarse por Judziewicz et. al. (1985, inéd.) y Vázquez G. y Franco A. (1987) quienes reportaron 25 especies endémicas del Occidente de México presentes en la Sierra de Manantlán. Cuevas (1991, inéd.) estimó que aproximadamente un 24% de los elementos endémicos al Occidente de México ocurren en la Sierra de Manantlán.

En el presente trabajo se analiza brevemente la composición y patrones de distribución de la flora endémica de Manantlán. La información se basa principalmente en la *Flora Novo-Galiciana* (McVaugh 1974–1993), la Colección Flora de Jalisco (varios autores) y la *Flora de Manantlán* (Vázquez G. et al. 1990), listados florísticos, monografías y notas taxonómicas del área de estudio a partir de las cuales se elabora un listado preliminar de especies endémicas. El trabajo se apoya también en la consulta de herbarios con mayor cantidad de colecciones de Jalisco (ENCB, IBUG, MEXU, MICH, WIS y ZEA excepto GUADA) y taxónomos especialistas (Apéndice 1) para actualizar la distribución conocida de las especies.

Este estudio permite identificar (y da la pauta para la identificación posterior) algunas de las areas críticas para el manejo de recursos naturales, lo cual se indica como una de las prioridades en la estrategia para la conservación de la RBSM (Jardel P. 1992).

Es importante tener en cuenta que esta información es preliminar, los inventarios florísticos y floras para Jalisco son incompletos y las cifras y patrones que aquí se presentan cambiarán indudablemente cuando la distribución de las especies se conozca mejor.

**Magnitud y Composición**

La flora endémica estricta de la RBSM está representada por 30 especies y tres taxa infraespecíficos en 25 géneros de 19 familias (Cuadro 8), constituyendo 1% de la Flora de Manantlán. El 53% del endemismo (16 especies) se concentra en cuatro familias: Compositae, Labiatae, Gramineae y Asclepiadaceae. Al igual que en la Mixteca Alta, Oaxaca-Puebla (García M. et al. 1994), se encontró que Compositae y Labiatae destacan entre las familias con mayor número de taxa endémicos, sin embargo, difieren en que en Manantlán la familia Gramineae figura entre las de mayor endemismo mientras que en la Mixteca Alta figuran las familias Crassulaceae y Liliaceae. Para la Estación de Biología de Chamela [una zona de baja elevación, en contraste con las dos regiones anteriores (de alta elevación)] Lott (1993) reportó que Euphorbiaceae predomina entre las familias con más endemismo. Tal vez no resulte sorprendente que la familia Compositae sea la que contiene mayor número de endémicas (6 especies), considerando que es una de las familias más diversificadas no sólo a nivel local (Fig. 12) y regional sino también a nivel del país. Lo que es interesante es que las Labiatae y Asclepiadaceae se encuentren entre las

## Cuadro 8
## Taxa endémicos de Jalisco presentes en la RBSM

ACANTHACEAE
*Ruellia jaliscana*

ADIANTACEAE
*Cheilanthes pellaeopsis* *

ASCLEPIADACEAE
*Asclepias crocea* *
*Asclepias mcvaughii*
*Gonolobus* sp. nov. ined. *
*Matelea* sp. nov. ined. *

ASPLENIACEAE
*Elaphoglossum manantlanense* *

BROMELIACEAE
*Hechtia jaliscana*

CAMPANULACEAE
*Lobelia jaliscensis*

COMMELINACEAE
*Tradescantia burchii* *

COMPOSITAE
*Ageratina barriei* *
*Ageratina manantlana* *
*Brickellia cardiophylla*
*Brickellia magnifica*
*Eupatorium ceriferum*
*Jaliscoa paleacea*
*Mexianthus mexicanus*
*Odontotrichum multilobum*
*Otopappus jaliscensis*
*Perezia hooveri*
*Perymenium wilburorum*
*Pittocaulon hintonii* var. nov. ined. **
*Polymnia mcvaughii*
*Psacalium pentaflorum*
*Senecio galicianus* var. *galicianus*
*Senecio galicianus* var. *manantlanensis* *
*Verbesina culminicola*
*Vernonia autumnalis*
*Vernonia pugana* *
*Viguiera grahamii*

CONVOLVULACEAE
*Ipomoea noctulifolia*

CRASSULACEAE
*Graptopetalum fruticosum*

CYPERACEAE
*Carex mcvaughii*
*Rhynchospora jaliscensis*

ERICACEAE
*Comarostaphylis discolor* subsp. *manantlanensis* *

EUPHORBIACEAE
*Acalypha langiana* var. *vigens*
*Bernardia santanae* *
*Croton wilburi*
*Pedilanthus diazlunanus*
*Phyllanthus gypsicola* **

GENTIANACEAE
*Halenia crumiana*

GESNERIACEAE
*Episcia punctata* *

GRAMINEAE
*Agrostis novogaliciana* *
*Aristida tuitensis*
*Digitaria paniculata* *
*Leptocoryphium villaregalis*
*Muhlenbergia jaliscana*
*Zea diploperennis* *

IRIDACEAE
*Sisyrinchium abietum*
*Tigridia mexicana* subsp. *lilacina*

LABIATAE
*Salvia cuevasiana*, ined. *
*Salvia manantlanensis* *
*Salvia mcvaughii*, ined. *
*Salvia santanae*, ined.*
*Stachys manantlanensis* *

LEGUMINOSAE
*Calliandra anomala* var. *longepedicellata*
*Desmodium occidentale*
*Desmodium skinneri* var. *flavovirens*
*Senna talpana*

LENTIBULARIACEAE
*Pinguicula parvifolia*

LILIACEAE
*Schoenocaulon jaliscense* var. *regulare*

MALPIGHIACEAE
*Malpighia wilburiorum* *

MALVACEAE
*Periptera ctenotricha*

ORCHIDACEAE
*Epidendrum examinis*
*Epidendrum neogaliciense*
*Hagsatera rosilloi*
*Malaxis tamayoana*
*Mormodes ramirezii* *
*Pleurothallis sanguinolenta*
*Spiranthes nonantzin*

PASSIFLORACEAE
*Passiflora* sp. nov. ined. *

RUBIACEAE
*Rondeletia manantlanensis* *

SALICACEAE
*Populus guzmanantlensis* *

SAPOTACEAE
*Sideroxylon* sp. nov. ined. *

SCROPHULARIACEAE
*Castilleja integrifolia* var. nov. ined.
*Castilleja mcvaughii* *
*Castilleja pterocaulon*

SOLANACEAE
*Physalis jaliscensis*
*Physalis lignescens*
*Physalis longipedicellata* *

TILIACEAE
*Triumfetta gonophora* *

UMBELLIFERAE
*Eryngium jaliscense*

* Taxa endémicos estrictos de la Reserva de la Biosfera Sierra de Manantlán
** Taxón endémico de Colima

primeras cuatro familias con más endémicas ya que no se incluyen entre las primeras ocho familias más diversificadas en la RBSM (Vázquez G. et al. 1990), a menos que se refiera a los géneros más diversificados, en cuyo caso el género ***Salvia*** (Labiatae) ocupa el segundo lugar (Fig. 14). Sin embargo, las Asclepiadaceae no aparecen entre las diez familias o géneros más diversificados en la RBSM. En cuanto a categorías taxonómicas mayores, 80% de las especies endémicas de Manantlán son dicotiledóneas, 16% son monocotiledóneas y el resto son helechos.

Todavía no existen datos genéticos (niveles de ploidia) de las especies endémicas para su clasificación basada en edad del taxón. Pero considerando que las especies endémicas de la Sierra de Manantlán se agrupan en familias que son relativamente más avanzadas y con relativos cercanos presentes, se deduce que los taxa de tipo neoendémico son predominantes. Además, hasta la fecha no se han reportado para la zona los endemismos a nivel de género, lo cual es una situación característica del neoendemismo (Major 1988). Sin embargo, algunos taxa endémicos arborescentes como ***Populus guzmanantlensis*** podrían ser paleoendemicos.

La flora endémica al Estado de Jalisco (Hernández L. 1995) presente en la Sierra de Manantlán está representada por 80 especies y 10 taxa infraespecíficos en 66 géneros, de 32 familias (Cuadro 8). Las familias con mayor endemismo son: Compositae (19 especies), Orchidaceae (7), Gramineae (6) y Euphorbiaceae (4) (Cuadro 9). Otros niveles de endemismo, por ejemplo para Jalisco y otro estado vecino, se han marcado a través del listado florístico en el presente trabajo. El endemismo a nivel de Nueva Galicia y Occidente de México, cuando la información estuvo disponible, fue indicado en dicho listado florístico

### Cuadro 9
### Familias con mayor número de especies endémicas de Jalisco presentes en la RBSM

| Familia | Flora de Manantlán | Endémicas de Jalisco | % | Familia | Flora de Manantlán | Endémicas de Jalisco | % |
|---|---|---|---|---|---|---|---|
| Compositae | 333 | 19 | 6 | Bromeliaceae | 35 | 1 | 3 |
| Leguminosae | 254 | 4 | 2 | Commelinaceae | 32 | 1 | 3 |
| Gramineae | 221 | 6 | 3 | Acanthaceae | 29 | 1 | 3 |
| Orchidaceae | 181 | 7 | 4 | Malpighiaceae | 22 | 1 | 4 |
| Euphorbiaceae | 100 | 4 | 4 | Umbelliferae | 21 | 1 | 5 |
| Solanaceae | 71 | 3 | 4 | Tiliaceae | 15 | 1 | 7 |
| Rubiaceae | 66 | 1 | 2 | Iridaceae | 14 | 2 | 14 |
| Labiatae | 63 | 5 | 8 | Passifloraceae | 14 | 1 | 7 |
| Cyperaceae | 54 | 2 | 4 | Gesneriaceae | 9 | 1 | 11 |
| Malvaceae | 53 | 1 | 2 | Campanulaceae | 8 | 1 | 12 |
| Aspleniaceae | 48 | 1 | 2 | Crassulaceae | 8 | 1 | 12 |
| Asclepiadaceae | 44 | 4 | 9 | Ericaceae | 8 | 1 | 12 |
| Convolvulaceae | 44 | 1 | 2 | Gentianaceae | 8 | 1 | 12 |
| Liliaceae | 43 | 1 | 2 | Salicaceae | 5 | 1 | 20 |
| Scrophulariaceae | 43 | 3 | 7 | Sapotaceae | 5 | 1 | 20 |
| Adiantaceae | 41 | 1 | 2 | Lentibulariaceae | 3 | 1 | 33 |
| | | | | **Total de la Flora** | **2774** | **80** | **3** |

por Vázquez G. et al. (1990). Sin embargo, se requiere todavía de un trabajo más completo para determinar el endemismo a estos niveles, que indudablemente será mayor de lo que hasta ahora conocemos.

Cabe considerar también que ciertas poblaciones marginales de especies altamente disyuntas que ocurren en la Sierra de Manantlán, tales como ***Acer skutchii*** (Noreste y Sur de México), ***Talauma*** aff. ***mexicana*** (Sur y Sureste de México) y ***Capparis quiriguensis*** (Este de México), han estado aisladas geográficamente mucho tiempo y han cambiado en cierta forma que quizá pueden tratarse de especies incipientes y por consiguiente endémicas.

**Patrones de Endemismo**

*Distribución horizontal*: Considerando que la RBSM cubre aproximadamente 1400 km$^2$, sus especies endémicas estrictas tienen un rango geográfico extremadamente restringido. El 32% de las endémicas estrictas se conocen sólo de una localidad (localidad tipo) en la

**CUADRO 10**
**Rangos de elevación (m.s.n.m.) de las especies endémicas de la RBSM**

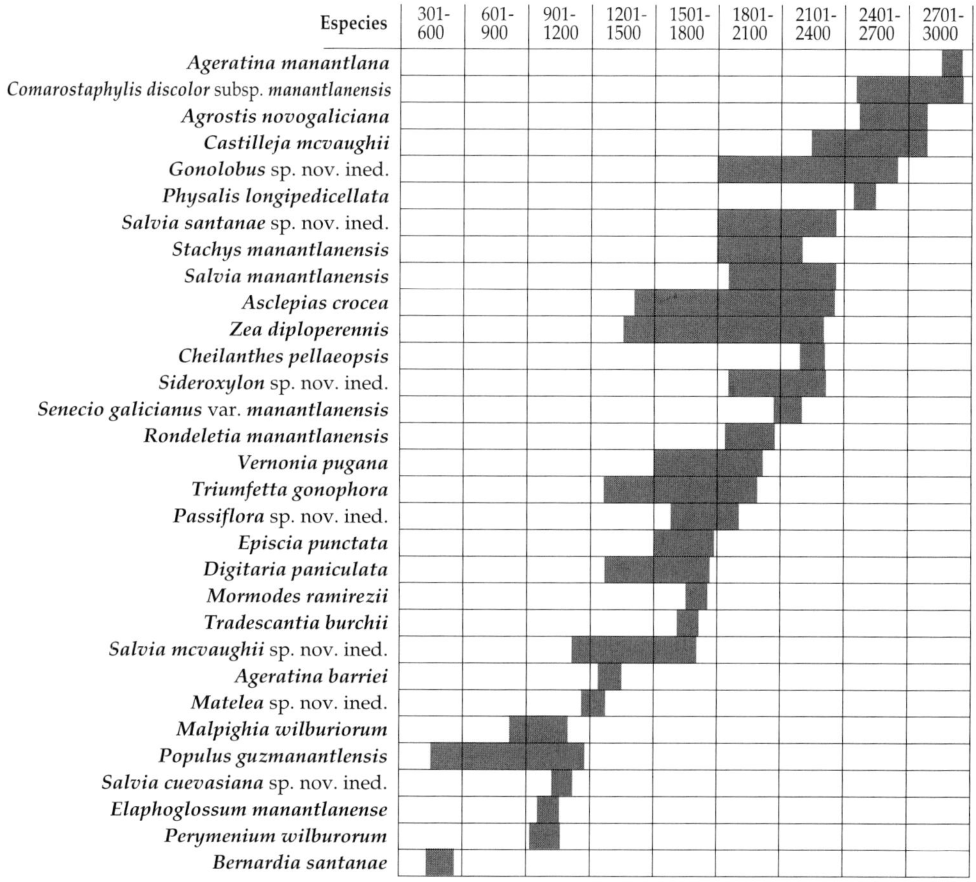

RBSM; otras especies (32%) se han reportado de dos localidades; y otras especies (35%) ocurren en tres o más localidades. Pocas especies tienen poblaciones relativamente aisladas entre sí, tales como: ***Populus guzmanantlensis, Digitaria paniculata, Passiflora*** sp. nov. y ***Rondeletia manantlanensis***. Teniendo en cuenta que las exploraciones en la región derivadas de los proyectos flora de Nueva Galicia, flora de Jalisco, flora de El Bajío y flora de Manantlán han sido intensas, es posible que la rareza aparente de las endémicas de Manantlán sea genuina, pero seguramente que futuras exploraciones definirán mejor el *status* de estas especies y de otras aún por descubrirse.

El endemismo en la RBSM se concentra principalmente en la zona central (Corralitos-Las Joyas-San Miguel), le sigue la zona occidental (Los Mazos-El Tigre-El Tecolote); ambas en substratos geológicos de origen volcánico y es todavía menor en la zona oriental (Cerro Grande), de substrato calcáreo. Sin embargo, tales diferencias contrastan ligeramente.

*Distribución vertical*: La amplitud altitudinal conocida de las especies endémicas de la Sierra de Manantlán varía entre los 250 m y hasta los 1400 m, el 49% de las especies presentan un rango no mayor de 300 m y el 45% tienen una amplitud entre 300 y 900 m, mientras que sólo el 6% tienen una amplitud altitudinal superior a los 1000 m (Cuadro 10). La abundancia absoluta del endemismo en relación a intervalos altitudinales se aproxima a una distribución normal, siendo mayor en la zona media alta (1500–2700 m) y alcanzando un máximo entre los 1800–2100 m (Fig. 15), lo que coincide en parte con la zona de mayor precipitación, ca. 1700 mm (Martínez R. et al. 1991), y la zona de mayor incidencia de nubes en hábitats de bosque mesófilo de montaña o bosque de *Quercus* subperennifolio principalmente. Las zonas de menor endemismo absoluto son claramente las tierras bajas con bosques tropicales (400–700 m) y las tierras más altas con vegetación xerófita de altura (>2500 m).

La abundancia de endémicas por unidad de área en relación a la altitud en la RBSM se obtuvo calculando la superficie ocupada por los siguientes pisos altitudinales 500–1000 m (25%), 1000–1500 m (28%), 1500–2000 m (27%), 2000–2500 m (16%) y 2500–2860 m (3%) y al número de especies que ocurren en los mismos (Fig. 16). De acuerdo a esta apreciación, el endemismo varía de 1–10 especies por cada 100 $km^2$ , siendo menor (1 sp./100 $km^2$ ) en las partes bajas (500–1000 m) y mayor (10 spp./100 $km^2$ ) en las partes más elevadas (>2500 m) (Fig. 16). Esto contrasta claramente con lo antes mencionado, donde el endemismo absoluto en relación a la elevación es mayor entre los 1800–2100 m. Esto podría deberse a que la cima rocosa del Cerro Las Capillas contiene varias especies endémicas que son muy distintivas, tales como ***Agrostis novogaliciana***, el cual H. Iltis (com. pers.) sugiere sea nombrado como un nuevo genero monotípico.

Para la quantificación del endemismo, Bykov (1979 en Major 1988) propuso un Indice de Endemicidad (Ie) basado en el principio de que el porcentage de endemismo en un área determinada incrementa al mismo tempo que el área incrementa en tamaño. En base al indice de Bykov (Ie), Manantlán corresponde a las zonas con endemismo menor al "normal". Sin embargo, esta forma de medir el endemismo debe ser interpretada con cautela ya que cualquier factor o factores que tienen influencia directa sobre la diversidad (riqueza de especies) de una zona pueden confundir fácilmente nuestra apreciación del endemismo. Por ejemplo, en el supuesto escenario de dos áreas cercanas entre sí con superficie, historia biogeográfica y grado de endemismo similares pero que difieren principalmente en cuanto a su riqueza de especies, debido a diferencias en precipitación pluvial (Gentry 1986), las zonas de mayor riqueza de especies van a reflejar un menor endemismo cuando este último se mide en términos de porcentaje.

*Espectro biológico*: Como es de esperarse, dada la proporción en especies de hierbas, arbustos y árboles de la flora de Manantlán, se observó que la mayoría de las especies endémicas son herbáceas (65%), les siguen los arbustos (19%) y finalmente los árboles (16%).

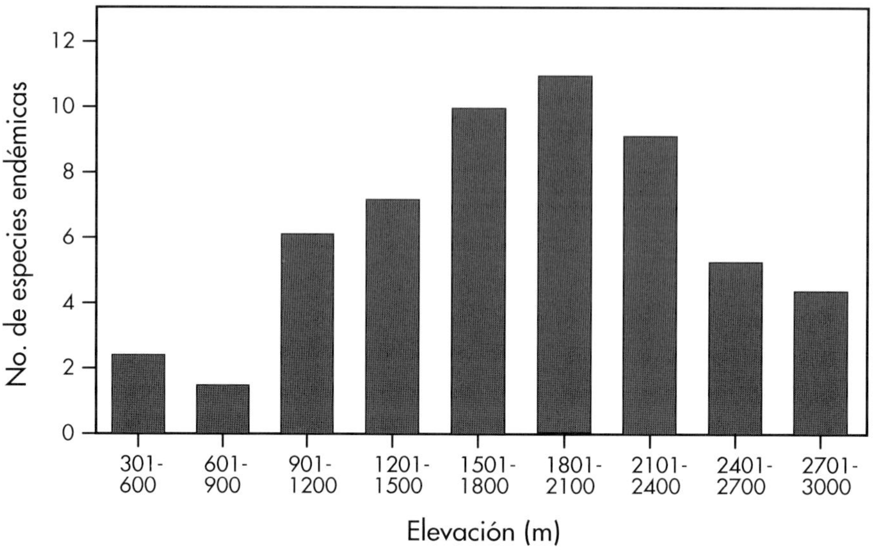


FIG. 15: ENDEMISMO EN RELACIÓN A LA ALTITUD EN LA RESERVA DE LA BIOSFERA SIERRA DE MANANTLÁN

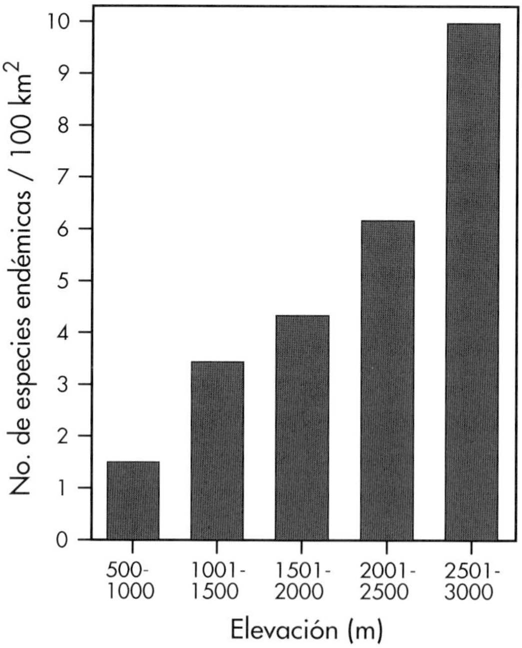


FIG. 16: ENDEMISMO POR UNIDAD DE ÁREA CON RELACIÓN A LA ALTITUD EN LA RESERVA DE LA BIOSFERA SIERRA DE MANANTLÁN

**Implicaciones para la Conservación**
Con 30 especies endémicas estrictas y 80 especies endémicas al estado de Jalisco, la RBSM juega un papel muy importante en la conservación de la biodiversidad, lo cual contribuye a caracterizar y valorar mejor su unicidad. Además, como resultado de este estudio, las zonas más elevadas destacan en importancia para la conservación debido a su mayor número de individuos por unidad de superficie (Fig. 16). Las áreas entre 1800–2100 m de la elevación en la Reserva son también importantes por contener un alto número absoluto de especies endémicas.

Como elementos neoendémicos, estas especies pueden potencialmente expandir su rango de distribución y dado suficiente tiempo podrían quizá diversificarse más, o tal vez, podrían convertirse en especies en peligro de extinción si los requerimientos de hábitat de cada especie en particular no estan disponibles debido, probablemente a modificaciones antrópicas o a cambios climáticos.

A fin de poder implementar acciones orientadas a la conservación de las especies endémicas estrictas en la RBSM es necesario contar con datos de su distribución, tan completos como sea posible, para lo cual se requieren exploraciones botánicas estratégicas en el área para identificar otras poblaciones potenciales de especies que hasta ahora se conocen de una o pocas localidades.

En base a los resultados que aquí se presentan, se pueden sugerir algunos lineamientos generales para manejo en el corto plazo, especialmente para el área del Cerro Las Capillas (el área de más alta elevación en la Reserva, 2500–2860 m) donde ocurre el mayor número de especies endémicas por unidad de área.

Aunque El Cerro Las Capillas se incluye en la zona nucleo Manantlán–Las Joyas (la zona núcleo más grande de la RBSM), ningún tipo de manejo activo se realize ahí, la mayoría de las acciones de manejo se concentran en la Estación Científica Las Joyas, la parte noreste de la zona núcleo. En base a estos resultados, el área de Las Capillas debería ubicarse temporalmente bajo algún tipo de categoría, tal vez como una zona de manejo especial en la que se restringa la colecta botánica de las especies endémicas y otras especies vulnerables. A medida que se genera información más específica sobre la distribución de las especies endémicas y se definan prioridades para su manejo, el estatus de protección de la zona de Las Capillas podría redefinirse.

El monitoreo de las especies endémicas debe considerarse una tarea urgente ya que casi el 65% de ellas se conocen hasta ahora de sólo 1 ó 2 localidades. Dadas las presiones que existen sobre los recursos, las especies de distribución restringida son sin duda más susceptibles. Dicha inspección permitirá además de documentar su abundancia, la dinámica de sus poblaciones y las principales amenazas que ellas enfrentan, definir que especies tienen prioridad para conservación y cuales medidas de protección deben tomarse.

## Literatura Citada

BOSTID (Board Sci. & Tech. Int. Development). 1992. Conserving biodiversity. National Academy Press. Washington, D. C. 127 pp.

Brown, J. H. y A. C. Gibson. 1983. Biogeography. Mosby. St. Louis, Mo. Pp. 227–228.

Cain, S. A. 1944. Foundations of plant geography. Harper. New York. 556 pp.

Daniel, T. F. 1993. Mexican Acanthaceae: diversity and distribution. Pp. 541–558. En: T. P. Ramamoorthy, R. Bye, A. Lot y J. Fa (eds.). Biological diversity of Mexico: origins and distribution. Oxford Univ. Press. New York.

Favarger, C. y J. Contandriopolus. 1961. Essai sur l'endémisme. Bull. Soc. Botan. Suisse 71:383–408.

García M., A., P. Tenorio L. y J. Reyes S. 1994. El endemismo en la flora fanerogámica de la Mixteca Alta, Oaxaca-Puebla, México. Acta Bot. Mex. 27:53–73.

Gentry, A. H. 1986. Endemism in tropical versus temperate plant communities. Pp. 153–181. En: M. E. Soulé (ed.). Conservation biology: the science of scarcity and diversity. Sinauer Associates. Sunderland, Mass.

Gentry, A. H. 1992b. Tropical forest biodiversity: distributional patterns and their conservational significance. Oikos 63:19–28.

Good, R. 1974. The geography of flowering plants. Ed. 4. Longman. London, Inglaterra. 557 pp.

Hernández L., L. 1991. Análisis y evaluación de las áreas silvestres protegidas de Jalisco y Colima, México. Tesis. Facultad de Ciencias, Univ. de Guadalajara. Guadalajara, Jalisco. 157 pp.

Hernández L., L. 1995. The endemic flora of Jalisco, Mexico. Centers of endemism and implications for conservation. M. S. Thesis. Univ. of Wisconsin. Madison, Wis. 74 pp.

Hunt, D. R. 1993. The Commelinaceae of México. Pp. 421–437. En: T. P. Ramamoorthy, R. Bye, A. Lot y J. Fa (eds.). Biological diversity of Mexico: origins and distribution. Oxford Univ. Press. New York.

Huntley, B. J. 1988. Conserving and monitoring biotic diversity: some African examples. Pp. 248–260. En: E. O. Wilson (ed.). Biodiversity. National Academy Press. Washington, D. C.

Jardel P., E. J. (Coord.). 1992. Estrategia para la conservación de la Reserva de la Biosfera Sierra de Manantlán. LNLJ, Univ. de Guadalajara. El Grullo, Jalisco. 312 pp.

Kruckeberg, R. L. y M. L. Rabinowitz. 1985. Biological aspects of endemism in higher plants. Ann. Rev. Ecol. Syst. 16:447–479.

Lott, E. J. 1993. Annotated checklist of the vascular flora of the Chamela Bay region, Jalisco, Mexico. Occas. Pap. California Acad. Sci. 148:1–60.

Major, J. 1988. Endemism: a botanical perspective. Pp. 117–146. En: A. A. Myers y P. S. Miller (eds.). Analytical biogeography. Chapman and Hall. New York.

Martínez R., L. M., J. J. Sandoval L. y R. D. Guevara G. 1991. El clima en la Reserva de la Biosfera Sierra de Manantlán (Jalisco-Colima, México) y en su área de influencia. Agrociencia Ser. Agua-Suelo-Clima 2:107–119.

McVaugh, R. 1961. Euphorbiaceae novae Novo-Galicianae. Brittonia 13:145–205.

McVaugh, R. 1974. Flora Novo-Galiciana. Fagaceae. Beech Family. Contr. Univ. Michigan Herb. 12:1–93.

McVaugh, R. 1983. Flora Novo-Galiciana (Gramineae). Univ. Michigan Press, Ann Arbor. Vol. 14, 436 pp.

McVaugh, R. 1984. Flora Novo-Galiciana (Compositae). Univ. Michigan Press, Ann Arbor. Vol. 12, 1157 pp.

McVaugh, R. 1985. Flora Novo-Galiciana (Orchidaceae). Univ. Michigan Press, Ann Arbor. Vol. 16, 363 pp.

McVaugh, R. 1987. Flora Novo-Galiciana (Leguminosae). Univ. Michigan Press, Ann Arbor. Vol. 5, 786 pp.

McVaugh, R. 1989. Flora Novo-Galiciana (Bromeliaceae to Dioscoreaceae). Univ. Michigan Herb., Ann Arbor. Vol. 15, 398 pp.

McVaugh, R. 1992. Flora Novo-Galiciana (Gymnosperms and Pteridophytes). Univ. Michigan Herb., Ann Arbor. Vol. 17, 467 pp.

McVaugh, R. 1993. Flora Novo-Galiciana (Limnocharitaceae to Typhaceae). Univ. Michigan Herb., Ann Arbor. Vol. 13, 480 pp.

McVaugh, R. 1995. Euphorbiacearum sertum Novo-Galicianarum revisarum. Contr. Univ. Michigan Herb. 20:173–215.

Ramamoorthy, T. P. y M. Elliot. 1993. Mexican Lamiaceae: diversity, distribution, endemism, and evolution. Pp. 513–539. En: T. P. Ramamoorthy, R. Bye, A. Lot y J. Fa (eds.). Biological diversity of Mexico: origins and distribution. Oxford Univ. Press. New York.

Reid, W. V. y K. R. Miller. 1989. Keeping options alive: the scientific basis for conserving biodiversity. World Resources Institute. Washington, D. C. 128 pp.

Riba, R. 1993. Mexican pteridophytes: distribution. Pp. 379–398. En: T. P. Ramamoorthy, R. Bye, A. Lot y J. Fa (eds.). Biological diversity of Mexico: origins and distribution. Oxford Univ. Press. New York.

Rzedowski, J. 1991. El endemismo en la flora fanerogámica mexicana: una apreciación analítica preliminar. Acta Bot. Mex. 15:47–64.

Rzedowski, J. 1993. Diversity and origins of the phanerogamic flora of Mexico. Pp. 129–146. En: T. P. Ramamoorthy, R. Bye, A. Lot y J. Fa (eds.). Biological diversity of Mexico: origins and distribution. Oxford Univ. Press. New York.

Soulé, M. E. y S. A. Kohm (eds.). 1989. Research priorities for conservation biology. Island Press. Washington, D. C. 97 pp.

Sousa S., M. y A. Delgado S. 1993. Mexican Leguminosae: phytogeography, endemism and origins. Pp. 459–511. En: T. P. Ramamoorthy, R. Bye, A. Lot y J. Fa (eds.). Biological diversity of Mexico: origins and distribution. Oxford Univ. Press. New York.

Stebbins, G. L. 1974. Flowering plants: evolution above the species level. Harvard Univ. Press. Cambridge, Mass. 399 pp.

Stebbins, G. L. y J. Major. 1965. Endemism and speciation in the California flora. Ecol. Monogr. 35:1–35.

Takhtajan, A. 1986. Floristic regions of the world. Univ. California Press. Berkeley, Calif. 522 pp.

Turner, B. L. y G. L. Nesom. 1993. Biogeography, diversity, and endangered or threatened status of Mexican Asteraceae. Pp. 559–576. En: T. P. Ramamoorthy, R. Bye, A. Lot y J. Fa (eds.). Biological diversity of Mexico: origins and distribution. Oxford Univ. Press. New York.

Valdés R., J. y I. Cabral C. 1993. Chorology of Mexican grasses. Pp. 439–446. En: T. P. Ramamoorthy, R. Bye, A. Lot y J. Fa (eds.). Biological diversity of Mexico: origins and distribution. Oxford Univ. Press. New York.

Vázquez G., J. A., R. Cuevas G., T. S. Cochrane y H. H. Iltis. 1990. Flora de la Reserva de la Biosfera Sierra de Manantlán, Jalisco-Colima, México. Univ. de Guadalajara. Guadalajara, Jalisco. 166 pp.

Vázquez G., J. A. y Ma. B. Franco A. 1987. Contribución al conocimiento del estatus florístico de la Sierra de Manantlán. LNLJ, Univ. de Guadalajara. Notas sobre La Flora de Manantlán 1(4):16–23 (inéd.).

Villaseñor, J. L. 1991. Las Heliantheae endémicas a México: una guía hacia la conservación. Acta Bot. Mex. 15:29–46.

# Plantas Cultivadas en la Sierra de Manantlán, Jalisco-Colima, México

Ramón Cuevas G.
Tomasa Correa C.
Nora M. Núñez L.

El hombre ha vivido la mayor parte de su historia como cazador y recolector, y el hecho de que haya descubierto la posibilidad de cultivar algunas especies de plantas tuvo una enorme trascendencia y cambió por completo su vida, principalmente porque se estableció por más tiempo en algún sitio, llegando a volverse sedentario conforme pasó el tiempo (Hill 1952, Rzedowski y Equihua 1987, Gómez-Pompa 1985). Ya ha sido señalado que el origen de los cultivares fue un evento que ocurrió en forma paralela e independiente en varias partes del mundo (Hill 1952, Gómez-Pompa 1985), siendo México parte de uno de los ocho principales centros de origen de plantas cultivadas (Rzedowski y Equihua 1987). México está considerado como el centro de origen de varios cultivares, entre los que resaltan ***Cucurbita mixta*, *C. moschata*, *Persea americana*, *Canavalia ensiformis***, y desde luego ***Zea mays*** subsp. ***mays*, *Phaseolus acutifolius*, *P. vulgaris*** y ***P. coccineus*** (Rzedowski y Equihua 1987, Hernández X. 1985). Muy probablemente la Reserva de la Biosfera Sierra de Manantlán forma parte del centro de origen de cultivares como ***Zea mays*** subsp. ***mays***; creemos lo anterior, porque en el caso del maíz hay una diversidad considerable de maíces criollos, así como parientes silvestres muy relacionados (***Z. mays*** subsp. ***parviglumis*** y ***Z. diploperennis***). El objetivo de la presente nota es dar a conocer de manera preliminar, las especies que se ha visto se cultivan dentro de la Reserva de la Biosfera Sierra de Manantlán.

## Métodos

Para ello se efectuaron salidas a las diferentes rancherías de la Reserva de la Biosfera Sierra de Manantlán por un período aproximado de 7 años (Vázquez G. et al. 1990), durante los cuales se llevó a cabo entrevistas a diferentes pobladores; así mismo se realizaron colectas de las diferentes especies de plantas cultivadas, haciéndose posteriormente la identificación del material colectado. Para este último procedimiento se utilizaron las obras de Bailey (1949), Bailey Hortorium (1976) y Graf (1981, 1982). El listado se ordenó en cuatro columnas: nombre vulgar: se da el nombre con el que es conocida el taxa por los pobladores; nombre científico: se proporciona el género, la especie y el clasificador para cada taxa; localidad: se menciona la comunidad o diferentes comunidades donde se ha encontrado el taxa; uso: se reporta el fin o fines con que es cultivado el taxa, por los pobladores de la RBSM. El listado se arregló alfabéticamente por familias, dentro de cada familia los géneros también siguieron un orden alfabético, así como las especies dentro de cada género.

## Resultados y Discusión

Se reportan 197 especies y 3 híbridos pertenecientes a 165 géneros y 69 familias. El 51% de los taxa tienen uso ornamental, 13% son usadas con fines medicinales, 28% se utilizan como alimentos, 3% como forraje y 5% presenta diversos usos (Cuadro 11). El 68% de los taxa cultivados en el área de estudio corresponden a plantas introducidas, y sólo el 32% son nativas del área. Aún cuando este listado es preliminar, se observa una fuerte tendencia al uso de taxa exóticos por parte de los pobladores de la RBSM, principalmente con fines ornamentales. El hecho de que el 28% y 13% de los taxa cultivados sean utilizados como alimenticios y medicinales, respectivamente, pone de manifiesto la importancia que tienen los huertos familiares—sitios en los cuales se cultiva la mayor cantidad de taxa que caen en esta categoría—como alternativa productiva complementaria.

### Cuadro 11

**Listado preliminar de plantas cultivadas en la RBSM**

(Modificado de Correa C. 1994, inéd.)

| Familia/Nom. común | Nombre científico | Localidad | Uso |
|---|---|---|---|
| ACANTHACEAE | | | |
| "Micle" | *Jacobinia spicigera* (Schlecht.) Bailey | Ahuacapán, Cuzalapa | Medicinal, Ornamental |
| ADIANTACEAE | | | |
| "Helecho de cerro" | *Pityrogramma calomelanos* (L.) Link | Cuzalapa | Ornamental |
| AMARANTHACEAE | | | |
| "Espuma de mar" | *Breynia nivosa* (Smith) Small | Cuzalapa | Ornamental |
| "Mano de Eva" | *Celosia argentea* L. var. *cristata* (L.) O. Kuntze | Cuzalapa | Ornamental |
| "Mosaico" | *Alternanthera amoena* (Lem.) Voss | Cuzalapa | Ornamental |
| "Olotillo" | *Gomphrena decumbens* Jacq. | Cuzalapa | Medicinal |
| ANACARDIACEAE | | | |
| "Ciruelo" | *Spondias purpurea* L. | Ahuacapán, Zenzontla, Cuzalapa | Alimenticia |
| "Mango" | *Mangifera indica* L. | Ahuacapán, Zenzontla, Cuzalapa, Ayotitlán | Comestible, Medicinal |
| ANNONACEAE | | | |
| "Cabeza de negro" | *Annona purpurea* Moc. & Sessé ex Dunal | Cuzalapa | Alimenticia |
| "Guanábana" | *Annona muricata* L. | Ahuacapán, Cuzalapa | Alimenticia |
| APOCYNACEAE | | | |
| "Chilacayote" | *Plumeria rubra* L. | Cuzalapa | Ornamental |
| "Copa de oro" | *Allamanda cathartica* L. | Cuzalapa | Ornamental |
| "Gardenión" | *Mandevilla laxa* (Ruiz & Pav.) Woodson | Cuzalapa | Ornamental |
| "Jarilla" | *Thevetia peruviana* (Pers.) K. Schum. | Cuzalapa | Ornamental |
| "Jazmín blanco" | *Carissa carandas* L. | Cuzalapa | Ornamental |
| "Laurel" | *Nerium oleander* L. | Zenzontla, Cuzalapa | Ornamental |
| "Sobre la montaña" | *Ervatamia coronaria* (Willd.) Stapf | Cuzalapa | Ornamental |
| "Teresita" | *Catharanthus roseus* (L.) G. Don | Cuzalapa | Ornamental |
| ARACEAE | | | |
| | *Eucharis grandiflora* Planchon y Linden | Cuzalapa | Ornamental |
| "Alcatraz" | *Zantedeschia aethiopica* (L.) Spreng. | Las Joyas | Ornamental |
| "Colomito" | *Syngonium hoffmannii* Schott | Cuzalapa | Ornamental |
| "Colomo de guía" | *Epipremnum aureum* (Linden & André) Bunt. | Cuzalapa | Ornamental |
| "Colomo de jardín" | *Xanthosoma robustum* Schott | Cuzalapa | Ornamental |
| "Colomo morado" | *Xanthosoma* sp. | El Vigía | Comestible |
| "Gracena" | *Dieffenbachia picta* Schott | Cuzalapa | Medicinal, Ornamental |
| "Gracena" | *Aglaonema costatum* N. E. Br. | Cuzalapa | Ornamental |
| "Hoja de choncho" | *Anthurium halmoorei* Croat | Zenzontla | Ornamental |
| "Lágrimas de María" | *Caladium bicolor* (Ait.) Vent. | Cuzalapa | Ornamental |
| "Naguas de tu abuela" | *Polyscias guilfoylei* (Bull) L. H. Bailey | Cuzalapa | Ornamental |
| ASCLEPIADACEAE | | | |
| "Jazmín" | *Cryptostegia grandiflora* (Roxb.) R. Br. | Zenzontla, Ahuacapán | Ornamental |
| "Organito" | *Caralluma lutea* N. E. Br. | Cuzalapa | Ornamental |

| Familia/Nom. común | Nombre científico | Localidad | Uso |
|---|---|---|---|
| **BALSAMINACEAE** | | | |
| "Belén" | *Impatiens balsamina* L. | Telcruz, Cuzalapa | Ornamental |
| **BEGONIACEAE** | | | |
| | *Begonia* sp. | El Durazno | Ornamental |
| "Ala de ángel" | *Begonia coccinea* Hook. | Cuzalapa | Ornamental |
| "Copa de nieve" | *Begonia cucullata* Willd. var. *hookeri* (A. DC.) L. B. Smith & Schub. | Cuzalapa | Ornamental |
| "Copa de nieve" | *Begonia ×rex-cultorum* L. H. Bailey | Cuzalapa | Ornamental |
| **BIGNONIACEAE** | | | |
| "Cuastecomate" | *Crescentia alata* H. B. K. | Cuzalapa | Medicinal, Ornamental |
| "Primavera" | *Tabebuia chrysantha* (Jacq.) Nichols. | Telcruz, Cuzalapa | Ornato, Maderable |
| "Rosa morada" | *Tabebuia rosea* (Bertol.) DC. | Telcruz | Ornato, Maderable |
| **BORAGINACEAE** | | | |
| | *Bourreria superba* I. M. Johnst. | Cuzalapa | Ornamental |
| **BROMELIACEAE** | | | |
| "Guámara" | *Bromelia pinguin* L. | La Resolana | Alimenticia, Ornamental |
| "Guámaras" | *Bromelia plumieri* (E. Morr.) L. B. Smith | El Durazno | Comestible |
| **CACTACEAE** | | | |
| "Nogal de huerta" | *Nopalea cochenillifera* (L.) Salm-Dyck | Cuzalapa | Alimenticia |
| "Pitajaya" | *Hylocereus ocamponis* (Salm-Dyck) Britt. & Rose | Cuzalapa | Comestible |
| "Tuna" | *Opuntia ficus-indica* (L.) Mill. | El Terrero | Frutal, Ornamental |
| **CANNACEAE** | | | |
| "Platanillo" | *Canna generalis* L. H. Bailey | Cuzalapa | Ornamental |
| "Platanillo del cerro" | *Canna indica* L. | Cuzalapa | Ornamental |
| **CAPPARACEAE** | | | |
| "Volantín" | *Cleome speciosa* Raf. | Cuzalapa | Ornamental |
| **CAPRIFOLIACEAE** | | | |
| "Sauco" | *Sambucus mexicana* Presl | Cuzalapa, Las Joyas, El Terrero | Medicinal, Ornamental |
| **CARICACEAE** | | | |
| "Papaya" | *Carica papaya* L. | La Resolana, Ahuacapán, Zenzontla | Alimenticia |
| **CARYOPHYLLACEAE** | | | |
| "Clavelito" | *Dianthus* spp. | Cuzalapa | Ornamental |
| **CHENOPODIACEAE** | | | |
| "Epazote" | *Chenopodium ambrosioides* L. | Cuzalapa, Zenzontla | Medicinal |
| **COMBRETACEAE** | | | |
| "Almendro" | *Terminalia catappa* L. | Ahuacapán, Cuzalapa | Alimenticia, Ornamental |
| **COMMELINACEAE** | | | |
| "Jardinera" | *Zebrina pendula* Schn. | Cuzalapa | Medicinal, Ornamental |
| **COMPOSITAE** | | | |
| | *Wedelia trilobata* (L.) Hitchc. | Cuzalapa | Ornamental |
| "Árnica" | *Senecio chenopodioides* H. B. K. | Cuzalapa | Ornamental |
| "Cempaxúchil" | *Tagetes erecta* L. | Zenzontla | Ornamental |
| "Cempaxúchil" | *Tagetes remotiflora* Kunze | Cuzalapa | Ornamental |
| "Clavelito" | *Baccharis halimifolia* L. | Cuzalapa | Ornamental |
| "Crisantemo" | *Chrysanthemum* spp. | El Durazno, La Pareja | Ornamental |
| "Dalia" | *Dahlia coccinea* Cav. | Cuzalapa, El Terrero | Ornamental |
| "Dalia" | *Dahlia pinnata* Cav. | La Pareja | Ornamental |
| "Estafiate" | *Artemisia ludoviciana* Nutt. subsp. *mexicana* (Willd.) Keck | Cuzalapa | Medicinal |
| "Girasol" | *Helianthus annuus* L. | Cuzalapa | Comestible |
| "Guadalajara" | *Zinnia violacea* Cav. | Cuzalapa | Ornamental |
| "Manzanilla" | *Matricaria recutita* L. [*M. chamomilla*] | Ahuacapán | Medicinal |
| "Tacote amarillo" | *Tithonia diversifolia* A. Gray | Cuzalapa | Ornamental |
| "Tacote blanco" | *Montanoa speciosa* DC. | Cuzalapa | Ornamental |
| "Terciopelo" | *Senecio pulcher* Hook. & Arn. | Cuzalapa | Ornamental |
| **CONVOLVULACEAE** | | | |
| "Yedra de mata" | *Ipomoea purpurea* (L.) Roth | Cuzalapa | Ornamental |
| "Yedra" | *Ipomoea pandurata* (L.) G. Mey. | Cuzalapa | Ornamental |
| **CRASSULACEAE** | | | |
| "Bruja roja" | *Kalanchoe blossfeldiana* Poelln. | Cuzalapa | Ornamental |
| "Bruja" | *Kalanchoe pinnata* (Lam.) Pers. | Cuzalapa, Ahuacapán | Ornamental, Medicinal |

| Familia/Nom. común | Nombre científico | Localidad | Uso |
|---|---|---|---|
| "Cuernos de borrego" | *Sedum morganianum* E. Walther | Cuzalapa | Ornamental |
| "Hoja de bruja" | *Kalanchoe* sp. | Ahuacapán | Medicinal, Ornamental |
| "Rueda de la fortuna" | *Sedum compressum* Rose | Cuzalapa | Ornamental |
| "Rueda de la fortuna" | *Graptopetalum paraguayense* (N. E. Br.) E. Walther | Cuzalapa | Ornamental |
| **CRUCIFERAE** | | | |
| "Rábano" | *Raphanus raphanistrum* L. | Zenzontla, Ayotitlán, Telcruz, Ahuacapán | Alimenticia |
| **CUCURBITACEAE** | | | |
| "Bule" | *Lagenaria siceraria* (Molina) Standl. | Ayotitlán | Herramienta |
| "Calabaza" | *Cucurbita ficifolia* Bouché | Las Joyas, El Terrero | Alimenticia |
| "Calabaza" | *Cucurbita maxima* Duchesne | Ahuacapán, Ayotitlán, Telcruz, Zenzontla | Alimenticia |
| "Calabaza" | *Cucurbita mixta* Pang. | Zenzontla | Alimenticia |
| "Chayote" | *Sechium edule* (Jacq.) Sw. | Cuzalapa, Yerbabuena, Zenzontla | Alimenticia |
| "Estropajo" | *Luffa aegyptiaca* Mill. [*L. cylindrica*] | Ayotitlán, Cuzalapa, Zenzontla | Herramienta |
| "Melón" | *Cucumis melo* L. | Zenzontla, Ahuacapán | Alimenticia |
| "Pepino" | *Cucumis sativus* L. | Zenzontla, Telcruz, Ayotitlán, Ahuacapán | Alimenticia |
| "Sandía" | *Citrullus lanatus* (Thunb.) Matsum. & Nakai | Zenzontla, Ahuacapán | Alimenticia |
| **CUPRESSACEAE** | | | |
| "Palo chino" | *Thuja occidentalis* L. | Cuzalapa | Ornamental |
| **EUPHORBIACEAE** | | | |
| "Candelilla" | *Pedilanthus tithymaloides* (L.) Poit. | Ahuacapán | Ornamental |
| "Chaya" | *Cnidoscolus chayamansa* McVaugh | La Resolana, Cuzalapa | Medicinal |
| "Cordón de obispo" | *Acalypha hispida* Burmann f. | Cuzalapa | Ornamental |
| "Corona de cristo" | *Euphorbia milii* Des Moul. | Ahuacapán, Cuzalapa | Ornamental |
| "Croton" | *Codiaeum variegatum* (L.) Blume | Cuzalapa | Ornamental |
| "Lápiz" | *Euphorbia tirucalli* L. | Cuzalapa | Medicinal |
| "Palo chino" | *Phyllanthus mocinianus* Baill. | Cuzalapa | Cercas |
| "Pascua" | *Euphorbia pulcherrima* Willd. ex Klotzsch | Cuzalapa | Ornamental |
| "Yuca" | *Manihot esculenta* Crantz | Cuzalapa | Alimenticia |
| **FOUQUIERIACEAE** | | | |
| "Chupayo" | *Fouquieria formosa* H. B. K. | Ahuacapán | Ornamental |
| **GERANIACEAE** | | | |
| "Geranio" | *Pelargonium hortorum* Bailey | Cuzalapa | Ornamental |
| **GESNERIACEAE** | | | |
| "Cucaracha" | *Episcia cupreata* (Hook.) Hanst. | Cuzalapa | Ornamental |
| **GRAMINEAE** | | | |
| "Caña" | *Saccharum officinarum* L. | Zenzontla, Cuzalapa, Telcruz | Alimenticia |
| "Guinea" | *Panicum maximum* Jacq. | Zenzontla, Cuzalapa | Forraje |
| "Jaragua" | *Hyparrhenia rufa* (Nees) Stapf | Zenzontla | Forraje |
| "Maíz" | *Zea mays* L. subsp. *mays* | La Laguna, El Terrero, Las Joyas | Alimenticia |
| "Pará" | *Brachiaria mutica* (Forsk.) Stapf | Zenzontla, Cuzalapa | Forraje |
| "Sorgo" | *Sorghum bicolor* (L.) Moench | Zenzontla | Forraje |
| "Té de limón" | *Cymbopogon citratus* (DC.) Stapf | Ahuacapán, Cuzalapa | Bebida |
| "Zacate buffel" | *Cenchrus ciliaris* L. | Zenzontla | Forraje |
| "Zacate rodex" | *Chloris gayana* Kunth | Zenzontla | Forraje |
| **GUTTIFERAE** | | | |
| "Árbol María" | *Calophyllum brasiliense* Cambess. var. *rekoi* (Standl.) Standl. | Cuzalapa | Sombra |
| **IRIDACEAE** | | | |
| "Flor de tigre" | *Tigridia pavonia* (L. f.) DC. | El Terrero, Ayotitlán | Ornamental |
| **JUGLANDACEAE** | | | |
| "Nogal" | *Carya illinoensis* (Wang.) C. Koch | Zenzontla, Cuzalapa | Alimenticia |
| **LABIATAE** | | | |
| "Albahacar" | *Ocimum basilicum* L. | Cuzalapa, Zenzontla | Medicinal |
| "Hierbabuena" | *Mentha piperita* L. | Ahuacapán, Telcruz, Zenzontla | Medicinal, Alimenticia |
| "Orégano orejón" | *Majorana hortensis* Moench | Zenzontla | Condimento |
| "Orégano" | *Origanum vulgare* L. | Ahuacapán, Zenzontla, Cuzalapa | Alimenticia, Medicinal |
| "Perritos rojos" | *Salvia elegans* Vahl | Cuzalapa | Ornamental |
| "Romero" | *Rosmarinus officinalis* L. | Ahuacapán | Medicinal |
| "Té negro" | *Calamintha macrostema* Benth. | Cuzalapa | Medicinal |

| Familia/Nom. común | Nombre científico | Localidad | Uso |
|---|---|---|---|
| **LAURACEAE** | | | |
| "Aguacate" | *Persea americana* Mill. [incl. *P. gratissima*] | Cuzalapa, Ahuacapán, Zenzontla, La Resolana | Comestible, Medicinal |
| **LEGUMINOSAE** | | | |
| "Cacahuate" | *Arachis hypogaea* L. | Zenzontla | Alimenticia |
| "Frijol" | *Phaseolus vulgaris* L. | Ahuacapán, Cuzalapa, Zenzontla | Alimenticia |
| "Lluvia de oro" | *Cassia fistula* L. | Ahuacapán, Zenzontla | Ornamental |
| "Tabachín" | *Delonix regia* (Bojer) Raf. | Ahuacapán | Ornamental |
| "Tamarindo" | *Tamarindus indica* L. | Cuzalapa | Alimenticia, Sombra |
| **LILIACEAE** | | | |
| | *Agave americana* L. | Rincón de Manantlán | Alimenticia, Ornamental |
| | *Crinum erubescens* Ait. | Cuzalapa | Ornamental |
| "Cebolla" | *Allium cepa* L. | Ahuacapán, Cuzalapa | Alimenticia |
| "Cebollín" | *Zephyranthes atamasco* (L.) Herb. | Cuzalapa | Ornamental |
| "Cebollín", "Lirio doble" | *Hippeastrum vittatum* (L'Hér.) Herb. | Cuzalapa | Ornamental |
| "Cola de pavo" | *Cordyline terminalis* Kunth | Cuzalapa, El Durazno | Ornamental |
| "Cola de zorra" | *Sansevieria zeylanica* (L.) Willd. | Cuzalapa | Ornamental |
| "Izote" | *Yucca jaliscensis* (Trel.) Trel. | Cuzalapa, Las Joyas | Ornamental |
| "Lechuguilla" | *Agave maximiliana* Baker | Cuzalapa | Bebida |
| "Lino amarillo" | *Hippeastrum psittacinum* (Ker-Gawl.) Herb. | Cuzalapa | Ornamental |
| "Lirio" | *Crinum asiaticum* L. | Cuzalapa | Ornamental |
| "Zábila" | *Aloe barbadensis* Mill. | Ahuacapán | Medicinal |
| **MALPIGHIACEAE** | | | |
| "Churumo" | *Heteropterys laurifolia* (L.) Adr. Juss. | Cuzalapa | Sombra |
| "Nance" | *Byrsonima crassifolia* (L.) H. B. K. | Cuzalapa, Zenzontla, Ahuacapán | Alimenticia |
| **MALVACEAE** | | | |
| "Algodón" | *Gossypium hirsutum* L. | Cuzalapa | Ornamental |
| "Jamaica" | *Hibiscus sabdariffa* L. | Ahuacapán, Cuzalapa | Bebida |
| "Monacillo" | *Malvaviscus arboreus* Cav. var. *mexicanus* Schlecht. | Cuzalapa | Ornamental |
| "Obelisco sencillo" | *Hibiscus rosa-sinensis* L. var. *schizapetalus* Dyer | Cuzalapa | Ornamental |
| "Obelisco" | *Hibiscus rosa-sinensis* L. | Ahuacapán, Cuzalapa | Ornamental |
| **MARANTACEAE** | | | |
| | *Catathea zebrina* (Sims) Lindl. | El Durazno | Ornamental |
| "Lápiz" | *Calathea ornata* (Linden) Körn. var. *roseolineata* Lem. ex Regel | Cuzalapa | Ornamental |
| **MELIACEAE** | | | |
| "Paraíso" | *Melia azedarach* L. | Cuzalapa, Ahuacapán | Ornamental |
| **MORACEAE** | | | |
| "Hule" | *Ficus elastica* Roxb. ex Hornem. | Ahuacapán | Sombra, Ornamental |
| **MUSACEAE** | | | |
| "Plátano" | *Musa* spp. | Ahuacapán, Cuzalapa, Ayotitlán | Alimenticia |
| **MYRSINACEAE** | | | |
| | *Ardisia compressa* H. B. K. | Zenzontla | Alimenticia |
| "Timbuche" | *Ardisia revoluta* H. B. K. | Zenzontla | Alimenticia |
| **MYRTACEAE** | | | |
| "Arrayán" | *Psidium sartorianum* (Berg) Ndzu. | Cuzalapa, Ahuacapán | Alimenticia |
| "Eucalipto" | *Eucalyptus globulus* Labill | Ahuacapán | Medicinal |
| "Guayaba" | *Psidium guajava* L. | Ahuacapán, Cuzalapa, Telcruz, Ayotitlán | Alimenticia |
| "Guayabo extranjero" | *Syzygium jambos* (L.) Alston | Ahuacapán, Zenzontla, Cuzalapa | Ornamental |
| **NYCTAGINACEAE** | | | |
| "Bugambilia" | *Bougainvillea spectabilis* Willd. | Ahuacapán, Cuzalapa | Ornamental |
| **OLEACEAE** | | | |
| "Fresno" | *Fraxinus uhdei* (Wenzig) Lingelsh. | Cuzalapa | Sombra |
| "Mirto" | *Jasminum grandiflorum* L. | Cuzalapa | Ornamental |
| **ONAGRACEAE** | | | |
| "Epazote" | *Oenothera pubescens* Willd. ex Spreng. | Cuzalapa | Insecticida |
| **ORCHIDACEAE** | | | |
| "Lirio del cerro" | *Notylia barkeri* Lindl. | Cuzalapa | Ornamental |
| "Lirio" | *Encyclia aenicta* Dressl. | Cuzalapa | Ornamental |

| Familia/Nom. común | Nombre científico | Localidad | Uso |
|---|---|---|---|
| **PALMAE** | | | |
| "Coco" | *Cocos nucifera* L. | Cuzalapa, Ahuacapán, Zenzontla | Bebida |
| "Coco de aceite" | *Orbignya guacuyule* (Mart.) Hernández X. [*O. cohune*] | Cuzalapa | Alimenticia |
| **PASSIFLORACEAE** | | | |
| "Granada china" | *Passiflora edulis* Sims | Ahuacapán, Zenzontla, Cuzalapa, Tuxcacuesco | Ornamental, Medicinal |
| **PIPERACEAE** | | | |
| | *Peperomia obtusifolia* Dietr. | Cuzalapa | Ornamental |
| **PORTULACACEAE** | | | |
| "Amor de un rato" | *Portulaca grandiflora* Hook. | Cuzalapa | Ornamental |
| "Verdolaga" | *Portulaca oleracea* L. var. *sativa* DC. | Cuzalapa | Ornamental |
| **PROTEACEAE** | | | |
| "Biblea", "Grevilia" | *Grevillea robusta* A. Cunn. | El Chante | Ornamental |
| **PUNICACEAE** | | | |
| "Granada" | *Punica granatum* L. | Ahuacapán, La Resolana, Cuzalapa | Alimenticia, Ornamental |
| **ROSACEAE** | | | |
| "Ciruela española" | *Prunus domestica* L. | Las Joyas | Alimenticia |
| "Durazno" | *Prunus persica* (L.) Batsch | El Terrero, Las Joyas, La Laguna | Alimenticia |
| "Níspero" | *Eriobotrya japonica* (Thunb.) Lindl. | Ahuacapán | Alimenticia |
| "Pera" | *Malus pumila* Mill. | Las Joyas | Alimenticia |
| "Rosa" | *Rosa* spp. | Cuzalapa, Zenzontla, Telcruz, El Terrero | Ornamental |
| **RUBIACEAE** | | | |
| "Café" | *Coffea arabica* L. | Ayotitlán, Telcruz, Cuzalapa | Bebida |
| "Colorín" | *Odontonema strictum* (Nees) O. Kuntze | Cuzalapa | Ornamental |
| **RUTACEAE** | | | |
| "Lima" | *Citrus aurantifolia* (Christm.) Swingle | Ayotitlán, Telcruz, Cuzalapa | Alimenticia |
| "Limón" | *Citrus limon* (L.) Burmann f. | Cuzalapa, Telcruz, Ayotitlán, Zenzontla | Alimenticia |
| "Mandarina" | *Citrus reticulata* Blanco | Cuzalapa, Ahuacapán | Alimenticia |
| "Naranja agria" | *Citrus aurantium* L. | Cuzalapa, Zenzontla | Medicinal, Ornamental |
| "Naranjo dulce" | *Citrus sinensis* L. Osbeck | Cuzalapa, Zenzontla | Alimenticia |
| "Ruda" | *Ruta graveolens* L. | Cuzalapa, Ahuacapán, Zenzontla | Medicinal |
| **SAPOTACEAE** | | | |
| "Mamey" | *Pouteria mammosa* (L.) Cronq. | Cuzalapa | Alimenticia |
| **SAXIFRAGACEAE** | | | |
| "Hortensia" | *Hydrangea macrophylla* (Thunb.) Ser. | Cuzalapa | Ornamental |
| **SOLANACEAE** | | | |
| "Chile" | *Capsicum annuum* L. | Telcruz, Ahuacapán, Zenzontla | Alimenticia |
| "Floripondio" | *Brugmansia* ×*candida* Pers. | Ahuacapán, Cuzalapa, Las Joyas | Ornamental |
| "Guayacán" | *Solandra maxima* (Sessé & Moc.) P. S. Green | Cuzalapa, Rincón de Manantlán | Medicinal |
| "Jitomate" | *Lycopersicon esculentum* Mill. | Zenzontla, Cuzalapa | Alimenticia |
| "Tabaco" | *Nicotiana tabacum* L. | Cuzalapa | Droga |
| "Tomate" | *Physalis philadelphica* Lam. | Zenzontla | Alimenticia |
| **TAXODIACEAE** | | | |
| "Árbol de tule" | *Taxodium mucronatum* Tenore | Zacualpan | Ornamental |
| **THELYPTERIDACEAE** | | | |
| "Helecho de cerro" | *Thelypteris* sp. | Cuzalapa | Ornamental |
| **UMBELLIFERAE** | | | |
| "Cilantro" | *Coriandrum sativum* L. | Zenzontla, Ahuacapán, Cuzalapa | Alimenticia |
| "Perejil" | *Petroselinum crispum* (Mill.) A. W. Hill | Cuzalapa, Ahuacapán | Alimenticia |
| **VERBENACEAE** | | | |
| | *Clerodendrum bungei* Steud. | Cuzalapa | Ornamental |
| | *Clerodendrum* ×*speciosum* Dombrain | Cuzalapa | Ornamental |
| | *Duranta repens* L. | Cuzalapa | Ornamental, Sombra |
| **ZINGIBERACEAE** | | | |
| "Ajenjibre" | *Zingiber officinale* Roscoe | Ahuacapán | Alimenticia |
| "Caña de indio" | *Costus pictus* D. Don | Cuzalapa | Medicinal |
| "Caña de indio" | *Hedychium coronarium* K. D. Koenig | Ayotitlán, Cuzalapa, El Zapotillo | Ornamental, Medicinal |

## Literatura Citada


Bailey, L. H. 1949. Manual of cultivated plants. Ed. rev. MacMillan. New York. 116 pp.

Bailey Hortorium. 1976. Hortus third. Ed. rev. MacMillan. New York. 1290 pp.

Gómez-Pompa, A. 1985. Los recursos bióticos de México: reflexiones. INIREB-Alhambra Mexicana, S.A. México, D. F. Pp. 11–16.

Graf, A. B. 1981. Tropica. Color cyclopedia of exotic plants and trees for warm-region horticulture. Ed. 2. Roehrs. East Rutherford, N. J. 1118 pp.

Graf, A. B. 1982. Exotica. Pictorial cyclopedia of exotic plants from tropical and near-tropic regions. Ed. 11. Roehrs. East Rutherford, N. J. Ser. 4. Vols. 1, 2, 2576 pp.

Hernández X., E. 1985. Lecturas en etnobotánica. Colegio de Postgraduados. Chapingo, México. Pp. 126–128.

Hill, A. F. 1952. Economic botany. Ed. 2. McGraw-Hill. New York. Pp. 286–290.

Rzedowski, J. y M. Equihua. 1987. Atlas cultural de México: flora. SEP-INAH-Planeta. Impresora y Editora Mexicana, S. A. Tecoloapan, México. 222 pp.

Vázquez G., J. A., R. Cuevas G., T. S. Cochrane y H. H. Iltis. 1990. Flora de la Reserva de la Biosfera Sierra de Manantlán, Jalisco-Colima, México. Univ. de Guadalajara. Guadalajara, Jalisco. 166 pp.

*Mexicoa ghiesbreghtiana*, La Cumbre
foto: H. H. Iltis

# Capítulo 4

# Flora de Manantlán
# Listado de Plantas Vasculares

# Estructura y Uso del Listado Florístico

En este trabajo florístico se listan los taxa de las plantas vasculares nativas y naturalizadas que se han colectado dentro de los límites de la Reserva de la Biosfera Sierra de Manantlán, Jalisco-Colima, México, y en zonas adyacentes que no exceden 3 km de la RBSM, excepto por el Cerro del Palacio, que se encuentra entre 5–6 km fuera de los límites de la Reserva. En esta versión del listado se registra un 25% más de las especies reportadas en la primera edición (Vázquez G. et al. 1990).

Las clases de la división Tracheophyta (plantas vasculares) se exponen partiendo de las más "primitivas" a las más "especializadas", al menos en origen (Lycopodiopsida: licopodios y selaginelas; Filicopsida: helechos; Equisetopsida: equisetos; Cycadopsida: cicadas; Pinopsida: gimnospermas arborescentes; Magnoliopsida: dicotiledóneas; y Liliopsida: monocotiledóneas). Dentro de cada clase las familias se listan alfabéticamente, lo mismo que los géneros en sus respectivas familias y las especies en sus respectivos géneros. La nomenclatura para familias, excepto las de las ocho que *no* terminan en ***aceae***, es de acuerdo a Cronquist (1981) para dicotiledóneas, a McVaugh (1989, 1993) para monocotiledóneas y a Mickel (1992) para pteridofitas.

Para cada especie se proporciona su nombre científico incluyendo autoridades y en ocasiones sinónimos, se incluyen también los nombres vulgares reportados de la región, se indica el hábito de la especie, localidad, municipio y altitud, pero no se da información sobre el hábitat. También, se citan uno o más especímenes testigos (cuatro en promedio) y los herbarios en que estos se hallan depositados.

Por lo tanto, aunque el presente listado no es una guía para identificación, es sin duda una fuente valiosa de datos sobre la diversidad, distribución geográfica y altitud de la flora vascular de la RBSM que debe ser de gran interés a cualquier interesado en la biodiversidad de México. Además, este listado florístico facilitará considerablemente la elaboración de una flora formal con descripciones morfológicas, observaciones ecológicas y de conservación, así como con claves para identificación de las especies. Tal vez este listado representa un 90% de las plantas nativas que ocurren en la RBSM, por lo que todavía restan por encontrarse numerosos registros nuevos e interesantes .

A continuación se explican los datos incluidos en este listado:

*Hábito*: se indica a la izquierda del nombre científico con la siguiente simbología: A (árbol), a (arbusto), E (epífita), EP (epiparásita), H (hierba), HE (hierba epífita), HP (hemiparásita), P (parásita), S (saprófita) y T (trepadora).

*Nombre científico*: se indica en negrillas y cursivas, incluye el género, el epíteto específico y la autoridad de la especie. En ocasiones se sigue de las categorías infraespecíficas, tales como: subespecie (subsp.), variedad (var.) o forma (forma) y seguidas de sus autoridades respectivas.

*Sinónimos*: para especies, géneros y/o familias se citan entre corchetes y sólo se incluyen cuando es tan bien conocido que su omisión crearía confusión.

*Tipos*: cuando un tipo nomenclatural ha sido colectado dentro del área de cobertura de nuestra flora, el holótipo y/o isótipo(s) se citan si dicha información es conocida por los autores.

*Endemismo*: cuando la especie es endémica, se indica en mayúsculas después del nombre científico y antes del nombre vulgar, si este se conoce. Después, le sigue el rango geográfico al que se encuentra restringida. La información sobre el endemismo de las especies confinadas a la Sierra de Manantlán y al Estado de Jalisco se fundamenta en Hernández L. (en el presente trabajo); sin embargo, en algunos casos se indicó tentativamente el endemismo para especies que tienen distribución más amplia, por ejemplo, aquellas especies confinadas a varios estados, a Nueva Galicia o al occidente de México.

*Nombre vulgar*: se cita entre comillas después del nombre científico o en seguida del endemismo cuando éste se indica. Los nombres vulgares se tomaron principalmente de Cuevas G. et al. (1992), en algunas ocasiones de Vázquez G. (1987), Cuevas G. et al. (1988), De Níz L. (1989) y Martínez (1979).

*Municipio*: se indica al principio seguido con dos puntos, éste indica lugar de colecta, puede ser cualquiera de los siete municipios de la RBSM: Autlán, La Resolana (Casimiro Castillo), Cuautitlán, Tuxcacuesco y Tolimán del estado de Jalisco o Minatitlán y Comala del estado de Colima.

*Localidad*: se proporciona el nombre del poblado o zona conocida más cercana al sitio de colecta, en ocasiones se da la distancia por brecha o distancia aérea, así como la orientación. Por la magnitud del trabajo se dio más prioridad a la búsqueda de nuevos registros de especies que a la búsqueda de localidades adicionales para las especies ya reportadas, por este motivo, queda mucho trabajo pendiente para enriquecer el conocimiento sobre la distribución de las especies en el área de estudio.

*Altitud sobre el nivel del mar*: por cuestión de estilo y de espacio, sólo se indica la cantidad de metros, se sobreentiende que es altitud con referencia al mar.

*Colector*: se indica el apellido paterno completo del colector y la inicial del materno, y a estos le sigue su número de colecta. En general, podemos afirmar que los botánicos que han realizado colectas significativas en la Sierra de Manantlán las han hecho acompañados de una o más personas, por tal motivo, los colectores que aquí se mencionan reflejan la mayoría de las veces un convencionalismo, ya que por espacio limitado no es posible incluir a todos los que participan en las colectas.

*Siglas de herbario*: se mencionan al final entre paréntesis de acuerdo a Holmgren et al. (1990) y Holmgren y Holmgren (1993). Las siglas y las instituciones de adscripción de los herbarios más citados en este trabajo se listan en el Cuadro 2.

*Casos especiales*: como casos especiales se citan: 1) Especies que fueron colectadas fuera de la RBSM, pero muy cerca del límite (<3 km). En estos casos los autores asumen que la especie debe ocurrir dentro de la RBSM. 2) Cuando un ejemplar sólo fue visto en el campo, pero los autores no han visto un testigo en espécimen de herbario, entonces, se indica con "fide" seguido del botánico que avala la observación. Este caso sólo se permite cuando es poco probable que la especie sea confundida. 3) Cuando un ejemplar se reporta en la literatura, pero los autores no han visto un testigo en espécimen de herbario, se da la información disponible de localidad, siglas de herbario y alguna referencia a la publicación en que se reporta.

# Literatura Citada


Cronquist, A. 1981. An integrated system of classification of flowering plants. Columbia University Press. New York. 1262 pp.

Cuevas G., R., J. A. Vázquez G., L. Guzmán H. y N. M. Núñez L. 1988. Listado de nombres vulgares y científicos de plantas de la Reserva de la Biosfera Sierra de Manantlán. LNLJ, Univ. de Guadalajara. Notas sobre la Flora de Manantlán 1(12):59–76 (inéd.).

Cuevas G., R., N. M. Núñez L., D. De Níz L., L. Guzmán H. y F. J. Santana M. 1992. Catálogo de nombres vulgares y científicos de plantas de la Reserva de la Biosfera Sierra de Manantlán, Jalisco-Colima, México. Bol. Inst. Bot. Univ. Guadalajara. Época 3, 1:217–306.

De Níz L., D. 1989. Contribución al conocimiento de las plantas medicinales de la Sierra de Manantlán, Jalisco. Tesis Profesional. Facultad de Ciencias, Univ. de Guadalajara. Guadalajara, Jal. 103 pp.

Holmgren, P. K. y N. H. Holmgren. 1993. Additions to Index Herbariorum (herbaria), Ed. 8–second series. Taxon 42:496–497.

Holmgren, P. K., N. H., Holmgren y L. C. Barnett. 1990. Index Herbariorum. Part I. Ed. 8. Regnum Veg. 120:1–693.

Manning, W. E. 1957. The genus ***Juglans*** in Mexico and Central America. J. Arnold Arbor. 38:121–150.

Martínez, M. 1979. Catálogo de nombres vulgares y científicos de plantas Mexicanas. Fondo de Cultura Económica. México, D. F. 1220 pp.

McVaugh, R. 1989. Flora Novo-Galiciana (Bromeliaceae to Dioscoreaceae). Univ. Michigan Herbarium, Ann Arbor. Vol. 15, 398 pp.

McVaugh, R. 1993. Flora Novo-Galiciana (Limnocharitaceae to Typhaceae). Univ. Michigan Herbarium, Ann Arbor. Vol. 13, 480 pp.

Mickel, J. T. 1992. Pteridophytes, Fern Allies. En: R. McVaugh. Flora Novo-Galiciana (Gymnosperms and Pteridophytes). Univ. Michigan Herbarium, Ann Arbor. 17:120–431.

Standley, P. C. 1920–1926. Trees and shrubs of Mexico. Contr. U. S. Natl. Herb. 23:1–1721.

Vázquez G., J. A. 1987b. Listado de nombres científicos y vulgares de plantas de la Reserva de la Biosfera Sierra de Manantlán. Notas sobre la Flora de Manantlán. LNLJ, Univ. de Guadalajara. Guadalajara, Jal. 1(6):28–32 (inéd.).

Vázquez G., J. A., R. Cuevas G., T. S. Cochrane y H. H. Iltis. 1990. Flora de la Reserva de la Biosfera Sierra de Manantlán, Jalisco-Colima, México. Univ. de Guadalajara. Guadalajara, Jal. 166 pp.

# Lycopodiopsida
# (Licopodios y Selaginelas)

## Lycopodiaceae

H *Lycopodium cernuum* L.
Autlán: Las Joyas *Villarreal de Puga 13070* (IBUG)
Tolimán: La Antena, Cerro Grande 2500 m fide Vázquez-G.

E *Lycopodium cuernavacense* Underw. & Lloyd
Cuautitlán: Neverías–San Miguel 2600 m *Sørensen 7899* (IBUG, NY, WIS)
Tolimán: El Terrero, Cerro Grande 2200 m *Santana-M. 5838, 5884* (ZEA); La Antena–Los Encinitos, Cerro Grande 2400 m *Vázquez-G. s. n.* (WIS)

E *Lycopodium pithyoides* Schlecht. & Cham.
Cuautitlán: Aserradero Manantlán–Las Joyas *Pérez de la Rosa 143* (IBUG)

E *Lycopodium pringlei* Underw. & Lloyd
Cuautitlán: El Durazno–La Cumbre 2250–2400 m *McVaugh 13908* (MICH–*Fl.NG.*)
Tolimán: El Terrero, Cerro Grande 2300 m *Santana-M. 5804, 5840* (WIS, ZEA); La Antena–Los Encinitos, Cerro Grande 2400 m *Vázquez-G. s. n.* (WIS)

## Selaginellaceae

H *Selaginella delicatissima* Linden ex A. Braun
La Resolana: [18 km] SO de Autlán *McVaugh & Koelz 884* (MICH–*Fl.NG.*)

H *Selaginella hoffmannii* Hieron.
La Resolana: [26 km] SO de Autlán *McVaugh 19936* (MICH–*Fl.NG.*)

H *Selaginella pallescens* (Presl) Spring
Cuautitlán: E de Manantlán 1900 m *Wilbur 1960* (MICH–*Fl.NG.*); Las Marías, Ayotitlán 820 m *Cochrane 10918* (WIS)

H *Selaginella porphyrospora* A. Braun
Cuautitlán: Arriba de El Durazno 1700 m *McVaugh 14012* (MICH–*Fl.NG.*); Río Manantlán 1650–1750 m *Iltis 3185* (WIS)

H *Selaginella sertata* Spring
La Resolana: Arroyo El Tecolote 1000 m *Vázquez G. 4323* (WIS, ZEA); El Tigre 800–1000 m *Cuevas-G. s. n.* (WIS, ZEA); La Calera 800–1100 m *Iltis 31021* (IBUG, NY, WIS, ZEA)

H *Selaginella tarda* Mickel & Beitel
Cuautitlán: La Rosa–Las Marías, Ayotitlán 750 m *Cevallos-E. 123* (MICH, WIS, ZEA)

# Equisetopsida
# (Equisetos)

## Equisetaceae

H *Equisetum hyemale* L. var. *affine* (Engelm.) A. A. Eaton, "Cola de caballo"
Autlán: Las Playas, Las Joyas 1840 m *Villalobos-S. 2* (ZEA), 1900 m *Iltis 1372* (NY, WIS)
Cuautitlán: O de Las Marías 800 m *Cochrane 10916* (WIS)

H *Equisetum myriochaetum* Schlecht. & Cham., "Cola de caballo". Foto p. xxvii, X.
Cuautitlán: Ayotitlán 900 m *Judziewicz 5186* (WIS, ZEA)

# Filicopsida
# (Helechos)

La mayoría de las determinaciones fueron hechas o verificadas por John T. Mickel o María C. de la O Villalobos-S.

## Adiantaceae

H ***Adiantopsis chlorophylla*** (Sw.) Fée
La Resolana: La Calera 900–1000 m *Iltis 31064* (WIS, ZEA), 600–800 m *Guzmán-H. 313* (WIS, ZEA); [26 km] SO de Autlán [RBSM?] *McVaugh 19978* (MICH–*Fl.NG.*)

H ***Adiantum andicola*** Liebm.
Autlán: Arroyo Las Joyas 1900 m *Villalobos-S. 43* (ZEA); La Cascada, Las Joyas 1640 m *Villalobos-S. 31* (ZEA); La Hierbabuenita, Las Joyas 1830 m *Villalobos-S. 60* (ZEA); Las Juntas, Las Joyas 1895 m [sic] *Villalobos-S. 126* (ZEA); Estación Científica Las Joyas 1950 m *Cochrane 10642* (WIS, ZEA)
Cuautitlán: El Cuartón *McVaugh 13866* (MICH–*Fl.NG.*)
Tolimán: La Laguna, Cerro Grande 2300 m *Iltis 29560a* (WIS, ZEA)

H ***Adiantum braunii*** Mett. ex Kuhn
Cuautitlán: Las Marías, Ayotitlán 800 m *Cochrane 10913* (WIS, ZEA)

H ***Adiantum concinnum*** Humb. & Bonpl. ex Willd.
La Resolana: [16 km] SO of Autlán [Los Mazos] *Wilbur 2131* (MICH–*Fl.NG.*)

H ***Adiantum lunulatum*** Burmann. f.
La Resolana: Arroyo Tacubaya 400 m *Iltis 303a* (WIS); Cerro La Petaca 700 m *Santana-M. 5960* (WIS, ZEA)

H ***Adiantum mcvaughii*** Mickel & Beitel; ENDÉMICA: Nueva Galicia
La Resolana: La Cofradía 670 m *Maciel s. n.* (GUADA–*Fl.NG.*),*Villalobos-S. 164* (ZEA)

H ***Adiantum patens*** Willd.
Autlán: Las Juntas, Las Joyas 1630 m *Villalobos-S. 150* (ZEA), 1700 m *Villalobos-S. 119* (ZEA); Tecopatlán 1400–1700 m *Cuevas-G. 2639a* (WIS, ZEA)
La Resolana: [21 km] SSO de Autlán [800–900 m] *Wilbur 2362* (MICH–*Fl.NG.*, WIS); [13 km] SO de La Resolana [RBSM?] *McVaugh 21094* (MICH–*Fl.NG.*)

H ***Adiantum poiretii*** Wikstr.
Autlán: Charco de Los Perros, Las Joyas 1930 m *Villalobos-S. 130* (ZEA); El Zarzamoro, Las Joyas 1900 m *Cochrane 10753* (WIS, ZEA); La Cascada, Las Joyas 1710 m *Villalobos-S. 32* (ZEA); Las Juntas, Las Joyas 1590 m *Villalobos-S. 123* (ZEA); Los Barbechos, Las Joyas 1830 m *Villalobos-S. 114* (ZEA); San Campús, Las Joyas 1900 m *Judziewicz 4969b* (WIS)
Tolimán: El Terrero, Cerro Grande 2300 m *Iltis 29491* (WIS); Lagunitas, Cerro Grande 2100–2160 m *Iltis 29616* (NY, WIS); NNO de El Terrero, Cerro Grande 2300–2360 m *Cochrane 12558* (WIS, ZEA), *12562* (WIS, ZEA), *12590* (WIS)

H ***Adiantum princeps*** Moore
La Resolana: Arroyo El Tecolote 600 m *Cuevas-G. 2351* (WIS, ZEA)

H ***Adiantum trapeziforme*** L., "Carricillo", "Mano de Eva", "Palmilla"
Cuautitlán: Ayotitlán 830–940 m *Judziewicz 5216* (IBUG, WIS, ZEA), 940 m *Cevallos-E. 46* (WIS, ZEA), 750 m *Santana-M. 5331* (WIS, ZEA); La Cuenca *Alcocer 14* (IBUG–*Fl.NG.*); Las Pesadas 900–1000 m *Santana-M. 4801* (WIS, ZEA)

H ***Adiantum tricholepis*** Fée
Tuxcacuesco: Tuxcacuesco–El Camichín 1000 m *Cochrane 11645* (IBUG, NY, WIS, ZEA)

HE ***Ananthacorus angustifolius*** (Sw.) Underw. & Maxon
Cuautitlán: Rincón de Manantlán 1660 m *Iltis 3174* (WIS); Telcruz, Ayotitlán 1100 m *Vázquez-G. 4407* (ZEA)

La Resolana: Arroyo Tacubaya 350 m *Iltis 313* (IBUG, NY, WIS); La Pareja–Carrizales 850 m *Villalobos-S. 190* (WIS, ZEA)

H **_Anogramma leptophylla_** (L.) Link

Autlán: Los Barbechos, Las Joyas 1830 m *Villalobos-S. 113* (ZEA), *190* (ZEA); San Campús, Las Joyas 1900 m *Judziewicz 4969a* (WIS)

Cuautitlán: Aserradero San Miguel Uno 2250–2400 m *McVaugh 13887* (MICH); La Cumbre 2100 m *Villalobos-S. 142* (ZEA)

H **_Bommeria pedata_** (Sw.) Fourn.

La Resolana: 1 km N del pueblo *Wilbur 2662* (MICH–*Fl.NG.*)

Tolimán: Los Encinitos–La Antena, Cerro Grande 1700 m *Cochrane 13025* (WIS), 1600 m *Cochrane 13032* (WIS)

H **_Cheilanthes angustifolia_** H. B. K.

Autlán: La Hierbabuenita, Las Joyas 1830 m *Villalobos-S. 61* (ZEA); Las Juntas, Las Joyas 1540 m *Villalobos-S. 122* (ZEA)

H **_Cheilanthes beitelii_** Mickel

Tolimán: El Terrero–Campo Cuatro, Cerro Grande 2100–2160 m *Iltis 29609* (WIS); Los Encinitos–La Antena, Cerro Grande 1600–1700 m *Cochrane 13023* (KANU, WIS), *13031* (F, IBUG, NY, WIS, ZEA); Mezcalitos, Cerro Grande 2300 m *Iltis 29540* (WIS)

H **_Cheilanthes brachypus_** (Kunze) Kunze

Cuautitlán: Arriba de Rancho Manantlán *Wibur 2099* (MICH–*Fl.NG.*); 11 km S de El Chante *Rzedowski & McVaugh 1293* (MICH–*Fl.NG.*)

H **_Cheilanthes candida_** M. Martens & Galeotti

La Resolana: [14 km] S de Autlán *Wilbur 2318* (MICH–*Fl.NG.*)

H **_Cheilanthes chaerophylla_** (M. Martens & Galeotti) Kunze

La Resolana: La Resolana *Wilbur 2250* (MICH–*Fl.NG.*), *Maciel 21288* (GUADA–*Fl.NG.*)

H **_Cheilanthes farinosa_** (Forssk.) Kaulf.

Cuautitlán: E de Manantlán *Wilbur 1957a* (MICH–*Fl.NG.*); La Cumbre, Las Joyas 2055 m *Villalobos-S. 141* (ZEA)

Tolimán: Lagunitas, Cerro Grande 2100 m *Iltis 29611, 29617* (WIS)

H **_Cheilanthes hirsuta_** Link

Autlán: Arroyo El Chilacayote, Las Joyas 1950–2180 m *Judziewicz 4881* (WIS); Las Playas, Las Joyas 1970 m [sic] *Villalobos-S. 93* (ZEA)

Cuautitlán: E de Manantlán *Wilbur 1915* (MICH–*Fl.NG.*)

H **_Cheilanthes incana_** (Presl) Mickel & Beitel

Cuautitlán: E de Manantlán *Wilbur 1945* (MICH–*Fl.NG.*)

H **_Cheilanthes kaulfussii_** Kunze

Minatitlán: El Sauz–El Terrero, Cerro Grande 1600 m *Santana-M. 5891* (WIS, ZEA)

H **_Cheilanthes lendigera_** (Cav.) Sw.

Cuautitlán: E de Manantlán *Wilbur 1957* (MICH–*Fl.NG.*)

H **_Cheilanthes lerstenii_** Mickel & Beitel

Autlán: Barbechos del Sol y La Luna, Las Joyas 1755 m *Villalobos-S. 116* (ZEA)

Cuautitlán: Las Yeguas–Manantlán 1600 m *Cochrane 10837* (WIS, ZEA)

H **_Cheilanthes lozanii_** (Maxon) R. Tryon & A. Tryon var. **_seemannii_** (Hook.) Mickel & Beitel

La Resolana: [14 km] S de Autlán *Wilbur 2317* (MICH–*Fl.NG.*)

H **_Cheilanthes notholaenoides_** (Desv.) Maxon ex Weatherby

Tolimán: El Terrero–Campo Cuatro, Cerro Grande 2100–2160 m *Iltis 29610* (MICH–*Fl.NG.*, NY, WIS)

H **_Cheilanthes pellaeopsis_** Mickel; ENDÉMICA: RBSM

Tolimán: Mezcalitos–El Chivero, Cerro Grande 2300 m *Iltis 29543* (WIS–Holótipo; NY–, ZEA–Isótipos)

H **Cheiloplecton rigidum** (Sw.) Fée var. **lanceolatum** C. C. Hall ex Mickel & Beitel
Tuxcacuesco: Cerro del Palacio 1000–1150 m *Santana-M. 1285* (WIS, ZEA), *5161* (ZEA)

H **Hemionitis elegans** Davenp.
La Resolana: [Los Mazos] *Wilbur 2128* (MICH–*Fl.N.G.*); [26 km] SO de Autlán *McVaugh 19948* (MICH–*Fl.NG.*)

H **Hemionitis subcordata** (Davenp.) Mickel
Cuautitlán: Puente de La Rosa 600 m *Guzmán-H. 243* (ZEA)
La Resolana: O de La Resolana *Guzmán-M. 1256* (IBUG); 27 km SO de Autlán *Graham 1523b* (MICH–*Fl.NG.*)
Tolimán: Los Encinitos–La Antena, Cerro Grande 1500 m *Cochrane 13054* (WIS)

H **Pellaea atropurpurea** (L.) Link
Tolimán: Mezcalitos, Los Picachos, Cerro Grande 2350–2400 m *Iltis 29515* (WIS)

H **Pellaea ovata** (Desv.) Weatherby
Cuautitlán: Rincón de Manantlán 1560 m *Judziewicz 5071* (WIS, ZEA)
Tolimán: Los Encinitos–La Antena, Cerro Grande 1810 m *Cochrane 13013* (WIS)

H **Pellaea sagittata** (Cav.) Link
Cuautitlán: E de Manantlán 2600 m *Wilbur 1993* (MICH–*Fl.NG.*)

H **Pityrogramma calomelanos** (L.) Link
La Resolana: Camino a La Huertita 400 m *Villalobos-S. 168* (ZEA); El Tigre 550 m *Judziewicz 5169* (WIS, ZEA), 800–1000 m *Cuevas-G. 2930* (ZEA); SO de Autlán 1400 m *Wilbur 2189* (MICH, WIS), *McVaugh 11936* (MICH–*Fl.NG.*)

H **Pityrogramma tartarea** (Cav.) Maxon
Autlán: La Cascada, Las Joyas 1925 m *Villalobos-S. 30* (ZEA)
Cuautitlán: El Durazno 1000–1100 m *Santana-M. 3356* (WIS, ZEA); Las Capillas 2760 m *Iltis 2380* (NY, WIS, ZEA)

H **Pteris cretica** L.
Autlán: Arroyo El Chilacayote, Las Joyas 1820 m *Judziewicz 4922* (WIS); [21 km S de] El Chante 1650 m *McVaugh 26166* (MICH–*Fl.NG.*); El Tlacuache, Las Joyas 1920 m *Villalobos-S. 152* (ZEA); Los Asoleaderos del Tlacuache, Las Joyas 1960 m *Bedoy-V. s. n.* (ZEA)
Tolimán: Los Picachos, Cerro Grande 2300 m *Iltis 29489* (WIS, ZEA)

H **Pteris longifolia** L.
Minatitlán: Juluapan–El Sauz, base del Cerro Grande 750–790 m *Cochrane 11719* (WIS, ZEA); S de El Terrero, Cerro Grande 1800 m *Pérez de la Rosa 1667* (IBUG)

H **Pteris orizabae** M. Martens & Galeotti
Cuautitlán: San Miguel Uno–El Durazno *McVaugh 13918* (MICH–*Fl.NG.*)

H **Pteris quadriaurita** Retz.
Autlán: Plaza de Gallos, Las Joyas 1670 m *Villalobos-S. 174* (ZEA)
La Resolana: [Los Mazos] 1700 m *McVaugh 14226* (MICH–*Fl.NG.*), 1655 m *Cochrane 12086* (IBUG, WIS, ZEA)

E **Vittaria graminifolia** Kaulf.
Autlán: Cañada de La Moza, Las Joyas 1960 m *Villalobos-S. 134, 135a* (ZEA); Cuchilla de La Tuna, Las Joyas 1890 m *Villalobos-S. 102* (ZEA); Las Playas, Las Joyas 1840 m *Villalobos-S. 91* (ZEA)
Cuautitlán: E de Manantlán [San Miguel] 2500–2800 m *Wilbur 1840* (MICH–*Fl.NG.*, WIS)
Tolimán: La Laguna, Cerro Grande 1900 m *Iltis 29558* (WIS)

## ASPLENIACEAE

H **Asplenium abscissum** Willd.
Autlán: Cuchilla de La Tuna, Las Joyas 1880 m *Villalobos-S. 156* (ZEA)
La Resolana: Los Mazos 1655 m *Cochrane 12081* (WIS); [16 km] SO de Autlán *McVaugh 14230* (MICH–*Fl.NG.*)

H **Asplenium achilleifolium** (M. Martens & Galeotti) Liebm.
Autlán: [16 km] SO de Autlán *McVaugh 14188* (MICH–*Fl.NG.*)
Cuautitlán: Ayotitlán 830–850 m *Cochrane 10876* (WIS)
La Resolana: Los Mazos 1200 m *Cuevas-G. 2823* (WIS, ZEA); NO de La Antena, Los Mazos 1465–1495 m *Cochrane 12060* (WIS); SO de Autlán *McVaugh 14188* (MICH–*Fl.NG.*); [1738 m] *Wilbur 2455* (MICH, WIS)

H **Asplenium auriculatum** Sw.
Autlán: El Tlacuache, Las Joyas 1920 m *Villalobos-S. 153* (WIS, ZEA); El Zarzamoro, Las Joyas 1900 m *Cochrane 10686* (WIS, ZEA); Las Playas, Las Joyas 1900–1950 m *Judziewicz 4773* (IBUG, WIS); San Campús, Las Joyas 1950 m *Villalobos-S. 15* (WIS, ZEA)
Cuautitlán: La Ventana 1800–2460 m *Iltis 482* (WIS, ZEA); Telcruz, Ayotitlán 1300 m *Vázquez-G. 4429* (WIS, ZEA)

HE **Asplenium cuspidatum** Lam.
Autlán: Arroyo Las Joyas 1900 m *Villalobos-S. 57* (ZEA); Cuchilla de La Tuna, Las Joyas 1890 m *Villalobos-S. 105* (ZEA); El Chilacayote–Piedra Bola 1850 m *Judziewicz 4921* (WIS, ZEA); El Zarzamoro, Las Joyas 1900 m *Judziewicz 4772, 4827* (WIS, ZEA), 1950 m *Cochrane 10690* (WIS)
Cuautitlán: Arriba de Manantlán *Wilbur 1785* (MICH–*Fl.NG.*); San Miguel–La Ventana 2000 m *Iltis 488* (IBUG, WIS)
Tolimán: La Laguna, Cerro Grande 2000–2300 m *Iltis 29562, 29940* (WIS)

H **Asplenium exiguum** Bedd.
Tolimán: El Terrero–Campo Cuatro, Cerro Grande 2100–2160 m *Iltis 29612* (NY, WIS)

H **Asplenium formosum** Willd.
Autlán: El Zarzamoro, Las Joyas 2000–2100 m *Judziewicz 4851* (WIS)
La Resolana: Arroyo Tacubaya 450 m *Iltis 390* (WIS); Cerro La Petaca 350–500 m *Iltis 295* (NY, WIS)

H **Asplenium hallbergii** Mickel & Beitel
Tolimán: Lagunitas, Cerro Grande 2100–2160 m *Iltis 29614* (WIS)

H **Asplenium hesperium** Mickel & Beitel
Cuautitlán: [19 km] SSO de Autlán *Wilbur 1464* (MICH–*Fl.NG.*)
La Resolana: La Antena, Los Mazos 1700 m *Iltis 30112* (NY, WIS)

H **Asplenium hoffmannii** Hieron.
La Resolana: La Resolana [RBSM?] *Díaz-L. s. n.* (GUADA)

H **Asplenium monanthes** L.
Autlán: Cuchilla de La Tuna, Las Joyas 1880 m *Villalobos-S. 110* (ZEA); E de Manantlán *Wilbur 1829* (MICH–*Fl.NG.*); El Zarzamoro, Las Joyas 1950 m *Cochrane 10691* (WIS, ZEA); La Hierbabuenita, Las Joyas 1810 m *Villalobos-S. 22* (ZEA); Las Joyas 1900 m *Iltis 1297* (WIS), *Judziewicz 4768, 4777* (WIS)
Cuautitlán: La Cumbre 2090 m *Villalobos-S. 143* (ZEA); Neverías 2600 m *Sørensen 7898* (WIS); Rincón de Manantlán 1750–1900 m *Judziewicz 5094* (WIS); San Miguel 2400 m *Sørensen 7973, 7977, 7983* (WIS)
Tolimán: El Terrero–Los Picachos, Cerro Grande 2300 m *Iltis 29483* (WIS); Lagunitas, Cerro Grande 2100–2160 m *Iltis 29614a* (WIS); Pozo Blanco, Cerro Grande 2200 m *Cochrane 12641* (WIS), 2100 m *Cochrane 12644* (WIS)

H **Asplenium munchii** A. R. Smith
Cuautitlán: A San Miguel Uno 2250–2400 m *McVaugh 13885* (MICH–*Fl.NG.*); 21–23 km S del Chante 1650–1850 m *McVaugh 23073* (MICH–*Fl.NG.*)

H **Asplenium myapteron** Fée [*A. commutatum*]
Autlán: Cañada El Laurelito, Las Joyas 1800–2070 m *Villalobos-S. 140, 148* (ZEA); El Zarzamoro, Las Joyas 1950–2050 m *Iltis 29067a* (IBUG, WIS); Las Joyas 1950 m *Cochrane 10704* (WIS, ZEA)
Cuautitlán: Arriba de El Durazno 2000–2350 m *McVaugh 13932* (MICH–*Fl.NG.*); Rincón de Manantlán 1900 m *Judziewicz 5095* (WIS)

HE ***Asplenium praemorsum*** Sw.
Cuautitlán: Cimas cerca de San Miguel Uno [2250–2400 m] *McVaugh 13884* (MICH–*Fl.NG.*); El Durazno 900 m *Iltis 390* (WIS)

H ***Asplenium pumilum*** Sw.
Cuautitlán: Barranca La Nogalera 1660 m *Villalobos-S. 185* (ZEA)
La Resolana: [26 km] SO de Autlán *McVaugh 19977* (MICH–*Fl.NG.*)
Tolimán: Los Encinitos–La Antena, Cerro Grande 1810 m *Cochrane 13011* (IBUG, WIS, ZEA), 1700 m *Cochrane 13024* (WIS)

H ***Asplenium sessilifolium*** Desv.
Autlán: Ahuacapán–Corralitos *McVaugh & Koelz 1002* (MICH–*Fl.NG.*); Arroyo de San Campús, Las Joyas 2050 m *Cochrane 10623* (WIS, ZEA); Cañada de La Moza, Las Joyas 1960 m *Villalobos-S. 133* (ZEA); Cañada El Laurelito 1800 m *Villalobos-S. 147* (ZEA); Cuchilla La Tuna, Las Joyas 1880 m *Villalobos-S. 155* (ZEA); El Zarzamoro, Las Joyas 1950 m *Iltis 29067b* (WIS); Las Joyas 1950 m *Cochrane 10704* (WIS), *Judziewicz 4775* (WIS); Puerto de San Campus 2060 m *Iltis 31129* (WIS)
Cuautitlán: Rincón de Manantlán 1660–1750 m *Iltis 3184* (NY, UC, WIS)

H ***Asplenium soleirolioides*** A. R. Smith
Cuautitlán: Cimas cerca de San Miguel Uno [2200–2400 m] *McVaugh 13883* (MICH–*Fl.NG.*); El Guízar 2500 m *McVaugh 26139* (MICH–*Fl.NG.*)

H ***Athyrium arcuatum*** Liebm.
Cuautitlán: E de Manantlán *Wilbur 1796* (MICH–*Fl.NG.*)

H ***Athyrium bourgaei*** Fourn.
Cuautitlán: Rincón de Manantlán–Las Joyas *Guzmán-M. 6510* (IBUG–*Fl.NG.*)

H ***Athyrium palmense*** (Christ) Lellinger
La Resolana: La Calera 1000–1250 m *Cuevas-G. 2189* (ZEA); [18 km] SO de Autlán [1220 m] *Wilbur 2344* (MICH, WIS)

H ***Athyrium skinneri*** (Baker) C. Chr.
Cuautitlán: El Durazno 900 m *Villalobos-S. 183* (ZEA); [26 km] SO de Autlán [RBSM?] *McVaugh 19951* (MICH–*Fl.NG.*)

H ***Bolbitis portoricensis*** (Spreng.) Hennipman
La Resolana: [RBSM?] *Díaz-L. 9461* (GUADA)

H ***Ctenitis equestris*** (Kunze) Ching
Autlán: Cuchilla de La Tuna, Las Joyas 1940 m *Villalobos-S. 107* (ZEA); El Zarzamoro, Las Joyas 1950 m *Judziewicz 4902* (WIS, ZEA), *Cochrane 10667* (WIS)
Cuautitlán: El Durazno–La Cumbre *McVaugh 13928* (MICH–*Fl.NG.*); La Cumbre 2100 m *Villalobos-S. 177* (ZEA); Telcruz, Ayotitlán 1300 m *Vázquez-G. 4418, 4431* (ZEA)

H ***Cystopteris fragilis*** (L.) Bernh., "Palmita"
Autlán: Arroyo Las Joyas 1890 m *Villalobos-S. 38* (ZEA); Chaparral del Tlacuache, Las Joyas 2070 m *Villalobos-S. 139* (ZEA); El Zarzamoro, Las Joyas 1920 m *Judziewicz 4983* (WIS, ZEA); La Cascada, Las Joyas 1710 m *Villalobos-S. 33* (ZEA); Las Joyas–Corralitos 1915 m *Villalobos-S. 112* (ZEA); Los Barbechos, Las Joyas 1920 m *Villalobos-S. 113* (ZEA)
Cuautitlán: Cimas cerca de San Miguel Uno [2250–2400 m] *McVaugh 13891* (MICH–*Fl.NG.*); E de Cuzalapa 1250 m *De Níz-L. 100* (WIS); La Cumbre 2100 m *Villalobos-S. 142* (ZEA); Rincón de Manantlán 1660 m *Iltis 3177* (WIS)

H ***Diplazium lonchophyllum*** Kunze
Autlán: Cuchilla de La Tuna, Las Joyas 1880 m *Villalobos-S. 106* (ZEA); Las Joyas 1950 m *Cochrane 10668, 10687, 10687a* (WIS)
Cuautitlán: La Cumbre 2250 m *Iltis 2339* (WIS); San Miguel 2400 m *Sørensen 7998* (WIS); 16–22 km S del El Chante *McVaugh 26165* (MICH–*Fl.NG.*)

H ***Dryopteris cinnamomea*** (Cav.) C. Chr. vel aff. [*D. mexicana*]
Autlán: La Cascada, Las Joyas 1640 m *Villalobos-S. 34* (ZEA)
Cuautitlán: Las Marías, Ayotitlán 780 m *Cochrane 10895* (WIS)

H **Dryopteris maxonii** Underw. & C. Chr. ex C. Chr.
Autlán: Las Juntas, Las Joyas 1895 m [sic] *Villalobos-S. 125* (ZEA)

H **Dryopteris rosea** (Fourn.) Mickel & Beitel
Autlán: Arroyo Las Joyas, Las Joyas 1890–1940 m *Villalobos-S. 41, 45, 73* (ZEA)
Cuautitlán: E de Manantlán *Wilbur 1852* (MICH–*Fl.NG.*)

H **Dryopteris rossii** C. Chr., "Tepetate", "Zacapetate", "Helecho"
Autlán: Arroyo Las Joyas 1895 m *Villalobos-S. 44, 50* (ZEA); Corralitos 1920 m *Villalobos-S. 109* (ZEA); El Zarzamoro, Las Joyas 1900 m *Judziewicz 4809* (WIS); [16–21 km] S de Autlán [1000–1460 m] *Wilbur 1736, 2359* (MICH–*Fl.NG.*, WIS)
Cuautitlán: Ayotitlán 1170 m *Cárdenas-T. 110* (WIS, ZEA); Las Marías, Ayotitlán 780–820 m *Cochrane 10890* (WIS)

H **Dryopteris wallichiana** (Spreng.) Hylander
Cuautitlán: Arriba del Rancho Manantlán [Neverías?] 2500 m *Wilbur 1874* (MICH–*Fl.NG.*); Neverías–San Miguel 2600 m *Iltis 2389* (WIS); San Miguel 2200–2250 m *Cuevas-G. 2875* (WIS, ZEA); San Miguel Uno *McVaugh 13919* (MICH–*Fl.NG.*)
Tolimán: Cerro Breñoso, Cerro Grande 2100 m *Santana-M. 5013* (WIS, ZEA)

HE **Elaphoglossum erinaceum** (Fée) Moore
Autlán: Cañada El Laurelito, Las Joyas 1860 m *Villalobos-S. 154* (ZEA)
Cuautitlán: La Cumbre–El Durazno *McVaugh 23196* (MICH–*Fl.NG.*)

HE **Elaphoglossum glaucum** Moore
Cuautitlán: E de Manantlán [2530 m] *Wilbur 1906* (MICH–*Fl.NG.*, WIS); La Cumbre 2250 m *McVaugh 23106* (MICH–*Fl.NG.*)

H **Elaphoglossum gratum** (Fée) Moore
Autlán: Las Joyas 1900 m *Iltis 1382* (WIS)

H **Elaphoglossum manantlanense** Mickel; ENDÉMICA: RBSM
Cuautitlán: E de [Rancho] Manantlán [1950 m] *Wilbur 1971* (US–Holótipo; MICH–Isótipo)
Tolimán: El Terrero, Cerro Grande 2300 m *Santana-M. 5850, 5861* (WIS, ZEA)

H **Elaphoglossum monicae** Mickel
Cuautitlán: Aserradero El Guízar 2600 m *McVaugh 26140* (MICH–*Fl.NG.*)

H **Elaphoglossum muelleri** (Fourn.) C. Chr.
La Resolana: [Los Mazos] *Anderson & Laskowski 3740* (MICH–*Fl.NG.*)
Tolimán: El Terrero, Cerro Grande 2300 m *Santana-M. 5843, 5860* (WIS, ZEA)

H **Elaphoglossum paleaceum** (Hook. & Grev.) Sledge
Cuautitlán: La Cumbre 2100 m *McVaugh 23166* (MICH–*Fl.NG.*)

HE **Elaphoglossum petiolatum** (Sw.) Urb.
Autlán: Las Joyas 1800–1900 m *Villalobos-S. 37, 77, 84* (ZEA); S de El Chante *Anderson & Laskowski 3784* (MICH–*Fl.NG.*)
Cuautitlán: Las Capillas 2760 m *Iltis 2381* (WIS); Rincón de Manantlán 1700 m *Iltis 28811b* (WIS)
Tolimán: El Terrero, Cerro Grande 2300 m *Guzmán-H. 1097* (WIS, ZEA), 2350 m *Cochrane 12559* (IBUG, NY, UC, WIS, ZEA)

H **Elaphoglossum piloselloides** (Presl) Moore
Cuautitlán: Arriba de El Durazno *McVaugh 13997* (MICH–*Fl.NG.*); Rincón de Manantlán 1700 m *Iltis 28811a* (WIS)

HE **Elaphoglossum sartorii** (Liebm.) Mickel
Tolimán: La Antena, Cerro El Breñoso, Cerro Grande 2400 m *Santana-M. 5815, 5827* (WIS, ZEA); La Laguna, Cerro Grande 1910 m *Iltis 29557* (WIS)

H **Elaphoglossum tenuifolium** (Liebm.) Moore
Cuautitlán: El Guízar *McVaugh 26141* (MICH–*Fl.NG.*)

H **Onocleopsis hintonii** Ballard
Autlán: El Tlacuache, Las Joyas 2020 m *Villalobos-S. 136* (ZEA); El Zarzamoro, Las

Joyas 1950 m *Cochrane 10666* (WIS)
Cuautitlán: 16–22 km S de El Chante 1800 m *McVaugh 26115* (MICH–*Fl.NG.*)

HE ***Peltapteris peltata*** (Sw.) Morton
Autlán: Las Joyas 1950 m *Cochrane 10671* (WIS, ZEA); San Campús, Las Joyas 2060 m *Villalobos-S. 17* (ZEA)
Cuautitlán: Arriba de El Durazno *McVaugh 13925* (MICH–*Fl.NG.*); La Cumbre 2050–2200 m *Iltis 2229a* (WIS); La Ventana 1600–2400 m *Iltis 483, 521* (IBUG, WIS)

H ***Phanerophlebia nobilis*** (Schlecht. & Cham.) Presl
Autlán: Corralitos 1750 m *Cuevas-G. 2315* (WIS, ZEA); La Moza, Las Joyas 1880 m *Iltis 30963b* (WIS, ZEA)
Cuautitlán: 16–20 km S de El Chante *McVaugh 26164* (MICH–*Fl.NG.*)

H ***Plecosorus speciosissimus*** (Kunze) Moore
Cuautitlán: 2–3 km E de Las Capillas 2600 m *Santana-M. 3420* (ZEA)

H ***Polystichum distans*** Fourn.
Autlán: Arroyo San Campús, Las Joyas 1900 m *Judziewicz 4968* (WIS, ZEA); El Tejocote, Arroyo El Chilacayote, Las Joyas 1920 m *Villalobos-S. 146* (ZEA)
Cuautitlán: Manantlán *Boutin 2521* (MICH–*Fl.NG.*); Rincón de Manantlán 1750–1900 m *Judziewicz 5096* (WIS); San Miguel 2400 m *Sørensen 7972a* (WIS); [21 km] S de El Chante *McVaugh 26114* (MICH–*Fl.NG.*)
La Resolana: Torre de Transmisión, Los Mazos 1700 m *Iltis 30113* (WIS)

H ***Tectaria heracleifolia*** (Willd.) Underw.
La Resolana: [29–32 km] SO de Autlán *Gentry 10960* (MICH–*Fl.NG.*)
Tuxcacuesco: Zenzontla 900 m *Cochrane 11671* (IBUG, IEB, NY, UC, WIS, ZEA)

H ***Tectaria mexicana*** (Fée) Morton
Cuautitlán: Ayotitlán 830 m *Judziewicz 5217* (WIS), 750 m *Benz 1241* (WIS); Las Marías, Ayotitlán 780 m *Cochrane 10923* (WIS, ZEA)
La Resolana: Arroyo Tacubaya *Díaz-L. 7689* (GUADA); Cerca de La Resolana [1200 m] *Wilbur 2333* (MICH–*Fl.NG.*, WIS); La Calera 600 m *Judziewicz 5124* (IBUG, WIS, ZEA), *Guzmán-H. 323* (ZEA); La Cofradía, La Cidrita, El Chante 670 m *Villalobos-S. 165, 189* (WIS, ZEA); Potrero de El Tepejilote, El Zapotillo 420–500 m *Iltis 31001* (WIS, ZEA), *Guzmán-H. 955* (ZEA); [27 km] SO de Autlán *Webster 16048* (MICH–*Fl.NG.*), 750 m *Vázquez-G. 4356, 4519* (ZEA)

H ***Woodsia mollis*** (Kaulf.) J. Smith
Autlán: Arroyo Las Joyas 1895 m *Villalobos-S. 42* (ZEA); El Zarzamoro, Las Joyas 1840 m *Villalobos-S. 92* (ZEA); Las Juntas, Las Joyas 1540 m *Villalobos-S. 124* (ZEA)
Cuautitlán: Montañas E de Manantlán 1900 m *Wilbur 1950* (MICH, WIS)
Tolimán: La Laguna, Cerro Grande 2400 m *De Níz-L. 230* (WIS, ZEA); SO de El Terrero, Cerro Grande 1800 m *Cuevas-G. 2497* (WIS, ZEA)

## Blechnaceae

H ***Blechnum glandulosum*** Kaulf. ex Link
Autlán: Los Barbechos, Las Joyas 1750–1830 m *Villalobos-S. 63, 117* (ZEA)
Cuautitlán: Rincón de Manantlán 1800 m *Judziewicz 5106* (WIS)

H ***Blechnum gracile*** Kaulf.
Cuautitlán: Las Marías, Ayotitlán 820 m *Judziewicz 5230* (WIS)
La Resolana: Arroyo La Clavellina 890 m *Villalobos-S. 166a* (ZEA)

H ***Blechnum gracile* × *B. occidentale***; HIBRIDO
La Resolana: Arroyo La Clavellina 890 m *Villalobos-S. 166b* (ZEA)

H ***Blechnum occidentale*** L.
Cuautitlán: Ayotitlán 850 m *Judziewicz 5208* (WIS)

H ***Woodwardia spinulosa*** M. Martens & Galeotti
Autlán: Barbechos del Sol y La Luna, Las Joyas 1935 m *Villalobos-S. 181* (ZEA)

Cuautitlán: Neverías 2360 m *Guzmán-M. 6354* (IBUG, WIS); Rincón de Manantlán 1560 m *Judziewicz 5079* (WIS, ZEA)

## Cyatheaceae

A **Cyathea costaricensis** (Kuhn) Domin [*Trichipteris costaricensis*], "Palmito"
Cuautitlán: Cerro San Miguel 1100–1500 m *Iltis 452* (IBUG, NY, WIS)
La Resolana: Barranca Verde 930 m *Villalobos-S. 163* (ZEA); La Huertita, E de La Resolana *Guzmán-M. 807* (NY–Fl.NG.)

A **Cyathea mexicana** Schlecht. & Cham. [*Alsophila firma, Nephelea mexicana*], "Palmito"
Cuautitlán: Telcruz, Ayotitlán 1300–1700 m *Vázquez-G. 4428* (ZEA), *Cuevas-G. 3661* (ZEA)

## Davalliaceae

HE **Nephrolepis biserrata** (Sw.) Schott
Tolimán: Cerro Grande *Martínez s. n.* (IBUG)

H **Nephrolepis occidentalis** Kunze
Autlán: Las Juntas, Las Joyas 1540 m *Cuevas-G. 1589* (ZEA)
Cuautitlán: Barranca La Nogalera 1620 m *Villalobos-S. 184* (ZEA)

## Dennstaedtiaceae

H **Dennstaedtia distenta** (Kunze) Moore
Cuautitlán: Rincón de Manantlán 1660 m *Iltis 3174* (NY), *3174a* (WIS), 1900 m *Judziewicz 5104* (WIS, ZEA)

H **Pteridium arachnoideum** (Kaulf.) Maxon [*P. aquilinum* var. *arachnoideum*], "Helecho macho", "Tepetate del cerro". Foto p. xxv, S.
Autlán: El Almeal 2050 m *Kowal 2786* (IBUG), *2786a-d* (WIS)
Tolimán: El Terrero–La Laguna, Cerro Grande 2400 m *Santana-M. 5187* (WIS, ZEA)

H **Pteridium feei** (Fée) Maxon ex Faull [*P. aquilinum* var. *feei*]
Autlán: Las Juntas, Las Joyas 1630 m *Villalobos-S. 120* (ZEA)
Cuautitlán: Aserradero El Cuartón 2500 m *McVaugh 13846* (MICH–Fl.NG.)

## Gleicheniaceae

H **Gleichenia bifida** (Willd.) Spreng.
Cuautitlán: El Durazno–La Cumbre 1600 m *Cuevas-G. 1978* (WIS, ZEA)

## Grammitidaceae

HE **Grammitis pilosissima** (M. Martens & Galeotti) Morton
Cuautitlán: E de Manantlán 2500 m *Wilbur 2000* (MICH–Fl.NG.)

HE **Loxogramme mexicana** (Fée) C. Chr.
Autlán: Cuchilla de La Tuna, Las Joyas 1940 m *Villalobos-S. 98* (ZEA); El Zarzamoro, Las Joyas 1950 m *Cochrane 10673* (WIS, ZEA)

## Hymenophyllaceae

HE **Hymenophyllum myriocarpum** Hook.
Autlán: Arroyo Las Joyas 1900 m *Villalobos-S. 56* (ZEA); Las Playas, Las Joyas 1760 m *Villalobos-S. 90* (ZEA)
Cuautitlán: El Almeal 2050 m *Iltis 2229a* (NY), *2229b* (IBUG, WIS)

HE **Trichomanes radicans** Sw.
Autlán: El Zarzamoro, Las Joyas 1950 m *Iltis 29066* (IBUG, WIS)
Cuautitlán: San Miguel 2400 m *Sørensen 7973x* (IBUG, NY, WIS), 2170 m *Villalobos-S. 178* (ZEA)

HE **Trichomanes reptans** Sw. [*T. krausii*]
Autlán: Cuchilla de La Tuna, Las Joyas 1940 m *Villalobos-S. 161* (ZEA); El Zarzamoro, Las Joyas 1950 m *Cochrane 10656* (WIS), *Judziewicz 4781* (WIS)

## MARATTIACEAE

H *Marattia weinmanniifolia* Liebm.
Autlán: El Chaparral del Tlacuache, Las Joyas 2020 m *Villalobos-S. 135* (ZEA); Las Joyas 1950 m *Cochrane 10669* (WIS, ZEA); Picacho del Sol y La Luna, Las Joyas 2140 m *Vázquez-G. 3700* (ZEA)
Cuautitlán: San Miguel 2400 m *Sørensen 7972* (WIS), *7972a* (NY)

## OPHIOGLOSSACEAE

H ***Botrychium pseudo-schaffneri*** Wagner ined.; REGISTRO: Nueva Galicia
Cuautitlán: San Miguel 2300 m *Iltis 510* (WIS)

H ***Botrychium virginianum*** (L.) Sw.
Autlán: El Triguito, Las Joyas 1920 m *Villalobos-S. 82* (ZEA); El Zarzamoro, Las Joyas 1900 m *Iltis 3158, 29020* (WIS), 1950 m *Cochrane 10658* (WIS)
Cuautitlán: A San Miguel Uno [2250–2400 m] *McVaugh 13916* (MICH–*Fl.NG.*)

H ***Ophioglossum reticulatum*** L.
La Resolana: La Huertita–La Higuerilla *Guzmán-M. 1380* (IBUG–*Fl.NG.*); [Los Mazos] *McVaugh 14214* (MICH–*Fl.NG.*)

## PLAGIOGYRIACEAE

H ***Plagiogyria pectinata*** (Liebm.) Lellinger
Cuautitlán: E de Manantlán 2500 m *Wilbur 2001* (MICH–*Fl.NG.*)
Minatitlán: El Sauz–El Terrero, Cerro Grande 1700 m *Santana-M. 6677* (ZEA)

## POLYPODIACEAE

HE ***Campyloneurum amphostenon*** (Klotzsch) Fée
Autlán: Arroyo Las Joyas 1900 m *Villalobos-S. 59* (ZEA); Cuchilla de La Tuna, Las Joyas 1890 m *Villalobos-S. 160* (ZEA)
Cuautitlán: San Miguel 2400 m *Sørensen 7973b* (NY, WIS)

HE ***Campyloneurum angustifolium*** (Sw.) Fée
Autlán: Corralitos 1820 m *Cochrane 12647* (WIS); Cuchilla de La Tuna, Las Joyas 1940 m *Villalobos-S. 103* (WIS, ZEA); El Triguito, Las Joyas 1920 m *Villalobos-S. 83* (WIS, ZEA); El Zarzamoro, Las Joyas 1900 m *Iltis 3132* (WIS)
Cuautitlán: E de Cuzalapa 1250 m *De Níz-L. 96* (WIS, ZEA)

HE ***Campyloneurum phyllitidis*** (L.) Presl
La Resolana: Cerro La Petaca 1000 m *Iltis 361* (NY, WIS); El Tepejilote, El Zapotillo 515 m *Cochrane 12314* (NY, UC, WIS, ZEA)

HE ***Campyloneurum xalapense*** Fée
La Resolana: [18–19 km] SO de Autlán *McVaugh & Koelz 862* (MICH–*Fl.NG.*)

HE ***Pecluma alfredii*** (Rosenst.) M. G. Price
Autlán: Arroyo Las Joyas 1895 m *Villalobos-S. 47* (ZEA); El Zarzamoro, Las Joyas 1950 m *Cochrane 10692, 10701* (WIS)
Cuautitlán: E de Cuzalapa 1250 m *De Níz-L. 103* (WIS)

HE ***Pecluma cupreolepis*** (M. Evans) M. G. Price
Autlán: La Hierbabuenita, Las Joyas 1810 m *Villalobos-S. 19, 21* (ZEA)
Cuautitlán: N de Telcruz 1600–1700 m *Cuevas-G. 3655* (ZEA)
Tolimán: Arriba de La Laguna, Cerro Grande 2000 m *Iltis 29560a* (WIS)

H ***Pecluma ferruginea*** (M. Martens & Galeotti) M. G. Price
Cuautitlán: Telcruz, Ayotitlán 1300 m *Vázquez-G. 4434* (ZEA)
La Resolana: NO de La Antena, Los Mazos 1465–1495 m *Cochrane 12061* (WIS)

H ***Phlebodium araneosum*** (M. Martens & Galeotti) Mickel & Beitel
Cuautitlán: Rincón de Manantlán 1530 m *Iltis 1189* (NY, WIS)

HE ***Phlebodium areolatum*** (Willd.) J. Smith [*P. aureum*]
Autlán: Corralitos 1820 m *Cochrane 12608* (WIS); Cuatro Caminos, Las Joyas 1800–

1940 m *Villalobos-S. 20, 115* (ZEA); Las Joyas 1900 m *Cochrane 10755* (WIS, ZEA)
Cuautitlán: E de Manantlán *Wilbur 1956, 2068* (MICH–*Fl.NG.*); San Miguel 2200 m *Vázquez-G. 561* (IBUG, WIS)

HE ***Pleopeltis angusta*** Humb. & Bonpl. ex Willd.
Autlán: Arroyo Corralitos 1840 m *Cochrane 12651* (WIS, ZEA); Barbechos del Sol y La Luna, Las Joyas 1750 m *Villalobos-S. 118* (ZEA); El Filo de San Rafael, Las Joyas 1790 m *Villalobos-S. 78* (WIS, ZEA); El Tejocote, El Chilacayote 1860 m *Villalobos-S. 145* (ZEA); El Zarzamoro, Las Joyas 1800–1960 m *Judziewicz 4784* (WIS), *Santana-M. 3547* (ZEA), *Villalobos-S. 18* (ZEA); Las Playas, Las Joyas 1760 m *Villalobos-S. 6* (ZEA)
Cuautitlán: Telcruz, Ayotitlán 1200 m *Vázquez-G. 4425, 4427* (WIS, ZEA)
Tolimán: O de El Terrero, Cerro Grande 2300 m *Santana-M. 5836* (WIS, ZEA)

HE ***Pleopeltis astrolepis*** (Liebm.) Fourn.
La Resolana: Los Mazos *Díaz-L. 16005* (GUADA)

H ***Pleopeltis interjecta*** (Bory ex Willd.) Kaulf. vel aff.; REGISTRO: Nueva Galicia
Autlán: Cañada El Laurelito, Las Joyas 1960 m *Vázquez-G. 3421a* (ZEA); Las Playas, Las Joyas 1760 m *Villalobos-S. 8* (ZEA); Tierritas Blancas, Las Joyas 1760 m *Villalobos-S. 72* (ZEA)

HE ***Pleopeltis mexicana*** (Fée) Mickel & Beitel
Autlán: El Chilacayote, Las Joyas 1850 m *Judziewicz 4883* (WIS)
Cuautitlán: El Almeal 2050–2200 m *Iltis 2239* (WIS)

HE ***Pleopeltis polylepis*** (Kunze) Moore
Cuautitlán: Cerro El Muñeco *Anderson 3801* (MICH–*Fl.NG.*); E de Manantlán [Neverías] 2500 m *Wilbur 1876* (MICH–*Fl.NG.*)

HE ***Polypodium arcanum*** Maxon
Cuautitlán: E de Manantlán [Neverías] 2500 m *Wilbur 1881* (MICH–*Fl.NG.*)

HE ***Polypodium furfuraceum*** Schlecht. & Cham.
La Resolana: La Antena, Los Mazos 1700 m *Iltis 30119b* (WIS); La Calera 1000–1200 m *Cuevas-G. 2192* (ZEA)

HE ***Polypodium fuscopetiolatum*** A. R. Smith
Autlán: Las Juntas, Las Joyas 1900 m *Cuevas-G. 1588* (ZEA)
Cuautitlán: 2–3 km NNO de Telcruz, Ayotitlán 1400 m *Guzmán-H. 443* (ZEA), *Cuevas-G. 3281* (ZEA)
La Resolana: Los Mazos *Díaz-L. 16029* (GUADA–*Fl.NG.*)

HE ***Polypodium hartwegianum*** Hook.
Cuautitlán: E de Manantlán [Neverías] 2500 m *Wilbur 1891* (MICH–*Fl.NG.*)

HE ***Polypodium longepinnulatum*** Fourn.
Cuautitlán: S de Rincón de Manantlán 1750–1900 m *Judziewicz 5102* (IBUG, WIS)

HE ***Polypodium madrense*** J. Smith
Autlán: Arroyo Las Joyas 1900 m *Villalobos-S. 53* (ZEA), 1890 m *Villalobos-S. 40* (ZEA), 1950 m *Cochrane 10702* (WIS, ZEA); Filo de La Vaca, Las Joyas 2040 m *Vázquez-G. 3408* (ZEA); La Cascada, Las Joyas 1680 m *Villalobos-S. 35* (ZEA)
Cuautitlán: El Almeal 2050 m *Iltis 2248* (WIS)

HE ***Polypodium platylepis*** Mett. ex Kuhn.
Autlán: Cerro de La Hierbabuenita, Las Joyas 1810 m *Villalobos-S. 23* (ZEA); Cuchilla de La Tuna, Las Joyas 1870 m *Villalobos-S. 96, 159* (ZEA)
Cuautitlán: Rincón de Manantlán 1750 m *Judziewicz 5105* (WIS)
Tolimán: Aserradero Viejo, La Laguna, Cerro Grande 2200 m *Santana-M. 5198* (WIS, ZEA)

HE ***Polypodium polypodioides*** (L.) Watt var. ***aciculare*** Weatherby
Autlán: Arroyo Las Joyas 1890 m *Villalobos-S. 39* (ZEA); El Chilacayote, Las Joyas 1850 m *Judziewicz 4888* (WIS); El Tlacuache, Las Joyas 2020 m *Villalobos-S. 88* (ZEA); Las Playas, Las Joyas 1760 m *Villalobos-S. 10* (ZEA)
Cuautitlán: Bajo de San Miguel Uno *McVaugh 13910* (MICH–*Fl.NG.*)

HE ***Polypodium sanctae-rosae*** (Maxon) C. Chr.

Autlán: Arroyo Las Joyas 1890 m *Villalobos-S. 46* (ZEA); Barbechos del Sol y La Luna, Las Joyas 1755 m *Vázquez-G. 3486* (ZEA); Camino a San Campús, Las Joyas 1940 m *Villalobos-S. 11* (ZEA); Corralitos 1820 m *Cochrane 12650* (WIS); El Zarzamoro, Las Joyas 1900 m *Cochrane 10763* (WIS, ZEA); La Cascada, Las Joyas 1680 m *Villalobos-S. 36* (ZEA); Las Playas, Las Joyas 1760 m *Villalobos-S. 4* (ZEA)

Cuautitlán: Arriba de El Durazno 1700 m *McVaugh 13977* (MICH–*Fl.NG.*)

HE ***Polypodium subpetiolatum*** Hook.

Autlán: Arroyo Las Joyas 1890 m *Villalobos-S. 49* (ZEA); Cuchilla de La Tuna, Las Joyas 1940 m *Villalobos-S. 94* (ZEA); El Triguito, Las Joyas 1920 m *Villalobos-S. 81* (ZEA); La Hierbabuenita, Las Joyas 1810 m *Villalobos-S. 62* (ZEA)

Cuautitlán: Rincón de Manantlán 1660 m *Iltis 3190* (NY, WIS), *3199* (WIS)

Tolimán: NO de El Terrero, Cerro Grande 2300 m *Santana-M. 5875* (WIS, ZEA)

## SCHIZAEACEAE

H ***Anemia affinis*** Baker

La Resolana: Cerro La Petaca 1200 m *Vigueras-G. 81* (WIS)

H ***Anemia hirsuta*** (L.) Sw.

La Resolana: Cerro La Petaca 600–800 m *Iltis 334* (WIS); Los Mazos *Anderson 3736* (MICH–*Fl.NG.*)

H ***Anemia karwinskyana*** (Presl) Prantl

Autlán: Tecopatlán 1400–1700 m *Cuevas-G. 2639* (WIS, ZEA)

Cuautitlán: Las Marías, Ayotitlán 820 m *Cochrane 10894* (WIS)

H ***Anemia mexicana*** Klotzsch var. ***makrinii*** (Maxon) Mickel

Comala: Campo Cuatro, Cerro Grande 1400 m *Guzmán-H. 1365* (WIS, ZEA)

H ***Anemia multiplex*** Mickel; ENDÉMICA: Jalisco, Nayarit

La Resolana: [21 km] SSO de Autlán [900 m] *Wilbur 2358a* (MICH–*Fl.NG.*, WIS)

H ***Anemia oblongifolia*** (Cav.) Sw.

Cuautitlán: Lomitas 850 m *Villalobos-S. 188* (ZEA)

La Resolana: [13 km] SO del pueblo [RBSM?] *McVaugh 21068* (MICH–*Fl.NG.*)

H ***Anemia pastinacaria*** Moritz ex Prantl

Cuautitlán: Barranca La Nogalera 1920 m *Villalobos-S. 191* (ZEA)

La Resolana: La Resolana [RBSM?] *Díaz-L. 21277* (GUADA)

H ***Anemia phyllitidis*** (L.) Sw.

Cuautitlán: El Durazno 1100 m *Iltis 391* (IBUG, NY, WIS); Telcruz, Ayotitlán 1100–1200 m *Guzmán-H. 424* (ZEA)

La Resolana: Arroyo Oscuro 1140 m *Villalobos-S. 186* (ZEA); Arroyo Tacubaya 350 m *Iltis 304* (IBUG, NY, WIS); La Calera 600–800 m *Guzmán-H. 316* (ZEA); [26 km] SO de Autlán [RBSM?] *McVaugh 19942* (MICH–*Fl.NG.*)

H ***Anemia ×recondita*** Mickel [*A. hirsuta* × *A. jaliscana*]; HIBRIDO

La Resolana: [21 km] SSO de Autlán [900 m] *Wilbur 2358b* (WIS)

## THELYPTERIDACEAE

H ***Thelypteris albicaulis*** (Fée) A. R. Smith

Cuautitlán: Arroyo San Campús, Rincón de Manantlán 1600 m *Judziewicz 5078* (WIS)

H ***Thelypteris cheilanthoides*** (Kunze) Proctor

Autlán: La Cascada, Las Joyas 1790 m *Villalobos-S. 76* (ZEA)

Cuautitlán: Telcruz, Ayotitlán 1300 m *Vázquez-G. 4431* (ZEA)

H ***Thelypteris hispidula*** (Decne.) C. F. Reed

Autlán: Las Joyas–Corralitos 1900–1950 m *Judziewicz 4796* (WIS)

H ***Thelypteris oligocarpa*** (Willd.) Ching

Autlán: Arroyo Las Joyas 1790 m *Villalobos-S. 25, 42* (ZEA); Las Playas, Las Joyas 1840 m *Villalobos-S. 1* (ZEA)

Cuautitlán: Arriba de El Durazno *McVaugh 14011* (MICH–*Fl.NG.*)

H *Thelypteris pilosa* (M. Martens & Galeotti) L. C. Crawford
Autlán: Cuchilla de La Tuna, Las Joyas 1880–1890 m *Villalobos-S. 108, 157* (ZEA); Las Juntas, Las Joyas 1890 m [sic] *Villalobos-S. 127* (ZEA)
H *Thelypteris pilosula* (Mett.) R. Tryon
Cuautitlán: Rincón de Manantlán 1750 m *Judziewicz 5091* (WIS)
H *Thelypteris puberula* (Baker) Morton var. ***puberula***
Cuautitlán: Ayotitlán 940 m *Judziewicz 5207* (WIS, ZEA)
H *Thelypteris rudis* (Kunze) Proctor
Cuautitlán: Rincón de Manantlán–Corralitos 1620–1700 m *Iltis 28817* (NY, WIS)

# CYCADOPSIDA
# (Cícadas)

## ZAMIACEAE

a *Zamia loddigesii* Miq.
Cuautitlán: Las Marías, Ayotitlán 800 m *Rosales-C. 75* (ZEA), *Cochrane 10886* (WIS, ZEA); NE de Cuautitlán 1500–1600 m *Guzmán-H. 947* (WIS, ZEA)

# PINOPSIDA
# (Gimnospermas Arborescentes)

## CUPRESSACEAE

A *Cupressus lusitanica* Mill. [*C. benthamii* var. *lindleyi*], "Cedro", "Cedro blanco", "Ciprés"
Cuautitlán: Las Capillas 2600–2800 m *Cuevas-G. 1620, 2009, 3436* (WIS, ZEA), 2700-[2850] m *Boutin 2560* (MICH–*Fl.NG.*), *Diggs 3769* (IBUG–*Fl.NG.*, WIS), *McVaugh 10316* (MICH–*Fl.NG.*), 2830 m *Sørensen 7944* (WIS), 2800 m *Vázquez-G. 4022* (WIS, ZEA)
Tolimán: 1–2 km E de El Terrero, Cerro Grande 1900–2220 m *Cevallos-E. 83* (WIS, ZEA), *Cuevas-G. 1757* (UCR, WIS, ZEA), *Iltis 29605, 30175* (WIS)

## PINACEAE

A *Abies guatemalensis* Rehder var. ***jaliscana*** Martínez, ENDÉMICA: Jalisco, Michoacán
Cuautitlán: Rincón de Manantlán 1690 m *González-V. 555* (CREG–*Fl.NG.*); S de Rincón de Manantlán 1450 m *Guzmán-M. 2527* (CREG–*Fl.NG.*)
A *Abies religiosa* (H. B. K.) Schlecht. & Cham. var. ***emarginata*** Loock et Martínez ex Martínez, "Abeto", "Oyamel", "Pinabete". Foto p. xxvii, W.
Cuautitlán: "Arroyo de Las Aralias", Neverías–Las Capillas 2650 m *Iltis 29417b* (WIS); La Cumbre 2000–2250 m *Iltis 1215* (IBUG, IEB, NA, WIS, ZEA), *2345, 28878a* (WIS), 2020–2090 m *Vázquez-G. 3718* (WIS, ZEA), *4012* (ZEA); Los Candiles 2200 m *Cuevas-G. 1278* (WIS, ZEA); Neverías 2350 m *Cuevas-G. 2157* (ZEA)
A *Abies religiosa* var. ***religiosa***, "Abeto", "Oyamel", "Pinabete"
Cuautitlán: Cerro El Muñeco 2600 m *Iltis 2446* (WIS); E de Manantlán 2500 m *Wilbur 1884* (MICH–*Fl.NG.*); Las Capillas 2680 m *Ramos 46* (ZEA), 2700 m *Diggs 3768-2* (WIS); S de el parteaguas 2250 m *Hooper s. n.* (MICH–*Fl.NG.*), [1830–2440 m] *Wilbur 1941* (MICH–*Fl.NG.*)
Tolimán: El Terrero, Cerro Grande 2450 m *Cuevas-G. 1772* (ZEA)
A *Pinus devoniana* Lindl. [*P. michoacana* var. *cornuta*]
Cuautitlán: El Pedregal–La Lima 1550–1600 m *Cuevas-G. 2108* (WIS, ZEA); La Lima 1300

m *Vázquez-G. s. n.* (ZEA), *Cuevas-G. 2104* (WIS, ZEA); La Loma–Telcruz, Ayotitlán 1250 m *Cuevas-G. 1709* (ZEA); Los Jardines 2600 m *Iltis 2421a* (WIS)
Tolimán: Cañadas Vanas, Cerro Grande 2450 m *Cuevas-G. 2422* (WIS, ZEA)

A ***Pinus douglasiana*** Martínez, "Pino"
Autlán: Corralitos 2000 m *Vázquez-G. 4241, 4253* (WIS, ZEA)
Cuautitlán: Cerro de El Pinacate, N de San Miguel 1750 m *Ramírez-A. 451* (IBUG); Cerro San Miguel 1300 m *Iltis 462* (WIS); E de El Pedregal 1550–1600 m *Cuevas-G. 2109* (WIS, ZEA); Las Yeguas 2000 m *Judziewicz 5035* (WIS); Rincón de Manantlán 1600 m *Cochrane 10843* (WIS); Telcruz 1100 m *Cuevas-G. 2252, 2297* (WIS, ZEA)

A ***Pinus durangensis*** Martínez
Cuautitlán: Las Capillas 2750–2800 m *Cuevas-G. 1609, 2805, 2806, 2807, 2809, 4020* (WIS, ZEA), *Iltis 2411* (WIS), *McVaugh 23150* (MICH–*Fl.NG.*), *Vázquez-G. 4020* (WIS, ZEA), *Wilbur 1983, 1986* (MICH–*Fl.NG.*)

Discusión: nuestro material corresponde a *P. durangensis*, fide R. Cuevas–G. (ZEA) y S. Carvajal–H (CREG); o ha sido considerado como aberración de *P. hartwegii*, fide W. B. Critchfield (IFGP); o como correspondiente a *P. martinezii*, fide J. Pérez de la Rosa (IBUG)

A ***Pinus herrerae*** Martínez, "Pino chino"
Autlán: Picacho del Sol y La Luna, Las Joyas 1350 m *Vázquez-G. 4002* (ZEA)
Cuautitlán: La Cumbre–El Almeal 1500–1900 m *Iltis 2251* (WIS); Las Yeguas 2100 m *Judziewicz 4996* (WIS); San Miguel 2300 m *Iltis 2617* (WIS)

A ***Pinus leiophylla*** Schlecht. & Cham.
Tolimán: Cañadas Vanas, Cerro Grande 2400–2450 m *Cuevas-G. 2420, 2421* (WIS, ZEA); Cerro Grande 2400 m *Vázquez-G. 3205* (ZEA); El Terrero, Cerro Grande 2418 m *Wetter 2074* (NA, UCR, WIS, ZEA); Lagunitas, Cerro Grande 2000 m *Iltis 30179* (WIS)

A ***Pinus maximinoi*** H. E. Moore [*P. tenuifolia*]
Autlán: Ahuacapán 1100 m *Cuevas-G. 2801* (WIS, ZEA)
Cuautitlán: Cerro El Quelitán 2350 m *Cuevas-G. 2501, 2800* (ZEA)

A ***Pinus montezumae*** Lamb. forma ***macrocarpa*** Martínez
Cuautitlán: El Guízar 2600 m *Vázquez-G. s. n.* (ZEA); Los Jardines 2600 m *Iltis 2430x, 2430y* (WIS)
Tolimán: El Tapeizte, Cerro Grande 2100 m *Cuevas-G. 1748* (ZEA), 2350 m *Vázquez-G. 4280* (WIS, ZEA)

A ***Pinus montezumae*** Lamb. forma ***montezumae***
Tolimán: El Tapeizte, Cerro Grande 2375 m *Cuevas-G. 2802* (WIS, ZEA); Mezcalitos, Cerro Grande 2300 m *Vázquez-G. s. n.* (ZEA)

A ***Pinus oocarpa*** Schiede ex Schlecht., "Pino cerdón"
Autlán: Corralitos 1965 m *Vázquez-G. 4252* (ZEA); Tierritas Blancas, Las Joyas 1750 m *Vázquez-G. s. n.* (ZEA)
Cuautitlán: El Durazno 1200 m *Cuevas-G. 1918a* (ZEA), 1775 m *Rosales-C. 26* (ZEA), *26a* (WIS); Las Yeguas–Manantlán 1600 m *Cochrane 10839* (WIS)

A ***Pinus pseudostrobus*** Lindl., "Pino ocote"
Cuautitlán: Llanos de San Miguel 2300 m *Jardel-P. 124* (WIS, ZEA)
Tolimán: 3–4 km N de El Terrero, Cerro Grande 2375 m *Cuevas-G. 2450a* (WIS, ZEA); Lagunitas, Cerro Grande 2000 m *Iltis 30178* (WIS)

## PODOCARPACEAE

A ***Podocarpus reichei*** Buchh. & N. Gray
Cuautitlán: Barranca La Nogalera 1800 m *Rosales-C. 30* (ZEA); La Cumbre 1850 m *Cuevas-G. 1901, 2860, 3181* (WIS, ZEA); Mesa El Chayote 2525 m *Iltis 2502* (WIS)

# Magnoliopsida
# (Dicotiledóneas)

## Acanthaceae

H ***Aphelandra leariloba*** Leonard
Comala: Juluapan–El Sauz, Cerro Grande 750–790 m *Cochrane 11722* (WIS, ZEA)

H ***Aphelandra madrensis*** Lindau
Autlán: Las Juntas, Las Joyas 1600 m *Vázquez-G. 3759* (ZEA)
Cuautitlán: Telcruz, Ayotitlán 1350–1400 m *Cuevas-G. 2141* (WIS, ZEA)
La Resolana: La Calera 780 m *Judziewicz 5173* (WIS), 800–1100 m *Iltis 31054* (WIS)
Minatitlán: La Loma 1050 m *Vázquez-G. 4131* (WIS, ZEA)

H ***Barleria micans*** Nees, "Cascabel"
Comala: Abajo de Campo Cuatro, Cerro Grande 800 m *Iltis 30216* (WIS, ZEA)
Cuautitlán: Las Marías, Ayotitlán 800 m *Rosales-C. 160* (WIS, ZEA)
La Resolana: La Calera 750 m *Judziewicz 5118a* (WIS, ZEA)

H ***Blechum brownei*** Juss.
La Resolana: Potrero El Tepejilote, El Zapotillo 500 m *Santana-M. 4420* (WIS, ZEA)
Tuxcacuesco: El Camichín, Zenzontla 1240 m *Nieves-H. 444* (WIS, ZEA)

H ***Dicliptera resupinata*** (Vahl) Juss.
Autlán: Tecopatlán 1400 m *De Níz-L. 137* (WIS, ZEA)
Tuxcacuesco: El Camichín, Zenzontla 800 m *Cuevas-G. 3379* (WIS, ZEA)

H ***Dyschoriste angustifolia*** (Hemsl.) Kuntze [*D. rubiginosa*]
Autlán: Ahuacapán 1000 m *Vázquez-G. 946* (IBUG); SE de Ahuacapán 1500 m *Guzmán-H. 923* (WIS, ZEA)
Cuautitlán: La Pareja 800 m *Rosales-C. 157* (WIS, ZEA); Manantlán 1600 m *Cochrane 10805a* (WIS); NO de Telcruz, Ayotitlán 1500 m *Santana-M. 5538* (WIS, ZEA)

H ***Dyschoriste hirsutissima*** (Nees) Kuntze, "Hierbabuenilla", "Hierbabuenita"
Autlán: Cerro Autlán [RBSM?] [800 m] *Sørensen 8001* (WIS); [Los Mazos] 1200 m *Cuevas-G. 1888* (WIS, ZEA)
Cuautitlán: Arroyo de Ayotitlán 830 m *Judziewicz 5203* (WIS)

H ***Dyschoriste saltuensis*** Fernald
Cuautitlán: Las Marías, Ayotitlán 800 m *Cochrane 10921* (WIS, ZEA)

H ***Elytraria imbricata*** (Vahl) Pers.
La Resolana: Los Mazos 1200 m *Cuevas-G. 1892* (WIS, ZEA); Torre de Microondas, Los Mazos 1680 m *Wetter 1059* (WIS, ZEA)

H ***Henrya insularis*** Nees ex Benth. [*H. scorpioides*]
La Resolana: La Calera 600–800 m *Cuevas-G. 2327* (WIS, ZEA)
Tolimán: SO de El Terrero, Cerro Grande 1610–1620 m *Cochrane 12256b* (WIS)
Tuxcacuesco: Tuxcacuesco 900 m *Cochrane 11636* (IBUG, WIS, ZEA)

H ***Henrya tuberculosperma*** T. F. Daniel; ENDÉMICA: oeste de México
La Resolana: [Cerca de La Calera], S de Ahuacapán *Daniel 2123* (ASU, CAS, ENCB), *4868* (CAS); Los Mazos 1200 m *Cuevas-G. 1815a* (WIS, ZEA); 24–29 km SO de Autlán *McVaugh 11946* (MICH–Holótipo; CAS–, US–Isótipos)

H ***Jacobinia mexicana*** Seem.
Tuxcacuesco: SO de Palmar 800 m *Cuevas-G. 3353* (WIS, ZEA)

H ***Justicia aurea*** Schlecht. vel aff.
La Resolana: La Calera 740–780 m *Judziewicz 5118b* (WIS)

H ***Justicia candicans*** (Nees) L. Benson [*Jacobinia candicans*]
Tuxcacuesco: Zenzontla 800 m *Cuevas-G. 3702* (WIS, ZEA)

H ***Justicia reflexiflora*** Rich.
La Resolana: El Tigre 900 m *Cuevas-G. 2912* (WIS, ZEA)

H *Justicia salviiflora* Kunth
Autlán: La Yerbabuena 1120 m *Santana-M. 4736* (WIS, ZEA)
Cuautitlán: Arroyo Ayotitlán 850 m *Judziewicz 5202* (WIS, ZEA)
La Resolana: La Calera 800–1100 m *Iltis 31030* (WIS, ZEA)

H ***Justicia spicigera*** Schlecht.
Autlán: Tecopatlán–El Chante 1400 m *De Níz-L. 143* (ZEA)
La Resolana: La Calera 740–780 m *Judziewicz 5117* (WIS)

H ***Pseuderanthemum praecox*** (Benth.) Leonard
Cuautitlán: La Cumbre 1960 m *Wetter 2012* (WIS)

H ***Pseuderanthemum standleyi*** Leonard
Autlán: El Zarzamoro, Las Joyas 1950 m *Cochrane 10657* (WIS, ZEA)

a ***Ruellia bourgaei*** Hemsl.
Tolimán: O de San Pedro Toxín, Cerro Grande 750 m *Vázquez-G. 4101* (WIS, ZEA)
Tuxcacuesco: Zenzontla 800 m *Iltis 28799* (WIS, ZEA)

a ***Ruellia jaliscana*** Standl.; ENDÉMICA: Jalisco
Autlán: Ahuacapán–Corralitos 1700 m *Vázquez-G. 4218* (WIS, ZEA); Corralitos 1645 m *Iltis 29442* (WIS); Cuchilla de La Tuna, Las Joyas 1910 m *Villalobos-S. 188* (ZEA)
La Resolana: Arroyo El Tecolote 1200 m *Vázquez-G. 3978* (WIS, ZEA)

a ***Ruellia mcvaughii*** T. F. Daniel; ENDÉMICA: Jalisco, Nayarit
Cuautitlán: Telcruz, Ayotitlán 1350 m *Cochrane 12133* (CAS, IEB, MICH, US, WIS)

a ***Ruellia novogaliciana*** T. F. Daniel; ENDÉMICA: Jalisco, Michoacán
Comala: Juluapan, Cerro Grande 600 m *Santana-M. 2918* (IBUG, WIS); Juluapan–El Terrero, Cerro Grande 1200–1800 m *Cuevas-G. 1764* (WIS, ZEA)
Tolimán: San Pedro Toxín, Cerro Grande 1000–1100 m *Cuevas-G. 2091* (WIS, ZEA)

H ***Ruellia spissa*** Leonard
Autlán: El Chante 900 m *Vázquez-G. 4279* (WIS, ZEA)

H ***Ruellia stemonacanthoides*** (Oerst.) Hemsl.
La Resolana: El Tepejilote, El Zapotillo 515 m *Cochrane 12315* (WIS); La Calera 600–620 m *Judziewicz 5137* (WIS); 1–2 km al NE de La Resolana 400–500 m *Cuevas-G. 3202* (WIS, ZEA)

H ***Tetramerium glandulosum*** Oerst.
Tuxcacuesco: Tuxcacuesco 900 m *Cochrane 11638* (IBUG, US, WIS, ZEA); Zenzontla 800 m *Cuevas-G. 3704* (WIS, ZEA)

H ***Tetramerium nervosum*** Nees
La Resolana: [Los Mazos] 1200 m *Cuevas-G. 1891* (WIS, ZEA); O de Los Mazos 1050 m *Cochrane 10853b* (WIS, ZEA)
Tolimán: Llanos de Toxín 750–800 m *Vázquez-G. 4118* (WIS, ZEA)
Tuxcacuesco: SE de Zenzontla 800 m *Cuevas-G. 3356* (WIS)

H ***Tetramerium tenuissimum*** Rose
La Resolana: [El Tigre–La Calera, ca 34–38 km] NE de La Huerta *Daniel 2119* (ASU), *2125* (CAS, MEXU)

## ACERACEAE

A ***Acer skutchii*** Rehder [*A. saccharum* var. *skutchii*], "Algodoncillo"; DISYUNTA: Chiapas, Coahuila, Tamaulipas
Autlán: Cañada de La Moza, Las Joyas [1980 m] *Iltis 30960* (WIS); Corralitos 1900 m *Jardel-P. 195, 196, 325-330* (ZEA); Las Joyas–Corralitos 1840 m *Cochrane 12612* (F, IBUG, MEXU, MICH, NA, WIS, ZEA)

## ACTINIDIACEAE

A ***Saurauia serrata*** DC., "Mamey"
Autlán: Cañada de La Moza, Las Joyas 1950 m *Vázquez-G. 3684* (ZEA)
Comala: E de Campo Cuatro, Cerro Grande 1500 m *Santana-M. 5255* (WIS, ZEA)

Cuautitlán: Chancol, Ayotitlán 1100 m *Cuevas-G. 1641* (WIS, ZEA); El Almeal 2050–2100 m *Cochrane 10625a* (WIS, ZEA); La Cumbre 2000 m *Kowal 2809* (WIS)

## AIZOACEAE

H **Mollugo verticillata** L.
La Resolana: Arroyo El Tecolote 500 m *Santana-M. 4243* (ZEA)

H **Trianthema portulacastrum** L.
Tuxcacuesco: Zenzontla–El Camichín 835 m *Robles-H. 636* (ZEA)

## AMARANTHACEAE

H **Achyranthes aspera** L., "Hierba del sapo"
La Resolana: La Resolana 600 m *Cuevas-G. 2843* (WIS, ZEA)
Minatitlán: La Loma 1050–1100 m *Vázquez-G. 4127* (UCR, WIS, ZEA)

H **Alternanthera achyrantha** R. Br.
Tolimán: El Terrero, Cerro Grande 2300 m *Santana-M. 5881* (WIS, ZEA)

H **Amaranthus cruentus** L.
Cuautitlán: Ayotitlán 1250–1400 m *Cuevas-G. 3263* (ZEA)

H **Amaranthus dubius** Mart.
La Resolana: La Calera 700 m *Santana-M. 3760* (ZEA)

H **Amaranthus hybridus** L., "Quelite"
Cuautitlán: S de Rincón de Manantlán 1600–1800 m *Judziewicz 5114* (WIS, ZEA)
La Resolana: Arriba de La Antena, Los Mazos 1655 m *Cochrane 12095* (IBUG, MICH, UCR, WIS, ZEA)

H **Amaranthus palmeri** S. Watson
La Resolana: Carretera a La Resolana 900–1000 m *Guzmán-H. 340* (WIS, ZEA)

H **Amaranthus polygonoides** L.
Autlán: 2 km al NO de Ahuacapán 900 m *Santana-M. 3684* (WIS, ZEA)
Tuxcacuesco: La Pintada, Zenzontla 1000 m *Santana-M. 3902* (ZEA)

H **Amaranthus spinosus** L., "Quelite colorado", "Quelite espinoso"
Cuautitlán: Puente de La Rosa 600 m *Guzmán-H. 223* (WIS, ZEA)

H **Celosia orcuttii** Greenm.
Minatitlán: Juluapan–El Sauz, Cerro Grande 750–790 m *Cochrane 11716* (DAV, GH, MICH, WIS)

T **Chamissoa altissima** (Jacq.) H. B. K., "Hierba del arlomo"
Autlán: La Yerbabuena, El Chante 1120 m *Santana-M. 4741* (WIS, ZEA)
Cuautitlán: La Pareja, Cuzalapa 860 m *Vázquez-G. 4080* (WIS, ZEA)
La Resolana: El Tigre 480–550 m *Judziewicz 5164* (WIS, ZEA)
Minatitlán: Juluapan–Los Sauces, Cerro Grande 750–790 m *Cochrane 11715* (WIS)
Tuxcacuesco: Zenzontla 750 m *Iltis 28887* (WIS, ZEA)

H **Froelichia interrupta** (L.) Moq.
La Resolana: S de Autlán 1180 m *Ornelas-U. 1470* (IBUG, ZEA)

H **Gomphrena decumbens** Jacq.
La Resolana: Los Mazos 900–1000 m *Guzmán-H. 344* (WIS, ZEA)

H **Iresine angustifolia** Euphrasén, "Hierba del arlomo"
Tolimán: O de El Terrero, Cerro Grande 1850 m *Cevallos-E. 91* (WIS, ZEA)

H **Iresine calea** (Ibáñez) Standl.
Autlán: Los Mazos 1400 m *Cuevas-G. 1890* (WIS, ZEA)
Cuautitlán: Cuzalapa 800 m *Cuevas-G. 1964* (WIS, ZEA)

Ha **Iresine cassiniiformis** Schauer [*I. grandis*]
La Resolana: Los Mazos 1340 m *Iltis 30123* (IBUG, IEB, MICH, WIS, ZEA)
Tuxcacuesco: Cerro del Palacio 1100 m *Santana-M. 5929* (WIS, ZEA)

Ha ***Iresine diffusa*** Humb. & Bonpl. ex Willd. [*I. celosia*], "Hierba del arlomo"
Autlán: El Zarzamoro, Las Joyas 1900 m *Santana-M. 3971* (WIS, ZEA), 1890 m *Vázquez-G. 3644* (ZEA); La Hierbabuenita, Las Joyas 1890 m *Vázquez-G. 3661* (ZEA); O de Tecopatlán 1400–1700 m *Cuevas-G. 2658* (WIS, ZEA)
Cuautitlán: La Cumbre 2090 m *Vázquez-G. 3717* (ZEA); La Pareja 900 m *Rosales-C. 142* (WIS, ZEA)
Minatitlán: La Loma 1050–1108 m *Vázquez-G. 4126* (WIS, ZEA)

a ***Iresine hartmanii*** Uline vel aff.
Autlán: Ahuacapán 1100 m *Cuevas-G. 3990* (WIS, ZEA)
Tuxcacuesco: O del pueblo 1000 m *Cochrane 11649* (IBUG, MICH, WIS, ZEA)

a ***Iresine interrupta*** Benth., "Hierba del arlomo"
Autlán: S de El Chante 950–1050 m *Iltis 1125* (WIS); Tecopatlán–Manantlán 1400 m *Santana-M. 4718* (WIS, ZEA)

a ***Iresine nigra*** Uline & Bray, "Hierba del arlomo"
La Resolana: La Calera 600–800 m *Cuevas-G. 2319* (WIS, ZEA); La Resolana 600 m *Cuevas-G. 1837* (UCR, WIS, ZEA)
Minatitlán: La Loma 1050–1100 m *Vázquez-G. 4129* (WIS, ZEA)

a ***Lagrezia monosperma*** (Rose) Standl.
La Resolana: Autlán–La Huerta [RBSM?] 400 m *Gallegos 79* (IBUG)

a ***Pleuropetalum sprucei*** (Hook. f.) Standl.
La Resolana: La Calera 620 m *Judziewicz 5125* (WIS, ZEA); Los Mazos 1200 m *Ramírez-D. 679* (IBUG); Torre de Transmisión, Los Mazos 1465–1495 m *Cochrane 12065* (WIS), 1655 m *Cochrane 12085* (WIS)

## ANACARDIACEAE

A ***Astronium graveolens*** Jacq.
Autlán: Ahuacapán 1100 m *Santana-M. 5480* (WIS, ZEA)
Cuautitlán: Arroyo Tacubaya 500–600 m *Cochrane 11682* (CLEMS, GH, IBUG, MEXU, MICH, UCR, WIS, ZEA); S de Ayotitlán 750 m *Santana-M. 5334* (ZEA)
La Resolana: l km E del pueblo 850 m *Ornelas-U. 1486* (IBUG)
Tuxcacuesco: El Temascal–El Aguacate 1000 m *Santana-M. 3252* (WIS, ZEA)

A ***Comocladia engleriana*** Loes.
Comala: SE de Campo Cuatro, Cerro Grande 860 m *Cochrane 11756* (F, IBUG, MICH, WIS, ZEA), 1115 m *Cochrane 11774* (WIS, ZEA)
La Resolana: El Tigre 510 m *Judziewicz 5167* (WIS)
Tuxcacuesco: Tuxcacuesco–El Camichín 1000 m *Cochrane 11648* (WIS, ZEA)

A ***Cyrtocarpa procera*** H. B. K., "Copalcojote", "Tepalcojote"
Tuxcacuesco: Al S del pueblo 1000 m *Ornelas-U. 1623* (IBUG, WIS); NE de Zenzontla 800 m *Cuevas-G. 3732* (WIS, ZEA), 1150 m *Benz 1295* (WIS, ZEA)

A ***Pistacia mexicana*** H. B. K.
Comala: Campo Cuatro, Cerro Grande 1400 m *Santana-M. 5275* (WIS, ZEA); Lagunitas–Campo Cuatro, Cerro Grande 1350 m *Iltis 29700* (WIS), *29701* (WIS, ZEA)

A ***Pseudosmodingium perniciosum*** (H. B. K.) Engl.
Comala: Campo Cuatro, Cerro Grande 1500 m *Cuevas-G. 1765* (ZEA)
Minatitlán: El Sauz–El Terrero, Cerro Grande 1600 m *Santana-M. 5217* (WIS, ZEA)

a ***Rhus pachyrrhachis*** Hemsl. vel aff.
Autlán: Ahuacapán 950 m *Vázquez-G. 4182* (ZEA); Ahuacapán–Corralitos 1500–2000 m *McVaugh & Koelz 963* (MICH)

a ***Rhus schmidelioides*** Schlecht. [*R. allophyloides*]
Autlán: Arroyo Chilacayote, Las Joyas 1750–1800 m *Iltis 29809* (IBUG, WIS, ZEA); La Hierbabuenita, Las Joyas 1900 m *Vázquez-G. 3668* (ZEA); Las Mantequillas–Las Cascadas, Las Joyas 1600 m *Vázquez-G. 3773* (WIS, ZEA)

Cuautitlán: NO de Telcruz 1500 m *Santana-M. 5533* (WIS, ZEA)
Tolimán: El Chivero–Mezcalitos, Cerro Grande 2250–2300 m *Iltis 29542* (UCR, UMO, WIS, ZEA); El Terrero, Cerro Grande 1850–1900 m *Cuevas-G. 1711* (ENCB, MICH, UCR, WIS, ZEA); SSE de La Laguna 2050 m *Cuevas-G. 2217* (WIS, ZEA)

a ***Rhus terebinthifolia*** Schlecht. & Cham.
Autlán: SE de Ahuacapán 1500 m *Guzmán-H. 914* (WIS, ZEA)
Cuautitlán: S de Cuzalapa 580 m *Cochrane 11776* (IBUG, MEXU, WIS, ZEA)
La Resolana: Los Mazos 1200 m *Cuevas-G. 1823* (ZEA)
Tolimán: La Laguna, Cerro Grande 2100 m *Nieves-H. 509* (WIS, ZEA)

A ***Spondias purpurea*** L., "Ciruela cimarrona", "Ciruelo", "Ciruelo cimarrón"
Autlán: La Cidrita, El Chante 1000 m *Santana-M. 4723* (WIS, ZEA)
Minatitlán: Los Estanques, Platanarillos, base del Cerro Grande 700–800 m *Guzmán-H. 1187* (WIS, ZEA)
Tuxcacuesco: Zenzontla 1050 m *Cuevas-G. 2042* (WIS, ZEA)

T ***Toxicodendron radicans*** (L.) Kuntze subsp. ***barkleyi*** Gillis [*Rhus radicans*]
Autlán: 2–3 km SO de Ahuacapán 1500 m *Cuevas-G. 3190* (WIS, ZEA)
Cuautitlán: Telcruz, Ayotitlán 1200 m *Vázquez-G. 4423* (WIS, ZEA)
Tolimán: 1–2 km O de San Pedro Toxín 700 m *Cuevas-G. 3670* (WIS, ZEA)

T ***Toxicodendron radicans*** subsp. ***divaricatum*** (Greene) Gillis
Autlán: Las Juntas, Las Joyas 1690 m *Cuevas-G. 1469* (UCR, WIS, ZEA)
Cuautitlán: Manantlán 1650 m *Wilbur 2074* (MICH)

## ANNONACEAE

A ***Annona cherimola*** Mill., "Chirimoya"
Comala: Campo Cuatro, Cerro Grande 1390 m *Cochrane 11762* (WIS, ZEA), probablemente cultivada

A ***Annona longiflora*** S. Watson, "Anona"
Autlán: Tecopatlán 1300 m *Iltis 29137* (WIS)
Cuautitlán: Manantlán 1500 m *Cuevas-G. 2133* (ZEA)

A ***Annona muricata*** L.
Autlán: Ahuacapán 1100 m *Santana-M. 3735* (WIS, ZEA)

A ***Annona purpurea*** Moc. & Sessé ex Dunal, "Cabeza de negro", "Cabezo"
Cuautitlán: El Durazno 1900 m *Rosales C. 61* (WIS, ZEA)
La Resolana: La Calera 610 m *Judziewicz 5132* (WIS, ZEA); NNE del pueblo 700–750 m *Vázquez-G. 4359* (WIS, ZEA)

A ***Annona reticulata*** L., "Anona", "Anonilla", "Hilama"
Cuautitlán: Cuzalapa 700 m *Cuevas-G. 1943* (ZEA)
La Resolana: Arroyo El Tecolote 800–900 m *Vázquez-G. 4500* (WIS, ZEA); Cerro La Petaca 800 m *Cházaro-B. 5684* (IBUG, WIS), 600–900 m *Cuevas-G. 2860* (WIS, ZEA)

A ***Annona squamosa*** L.
Minatitlán: El Sauz–El Terrero, Cerro Grande 1020 m *Cochrane 11735* (WIS, ZEA)

## APOCYNACEAE

A ***Alstonia longifolia*** (A. DC.) Pichon [*Tonduzia longifolia*]
Comala: Campo Cuatro, Cerro Grande 1400 m *Guzmán-H. 1362* (ZEA); Juluapan–Campo Cuatro, Cerro Grande 800 m *Santana-M. 5246* (WIS, ZEA)

H ***Haplophyton cinereum*** (A. Rich.) Woodson
Comala: Juluapan–Campo Cuatro, Cerro Grande 700–800 m *Santana-M. 5237* (ZEA)
Tuxcacuesco: Cerro del Palacio 1100 m *Santana-M. 5926* (ZEA), 1150 m *Santana-M. 5393* (ZEA); Zenzontla 850 m *Santana-M. 3858* (ZEA), 800 m *Cuevas-G. 3357* (WIS, ZEA)

T ***Laubertia contorta*** (M. Martens & Galeotti) Woodson
Comala: Juluapan 700–800 m *Santana-M. 5235* (WIS, ZEA)
La Resolana: NE del pueblo 700 m *Vázquez-G. 4378* (ZEA)

T ***Mandevilla andrieuxii*** (Muell. Arg.) Hemsl.
Autlán: Ahuacapán 800–900 m *Guzmán-H. 910* (WIS, ZEA)
H ***Mandevilla foliosa*** (Muell. Arg.) Hemsl.
Comala: Lagunitas–Campo Cuatro, Cerro Grande 1800 m *Iltis 29702* (WIS, ZEA); E de Campo Cuatro, Cerro Grande 1400 m *Guzmán-H 1350* (WIS, ZEA)
Tolimán: Puerto de Toxín, Cerro Grande 1235 m *Cochrane 12288* (USF, WIS)
T ***Mandevilla subsagittata*** (Ruiz & Pav.) Woodson
Autlán: La Yerbabuena 1200 m *Santana-M. 4757* (ZEA)
Cuautitlán: Cuzalapa–Cofradía 800 m *Rosales-C. 112* (ZEA); La Pareja 860 m *Vázquez-G. 4067* (WIS, ZEA); Paso Real, Las Marías, Ayotitlán 800 m *Rosales-C. 91* (ZEA)
T ***Mandevilla syrinx*** Woodson
Comala: Campo Cuatro, Cerro Grande 1400 m *Santana-M. 5267* (WIS, ZEA)
A ***Plumeria obtusa*** L. [*P. mollis*], "Cacalote"
La Resolana: NNE de La Resolana 1000–1200 m *Vázquez-G. 4329* (ZEA)
Tuxcacuesco: Cerro de La Lagunilla, N de Zenzontla 1100 m *Santana-M. 5122* (ZEA); Cerro del Palacio 1000 m *Santana-M. 5160* (ZEA); Zenzontla 900 m *De Níz-L. 46* (ZEA)
A ***Plumeria rubra*** L.
Autlán: Ahuacapán 1100 m en cultivo fide Vázquez–G.
Cuautitlán: Cerro El Chandepe, Ayotitlán 930 m *Robles-H. 935* (WIS, ZEA)
T ***Prestonia mexicana*** (A. DC.) Hemsl.
Autlán: La Yerbabuena 1200 m *Santana-M. 4759* (WIS, ZEA)
H ***Rauvolfia canescens*** L.
Tuxcacuesco: Zenzontla 820 m *Robles-H. 795* (ZEA)
H ***Rauvolfia tetraphylla*** L., "Flor de indio"
Autlán: O de Ahuacapán 1100 m *De Níz-L. 276* (WIS, ZEA)
La Resolana: Arroyo El Tecolote 800–900 m *Vázquez-G. 4505* (WIS, ZEA); Arroyo Tacubaya 425 m *Iltis 315* (WIS, ZEA)
Tuxcacuesco: La Cañita, Zenzontla 1100 m *Cuevas-G. 2054, 2548* (WIS, ZEA)
A ***Stemmadenia donnell-smithii*** (Rose) Woodson [*S. grandiflora*]
Cuautitlán: Puente de La Rosa 600 m *Guzmán-H. 214* (WIS, ZEA)
La Resolana: Cerro La Petaca 800 m *Santana-M. 4412* (WIS, ZEA)
A ***Stemmadenia tomentosa*** Greenm. var. ***palmeri*** (Rose) Woodson, "Cabrito", "Rosa amarilla", "San Antonio"
Comala: Campo Cuatro, Cerro Grande 1390 m *Cochrane 11763* (WIS, ZEA)
Cuautitlán: Ayotitlán 940 m *Ramírez-D. 430* (IBUG, WIS); Manantlán 1300 m *Iltis 1146* (WIS); Telcruz 1200 m *Vázquez-G. 4481* (WIS, ZEA)
La Resolana: Arroyo El Tecolote 1400 m *Vázquez-G. 4169* (WIS, ZEA)
Tuxcacuesco: La Pasión, Zenzontla 1200 m *Cuevas-G. 2067* (WIS, ZEA)
A ***Tabernaemontana alba*** Mill.
Tuxcacuesco: Zenzontla 900 m *Vázquez-G. 4686* (ZEA)
T ***Thenardia floribunda*** H. B. K.
La Resolana: Los Mazos 1200 m *Cházaro-B. 4952* (IBUG)
Tuxcacuesco: El Rodeo–La Lima 1300 m *Iltis 28910* (WIS, ZEA)
A ***Thevetia ovata*** (Cav.) DC., "Ayoyote", "Talayote", "Toloyote"
Comala: N de Juluapan, Cerro Grande 1000 m *Guzmán-H. 1331* (ZEA)
Cuautitlán: El Rodeo 1200 m *Iltis 28889* (WIS, ZEA)
Tuxcacuesco: La Pasión, Zenzontla 1200 m *Cuevas-G. 2065* (WIS, ZEA)
A ***Vallesia*** sp. nov., aff. ***V. mexicana,*** fide E. Norman
Autlán: San Campús, Las Joyas 2000 m *Judziewicz 4978* (WIS)
H ***Vinca major*** L.
Tolimán: NE de Minatitlán 2400 m *Cuevas-G. 2969* (ZEA)

## Aquifoliaceae

A ***Ilex brandegeana*** Loes.

Autlán: Cerro de La Vaca, Las Joyas 1980–2020 m *Cuevas-G. 1358* (ZEA); San Campús, Las Joyas 1980 m *Vázquez-G. 3380* (ZEA)

Cuautitlán: Cerro El Muñeco 2690 m *Iltis 2425* (WIS); El Almeal 2125 m *Iltis 2208, 2217, 2220* (WIS); Rincón de Manantlán 1500–1750 m *Judziewicz 5085* (WIS, ZEA)

A ***Ilex tolucana*** Hemsl.

Cuautitlán: Los Jardínes–Cerro El Muñeco 2600–2780 m *Iltis 2435* (WIS)

Tolimán: El Terrero, Cerro Grande 2250 m *Iltis 29473* (WIS)

## Araliaceae

A ***Aralia humilis*** Cav. [*A. pubescens*], "Guardalagua"

Autlán: Ahuacapán 900–1000 m *Vázquez-G. 4188* (UCR, WIS, ZEA)

Tolimán: Lagunitas–Campo Cuatro, Cerro Grande 1200–1850 m *Iltis 29695* (WIS, ZEA)

A ***Dendropanax arboreus*** (L.) Decne. & Planch., "Cortapico", "Cucharo", "Mano de león"

Autlán: Cañada El Tlacuache, Las Joyas 1900 m *Vázquez-G. 3016* (ZEA); Corralitos 1700 m *Vázquez-G. 4223* (WIS, ZEA); Las Joyas 1950–2100 m *Iltis 1244* (WIS); San Campús, Las Joyas 1980 m *Vázquez-G. 3382* (WIS, ZEA)

Cuautitlán: Cuzalapa 750 m *Cuevas-G. 1949* (WIS, ZEA); El Almeal 2050–2100 m *Iltis 2213, 2228* (WIS); La Cumbre 1950 m *Kowal 2818* (WIS); SSO de Rincón de Manantlán 1900 m *Cuevas-G. 2019* (WIS, ZEA)

La Resolana: Arroyo El Tecolote 1400 m *Cuevas-G. 1861* (WIS, ZEA)

A ***Oreopanax echinops*** (Schlecht. & Cham.) Decne. & Planch., "Mano de león". Foto p. xxxvii, XX.

Autlán: Cañada El Laurelito, Las Joyas 1850 m *Vázquez-G. 3730* (ZEA); El Ocote, Las Joyas 1985 m *Loza-L. 93* (ZEA); Piedra Bola, Las Joyas 1850 m *Iltis 29108* (WIS)

Cuautitlán: La Cumbre 2270 m *Vázquez-G. 3929* (ZEA); El Almeal 2250 m *Sørensen 7885a* (WIS); Telcruz, Ayotitlán 1600 m *Cuevas-G. 1820b* (ZEA)

A ***Oreopanax peltatus*** Linden ex Regel

Autlán: Ahuacapán 1050–1100 m *Vázquez-G. 4208* (WIS, ZEA)

Comala: Juluapan–Campo Cuatro, Cerro Grande 1200–1800 m *Cuevas-G. 1769* (UCR, WIS, ZEA)

La Resolana: Los Mazos 1200 m *Cházaro-B. 4450* (IBUG, WIS)

Tolimán: E de Lagunitas, Cerro Grande 1700–1800 m *Cuevas-G. 3495* (ZEA); El Terrero–Campo Cuatro, Cerro Grande 1850–1900 m *Iltis 29688* (WIS)

AE ***Oreopanax sanderianus*** Hemsl.

Autlán: Corralitos 1900 m *Cuevas-G. 4077* (ZEA)

Cuautitlán: Río Manantlán [1800 m] *Iltis 2513a* (WIS)

A ***Oreopanax xalapensis*** (H. B. K.) Decne. & Planch., "Mano de león"

Cuautitlán: Llanos de San Miguel–Neverías 2600 m *Iltis 2385, 29397* (WIS)

Tolimán: Aserradero Viejo, Cerro Grande 2400 m *Cuevas-G. 1726* (ZEA); Cercanías de El Terrero, Cerro Grande 2100–2300 m varios colectores (ZEA)

## Aristolochiaceae

T ***Aristolochia buntingii*** Pfeifer

Comala: SE de Campo Cuatro, Cerro Grande 1100 m *Santana-M. 5292* (WIS, ZEA)

Cuautitlán: Ayotitlán 750 m *Santana-M. 5327* (WIS, ZEA)

T ***Aristolochia foetida*** H. B. K.

Comala: E de Campo Cuatro, Cerro Grande 1500 m *Guzmán-H 1345* (WIS)

Minatitlán: Platanarillos, Cerro Grande 950 m *Guzmán-H. 1077* (WIS, ZEA)

Tolimán: Puerto de Toxín, Cerro Grande 1400–1700 m *Cuevas-G. 3743* (ZEA), *Rodríguez-C. 2040* (WIS)

T *Aristolochia malacophylla* Standl.
Minatitlán: El Sauz–El Terrero, Cerro Grande 1600 m *Santana-M. 5216* (ENCB, WIS, ZEA)

T *Aristolochia odoratissima* L.
La Resolana: Cerro La Petaca 500 m *Santana-M. 5365* (ZEA)

T *Aristolochia styoglossa* Pfeifer, "Tecopaste"
Comala: Campo Cuatro, Cerro Grande 1100 m *Santana-M. 5291, 5293* (WIS, ZEA)
Cuautitlán: Telcruz 1100–1300 m *Guzmán-H. 422, 829* (WIS, ZEA)
Tolimán: Puerto de Toxín, Cerro Grande 1400–1700 m *Cuevas-G. 3744* (WIS, ZEA)

T *Aristolochia taliscana* Hook. & Arn., "Guaco", "Pacueco"
Cuautitlán: Cuzalapa 700 m *Cuevas-G. 1941* (WIS, ZEA)
La Resolana: Arroyo El Tecolote 800–900 m *Vázquez-G. 4527* (ZEA)

T *Aristolochia tequilana* S. Watson, "Contrahierba"; ENDÉMICA: Jalisco, Nayarit
Cuautitlán: NE de Cuautitlán 760 m *Guzmán-H. 756* (ZEA)
La Resolana: Los Mazos 1300 m *McVaugh 14193* (MICH)

## ASCLEPIADACEAE

H *Asclepias angustifolia* Schweig.
Cuautitlán: San Miguel 2300 m *Sánchez-S. 225* (IBUG); SO de Rincón de Manantlán 1620–1700 m *Iltis 28828* (WIS, ZEA), 1090 m *Judziewicz 5060* (WIS, ZEA)

H *Asclepias auriculata* H. B. K.
Cuautitlán: Rincón de Manantlán 1700 m *Sánchez-S. 356* (IBUG, ZEA); NO de Telcruz, Ayotitlán 1500 m *Benz 1315* (WIS, ZEA)

H *Asclepias contrayerba* Sessé & Moc.
Cuautitlán: Rincón de Manantlán 1700 m *Sánchez-S. 338* (IBUG)
La Resolana: Cerro La Petaca 900 m *Santana-M. 2784* (IBUG)

H *Asclepias crocea* Woodson; ENDÉMICA: RBSM
Cuautitlán: E de Manantlán [2652 m] *Wilbur 1903* (MICH), *1990* (MO–Holótipo; MICH–Isótipo); Rincón de Manantlán–San Miguel 2400 m *Vázquez-G. 467* (IBUG)

H *Asclepias curassavica* L., "Calderona", "Chichi de burra", "Diente de perro"
La Resolana: Arroyo El Tecolote 1200 m *Vázquez-G. 3976* (ZEA)
Tuxcacuesco: El Camichín, Zenzontla 700 m *Santana-M. 3403* (ZEA)

H *Asclepias glaucescens* H. B. K.
La Resolana: Abajo de Los Mazos 1000 m *McVaugh 19875* (MICH)
Tolimán: El Sauz–El Terrero, Cerro Grande 1500 m *Santana-M. 4514* (ZEA)

H *Asclepias mcvaughii* Woodson; ENDÉMICA: Jalisco
Autlán: Tierritas Blancas, Las Joyas 1800 m fide Vázquez–G.
Cuautitlán: El Quelitán, Telcruz, Ayotitlán 2000–2300 m *Cuevas-G. 2504* (WIS, ZEA); S y O de Aserradero San Miguel Uno 1700 m *McVaugh 13953* (MICH)

H *Asclepias ovata* M. Martens & Galeotti, "Chichis de burra"
Comala: Campo Cuatro, Cerro Grande 1400 m *Santana-M. 5278* (ZEA)
Cuautitlán: Ayotitlán 750 m *Benz 1267* (WIS, ZEA); El Chante–Manantlán 1100 m *Sánchez-S. 287* (IBUG)

H *Asclepias pellucida* Fourn.
Autlán: El Zarzamoro–Rincón de Manantlán 1890 m *Vázquez-G. s. n.* (ZEA)
Cuautitlán: La Cumbre–El Durazno 1980–2020 m *Wetter 2005* (LSUS, WIS, ZEA); 1.5–3 km S de Rincón de Manantlán 1660–1750 m *Sørensen 7856* (WIS)

H *Asclepias pringlei* (Greenm.) Woodson
Cuautitlán: E de Manantlán 1900 m *Wilbur 2013* (MICH)

H *Asclepias* sp. nov., aff. *A. notha,* fide S. Lynch
Cuautitlán: [Mesa de] San Miguel–Tierritas Blancas 2200 m *Cuevas-G. 1265* (WIS, ZEA)
Tolimán: Puertecito de Los Ladrillos, Cerro Grande 2400 m *De Níz-L. 240* (WIS, ZEA)

T *Blepharodon mucronatum* (Schlecht.) Decne.
Cuautitlán: N de Cuzalapa 800 m *Rosales-C. 111* (ZEA)

T *Cryptostegia grandiflora* (Roxb.) R. Br., "Jasmín"
Autlán: Ahuacapán 1300 m *Vázquez-G. 3002* (ZEA); El Chante 1100 m *Cuevas-G. 1988* (ZEA); La Cidrita, El Chante 920 m *Cuevas-G. 2141* (ZEA)
Tolimán: Paso Real 1000 m *Vázquez-G. 4087* (WIS, ZEA)

T ***Cynanchum foetidum*** (Cav.) H. B. K.
Autlán: Ahuacapán 1400 m *Santana-M. 5463* (WIS, ZEA)

T ***Cynanchum jaliscanum*** (Vail) Woodson
Comala: Campo Cuatro, Cerro Grande 1200 m *Guzmán-H. 1370* (WIS, ZEA)
Cuautitlán: Manantlán 1460 m *Iltis 3122* (WIS)

T ***Cynanchum ligulatum*** (Benth.) Woodson
Tuxcacuesco: El Aguacate–Zenzontla 1000 m *Hernández-L. 24* (WIS)

T ***Cynanchum unifarium*** (Scheele) Woodson
Autlán: El Chante 1150 m *Anderson 3783* (MICH)

T ***Cynanchum*** sp. nov., fide W. D. Stevens
Comala: Campo Cuatro, Cerro Grande 1400 m *Santana-M. 5260* (WIS, ZEA)

T ***Gonolobus chloranthus*** Schlecht.
Autlán: Ahuacapán 1000 m *Santana-M. 5436* (WIS, ZEA)

T ***Gonolobus jaliscensis*** B. L. Rob. & Greenm.
La Resolana: Los Mazos 1200 m *Cuevas-G. 3054* (ZEA); [12 km] S de Autlán [1200 m] *Wilbur 1619* (MICH)

T ***Gonolobus macranthus*** Kuntze
Autlán: El Chante–Manantlán 1250 m *Anderson 3839* (MICH)
La Resolana: [14 km] S de Autlán [1200 m] *Wilbur 2327* (MICH)

T ***Gonolobus*** sp. nov., fide W. D. Stevens; ENDÉMICA: Colima, Jalisco
Cuautitlán: La Cumbre 1700–2000 m *Cuevas-G. 3180* (WIS)

T ***Gonolobus*** sp. nov., fide W. D. Stevens; ENDÉMICA: RBSM
Cuautitlán: Las Capillas 2700 m *Cuevas-G. 2023* (ZEA); Rincón de Manantlán 1800 m *Cuevas-G. 2942* (ZEA)

T ***Marsdenia astephanoides*** (A. Gray & S. Watson) Woodson
Tuxcacuesco: El Camichín, Zenzontla 720 m *Cuevas-G. 3394* (WIS, ZEA); Tuxcacuesco–El Camichín 800 m *Cochrane 11632* (MO, WIS, ZEA)

T ***Marsdenia lanata*** (P. G. Wilson) W. D. Stevens
Autlán: Ahuacapán 800–900 m *Guzmán-H. 890* (WIS, ZEA)
La Resolana: El Tigre 500 m *Judziewicz 5166* (WIS, ZEA)
Tuxcacuesco: El Camichín, Zenzontla 750–800 m *Cuevas-G. 3385* (ZEA, WIS)

T ***Marsdenia mexicana*** Decne.
Autlán: Ahuacapán 800–900 m *Guzmán-H. 891* (ZEA)
Tolimán: El Rodeo 1350 m *Iltis 28917* (WIS, ZEA); Lagunillas–Campo Cuatro, Cerro Grande 1300–1700 m *Iltis 29714* (WIS)

T ***Matelea aspera*** (Mill.) W. D. Stevens
La Resolana: 1 km N del pueblo [305 m] *Wilbur 2253* (MICH)

T ***Matelea balbisii*** (Decne.) Woodson
Cuautitlán: E de Manantlán [1740 m] *Wilbur 2060* (MICH)

T ***Matelea crenata*** (Vail) Woodson
Autlán: San Campús, Las Joyas 1980 m *Iltis 31126* (CAS, ENCB, IBUG, MEXU, MICH, MO, UCR, WIS, ZEA)

T ***Matelea chrysantha*** (Greenm.) Woodson
Autlán: E de Puerto de Los Mazos 1065 m *Cochrane 13167* (IBUG, MICH, MO, WIS, ZEA)
Tolimán: Campo Cuatro–El Terrero, Cerro Grande 1300–1400 m *Cuevas-G. 3927* (WIS, ZEA); Los Encinitos–La Antena, Cerro Grande 1610 m *Cochrane 12981* (MO, WIS, ZEA)

T ***Matelea cyclophylla*** (Standl.) Woodson
La Resolana: [26 km] SSO de Autlán [610 m] *Wilbur 1454* (MICH)

T ***Matelea dictyantha*** Woodson
Autlán: Tecopatlán 1400 m *Santana-M. 4768* (ZEA)
T ***Matelea pavonii*** (Decne.) Woodson
Autlán: Ahuacapán 1500 m *Rodríguez-C. 925* (IBUG); El Chante 1600 m *Sánchez-S. 206* (IBUG), 1000 m *Daniel 1106* (MICH)
Cuautitlán: Terreros de Ayotitlán 750 m *Benz 1247* (ZEA)
Tolimán: Los Encinitos–La Antena, Cerro Grande 1580 m *Cochrane 13028* (WIS)
T ***Matelea quirosii*** (Standl.) Woodson
La Resolana: La Calera 1000–1200 m *Cuevas-G. 2950* (ZEA)
Tuxcacuesco: Cerro del Palacio 1150 m *Santana-M. 5503* (WIS, ZEA)
T ***Matelea*** sp.
Autlán: Ahuacapán 1200 m *Santana-M. 3709* (WIS, ZEA); Ahuacapán–Las Joyas 1050–1100 m *Vazquez-G. 4193* (WIS, ZEA)
Comala: Campo Cuatro, Cerro Grande 1400 m *Guzmán-H. 1351* (WIS, ZEA)
Cuautitlán: Ayotitlán 750 m *Santana-M. 5332* (WIS, ZEA)
T ***Matelea*** sp. nov., fide W. D. Stevens; ENDÉMICA: RBSM
Comala: Campo Cuatro, Cerro Grande 1200 m *Guzmán-H. 1372* (ZEA)
T ***Mellichampia*** sp.
La Resolana: Cerro La Petaca 800 m *Santana-M. 5747* (WIS, ZEA)
T ***Metastelma*** sp.
Autlán: SO de Corralitos *Cuevas-G. 3032* (WIS, ZEA)
Sierra de Manantlán: *Solís-M. s. n.* (ZEA)
T ***Sarcostema bilobum*** Hook. & Arn.
La Resolana: El Parotal, Arroyo Tacubaya 660–700 m *Cochrane 11696* (IBUG, WIS, ZEA)
T ***Sarcostemma clausum*** (Jacq.) Schult.
La Resolana: Arroyo El Tecolote 500 m *Guzmán-H. 328* (ZEA)
T ***Sarcostemma elegans*** Decne.
Cuautitlán: Aserradero Manantlán 1520 m *Calzada 9569* (ZEA); El Almeal 2050 m *Calzada 9434* (ZEA); Manantlán 1460 m *Iltis 3121* (WIS)
T ***Sarcostemma heterophyllum*** Engelm.
Autlán: Granja La Margarita [RBSM?] 950 m *León 1* (IBUG)
T ***Sarcostemma pannosum*** Decne., "Hiedra"
Autlán: Ahuacapán 900 m *Santana-M. 3689* (WIS)
Cuautitlán: Telcruz, Ayotitlán 1200 m *Vázquez-G. 4492* (ZEA)
La Resolana: [11 km] S de Autlán [1220 m] *Wilbur 2199* (MICH)
Tuxcacuesco: Cerro del Palacio 1100 m *Santana-M. 5924* (WIS, ZEA)
T Genus et sp. nov., fide W. D. Stevens
La Resolana: La Petaca 500–900 m *Santana-M. 2769* (ZEA)

## BALSAMINACEAE

H ***Impatiens balsamina*** L., "Belén"
La Resolana: Cerca del pueblo 500 m *Curiel s. n.* (IBUG)

## BASELLACEAE

T ***Anredera vesicaria*** (Lam.) Gaertn. f.
Autlán: El Chante 950 m *Santana-M. 4088* (ZEA)
Tuxcacuesco: Zenzontla 750 m *Iltis 28886* (WIS, ZEA)

## BEGONIACEAE

H ***Begonia balmisiana*** Balmis, "Caledonia"
Autlán: Las Galeras, Las Joyas 1600 m *Cuevas-G. 1453* (ZEA)
Cuautitlán: Arriba de El Chante [2195 m] *Wilbur 1770* (MICH); SO de La Cumbre 1700–2000 m *Cuevas-G. 3185* (ZEA, WIS)

La Resolana: Cerro La Petaca–La Huertita 700 m *Iltis 332* (WIS); S de Autlán–La Resolana [1465 m] *Wilbur 1739* (MICH)
Tolimán: O de El Terrero, Cerro Grande 2000 m *Santana-M. 4565* (ZEA, WIS)

H **Begonia biserrata** Lindl.
Autlán: Las Galeras–La Cascada 1600–1650 m *Cuevas-G. 1447* (ZEA, WIS)
Cuautitlán: NE de Telcruz, Ayotitlán 1100 m *Vazquez-G. 4392a* (ZEA)

H **Begonia calderonii** Standl.
Autlán: Cañada El Tlacuache, Las Joyas 1885 m *Cuevas-G. 1344* (ZEA); El Zarzamoro, Las Joyas 1950–2050 m *Iltis 29064* (IBUG, MEXU, WIS, ZEA), *Cochrane 10660* (WIS); San Campús, Las Joyas 1980 m *Vázquez-G. 3361* (ZEA)
Cuautitlán: Rincón de Manantlán 1780 m *Iltis 2514* (WIS, ZEA); SO de Rincón de Manantlán 1620–1700 m *Iltis 28821* (WIS)

H **Begonia gracilis** H. B. K.
Cuautitlán: 1 km al S de Ayotitlán 750 m *Benz 1265* (WIS, ZEA)
Sierra de Manantlán: *Villarreal de Puga 12805* (IBUG)

H **Begonia heracleifolia** Schlecht. & Cham.
Cuautitlán: El Durazno 900 m *Santana-M. 3326* (ZEA); Las Marías, Ayotitlán 800 m *Cochrane 10889* (WIS, ZEA)
La Resolana: Arroyo Tacubaya, Cerro La Petaca 500–600 m *Cochrane 11680* (WIS, ZEA)

H **Begonia lachaoensis** Ziesenhenne
La Resolana: Arroyo La Calera 800–1000 m *Cuevas-G. 3080* (ZEA); Arroyo Tacubaya, Cerro La Petaca 350–500 m *Iltis 322* (WIS); Barranca de El Tecolote 800–900 m *Vázquez-G. 4514* (ZEA); Ladera del Cerro La Petaca 700 m *Soltero-Q. 510* (IBUG); SE de La Resolana 400–600 m *Cuevas-G. 3117* (ZEA)

H **Begonia monophylla** A. DC.
Tolimán: Campo Cuatro, Cerro Grande 1300 m *Santana-M. 5280* (ZEA); NO de Zacualpan, Cerro Grande 1200–1350 m *Cuevas-G. 3944* (ZEA, WIS); SE de Campo Cuatro, Cerro Grande 1200 m *Iltis 29720* (WIS)

H **Begonia oaxacana** DC.
Cuautitlán: Cerro San Miguel 2500 m *Iltis 2632* (WIS); La Cumbre 2250 m *Iltis 2334* (WIS, ZEA); Llanos de San Miguel 2100–2200 m *Cuevas-G. 2895* (WIS, ZEA)

H **Begonia ornithocarpa** Standl.
La Resolana: [16 km] S de Autlán [1465 m] *Wilbur 1740* (MICH, WIS)

H **Begonia plebeja** Liebm.
La Resolana: Arroyo Tacubaya, Cerro La Petaca 425 m *Iltis 320* (WIS); El Tigre 800–1000 m *Cuevas-G. 2903* (WIS, ZEA); Potrero El Tepejilote, El Zapotillo 420–500 m *Iltis 30979* (WIS); [26 km] SO de Autlán 750 m *McVaugh 19954* (MICH)

H **Begonia stigmosa** Lindl.
Autlán: Cañada El Tlacuache, Las Joyas 1885 m *Vázquez-G. 3820* (ZEA); Las Juntas, Las Joyas 1600 m *Vázquez-G. 3767* (ZEA); SE de Ahuacapán 1500–2200 m *McVaugh & Koelz 1000* (MICH)
Cuautitlán: Rincón de Manantlán 1600 m *Judziewicz 5066* (WIS, ZEA)

H **Begonia uruapensis** Sessé & Moc.
Cuautitlán: NE de Telcruz, Ayotitlán 1100 m *Vázquez-G. 4392b* (ZEA)
Tuxcacuesco: El Aguacate–Zenzontla 1000 m *Iltis 28798* (WIS); El Rodeo–La Lima 1350 m *Iltis 28925* (WIS, ZEA)

H **Begonia** sp. 1
Cuautitlán: NO de Telcruz, Ayotitlán 1300 m *Vázquez-G. 4430* (ZEA)

H **Begonia** sp. 2, aff. ***B. gracilis***
Autlán: Cañada de El Tlacuache, Las Joyas 1900 m *Cuevas-G. 1557* (ZEA); Las Cascadas–Las Galeras 1650 m *Vázquez-G. 3625* (ZEA)
Cuautitlán: Arroyo San Campús 1620–1700 m *Iltis 28812 (WIS, ZEA), 28815* (IBUG,

NOLS, WIS, ZEA); ONO de Las Capillas 2760 m *Iltis 2382* (IBUG, WIS)
Tolimán: El Terrero, Cerro Grande 2300 m *Guzmán-H. 1150* (ZEA)

## BERBERIDACEAE

a **Berberis incerta** (Fedde) Marroquín [*Mahonia incerta*]
Cuautitlán: El Cuartón 2700 m *McVaugh 10290* (MICH)

a **Berberis moranensis** Habenstr. & Ludw. ex Schult. & Schult. f. [*Mahonia moranensis*]
Cuautitlán: Al S de El Chante 2500 m *Wilbur 1877* (MICH)

## BETULACEAE

A **Alnus acuminata** H. B. K. subsp. **arguta** (Schlecht.) Furlow, "Aile"
Autlán: Las Galeras, Las Joyas 1750 m *Vázquez-G. 3014* (ZEA)
Cuautitlán: Rancho Manantlán 1450 m *McVaugh 23055* (MICH, WIS); Rincón de Manantlán 1700 m *Vázquez-G. 3344* (ZEA), 1450 m *Vázquez-G. 4263* (WIS, ZEA)

A **Alnus jorullensis** H. B. K. subsp. **jorullensis**, "Aile"
Cuautitlán: Las Capillas 2820 m *Vázquez-G. 3941* (ZEA)

A **Alnus jorullensis** subsp. **lutea** Furlow, "Aile", "Palo de casa"
Autlán: Picacho del Sol y La Luna, Las Joyas 2090 m *Vázquez-G. 3393* (ZEA)
Cuautitlán: Rincón de Manantlán 2300–2400 m *Kowal 2852* (WIS)
Tolimán: El Terrero, Cerro Grande 2100 m *Santana-M. 5028* (WIS, ZEA)

A **Carpinus tropicalis** Furlow [*C. caroliniana* s. l.], "Mora blanca"
Autlán: El Zarzamoro, Las Joyas 1900–2000 m *Iltis 1315* (WIS, ZEA); Piedra Bola, Las Joyas 1780–1800 m *Iltis 29102* (WIS, ZEA)
Cuautitlán: La Cumbre 1800–1900 m *Cuevas-G. 1903* (WIS, ZEA), 1950 m *Kowal 2807* (WIS); Telcruz, Ayotitlán 1200 m *Vázquez-G. 4415* (ZEA)

A **Ostrya virginiana** (Mill.) K. Koch, "Mora", "Mora roja"
Autlán: Arroyo Corralitos 1650–1700 m *Guzmán-H. 1243* (WIS, ZEA); Cañada de La Moza, Las Joyas 1840 m *Cuevas-G. 1247* (WIS, ZEA); Corralitos 1970 m *Vázquez-G. s. n.* (ZEA); Las Juntas, Las Joyas 1555 m *Cuevas-G. 1581* (WIS, ZEA)
Cuautitlán: Barranca La Nogalera 1800 m *Rosales-C. 32* (WIS, ZEA); La Cumbre 1850 m *Cuevas-G. 1902* (WIS, ZEA), 2000 m *Iltis 3239* (WIS), 2250 m *Sørensen 7879* (WIS); Las Capillas 2800 m *Vázquez-G. 3940, 4021* (WIS, ZEA)
Tolimán: Primera Agua, La Laguna, Cerro Grande 2150 m *Cuevas-G. 2822* (WIS, ZEA)

## BIGNONIACEAE

T **Amphilophium paniculatum** (L.) H. B. K. var. **molle** (Schlecht. & Cham.) Standl.
Comala: Campo Cuatro, Cerro Grande 1300 m *Cochrane 11769* (MO, WIS, ZEA)

T **Amphilophium paniculatum** var. **paniculatum**
Autlán: El Chante 900 m *Cuevas-G. 2125a* (ZEA)
La Resolana: Arroyo El Tecolote 800–900 m *Vázquez-G. 4526* (WIS, ZEA)

A **Astianthus viminalis** (H. B. K.) Baill., "Sabino"
Autlán: El Chante 900–1100 m *Cuevas-G. 1982, 2139a* (WIS, ZEA)
Tuxcacuesco: NO del pueblo 740 m *Guzmán-H. 160* (WIS, ZEA)

A **Crescentia alata** H. B. K., "Cuastecomate"
Tuxcacuesco: La Cañita, Zenzontla 1050 m *Cuevas-G. 2080* (WIS, ZEA)

T **Cydista aequinoctialis** (L.) Miers var **aequinoctialis**, "Bejuco quemador"
Tuxcacuesco: Zenzontla 1600 m *Cuevas-G. 2667* (ZEA)

T **Distictis buccinatoria** (DC.) A. Gentry, "Cuije"
Autlán: Cañada El Tlacuache, Las Joyas 1900 m fide Vázquez–G.
Tolimán: El Terrero, Cerro Grande 2200 m *González-V. 3667* (IBUG, WIS)

T **Melloa quadrivalvis** (Jacq.) A. Gentry, "Lengua de vaca", "Peine de chango"
La Resolana: La Calera 780 m *Judziewicz 5176* (WIS)

T *Pithecoctenium crucigerum* (L.) A. Gentry
Autlán: El Chante 900 m *Vázquez-G. 4268* (WIS), 900–1050 m *Iltis 1135* (WIS); Tecopatlán 1400–1700 m *Cuevas-G. 2679* (WIS, ZEA)
Tuxcacuesco: El Aguacate–Zenzontla 1000 m *Hernández-L. 19* (WIS)

A *Tabebuia chrysantha* (Jacq.) G. Nicolson, "Primavera"
Comala: Crucero Zacualpan–Juluapan, base del Cerro Grande 480 m *Cochrane 12573* (IBUG, MICH, MO, WIS, ZEA)
La Resolana: El Zapotillo 700–800 m *Cuevas-G. 4002* (WIS, ZEA); La Calera 850 m fide Vázquez–G.

A *Tabebuia rosea* (Bertol.) DC., "Rosa morada"
Autlán: El Chante 1100 m *Cuevas-G. 1987* (WIS, ZEA)
Minatitlán: El Sauz–El Terrero, Cerro Grande 1020 m *Cochrane 11724* (IBUG, MO, WIS, ZEA)

Aa *Tecoma stans* (L.) Juss. ex H. B. K., "Flor de noche", "Tronadora"
Comala: Campo Cuatro, Cerro Grande 1200–1800 m *Cuevas-G. 1766* (ZEA)
Cuautitlán: Las Yeguas 1600–1800 m *Sørensen 7953* (WIS)

## BIXACEAE

Aa *Bixa orellana* L., "Achíote"
La Resolana: 1–2 km E del pueblo 600 m *Cuevas-G. 1827* (ZEA)

## BOMBACACEAE

A *Bernoullia flammea* Oliver
Tolimán: El Sauz–El Terrero, Cerro Grande 1630 m *Cochrane 11738* (WIS, ZEA), *12118* (WIS)
Tuxcacuesco: N de Toxín 1350–1400 m *Cuevas-G. 3766* (WIS, ZEA)

A *Ceiba acuminata* (S. Watson) Rose
Autlán: Ahuacapán 1100 m *Santana-M. 3716* (ZEA), *5479* (WIS, ZEA)

A *Ceiba aesculifolia* (H. B. K.) Britt. & Baker, "Pochote"
Cuautitlán: S de Manantlán 1450 m *Iltis 29136* (WIS, ZEA)
Minatitlán: El Sauz–El Terrero, Cerro Grande 1610 m *Cochrane 12254* (MEXU, WIS, ZEA)
Tuxcacuesco: La Pasión, Zenzontla 1200 m *Cuevas-G. 2070* (ZEA); NO de Tuxcacuesco 1050–1100 m *Cuevas-G. 2044* (ZEA); Zenzontla 900 m *Vázquez-G. 4691* (ZEA)

A *Ceiba pentandra* (L.) Gaertn.
La Resolana: Casimiro Castillo 500 m fide Cuevas–G.

A *Pseudobombax ellipticum* (H. B. K.) Dugand, "Clavellina"
Comala: Juluapan–Campo Cuatro, Cerro Grande 800 m *Cházaro-B. 4464* (IBUG, WIS)

A *Pseudobombax palmeri* (S. Watson) Dugand
Cuautitlán: Cuzalapa–Ayotitlán 580 m *Cochrane 11775* (WIS, ZEA)

## BORAGINACEAE

A *Bourreria superba* I. M. Johnst.
Comala: 1 km N de Juluapan, base del Cerro Grande 700–800 m *Santana-M. 5238* (WIS, ZEA)
Cuautitlán: Los Terreros de Ayotitlán 750 m *Santana-M. 5313* (WIS, ZEA)

A *Cordia alliodora* (Ruiz & Pav.) Oken, "Botoncillo"
La Resolana: Arroyo El Tecolote 600 m fide Cuevas–G.

A *Cordia cordiformis* I. M. Johnst.
Comala: Campo Cuatro, Cerro Grande 1600 m *Cuevas-G. 2965* (ZEA)

A *Cordia diversifolia* Pav. ex. A. DC., "Sebo"
Cuautitlán: La Pintada, Cuzalapa 640 m *Robles-H. 909* (ZEA)

A *Cordia eleagnoides* DC., "Barcino"
Comala: Zacualpan, Cerro Grande 500 m *Wetter s. n.* (ZEA, WIS)

a *Cordia inermis* (Mill.) I. M. Johnst.
Autlán: 2 km NE de Ahuacapán 1100 m *Santana-M. 3744* (WIS, ZEA)
Tuxcacuesco: Zenzontla 850 m *Santana-M. 3879* (ZEA)

A *Cordia morelosana* Standl.
Comala: Juluapan–El Terrero, Cerro Grande 450 m *Cházaro-B. 4463* (IBUG, WIS)
La Resolana: El Tepejilote, El Zapotillo 470 m *Cochrane 12325* (CAS, MICH, WIS, ZEA)
Tuxcacuesco: Camichín–Tuxcacuesco 950 m *Cochrane 11651* (F, IBUG, MICH, MO, WIS, ZEA)

A *Cordia prunifolia* I. M. Johnst., "Frutilla"
Cuautitlán: El Durazno 960 m *Cuevas-G. 1684* (WIS, ZEA)

A *Cordia salvadorensis* Standl.
Autlán: NE de La Yerbabuena 1000 m *Cuevas-G. 3988* (WIS, ZEA)
Comala: N de Campo Cuatro, Cerro Grande 1000–1200 m *Cuevas-G. 3948* (WIS, ZEA)
Cuautitlán: Chancol, Ayotitlán 1100 m *Vázquez-G. 4466* (ZEA)
La Resolana: Cerro La Petaca 600 m *Cházaro-B. 5680* (WIS)

aT *Cordia spinescens* L., "Bejuco negro", "Bejuco prieto", "Cabeza de arriera"
Autlán: La Yerbabuena, 6 km SO de El Chante 1120 m *Santana-M. 4745* (WIS, ZEA)
Cuautitlán: El Durazno 960 m *Cuevas-G. 1872a* (ZEA), 850–900 m *Cuevas-G. 1674* (ZEA); NE de Telcruz, Ayotitlán 1300 m *Cuevas-G. 1783* (WIS, ZEA)
La Resolana: Arroyo El Tecolote 1600 m *Vázquez-G. 3957* (ZEA)

H *Cynoglossum pringlei* Greenm.
Autlán: Las Joyas 2000 m *Iltis 3144* (WIS); San Campús, Las Joyas 1980 m *Vázquez-G. 3524* (WIS, ZEA)
Tolimán: La Laguna, Cerro Grande 2000–2100 m *Guzmán-H. 1109* (WIS, ZEA)

A *Ehretia latifolia* A. DC.
Autlán: Ahuacapán 800–900 m *Guzmán-H. 878* (WIS, ZEA); El Chante 900 m *Cuevas-G. 2137* (ZEA); Zacahuautla 1890 m *Cuevas-G. 1874* (WIS, ZEA)
Cuautitlán: Chancol, Ayotitlán 1100 m *Vázquez-G. 4466* (WIS, ZEA); Rincón de Manantlán 1560 m *Iltis 29126* (WIS), *29132* (IBUG, WIS, ZEA)
La Resolana: Arriba de La Antena, Los Mazos 1655 m *Cochrane 12093* (F, IBUG, MO, UCR, WIS, ZEA)

H *Heliotropium fallax* I. M. Johnst.
Comala: 1 km N de Juluapan, falda de Cerro Grande 700–800 m *Santana-M. 5228* (WIS, ZEA)
Tuxcacuesco: Cerro del Palacio 1000 m *Santana-M. 5175* (WIS, ZEA)

H *Heliotropium indicum* L., "Borrajilla"
Cuautitlán: Chancol, Ayotitlán 1100 m *Vázquez-G. 4467* (WIS, ZEA)
La Resolana: SE del pueblo 700–1000 m *Cuevas-G. 3126* (WIS, ZEA)
Tuxcacuesco: La Palma, SSE de El Camichín 700 m *Guzmán-H. 184* (WIS, ZEA)

H *Heliotropium procumbens* Mill.
La Resolana: Base del Cerro La Petaca, 2 km SE de La Resolana 1400 m *Santana-M. 5727* (WIS, ZEA)
Minatitlán: [Cerca de Platanarillos], El Sauz–Juluapan, Cerro Grande 750 m *Cochrane 11724* (IBUG, MICH, WIS, ZEA)

H *Heliotropium rufipilum* (Benth.) I. M. Johnst., "Jaboncillo"
Cuautitlán: Telcruz, Ayotitlán 1350–1400 m *Cuevas-G. 2133* (WIS, ZEA)

H *Lithospermum discolor* M. Martens & Galeotti
Comala: Juluapan–Campo Cuatro, Cerro Grande 1000–1200 m *Cuevas-G. 3963* (WIS, ZEA), 1100 m *Guzmán-H. 1387* (WIS, ZEA)

H *Macromeria exserta* D. Don
Autlán: O de Ahuacapán 1400 m *Santana-M. 5456* (WIS, ZEA)

H *Macromeria longiflora* (Sessé & Moc.) D. Don
Autlán: Cuatro Caminos, Las Joyas 1950 m *Cuevas-G. 1545* (WIS, ZEA); El Zarzamoro, Las Joyas 1900 m *Vázquez-G. 3520* (ZEA)
Tolimán: SSE de La Laguna, Cerro Grande 2000–2100 m *Guzmán-H. 1117* (WIS, ZEA)

a *Tournefortia acutiflora* M. Martens & Galeotti vel aff.
Cuautitlán: La Cumbre 1800–1850 m *Cuevas-G. 4093* (WIS, ZEA)

a *Tournefortia hirsutissima* L.
Cuautitlán: SE de Lagunillas de Ayotitlán 850 m *De Níz-L. 175* (WIS, ZEA)
La Resolana: Arroyo El Tecolote 1400 m *Vázquez-G. 4168* (WIS, ZEA); Arroyo Tacubaya 660–700 m *Cochrane 11693* (IEB, MICH, WIS)

a *Tournefortia mutabilis* Vent.
Autlán: Los Mazos 1200 m *Cuevas-G. 1817a* (WIS, ZEA)
La Resolana: El Tigre 480–558 m *Judziewicz 5161* (WIS, ZEA)
Tolimán: San Pedro Toxín, Cerro Grande 750–800 m *Vázquez-G. 4104* (WIS, ZEA); SO de San Pedro Toxín 1225 m *Cochrane 12292* (LAM, USF, WIS)

aT *Tournefortia petiolaris* A. DC.
Autlán: Barbechos del Sol y La Luna, Las Joyas 1790 m *Vázquez-G. 3490* (ZEA); Cañada El Tlacuache, Las Joyas 1885 m *Vázquez-G. 3814* (ZEA); El Triguito, Las Joyas 1850–1920 m *Cuevas-G. 1255* (WIS, ZEA); Puerto Escobedo, Las Joyas 2000 m *Cuevas-G. 1496* (WIS, ZEA)

T *Tournefortia volubilis* L.
Autlán: Ahuacapán 1100 m *Cuevas-G. 2263* (WIS, ZEA)
Cuautitlán: Cuzalapa 660 m *De Níz-L. 145* (ZEA); La Mochota, Lagunillas 850 m *De Níz-L. 183* (WIS, ZEA); Manantlán 1475 m *Cochrane 10800* (WIS)
La Resolana: Arroyo El Tecolote 800–900 m *Vázquez-G. 4501* (WIS, ZEA)
Tolimán: El Sauz–El Terrero, Cerro Grande 1630 m *Cochrane 11742* (F, IBUG, MICH, RSA, WIS, ZEA)

## BUDDLEJACEAE

A *Buddleja cordata* H. B. K., "Tepoza", "Tepozán"
Cuautitlán: Las Capillas 2700 m *Cuevas-G. 2028* (ZEA); Los Jardines–Cerro El Muñeco 2600–2780 m *Iltis 2447* (WIS, ZEA)

Aa *Buddleja parviflora* H. B. K., "Tepozán"
Autlán: El Zarzamoro, Las Joyas 1950 m *Cuevas-G. 1104* (WIS, ZEA); El Zarzamoro–La Cumbre 1970–2000 m *Iltis 28873a* (WIS, ZEA)
Cuautitlán: La Cumbre 2090 m *Vázquez-G. 3721* (WIS, ZEA)
Tolimán: N de El Terrero, Cerro Grande 2463 m *Weller 2056* (CHAPA, MICH, WIS, ZEA)

a *Buddleja sessiliflora* H. B. K., "Tepozán"
Autlán: El Zarzamoro, Las Joyas 2000 m *Vázquez-G. 3890* (ZEA)
La Resolana: Arroyo El Tecolote 1400 m *Cuevas-G. 1860* (WIS, ZEA)

## BURSERACEAE

La mayoría de las determinaciones fueron hechas o verificadas por Jerzy Rzedowski.

A *Bursera bipinnata* (DC.) Engl.
Autlán: 2 km NE de Ahuacapán 1100 m *Santana-M. 3740* (WIS, ZEA); 2–3 km S de El Chante [1650 m] *Cuevas-G. 2165* (ZEA); 1–3 km SSE de Ahuacapán 1100–1300 m *Guzmán-H. 249* (WIS, ZEA); 1–2 km O de Ahuacapán 1200 m *De Níz-L. 265* (WIS, ZEA)
Comala: Lagunitas–Campo Cuatro, Cerro Grande 1200–1850 m *Iltis 29691* (WIS)
Cuautitlán: Las Canoas 750 m *Robles-H. 528* (WIS, ZEA); NNE de Cuautitlán 920 m *Santana-M. 4478* (ZEA); Rincón de Manantlán 1660 m *Sørensen 7861* (WIS); Telcruz, Ayotitlán 1100 m *Vázquez G. 4391* (WIS, ZEA)
La Resolana: Base del Cerro La Petaca 700 m *Santana-M. 5961* (WIS, ZEA); Los Mazos 1400 m *Rzedowski 153* (IBUG, WIS); Puerto de Los Mazos 1450 m *Santana-M. 3839* (ZEA); 6.5 km SO de Los Mazos 1400 m *Santana-M. 4602* (WIS, ZEA), *Lorente-A. 122* (ZEA)

A *Bursera bipinnata* × *B. copallifera* (DC.) Bullock; HIBRIDO
Cuautitlán: Peña Colorada, cerca de Potros 1200 m *Santana-M. 6027* (ZEA)

A **_Bursera diversifolia_** Rose
Minatitlán: El Sauz–El Terrero, Cerro Grande 1700 m *Santana-M. 4504* (ZEA)
A **_Bursera fagaroides_** (H. B. K.) Engl., "Copal", "Cuajiote"
Autlán: El Chante 1000 m *Iltis 1123* (WIS)
Comala: 1–2 km E de Campo Cuatro, Cerro Grande 1500 m *Santana-M. 5259* (WIS, ZEA); 1–2 km SSE de Ahuacapán 800–900 m *Guzmán-H. 888* (WIS, ZEA)
Tuxcacuesco: El Rodeo 1200 m *Iltis 28893* (WIS, ZEA); NO de Tuxcacuesco 1050–1100 m *Cuevas-G. 2039* (WIS, ZEA)
A **_Bursera grandifolia_** (Schlecht.) Engl., "Cuajiote colorado"
Autlán: Camino a Las Joyas 1000 m *Santana-M. 4384* (ZEA)
Cuautitlán: Puente de La Rosa 600 m *Guzmán-H. 212* (WIS, ZEA)
La Resolana: Cerro La Petaca 800 m *Santana-M. 5692* (ZEA); SO de Los Mazos 1400 m *Santana-M. 4603* (ZEA)
Tuxcacuesco: Cerro del Palacio 1150 m *Santana-M. 5396* (ZEA); El Alcoste 820 m *Robles-H. 669* (WIS, ZEA); La Cañita, Zenzontla 1100 m *Cuevas-G. 2049* (WIS, ZEA); Zenzontla 900 m *De Níz-L. 41* (WIS, ZEA); Zenzontla–El Camichín 820 m *Robles-H. 653* (WIS, ZEA)
A **_Bursera heteresthes_** Bullock
Cuautitlán: 1km SWW de Puente de La Rosa 600 m *Guzmán-H. 239* (WIS, ZEA)
A **_Bursera kerberi_** Engl.
Autlán: Ahuacapán 1000 m *Santana-M. 3721* (ZEA); E de Puerto de Los Mazos 1120–1160 m *Cochrane 13165* (ENCB, IBUG, IEB, MICH, WIS, ZEA)
Comala: 2–4 km N de Campo Cuatro, Cerro Grande 1000–1200 m *Cuevas-G. 3949* (WIS, ZEA)
Tuxcacuesco: Cerro del Palacio 1100 m *Santana-M. 5911* (WIS, ZEA)
A **_Bursera multijuga_** Engl.
La Resolana: Los Mazos 1400 m *Santana-M. 5733* (ZEA)
A **_Bursera penicillata_** (DC.) Engl.
Autlán: 2 km NE de Ahuacapán 1100 m *Santana-M. 3737* (ZEA); 2 km S de Ahuacapán 1100 m *Santana-M. 3666* (WIS, ZEA)
Tuxcacuesco: Zenzontla 900 m *Vázquez-G. 4693* (ZEA)
A **_Bursera rhoifolia_** (Benth.) I. M. Johnst.
Tolimán: San Pedro Toxín, Cerro Grande 1100 m *Wetter s. n.* (WIS, ZEA)
A **_Bursera schlechtendalii_** Engl.
Minatitlán: Los Estanques, Platanarillos, Cerro Grande 700–800 m *Guzmán-H. 1190* (WIS, ZEA)
A **_Bursera simaruba_** (L.) Sarg., "Cuajiote", "Cuajiote blanco"
Cuautitlán: NO de Cuzalapa 660 m *De Níz-L. 147a* (ZEA); 1–2 km SE de Cuzalapa 740 m *Robles-H. 829* (ZEA); 1 km OSO de Puente de La Rosa 600 m *Guzmán-H. 236* (ZEA)
La Resolana: 4 km al NE del pueblo 600 m *Santana-M. 2800* (IBUG, WIS); NE del pueblo 400–450 m *Cuevas-G. 3097* (ZEA)
Tolimán: La Taza, San Pedro Toxín, Cerro Grande 700–800 m *Guzmán-H. 460* (ZEA); 4 km SO de Puerto de Toxín, Cerro Grande 1225 m *Cochrane 12289* (WIS, ZEA)
A **_Bursera_** sp. nov., fide J. Rzedowski
Comala: Campo Cuatro–El Terrero, Cerro Grande 1000–1200 m *Cuevas-G. 3951* (WIS, ZEA); 1km E de Campo Cuatro, Cerro Grande 1400 m *Santana-M. 5264* (WIS, ZEA)
Tuxcacuesco: Cerro del Palacio 1100 m *Santana-M. 5928* (WIS, ZEA), 1150 m *Santana-M. 5375* (WIS, ZEA)
A **_Comiphora sarcopoda_** (Wilson) Rzedowski & Palacios–Chávez; ENDÉMICA: Colima, Michoacán
Comala: E de Campo Cuatro, Cerro Grande 1400 m *Guzmán-H. 1361* (WIS, ZEA); SSE de Campo Cuatro, Cerro Grande 1200 m *Guzmán-H. 1378* (WIS, ZEA)

A *Terebinthus acuminata* Rose [non *Bursera acuminata* Willd.]

Autlán: 2 km S de Ahuacapán 1400 m *Guzmán-H. 1216* (WIS, ZEA); 3–4 km SE de Ahuacapán 1100 m *Santana-M. 3705* (WIS, ZEA); 1–2 km O de Ahuacapán 1200 m *Santana-M. 5474* (WIS, ZEA)

Comala: 2–4 km N de Campo Cuatro, Cerro Grande 1000–1200 m *Cuevas-G. 3950* (WIS, ZEA)

Cuautitlán: 1–2 km NNO de Telcruz, Ayotitlán 1250–1400 m *Guzmán-H. 363* (ZEA); 3 km SE de Lagunillas 850 m *De Níz-L. 181* (WIS, ZEA)

La Resolana: La Resolana–Cerro La Petaca 800 m *Santana-M. 5692* (WIS, ZEA); Los Mazos 1400 m *Rzedowski 154* (WIS, ZEA), 1500 m *McVaugh 21995* (MICH)

Minatitlán: El Sauz–El Terrero, Cerro Grande 1400 m *Guzmán-H. 1202* (WIS, ZEA)

## Cactaceae

a ***Acanthocereus occidentalis*** Britt. & Rose

Tolimán: Paso Real 900 m *Guzmán-H. 867* (ZEA)

a ***Cephalocereus alensis*** (Weber) Britt. & Rose; DISYUNTA: Sonora

Tolimán: San Pedro Toxín, Cerro Grande 1050 m *Cuevas-G. 2097* (ZEA)

Tuxcacuesco: SE de El Camichín, Zenzontla 750 m *Guzmán-H. 177* (ZEA); Zenzontla 800 m *Guzmán-H. s. n.* (ZEA)

aE ***Epiphyllum anguliger*** (Lem.) Don, "Pitayita"

Autlán: El Zarzamoro, Las Joyas 1950 m *Iltis 29022* (WIS, ZEA); Las Joyas 1890 m *Villalobos-S. 204* (ZEA)

Cuautitlán: Telcruz, Ayotitlán 1600 m *Cuevas-G. 1822a, b* (WIS, ZEA)

a ***Ferocactus reppenhagenii*** Unger, "Biznaga"

Minatitlán: El Sauz–El Terrero, Cerro Grande 1700 m *Cuevas-G. 3911* (ZEA), 1750 m fide Vázquez–G.

aE ***Heliocereus speciosus*** (Cav.) Britt. & Rose s. l., "Pitajaya", "Pitayita"

Cuautitlán: La Cumbre 2100 m *Guzmán-H. 200a* (ZEA); Rincón de Manantlán 1870 m *Arreola-N. 296* (IBUG)

Tolimán: El Terrero–La Laguna, Cerro Grande 2250 m *Guzmán-H. 1103* (ZEA)

aE ***Hylocereus ocamponis*** (Salm–Dyck) Britt. & Rose, "Pitajaya"

Autlán: La Cidrita, El Chante 1000 m *Cuevas-G. s. n.* (ZEA)

Cuautitlán: S de Rincón de Manantlán 1750–1900 m *Judziewicz 5089* (WIS)

Minatitlán: Platanarillos, base del Cerro Grande 600–700 m *Cuevas-G. 4007* (ZEA)

aE ***Hylocereus purpusii*** (Weingart) Britt. & Rose

Autlán: SE de Ahuacapán 1600–1800 m *Guzmán-H. 927a* (ZEA)

Tuxcacuesco: Zenzontla 700 m *Cuevas-G. 3693* (ZEA)

H ***Mammillaria beneckei*** Ehrenb.

Tolimán: Paso Real 800 m *Guzmán-H. s. n.* (IBUG, ZEA)

Tuxcacuesco: El Camichín, Zenzontla 720 m *Cuevas-G. 3399* (ZEA)

H ***Mammillaria reppenhagenii*** Hunt, "Biznaguita"; ENDÉMICA: Jalisco, Colima

Comala: N de Campo Cuatro, Cerro Grande 1000–1200 m *Cuevas-G. 3956* (ZEA)

Tolimán: Puerto de Toxín, Cerro Grande 1300 m *Cuevas-G. 2095* (ZEA), 1400 m *Guzmán-H. 937* (ZEA)

H ***Mammillaria scrippsiana*** (Britt. & Rose) Orcutt, s. l. ENDÉMICA: Jalisco, Nayarit

Autlán: ESE de Ahuacapán 1600–1800 m *Guzmán-H. 927* (ZEA)

Tuxcacuesco: La Palma 700 m *Guzmán-H. 457* (ZEA)

H ***Mammillaria supraflumen*** Reppenh.

Autlán: Ahuacapán 1300 m *Guzmán-H. 446* (ZEA)

A ***Neobuxbaumia mezcalaensis*** (Bravo) Backeberg

Comala: Juluapan, falda de Cerro Grande 900 m *Guzmán-H. 445* (ZEA)

a ***Nopalea karwinskiana*** (Salm–Dyck) Schumann, "Nopal de venadillo"

Autlán: El Chante 1100 m *Cuevas-G. 1999* (ZEA), 1000 m *Iltis 1127* (WIS, ZEA)

Comala: Campo Cuatro–El Terrero, Cerro Grande 1000–1200 m *Cuevas-G. 3716* (ZEA)
Tolimán: O de San Pedro Toxín, Cerro Grande [1000 m] *Guzmán-H. 869a* (ZEA)
Tuxcacuesco: La Piedra, El Camichín 800 m *Cuevas-G. 3716* (ZEA)

a **_Opuntia atropes_** Rose
Autlán: 2 km SO de Ahuacapán 1300 m *Cuevas-G. 2252* (ZEA)
Comala: N de Campo Cuatro, Cerro Grande 1200 m *Cuevas-G. 3955* (ZEA)
Tuxcacuesco: El Camichín, Zenzontla 740 m *Guzmán-H. s. n.* (ZEA)

a **_Opuntia fuliginosa_** Griff., "Nopal", "Tuna"
Cuautitlán: SE de Cuzalapa 640 m *De Níz-L. 61* (ZEA)
La Resolana: Los Mazos 1200 m *Guzmán-H. s. n.* (ZEA)
Tolimán: Paso Real 700 m *Guzmán-H. 869* (ZEA)
Tuxcacuesco: NO de El Camichín, Zenzontla 900 m *Guzmán-H. 1173* (ZEA)

a **_Opuntia puberula_** Pfeiffer, "Nopal"
Minatitlán: Los Estanques, Platanarillos, Cerro Grande 700–800 m *Guzmán-H. 1183* (ZEA)
Tuxcacuesco: Zenzontla 800 m *Guzmán-H. s. n.* (ZEA), 890 m *Robles-H. 644* (ZEA)

A **_Pachycereus pecten-aboriginum_** (Engelm.) Britt. & Rose, "Pitayo cimarrón", "Quiste". Foto p. xxxiii, PP.
Tolimán: Paso Real 800 m *Guzmán-H. 867a* (ZEA)
Tuxcacuesco: La Cañita, Zenzontla 1050 m *Cuevas-G. 2079* (ZEA)

H **_Peniocereus cuixmalensis_** Sánchez–Mejorada; ENDÉMICA: Colima, Jalisco
La Resolana: La Calera 900 m *Guzmán-H. 733* (ZEA)
Minatitlán: Los Estanques, Platanarillos, Cerro Grande 800 m *Guzmán-H. 1184* (ZEA)

a **_Pereskiopsis aquosa_** (Weber) Britt. & Rose; ENDÉMICA: Jalisco, Nayarit
Cuautitlán: Ayotitlán 940 m *Cevallos-E. 52* (WIS, ZEA)
La Resolana: La Calera 800–900 m *Guzmán-H. s. n.* (ZEA)

aT **_Pereskiopsis diguetii_** (Weber) Britt. & Rose, "Patilona", "Patilón"
Autlán: El Aguacate 1100 m *Iltis 28803* (WIS, ZEA); El Chante 900 m *Cuevas-G. 2124a* (ZEA), *Vázquez-G. 4267* (WIS, ZEA)
Cuautitlán: La Cumbre 2125 m *Iltis 2233* (WIS)
Tuxcacuesco: O del pueblo [1000 m] *Guzmán-H. 864* (ZEA)

HE **_Rhipsalis baccifera_** (J. Mill.) W. T. Stearn
Cuautitlán: Las Marías, Ayotitlán 820 m *Cochrane 10887* (WIS)

T **_Selenicereus atropilosus_** Kimnach, "Pitayita"
Cuautitlán: Ayotitlán–Las Parejitas 750 m *Guzmán-M. 6673* (IBUG, MEXU, ZEA)
Tuxcacuesco: La Pasión, Zenzontla 1200 m *Santana-M. 5115* (ZEA)

T **_Selenicereus vagans_** (K. Brandegee) Britt. & Rose; ENDÉMICA: Jalisco, Sinaloa
Comala: Campo Cuatro–El Terrero, Cerro Grande 1000–1200 m *Cuevas-G. 3975* (ZEA)
Tolimán: Resumidero de Toxín, Cerro Grande 1500 m *Vázquez-G. s. n.* (ZEA)

A **_Stenocereus queretaroensis_** (Weber) Buxbaum, "Pitaya", "Pitayita"
Tuxcacuesco: La Cañita, Zenzontla 1100 m *Cuevas-G. 2078* (ZEA)

## CALLITRICHACEAE

H **_Callitriche heterophylla_** Pursh
Cuautitlán: Arroyo Neverías 2350–2500 m *Blum 3893a* (IBUG, MEXU, US, WIS, ZEA), *3893b* (CHAPA, IEB, WIS), *3894* (WIS)

## CAMPANULACEAE (LOBELIACEAE)

H **_Diastatea micrantha_** (H. B. K.) McVaugh
Cuautitlán: El Almeal 2100 m *Cochrane 10606* (WIS); San Miguel 1750 m *Santana-M. 4227* (WIS, ZEA); Telcruz 1500 m *Santana-M. 5530* (WIS, ZEA)

H **_Heterotoma lobelioides_** Zucc. var. **_glabra_** Ayers
Cuautitlán: La Cumbre–San Miguel 2270 m *Vázquez-G. 3931* (ZEA)

H **_Lobelia cordifolia_** (Hook. & Arn.) McVaugh [*Heterotoma cordifolia*]
Autlán: SEE de Ahuacapán 1500 m *Guzmán-H. 924* (WIS, ZEA)

Cuautitlán: El Durazno 1200 m *Cuevas-G. 1937* (WIS, ZEA); O de Las Marías, Ayotitlán 780–820 m *Cochrane 10928* (WIS, ZEA)
La Resolana: La Calera 740–780 m *Judziewicz 5181* (WIS), 800–1100 m *Iltis 31052* (WIS, ZEA)

H **_Lobelia fenestralis_** Cav.
Cuautitlán: Rincón de Manantlán 1520 m *Iltis 1170* (WIS)
Tolimán: La Laguna, Cerro Grande 2000 m *Guzmán-H. 1119* (WIS, ZEA)

H **_Lobelia jaliscensis_** McVaugh; ENDÉMICA: Jalisco
Autlán: Arroyo San Campús, Las Joyas 1560–1620 m *Judziewicz 5074* (WIS); Cañada El Tlacuache, Las Joyas 1885 m *Vázquez-G. 3801* (ZEA)
Cuautitlán: "Arroyo La Lupe" 1950–2025 m *Cochrane 10785* (WIS)

H **_Lobelia laxiflora_** H. B. K., "Aretillo"
Autlán: El Zarzamoro, Las Joyas 1900 m *Iltis 1275, 1316* (WIS)
Cuautitlán: E de El Durazno 1300–1400 m *Cuevas-G. 1915* (WIS, ZEA); Las Capillas 2760 m *Iltis 2394* (WIS); NNO de Telcruz 1700 m *Cuevas-G. 2174* (ZEA)
Tolimán: SSE de La Laguna, Cerro Grande 2100 m *Cuevas-G. 2210* (WIS, ZEA)

H **_Lobelia longicaulis_** Brandegee
Tolimán: El Terrero, Cerro Grande 2300 m *Iltis 30145* (F, MICH, WIS)

H **_Lobelia occidentalis_** McVaugh & Huft; ENDÉMICA: Jalisco, Guerrero
Autlán: El Zarzamoro, Las Joyas 1950 m *Cochrane 10741* (WIS)
Cuautitlán: E de La Cumbre 2000–2250 m *McVaugh 23097* (MICH, WIS); El Chante–Cuzalapa 1500–2700 m *McVaugh 10249* (MICH–Holótipo; GH–Isótipo); El Durazno 1200 m *Cuevas-G. 1977* (WIS, ZEA); La Cumbre 2050–2200 m *Iltis 2203* (WIS); Las Capillas 2600 m *Santana-M. 3416* (WIS, ZEA)

## CAPPARACEAE

A **_Capparis mollicella_** Standl., "Periquillo"
La Resolana: El Tepejilote, El Zapotillo 600–700 m *Santana-M. 4387, 4424, 4436, 4483* (WIS, ZEA), 420–500 m *Iltis 30975* (WIS), 515 m *Cochrane 12311* (WIS)

A **_Capparis quiriguensis_** Standl.; DISYUNTA: Guatemala, SE de México, Veracruz. Foto p. x.
La Resolana: La Calera 700–900 m *Cuevas-G. 2326* (WIS, ZEA), *Iltis 31020* (WIS), *Cochrane 12328* (CHAPA, ENCB, F, IEB, MEXU, MICH, WIS), *Guzmán-H. 771* (WIS, ZEA), *Santana-M. 4457* (WIS, ZEA)

H **_Cleome pilosa_** Benth.
Cuautitlán: El Durazno 950 m *Vázquez-G. 4044* (WIS, ZEA)
La Resolana: Arroyo Tacubaya 500 m *Iltis 299* (WIS)

H **_Cleome speciosa_** Raf., "Volantín"
Autlán: El Chante–Tecopatlán 900 m *Nieves-H. 494* (WIS, ZEA)

H **_Cleome tenuis_** S. Watson subsp. **_humilis_** (Rose) Iltis
Tuxcacuesco: Cerro del Palacio 1000 m *Santana-M. 6459* (ZEA)

H **_Cleome viscosa_** L.
Tuxcacuesco: Cerro del Palacio 1000 m *Santana-M. 6458* (ZEA)

A **_Crateva palmeri_** Rose, "Cascarón", "Granadilla"
Comala: Crucero Zacualpan–Juluapan, base del Cerro Grande 480 m *Cochrane 12574* (ANSM, CAS, ENCB, IBUG, MICH, WIS, ZEA)
Cuautitlán: Cuzalapa 800 m *Rosales-C. 107* (ZEA)
Tuxcacuesco: El Camichín, Zenzontla 720 m *Guzmán-H. 173* (ZEA); La Cañita, Zenzontla 1050–1100 m *Cuevas-G. 2052, 2081* (ZEA); Zenzontla 900–940 m *Cochrane 11699* (WIS, ZEA)

Aa **_Forchhammeria pallida_** Liebm.
Comala: Juluapan, Cerro Grande 900 m *Iltis 30115* (WIS)

a **_Forchhammeria sessilifolia_** Standl.
La Resolana: Abajo de La Antena, Los Mazos 1480 m *Cochrane 12067* (IBUG, WIS, ZEA)

A *Morisonia americana* L., "Chicozapote", "Chico cimarrón", "Rasca"
Tuxcacuesco: NNE de Zenzontla 900 m *Cuevas-G. 2083* (WIS, ZEA)

## Caprifoliaceae

T ***Lonicera acutifolium*** Benth.
Cuautitlán: El Durazno 960 m *Vázquez-G. 4064* (ZEA)

a ***Symphoricarpos microphyllus*** H. B. K.
Cuautitlán: Los Jardines–Cerro El Muñeco 2600–2780 m *Iltis 2456* (WIS, ZEA)
Tolimán: El Terrero, Cerro Grande 2450 m *Cuevas-G. 1773* (WIS, ZEA); 9.7 km N de El Terrero 2418 m *Wetter 2071* (WIS, ZEA)

A ***Viburnum hartwegii*** Benth.; DISYUNTA: América Central, Chiapas, Veracruz
Autlán: Cercanías de El Zarzamoro, Las Joyas 1950 m *Cochrane 10708* (WIS)
Cuautitlán: N de El Almeal 2140 m *Wetter 1077* (ARIZ, CHAPA, ENCB, F, GH, IBUG, MEXU, MICH, NA, UCR, WIS, ZEA); NO de Telcruz 1500 m *Santana-M. 5546* (WIS, ZEA)
Tolimán: E de El Terrero, Cerro Grande 2220 m *Iltis 29608* (WIS); NNO de El Terrero, Cerro Grande 2300 m *Cochrane 12591* (BH, IBUG, MICH, TEX, WIS); SO de El Terrero, Cerro Grande 2150 m *Cuevas-G. 2459* (WIS, ZEA)

a ***Viburnum microphyllum*** (Oerst.) Hemsl.
Cuautitlán: Las Capillas 2600 m *Iltis 29417* (WIS); Llanos de San Miguel 2200–2250 m *Cuevas-G. 2880* (WIS, ZEA)

## Caricaceae

A ***Carica papaya*** L.
La Resolana: Arroyo El Tecolote 1400 m *Vázquez-G. 4170* (ZEA)

A ***Jacaratia mexicana*** A. DC., "Bonete"
Comala: SE de Campo Cuatro, Cerro Grande 670 m *Cochrane 11752* (WIS, ZEA)
La Resolana: Arroyo El Tecolote 1400 m *Cuevas-G. 1856* (WIS, ZEA); El Tepejilote, El Zapotillo 470 m *Cochrane 12318* (F, MICH, MO, WIS, ZEA)
Tuxcacuesco: Zenzontla 900 m fide Santana–M.

H ***Jarilla chocola*** Standl.
Autlán: Ahuacapán–Las Joyas *Cházaro-B. 4837* (MEXU)
Comala: E de Campo Cuatro, Cerro Grande 1500 m *Guzmán-H. 1343* (ZEA)
La Resolana: Cerro La Petaca 800 m *Santana-M. 5764* (WIS, ZEA), 700 m *Santana-M. 5388* (ZEA)

## Caryophyllaceae

H ***Alsine*** sp.
Tolimán: Mezcalitos, Cerro Grande 2350–2400 m *Iltis 29530* (WIS)

H ***Arenaria lanuginosa*** (Michaux) Rohrb. s. l.
Autlán: San Campús, Las Joyas 1980 m *Vázquez-G. 3305* (ZEA)
Cuautitlán: [Arriba de] Manantlán 2400 m *Sørensen 7982* (WIS, ZEA)
Tolimán: NO de El Terrero, Cerro Grande 2200 m *Cochrane 12639* (WIS)

H ***Arenaria megalantha*** (Rohrb.) F. N. Williams
La Resolana: 16 km al S de Autlán 1400 m *Wilbur 2434* (MICH)

H ***Cerastium nutans*** Raf.
Cuautitlán: E de Manantlán 2530 m *Wilbur 1882* (MICH); El Cuartón [2500 m] *Wilbur 1792* (MICH); Neverías 2600 m *Cuevas-G. 1630* (ZEA)

H ***Cerastium sinaloense*** D. A. Good
Cuautitlán: Las Capillas 2760 m *Iltis 2377* (WIS, ZEA)

H ***Drymaria cordata*** (L.) Willd. ex Roem. & Schult.
Autlán: Los Barbechos–Cañada El Laurelito, Las Joyas 1840 m *Vázquez-G. 3573* (ZEA)
Cuautitlán: ENE de El Durazno 1900 m *Iltis 430* (WIS)
La Resolana: Cerro La Petaca 350–500 m *Iltis 314* (WIS, ZEA)

H *Drymaria excisa* Standl.
Cuautitlán: La Cumbre–San Miguel 2200–2250 m *Vázquez-G. 3925* (ZEA); Las Capillas 2800–2860 m *Iltis 3223* (ZEA); Llanos de San Miguel 2300 m *Cuevas-G. 2879* (ZEA)

H *Drymaria gracilis* Cham. & Schlecht. vel aff.
Autlán: Las Joyas 1900–1950 m *Cochrane 10751* (WIS)

H *Drymaria minuscula* Standl. & Steyerm. vel aff.
Cuautitlán: Las Capillas 2800–2860 m *Iltis 3210* (ZEA)

H *Drymaria villosa* Cham. & Schlecht.
Cuautitlán: Rincón de Manantlán 1600 m *Cuevas-G. 3436* (ZEA)

H *Drymaria villosa* subsp. *palustris* (Cham. & Schlecht.) Duke
Tuxcacuesco: NO de La Pasión, Zenzontla 1600–1800 m *Cuevas-G. 2617* (ZEA)

H *Minuartia moehringioides* (Moc. & Sessé ex Ser.) Mattf.
Autlán: El Zarzamoro, Las Joyas 1900–2000 m *Iltis 1337* (WIS, ZEA); Picacho del Sol y La Luna, Las Joyas 2140 m *Vázquez-G. 3690* (ZEA); Piedra Bola, Las Joyas 1900–2180 m *Judziewicz 4941* (WIS, ZEA)
Cuautitlán: "Arroyo La Lupe", OSO de Rincón de Manantlán 2025 m *Cochrane 10784* (WIS, ZEA); Rincón de Manantlán 1540–1600 m *Iltis 2316* (WIS), 1950–2100 m *Iltis 1221* (WIS), [1900 m] *Sánchez-S. 227* (IBUG)

H *Stellaria cuspidata* Willd.
Autlán: Picacho del Sol y La Luna, Las Joyas 2140 m *Vázquez-G. 3711* (WIS, ZEA); San Campús, Las Joyas 1980 m *Vázquez-G. 3529* (ZEA)
Cuautitlán: El Almeal 2100 m *Cochrane 10611* (WIS); La Cumbre 2090 m *Vázquez-G. 3711a* (ZEA); Los Chilillos 1900–2100 m *Judziewicz 4972* (WIS)
Tolimán: NNO de El Terrero, Cerro Grande 2360 m *Cochrane 12565* (WIS)

## CELASTRACEAE

T *Celastrus pringlei* Rose, "Bejuco relumbroso", "Junquillo"
Cuautitlán: Los Chilillos–La Cumbre 2000–2200 m *Cuevas-G. 1296, 2913* (WIS, ZEA)
Tolimán: El Terrero–La Laguna, Cerro Grande 2100 m *Santana-M. 5209* (WIS, ZEA), 2000 m *Santana-M. 5022* (WIS, ZEA), 2418 m *Wetter 2069* (CHAPA, F, GB, GH, IBUG, LE, NY, TEX, UC, WIS, ZEA), 2100 m *Cochrane 12599* (MICH, WIS)

A *Perrottetia longistylis* Rose
Autlán: Las Joyas 1950 m *Cochrane 10662* (WIS, ZEA); Piedra Bola, Las Joyas 1820–1850 m *Judziewicz 4905* (WIS, ZEA)
Cuautitlán: SEE de El Durazno 900–1000 m *Cuevas-G. 2841* (WIS, ZEA)

a *Rhacoma eucymosa* (Loes. & Pittier) Standl.
Cuautitlán: Arroyo San Miguel, Rincón de Manantlán 1800 m *Cochrane 10847* (WIS)

aA *Rhacoma managuatillo* Loes.
Minatitlán: Juluapan–Campo Cuatro, Cerro Grande 570 m *Cochrane 11748* (F, GB, GH, IBUG, MICH, UC, WIS, ZEA)

a *Schaefferia frutescens* Jacq. vel aff.
Tuxcacuesco: Cerro del Palacio 1150 m *Santana-M. 6789* (ZEA)

a *Schaefferia pilosa* Standl.
Tuxcacuesco: Cerro del Palacio 1150 m *Santana-M. 6698* (ZEA)

A *Wimmeria lanceolata* Rose, "Zarcillito"
Tolimán: El Sauz–El Terrero, Cerro Grande 1665–1675 m *Cochrane 12239* (CHAPA, F, GH, LAM, MO, UC, UMO, USF, WIS, ZEA); O de San Pedro Toxín, Cerro Grande 700–800 m *Vázquez-G. 4114* (ZEA)
Tuxcacuesco: Cerro del Palacio 1100 m *Santana-M. 5900* (WIS, ZEA)

A *Zinowiewia concinna* Lundell, "Librillo"
Autlán: Las Joyas 1860 m *Guzmán-H. 1029* (ZEA)
Tolimán: El Terrero, Cerro Grande 2100–2150 m *Cuevas-G. 2461* (WIS, ZEA); Pozo Blanco, El Terrero, Cerro Grande *Cochrane 12598* (IBUG, MICH, UCR, WIS, ZEA)

## Chenopodiaceae

H ***Chenopodium ambrosioides*** L.
Autlán: Los Mazos 1200 m *Cuevas-G. 2807a* (WIS, ZEA)

H ***Chenopodium graveolens*** Lag. & Rodr., "Epazote"
Autlán: El Zarzamoro, Las Joyas 1940 m *Vázquez-G. 3539* (ZEA)

## Chloranthaceae

A ***Hedyosmum mexicanum*** Cordemoy, "Guardalagua"
Cuautitlán: Chancol, Ayotitlán 1100 m *Vázquez-G. 4051* (ZEA); NE de Telcruz, Ayotitlán 1600 m *Cuevas-G. 1818b* (ZEA); Rincón de Manantlán 1850–2100 m *Iltis 28865* (WIS, ZEA), 1660–1900 m *Iltis 3191* (WIS), 1900–2000 m *Judziewicz 5048* (WIS)

## Chrysobalanaceae

A ***Couepia polyandra*** (H. B. K.) Rose [incl. *C. dodecandra*], "Zapotillo"
Cuautitlán: Cuzalapa 700 m *Cuevas-G. 1939* (WIS, ZEA)
La Resolana: Arroyo Tacubaya 400–460 m *Cochrane 11678* (IBUG, MICH, NY, WIS); Cerca del pueblo 550–600 m *Vázquez-G. 4380* (ZEA); SE del pueblo 350–400 m *Santana-M. 3363* (WIS, ZEA)

A ***Licania retifolia*** Blake [incl. *L. gonzalezii*]
Cuautitlán: Ayotitlán 750 m *Benz 1261* (WIS, ZEA), 1100 m *Vázquez-G. 4473* (WIS, ZEA); Las Marías, Ayotitlán 780–800 m *Cochrane 11783* (IBUG, WIS, ZEA)
La Resolana: Arroyo El Tecolote 500 m *Santana-M. 3772* (ZEA), 800–900 m *Vázquez-G. 4497* (WIS, ZEA); Cerro La Petaca 500 m *Santana-M. 4398* (WIS, ZEA)

## Cistaceae

H ***Helianthemum concolor*** (Riley) Ortega
Autlán: El Zarzamoro, Las Joyas 1900–2000 m *Iltis 1350* (WIS); San Campús, Las Joyas 2000 m *Judziewicz 4961* (ZEA); 3–5 km NE de Corralitos 2000 m *Vázquez-G. 4243* (WIS, ZEA)

H ***Helianthemum coulteri*** S. Watson
Tolimán: El Terrero, Cerro Grande 2450 m *Cuevas-G. 3456* (ZEA)

H ***Helianthemum glomeratum*** Lag.
Autlán: Corralitos 2000 m *López 97* (ZEA)

## Clethraceae

A ***Clethra rosei*** Britt., "Canelo", "Roble"
Autlán: Ahuacapán–Las Joyas 1050–1100 m *Vázquez-G. 4199* (WIS, ZEA)
Cuautitlán: Aserradero de Manantlán 1520 m *Calzada 9538* (XAL); El Pedregal 1300 m *Cuevas-G. 2102* (WIS, ZEA); Manantlán–Rincón de Manantlán 1660 m *Sørensen 7868* (WIS, ZEA); O de El Durazno 850–900 m *Cuevas-G. 1870* (WIS, ZEA), *Santana-M. 3322* (IBUG, WIS)
La Resolana: [5 km] N de La Resolana [305 m] *Wilbur 1557* (DS, MICH, TEX, WIS); Puerto de Los Mazos–La Antena 2000 m *Ramírez-D. 685* (IBUG)

A ***Clethra vicentina*** Standl., "Cucharo"; DISYUNTA: América Central, Chiapas, Guerrero
Autlán: ONO de Las Joyas 1950 m *Cochrane 10693* (WIS, ZEA)
Cuautitlán: La Cumbre 2050–2200 m *Iltis 1243* (IBUG, MICH, NY, TEX, UC, WIS), *2211* (WIS, ZEA); La Cumbre–San Miguel 2270 m *Vázquez-G. 3926* (IBUG, WIS, ZEA); Rincón de Manantlán 1950–2100 m *Sørensen 7839* (WIS, ZEA); Rincón de Manantlán a El Cuartón 2400–2600 m *McVaugh 10256* (DS, GH, LL, MICH, NY, TEX, UC)
Tolimán: La Antena–Los Encinitos, Cerro Grande 2400 m fide Vázquez–G.

A ***Clethra*** sp.
Cuautitlán: Arriba de El Durazno 1249 m *Wetter 2091* (BM, IBUG, MEXU, MICH, WIS, ZEA); El Durazno–La Cumbre 1500–1900 m *McVaugh 23218* (MICH); E de El Durazno 1300–1400 m *Cuevas-G. 1892* (WIS, ZEA)

## COCHLOSPERMACEAE

A *Cochlospermum vitifolium* (Willd.) Spreng., "Panicua". Foto p. xxxiii, NN.
Comala: OSO de Campo Cuatro, falda de Cerro Grande 570 m *Cochrane 11749* (WIS, ZEA), 800 m *Cházaro-B. 4465* (WIS)
La Resolana: Los Mazos 1200 m *Cuevas-G. 1821* (ZEA), *Sánchez-R. 16* (ZEA)

## COMBRETACEAE

T *Combretum fruticosum* (Loefl.) Stuntz [*C. farinosum*], "Cepillito", "Peine de chango", "Peinecillo"
La Resolana: Los Mazos [1700 m] *Cuevas-G. 1884* (WIS, ZEA)
Tuxcacuesco: Zenzontla 840–900 m *Cochrane 11657* (IBUG, WIS, ZEA)

## COMPOSITAE (ASTERACEAE)

La mayoría de las determinaciones fueron hechas o verificadas por Billie L. Turner, Rogers McVaugh o Guy L. Nesom.

H *Acmella alba* (L'Her.) Jansen [*Spilanthes alba*]
La Resolana: 15–16 km SO Autlán 600 m *McVaugh 14220* (MICH–*Fl.NG.*)

H *Acmella oppositifolia* (Lam.) Jansen [*Spilanthes oppositifolia*]
Autlán: Las Galeras, Las Joyas 1650 m *Vázquez-G. 3633* (ZEA); Las Playas, Las Joyas 1900 m *Cochrane 10762* (WIS, ZEA)
Cuautitlán: S de Rincón de Mananatlán 1700 m *Sørensen 7858* (MICH–*Fl.NG.*, WIS)

a *Ageratina barriei* B. Turner (ver ***Eupatorium barriei***)

a *Ageratina manantlana* B. Turner (ver ***Eupatorium manantlanum***)

a *Ageratum corymbosum* Zuccagni s. l.
Autlán: Cañada El Laurelito, Las Joyas 1850 m *Vázquez-G. 3840* (ZEA); La Hierbabuenita, Las Joyas 1890 m *Vázquez-G. 3670* (WIS, ZEA)
Cuautitlán: Arriba de Telcruz, Ayotitlán 1375 m *Cochrane 12134, 12139* (WIS); La Cumbre 2100 m *Iltis 1220* (WIS)

a *Ageratum corymbosum* forma ***albiflorum*** B. L. Rob.
Cuautitlán: [Las Capillas] 2750 m *McVaugh 23149* (MICH–*Fl.NG.*)

a *Ageratum corymbosum* forma ***corymbosum***
Autlán: Arriba de Ahuacapán *McVaugh & Koelz 911* (MICH–*Fl.NG.*)
La Resolana: La Resolana–La Huerta [RBSM?] *McVaugh 21116* (MICH–*Fl.NG.*)

H *Ageratum houstonianum* Mill.
Cuautitlán: Cuzalapa 800 m *Cuevas-G. 1960* (WIS, ZEA)

H *Alloispermum colimense* (McVaugh) King & H. Rob. [*Calea colimensis*]
Autlán: Corralitos–Ahuacapán 1800 m *Vázquez-G. 4191* (ZEA); El Chante–Cuzalapa 2000–2250 m *McVaugh 23101* (MICH–*Fl.NG.*); El Zarzamoro, Las Joyas 1900 m *Iltis 1319* (WIS)
Tolimán: 6 km N de El Terrero, Cerro Grande 2403 m *Wetter 2049* (WIS)

H *Alloispermum integrifolium* (DC.) H. Rob.
Autlán: Corralitos 1700 m *Vázquez-G. 4230* (UCR, WIS, ZEA)

H *Alloispermum palmeri* (A. Gray) Fernández & Urbatsch var. ***palmeri***
Autlán: Corralitos 1600 m *Santana-M. 3679* (ZEA)
Cuautitlán: Chancol–Ayotitlán 1100 m *Vázquez-G. 4474* (WIS, ZEA)
La Resolana: SO de Autlán *Wilbur 1546, 2070, 2368* (MICH–*Fl.NG.*)

H *Alloispermum scabrum* (Lag.) H. Rob. var. ***scabrum***
Autlán: [Ahuacapán–Corralitos] *McVaugh & Koelz 921* (MICH–*Fl.NG.*); Las Playas, Las Joyas 1900 m *Judziewicz 4803* (WIS); Los Barbechos, Las Joyas 2000 m *Cochrane 10723* (WIS)

a *Archibaccharis asperifolia* (Benth.) Blake
Autlán: El Zarzamoro, Las Joyas 1900 m *Iltis 1365* (WIS)

a *Archibaccharis hieraciifolia* Heering var. ***glandulosa*** (Greenm.) J. D. Jackson
Cuautitlán: El Guízar 2700 m *McVaugh 26129* (MICH–*Fl.NG.*), *Iltis 29401* (IBUG, WIS)
a ***Archibaccharis schiedeana*** (Benth.) J. D. Jackson
Autlán: El Zarzamoro, Las Joyas 1900 m *Iltis 1320* (WIS); [RBSM?] *McVaugh 13880* (MICH–*Fl.NG.*)
Tolimán: El Terrero–La Laguna, Cerro Grande 2403 m *Wetter 2047* (WIS); La Antena, en frente de Toxín, Cerro Grande 2485 m *Cochrane 12549* (TEX, WIS)
a ***Archibaccharis serratifolia*** (H. B. K.) Blake
Autlán: [RBSM?] *McVaugh 13582* (MICH–*Fl.NG.*)
Comala: Lagunitas, Cerro Grande 2000 m *Iltis 29569* (WIS)
H ***Aster moranensis*** H. B. K., "Hojasén"
Autlán: Corralitos–Ahuacapán 1700 m *Vázquez-G. 4239* (WIS, ZEA)
Cuautitlán: Rincón de Manantlán 1600 m *Kowal 2828* (MICH, WIS)
Tolimán: El Mirador de La Laguna, Cerro Grande 2100 m *Nieves-H. 427* (WIS)
H ***Aster subulatus*** Michx. var. ***parviflorus*** (Nees) Sundberg
Comala: Juluapan–Campo Cuatro, Cerro Grande 1000 m *Guzmán-H. 1336* (WIS, ZEA)
a ***Baccharis heterophylla*** H. B. K., "Cuaracuata cimarrona"
Autlán: El Zarzamoro, Las Joyas 1800 m *Santana-M. 3555* (ZEA)
a ***Baccharis multiflora*** H. B. K. var. ***brevipappa*** McVaugh; ENDÉMICA: Jalisco, Michoacán
Autlán: Corralitos 1700 m *Cuevas-G. 1879* (ZEA); Corralitos–Ahuacapán 1700 m *Vázquez-G. 4235* (CHAPA, UCR, WIS, ZEA)
La Resolana: El Zapotillo, La Resolana 700 m *Santana-M. 4438* (ZEA)
a ***Baccharis occidentalis*** Blake; ENDÉMICA: Jalisco, Nayarit
Cuautitlán: E de Manantlán [2470 m] *Wilbur 1808* (MICH)
a ***Baccharis pteronioides*** DC., "Cuaracuata", "Escoba", "Jarilla"
Autlán: La Cascada, Las Joyas 1750 m *Vázquez-G. 3004* (ZEA)
Cuautitlán: El Durazno 1000 m *Cuevas-G. 1935* (WIS, ZEA)
a ***Baccharis salicifolia*** (Ruiz & Pav.) Pers.
Cuautitlán: Rincón de Manantlán 1600 m *Cuevas-G. 3443* (ZEA)
La Resolana: SO de Autlán [RBSM?] *Wilbur 2273* (MICH–*Fl.NG.*)
a ***Baccharis trinervis*** Pers., "Hierba del arlomo"
Autlán: [RBSM?] *Wilbur 1585* (MICH–*Fl.NG.*)
Cuautitlán: Cuzalapa 700 m *Rosales-C. 190* (WIS, ZEA); El Durazno 920 m *Santana-M. 3310* (WIS, ZEA); Telcruz, Ayotitlán 1100 m *Vázquez-G. 4475* (WIS, ZEA)
La Resolana: Los Mazos 1700 m *Cuevas-G. 1819a* (WIS, ZEA)
H ***Baltimora geminata*** (Brandegee) Stuessy
La Resolana: 16 km al N del pueblo 600 m *Stuessy 4139* (WIS)
H ***Bidens acrifolia*** Sherff; ENDÉMICA: Jalisco, Sinaloa
Autlán: Arriba de Ahuacapán *McVaugh 19632* (MICH–*Fl.NG.*); El Zarzamoro, Las Joyas 2000 m *Judziewicz 4873* (WIS)
H ***Bidens aequisquama*** (Fernald) Sherff var. ***aequisquama***
Toliman: La Laguna, Cerro Grande 2100 m *Cuevas-G. 3468* (ZEA)
H ***Bidens mollifolia*** Sherff; DISYUNTA: Oaxaca
La Resolana: SO de Autlán *McVaugh & Koelz 854* (MICH–*Fl.NG.*)
H ***Bidens odorata*** Cav. var. ***odorata***
Autlán: La Hierbabuenita, Las Joyas 1890 m *Vázquez-G. 3666* (ZEA)
H ***Bidens odorata*** var. ***rosea*** (Sch. Bip.) Melchert
Autlán: O de Tecopatlán 1400–1700 m *Cuevas-G. 2632* (ZEA)
Tolimán: El Terrero, Cerro Grande 1900 m *Vázquez-G. 4156* (WIS, ZEA)
H ***Bidens ostruthioides*** (DC.) Sch. Bip.
Cuautitlán: El Chante–Cuzalapa *McVaugh 13840, 23113* (MICH–*Fl.NG.*); Los Jardines–Cerro El Muñeco 2780 m *Sørensen 7915a, 7915b* (WIS), *Cuevas-G. 2847* (WIS, ZEA)

H **Bidens pilosa** L., "Aceitilla"
Autlán: Arriba de Ahuacapán *McVaugh & Koelz 1014* (MICH–*Fl.NG.*); El Zarzamoro, Las Joyas 1970 m *Iltis 28871* (WIS), 1900 m *Vázquez-G. 3509* (ZEA)

T **Bidens reptans** (L.) G. Don ex Sweet var. **urbanii** (Greenm.) O. E. Schulz [*B. mexicana*]
Autlán: El Chante 1050 m *Sørensen 7853* (WIS)
Cuautitlán: Cuzalapa 700 m *Rosales-C. 203* (ZEA)
Tolimán: Lagunitas, Cerro Grande 1400 m *Iltis 30213* (IBUG, TEX, WIS, ZEA)

H **Bidens riparia** H. B. K. var. **refracta** (Brandegee) O. E. Schulz
Cuautitlán: Telcruz, Ayotitlán 1200 m *Guzmán-H. 426* (ZEA)

H **Bidens rostrata** Melchert
Autlán: Ahuacapán 1300 m *Santana-M. 5419* (ZEA)

T **Bidens squarrosa** H. B. K.
Tolimán: Agua Salada 1000 m *Cuevas-G. 1811* (ZEA)

H **Bidens triplinervia** H. B. K.
Cuautitlán: El Chante–Cuzalapa *McVaugh 13843* (MICH–*Fl.NG.*), *Wilbur 1978* (MICH–*Fl.NG.*); Las Capillas 2760 m *Cuevas-G. 1617a* (WIS), *Iltis 2416a* (WIS)

H **Brickellia adenolepis** (B. L. Rob.) Shinners; ENDÉMICA: Nueva Galicia
Autlán: El Chilacayote, Las Joyas 1850 m *Judziewicz 4927* (WIS); Cerro de Las Yeguas 2000 m *Judziewicz 5019* (WIS, ZEA)

H **Brickellia cardiophylla** B. L. Rob.; ENDÉMICA: Jalisco
Minatitlán: Peña Colorado, cerca de El Rincón 1500 m *Santana-M. 6131* (ZEA)

H **Brickellia diffusa** (Vahl) A. Gray
Autlán: El Chante 1660 m *McVaugh 11737* (MICH); 7–10 km SSO Autlán [1700 m] *Cuevas-G. 1882* (UCR, WIS, ZEA)

H **Brickellia filipes** B. L. Rob.
La Resolana: La Calera 800–1100 m *Iltis 31053* (WIS)

H **Brickellia jaliscencis** McVaugh; ENDÉMICA: Nueva Galicia
Autlán: Arriba de Ahuacapán 1500–2000 m *McVaugh & Koelz 934* (MICH–Holótipo–*Fl.NG.*); El Zarzamoro, Las Joyas 1800–2000 m *Iltis 1349, 29045* (WIS)
Cuautitlán: Arriba de El Durazno 1700 m *McVaugh 13979* (MICH–*Fl.NG.*); San Miguel 2200–2400 m *Sørensen 7963* (WIS), 1900–2000 m *Santana-M. 4193* (WIS, ZEA)

a **Brickellia magnifica** McVaugh; ENDÉMICA: Jalisco
Autlán: Arrriba de El Chante *McVaugh 10263* (MICH–*Fl.NG.*)
Tolimán: Lagunitas, Cerro Grande 2100–2160 m *Iltis 29613* (WIS)

Ha **Brickellia scoparia** (DC.) A. Gray
La Resolana: [Los Mazos] *McVaugh & Koelz 860* (MICH–*Fl.NG.*)

Ha **Brickellia secundiflora** (Lag.) A. Gray var. **monticola** McVaugh; ENDÉMICA: Nueva Galicia
Cuautitlán: Chancol, Ayotitlán 1100 m *Cuevas-G. 1703* (ZEA)
Tolimán: La Laguna, Cerro Grande 2000 m *Cuevas-G. 1740* (WIS, ZEA)

Ha **Brickellia squarrosa** (Cav.) B. L. Rob. var. **oligadena** B. L. Rob. [*B. oligadena*]
Autlán: Corralitos–Ahuacapán 1675 m *Cochrane 11712* (IBUG, TEX, WIS, ZEA); Cuchilla de La Tuna, Las Joyas 1820 m *Villalobos-S. 177* (ZEA)
Cuautitlán: El Chante–Cuzalapa *McVaugh 23186* (MICH–*Fl.NG.*); La Cumbre 2020 m *Wetter 2039* (ENCB, IBUG, MEXU, TEX, US, WIS, ZEA); La Cumbre–San Miguel 2270 m *Vázquez-G. 3919* (WIS, ZEA)

a **Brickellia subuligera** (Schauer) B. Turner; REGISTRO: Nueva Galicia
Tolimán: N de Puerto de Toxín, Cerro Grande 1290–1320 m *Cochrane 12275* (WIS)

a **Calea urticifolia** (Mill.) DC. var. **urticifolia**, "Amargocilla", "Retama", "Tacote amargoso"
Autlán: Ahuacapán 950–1000 m *Vázquez-G. 4191* (WIS, ZEA)
Cuautitlán: El Durazno 920 m *Santana-M. 3309* (WIS, ZEA)
La Resolana: La Resolana 400–600 m *Cuevas-G. 2376* (WIS, ZEA)

H ***Carminatia recondita*** McVaugh
Cuautitlán: Chancol, Ayotitlán 1100 m *Cuevas-G. 1703* (WIS, ZEA)
La Resolana: Autlán–El Zapotillo 700–900 m *Guzmán-H. 515* (ZEA)

H ***Carminatia tenuiflora*** DC.
Autlán: Ahuacapán 1400 m *Santana-M. 5446* (ZEA)

H ***Chaptalia leucocephala*** Greene
Tolimán: Puertecito de Los Ladrillos, Cerro Grande 2400 m *Santana-M. 5183* (ZEA)

H ***Chrysanthellum indicum*** DC. var. ***mexicanum*** (Greenm.) B. Turner
Autlán: El Chante–Tecopatlán 900 m *Nieves-H. 498* (ZEA)

a ***Cirsium anartiolepis*** Petrak, "Cardo santo"
Autlán: SO de Ahuacapán 1650 m *Cuevas-G. 2256* (WIS, ZEA)
Cuautitlán: Cerro Alto Las Yeguas 2000–2160 m *Judziewicz 5022* (WIS)

a ***Cirsium ehrenbergii*** Sch. Bip.
Cuautitlán: NNE de Telcruz, Ayotitlán 1755 m *Cochrane 12224* (IBUG, WIS, ZEA)

H ***Cirsium mexicanum*** DC.; REGISTRO: Nueva Galicia
Cuautitlán: NNE de Telcruz, Ayotitlán 1725–1755 m *Cochrane 12224* (IBUG, WIS, ZEA)
Tuxcacuesco: La Palma–El Camichín, Zenzontla 700 m *Guzmán-H. 186* (WIS, ZEA)

H ***Cirsium tolucanum*** (B. L. Rob. & Seat.) Petrak; REGISTRO: Nueva Galicia
Cuautitlán: Llanos de San Miguel 2350 m *Iltis 3234* (WIS)

a ***Cirsium*** sp. nov., fide G. Nesom, "Cardo santo"; ENDÉMICA: Jalisco
Autlán: Cañada El Laurelito, Las Joyas 1850 m *Vázquez-G. 3843* (ZEA); Charco de Los Perros, Las Joyas 1890 m *Villalobos-S. 211* (ZEA)
Cuautitlán: La Cumbre 2100 m *Cuevas-G. 1924* (WIS, ZEA)

aA ***Clibadium arboreum*** Donn. Sm.
Minatitlán: NO de Telcruz, Ayotitlán 1300–1400 m *Cuevas-G. 3271* (ZEA)

H ***Conyza apurensis*** H. B. K.
Cuautitlán: Telcruz, Ayotitlán 1650 m *Cuevas-G. 2152* (WIS, ZEA)

H ***Conyza bonariensis*** (L.) Cronq.
La Resolana: 15–16 km SO Autlán 1200 m *Wilbur 2142* (MICH–*Fl.NG.*)

H ***Conyza canadensis*** (L.) Cronq. var. ***pusilla*** (Nutt.) Cronq.
Autlán: San Campús, Las Joyas 1900 m *Judziewicz 4967* (WIS)
Cuautitlán: Las Marías, Ayotitlán 800 m *Rosales-C. 82* (ZEA)
La Resolana: 18–19 km SO de Autlán *Wilbur 1612* (MICH–*Fl.NG.*)

H ***Conyza confusa*** Cronq.
Autlán: Los Barbechos, Las Joyas 2000 m *Cochrane 10734* (WIS, ZEA)

H ***Conyza coronopifolia*** H. B. K.
Autlán: El Zarzamoro, Las Joyas 1940 m *Vázquez-G. 3534* (ZEA); Las Playas, Las Joyas 1800 m *Vázquez-G. 3455* (ZEA); San Campús, Las Joyas 1980 m *Vázquez-G. 3369* (ZEA)

H ***Conyza coulteri*** A. Gray; REGISTRO: Nueva Galicia
Autlán: El Zarzamoro, Las Joyas 1900 m *Vázquez-G. 3516* (ZEA)

H ***Conyza microcephala*** Hemsl.
Autlán: Las Mantequillas, Las Joyas 1600 m *Cuevas-G. 1480* (WIS, ZEA)

H ***Conyza sophiifolia*** H. B. K. [*Laennecia sophiifolia*]
Autlán: Los Mazos 1700 m *Vázquez-G. 4544* (WIS, ZEA); S y SE de Autlán 1300 m *Wilbur 2086, 2143* (MICH–*Fl.NG.*)

H ***Coreopsis petrophiloides*** B. L. Rob. & Greenm.
Cuautitlán: El Chante–Cuzalapa *McVaugh 23141* (MICH–*Fl.NG.*); Las Capillas–Los Jardines 2800 m *Sørensen 7938* (WIS)

H ***Cosmos bipinnatus*** Cav.
Autlán: Las Joyas 2000 m *Santana-M. 4041* (ZEA)

H ***Cosmos carvifolius*** Benth.
Autlán: Cerro Alto, Las Joyas 2100 m *Vázquez-G. 3445* (ZEA); El Zarzamoro, Las

Joyas 1900 m *Iltis 3129* (WIS); La Cascada, Las Joyas 1720 m *Vázquez-G. 3597* (ZEA); La Hierbabuenita, Las Joyas 1800 m *Vázquez-G. 3576* (ZEA)
Cuautitlán: El Chante–Cuzalapa *McVaugh 13976* (MICH–*Fl.NG.*)

H **Cosmos intercedens** Sherff; ENDÉMICA: Jalisco, Nayarit
Tolimán: El Terrero, Cerro Grande 2000 m *Guzmán-H. 552* (ZEA)

H **Cosmos sulphureus** Cav.
Autlán: Ahuacapán–Las Joyas 1100 m *Lorente-A. 188* (ZEA)

a **Cymophora hintonii** B. Turner & Powell [aff. *Tridax accedens*]; ENDÉMICA: Jalisco, Michoacán
La Resolana: [27 km] SO de Autlán *Webster 16051* (MICH–*Fl.NG.*)

H **Dahlia coccinea** Cav., "Charahuesca"
Autlán: Cañada El Laurelito, Las Joyas 1800 m *Vázquez-G. 3730a* (ZEA); Cerro Alto, Las Joyas 2100 m *Vázquez-G. 3444* (ZEA); El Zarzamoro, Las Joyas 1900 m *Iltis 3152* (WIS); Filo de La Vaca, Las Joyas 2000 m *Vázquez-G. 3405* (ZEA)
Comala: Campo Cuatro–El Terrero, Cerro Grande 1200–1350 m *Cuevas-G. 3938* (ZEA)
Cuautitlán: Arriba de El Chante *Wilbur 1967* (MICH–*Fl.NG.*)

a **Dahlia tenuicaulis** Sørensen
Cuautitlán: El Chante–Cuzalapa *McVaugh 13873* (MICH–*Fl.NG.*); La Cumbre–San Miguel 2300 m *Vázquez-G. s. n.* (ZEA); La Cumbre 2250 m *Sørensen 7876a* (WIS)
Tolimán: SO de El Terrero, Cerro Grande 2100 m *Cuevas-G. 2472* (WIS, ZEA)

a **Decachaeta haenkeana** DC.
Tuxcacuesco: El Aguacate, El Chante 900 m *Iltis 28797* (WIS, ZEA)

H **Delilia biflora** (L.) Kuntze
Autlán: Ahuacapán 1100 m *Santana-M. 4618* (ZEA); Autlán–El Chante 1000 m *Sánchez-S. 275* (IBUG, WIS)
Cuautitlán: Arriba de Ahuacapán *McVaugh 19548* (MICH–*Fl.NG.*); El Durazno 960 m *Cuevas-G. 1682* (WIS, ZEA)

a **Desmanthodium fruticosum** Greenm.
Autlán: Arriba de Ahuacapán *McVaugh 19548* (MICH–*Fl.NG.*); Las Joyas 1850 m *Vázquez-G. 3850* (ZEA)

H **Dyssodia neomexicana** (A. Gray) B. L. Rob. var. **pulcherrima** Strother
Autlán: Ahuacapán 1000 m *Santana-M. 5409* (ZEA)

a **Dyssodia porophyllum** (Cav.) Cav. var. **cancellata** (Cass.) Strother
Autlán: Ahuacapán 1400 m *Santana-M. 5445* (ZEA)

H **Dyssodia squamosa** A. Gray. Foto p. xxxvii, ZZ.
Cuautitlán: El Durazno 1400 m *Cuevas-G. 1886a* (WIS, ZEA)
La Resolana: El Tecolote 1600 m *Vázquez-G. 3951* (WIS, ZEA)
Minatitlán: Arriba de Minatitlán [RBSM?] *McVaugh 26241* (MICH–*Fl.NG.*)

H **Dyssodia tagetiflora** Lag.
La Resolana: Los Mazos 1700 m *Cuevas-G. 1879* (WIS, ZEA)
Tuxcacuesco: Zenzontla 900 m *Cochrane 11663* (WIS, ZEA)

H **Eclipta prostrata** (L.) L.
La Resolana: Arroyo El Tecolote 500 m *Santana-M. 1080* (IBUG); Cerro La Petaca 500 m *Santana-M. 5725* (ZEA)

H **Elephantopus mollis** H. B. K.
Cuautitlán: El Durazno 1300 m *Cuevas G. 1932* (WIS, ZEA)
La Resolana: Cerca del pueblo 600 m *Cuevas-G. 2837* (WIS, ZEA)

H **Erechtites hieraciifolia** (L.) Raf. ex DC. var. **cacalioides** (Spreng.) Griseb.
Autlán: Arriba de Ahuacapán 1100 m *McVaugh & Koelz 916* (MICH–*Fl.NG.*)
Cuautitlán: Las Marías, Ayotitlán 700 m *López-H. 178* (ZEA)

H **Erigeron longipes** DC.
Autlán: El Chilacayote, Las Joyas 1700 m *Cuevas-G. 1485* (WIS, ZEA); El Zarzamoro,

Las Joyas 1900 m *Cuevas-G. 1383* (WIS, ZEA), *Vázquez-G. 3513* (ZEA); San Campús, Las Joyas 1980 m *Vázquez-G. 3371* (ZEA)
Comala: Juluapan–Campo Cuatro, Cerro Grande 1000 m *Guzmán-H. 1341* (WIS, ZEA)
Cuautitlán: Chancol, Ayotitlán 1100 m *Vázquez-G. 4478* (ZEA); El Chante–Cuzalapa *Wilbur 1790, 2085* (MICH–*Fl.NG.*)

H ***Erigeron ortegae*** S. F. Blake var. ***ortegae*** [*Aster spinosus*]; REGISTRO: Nueva Galicia
Cuautitlán: Las Marías, Ayotitlán 780 m *Cochrane 10901* (WIS)

H ***Erigeron polycephalus*** (Larsen) Nesom
Autlán: El Zarzamoro, Las Joyas 1900 m *Vázquez-G. s. n.* (ZEA); Puerto Escobedo, Las Joyas 1950 m *Cuevas-G. 1921* (WIS, ZEA)
Cuautitlán: El Chante–Cuzalapa *McVaugh 23122* (MICH–*Fl.NG.*); La Cumbre 2110 m *Wetter 1091* (IBUG, MEXU, TEX, WIS, ZEA)

H ***Erigeron velutipes*** Hook. & Arn., "Botoncillo"
Autlán: Los Barbechos, Las Joyas 2000 m *Cochrane 10727* (WIS)
Cuautitlán: La Cumbre 2100 m *Cuevas-G. 1925* (ZEA)
Tolimán: Llanos de Toxín 1300 m *Vázquez-G. 4117* (ZEA)

T ***Eupatorium araliifolium*** Less. [*Neomirandea araliaefolium*]
Autlán: Cuchilla de La Tuna, Las Joyas 1860 m *Vázquez-G. 3874* (ZEA); El Zarzamoro, Las Joyas 1900 m *Iltis 29024* (WIS, ZEA), 1950 m *Cochrane 10696* (WIS)
Cuautitlán: Arriba de El Chante 1650–1850 m *McVaugh 23092* (MICH–Holótipo de *Eupatorium altiscandens–Fl.NG.*); La Cumbre–Rincón de Manantlán 2000 m *Judziewicz 5039* (WIS, ZEA)

a ***Eupatorium areolare*** DC. [*Ageratina areolaris*]
Autlán: Cañada El Laurelito, Las Joyas 1850 m *Vázquez-G. 3743* (ZEA), 1960 m *Jardel-P. 38* (WIS, ZEA); Corralitos 1700 m *Vázquez-G. 4229* (WIS, ZEA)
Cuautitlán: El Chante–Cuzalapa *McVaugh 13913* (MICH–*Fl.NG.*); La Cumbre 2140 m *Vázquez-G. 3712, 3713* (WIS, ZEA), 1700 m *Iltis 28881* (CHAPA, ENCB, IEB, MEXU, WIS)

a ***Eupatorium arsenei*** B. L. Rob. [*Ageratina arsenei*]
Cuautitlán: Cerca de Rancho Manantlán 1650–1850 m *McVaugh 23071* (MICH)
Tolimán: El Terrero, Cerro Grande 2300 m *Muñoz-M. 34* (ZEA); NO de El Terrero, Cerro Grande 2300 m *Santana-M. 5872* (ZEA)

a ***Eupatorium atrocordatum*** B. L. Rob. [*Ageratina atrocordata*]; REGISTRO: Nueva Galicia
Tolimán: El Terrero, Cerro Grande 2300 m *Iltis 30142* (WIS, ZEA)

a ***Eupatorium barriei*** [*Ageratina barriei* B. Turner, no se ha transferido a *Eupatorium*]; ENDÉMICA: RBSM
La Resolana: Puerto de Los Mazos [1240 m] *Barrie 1146* (TEX–Holótipo)

a ***Eupatorium ceriferum*** McVaugh [*Ageratina cerifera*]; ENDÉMICA: Jalisco
Cuautitlán: La Cumbre–Neverías 2350–2500 m *Iltis 2348* (WIS); Rincón de Manantlán–San Miguel 2200 m *Sørensen 7971* (WIS)

a ***Eupatorium chiapense*** B. L. Rob. [*Ageratina chiapensis*]
Cuautitlán: Cerro San Miguel 2520 m *Kowal 2845* (WIS); El Chante–Cuzalapa *McVaugh 23161* (MICH–*Fl.NG.*)

a ***Eupatorium choricephalum*** B. L. Rob. [*Ageratina choricephala*]
La Resolana: SO de Autlán 650 m *McVaugh & Koelz 896* (MICH–*Fl.NG.*)

a ***Eupatorium ciliatum*** Less. [*Ageratina ciliata*]; REGISTRO: Nueva Galicia
Cuautitlán: Las Capillas 2600 m *Iltis 29411* (TEX, WIS); San Miguel–La Cumbre 2380 m *Iltis 29428* (WIS)

a ***Eupatorium collinum*** DC. [*Chromolaena mendezii*], "Vara blanca"
Autlán: Arriba de Ahuacapán *McVaugh & Koelz 958* (MICH–*Fl.NG.*); El Zarzamoro, Las Joyas 1900 m *Iltis 1317* (WIS)
Tolimán: La Laguna, Cerro Grande 2100 m *Nieves-H. 535* (ZEA)

a **Eupatorium** [*Ageratina*] **conspicuum** Kunth & Bouché; REGISTRO: Nueva Galicia
Autlán: Tecopatlán–Manantlán 1400 m *Santana-M. 4710* (WIS, ZEA)
Tolimán: La Laguna, Cerro Grande 2050 m *Cuevas-G. 2218* (WIS, ZEA); 2–3 km NE de El Terrero, Cerro Grande 2200 m *Guzmán-H. 566* (ZEA)

A **Eupatorium cronquistii** (King & H. Rob.) B. Turner [*Bartlettina cronquistii*]; REGISTRO: Nueva Galicia
Autlán: El Laurelito, Las Joyas 1730 m *Jardel-P. 251* (WIS, ZEA)
Cuautitlán: Plaza de Gallos 1610 m *Villalobos-S. 192* (ZEA)

a **Eupatorium cylindricum** McVaugh [*Ageratina cylindrica*]
Autlán: Ahuacapán–Corralitos 1700 m *Cochrane 11706* (IBUG, TEX, WIS)

a **Eupatorium dolichobasis** McVaugh [*Ageratina dolichobasis*]; ENDÉMICA: Jalisco, Michoacán
Autlán: SE de Corralitos 1880 m *Iltis 30964b* (WIS)
Cuautitlán: Manantlán–El Cuartón 2400–2600 m *McVaugh 10270* (MICH)

a **Eupatorium glaberrimum** DC.
La Resolana: Base del Cerro la Petaca 500 m *Santana-M. 5723* (WIS, ZEA)

a **Eupatorium hebebotryum** (DC.) Hemsl. [*Critonia hebebotrya*]
Cuautitlán: Arroyo San Miguel 1700 m *Cochrane 10844* (WIS)
La Resolana: SO de Autlán *Cronquist 9776* (MICH–*Fl.NG.*)
Tolimán: 1–8 km N de Campo Cuatro, Cerro Grande 1000–1900 m *Iltis 30205* (WIS, ZEA)

a **Eupatorium isolepis** B. L. Rob. [*Ageratina isolepis*]; REGISTRO: Nueva Galicia
Autlán: Ahuacapán 1100 m *Vázquez-G. 4210* (ZEA); Cuchilla de La Tuna, Las Joyas 1820 m *Villalobos-S. 182* (ZEA)

a **Eupatorium lasioneuron** Hook. & Arn. [*Ageratina lasioneura*]
Autlán: Ahuacapán–Corralitos 1350 m *Vázquez-G. 3997* (WIS, ZEA); El Zarzamoro, Las Joyas 2050 m *Judziewicz 4843, 4857* (WIS)
Cuautitlán: El Chante–Cuzalapa *McVaugh 23085, 23178* (MICH–*Fl.NG.*)

a **Eupatorium leptodictyon** A. Gray [*Ageratina leptodictyon*]; ENDÉMICA: Nueva Galicia
Autlán: Las Mantequillas, Las Joyas 1600 m *Cuevas-G. 1477* (WIS, ZEA)

a **Eupatorium mairetianum** DC. s. l. [*Ageratina mairetiana*]
Cuautitlán: El Chante–Cuzalapa *McVaugh 23158* (MICH–*Fl.NG.*); Los Jardines–Cerro El Muñeco 2780 m *Iltis 2433a* (WIS)
Tolimán: Pozo Blanco–El Terrero, Cerro Grande 2200 m *Cochrane 12638* (WIS)

a **Eupatorium malacolepis** B. L. Rob. [*Ageratina malacolepis*]
Cuautitlán: El Durazno 920 m *Santana-M. 3307* (WIS, ZEA)
La Resolana: La Resolana 600 m *Cuevas-G. 1838* (WIS, ZEA)

a **Eupatorium manantlanum** [*Ageratina manantlana* B. Turner, no se ha transferido a *Eupatorium*]; ENDÉMICA: RBSM; REGISTRO: Nueva Galicia
Cuautitlán: Cerro El Capulín 2800 m *Iltis 29400* (WIS–Holótipo; WIS–Isótipo)

a **Eupatorium monanthum** Sch. Bip. [*Neohintonia monantha*]
Cuautitlán: Telcruz, Ayotitlán 1350 m *Cuevas-G. 2136* (WIS, ZEA)
La Resolana: E del pueblo 600 m *Cuevas-G. 1836* (WIS, ZEA); La Calera 750 m *Judziewicz 5123* (TEX, WIS, ZEA), 600–800 m *Cuevas-G. 2333* (WIS, ZEA)
Minatitlán: Arriba de Minatitlán [RBSM?] *McVaugh 26231* (MICH–*Fl.NG.*)

a **Eupatorium morifolium** Mill. [*Critonia morifolia*]
Cuautitlán: Arriba de El Durazno *McVaugh 23247* (MICH–*Fl.NG.*); El Durazno 1400 m *Cuevas-G. 1908* (WIS, ZEA)

a **Eupatorium muelleri** Sch. Bip. ex Klatt
Autlán: Los Mazos 1050 m *Lorente-A. 43* (ZEA)

a **Eupatorium nelsonii** B. L. Rob. [*Kyrsteniopsis nelsonii*]
Comala: Campo Cuatro, Cerro Grande 1280–1300 m *Cochrane 11770* (WIS, ZEA), *11766* (IBUG, TEX, WIS, ZEA)
Tolimán: La Laguna, Cerro Grande 2000 m *Iltis 29568* (WIS)

T **Eupatorium odoratum** L. [*Chromolaena odorata*]
Cuautitlán: La Pareja–Las Marías, Ayotitlán 800 m *Rosales-C. 155* (WIS, ZEA)
La Resolana: O de Los Mazos 1700 m *Cochrane 10852b* (WIS, ZEA)
Tolimán: Paso Real 1700 m *Vázquez-G. 4088* (WIS, ZEA)

a **Eupatorium oerstedianum** Benth. [*Chromolaena oerstedianum*]; REGISTRO: Nueva Galicia, "Lengua de venado"
Cuautitlán: Cuzalapa 700 m *Rosales-C. 196* (WIS, ZEA); Las Marías, Ayotitlán 780 m *Cochrane 10903* (UC, OS, TEX, WIS); Telcruz, Ayotitlán 1700 m *Cuevas-G. 2167* (WIS, ZEA)

a **Eupatorium oresbium** B. L. Rob. [*Bartlettina oresbia*]
Cuautitlán: Cerca de Rancho Manantlán 2300 m *McVaugh 10264* (MICH–*Fl.NG.*)

a **Eupatorium ortegae** B. L. Rob. [*Chromolaena ortegae*]
La Resolana: SO de Autlán *McVaugh 19980* (MICH–*Fl.NG.*)

a **Eupatorium ovaliflorum** Hook. & Arn. s. l. [*Chromolaena ovaliflora*]
Autlán: Las Mantequillas, Las Joyas 1680 m *Vázquez-G. 3770* (WIS, ZEA)
Cuautitlán: El Chante–Cuzalapa *McVaugh 23179* (MICH–*Fl.NG.*)
Minatitlán: Arriba de Minatitlán [RBSM?] *McVaugh 26239* (MICH–*Fl.NG.*)

a **Eupatorium pauperculum** A. Gray [*Ageratina paupercula*]; REGISTRO: Nueva Galicia
Cuautitlán: Las Marías, Ayotitlán 780 m *Cochrane 11779* (TEX, WIS, ZEA)

a **Eupatorium pazcuarense** H. B. K. [*Ageratina pazcuarensis*]
Cuautitlán: El Chante–Cuzalapa *McVaugh 26152* (MICH–*Fl.NG.*); La Cumbre 2020 m *Vázquez-G. 3900* (WIS, ZEA)
Tolimán: NO de El Terrero, Cerro Grande 2000 m *Santana-M. 5018* (ZEA)

a **Eupatorium pichinchensis** H. B. K.; REGISTRO: Nueva Galicia
Cuautitlán: San Miguel 1750 m *Santana-M. 4208* (ZEA)

a **Eupatorium polybotryum** DC. [*Decachaeta ovatifolia*]
Autlán: La Moza, Las Joyas 1990 m *Vázquez-G. 3673* (ZEA); Las Joyas–Corralitos 1800 m *Iltis 29435* (WIS)
La Resolana: Los Mazos 1200 m *Cuevas-G. 2810* (ZEA)

a **Eupatorium quadrangulare** DC. [*Critonia thyrsoidea*]
Autlan: El Chante 1050 m *Iltis 1136* (WIS)
La Resolana: Cerro Tacubaya *Díaz-L. 7670* (MICH–*Fl.NG.*)

a **Eupatorium ramireziorum** Espinoza [*Ageratina ramireziora*]; DISYUNTA: México; REGISTRO: Nueva Galicia
Cuautitlán: La Cumbre 2110 m *Wetter 1092* (WIS)

a **Eupatorium rhomboideum** H. B. K. [*Ageratina rhomboidea*]
Cuautitlán: El Chante–Cuzalapa 1900 m *McVaugh 23140, 26135* (MICH–*Fl.NG.*)

a **Eupatorium scabrellum** B. L. Rob. [*Decachaeta scabrella*]
Autlán: Las Galeras, Las Joyas 1600 m *Vázquez-G. 3636, 3788* (ZEA)
Cuautitlán: El Chante–Cuzalapa 1900 m *McVaugh 13983* (MICH–*Fl.NG.*); Manantlán 1500 m *Cuevas-G. 3447* (ZEA)

a **Eupatorium sinaloense** B. L. Rob. [*Fleischmannia sinaloensis, Koanophyllon sinaloense*]; ENDÉMICA: oeste de México; REGISTRO: Nueva Galicia
Autlán: El Tlacuache, Las Joyas 2020 m *Vázquez-G. 3689* (ZEA)

a **Eupatorium sonorae** A. Gray [*Fleischmannia sonorae*]; REGISTRO: Nueva Galicia
La Resolana: Arroyo El Tecolote 800 m *Vázquez-G. 3982* (WIS, ZEA)

a **Eupatorium vitifolium** Sch.-Bip. ex Klatt [*Eupatoriastrum triangulare*]
La Resolana: La Huertita, Cerro La Petaca 900 m *Iltis 378* (WIS); 25 km S de Autlán *Rzedowski 14716* (MICH–*Fl.NG.*)

H **Fleischmannia arguta** (H. B. K.) B. L. Rob., "Escobita"
Autlán: Ahuacapán 1200 m *Ornelas-U. 1574* (IBUG, ZEA)
La Resolana: La Calera 800–1100 m *Iltis 31045* (WIS)

H ***Florestina pedata*** (Cav.) Cass.
Tuxcacuesco: Cerro del Palacio 1150 m *Santana-M. 5636* (ZEA)

H ***Galeana pratensis*** (H. B. K.) Rydb.
Autlán: El Chante 1000 m *Wilbur 2144* (MICH–*Fl.NG.*)
Cuautitlán: Puente de La Rosa 600 m *Guzmán-H. 221* (ZEA)

H ***Galinsoga quadriradiata*** Ruiz & Pav.
Autlán: El Zarzamoro, Las Joyas 2050 m *Judziewicz 4860* (WIS); [RBSM?] *Wilbur 2167* (MICH–*Fl.NG.*)

H ***Gnaphalium americanum*** Mill. [*Gamochaeta americana*]
Autlán: El Zarzamoro, Las Joyas 1900 m *Vázquez-G. 3499* (ZEA); Puerto de San Campús, Las Joyas 1900–2100 m *Judziewicz 4966* (WIS)

H ***Gnaphalium attenuatum*** DC. var. ***attenuatum***
Autlán: [RBSM?] *McVaugh & Koelz 887, 964* (MICH–*Fl.NG.*)

H ***Gnaphalium attenuatum*** var. ***sylvicola*** McVaugh
Autlán: El Zarzamoro, Las Joyas 1900 m *Iltis 1336* (WIS); La Cascada, Las Joyas 1650 m *Vázquez-G. 3606* (ZEA); La Moza, Las Joyas 1900 m *Vázquez-G. 3454, 3457* (ZEA); Picacho del Sol y La Luna, Las Joyas 2140 m *Vázquez-G. 3697* (ZEA)
Cuautitlán: El Chante–Cuzalapa 2000–2250 m *McVaugh 23105* (MICH–*Fl.NG.*); Neverías 2500 m *Vázquez-G. 4015* (ZEA); San Miguel 2300 m *Sørensen 7970* (WIS); Telcruz–Magueyito 1600 m *Cuevas-G. 1806* (WIS, ZEA), *Iltis 29374* (WIS)

H ***Gnaphalium bourgovii*** A. Gray, "Gordolobo"
Autlán: El Zarzamoro, Las Joyas 1900 m *Iltis 1253* (WIS); Las Joyas 1900 m *Iltis 1261, 1379* (WIS); Las Mantequillas, Las Joyas 1600 m *Vázquez-G. 3784* (ZEA)
Cuautitlán: Telcruz, Ayotitlán 1600 m *Cuevas-G. 1821* (ZEA)

H ***Gnaphalium canescens*** DC.
Autlán: Las Juntas, Las Joyas 1560–1620 m *Judziewicz 5063* (ZEA)

H ***Gnaphalium chartaceum*** Greenm.
Cuautitlán: Telcruz, Ayotitlán 1580–1665 m *Cochrane 12176* (WIS)
Tolimán: El Terrero, Cerro Grande 1850 m *Cuevas-G. 1717* (ZEA)

H ***Gnaphalium jaliscense*** Greenm.; ENDÉMICA: Jalisco, Nayarit
Autlán: El Chante–Manantlán [1370 m] *Wilbur 2082* (MICH)

H ***Gnaphalium liebmannii*** Sch. Bip. ex Klatt var. ***monticola*** (McVaugh) D. Nash
Cuautitlán: El Chante–Cuzalapa *McVaugh 23126* (MICH–Holótipo de variedad *monticola*–*Fl.NG.*)

H ***Gnaphalium roseum*** H. B. K.
Autlán: SE de Ahuacapán 1800–1900 m *Cuevas-G. 2278* (ZEA)
Cuautitlán: Telcruz, Ayotitlán 1700 m *Cuevas-G. 2218a* (WIS, ZEA)
Tolimán: El Terrero, Cerro Grande 2420 m *Wetter 2075b* (WIS)

H ***Gnaphalium semilanatum*** (DC.) McVaugh
Tolimán: El Terrero, Cerro Grande 2420 m *Wetter 2075a* (WIS)

H ***Gnaphalium sphacilatum*** H. B. K.
Tolimán: Puertecito de Los Ladrillos, Cerro Grande 2400 m *Cevallos-E. 108* (ZEA)

H ***Gnaphalium viscosum*** H. B. K.
Cuautitlán: Cerro El Muñeco 2780 m *Sørensen 7932* (WIS)

H ***Gnaphalium*** sp.
Tolimán: Mezcalitos, Los Picachos, Cerro Grande 2350–2400 m *Iltis 29532a* (WIS)

a ***Guardiola mexicana*** Humb. & Bonpl. s. l.
Autlán: NE de Ahuacapán 1200 m *Santana-M. 3712* (WIS, ZEA)

a ***Guardiola tulocarpus*** A. Gray, "Chintuza"
Autlán: El Zarzamoro, Las Joyas 2050 m *Judziewicz 4826* (WIS, ZEA); Las Galeras, Las Joyas 1650 m *Vázquez-G. 3637* (ZEA)
Cuautitlán: El Chante–Cuzalapa *McVaugh 10310* (MICH–*Fl.NG.*); Las Marías, Ayotitlán 820 m *Cochrane 10912* (WIS); Rincón de Manantlán 1660 m *Iltis 2520, 2520a* (WIS)

La Resolana: Arriba del pueblo *Wilbur 2140* (MICH–*Fl.NG.*)
Tolimán: El Terrero, Cerro Grande 1850 m *Vázquez-G. 4143* (WIS, ZEA)

H ***Helenium scorzonerifolium*** (DC.) A. Gray
Cuautitlán: Mesa de San Miguel 2300 m *Vázquez-G. 3397* (ZEA); Neverías 2540 m *Iltis 3238* (WIS); Tierritas Blancas–San Miguel 2200–2300 m *Cuevas-G. 1267* (WIS, ZEA)

H ***Heliopsis buphthalmoides*** (Jacq.) Dunal
Tolimán: El Terrero, Cerro Grande 2100 m *Cuevas-G. 2482* (WIS, ZEA)

H ***Heliopsis procumbens*** Hemsl.
Autlán: Arriba de El Chante 1000 m *Wilbur 2011* (MICH–*Fl.NG.*)

H ***Heterosperma pinnatum*** Cav.
Cuautitlán: NNO de Telcruz, Ayotitlán 1250–1400 m *Guzmán-H. 398* (ZEA)

H ***Heterotheca inuloides*** Cass. var. ***rosei*** Wagenknecht, "Árnica"
Tolimán: El Terrero, Cerro Grande 2220 m *Iltis 29501* (WIS)

H ***Hieracium abscissum*** Less.
Autlán: Arriba de Ahuacapán *McVaugh 19635* (MICH–*Fl.NG.*); Picacho del Sol y La Luna, Las Joyas 2140 m *Vázquez-G. 3699* (ZEA), *Iltis 29368* (IBUG, WIS)
Cuautitlán: El Almeal 2000–2100 m *Kowal 2799* (WIS); El Chante–Cuzalapa *McVaugh 23203* (MICH–*Fl.NG.*); Las Capillas 2760 m *Iltis 2379* (WIS)

H ***Hieracium fendleri*** Sch. Bip. subsp. ***fendleri***
Cuautitlán: E de [Rancho] Manantlán *Wilbur 1940* (MICH)

H ***Hieracium fendleri*** subsp. ***ostreophyllum*** (Standl. & Steyerm.) Beaman
Cuautitlán: El Chante–Cuzalapa 1900 m *McVaugh 23215* (ENCB, MICH–*Fl.NG.*); Las Capillas 2800 m *Cuevas-G. 1614* (WIS, ZEA)

H ***Hieracium pringlei*** A. Gray
Autlán: Cerro de La Vaca, Las Joyas 2000 m *Cuevas-G. 1364* (WIS, ZEA)
Cuautitlán: Arriba de El Chante, E de Manantlán *Wilbur 1803* (US, MICH–*Fl.NG.*); La Cumbre 2250 m *Sørensen 7884* (WIS); Las Capillas 2800 m *Cuevas-G. 3871* (ZEA)

H ***Hofmeisteria dissecta*** (Hook. & Arn.) King & H. Rob.
Minatitlán: SE de Platanarillos, Cerro Grande 950 m *Guzmán-H. 1080* (ZEA)

H ***Hofmeisteria urenifolia*** (Hook. & Arn.) Walp. s. l.
Cuautitlán: Plaza de Gallos 1670 m *Villalobos-S. 185* (ZEA)
La Resolana: Potrero El Tepejilote, El Zapotillo 420–500 m *Iltis 30992* (WIS)

H ***Isocarpha oppositifolia*** (L.) Cass. var. ***achyranthes*** Keil & Stuessy; REGISTRO: Nueva Galicia
La Resolana: El Tigre 550 m *Judziewicz 5145* (WIS)

H ***Jaegeria hirta*** (Lag.) Less., "Ojo de perico"
Autlán: El Zarzamoro, Las Joyas 2000 m *Judziewicz 4766, 4853, 4866* (WIS); Las Galeras, Las Joyas 1650 m *Vázquez-G. 3639* (ZEA); [RBSM?] *McVaugh & Koelz 875* (MICH–*Fl.NG.*)
Cuautitlán: SE de Cuzalapa 740 m *Robles-H. 830* (WIS)

H ***Jaegeria macrocephala*** Less.
Cuautitlán: Cimas entre El Chante–Cuzalapa [2700–2860 m] *McVaugh 10324* (MICH–*Fl.NG.*), *Wilbur 1793* (MICH–*Fl.NG.*); El Durazno 900 m *Cuevas-G. 1798* (WIS, ZEA); La Cumbre 2000 m *Kowal 2796* (WIS)

a ***Jaliscoa paleacea*** (Cronq.) King & H. Rob.; ENDÉMICA: Jalisco
La Resolana: SO de Autlán *Cronquist 9775* (NY–Holótipo; MICH–Isótipo–*Fl.NG.*)

a ***Jaliscoa pringlei*** S. Watson
La Resolana: Los Mazos 1200 m *McVaugh & Koelz 873* (MICH–*Fl.NG.*)

H ***Lactuca intybacea*** Jacq.
Tuxcacuesco: Cerro del Palacio 1150 m *Santana-M. 5633* (ZEA)

a ***Lagascea decipiens*** Hemsl. s. l.
Autlán: El Chante 1200 m *Iltis 1139* (WIS)

La Resolana: 10–12 km SO de Autlán *McVaugh 11925* (MICH–*Fl.NG.*)
Tolimán: Puerto de Toxín–San Pedro Toxín, Cerro Grande 1275 m *Cochrane 12272* (WIS)

a ***Lagascea helianthifolia*** H. B. K. var. ***adenocaulis*** B. L. Rob.
Cuautitlán: Las Yeguas 1550 m *Cochrane 10809* (WIS), 2100–2160 m *Judziewicz 5007* (WIS)

a ***Lasianthaea ceanothifolia*** (Willd.) K. Becker var. ***verbenifolia*** (DC.) K. Becker, "Amargocilla"
Tolimán: El Rodeo–La Lima 1500 m *Iltis 28912* (WIS)

a ***Lasianthaea fruticosa*** (L.) K. Becker var. ***fasciculata*** (DC.) K. Becker, "Retama"
Autlán: Ahuacapán 1200 m *McVaugh & Koelz 979* (MICH–*Fl.NG.*)
La Resolana: Los Mazos 1500 m *Santana-M. 3784* (ZEA)

a ***Lasianthaea fruticosa*** var. ***michoacana*** (Blake) K. Becker
Comala: Campo Cuatro, Cerro Grande 1300 m *Santana-M. 5286* (WIS, ZEA)
La Resolana: 3 km al N del pueblo 600 m *McVaugh 10197, 11953* (MICH–*Fl.NG.*)

a ***Lasianthaea helianthoides*** DC. var. ***helianthoides***
La Resolana: Los Mazos 1700 m *Cuevas-G. 1889* (WIS, ZEA)

a ***Lasianthaea macrocephala*** (Hook. & Arn.) K. Becker
Cuautitlán: Las Marías, Ayotitlán 820 m *Cochrane 10878* (WIS, ZEA); Telcruz, Ayotitlán 1300 m *Cuevas-G. 1778* (WIS, ZEA)
La Resolana: [Bajo de Los Mazos], SO de Autlán 1000–1500 m *Cronquist 9778* (MICH–Holótipo de *Zexmania helianthoides* var. *jaliscana*–*Fl.NG.*); O de Los Mazos 1050 m *Cochrane 10846b* (WIS, ZEA)
Minatitlán: La Loma 1050–1100 m *Vázquez-G. 4121* (WIS, ZEA)

H ***Lasianthaea palmeri*** (Greenm.) K. Becker
La Resolana: SO Autlán *Wilbur 2366* (MICH–*Fl.NG.*)

T ***Liabum broomeae*** H. Rob. [*Sinclairia broomeae*]; REGISTRO: Nueva Galicia; ENDÉMICA: Guerrero, Jalisco
Autlán: El Zarzamoro, Las Joyas 1900 m *Judziewicz 4798* (WIS); La Cascada, Las Joyas 1650 m *Vázquez-G. 3641* (ZEA); San Campús, Las Joyas 1980 m *Vázquez-G. 3726* (UCR, WIS, ZEA), 1900–2100 m *Judziewicz 4970* (WIS)
Cuautitlán: Rincón de Manantlán 1900 m *Iltis 1388, 28866* (WIS, ZEA)

H ***Liabum cervinum*** B. L. Rob. [*Liabellum cervinum*]; ENDÉMICA: oeste de México
La Resolana: 17–18 km SO de Autlán *Wilbur 1603* (MICH–*Fl.NG.*)

a ***Liabum glabrum*** Hemsl. var. ***hypoleucum*** Greenm. [*Sinclairia glabra, S. hypoleuca*]
Autlán: Arriba de Ahuacapán 1100 m *McVaugh & Koelz 961* (MICH–*Fl.NG.*)
Tolimán: El Rodeo–La Lima 1350 m *Iltis 28927* (WIS)

a ***Liabum liebmannii*** Klatt [*Sinclairia liebmannii*]; REGISTRO: Nueva Galicia
Tuxcacuesco: Zenzontla 800 m *Iltis 28942* (WIS, ZEA)

a ***Liabum*** sp. nov., aff. ***L. broomeae,*** fide H. Iltis
Comala: Lagunitas–Campo Cuatro, Cerro Grande 1500–1880 m *Iltis 30199, 30204* (WIS)

H ***Melampodium americanum*** L.
Autlán: La Yerbabuena 1200 m *Cárdenas-T. 49* (WIS, ZEA)
Cuautitlán: Puente de La Rosa 600 m *Guzmán-H. 234* (WIS, ZEA); Cuzalapa 660 m *Robles-H. 854* (WIS, ZEA)

H ***Melampodium divaricatum*** (Rich.) DC.
Autlán: Los Mazos 1400 m *Lorente-A. 151* (ZEA)
Cuautitlán: Cuzalapa 800 m *Rosales-C. 109* (ZEA
La Resolana: La Resolana *Wilbur 1521* (MICH–*Fl.NG.*)

H ***Melampodium microcephalum*** Less.
Cuautitlán: Cuzalapa 740 m *Robles-H. 830* (WIS, ZEA)

H ***Melampodium nutans*** Stuessy
Tuxcacuesco: Cerro del Palacio 1000 m *Santana-M. 5361* (ZEA)

H **Melampodium perfoliatum** (Cav.) H. B. K., "Tacotillo"
Cuautitlán: Las Joyas–El Almeal 2050–2200 m *Sørensen 7823* (WIS); 2 km N de Cuzalapa 800 m *Cuevas-G. 1959* (UCR, WIS, ZEA)
La Resolana: Cerro la Petaca, camino a El Durazno 900 m *Iltis 379* (WIS)

H **Melampodium tepicense** B. L. Rob.
Autlán: Las Joyas 1900 m *Judziewicz 4757* (WIS)
La Resolana: [16 km] S de Autlán *Wilbur 2416* (MICH–*Fl.NG.*)

a **Mexianthus mexicanus** B. L. Rob., "Polvorilla"; ENDÉMICA: Jalisco
La Resolana: El Corte Colorado 500 m *Rzedowski 15040* (MICH); La Resolana–La Huerta [RBSM?] *McVaugh 21095* (MICH–*Fl.NG.*)

H **Microspermum debile** Benth. var. **debile**
Cuautitlán: El Chante–Cuzalapa *Anderson 3787* (MICH–*Fl.NG.*); Las Capillas 2860 m *Iltis 3222* (WIS), 2805 m *Sánchez-S. 299* (IBUG, WIS)

H **Mikania cordifolia** (L. f.) Willd.
Autlán: Ahuacapán 950 m *Robles-H. 742* (ZEA); Región de Autlán [RBSM?] *Wilbur 1508* (MICH–*Fl.NG.*)
La Resolana: El Tepejilote, El Zapotillo [420–500 m] *Robles-H. 761* (WIS, ZEA)
Tuxcacuesco: Cerca del pueblo 740 m *Guzmán-H. 163* (WIS, ZEA)

H **Milleria quinqueflora** L., "Cinco flores"
Cuautitlán: Arriba de El Chante *Wilbur 2101a* (MICH–*Fl.NG.*); El Durazno 960 m *Vázquez-G. 4083* (ZEA)
La Resolana: [10 km] N del pueblo [600 m] *Stuessy 4137* (WIS)

a **Montanoa andersonii** McVaugh; ENDÉMICA: Jalisco, Michoacán
Cuautitlán: Sierra de Manantlán 1950–2650 m muchos especímenes (MICH, WIS, ZEA); Aserradero El Cuartón 2500 m *McVaugh 13849* (MICH–Holótipo); San Miguel 2400 m *Sørensen 7960a* (MICH, WIS)
Tolimán: El Terrero–La Laguna, Cerro Grande 2340 m *Iltis 30162a* (WIS)

aA **Montanoa bipinnatifida** (Kunth) K. Koch
Autlán: Cañada El Laurelito, Las Joyas 1850 m *Vázquez-G. 3752* (ZEA)
Comala: Lagunitas–Campo Cuatro, Cerro Grande 1800 m *Cuevas-G. 3514* (ZEA), *Iltis 30196* (WIS)
Cuautitlán: Rincón de Manantlán 1500 m *Iltis 1200* (WIS), 1700 m *Villarreal de Puga 12014* (IBUG); 5–7 km NE de Telcruz 1600 m *Cuevas-G. 1792* (WIS, ZEA)
La Resolana: SO de Autlán *Anderson 4544* (MICH–*Fl.NG.*)

a **Montanoa grandiflora** DC.
Cuautitlán: Telcruz, Ayotitlán 1400 m *Cuevas-G. 2113* (WIS, ZEA)

aA **Montanoa karvinskii** DC.
Cuautitlán: S de El Chante *Anderson 3782* (MICH–*Fl.NG.*); El Chante–Manantlán 1450 m *Iltis 3173* (WIS)

a **Montanoa leucantha** (Lag.) Blake subsp. **arborescens** (DC.) V. A. Funk
Cuautitlán: Telcruz, Ayotitlán 1600 m *Cuevas-G. 1792* (WIS, ZEA)

H **Odontotrichum multilobum** Pippen; ENDÉMICA: Jalisco
Autlán: E de Manantlán [1370 m] *Wilbur 2094* (MICH–Holótipo)

H **Odontotrichum palmeri** (Greene) Rydb. [*Psacalium palmeri*], "Matarique"
Autlán: El Tepeguaje 1200 m *De Níz-L. 151* (ZEA); Picacho del Sol y La Luna, Las Joyas 2090 m *Vázquez-G. 3388* (ZEA)

H **Onoseris onoseroides** (H. B. K.) B. L. Rob.
La Resolana: La Calera 620 m *Judziewicz 5133* (WIS)

H **Osbertia stolonifera** DC.; REGISTRO: Nueva Galicia
Cuautitlán: Las Capillas 2800 m *Cuevas-G. 1615* (ZEA)

H **Otopappus acuminatus** S. Watson; DISYUNTA: México
La Resolana: Los Mazos *Wilbur 2302* (MICH)

H *Otopappus epaleaceus* Hemsl.; REGISTRO: Nuevo Galicia
Tuxcacuesco: Cerro del Palacio 1150 m *Santana-M. 5389* (ZEA)

a *Otopappus jaliscensis* McVaugh [*Lasianthaea jaliscensis*]; ENDÉMICA: Jalisco
Autlán: Arriba de Ahuacapán 1500–2200 m *McVaugh & Koelz 900, 956* (MICH)

T *Otopappus microcephalus* Blake; ENDÉMICA: Nueva Galicia
Tuxcacuesco: S de Zenzontla 1000 m *Santana-M. 3943* (ZEA)

T *Otopappus tequilanus* (A. Gray) B. L. Rob. s. l.
Comala: 18 km NO de Villa de Alvarez [RBSM?] 600 m *Santana-M. 706* (IBUG)
Minatitlán: Carretera a Minatitlán 950 m *Guzmán-H. 1078* (ZEA)

H *Oxypappus scaber* Benth.
Autlán: Barbechos del Sol y La Luna, Las Joyas 2100 m *Vázquez-G. 3584* (ZEA)
Cuautitlán: Arriba de El Durazno *McVaugh 13981* (MICH–Fl.NG.); Cerro Alto Las Yeguas 2160 m *Judziewicz 5026* (WIS); Las Marías, Ayotitlán 800 m *Cochrane 10880* (WIS, ZEA); Plaza de Gallos 1610 m *Villalobos-S. 198* (ZEA)
La Resolana: SO de Autlán *Cronquist 9777* (MICH–Fl.NG.)

H *Parthenium hysterophorus* L., "Escoba de burro"
Autlán: Región de Autlán [RBSM?] *Wilbur 2232* (MICH–Fl.NG.)
Minatitlán: Platanarillos, Cerro Grande 950 m *Guzmán-H. 1079* (ZEA)
Tuxcacuesco: Zenzontla 820 m *Robles-H. 599* (ZEA)

H *Pectis linifolia* L.
Autlán: Ahuacapán 1000 m *Santana-M. 5410* (ZEA)

H *Pectis repens* Brandegee
Autlán: [RBSM?] *McVaugh & Koelz 1031* (MICH–Fl.NG.)

T *Perezia dugesii* A. Gray [*Acourtia dugesii*]
Tolimán: La Laguna, Cerro Grande 2000 m *Cuevas-G. 1737, 1741* (WIS, ZEA)

H *Perezia fruticosa* Lex.; REGISTRO: Nueva Galicia
Cuautitlán: Las Yeguas 1600 m *Cochrane 10818* (WIS)
Tolimán: El Rodeo–La Lima 1280 m *Iltis 28919* (WIS)
Tuxcacuesco: NO de La Pasión, Zenzontla 1600–1800 m *Cuevas-G. 2600* (WIS, ZEA)

H *Perezia glomeriflora* (A. Gray) McVaugh [*Acourtia glomeriflora*]
Autlán: Los Mazos 1200 m *Cuevas-G. 1883* (WIS, ZEA)

H *Perezia hooveri* McVaugh [*Acourtia hooveri*]; ENDÉMICA: Jalisco
Autlán: Ahuacapán–Corralitos 1500–2200 m *McVaugh & Koelz 1011* (MICH); El Zarzamoro, Las Joyas 1900 m *Iltis 1258* (MICH, WIS)
Cuautitlán: Rincón de Manantlán–Las Capillas 2200 m *Panero 2878* (MICH, TEX)

H *Perezia patens* A. Gray
Autlán: Las Joyas 1700 m *Hernández-M. 2* (ZEA)

a *Perezia simulata* Blake
La Resolana: El Zapotillo 700–900 m *Guzmán-H. 533* (ZEA)

H *Pericalia sessilifolia* (Hook. & Arn.) Rydb. [*Senecio sessilifolius*]
Autlán: Arriba de Ahuacapán 1100 m *McVaugh & Koelz 920* (MICH–Fl.NG.); La Cascada, Las Joyas 1650 m *Vázquez-G. 3626* (ZEA)
Cuautitlán: Rincón de Manantlán 1600 m *Iltis 28807* (KSC, WIS), *Kowal 2832* (WIS); Neverías–Las Capillas 2520 m *Vázquez-G. 3935* (ZEA)

H *Perityle microglossa* Benth. s. l.
La Resolana: Cerro La Petaca 500 m *Santana-M. 5776* (ZEA)

a *Perymenium alticola* McVaugh; ENDÉMICA: Jalisco, Michoacán
Cuautitlán: El Almeal 2100 m *Iltis 1219a* (MICH, WIS, ZEA); E de La Cumbre 2000–2250 m *McVaugh 23173* (MICH–Holótipo); La Cumbre 2100 m *Kowal 2815* (WIS)

a *Perymenium buphthalmoides* DC. var. *occidentale* McVaugh; ENDÉMICA: oeste de México
Autlán: Corralitos 1800 m *Vázquez-G. 3358* (ZEA)
Cuautitlán: Cerca del pueblo 760 m *Guzmán-H. 748* (ZEA)

La Resolana: La Resolana 300 m *Wilbur 1548* (MICH); Los Mazos 1200 m *Vázquez-G. 4538* (WIS, ZEA)

H **Perymenium jaliscense** B. L. Rob. & Greenm. var. **latifolium** McVaugh [*P. oxycarphum*]
Cuautitlán: Rincón de Manantlán 1540 m *Iltis 28860a* (WIS)

a **Perymenium mendezii** DC. var. **verbesinoides** (DC.) Fay
Autlán: Picacho del Sol y La Luna, Las Joyas 2140 m *Vázquez-G. 3694* (ZEA)

a **Perymenium uxoris** McVaugh; ENDÉMICA: Jalisco, Nayarit
Cuautitlán: Telcruz, Ayotitlán 1500 m *Benz 1320* (ZEA)

a **Perymenium wilburorum** McVaugh; ENDÉMICA: Jalisco
Autlán: 11–12 km S de Autlán [RBSM?] 1050 m *Wilbur 1751* (MICH–Holótipo), 1065 m *Hernández-L. 47* (ENCB, IBUG, IEB, GH, MEXU, MICH, OS, UCR, US, WIS, ZEA)

H **Pinaropappus diguetii** McVaugh; ENDÉMICA: Jalisco, Nayarit
Tuxcacuesco: Zenzontla 700 m *Cuevas-G. 3690* (ZEA)

H **Pinaropappus roseus** (Less.) Less.
Tolimán: Puertecito de Los Ladrillos, Cerro Grande 2400 m *De Níz-L. 233* (ZEA)

H **Piqueria triflora** Hemsl., "San Nicolás"
Autlán: Ahuacapán 1000 m *Vázquez-G. 976* (IBUG, WIS); Arriba de Ahuacapán *McVaugh & Koelz 955* (MICH–*Fl.NG.*); El Zarzamoro, Las Joyas 1900 m *Vázquez-G. 3519* (ZEA); E de Corralitos 1600 m *Cuevas-G. 2299* (WIS, ZEA)
Cuautitlán: Cimas entre El Chante–Cuzalapa *McVaugh 23212* (MICH–*Fl.NG.*); Neverías 2600 m *Vázquez-G. 4014* (WIS, ZEA)
Tolimán: El Terrero, Cerro Grande 2200 m *Cuevas-G. 1754* (WIS, ZEA)

a **Pittocaulon** [*Senecio*] **hintonii** H. Rob. & Brettell var. nov. ined., fide B. Clark; ENDÉMICA: Colima
Comala: Lagunitas–Campo Cuatro, Cerro Grande 1400–1500 m *Iltis 29713* (WIS–Holótipo; IBUG–, TEX–, ZEA–Isótipos)

a **Pluchea salicifolia** (Mill.) Blake
Cuautitlán: Ayotitlán 1050 m *Anaya-C. 69* (ZEA)

a **Pluchea symphytifolia** (Mill.) Gillis
Minatitlán: Platanarillos, Cerro Grande 700–800 m *Guzmán-H. 1180* (WIS, ZEA)
Tuxcacuesco: Tuxcacuesco [RBSM?] 1100 m *Cochrane 11650* (IBUG, MICH, OS, WIS, ZEA)

aA **Podachaenium eminens** (Lag.) Sch. Bip., "Requesonera", "Tacote", "Tacote del cerro"
Autlán: Ahuacapán 1100 m *Vázquez-G. 4206* (WIS, ZEA); La Moza, Las Joyas 1600 m *Vázquez-G. 3959* (ZEA); Piedra Bola, Las Joyas 1850 m *Iltis 29110* (WIS)
Cuautitlán: El Chante–Cuzalapa *McVaugh 10239* (MICH–*Fl.NG.*); El Durazno 1400 m *Cuevas-G. 1910* (WIS, ZEA); La Cumbre 2000 m *Cuevas-G. 1283* (WIS, ZEA)

H **Polymnia maculata** Cav.
Cuautitlán: Cuzalapa 1250 m *De Níz-L. 85* (ZEA)

H **Polymnia mcvaughii** Wells [*Smallanthus mcvaughii*]; ENDÉMICA: Jalisco
Autlán: Ahuacapán–Corralitos 1500–2200 m *McVaugh & Koelz 988* (MICH); El Tlacuache, Las Joyas 1920 m *Vázquez-G. 3795* (ZEA); El Zarzamoro, Las Joyas 1900 m *Iltis 1312* (MICH, WIS)
Cuautitlán: Cerca de Manantlán, S de El Chante 1650–1850 m *McVaugh 23089* (MICH); El Almeal 2200 m *Kowal 2781* (WIS); [S de] La Cumbre 1500–1900 m *McVaugh 23189* (MICH–Holótipo)

H **Polymnia uvedalia** (L.) L. [*Smallanthus uvedalius*]; REGISTRO: Nueva Galicia
Tuxcacuesco: La Lima 1300 m *Iltis 28922* (WIS)

a **Porophyllum coloratum** DC. var. **obtusifolia** (DC.) McVaugh
Comala: Juluapan–Campo Cuatro, Cerro Grande 800 m *Santana-M. 5240* (WIS, ZEA)

a **Porophyllum lindenii** Sch. Bip.
Autlán: Región de Autlán [RBSM?] *McVaugh 19885* (MICH–*Fl.NG.*)
Cuautitlán: Cerro Alto Las Yeguas 2160 m *Judziewicz 5001* (WIS, ZEA); Las Yeguas–Manantlán 1600 m *Cochrane 10804* (WIS)

H **Porophyllum pringlei** B. L. Rob.
Autlán: Ahuacapán 1100 m *Santana-M. 4636* (ZEA); Región de Autlán [RBSM?] *McVaugh 19779* (MICH–*Fl.NG.*)

a **Porophyllum punctatum** (Mill.) Blake, "Hierba del venado"
Cuautitlán: Rincón de Manantlán 1660 m *Sørensen 7865* (WIS)

a **Porophyllum ruderale** (Jacq.) Cass. var. **macrocephalum** (DC.) Cronq.
Autlán: [RBSM?] *McVaugh 19867* (MICH–*Fl.NG.*)
La Resolana: Arroyo El Tecolote 500–600 m *Cuevas-G. 3539* (ZEA)
Tuxcacuesco: Zenzontla 850 m *Santana-M. 3855* (ZEA)

a **Porophyllum viridiflorum** (H. B. K.) DC.
Tolimán: SE de Lagunitas, Cerro Grande 1980 m *Iltis 30182* (WIS, ZEA)
Tuxcacuesco: El Rodeo 1350 m *Iltis 28926* (WIS)

H **Psacalium goldsmithii** (B. L. Rob.) H. Rob. & Brettell
Comala: Campo Cuatro, Cerro Grande 1500 m *Santana-M. 5253* (WIS, ZEA)

H **Psacalium peltigerum** (B. L. Rob. & Seat.) Rydb.; ENDÉMICA: Jalisco, Michoacán
Cuautitlán: E de Manantlán [2650 m] *Wilbur 1996* (MICH)

H **Psacalium pentaflorum** B. Turner [*P. eriocarpum*]; ENDÉMICA: Jalisco
Autlán: Ahuacapán Corralitos 1500–2200 m *McVaugh & Koelz 919* (LL–Holótipo; MICH–Isótipo); Las Joyas 1900–1950 m *Judziewicz 4753* (TEX, WIS), 2025 m *Iltis 1219* (MICH, WIS)
Cuautitlán: El Chante–Cuzalapa 1700 m *McVaugh 13954, 23195* (MICH); Sierra de Manantlán 1800 m *Díaz-L. 5585* (GUADA, MICH)

H **Psacalium poculiferum** (S. Watson) Rydb., "Peyote"
Autlán: Las Galeras, Las Joyas 1720 m *Cuevas-G. 1567* (WIS, ZEA)
Cuautitlán: El Chante–Cuzalapa *Wilbur 2017* (MICH–*Fl.NG.*)
La Resolana: [RBSM?] *Wilbur 2166* (MICH–*Fl.NG.*)

H **Pseudelephantopus spicatus** (Aubl.) Rohr [*Elephantopus spicatus*]
Cuautitlán: Cuzalapa 700 m *Rosales-C. 181* (WIS, ZEA); Las Marías, Ayotitlán 820 m *Cochrane 10881* (WIS)
La Resolana: Los Mazos 1200 m *Cuevas-G. 1822* (WIS, ZEA)

H **Pseudoconyza viscosa** (Mill.) D'Arcy
La Resolana: 25–30 km SO de Autlán 600 m *McVaugh 11954, 11960* (MICH–*Fl.NG.*)

a **Rumfordia floribunda** DC. var. **australis** Sanders
Autlán: Ahuacapán–Corralitos 1800 m *Iltis 29441* (WIS); El Zarzamoro, Las Joyas 1950 m *Judziewicz 4816* (WIS, ZEA)
Cuautitlán: La Cumbre–San Miguel 2270 m *Vázquez-G. 3916* (WIS, ZEA); Las Capillas 2700 m *Santana-M. 3438* (WIS, ZEA)

a **Rumfordia floribunda** var. **floribunda**
Autlán: Corralitos 1890 m *Cuevas-G. 1876* (WIS, ZEA)
Cuautitlán: El Almeal 2050–2200 m *Iltis 2236* (WIS)

a **Rumfordia floribunda** var. **jaliscensis** Sanders; ENDÉMICA: Jalisco, Nayarit
Cuautitlán: El Durazno 1400 m *Cuevas-G. 1912* (ZEA); Telcruz, Ayotitlán 1650 m *Cuevas-G. 2156* (WIS, ZEA)
La Resolana: Torre de Microondas, Los Mazos 1680 m *Wetter 1072* (IBUG, IEB, MEXU, OS, TEX, UCR, US, WIS, ZEA)

H **Schkuhria pinnata** (Lam.) Kuntze ex Thell. s. l.
Autlán: Ahuacapán 1000 m *De Níz-L. 245* (ZEA)

H **Sclerocarpus divaricatus** (Benth.) Hemsl., "Tacote"
Autlán: [RBSM?] *Wilbur 2194* (MICH–*Fl.NG.*)
Tuxcacuesco: Zenzontla 850 m *Santana-M. 3865* (ZEA)

Ha **Senecio albonervius** Greenm. [*Roldana albonervia*], "Tacote"
Cuautitlán: E de La Cumbre 2500–2750 m *McVaugh 23151* (DS, MICH, NY); Las

Capillas–Neverías 2700 m *Iltis 29384* (IBUG, KSC, WIS, ZEA); Rancho Manantlán–El Cuartón 2700-[2860] m *McVaugh 10286* (DS, MICH, NY); San Miguel 2400 m *Santana-M. 3439* (ZEA)

Tolimán: Mezcalitos, Los Picachos, Cerro Grande 2200 m *Vázquez-G. s. n.* (ZEA), 2350 m *Iltis 29513* (KSC, WIS)

a **Senecio angulifolius** DC. [*Roldana angulifolia*]

Autlán: Arroyo Corralitos 1650–1700 m *Guzmán-H. 1248* (WIS, ZEA)

Cuautitlán: La Cumbre 1900 m *Vázquez-G. 3899* (ZEA); E de La Cumbre 2500–2750 m *McVaugh 23136* (MICH)

Tolimán: Cercanías de La Laguna, Cerro Grande 2400 m *Iltis 29554* (KSC, WIS)

Ha **Senecio argutus** H. B. K. var. nov., fide B. Turner

Cuautitlán: El Chante–Cuzalapa 2700-[2860 m] *McVaugh 10287* (MICH, NY); E de La Cumbre 2500–2750 m *McVaugh 23111* (DS, MICH, NY)

Tolimán: Mezcalitos, Los Picachos, Cerro Grande 2350–2400 m *Iltis 29509* (TEX, WIS); NE de El Terrero, Cerro Grande 2200 m *Guzmán-H. 572* (ZEA)

a **Senecio barba-johannis** DC. [*Roldana barba-johannis*]

Cuautitlán: Neverías 2350–2500 m *Iltis 2347* (MICH, WIS); S de Rincón de Manantlán 2200–2400 m *Kowal 2836* (MICH, WIS)

Tolimán: El Terrero, Cerro Grande 2200 m *Cuevas-G. 1756* (ZEA)

H **Senecio bellidifolius** H. B. K., "Oaxate"

Tolimán: Puertecito de Los Ladrillos, Cerro Grande 2400 m *Cevallos-E. 100* (ZEA)

H **Senecio callosus** Sch. Bip. [*S. prenanthoides*]

Cuautitlán: El Guízar 2500–2750 m *McVaugh 23115* (DS, MICH); La Cumbre–Neverías 2350–2500 m *Iltis 2354* (MICH, WIS); Neverías 2520 m *Vázquez-G. 3936* (ZEA); San Miguel 2400 m *Vázquez-G. 3920* (ZEA)

Tolimán: El Terrero, Cerro Grande 2300 m *Cuevas-G. 1753* (ZEA)

a **Senecio chapalensis** S. Watson var. **areolatus** Greenm. [*Roldana chapalensis*]

Autlán: Arroyo El Chilacayote–Cerro Piedra Bola, Las Joyas 1750–1800 m *Iltis 29091* (KSC, WIS)

Cuautitlán: S de Rincón de Manantlán 1950–2710 m *Kowal 2822* (WIS), *2833, 2849, 2851* (MICH, WIS)

Tolimán: El Terrero, Cerro Grande 2250 m *Iltis 29470* (WIS)

H **Senecio cinerarioides** H. B. K. × **S. stoechadiformis** DC.; HIBRIDO

Tolimán: El Terrero–La Laguna, Cerro Grande 2418 m *Wetter 2073* (MEXU, TEX, UCR, US, WIS, ZEA)

H **Senecio galicianus** McVaugh var. **galicianus** [*Roldana galiciana*]; ENDÉMICA: Jalisco

Autlán: Arriba de Ahuacapán 1500–2200 m *McVaugh & Koelz 978* (MICH); El Zarzamoro, Las Joyas 1900 m *Iltis 1296, 3134* (WIS)

Cuautitlán: El Almeal 2100 m *Judziewicz 4855* (KSC, UCR, WIS); El Chante–Cuzalapa 2000–2250 m *McVaugh 23104* (MICH)

H **Senecio galicianus** var. **manantlanensis** Kowal; ENDÉMICA: RBSM

Autlán: Sierra de Manantlán 1700 m *Díaz-L. 7658* (GUADA, MICH)

Cuautitlán: E de El Almeal 2090 m *Kowal 2776* (WIS–Holótipo; MICH–, WIS–Isótipos); La Cumbre 2150 m *Iltis 28869* (KSC, WIS, ZEA)

a **Senecio guadalajarensis** B. L. Rob. [*Roldana guadalajarensis*], "Clarincillo"; ENDÉMICA: Nueva Galicia

Autlán: Ahuacapán 1400 m *Santana-M. 5455* (ZEA); Ahuacapán–Corralitos 1700 m *Romo-C. s. n.* (ZEA)

Cuautitlán: El Chante–Manantlán [sin alt.] *Wilbur 2145* (MICH)

La Resolana: SO de Autlán *Wilbur 2369* (MICH–*Fl.NG.*); Abajo de [Los Mazos] 1000 m *McVaugh 19876* (MICH)

Tolimán: SO de El Terrero, Cerro Grande 1900 m *Cuevas-G. 3327* (ZEA)

H *Senecio hartwegii* Benth.
Cuautitlán: NNE de Telcruz, Ayotitlán 1375 m *Cochrane 12142* (WIS, ZEA); NO de Telcruz, Ayotitlán 1500 m *Benz 1319* (WIS, ZEA)

a *Senecio multidentatus* Sch. Bip. ex Hemsl., "Clarincillo"; REGISTRO: Nueva Galicia
Tolimán: El Terrero, Cerro Grande 2100 m *Cuevas-G. 2480* (ZEA)

a *Senecio robinsonianus* Greenm. [*Roldana robinsoniana*]
Cuautitlán: Cerro El Almeal 2140 m *Wetter 1084* (WIS); El Chante–Cuzalapa 1900 m *McVaugh 23226* (MICH–*Fl.NG.*)

Ha *Senecio roldana* DC. [*Roldana lobata*]
Autlán: Ahuacapán–Corralitos 1500–2200 m *McVaugh & Koelz 962* (MICH)
Cuautitlán: Rincón de Manantlán 1500–1600 m *Kowal 2853* (MICH, WIS); Río Manantlán, S de Rincón de Manantlán 1660–1700 m *Sørensen 7955* (WIS)

a *Senecio salignus* DC., "Jarilla", "Peyote"
Autlán: Ahuacapán–Corralitos 1660–1690 m *Cochrane 11711* (WIS, ZEA); Las Joyas 1900 m *Iltis 1380* (WIS); Puerto Escobedo, Las Joyas 1950 m *Cuevas-G. 1920* (ZEA)
Cuautitlán: Rancho Manantlán–El Cuartón 2700-[2860] m *McVaugh 10298* (MICH, NY); Las Capillas 2700 m *Cuevas-G. 2027* (ZEA)

H *Senecio sanguisorbae* DC.
Tolimán: El Terrero, Cerro Grande 2200 m *Robles-H. 862* (ZEA)

H *Senecio sinuatus* H. B. K. [*Roldana lineolata*]
Cuautitlán: Cerro El Muñeco 2100–2450 m *Anderson 3820* (F, GH, MICH); San Miguel–Rincón de Manantlán 2300–2400 m *Kowal 2838* (MICH, WIS), *2843* (WIS)

A *Senecio standleyi* Greenm. [*Telanthophora standleyi*]; ENDÉMICA: Jalisco, Guerrero
Cuautitlán: El Zarzamoro–Rincón de Manantlán 1950 m *Vázquez-G. s. n.* (ZEA); Cerro El Almeal 2050–2100 m *Kowal 2782* (MICH, WIS), *Iltis 29120* (WIS)

H *Senecio stoechadiformis* DC., "Almorrana"
Cuautitlán: Arriba de Los Jardines, Cerro El Muñeco 2600–2780 m *Sørensen 7931* (MICH, WIS); Mesa de Telcruz 1580–1665 m *Cochrane 12188* (WIS)
Tolimán: El Terrero, Cerro Grande 1900 m *Vázquez-G. 4150* (ZEA), 2200 m *Iltis 29463* (WIS)

H *Senecio suffultus* (Greenm.) McVaugh [*Roldana suffulta*]
Autlán: El Zarzamoro, Las Joyas 1900 m *Iltis 1295* (WIS); La Moza, Las Joyas 1950 m *Vázquez-G. 3683* (ZEA); Las Galeras, Las Joyas 1650 m *Vázquez-G. 3626a* (ZEA); San Miguel–El Durazno 2000–2350 m *McVaugh 13948* (MICH)
Cuautitlán: El Almeal 2050 m *Calzada 9469* (ZEA), 2000 m *Iltis 1210* (WIS)
La Resolana: [3 km] SO de [Los Mazos] [1372 m] *Cronquist 9774* (MICH, NY)

H *Sigesbeckia agrestis* Poepp. & Endl.
Autlán: Arriba de Ahuacapán *McVaugh & Koelz 975* (MICH–*Fl.NG.*); Barbechos del Sol y La Luna, Las Joyas 1915 m *Anaya-C. 12* (ZEA); Las Galeras, Las Joyas 1650 m *Vázquez-G. 3635* (ZEA)
Cuautitlán: El Almeal 2100 m *Cochrane 10604* (WIS, ZEA)

H *Simsia annectens* Blake
Cuautitlán: Telcruz, Ayotitlán 1350 m *Cuevas-G. 2130* (WIS, ZEA)

H *Simsia lagascaeformis* DC.
Tuxcacuesco: Cerro del Palacio 1150 m *Santana-M. 5519* (ZEA)

H *Sonchus oleraceus* L., "Borraja", "Cerraja", "Diente de león"
Autlán: El Zarzamoro, Las Joyas 1940 m *Vázquez-G. 3549* (ZEA)
Cuautitlán: El Almeal 2100 m *Cochrane 10608* (WIS)

H *Stevia alatipes* B. L. Rob.; ENDÉMICA: Nueva Galicia
Cuautitlán: Rincón de Manantlán 1600 m *Kowal 2826* (WIS); Sierra de Manantlán *McVaugh 13961* (MICH–*Fl.NG.*)

H *Stevia aschenborniana* Sch. Bip. var. *occidentalis* Grashoff
Autlán: Ahuacapán 1200 m *De Níz-L. 266* (ZEA)

H **Stevia caracasana** DC.
Cuautitlán: Rincón de Manantlán 1520 m *Iltis 1177* (WIS); N de Telcruz, Ayotitlán 1800 m *Cochrane 12200* (WIS); O de Las Marías 780–820 m *Cochrane 10915* (WIS)
Tolimán: El Sauz, Cerro Grande 1900 m *Vázquez-G. 4139* (ZEA)

a **Stevia lasioclada** Grashoff vel aff.
Autlán: Las Joyas 1850 m *Vázquez-G. 3744* (ZEA)

H **Stevia latifolia** Benth.
Tolimán: Campo Dos, Cerro Grande 2000–2100 m *Cuevas-G. 3492* (ZEA)

H **Stevia lucida** Lag. var. **lucida**
Cuautitlán: El Capulín 2750 m *Iltis 29391a* (WIS); S de El Chante 2600 m *Sørensen 7901* (MICH, WIS); Las Capillas 2800 m *Diggs 3765* (WIS)

H **Stevia micradenia** B. L. Rob.
Autlán: El Chilacayote, Las Joyas 1850 m *Judziewicz 4916* (WIS); Las Galeras, Las Joyas 1600 m *Vázquez-G. 3637* (WIS)

H **Stevia monardifolia** H. B. K.
Autlán: El Zarzamoro, Las Joyas 1900 m *Iltis 1272* (WIS)
Cuautitlán: Las Yeguas 2100 m *Judziewicz 5003* (WIS)

H **Stevia myricoides** McVaugh; ENDÉMICA: oeste de México
Cuautitlán: Manantlán 1500 m *McVaugh 23181* (MICH–*Fl.NG.*)

H **Stevia nelsonii** B. L. Rob.
Cuautitlán: El Almeal 1900 m *McVaugh 23125* (MICH–*Fl.NG.*)

H **Stevia origanoides** H. B. K.
Autlán: Región de Autlán [RBSM?] *McVaugh & Koelz 951* (MICH–*Fl.NG.*)
Cuautitlán: La Cumbre 2000 m *Kowal 2798* (WIS)

H **Stevia ovata** Willd.
Autlán: Las Joyas 1900 m *Judziewicz 4751* (WIS, ZEA)
Tolimán: Lagunitas, Cerro Grande 2000 m *Iltis 30180, 30184* (WIS)

H **Stevia serrata** Cav. var. **serrata**
La Resolana: SO de Autlán *Wilbur 2284* (MICH–*Fl.NG.*)
Tolimán: El Tapeizte, Cerro Grande 2400 m *Cuevas-G. 2432* (WIS, ZEA)

H **Stevia subpubescens** Lag. s. l.
Autlán: Hacia Corralitos *McVaugh & Koelz 970* (MICH–*Fl.NG.*)
Cuautitlán: Barranca La Nogalera 1800 m *Rosales-C. 42* (ZEA); San Miguel 2400 m *Iltis 2615* (WIS); Sierra de Manantlán *McVaugh 13865* (MICH–*Fl.NG.*)
Tolimán: Lagunitas–Campo Cuatro, Cerro Grande 1900–2050 m *Iltis 30181* (IBUG, MEXU, TEX, US, WIS, ZEA)

H **Stevia trifida** Lag.
Cuautitlán: Las Marías, Ayotitlán 800 m *Cochrane 10902, 11788* (WIS)

H **Stevia viscida** H. B. K.
Autlán: Tecopatlán 1550 m *Cuevas-G. 2635* (ZEA)

H **Tagetes filifolia** Lag., "Anís"
Autlán: Las Galeras, Las Joyas 1590 m *Vázquez-G. 3629* (ZEA); Las Joyas 1900 m *Cochrane 10769* (WIS), 2050 m *Judziewicz 4834* (WIS)

H **Tagetes lucida** Cav., "Santa María"
Autlán: Cañada El Laurelito, Las Joyas 1910 m *Cuevas-G. s. n.* (ZEA)
Cuautitlán: Las Yeguas 2160 m *Judziewicz 5025* (WIS)

H **Tagetes lunulata** Ort.
Tolimán: La Laguna, Cerro Grande 2100 m *Nieves-H. 527* (ZEA)

H **Tagetes remotiflora** Kunze sensu McVaugh, "Cempaxuchil", "Zampaxuchil"
Autlán: Región de Autlán [RBSM?] *McVaugh 19709* (MICH–*Fl.NG.*)
Cuautitlán: Rincón de Manantlán 1500 m *Cuevas-G. 2115* (WIS, ZEA), *3432* (ZEA)
La Resolana: Cerca del pueblo 400–500 m *Cuevas-G. 3211* (WIS, ZEA)

Tolimán: El Sauz–El Terrero, Cerro Grande 1615 m *Cochrane 12246* (OS, TEX, WIS, ZEA)
Discusión: Nuestro material probablemente incluye dos especies, *T. remotiflora* s. s. y *T. elongata* Willd.

H ***Tagetes stenophylla*** B. L. Rob.
Cuautitlán: Plaza de Gallos 1610 m *Villalobos-S. 195* (ZEA)

H ***Tagetes subulata*** Cerv.
Autlán: Región de Autlán [RBSM?] *Rzedowski 14727* (MICH–*Fl.NG.*)

H ***Taraxacum officinale*** Wiggers, "Diente de león"
Autlán: El Zarzamoro, Las Joyas 1900 m *Vázquez-G. 3496* (ZEA), *Cuevas-G. 1380* (WIS, ZEA)

H ***Tithonia rotundifolia*** (Mill.) Blake, "Tacote"
Autlán: [RBSM?] *McVaugh 19534* (MICH–*Fl.NG.*)
Minatitlán: El Sauz, Cerro Grande 1200 m *Cuevas-G. 3285* (ZEA)

H ***Tithonia tubaeformis*** (Jacq.) Cass., "Acaute", "Tacote", "Huevo de tejón"
Cuautitlán: Manantlán 1450 m *Iltis 1191a* (WIS)
Tuxcacuesco: Zenzontla 800 m *Cuevas-G. 3355* (WIS, ZEA)

H ***Tridax accedens*** Blake [*Cymophora accedens*]; ENDÉMICA: Nueva Galicia
Comala: Juluapan–Campo Cuatro, Cerro Grande 1000 m *Santana-M. 5294a* (ZEA)
Tuxcacuesco: Zenzontla 1000 m *Santana-M. 3944* (ZEA)

H ***Tridax dubia*** Rose
La Resolana: La Calera 1000 m *Cuevas-G. 2195* (ZEA)

H ***Tridax procumbens*** L.
Autlán: [RBSM?] *Wilbur 1752* (MICH–*Fl.NG.*)
La Resolana: La Calera 900 m *Vázquez-G. s. n.* (ZEA); Los Mazos 1200 m *Cuevas-G. 1880, 3052* (WIS, ZEA)

H ***Trigonospermum melampodioides*** DC., "Tacoti"
Autlán: El Zarzamoro, Las Joyas 1900 m *Vázquez-G. 3515* (ZEA); Región de Autlán [RBSM?] *McVaugh 23072* (MICH–*Fl.NG.*)
Cuautitlán: Rincón de Manantlán 1700 m *Sánchez-S. 337* (IBUG, WIS)

a ***Trixis mexicana*** Lex. var. ***mexicana***
Cuautitlán: Las Yeguas–Manantlán 1600 m *Cochrane 10823* (WIS, ZEA)
La Resolana: La Calera 900–1000 m *Iltis 31061* (WIS); SO de Autlán *McVaugh 10221* (MICH–*Fl.NG.*)

a ***Trixis michuacana*** Lex. var. ***longifolia*** (D. Don) C. Anderson
La Resolana: S de Autlán 1180 m *Ornelas-U. 1467* (IBUG, WIS, ZEA)

a ***Verbesina cinerascens*** B. L. Rob. & Greenm.
Autlán: Ahuacapán–Corralitos 1500–2200 m *McVaugh & Koelz 1018* (MICH)

a ***Verbesina crocata*** (Cav.) Less. ex DC.
Tuxcacuesco: Cerro del Palacio 1150 m *Santana-M. 5638* (WIS, ZEA)

aA ***Verbesina culminicola*** McVaugh; ENDÉMICA: Jalisco
Cuautitlán: El Almeal 2000 m *Cochrane 10617* (WIS)

a ***Verbesina fastigiata*** B. L. Rob. & Greenm.; REGISTRO: Nueva Galicia
La Resolana: Los Mazos 1200 m *Cuevas-G. 2811* (WIS, ZEA)

a ***Verbesina greenmanii*** Urb., "Capitana"
Autlán: Cañada El Laurelito, Las Joyas 1900 m *Vázquez-G. 3855* (ZEA); Región de Autlán [RBSM?] *Wilbur 2279* (MICH–*Fl.NG.*)
Tuxcacuesco: Cerro del Palacio 1100 m *Santana-M. 5908* (WIS, ZEA)

a ***Verbesina heterocarpa*** Blake; ENDÉMICA: Jalisco, Michoacán
Cuautitlán: E de La Cumbre 2500–2750 m *McVaugh 23133* (MICH); San Miguel 2300–2400 m *Kowal 2840* (MICH, WIS)

a ***Verbesina klattii*** B. L. Rob. & Greenm.
Cuautitlán: Cerro El Muñeco 2780 m *Iltis 2434-I, 2434-II* (WIS); El Almeal 2100 m

*Judziewicz 4838* (WIS, ZEA); [Cuautitlán?] Sierra de Manantlán *McVaugh 13877* (MICH–*Fl.NG.*)

A **Verbesina oligantha** B. L. Rob.
Autlán: El Chante 1050 m *Iltis 1129* (WIS)

a **Verbesina oncophora** B. L. Rob. & Seat. var. **subhamata** McVaugh [*V. pterocarpha*]; ENDÉMICA: Nueva Galicia
Autlán: Las Joyas 1950 m *Judziewicz 4897* (WIS)
Cuautitlán: El Almeal 2100 m *Cochrane 10617* (WIS, ZEA); El Chante–Cuzalapa 2500–2750 m *McVaugh 23112* (MICH–Holótipo de variedad *subhamata–Fl.NG.*)

a **Verbesina oxylepis** Blake; ENDÉMICA: Nueva Galicia
Cuautitlán: Sierra de Manantlán *Wilbur 2071* (MICH–*Fl.NG.*)
La Resolana: 20–21 km SO de Autlán 1200 m *Wilbur 2367* (MICH–*Fl.NG.*)

a **Verbesina parviflora** (H. B. K.) Blake var. **parviflora**
Autlán: Filo de La Vaca, Las Joyas 2040 m *Vázquez-G. 3399* (WIS, ZEA); Filo San Rafael, Las Joyas 1960 m *Cuevas-G. 1351* (WIS, ZEA)

a **Verbesina sphaerocephala** A. Gray var. **sphaerocephala**, "Capitaneja"
Autlán: Las Galeras, Las Joyas 1720 m *Vázquez-G. 3595* (ZEA)
Cuautitlán: Telcruz, Ayotitlán 1300 m *Cuevas-G. 1780* (ZEA)
Tolimán: El Terrero, Cerro Grande 1900 m *Cuevas-G. 1713* (WIS, ZEA)
Tuxcacuesco: La Lima 1400 m *Iltis 28900* (WIS)

H **Verbesina tetraptera** (Ort.) A. Gray
Tolimán: Lagunitas, Cerro Grande 1950 m *Iltis 30186* (WIS, ZEA)

a **Verbesina turbacensis** H. B. K.; REGISTRO: Nueva Galicia
Minatitlán: SO de El Terrero, Cerro Grande 1750 m *Cuevas-G. 3321* (ZEA)

H **Vernonia autumnalis** McVaugh; ENDÉMICA: Jalisco
La Resolana: Cerro La Petaca 1200 m *Santana-M. 4694* (ZEA), 900–1100 m *Iltis 375* (MICH, WIS)

a **Vernonia baadii** (McVaugh) S. B. Jones
Autlán: Ahuacapán–Las Joyas 1970–2000 m *Iltis 29358* (WIS)
La Resolana: La Moza–Arroyo El Tecolote 1600 m *Vázquez-G. 3956* (WIS, ZEA)
Minatitlán: El Sauz–El Terrero, Cerro Grande 1610–1620 m *Cochrane 12242* (TEX, WIS, ZEA), 1500 m *Cochrane 11745* (IBUG, TEX, WIS, ZEA)

aA **Vernonia bealliae** McVaugh; ENDÉMICA: Jalisco, Michoacán. Foto p. xxxv, RR.
Autlán: Charco de Los Perros, Las Joyas 1890 m *Villalobos-S. 206* (ZEA); Puerto Escobedo, Las Joyas 1950 m *Cuevas-G. 1919* (WIS, ZEA)
Cuautitlán: Rincón de Manantlán 1520 m *Iltis 1175* (MICH, WIS); Rancho Manantlán–El Cuartón 2400–2600 m *McVaugh 10331* (MICH)
La Resolana: Arroyo El Tecolote 1200 m *Vázquez-G. 3974* (ZEA)
Tolimán: El Terrero–La Laguna, Cerro Grande 2113 m *Wetter 2062* (IBUG, MEXU, OS, TEX, WIS, ZEA); La Laguna, Cerro Grande 2000–2100 m *Iltis 29571* (GA, WIS)

a **Vernonia capreifolia** Gleason (***V. patens*** vel aff.), "Pacacho", "Tacote", "Tepachote"
Autlán: Ahuacapán 1150 m *Santana-M. 4362* (ZEA); Corralitos 1900 m *Guzmán-H. 1259* (WIS, ZEA)
La Resolana: Cerro La Lanilla 1400 m *Robles-H. 759* (WIS, ZEA)

a **Vernonia cordata** H. B. K. var. **hooveri** McVaugh; ENDÉMICA: oeste de México
Autlán: Ahuacapán 1400 m *Iltis 29446* (TEX, WIS)
La Resolana: Arroyo El Tecolote 1200 m *Vázquez-G. 3971* (WIS, ZEA)
Tuxcacuesco: La Cañita, Zenzontla 1200 m *Cuevas-G. 2072* (WIS, ZEA)

a **Vernonia coulteri** (A. Gray) B. Turner [*Bolanosa coulteri*]
La Resolana: SO de Autlán *McVaugh 19901* (MICH–*Fl.NG.*)
Tuxcacuesco: La Pasión, Zenzontla 1600 m *Cuevas-G. 2609* (WIS, ZEA)

a *Vernonia patens* H. B. K.; REGISTRO: Nueva Galicia
Autlán: Tecopatlán 1400 m *De Níz-L. 140* (ZEA); Zacahuautla–Ahuacapán 1500 m *Lorente-A. 1* (ZEA)

T *Vernonia pugana* S. B. Jones & Stutts; ENDÉMICA: RBSM
Cuautitlán: S de El Chante 1500–2000 m *McVaugh 26172* (MICH–Holótipo; MICH–Isótipo)

H *Vernonia serratuloides* H. B. K.
Cuautitlán: Las Yeguas–Manantlán 1600 m *Cochrane 10836* (WIS)
Tolimán: El Sauz–El Terrero, Cerro Grande 1850 m *Vázquez-G. 4158* (IEB, WIS, ZEA)

a *Vernonia steetzii* Sch. Bip. var. ***steetzii***
Tolimán: El Terrero, Cerro Grande 2100 m *Cuevas-G. 2195* (ZEA)

a *Vernonia triflosculosa* H. B. K.
Comala: Campo Cuatro, Cerro Grande 800 m *Santana-M. 2921* (IBUG)
La Resolana: [18 km] SO de Autlán *McVaugh 10208* (MICH–*Fl.NG.*); Torre de Transmisión, Los Mazos 1750 m *Guzmán-H. 1393* (WIS, ZEA)

a *Vernonia vernonioides* (A. Gray) Bacigalupi
Autlán: Las Mantequillas, Las Joyas 1600 m *Vázquez-G. 3753* (ZEA)

T *Viguiera cordata* (Hook. & Arn.) D'Arcy var. ***abbreviata*** B. L. Rob. & Greenm.
Cuautitlán: Telcruz, Ayotitlán 1300 m *Cuevas-G. 1786* (ZEA)

T *Viguiera cordata* var. ***cordata***
La Resolana: [16 km] SO Autlán 900 m *Webster 16008* (MICH–*Fl.NG.*)

H *Viguiera dentata* (Cav.) Spreng. var. ***dentata***
Tuxcacuesco: Brecha a Tuxcacuesco [RBSM?] 900 m *Cuevas-G. 2535* (ZEA)

a *Viguiera ensifolia* (Sch. Bip.) Blake, "Rosa amarilla"
Autlán: Corralitos 2000 m *Vázquez-G. 4245* (UCR, WIS, ZEA); El Zarzamoro, Las Joyas 1900 m *Iltis 1251* (WIS); Los Barbechos, Las Joyas 2000 m *Cochrane 10733* (WIS)
Cuautitlán: Arriba de El Chante *McVaugh 23088* (MICH–*Fl.NG.*); Rincón de Manantlán 1660 m *Iltis 2523* (WIS); San Miguel 2400 m *Sørensen 7969* (WIS)

H *Viguiera grahamii* McVaugh; ENDÉMICA: Jalisco
Autlán: Ahuacapán 1100 m *McVaugh & Koelz 969* (MICH–*Fl.NG.*)
La Resolana: Los Mazos 1200 m *Cuevas-G. 2802* (ZEA); [Los Mazos], 14–15 km SO de Autlán [1200–1300 m] *McVaugh 25240* (MICH–Holótipo–*Fl.NG.*)
Tolimán: Lagunitas–Campo Cuatro, Cerro Grande 1930 m *Iltis 30188* (WIS)

H *Viguiera hypochlora* (Blake) Blake
Cuautitlán: San Miguel 1750 m *Santana-M. 4134* (WIS, ZEA)
La Resolana: 20 km SO de Autlán 1000 m *McVaugh 19871* (MICH–*Fl.NG.*)
Tuxcacuesco: La Pasión, Zenzontla 1400 m *Cuevas-G. 2596* (WIS, ZEA)

H *Viguiera latibracteata* (Hemsl.) Blake
Cuautitlán: Rincón de Manantlán 1700 m *Sánchez-S. 354* (IBUG, WIS)

H *Viguiera pachycephala* (DC.) Hemsl.
Tuxcacuesco: La Lima 1300 m *Iltis 28930* (WIS, ZEA)

a *Viguiera pringlei* B. L. Rob. & Greenm.; ENDÉMICA: Jalisco, Nayarit
Autlán: Ahuacapán 1050–1100 m *Vázquez-G. 4209* (OS, UCR, WIS, ZEA)
Cuautitlán: Cerro El Muñeco 2700 m *Sørensen 7934* (WIS); Rincón de Manantlán 1520 m *Iltis 1165* (WIS), *1174* (MICH, WIS); Telcruz, Ayotitlán 1700 m *Cuevas-G. 2172* (WIS, ZEA)

H *Viguiera tenuis* A. Gray
Autlán: Región de Autlán [RBSM?] *Cronquist 9773* (MICH–*Fl.NG.*)
La Resolana: La Resolana *McVaugh 21087* (MICH–*Fl.NG.*)

H *Zinnia americana* (Mill.) Olorode & Torres
Cuautitlán: Arriba de El Chante *Wilbur 2100* (MICH–*Fl.NG.*)
La Resolana: La Calera 700 m *Vázquez-G. 4803* (ZEA)

H **Zinnia bicolor** (DC.) Hemsl.
La Resolana: Los Mazos 1700 m *Cuevas-G. 1878* (WIS, ZEA)
H **Zinnia maritima** H. B. K. var. **palmeri** (A. Gray) B. Turner
Cuautitlán: El Durazno 1900 m *Rosales-C. 57* (WIS, ZEA)
La Resolana: La Calera 1000 m *Cuevas-G. 2196* (ZEA); La Resolana *Wilbur 1527* (MICH–*Fl.NG.*)
H **Zinnia peruviana** (L.) L.
Minatitlán: El Sauz, Cerro Grande 1200 m *Cuevas-G. 2500* (ZEA)
H **Zinnia zinnioides** (H. B. K.) Olorode & Torres [*Tragoceros zinnioides*]
La Resolana: La Calera 850 m *Vázquez-G. s. n.* (ZEA)
Tuxcacuesco: Cerro del Palacio 1150 m *Santana-M. 5506* (ZEA)

## CONNARACEAE

T **Rourea glabra** H. B. K. var. **glabra**
La Resolana: Cerro La Petaca 800 m *Santana-M. 4418* (WIS, ZEA); El Tigre 600 m *Cuevas-G. 2343* (ZEA)

## CONVOLVULACEAE

La mayoría de las determinaciones fueron hechas o verificadas por Andrew McDonald.

H **Evolvulus alsinoides** (L.) L., "Chintuza", "Pimpinela", "Dalia"
Cuautitlán: La Pareja 870 m *Vázquez-G. 4079* (ZEA)
H **Evolvulus nummularis** (L.) L.
Cuautitlán: Ayotitlán 750 m *Cevallos-E. 139* (WIS, ZEA)
T **Ipomoea alba** L.
Autlán: Camino a El Chante 960 m *Wilbur 2224* (MICH)
T **Ipomoea ampullacea** House
Comala: Campo Cuatro, Cerro Grande 765 m *Cochrane 11755* (IBUG, WIS, ZEA)
A **Ipomoea arborescens** (H. B. K.) G. Don
Autlán: SE Ahuacapán 1100 m *Vázquez-G. 4530* (WIS, ZEA), *Cuevas-G. 2387* (ZEA)
T **Ipomoea batatoides** Choisy vel aff.
La Resolana: Arroyo El Tecolote 400 m *Anaya-C. 20* (WIS, ZEA)
T **Ipomoea bracteata** Cav. [*Exogonium bracteata*], "Caliostolienda", "Carlostalianda", "Jícama jabalinera"
Autlán: El Chante 950–1050 m *Iltis 1130* (WIS); SSO de Ahuacapán 1100 m *Cuevas-G. 2236* (WIS, ZEA), 1300–1400 m *Guzmán-H. 617* (ZEA)
Tolimán: San Pedro Toxín, Cerro Grande 775 m *Vázquez-G. 4105* (ZEA)
Tuxcacuesco: La Cañita, Zenzontla 1100 m *Cuevas-G. 2059* (ZEA)
H **Ipomoea capillacea** (H. B. K.) G. Don
Autlán: SE de Ahuacapán 1100 m *Cuevas-G. 2391* (ZEA)
Cuautitlán: 2–3 km NNE del pueblo 800 m *Santana-M. 4469* (ZEA)
T **Ipomoea cardiophylla** A. Gray
Tuxcacuesco: Cerro del Palacio 1150 m *Benz 1305* (ZEA)
T **Ipomoea cholulensis** H. B. K.
Cuautitlán: Manantlán 1450 m *Iltis 1195a* (WIS)
T **Ipomoea corymbosa** (L.) Roth
Autlán: 2 km al N de Ahuacapán 1000 m *McVaugh 19540* (MICH–*Fl.NG.*)
A **Ipomoea cuernavacensis** House vel aff., "Izote", "Majagua", "Ozote"
Tolimán: El Terrero, Cerro Grande 1700 m *Cuevas-G. 2215a* (WIS, ZEA)
T **Ipomoea decemcornuta** O'Donell
Cuautitlán: La Ventana–San Miguel 2300 m *Iltis 413* (WIS)
T **Ipomoea dimorphophylla** Greenm.
La Resolana: 12 km al S de Autlán 1200 m *Wilbur 2392* (MICH)
T **Ipomoea dumosa** (Benth.) L. O. Williams
Autlán: Corralitos–Ahuacapán 1400 m *Iltis 29448* (WIS)

T *Ipomoea funis* Schlecht. & Cham. var. ***langlassei*** (House) O'Donell
Autlán: Las Joyas 1900 m *Iltis 1291* (WIS)

T ***Ipomoea hartwegii*** Benth.
Autlán: SE de Los Mazos 1500 m *Lorente-A. 20* (WIS, ZEA)

T ***Ipomoea hederifolia*** L.
Cuautitlán: SE de San Miguel 1750 m *Santana-M. 4173* (ZEA)
Minatitlán: SE de El Sauz, Cerro Grande 1400 m *Cuevas-G. 3318* (ZEA)
Tuxcacuesco: Cerro del Palacio 1150 m *Benz 1281* (WIS, ZEA)

T ***Ipomoea invicta*** House
La Resolana: Arroyo El Tecolote 1400 m *Cuevas-G. 1857* (WIS, ZEA)

T ***Ipomoea lindenii*** M. Martens & Galaleotti
La Resolana: 19 km SO de Autlán 1000 m *McVaugh & Koelz 888* (MICH)

T ***Ipomoea mairetii*** Choisy
Cuautitlán: El Durazno–La Cumbre 1250 m *McVaugh 23246* (MICH)

T ***Ipomoea minutiflora*** (M. Martens & Galeotti) House
Cuautitlán: Las Marías, Ayotitlán 700 m *López-H. 190* (ZEA)
Tuxcacuesco: Cerro del Palacio 1150 m *Santana-M. 5395* (WIS, ZEA)

A ***Ipomoea murucoides*** Roem. & Schult.
Tolimán: El Terrero, Cerro Grande 1850 m *Cuevas-G. 1712* (WIS, ZEA)

T ***Ipomoea neei*** (Spreng.) O'Donell
Autlán: Los Mazos 1200 m *Cházaro-B. 4453* (IBUG, WIS)
Cuautitlán: El Durazno 1300–1400 m *Cuevas-G. 1895* (WIS, ZEA)

T ***Ipomoea nil*** (L.) Roth
Cuautitlán: S de La Rosa 500 m *López-H. 165* (ZEA)

T ***Ipomoea noctulifolia*** McPherson; ENDÉMICA: Jalisco
La Resolana: 14 km al S de Autlán 1300 m *Wilbur 2309* (MICH)

T ***Ipomoea orizabensis*** (Pelletan) Ledeb. ex Steud. var. ***orizabensis*** [*I. tyrianthina*]
Autlán: Al S de El Chante 1600 m *Anderson 3826* (MICH); Cañada El Laurelito, Las Joyas 1850 m *Vázquez-G. 3739* (WIS, ZEA); El Zarzamoro, Las Joyas 1900–1950 m *Iltis 1290, 29019* (WIS); La Hierbabuenita, Las Joyas 1890 m *Vázquez-G. 3658* (ZEA)
Tolimán: SO de El Terrero, Cerro Grande 1750–1900 m *Cuevas-G. 3326* (ZEA), 2100 m *Cuevas-G. 2471* (WIS, ZEA)

T ***Ipomoea pseudoracemosa*** McPherson vel aff.; ENDÉMICA: Jalisco, Nayarit
Tuxcacuesco: O de Tuxcacuesco 800 m *Cochrane 11634* (TEX, WIS, ZEA), *Cuevas-G. 3722* (WIS, ZEA)

T ***Ipomoea purpurea*** (L.) Roth
Autlán: Asoleaderos del Tlacuache, Las Joyas 1900 m *Santana-M. 3987* (WIS, ZEA); Las Playas, Las Joyas 1900 m *Cochrane 10761* (WIS), maleza
Tolimán: La Lima 1540 m *Iltis 28915* (WIS), cultivada

T ***Ipomoea santillanii*** O'Donell
Autlán: Corralitos–Las Joyas 1500–2000 m *McVaugh & Koelz 972* (MICH)
La Resolana: El Tigre 800–1000 m *Cuevas-G. 2878* (WIS, ZEA)

T ***Ipomoea seducta*** House
La Resolana: S de Los Mazos 1680 m *Cochrane 12100* (WIS)

T ***Ipomoea spectata*** McDonald [*I. hastigera* var. *jaliscana*]
Autlán: Ahuacapán 1000 m *Vázquez-G. 997* (IBUG, WIS); Corralitos 1700 m *Vázquez-G. 4221* (WIS, ZEA); Cuatro Caminos, Las Joyas 1950 m *Cuevas-G. 1543* (WIS, ZEA); El Zarzamoro, Las Joyas 1890 m *Vázquez-G. 3652* (ZEA)
Cuautitlán: Rincón de Manantlán 1450 m *Iltis 1195a* (WIS); Telcruz, Ayotitlán 1300 m *Cuevas-G. 1789* (UCR, WIS, ZEA), 1800 m *Cochrane 12205* (WIS)
La Resolana: Los Mazos 1400 m *Cházaro-B. 4453* (IBUG)

T ***Ipomoea trifida*** (H. B. K.) G. Don
Cuautitlán: E del pueblo 500 m *López-H. 164* (ZEA)

T ***Ipomoea*** sp. nov., fide A. McDonald
Comala: Campo Cuatro, Cerro Grande 1400 m *Santana-M. 5277* (WIS, ZEA)
T ***Jacquemontia nelsonii*** House
Tolimán: El Sauz–El Terrero, Cerro Grande 1100 m *Guzmán-H. 1100* (WIS, ZEA)
T ***Jacquemontia pentantha*** (Jacq.) G. Don f. vel aff.
Tuxcacuesco: S del pueblo 1100 m *Cuevas-G. 2523* (ZEA)
T ***Jacquemontia sphaerostigma*** (Cav.) Rusby
Autlán: Torre de Microondas, Los Mazos 1450 m *Santana-M. 3836* (ZEA)
T ***Jacquemontia tamnifolia*** (L.) Griseb.
La Resolana: El Zapotillo 600 m *Cuevas-G. 2923* (ZEA)
T ***Merremia platyphylla*** (Fernald) O'Donell
Tuxcacuesco: 3 km O de Tuxcacuesco 900 m *Cochrane 11635* (WIS)
T ***Merremia quinquefolia*** (L.) Hall. f.
La Resolana: Los Mazos 1700 m *Cuevas-G. 1877* (WIS, ZEA)
T ***Merremia umbellata*** (L.) Hall. f.
Minatitlán: Río Juluapan, S de El Sauz, Cerro Grande 750–790 m *Cochrane 11725* (WIS, ZEA)
Tuxcacuesco: La Cañita, Zenzontla 1100 m *Cuevas-G. 2047* (ZEA)
T ***Operculina pinnatifida*** (H. B. K.) O'Donell
Tuxcacuesco: Zenzontla 1050 m *Cuevas-G. 2043* (WIS, ZEA)
T ***Operculina pteripes*** (G. Don) O'Donell
Autlán: El Chante 1100 m *Sánchez-S. 281* (IBUG, WIS)
T ***Turbina corymbosa*** (L.) Raf.
Autlán: Ahuacapán 1200 m *Santana-M. 5470* (WIS, ZEA)
Tolimán: La Taza, San Pedro Toxín, Cerro Grande 700–800 m *Guzmán-H. 466* (ZEA)

## CORIARIACEAE

a ***Coriaria ruscifolia*** L. subsp. ***microphylla*** (Poir.) L. Skog [*C. thymifolia*]
Autlán: El Chante 1650–1850 m *McVaugh 23087* (MICH, WIS)
Cuautitlán: Cerro El Almeal 2075 m *Cochrane 10633* (WIS); El Quelitán, Telcruz, Ayotitlán 2150 m *Cuevas-G. 2505* (WIS, ZEA); La Cumbre 2125 m *Iltis 2246* (WIS), 1950 m *Cuevas-G. 1979, 2900* (ZEA), 2000 m *Rosales-C. 24* (WIS, ZEA)

## CORNACEAE

A ***Cornus disciflora*** Sessé & Moc. ex DC., "Azulillo"
Autlán: El Tlacuache, Las Joyas 1950 m *Vázquez-G. 3803* (ZEA); El Zarzamoro, Las Joyas 1900 m *Iltis 1292* (WIS, ZEA); La Moza, Las Joyas 1950 m *Vázquez-G. 3678* (ZEA); Piedra Bola, Las Joyas 2065 m *Iltis s. n.* (WIS)
Cuautitlán: E de Manantlán [2530–2622 m] *Wilbur 1908, 1997* (MICH); El Almeal 2200 m *Iltis 2221* (WIS), *2238* (MICH, WIS); La Cumbre–El Durazno 2000 m *Cuevas-G. 1928* (UCR, WIS, ZEA); Mesa del Chayote 2525 m *Iltis 2500* (WIS); Rincón de Manantlán 1660–1750 m *Iltis 1392* (LE, WIS), *3176* (MICH, WIS); San Miguel 2400 m *Iltis 495, 495a* (WIS)
A ***Cornus excelsa*** H. B. K., "Cuatepinque"
Autlán: Las Playas, Las Joyas 1800 m *Santana-M. 3616* (ZEA); Cuatro Caminos, Corralitos 1550 m *Santana-M. 4434* (WIS, ZEA)
Tolimán: El Terrero–Los Picachos, Cerro Grande 2300 m *Iltis 29487* (GH, IEB, MICH, NA, WIS); NNE de El Terrero, Cerro Grande 2200 m *Cuevas-G. 3335* (ZEA)

## CRASSULACEAE

H ***Bryophyllum pinnatum*** (Lam.) Kurz [*Kalanchoe pinnata*]
Cuautitlán: Telcruz, Ayotitlán 1350–1400 m *Cuevas-G. 2116* (ZEA)
H ***Graptopetalum fruticosum*** R. Moran; ENDÉMICA: Jalisco
La Resolana: Los Mazos 1200 m *Guzmán-M. 834* (IBUG)

H ***Sedum grandipetalum*** Fröderström
Cuautitlán: San Miguel–La Cumbre 2100 m *Iltis 29381b* (WIS)

H ***Sedum greggii*** Hemsl.
Cuautitlán: Manantlán–El Durazno 2050 m *Pérez de la Rosa 124* (IBUG, ZEA)

H ***Sedum jaliscanum*** S. Watson
La Resolana: Los Mazos 1200 m *Cházaro-B. 5699* (IBUG, WIS, ZEA)

E ***Sedum tortuosum*** Hemsl.
Cuautitlán: El Almeal–La Cumbre 2200 m *Sørensen 7817* (WIS); La Cumbre 2100 m *Iltis 1227* (WIS)

H ***Sedum*** sp. 1
Cuautitlán: Cerro Capulín 2750 m *Iltis 29392* (WIS); Las Capillas 2800–2860 m *Iltis 2414* (WIS)

H ***Sedum*** sp. 2
Cuautitlán: Las Yeguas 1475–1600 m *Cochrane 10811* (WIS)

## CRUCIFERAE (BRASSICACEAE)

H ***Brassica rapa*** L. [*B. campestris*]
Autlán: Las Playas, Las Joyas 1850 m *Cuevas-G. 1230* (ZEA)
Tolimán: El Terrero, Cerro Grande 2250 m *Cuevas-G. 2451* (WIS, ZEA)

H ***Cardamine fulcrata*** Greene
Cuautitlán: Arroyo Manantlán 1750 m *Judziewicz 5100* (WIS); Rincón de Manantlán 1660 m *Iltis 2512* (WIS); San Miguel 2400 m *Sørensen 7974* (WIS)

H ***Lepidium lasiocarpum*** Nutt.
Tolimán: La Laguna, Cerro Grande 2000 m *Guzmán-H. 1124* (ZEA)

H ***Lepidium oblongum*** Small
Tolimán: Mezcalitos–Los Picachos, Cerro Grande 2350–2400 m *Iltis 29531* (WIS)

H ***Lepidium virginicum*** L.
Autlán: El Zarzamoro, Las Joyas 1980 m *Cuevas-G. 1384* (ZEA)
Cuautitlán: Cuzalapa 800 m *Cuevas-G. 1963* (WIS, ZEA)
Tolimán: El Terrero, Cerro Grande 1900 m *Cevallos-E. 84* (WIS, ZEA)

H ***Raphanus raphanistrum*** L., "Rabanillo"
Autlán: El Zarzamoro, Las Joyas 1950 m *Judziewicz 4850* (WIS); San Campús, Las Joyas 1980 m *Vázquez-G. 3307* (ZEA)

H ***Rorippa nasturtium–aquaticum*** (L.) Shinz & Thell. [*Nasturtium officinale*], "Berro"
Autlán: Las Playas, Las Joyas 1900 m *Cochrane 10760* (WIS)
Tuxcacuesco: SO de Zenzontla 900–940 m *Cochrane 11674* (WIS)

## CUCURBITACEAE

T ***Cayaponia attenuata*** (Hook. & Arn.) Cogn., "Pedo de Judas"
Cuautitlán: Cuzalapa 700 m *Cuevas-G. 1954* (WIS, ZEA), *Rosales-C. 179* (WIS, ZEA)
La Resolana: Arroyo Tacubaya 660–700 m *Cochrane 11697* (WIS); El Tepejilote, El Zapotillo 420–500 m *Iltis 30990* (WIS)

T ***Cayaponia racemosa*** (Mill.) Cogn., "Amole"
Cuautitlán: Ayotitlán–Chancol, Ayotitlán 1100 m *Santana-M. 4331* (WIS, ZEA)

T ***Cremastopus rostratus*** P. G. Wilson
Cuautitlán: San Miguel 2400 m *Sørensen 7976* (WIS, ZEA)

T ***Cucumis anguria*** L.
Minatitlán: Colima–Minatitlán 700 m *Nieves-H. s. n.* (ZEA)

T ***Cucurbita argyrosperma*** Huber subsp. ***sororia*** (L. Bailey) Merrick & Bates [*C. mixta*]
Tolimán: San Pedro Toxín, Cerro Grande 950 m fide Vázquez–G.
Tuxcacuesco: Zenzontla 850 m *Santana-M. 3876* (ZEA), 900 m *Cochrane 11658* (WIS)

T ***Cucurbita ficifolia*** Bouché
Cuautitlán: El Almeal 2050 m *Calzada 9483* (ZEA)

T *Cyclanthera dissecta* (Torr. & A. Gray) Arn. [incl. *C. tenuisepala]*
Cuautitlán: San Miguel 1750 m *Santana-M. 4249* (WIS, ZEA)
La Resolana: Los Mazos 1300 m *Dieterle 4104* (MICH); 16 km al SO de Autlán 1450 m *McVaugh 14203* (MICH)
Tuxcacuesco: El Rodeo 1280 m *Iltis 28921* (WIS)

T ***Cyclanthera langaei*** Cogn.
Autlán: El Zarzamoro, Las Joyas 1925 m *Cochrane 10768* (WIS, ZEA); El Tlacuache, Las Joyas 1885 m *Vázquez-G. 3806* (ZEA)

T ***Cyclanthera steyermarkii*** Standl.
Cuautitlán: San Miguel 2400 m *McVaugh 13889* (MICH)

T ***Cyclanthera tamnoides*** (Willd.) Cogn.
Autlán: El Zarzamoro, Las Joyas 1900 m *Vázquez-G. 3792* (WIS, ZEA); San Campús, Las Joyas 1900–2100 m *Judziewicz 4987* (WIS)
Cuautitlán: Rincón de Manantlán 1520 m *Iltis 1162* (WIS); San Miguel 1750 m *Santana-M. 4219* (WIS, ZEA)

T ***Echinopepon jaliscanus*** Rose vel aff.
Cuautitlán: Rincón de Manantlán 1520 m *Iltis 1164* (WIS)

T ***Echinopepon lanatus*** (Cogn.) Rose vel aff.
Tuxcacuesco: Zenzontla 1000 m *Santana-M. 3942* (ZEA)

T ***Echinopepon pringlei*** Rose
Autlán: Tecopatlán 1250 m *Iltis 1145* (WIS)
Cuautitlán: San Miguel 1750 m *Santana-M. 4141* (WIS, ZEA)

T ***Echinopepon racemosus*** (Steud.) C. Jeffrey [incl. *E. horridus*]
Autlán: 11 km al S de El Chante 1250 m *Rzedowski & McVaugh 1292* (MICH)

T ***Ibervillea maxima*** Lira & Kearns, "Tololonche"; ENDÉMICA: oeste de México
Tolimán: Los Encinitos–La Antena, Cerro Grande 1600 m *Cochrane 13041* (WIS, ZEA)
Tuxcacuesco: La Palma 700 m *Cuevas-G. 3408* (ZEA)

T ***Melothria pendula*** L.
La Resolana: El Tigre 600 m *Cuevas-G. 3999* (WIS, ZEA)

T ***Melothria pringlei*** (S. Watson) Martínez Crovetto
Cuautitlán: Peña Colorada, La Astilla [RBSM?] 1300 m *Santana-M. 4786* (WIS, ZEA)

T ***Momordica charantia*** L.
La Resolana: Arroyo El Tecolote 400–500 m *Cuevas-G. 3207* (WIS, ZEA)

T ***Polyclathra cucumerina*** Bertol. [*P. albiflora*]
La Resolana: El Tigre 500 m *Judziewicz 5149* (WIS), 900 m *Cuevas-G. 2913* (WIS, ZEA); Los Mazos 1350 m *Iltis 30099* (WIS)

T ***Rytidostylis gracilis*** Hook. & Arn. [*Elaterium ciliatum*], "Parrilla"
Cuautitlán: Manantlán 1650 m *Sánchez-S. 207* (IBUG)
La Resolana: Cerro La Petaca 1200 m *Vigueras-G. 79* (IBUG, WIS)

T ***Rytidostylis longisepala*** (Cogn.) C. Jeffrey
La Resolana: NE del pueblo 400–500 m *Cuevas-G. 3208* (WIS, ZEA)

T ***Schizocarpum longisepalum*** C. Jeffrey
Autlán: Los Mazos 1450 m *Santana-M. 3835* (ZEA)

T ***Schizocarpum palmeri*** Cogn. & Rose
Cuautitlán: Aserradero de Manantlán 1520 m *Calzada 9555* (ZEA)
Tuxcacuesco: Zenzontla 850 m *Santana-M. 3852* (ZEA), 800 m *Cuevas-G. 3370* (WIS, ZEA)

T ***Sechium*** cf. ***compositum*** (Donn. Sm.) C. Jeffrey
Cuautitlán: La Pareja 860 m *Vázquez-G. 4069* (WIS, ZEA)

T ***Sicyos laciniatus*** L., "Chayotillo"
Autlán: Las Playas, Las Joyas 1900 m *Cochrane 10767* (WIS)

T ***Sicyos longisepalus*** Cogn. vel aff.
Cuautitlán: San Miguel 1750 m *Santana-M. 4221, 4250* (ZEA)

## CUSCUTACEAE

H **Cuscuta corymbosa** Ruiz & Pav. var. **grandiflora** Engelm.
Autlán: Cañada El Laurelito, Las Joyas 1850 m *Vázquez-G. 3732* (ZEA); Cuchilla de La Tuna, Las Joyas 1860 m *Vázquez-G. 3885* (ZEA); El Tlacuache, Las Joyas 1885 m *Vázquez-G. 3802* (ZEA); ENE de El Zarzamoro, Las Joyas 1950–2000 m *Iltis 29077* (WIS)
Cuautitlán: Manantlán 1450 m *Iltis 1150* (WIS)

H **Cuscuta mitraeformis** Engelm., "Tripa de pollo"
Tolimán: El Sauz–El Terrero, Cerro Grande 1875 m *Cuevas-G. 1718* (ZEA)

## DICHAPETALACEAE

A **Tapura mexicana** Prance
La Resolana: El Limoncillo 1000 m *Jardel-P. & Rosales-A. s. n.* (ZEA)

## DILLENIACEAE

A **Curatella americana** L., "Rasca vieja"
Cuautitlán: La Pintada–Cuzalapa 660 m *Robles-H. 917* (ZEA)
La Resolana: El Zapotillo 600 m *Cuevas-G. 2920* (ZEA); La Calera 800 m *Guzmán-H. 976* (ZEA); La Resolana 550–600 m *Santana-M. 3372* (WIS, ZEA)

T **Davilla kunthii** St. Hil.
La Resolana: Arroyo El Tecolote 1200 m *Cuevas-G. 1862* (WIS, ZEA), 400–850 m *López-H. 129* (ZEA); 2–4 km NE de La Resolana 400–600 m *Cuevas-G. 2369* (ZEA)

## EBENACEAE

A **Diospyros sinaloensis** Blake vel aff.
Autlán; Ahuacapán 1100–1200 m *Santana-M. 4620* (ZEA)

A **Diospyros** sp.
Comala: Campo Cuatro, Cerro Grande 1200 m fide Vázquez-G.
Tolimán: Campo Cuatro El Terrero, Cerro Grande 1400 m *Cuevas-G. 4039* (ZEA)

## ELAEOCARPACEAE

A **Muntingia calabura** L., "Majagua"
La Resolana: Arroyo El Tecolote 500 m *Vázquez-G. 3987* (WIS, ZEA); La Resolana 750 m *Vázquez-G. 4523* (WIS, ZEA)
Minatitlán: Juluapan–El Sauz, base del Cerro Grande 610–680 m *Cochrane 11713* (IBUG, KANU, UCR, WIS, ZEA)

A **Sloanea terniflora** (Moc. & Sessé ex DC.) Standl., "Aguatoso", "Ajuatoso"
La Resolana: Arroyo Tacubaya, Cerro La Petaca 425 m *Iltis 298, 323* (WIS); La Resolana 600 m *Cuevas-G. 1832* (WIS, ZEA), 400 m *Vázquez-G. 4381* (WIS, ZEA)

## ERICACEAE

a **Arbutus occidentalis** McVaugh & Rosatti, "Madroño". Foto p. xxxv, UU.
Cuautitlán: Las Capillas 2800 m *Vázquez-G. 4019* (ZEA), *Cuevas-G. 1607* (WIS, ZEA), *2003* (ZEA), *Sørensen 7910a* (ZEA), *7910b* (WIS), *7937a, b* (WIS, ZEA); La Cumbre 2750 m *McVaugh 23129* (MICH–Holótipo; ENCB–Isótipo)

A **Arbutus xalapensis** H. B. K., "Madroño"
Autlán: Corralitos 1950 m *Vázquez-G. 4242* (WIS, ZEA); Picacho del Sol y La Luna, Las Joyas 2140 m *Vázquez-G. 3725* (WIS, ZEA); Rincón de Manantlán 1950 m *Judziewicz 5050* (WIS, ZEA); Tierritas Blancas, Las Joyas 1800 m *Cuevas-G. 1207* (ZEA)
Cuautitlán: Cerro El Muñeco 2780 m *Sørensen 7929b* (WIS, ZEA); Las Capillas 2800 m *Vázquez-G. 4023* (ZEA); La Cumbre 2025 m *Iltis 1223* (WIS); La Lupe 2250 m *Sørensen 7936* (WIS); Llanos de San Miguel 2300 m *Santana-M. 3440* (WIS, ZEA); Mesa de Telcruz 1580–1665 m *Cochrane 12190* (KANU, LAM, UMO, USF, WIS)
Tolimán: Cerro Grande, Cerro Grande 2250 m *Cuevas-G. 1750* (WIS, ZEA); Los Picachos, Cerro Grande 2300 m *Cuevas-G. 2222* (WIS, ZEA)

A **Comarostaphylis discolor** (Hook.) Diggs subsp. **discolor**, "Madroñillo", "Madroño"
Cuautitlán: Cerro El Muñeco 2690 m *Sørensen 7933b* (WIS); Las Capillas 2860 m *Iltis 3204* (WIS); Neverías 2350 m *Sørensen 7900* (WIS)
Tolimán: El Tapeizte, Cerro Grande 2400 m *Cházaro-B. 4479* (IBUG)

A **Comarostaphylis discolor** subsp. **manantlanensis** Diggs, "Madroñillo"; ENDÉMICA: RBSM
Cuautitlán: Cerro El Muñeco 2780 m *Sørensen 7928a-c, 7933a, c, d* (WIS); Las Capillas 2800–2850 m *Diggs 3767* (MEXU–Holótipo; DAV–, ENCB–, IBUG–, MO–, NY–, TEX–, US–, ZEA–Isótipos), 2860 m *Sørensen 7909a-d, 7939* (WIS), *7909b* (IBUG), 2760 m *Iltis 2404* (WIS), 2800 m *Cuevas-G. 1608, 2002* (IBUG, ZEA)

A **Comarostaphylis glaucescens** (H. B. K.) Zucc. ex Klotzsch
Autlán: Encino Herrado, Las Joyas 1800 m *Santana-M. 5133* (ZEA)

a **Gaultheria hirtiflora** Benth.
Cuautitlán: Las Capillas 2800 m *Santana-M. 3425* (ZEA)

a **Pernettya prostrata** (Cav.) DC. [*P. ciliata*]
Cuautitlán: Las Capillas 2860 m *Cuevas-G. 1610* (ZEA), *Iltis 3205* (IBUG, WIS), *Sørensen 7912* (IBUG, WIS)

a **Vaccinium confertum** H. B. K.
Cuautitlán: Las Capillas 2860 m *Sørensen 7942* (WIS)

Aa **Vaccinium stenophyllum** Steud., "Capulincillo"
Autlán: Barbechos del Sol y La Luna, Las Joyas 1755 m *Vázquez-G. 3577* (ZEA); Filo de San Rafael, Las Joyas 1960 m *Cuevas-G. 1355* (ZEA); Tierritas Blancas, Las Joyas 1800 m *Cuevas-G. 1208* (ZEA)
Cuautitlán: La Cumbre 1900 m *Cuevas-G. 1904* (ZEA); La Ventana 1000 m *Ramírez-D. 440, 441, 442* (IBUG)

## Euphorbiaceae

Casi todas las determinaciones fueron hechas o verificadas por Rogers McVaugh o Grady L. Webster.

H **Acalypha alopecuroides** Jacq.
La Resolana: Arroyo Tacubaya 350 m *Pérez de la Rosa s. n.* (IBUG); El Tecolote, La Resolana 400–600 m *Guzmán-H. 330, 778* (ZEA)
Tuxcacuesco: Cerro del Palacio 1150 m *Benz 1287* (WIS, ZEA)

H **Acalypha cincta** Muell. Arg. [*A. gentryi*]
Autlán: Ahuacapán 1500 m *Cházaro-B. 4834* (IBUG)
Cuautitlán: Cerro Chandepe, SO de Lagunillas 930 m *Robles-H. 940* (ZEA); SSO de Puente de La Rosa 600 m *Guzmán-H. 237* (WIS, ZEA)
La Resolana: Cerca del pueblo [610 m] *Wilbur 1459* (MICH, WIS), 400–600 m *Cuevas-G. 3111* (ZEA); El Tigre 1600 m *Richard-G. s. n.* (IBUG)

A **Acalypha filipes** (S. Watson) McVaugh [*Corythea filipes*]
Tuxcacuesco: El Camichín, Zenzontla 1100 m *Santana-M. 5158* (ZEA)

H **Acalypha grisea** Pax & Hoffm.
La Resolana: La Resolana 1300 m *Wilbur 2336* (MICH)

H **Acalypha hypogaea** S. Watson
La Resolana: La Resolana [850 m] *Wilbur 1582* (MICH, WIS)

H **Acalypha langiana** Muell. Arg. var. **vigens** McVaugh; ENDÉMICA: Jalisco
Autlán: El Chilacayote, Las Joyas 1850–1950 m *Judziewicz 4913* (IBUG, WIS); E de El Zarzamoro, camino a El Almeal 1950–2150 m *Judziewicz 4862* (IBUG, WIS)
Cuautitlán: Sierra de Manantlán 1500 m *Villarreal de Puga 11587* (IBUG)
Tolimán: La Laguna, Cerro Grande 1950–2000 m *Guzmán-H. 1136* (ZEA)

H **Acalypha microphylla** Klotzsch var. **interior** McVaugh; ENDÉMICA: Nueva Galicia
Cuautitlán: La Pintada, Cuzalapa 640 m *Robles-H. 896* (ZEA)

La Resolana: Arroyo Tacubaya 350 m *Pérez de la Rosa s. n.* (IBUG); Cerca del pueblo 500 m *Ramírez-B. s. n.* (IBUG); Corral de Piedra, La Resolana 570 m *Ochoa-B. s. n.* (IBUG); [32 km] SO de Autlán *Webster & Breckon 16061* (MICH).
Tuxcacuesco: La Pintada, Zenzontla 1000 m *Santana-M. 3907* (ZEA)

H ***Acalypha ocymoides*** H. B. K.
Autlán: Las Yeguas 1840 m *Cuevas-G. 1368* (WIS, ZEA)
Comala: Campo Cuatro, Cerro Grande 1500 m *Santana-M. 5257* (WIS, ZEA)
Cuautitlán: El Rincón–San Miguel 2400 m *Vázquez-G. 525* (IBUG); Rincón de Manantlán 2200 m *Sánchez-S. 238* (IBUG)
La Resolana: [Torre de] Microondas, Los Mazos *Cházaro-B. 4944* (IBUG)

H ***Acalypha ostryifolia*** Riddell
Comala: N de Juluapan, Cerro Grande 700–800 m *Santana-M. 5227* (WIS, ZEA)

H ***Acalypha salvadorensis*** Standl.
Tuxcacuesco: A La Pintada, Zenzontla 1000 m *Santana-M. 3917* (ZEA)

a ***Acalypha schiedeana*** Schlecht.
La Resolana: Puesto de vigilancia SARH, Los Mazos 1150 m *Cuevas-G. 3058* (ZEA)

H ***Acalypha setosa*** A. Rich
Autlán: El Chante–La Cidrita 900 m *Robles-H. 710* (ZEA)
La Resolana: El Tecolote, La Resolana 400–600 m *Guzmán-H. 779* (ZEA); La Calera 600–800 m *Guzmán-H. 311* (ZEA)

H ***Acalypha subviscida*** S. Watson
Autlán: La Cidrita–Manantlán 1100 m *Carvajal-H. 413* (IBUG)
Cuautitlán: Río Manantlán, Rincón de Manantlán 1600–1900 m *Iltis 3138* (WIS)

H ***Acalypha triloba*** Muell. Arg.
La Resolana: Los Mazos 1600 m *Wilbur 1747* (MICH)

H ***Acalypha umbrosa*** Brandg. vel aff.
Autlán: Puerto de San Campús, Las Joyas 2000–2050 m *Guzmán-H. 1013* (ZEA)
Cuautitlán: Tierritas Blancas 2400 m *López-H. 24* (ZEA)

H ***Acalypha vagans*** Cav.
Autlán: Cañada de El Laurelito, Las Joyas 1750 m *Cuevas-G. 4052* (WIS, ZEA)
La Resolana: Cerro La Petaca 800 m *Santana-M. 5698* (WIS, ZEA); La Resolana 850 m *Wilbur 1400* (MICH, WIS); Los Mazos 2000 m *Ramírez-D. 676* (IBUG); Torre de Microondas, Los Mazos 1715 m *Cochrane 12080* (WIS)

H ***Acalypha*** sp. 1
Minatitlán: NO de Platanarillos, base del Cerro Grande 600–700 m *Cuevas-G. 4009* (WIS, ZEA); S de Los Sauces, base del Cerro Grande 960 m *Cochrane 11732* (DAV, F, IBUG, WIS, ZEA)

A ***Adelia barbinervis*** Schlecht. & Cham.
Cuautitlán: Arroyo Ayotitlán 830–850 m *Judziewicz 5211* (WIS, ZEA); Las Marías, Ayotitlán 800 m *Judziewicz 5221* (WIS, ZEA)

a ***Argythamnia manzanilloana*** Rose vel aff.
Tuxcacuesco: Cerro del Palacio 1000 m *Santana-M. 5167* (WIS, ZEA), 1100 m *Santana-M. 5899* (WIS, ZEA)

A ***Astrocasia tremula*** (Griseb.) Webster
Comala: Campo Cuatro, Cerro Grande 1400 m *Santana-M. 5268* (ZEA)
Tuxcacuesco: Cerro del Palacio 1150 m *Santana-M. 5518* (WIS, ZEA), 1000 m *Santana-M. 5167* (WIS, ZEA)

A ***Bernardia gentryana*** Croizat
Tuxcacuesco: Cerro del Palacio 1000 m *Santana-M. 5158* (WIS, ZEA)

A ***Bernardia mexicana*** (Hook. & Arn.) Muell. Arg.
La Resolana: Al NE del pueblo 800 m *Cuevas-G. 2330* (IBUG, WIS, ZEA); Cerro La Petaca 500 m *Santana-M. 4400* (IBUG, ZEA)

Tolimán: Campo Cuatro–Lagunitas, Cerro Grande 1120 m *Iltis 30203* (WIS), 1300 m *Iltis 29698* (WIS); El Sauz–El Terrero, Cerro Grande 1610 m Cochrane 12260 (DAV, MO, CHAPA, WIS, ZEA)

A **Bernardia santanae** McVaugh; ENDÉMICA: RBSM
La Resolana: Cerro La Petaca 800 m *Santana-M. 5710* (WIS–Holótipo; ZEA–Isótipos); 2 km E del pueblo 400 m *Santana-M. 3370* (WIS, ZEA)

H **Chamaesyce berteriana** (Balb.) Millsp.
Tuxcacuesco: Zenzontla 1100 m *Santana-M. 5901* (WIS, ZEA)

H **Chamaesyce dioeca** (H. B. K.) Millsp. vel aff.
La Resolana: Cerca del pueblo [300 m] *Wilbur 1555* (MICH, WIS)

H **Chamaesyce grisea** (Boiss.) Millsp.
Tuxcacuesco: Cerro del Palacio 1100 m *Santana-M. 5902* (WIS, ZEA)

H **Chamaesyce hirta** (L.) Millsp. var. **hirta** [*Euphorbia hirta*]
La Resolana: Arroyo El Tecolote 900 m *Vázquez-G. 4528* (ZEA); Cerca del pueblo [400 m] *Wilbur 1568* (MICH, WIS)

H **Chamaesyce hirta** var. **procumbens** (Boiss.) Moldenke
Cuautitlán: Puente de La Rosa 600 m *Guzmán-H. 228* (WIS, ZEA)

H **Chamaesyce hypericifolia** (L.) Millsp. vel aff. [*C. glomerifera*]
La Resolana: Cerca del pueblo [400 m] *Wilbur 1530* (MICH, WIS)

H **Chamaesyce hyssopifolia** L. [*Euphorbia hyssopifolia*]
Autlán: Ahuacapán 800–900 m *Cuevas-G. 3682* (WIS, ZEA); Cerro Autlán [975 m] *Wilbur 1658* (MICH, WIS)
Cuautitlán: Las Marías, Ayotitlán 700 m *Cuevas-G. 3632* (ZEA)

H **Chamaesyce indivisa** (Engelm.) Millsp. [*Euphorbia indivisa*]
Tolimán: Cañadas Vanas, Cerro Grande 2450 m *Cuevas-G. 3937* (ZEA)

a **Chiropetalum schiedeanum** (Muell. Arg.) Pax
Autlán: Las Joyas 1980 m *Solís-M. 4482* (ZEA), 1950 m *Cochrane 10678* (WIS), 1960 m *Cochrane 10709* (WIS)

A **Cnidoscolus autlanensis** Breckon, "Chiquile", "Chiclillo"; ENDÉMICA: Colima, Jalisco
Autlán: SO de Ahuacapán 1500 m *Cuevas-G. 3189* (WIS, ZEA)
Comala: Campo Cuatro–El Terrero, Cerro Grande 1200–1350 m *Cuevas-G. 3937b* (WIS, ZEA)
La Resolana: Los Mazos [1400 m] *Wilbur 2185* (MICH–Holótipo; MEXU–, WIS–Isótipos)

A **Cnidoscolus spinosus** Lundell
Comala: Campo Cuatro–El Terrero, Cerro Grande 1200–1350 m *Cuevas-G. 3937a* (ZEA)
Tuxcacuesco: Cerro del Palacio 1000 m *Santana-M. 5164* (ZEA)

A **Cnidoscolus tepiquensis** (Cost. & Gal.) McVaugh; ENDÉMICA: oeste de México
La Resolana: Arroyo El Tecolote 850 m *Vázquez-G. 4502* (WIS, ZEA); Cerro La Petaca–El Durazno 900 m *Iltis 358* (WIS); La Calera 1000–1200 m *Cuevas-G. 2946* (ZEA)

a **Croton billbergianus** Muell. Arg.
Cuautitlán: Telcruz, Ayotitlán 1200 m *Vázquez-G. 4487* (ZEA)

a **Croton ciliato–glandulifera** Ort., "Dominguilla"
Autlán: El Chante 950 m *Iltis 3166* (WIS)
Tuxcacuesco: La Cañita, Zenzontla 950 m *Santana-M. 5103* (WIS, ZEA)

A **Croton draco** Schlecht., "Marara", "Morado"
Autlán: Ahuacapán 900 m *Santana-M. 3683* (WIS, ZEA)
Cuautitlán: Telcruz, Ayotitlán 1100 m *Vázquez-G. 4394* (ZEA)
La Resolana: Cerca del pueblo [500 m] *Wilbur 2297* (MICH, WIS)
Tuxcacuesco: El Rodeo–La Lima 1350–1400 m *Iltis 28924* (DAV, F, MICH, WIS)

a **Croton flavescens** Greenm.
Autlán: Ahuacapán–Las Joyas 1000 m *Lorente-A. 129* (ZEA)
Tolimán: Campo Cuatro–El Terrero, Cerro Grande 1200 m *Cuevas-G. 3491* (ZEA)

a *Croton fragilis* H. B. K.
Autlán: Ahuacapán 1300 m *Guzmán-H. 246* (ZEA)

H *Croton hirtus* L'Hér.
Cuautitlán: Las Marías, Ayotitlán 750 m *Santana-M. 5306* (WIS, ZEA)
Tuxcacuesco: Zenzontla 950 m *Santana-M. 3900* (ZEA)

a *Croton pyramidalis* Donn. Sm. vel aff.
Tolimán: El Rodeo–La Lima 1400 m *Iltis 28924* (WIS)

a *Croton septemnervius* McVaugh, "Guayabillo", "Guayabilla del cerro"
Tuxcacuesco: SE de Zenzontla 800 m *Cuevas-G. 3709* (ZEA)

a *Croton suberosus* H. B. K.
Comala: Juluapan–Campo Cuatro, Cerro Grande 800 m *Santana-M. 5247* (WIS, ZEA)

A *Croton wilburi* McVaugh, "Algondoncillo"; ENDÉMICA: Jalisco
La Resolana: Cerca del pueblo 500 m *Wilbur 1421* (MICH); Los Mazos 1700 m *Wilbur 2431* (MICH–Holótipo)
Minatitlán: El Sauz–El Terrero, Cerro Grande 1500 m *Cochrane 11746* (CHAPA, DAV, IBUG, MICH, WIS, ZEA)

a *Croton ynesae* Croizat
Cuautitlán: 1 km al S de Ayotitlán 750 m *Benz 1262* (ZEA); Peña Colorada, al NO de Minatitlán [RBSM?] 1300 m *Santana-M. 6112* (ZEA)
Tolimán: San Pedro Toxín, Cerro Grande 1000 m *Vázquez-G. 4110* (WIS, ZEA)

T *Dalechampia scandens* L.
La Resolana: Puerto de Los Mazos [1300 m] *Wilbur 2323* (MICH, WIS)

T *Dalembertia populifolia* Baill.
Comala: Juluapan–Campo Cuatro, Cerro Grande 800 m *Guzmán-H. 1322* (WIS, ZEA), 1000 m *Cházaro-B. 6449* (WIS)
Tuxcacuesco: El Camichín, Zenzontla 1150 m *Benz 1294* (WIS, ZEA)

H *Euphorbia ariensis* H. B. K.
Tolimán: El Terrero, Cerro Grande 2150–2200 m *Cuevas-G. 2454* (WIS, ZEA), 1900 m *Vázquez-G. 4153a, 4153b* (WIS, ZEA), *Santana M. 4547* (WIS, ZEA)

A *Euphorbia calyculata* H. B. K.
Autlán: Ahuacapán 1100 m *Santana-M. 3718* (ZEA)
Tolimán: Al N de Campo Cuatro, Cerro Grande 1300 m *Cuevas-G. 3934* (WIS, ZEA)

aT *Euphorbia colletioides* Benth.
Autlán: S de Autlán 1200 m *Ornelas-U. 1572* (IBUG, ZEA)

A *Euphorbia cotinifolia* L.
Autlán: O de Ahuacapán 1200 m *Santana-M. 5464* (WIS, ZEA)
Comala: Campo Cuatro, Cerro Grande 1000–1200 m *Cuevas-G. 3958* (WIS, ZEA)

H *Euphorbia cyathophora* Murray
Cuautitlán: San Miguel 2200 m *Santana-M. 4256* (ZEA)
Tolimán: SO de El Terrero, Cerro Grande 1665–1675 m *Cochrane 12236* (WIS)

H *Euphorbia dentata* Michx.
Tuxcacuesco: El Camichín, Zenzontla 1150 m *Santana-M. 5360* (ZEA)

H *Euphorbia dioscoreoidea* Boiss.
Tuxcacuesco: Zenzontla 850 m *Santana-M. 3856* (ZEA)

H *Euphorbia furcillata* H. B. K.
Autlán: Las Joyas 2150 m *Cuevas-G. 4506* (ZEA)

H *Euphorbia graminea* Jacq. s. l.
Autlán: O de Tecopatlán 1400–1700 m *Cuevas-G. 2636* (WIS, ZEA)
Cuautitlán: Las Marías, Ayotitlán 700 m *Cuevas-G. 3635* (ZEA)

H *Euphorbia graminea* var. ***novogaliciana*** McVaugh; ENDÉMICA: Nueva Galicia
Autlán: Las Joyas 1900 m *Cochrane 10773* (WIS)
Cuautitlán: San Miguel–El Durazno 2000 m *McVaugh 13985* (MICH–Holótipo de *E. graminea* var. *novogaliciana*)

H *Euphorbia heterophylla* L., "Mata piojos"
Autlán: Ahuacapán 800–900 m *Guzmán-H. 897* (ZEA)
La Resolana: El Tigre 800–1000 m *Cuevas-G. 2908* (ZEA)

H ***Euphorbia humayensis*** Brandegee
La Resolana: El Tigre 480–550 m *Judziewicz 5148* (WIS, ZEA)

a ***Euphorbia jaliscensis*** B. L. Rob. & Greenm.
La Resolana: Los Mazos 1300 m *Wilbur 2313* (MICH, WIS)

H ***Euphorbia macropus*** (Kl. & Garcke) Boiss.
Tolimán: NE de El Terrero, Cerro Grande 2400 m *Cevallos-E. 103* (WIS, ZEA)

A ***Euphorbia macvaughii*** Carvajal & I. R. Lomelí, "Cuajiote rojo"; ENDÉMICA: oeste de México
Comala: Campo Cuatro, Cerro Grande 1180 m *Cochrane 11758* (ENCB, IBUG, WIS, ZEA)
Tolimán: 4 km SO de San Pedro Toxín 1225 m *Cochrane 12291* (WIS, ZEA)
Tuxcacuesco: Tuxcacuesco 800 m *Cochrane 11627* (IBUG, MICH, WIS, ZEA)

H ***Euphorbia multiseta*** Benth.
Autlán: El Chilacayote, Las Joyas 1850 m *Cuevas-G. 1487* (WIS, ZEA)
Cuautitlán: SE de San Miguel 1600 m *Santana-M. 4262* (WIS, ZEA)
Tuxcacuesco: La Pasión, Zenzontla 1600–1800 m *Cuevas-G. 2606* (WIS, ZEA)

H ***Euphorbia ocymoides*** L. [*E. subreniformis*]
Cuautitlán: Las Yeguas–Manantlán 1600 m *Cochrane 10824* (WIS)
Minatitlán: El Sauz–El Terrero, Cerro Grande 1900 m *Vázquez-G. 4138* (ZEA)

a ***Euphorbia*** aff. ***peganoides*** Boiss.
Tuxcacuesco: Cerro del Palacio 1150 m *Santana-M. 5508* (WIS, ZEA)

a ***Euphorbia pulcherrima*** Willd. ex Kl. [*Poinsettia pulcherrima*], "Noche buena", "Pascua"
La Resolana: La Calera 800 m *Cuevas-G. 2325* (ZEA), *Iltis 31038* (WIS, ZEA)

Aa ***Euphorbia schlechtendalii*** Boiss. var. ***pacifica*** McVaugh, "San Juanete"; ENDÉMICA: Jalisco, Michoacán
Autlán: Las Joyas 1920–2050 m *Vázquez-G. 3810, 3894* (ZEA), *Guzmán-H. 1266* (ZEA)
Cuautitlán: Rancho Manantlán 1400 m *McVaugh 23070* (MICH–Holótipo)

H ***Euphorbia sphaerorhiza*** Benth.
La Resolana: Los Mazos 1400–1600 m *Cuevas-G. 2997* (WIS, ZEA)

H ***Euphorbia strigosa*** Hook. & Arn.
La Resolana: El Tigre 700 m *Guzmán-H. 729* (ZEA)
Tolimán: El Terrero, Cerro Grande 1000 m *Iltis 29461* (ZEA)

A ***Euphorbia tanquahuete*** Sessé & Moc.
Tuxcacuesco: Cerro del Palacio 1150 m *Santana-M. 5387* (ZEA); Tuxcacuesco–El Camichín 900 m *Cochrane 11639* (FLAS, MICH, WIS, ZEA)

H ***Euphorbia xalapensis*** H. B. K.
Cuautitlán: Al N de Telcruz, Ayotitlán 1700 m *Cuevas-G. 3652* (ZEA)

A ***Gymnanthes actinostemoides*** Muell. Arg.
Autlán: Arriba de Ahuacapán *McVaugh & Koelz 935* (MICH)

A ***Hura polyandra*** Baill., "Habillo"
La Resolana: Arroyo El Tecolote 800 m *Vázquez-G. 4498* (ZEA), 500 m *Guzmán-H. 331* (ZEA); Arroyo Tacubaya, Cerro La Petaca 350 m *Iltis 289* (WIS)

A ***Jatropha bartletti*** Wilbur; ENDÉMICA: Colima, Jalisco
La Resolana: Los Mazos 1400 m *Santana-M. 5728* (ZEA)
Minatitlán: El Sauz–El Terrero, Cerro Grande 1400 m *Guzmán-H. 1201* (ZEA); 7–8 km O de El Terrero, Cerro Grande 1600 m *Cuevas-G. 2965* (ZEA), *Santana-M. 5211* (WIS, ZEA)

A ***Jatropha cordata*** (Ort.) Muell. Arg.
Tolimán: Paso Real 700 m *Rodríguez-C. 2027* (IBUG)

A ***Jatropha mcvaughii*** Dehgan & Webster, "Sangre de grado"; ENDÉMICA: oeste de México
Autlán: El Chante 950 m *Cuevas-G. 2168a* (ZEA), *Iltis 3165* (WIS)

A ***Jatropha platyphylla*** Muell. Arg., "Grado", "Sangre de grado"
Autlán: Cerro Autlán 1000 m *Wilbur 1693* (MICH)
Cuautitlán: Lagunillas, Ayotitlán 1100 m *Cuevas-G. 1698* (ZEA)

A ***Mabea occidentalis*** Benth.
Autlán: Ahuacapán–Corralitos 1700 m *Vázquez-G. 4237* (ZEA)

a ***Manihot aesculifolia*** (H. B. K.) Pohl [*M. olfersiana*]
Cuautitlán: Ayotitlán 750 m *Benz 1273* (ZEA)
La Resolana: Arroyo El Tecolote 450 m *Santana-M. 3771* (ZEA); O de Los Mazos 1000–1100 m *Santana-M. 4442* (ZEA)

a ***Manihot intermedia*** Weatherby, "Picadillo"
Cuautitlán: S de Ayotitlán 750 m *Benz 1273* (WIS, ZEA)

A ***Manihot michaelis*** McVaugh; ENDÉMICA: Colima, Jalisco
Comala: Juluapan–Campo Cuatro, Cerro Grande 800 m *Santana-M. 5236* (WIS, ZEA)

aH ***Manihot rhomboidea*** Muell. Arg. subsp. ***rhomboidea***
Autlán: Ahuacapán 1000 m *Santana-M. 3726* (WIS, ZEA); 1 km al SSE de Ahuacapán 1100 m *Vázquez-G. 4533* (ZEA)
Cuautitlán: Cuzalapa 800 m *Robles-H. 805* (WIS, ZEA); NNE de Cuautitlán 740 m *Santana-M. 4467* (ZEA)
La Resolana: Los Mazos 1400 m *Santana-M. 5732* (WIS, ZEA); 1340 m *Rodríguez-C. 904* (IBUG); 16 km al S de Autlán [1540 m] *Wilbur 1743* (MICH, WIS)
Tuxcacuesco: El Aguacate–Zenzontla 1300–1400 m *Hernández-L. 33* (WIS, ZEA)

aH ***Manihot rhomboidea*** subsp. ***microcarpa*** (Muell. Arg.) Rogers & Appan, "Quelite cimarrón"
Comala: Campo Cuatro–El Terrero, Cerro Grande 1200–1350 m *Cuevas-G. 3945* (WIS, ZEA); Juluapan–Campo Cuatro, Cerro Grande 1000 m *Guzmán-H. 1338* (WIS, ZEA)
Cuautitlán: La Rosa–Las Marías 750 m *Cevallos-E. 117* (WIS, ZEA); SO de Telcruz, Ayotitlán 1100 m *Vázquez-G. 4458* (WIS, ZEA)
La Resolana: Cerro La Petaca 1250 m *Santana-M. 2786* (IBUG, WIS)

A ***Margaritaria nobilis*** L. f., "Agrio", "Varudo", "Jícama de cerro"
Autlán: 1–2 km O de Ahuacapán 1200 m *Santana-M. 5475* (WIS, ZEA)
Cuautitlán: Ayotitlán 1100 m *Vázquez-G. 4464* (WIS, ZEA)
La Resolana: SE del pueblo 700–1000 m *Cuevas-G. 3139* (ZEA)
Tuxcacuesco: La Cañita, 3 km SO de Zenzontla 950 m *Santana-M. 5101* (WIS, ZEA)

H ***Pedilanthus calcaratus*** Schlecht., "Candelilla"
Comala: Campo Cuatro, Cerro Grande 1400–1500 m *Iltis 30211* (WIS), 1390 m *Cochrane 11760* (WIS)

H ***Pedilanthus diazlunanus*** J. Lomelí & Sahagún, "Candelilla"; ENDÉMICA: Jalisco
Tolimán: La Taza, San Pedro Toxín, Cerro Grande 700 m *Guzmán-H. 481* (ZEA); San Pedro Toxín, Cerro Grande 700 m *Cuevas-G. 3667* (WIS, ZEA)
Tuxcacuesco: El Camichín, Zenzontla 900 m *Cuevas-G. 3978* (WIS, ZEA)

H ***Pedilanthus palmeri*** Millsp., "Candelilla"
Autlán: Ahuacapán 1350 m *Vázquez-G. 3996* (ZEA); Ahuacapán–Corralitos 1700 m *Vázquez-G. 4220* (WIS, ZEA), 1600 m *Cochrane 10601* (WIS)
Cuautitlán: 5–7 km NE de Telcruz, Ayotitlán 1600 m *Cuevas-G. 1815* (WIS), *1815b* (ZEA)
La Resolana: 2–3 km SO de Los Mazos 1200 m *Cuevas-G. 2819* (ZEA); Torre de Transmisión, Los Mazos 1680 m *Wetter 1056* (WIS)

H ***Phyllanthus glaucescens*** H. B. K.
La Resolana: La Calera 850 m *Judziewicz 5120* (WIS)

a ***Phyllanthus gypsicola*** McVaugh; ENDÉMICA: Colima
Comala: Campo Cuatro, Cerro Grande 1400 m *Santana-M. 5269* (ZEA)

a ***Phyllanthus mocinianus*** Baill.
Autlán: Las Galeras, Las Joyas 1650 m *Cuevas-G. 1444* (WIS, ZEA)

Cuautitlán: Chancol, Ayotitlán 1100 m *Vázquez-G. 4032* (WIS, ZEA); Telcruz, Ayotitlán 1200 m *Vázquez-G. 4491* (WIS, ZEA)

H **_Phyllanthus niruri_** L.
Tuxcacuesco: La Pintada, Zenzontla 950 m *Santana-M. 3906* (ZEA)

a **_Phyllanthus standleyi_** McVaugh
La Resolana: Al N del pueblo 800 m *Wilbur 1580* (MICH)

H **_Phyllanthus stipulatus_** (Raf.) Webster
La Resolana: Torre de Transmisión, Los Mazos 1500 m *Santana-M. 3789* (ZEA)

H **_Phyllanthus subcuneatus_** Greenm.
Autlán: San Campús, Las Joyas 1980 m *Judziewicz 5062* (WIS)

a **_Phyllanthus tequilensis_** B. L. Rob. & Greenm. [*P. grandifolius*]
Tolimán: 4–5 km O de Puerto de Toxín 750–800 m *Vázquez-G. 4095* (WIS, ZEA)

a **_Ricinus communis_** L., "Higuerilla"
Autlán: Ahuacapán 900 m *Robles-H. 733* (WIS, ZEA)
Cuautitlán: Las Canoas 750 m *Robles-H. 530* (ZEA)
Tuxcacuesco: Zenzontla 820 m *Robles-H. 598* (WIS, ZEA)

A **_Sapium pedicellatum_** Huber, "Mataiza"
Autlán: Ahuacapán 1255 m *Cochrane 12611* (IBUG, WIS, ZEA)
Cuautitlán: Ayotitlán 1050 m *Ramírez-D. 484* (IBUG)
Tuxcacuesco: La Cidrita, El Chante 920 m *Iltis 2530* (WIS)

A **_Sebastiania corniculata_** (Vahl) Muell. Arg.
La Resolana: Camino a La Huerta 500 m *McVaugh 21101* (MICH)

A **_Sebastiania hintonii_** Lundell [*S. jaliscensis*]
Cuautitlán: El Durazno 1700 m *McVaugh 14016* (MICH–Holótipo de *S. jaliscensis*); La Cumbre 1700–2000 m *Cuevas-G. 1900* (IBUG, UCR, WIS, ZEA), *3171* (WIS, ZEA)
La Resolana: Arroyo El Tecolote 1600 m *Vázquez-G. 3955* (ZEA)

T **_Tragia affinis_** B. L. Rob. & Greenm.
Autlán: Cerro Las Juntas, Las Joyas 1690 m *Cuevas-G. 1472* (ZEA)

a **_Tragia pacifica_** McVaugh; ENDÉMICA: oeste de México
Cuautitlán: Las Yeguas 2080 m *Cochrane 10802* (WIS)

T **_Tragia volubilis_** L.
Tuxcacuesco: Zenzontla 850 m *Santana-M. 3869* (ZEA)

## Fagaceae

Muchas de las determinaciones fueron hechas o corroboradas por Dennis E. Breedlove o Luz M. González.

A **_Quercus aristata_** Hook. & Arn.
Cuautitlán: Ayotitlán 800 m *Pérez de la Rosa 1043* (IBUG)

A **_Quercus candicans_** Née, "Encino de asta"
Autlán: Barbechos del Sol y La Luna, Las Joyas 1850 m *Cuevas-G. 1222* (WIS, ZEA); Cañada del Zermeño, Las Joyas 1870 m *Vázquez-G. 3390, 3448* (ZEA); El Zarzamoro, Las Joyas 1950 m *Cochrane 10670* (CAS, ENCB, F, IBUG, MEXU, MO, TEX, UC, WIS, ZEA); San Campús, Las Joyas 1980 m *Vázquez-G. 3378* (WIS, ZEA)
Cuautitlán: La Cumbre 1920 m *Iltis 2712* (CAS, IBUG, MEXU, WIS); Rincón de Manantlán 1660–1760 m *Iltis 1202* (CAS, ENCB, IBUG, WIS), *2521* (WIS)
Tolimán: El Terrero, Cerro Grande 2200 m *Cuevas-G. 1774* (ZEA), *1775* (WIS, ZEA)

A **_Quercus castanea_** Née, "Encino"
Autlán: Barbechos del Sol y La Luna, Las Joyas 1800 m *Cuevas-G. 1223a* (ZEA); Piedra Bola, Las Joyas 2075 m *Judziewicz 5029* (WIS)
Cuautitlán: E de El Pedregal, La Lima 1550–1600 m *Cuevas-G. 2110, 2111* (WIS, ZEA); Rincón de Manantlán 1900 m *Cuevas-G. 1719, 1720* (WIS, ZEA)
Tolimán: El Sauz–El Terrero, Cerro Grande 2200 m *Vázquez-G. 4161* (WIS, ZEA); El Terrero, Cerro Grande 1520 m *Iltis 1172* (WIS)

A *Quercus confertifolia* Humb. & Bonpl. [muy relacionado a *Q. crassipes*]
Tolimán: NE de La Laguna, Cerro Grande 2100 m *Cuevas-G. 2819* (WIS, ZEA)

A *Quercus conspersa* Benth. [incl. *Q. uruapanensis*]
Cuautitlán: Rincón de Manantlán 2000 m *Sørensen 7864* (WIS), 1540 m *Iltis 2322* (WIS)

A *Quercus cortesii* Liebm. [*Q. acutifolia*, en parte]
La Resolana: Cerro La Petaca 1500 m *Ramírez-D. 393* (IBUG)

A *Quercus crassifolia* Humb. & Bonpl.
Cuautitlán: E de Manantlán *Wilbur 1899* (MEXU, MICH); Neverías–Las Capillas 2550 m *Vázquez-G. 4016* (WIS, ZEA)

A *Quercus crassipes* Humb. & Bonpl., "Encino oreja de ratón", "Oreja de ratón"
Tolimán: El Terrero, Cerro Grande 2025 m *Cuevas-G. 1727* (ZEA); Lagunitas, Cerro Grande 2400 m *Cuevas-G. 1761* (WIS, ZEA); N de Cerro Grande, Cerro Grande 2300–2450 m *Cuevas-G. 2224, 2406, 2408, 2419* (WIS, ZEA)

A *Quercus deserticola* Trel.
Tolimán: La Laguna, Cerro Grande 2100 m *Nieves-H. 515, 528* (ZEA)

A *Quercus elliptica* Née, "Encino", "Encino asta", "Encino roble"
Autlán: Picacho del Sol y La Luna, Las Joyas 2160 m *Iltis 29371* (WIS)
Cuautitlán: Chancol, Ayotitlán 1100 m *Vázquez-G. 4459* (ZEA); La Cumbre 2050–2200 m *Iltis 2706* (CAS, IBUG, MEXU, WIS); La Ventana, San Miguel [sin alt.] *Iltis 397* (CAS, IBUG, WIS); Telcruz, Ayotitlán 1200 m *Vázquez-G. 4444, 4446* (WIS, ZEA)

A *Quercus excelsa* Liebm., "Encino bornio"; DISYUNTA: Veracruz
Autlán: Arroyo El Chilacayote, Las Joyas 1775 m *Iltis 29088* (WIS, ZEA)
Cuautitlán: Arroyo Neverías *Martínez-E. 31b* (CREG); Rincón de Manantlán *Rzedowski 14558* (IBUG), *Guzmán-M. 2527* (IBUG), *Pérez de la Rosa 116* (IBUG)

A *Quercus glaucescens* Humb. & Bonpl., "Encino roble"
Cuautitlán: La Huertita 750 m *Guzmán-M. 803* (IBUG); Las Marías, Ayotitlán 800 m *Rosales-C. 73* (WIS, ZEA)

A *Quercus insignis* M. Martens & Galeotti
Cuautitlán: San Miguel–El Durazno 1200 m *McVaugh 14006* (MICH)
La Resolana: Cerro La Petaca 1500 m *Ramírez-D. 407* (WIS); La Huertita 900 m *Alvarez-C. s. n.* (IBUG), 1100 m *Alvarez-C. s. n.* (IBUG, WIS)

A *Quercus laeta* Liebm., "Encino algodoncillo"
Autlán: Ahuacapán–Las Joyas 1050–1100 m *Vázquez-G. 4194* (WIS, ZEA); Cerro Alto, Las Joyas 2100 m *Vázquez-G. 3443* (WIS, ZEA)
La Resolana: Los Mazos 1400 m *González-V. 1903, 1904* (IBUG)

A *Quercus laurina* Humb. & Bonpl., "Encino", "Encino chilillo, "Encino rojo"
Cuautitlán: Las Capillas 2800 m *Cuevas-G. 1604* (WIS, ZEA); La Cumbre 2500–2750 m *McVaugh 23147* (MICH, WIS); Neverías 2600 m *Iltis 2387* (CAS, IBUG, WIS), *2388* (WIS); San Miguel 2400–2600 m *Iltis 2627* (CAS, IBUG, MEXU, WIS), *2631* (WIS)
Tolimán: Cerro Grande, Cerro Grande 2450 m *Cuevas-G. 2414, 2441* (WIS, ZEA)

A *Quercus magnoliifolia* Née [incl. *Q. platyphylla*], "Encino roble", "Roble amarillo", "Roble blanco"
Autlán: Ahuacapán–Las Joyas 1050–1100 m *Vázquez-G. 4197, 4200* (WIS, ZEA)
Cuautitlán: Rincón de Manantlán 1480 m *Iltis 1426* (CAS, ENCB, IBUG, LAM, MEXU, WIS), 1520 m *Iltis 1159* (WIS); Telcruz–Ayotitlán 1100 m *Vázquez-G. 4439* (WIS, ZEA), 1200 m *Vázquez-G. 4488* (WIS, ZEA)
La Resolana: Cerro La Petaca 1100 m *Iltis 356* (WIS), *360* (IBUG, MEXU, WIS)
Tolimán: Mezcalitos–El Chivero, Cerro Grande 2250–2300 m *Iltis 29546* (CAS, WIS, ZEA)

A *Quercus martinezii* C. H. Muller, "Encino de asta"; ENDÉMICA: Jalisco, Michoacán
Autlán: Picacho del Sol y La Luna, Las Joyas 2090 m *Vázquez-G. 3395* (WIS, ZEA)
Cuautitlán: La Cumbre 2025 m *Iltis 1208* (WIS); Mesa del Chayote 2525 m *Iltis 2499* (CAS, IBUG, WIS), *2501* (WIS); San Miguel 2200–2400 m *Iltis 2612* (CAS, IBUG, WIS)

A *Quercus obtusata* Humb. & Bonpl. [incl. *Q. spicata*], "Encino rojo"
Autlán: Arroyo El Chilacayote, Las Joyas 1775 m *Judziewicz 4920* (WIS); Barbechos del Sol y La Luna, Las Joyas 1760 m *Cuevas-G. 1223* (WIS, ZEA); El Ocote, Las Joyas 1890 m *Vázquez-G. 3396* (ZEA); La Huertita–La Cascada, Las Joyas 1800 m *Vázquez-G. 3479* (ZEA); Picacho del Sol y La Luna, Las Joyas 2090 m *Vázquez-G. 3393* (ZEA)
Cuautitlán: Las Marías, Ayotitlán 800 m *Rosales-C. 71, 72* (ZEA); Rincón de Manantlán 1530 m *Iltis 1184* (IBUG, WIS), 2000 m *Sørensen 7862* (WIS, ZEA); San Miguel 1200–1500 m *Iltis 467* (IBUG, MEXU, WIS)
Tolimán: Lagunitas, Cerro Grande 2400 m *Cuevas-G. 1759, 1760* (WIS, ZEA); Los Sauces–El Terrero, Cerro Grande 1850–1900 m *Vázquez-G. 4162* (ZEA)

A *Quercus peduncularis* Née, "Encino blanco", "Encino prieto", "Roble prieto"
Autlán: Las Joyas 2065 m *Judziewicz 4918* (WIS, ZEA)
Cuautitlán: Telcruz, Ayotitlán 1100 m *Vázquez-G. 4459* (WIS), *4460* (ZEA)
Tolimán: Aserradero Viejo, La Laguna, Cerro Grande 2200 m *Santana-M. 5199* (WIS, ZEA)
Tuxcacuesco: La Lima 1520 m *Iltis 28913* (CAS, IBUG, UCR, WIS, ZEA)

A *Quercus planipocula* Trel.
Autlán: 3 km S de Corralitos 1900 m *Santana-M. 3242* (WIS, ZEA)
Cuautitlán: Charco Azul 800 m *Iltis 380* (WIS)

A *Quercus praineana* Trel., "Encino blanco"; ENDÉMICA: oeste de México
Autlán: Cerro de La Vaca, Las Joyas 2000 m *Cuevas-G. 1361* (WIS, ZEA); Los Desmontes, Las Joyas 1920 m *Cuevas-G. 1200* (WIS, ZEA); Picacho del Sol y La Luna, Las Joyas 2090 m *Cuevas-G. 3394* (ZEA), 2150 m *Cuevas-G. 1338* (ZEA); Tierritas Blancas, Las Joyas 1850 m *Cuevas-G. 1211* (WIS, ZEA)

A *Quercus resinosa* Liebm., "Encino rojo", "Roble"
Autlán: Los Desmontes, Las Joyas 1810 m *Cuevas-G. 1202a* (ZEA); Tierritas Blancas, Las Joyas [1800 m] *Cuevas-G. 1210* (WIS, ZEA)
Cuautitlán: Cerro Las Yeguas 2080 m *Judziewicz 4993* (WIS); Las Pilas 1780 m *Vázquez-G. 3332, 3338* (ZEA), 1480 m *Iltis 1425* (CAS, ENCB, IBUG, MEXU, WIS)

A *Quercus rugosa* Née, "Alvellana", "Avellana"
Tolimán: El Terrero, Cerro Grande 2250 m *Cuevas-G. 1775, 2443* (WIS, ZEA), 2230 m *Cochrane 11743* (CAS, F, IBUG, MICH, NA, WIS, ZEA); Mescalitos–El Chivero, Los Picachos, Cerro Grande 2250–2300 m *Iltis 29547* (WIS, ZEA)

A *Quercus salicifolia* Née, "Encino chilillo"
Autlán: El Chililllo–La Cumbre 2020 m *Cuevas-G. 1288* (WIS, ZEA); San Campús, Las Joyas 1980 m *Vázquez-G. 3379* (WIS, ZEA)
Cuautitlán: La Cumbre 2100 m *Iltis 1231* (IBUG, MEXU, MICH, WIS), *1232* (WIS); San Miguel 1100–1500 m *Iltis 453* (WIS)

A *Quercus scytophylla* Liebm., "Encino colorado", "Encino rojo", "Encino amarillo"
Autlán: Corralitos 1950 m *Vázquez-G. 4240* (WIS, ZEA); Los Desmontes, Las Joyas 1850 m *Cuevas-G. 1202* (WIS, ZEA); Picacho del Sol y La Luna, Las Joyas 2090 m *Vázquez-G. 3393a* (ZEA); Piedra Bola, Las Joyas 1850 m *Iltis 29113* (WIS); San Campús, Las Joyas 1980 m *Vázquez-G. 3385* (WIS, ZEA)
Cuautitlán: Cerro Alto Las Yeguas 2080 m *Judziewicz 4994* (WIS); Rincón de Manantlán 1800 m *Vázquez-G. 556* (IBUG, WIS)

A *Quercus sororia* Liebm. [muy relacionado a *Q. splendens*]
Tolimán: El Rodeo–La Lima 1450 m *Iltis 28903* (CAS, WIS, ZEA)

A *Quercus splendens* Née
La Resolana: [Los Mazos] *McVaugh 11940, Wilbur 2277* (MICH, UCSB), 1200 m *Guzmán-M. 595* (ENCB, IBUG)

A *Quercus uxoris* McVaugh, "Encino colorado"
Autlán: Arriba de Ahuacapán *Rzedowski 14548, 14551* (ENCB); Corralitos 1820 m *Cochrane 12602* (CAS, MICH, WIS, ZEA)

Cuautitlán: El Durazno 875 m *Cuevas-G. 1880* (WIS, ZEA), 1000–1100 m *Santana-M. 3361* (WIS, ZEA); 2–3 km NNO de Telcruz 1200 m *Vázquez-G. 4420* (WIS, ZEA)
La Resolana: Cerro La Petaca, camino a El Durazno 1000 m *Iltis 357* (WIS)

A ***Quercus vicentensis*** Trel. [*Q. martinezii*, en parte]
Autlán: Picacho del Sol y La Luna, Las Joyas 2090 m *Vázquez-G. 3395* (WIS, ZEA)
Cuautitlán: La Cumbre 2000 m *Rosales-C. 13* (WIS, ZEA); Los Chilillos–La Cumbre 2020 m *Cuevas-G. 1288, 1290* (WIS, ZEA); Mesa de Los Chayotes, S de Los Jardines 2525 m *Iltis 2501* (WIS), *2504, 2505* (IBUG, WIS); Rincón de Manantlán 1800 m *Vázquez-G. 557* (IBUG, WIS); Tierritas Blancas 2100 m *Cuevas-G. 1277* (WIS, ZEA)

A ***Quercus xalapensis*** Humb. & Bonpl. [*Q. acutifolia;* incl. *Q. gravesii*], "Encino blanco", "Encino de asta"
Autlán: El Zarzamoro, Las Joyas 1900 m *Iltis 1321* (CAS, IBUG, ENCB, MEXU, MICH, TEX, WIS), *29027* (IBUG, WIS), *29080* (CAS, IBUG, MEXU, WIS)
Cuautitlán: La Cumbre 2000 m *Cuevas-G. 1926, 2862* (WIS, ZEA); San Miguel 1600–1800 m *Iltis 454, 473, 474* (IBUG, WIS)

A ***Quercus*** sp. nov. 1, fide D. Breedlove [muy relacionado a *Q. laurina*]
Autlán: Cañada El Laurelito, Las Joyas 1960 m *Vázquez-G. 3422* (ZEA); 1 km SO de Las Joyas 1980 m *Iltis 29114a* (WIS)
Cuautitlán: NE de El Almeal *Kowal 2820* (WIS)

A ***Quercus*** sp. nov. 2, fide D. Breedlove [muy relacionado a *Q. gentryi*], "Encino", "Encino blanco", "Encinillo"
Cuautitlán: 2–3 km NE de El Durazno 1200–1350 m *Cuevas-G. 1918, 1975* (WIS, ZEA); Telcruz, Ayotitlán 1200 m *Vázquez-G. 4399, 4483* (ZEA); 3 km NE de El Durazno 1204 m *Wetter 2079* (CAS, WIS)

A ***Quercus*** sp. nov. 3, fide D. Breedlove [muy relacionado a *Q. excelsa*]
Autlán: Cañada El Laurelito, Las Joyas 1960 m *Vázquez-G. 3421* (ZEA)
Cuautitlán: NE de El Almeal *Kowal 2817* (WIS)

## FLACOURTIACEAE

A ***Casearia arguta*** H. B. K., "Bonetillo", "Cuatalaca", "Cuatalaco"
Cuautitlán: Cuzalapa–Cofradía 750 m *Cuevas-G. 1948* (WIS, ZEA); El Durazno 900 m *Iltis 388* (WIS), 920 m *Santana-M. 3312* (WIS, ZEA)
La Resolana: Barranca La Naranjera 500 m *Vázquez-G. 3986* (ZEA); E de Arroyo El Tecolote 1400 m *Cuevas-G. 1866* (WIS, ZEA)
Minatitlán: Agua Salada 1000 m *Cuevas-G. 1808* (WIS, ZEA)
Tolimán: San Pedro Toxín, Cerro Grande 1100 m *Cuevas-G. 2101* (ZEA)

Aa ***Casearia corymbosa*** H. B. K. [*C. pringlei*], "Cuatalaca", "Chamizo"
Autlán: Ahuacapán 1500 m *Rodríguez-C. 927* (IBUG, WIS); El Chante 900 m *Guzmán-M. 2507* (IBUG, WIS)
La Resolana: NE del pueblo 700–750 m *Vázquez-G. 4377* (WIS, ZEA)
Tuxcacuesco: La Cañita, Zenzontla 1100 m *Cuevas-G. 2050* (WIS, ZEA)

A ***Casearia sylvestris*** Swartz
La Resolana: El Tepejilote, El Zapotillo 470 m *Cochrane 12319* (ENCB, MICH, WIS); El Tigre 730 m *Guzmán-H. 730* (ZEA); La Calera 900 m *Cuevas-G. 2320* (ZEA)

A ***Hasseltiopsis dioica*** (Benth.) Sleumer
Autlán: Cañada El Laurelito 1850 m *Vázquez-G. 3849* (ZEA); Cuchilla de La Tuna, Las Joyas 1860 m *Vázquez-G. 3871* (ZEA); Las Joyas 1950 m *Cochrane 10680* (WIS, ZEA)
Tolimán: Toxín, Cerro Grande 1030 m *Rodríguez-C. 2071* (WIS, ZEA)

aA ***Neopringlea viscosa*** (Liebm.) Rose
Tuxcacuesco: Cerro del Palacio 1150 m *Santana-M. 6523, 6529* (ZEA)

a ***Prockia crucis*** L.
Cuautitlán: Puente de La Rosa 600 m *Guzmán-H. 244* (WIS)
La Resolana: La Calera 900 m *Cuevas-G. 3077* (ZEA)

A *Xylosma flexuosum* (H. B. K.) Hemsl. [*X. celastrinum*], "Huiscorol", "Limoncillo"
Autlán: Cañada El Laurelito 1850 m *Vázquez-G. 3749* (ZEA); Las Mantequillas, Las Joyas 1600 m *Vázquez-G. 3762* (ZEA); Las Joyas 1950 m *Cochrane 10641* (WIS); San Campús, Las Joyas 2000 m *Judziewicz 4975* (WIS)
Cuautitlán: La Cumbre 2100 m *Iltis 29017* (WIS); Telcruz, Ayotitlán 1200 m *Vázquez-G. 4422* (ZEA)
La Resolana: Arroyo El Tecolote 1200 m *Vázquez-G. 3973* (ZEA)
Tolimán: El Terrero, Cerro Grande 1900 m *Iltis 29665* (WIS)

A ***Xylosma velutinum*** (Tulasne) Triana & Planch.
Autlán: La Yerbabuena 1400 m *Santana-M. 4729* (ZEA)
Tuxcacuesco: El Temascal 1000 m *Santana-M. 3245* (ZEA)

## FOUQUIERIACEAE

A ***Fouquieria formosa*** H. B. K., "Chupayo"
Tolimán: Paso Real 700 m *Cuevas-G. 3675* (WIS, ZEA)

## GARRYACEAE

A ***Garrya laurifolia*** Hartweg ex Benth., "Azulillo", "Laurelillo", "Vara azul"
Autlán: Ahuacapán 1700 m *Vázquez-G. 4224* (ZEA); Las Joyas 1925 m *Cochrane 10759* (WIS)
Cuautitlán: El Durazno 2000 m *Cuevas-G. 1938* (ZEA)
Tolimán: El Terrero, Cerro Grande 2250 m *Cuevas-G. 1751* (ZEA); La Laguna, Cerro Grande 2000 m *Cuevas-G. 1736* (ZEA)

## GENTIANACEAE

H ***Centaurium martinii*** C. R. Broome
Cuautitlán: Cerro Las Yeguas 2160 m *Judziewicz 5009* (WIS)

H ***Centaurium nudicaule*** (Engelm.) B. L. Rob.
Tolimán: Mezcalitos, Los Picachos, Cerro Grande 2300 m *Iltis 29537* (WIS)

H ***Centaurium setaceum*** (Benth.) B. L. Rob.
Cuautitlán: Rincón de Manantlán 1600 m *Kowal 2831* (WIS)

H ***Centaurium tenuifolium*** (M. Martens & Galeotti) B. L. Rob. subsp. ***tenuifolium***
Cuautitlán: Cerro Las Yeguas 2080 m *Judziewicz 5000* (WIS)

H ***Gentiana caliculata*** Lex. Foto p. xxxv, TT.
Autlán: El Zarzamoro, Las Joyas 1600 m *Cuevas-G. 3800* (ZEA)

H ***Gentiana spathacea*** H. B. K.
Cuautitlán: El Guízar 2700 m *Iltis 29408* (WIS)
Tolimán: Cerro Grande 2300 m *Cuevas-G. 2226* (WIS, ZEA); Mezcalitos–El Terrero, Cerro Grande 2350 m *Iltis 29508* (WIS)

H ***Halenia brevicornis*** (H. B. K.) G. Don [incl. *H. brevicornis* var. *micranthella*]
Autlán: Estación Científica Las Joyas 1960 m *Iltis 30972* (WIS); Los Barbechos, Las Joyas 1800 m *Vázquez-G. 3841* (ZEA); Piedra Bola, Las Joyas 1950 m *Judziewicz 4951* (WIS)
Tolimán: El Tapeizte, Cerro Grande 2400 m *Cuevas-G. 2431* (ZEA)

H ***Halenia crumiana*** Wilbur; ENDÉMICA: Jalisco
Cuautitlán: Aserradero El Cuartón 2500 m *Mcvaugh 13844* (MICH); E de Manantlán [Las Capillas?] 2530 m *Wilbur 1834, 1872* (MICH), *1981* (MICH–Holótipo); Las Capillas 2800 m *Cuevas-G. 1612* (ZEA)
Minatitlán: El Sauz–El Terrero, Cerro Grande 1300 m *Nieves-H. 555* (IBUG, WIS)

## GERANIACEAE

H ***Erodium cicutarium*** (L.) L'Her.
Tolimán: Cañadas Vanas–La Laguna, Cerro Grande 2450 m *Cuevas-G. 3451* (ZEA)

H ***Geranium hernandezii*** Moc. & Sessé ex DC.
Autlán: Cañada de El Laurelito, Las Joyas 1700–1800 m *Cuevas-G. 4055* (WIS, ZEA)

H *Geranium lilacinum* R. Knuth
Cuautitlán: Cerro El Muñeco 2690 m *Iltis 7918* (WIS, ZEA); E de Las Capillas 2600 m *Santana-M. 3421* (WIS, ZEA); Las Capillas 2800 m *Cuevas-G. 2845* (WIS, ZEA)

H *Geranium seemannii* Peyr.
Autlán: El Zarzamoro, Las Joyas 1890 m *Vázquez-G. 3646* (ZEA); Las Joyas 1900 m *Iltis 1386* (WIS, ZEA), *30081* (IBUG, WIS, ZEA)
Cuautitlán: Cerro El Almeal 2100 m *Judziewicz 4861* (WIS)
Tolimán: El Terrero, Cerro Grande 1900 m *Cevallos-E. 86* (WIS, ZEA); N de El Terrero, Cerro Grande 2300 m *Iltis 30142* (WIS)

H *Geranium* sp.
Cuautitlán: Crucero de La Cumbre–Rincón de Manantlán 2250 m *Sørensen 7882* (WIS); Las Capillas 2800 m *Villarreal de Puga 12011* (IBUG, WIS)

## GESNERIACEAE

H *Achimenes antirrhina* (DC.) Morton
Autlán: Las Juntas, Las Joyas 1600 m *Cuevas-G. 1590* (WIS, ZEA)
Cuautitlán: Rincón de Manantlán 1660 m *Iltis 3175* (WIS), *28813* (WIS, ZEA)

H *Achimenes flava* Morton
Cuautitlán: Chancol, Ayotitlán 1050 m *Ramírez-D. 479* (IBUG, WIS)
La Resolana: Cerro La Petaca 500 m *Iltis 307* (WIS); Los Mazos 1300 m *Wilbur 2345* (MICH, WIS)

H *Achimenes grandiflora* (Schiede) DC.
Cuautitlán: Puente de La Rosa–Las Marías, Ayotitlán 750 m *Santana-M. 5301* (WIS, ZEA)
La Resolana: Cerro La Petaca 800 m *Ramírez-D. 1034* (IBUG), 1200 m *Vigueras-G. 85* (IBUG, WIS)

H *Achimenes heterophylla* (Mart.) DC.
Autlán: Las Juntas, Las Joyas 1550–1650 m *Cuevas-G. 1576* (WIS, ZEA)
Cuautitlán: Rincón de Manantlán 1750 m *Iltis 3195* (WIS)

H *Achimenes longiflora* DC., "Flor de patito"
Comala: N de Campo Cuatro, Cerro Grande 1200–1350 m *Cuevas-G. 3942* (WIS, ZEA)
Cuautitlán: El Durazno 960 m *Vázquez-G. 4059, 4208* (ZEA); La Pareja 860 m *Vázquez-G. 4068* (ZEA)
La Resolana: Cerro La Petaca–La Huertita 600–800 m *Iltis 327* (WIS)

T *Drymonia serrulata* (Jacq.) Mart. [*D. glabra*]. Foto p. xxxi, KK.
Cuautitlán: Chancol, Ayotitlán 1100 m *Vázquez-G. 4076, 4479* (ZEA); El Durazno 950 m *Cuevas-G. 1657* (ZEA)
La Resolana: Arroyo El Tecolote 850 m *Vázquez-G. 4515* (ZEA); La Huertita–Cerro La Petaca 900–1000 m *Iltis 343* (WIS)

E *Episcia punctata* (Lindl.) Hanst. [*Columnea septentrionalis*]; ENDÉMICA: RBSM?
La Resolana: [19 km] SO de Autlán [1524 m] *Wilbur 1475* (MICH), [1738 m] *Wilbur 2463* (US–Holótipo; MICH–Isótipo de *C. septentrionalis*)

H *Moussonia elegans* Decne. [*Kohleria elegans*]
Autlán: El Chilacayote, Las Joyas 1950 m *Judziewicz 4936* (WIS); El Tlacuache, Las Joyas 1880 m *Vázquez-G. 3829* (ZEA)
Cuautitlán: Telcruz, Ayotitlán 1600 m *Cuevas-G. 1797* (IEB, UCR, WIS, ZEA)

H *Phinaea multiflora* Morton
Cuautitlán: Los Terreros de Ayotitlán 750 m *Cevallos-E. 127* (WIS, ZEA)
La Resolana: Arroyo Tacubaya, Cerro La Petaca 500 m *Iltis 321* (WIS)

## GUTTIFERAE (incluye CLUSIACEAE, HYPERICACEAE)

A *Calophyllum brasiliense* Cambess. var. *rekoi* (Standl.) Standl., "Arbol María"
Cuautitlán: Chancol, Ayotitlán 1100 m *Vázquez-G. 4453* (WIS, ZEA)
La Resolana: Arroyo El Tecolote 850 m *Vázquez-G. 4512* (WIS, ZEA); SE del pueblo 600–700 m *Santana-M. 5943* (WIS, ZEA)

A *Clusia salvinii* J. D. Smith, "Lantén", "Oreja de burro"
Autlán: El Zarzamoro, Las Joyas 1900 m *Iltis 1286* (WIS); Estación Científica Las Joyas 1950 m *Cochrane 10682* (WIS); La Moza, Las Joyas 1840 m *Cuevas-G. 1243* (WIS, ZEA); Las Juntas, Las Joyas 1600 m *Vázquez-G. 3756* (ZEA)
Cuautitlán: La Ventana, Cerro San Miguel 1800–2460 m *Iltis 497* (WIS)

H *Hypericum philonotis* Cham. & Schlecht. [*H. paniculatum*]
Autlán: El Zarzamoro, Las Joyas 1900 m *Vázquez-G. 3512* (ZEA), *Iltis 1333* (WIS)
Cuautitlán: La Ventana, San Miguel [2300 m] *Iltis 426* (WIS)
Tolimán: La Laguna, Cerro Grande 2000–2100 m *Guzmán-H. 1113* (WIS, ZEA)

H *Hypericum pauciflorum* Kunth
Autlán: El Chilacayote, Las Joyas 1850 m *Cuevas-G. 1484* (WIS, ZEA)
Cuautitlán: Cerro Alto Las Yeguas 2160 m *Judziewicz 5020* (WIS)
La Resolana: [Arriba de] Los Mazos 1800 m *Leinberger 68* (WIS)

A *Rheedia edulis* Triana & Planch., "Limoncillo"
La Resolana: Arroyo El Tecolote 1400 m *Cuevas-G. 1853* (WIS, ZEA), 850 m *Vázquez-G. 4507* (ZEA)

## HAMAMELIDACEAE

A *Matudaea trinervia* Lundell, "Cuencudo", "Naranjillo"
Cuautitlán: Barranca La Nogalera 1800 m *Rosales-C. 31* (WIS, ZEA); La Cumbre 1900 m *Wetter 2023* (IBUG, WIS, ZEA), 1850 m *Cuevas-G. 1899* (WIS, ZEA), 1500–1900 m *McVaugh 23193, 23194* (MICH, WIS), 2200 m *Iltis 2709* (IBUG, WIS); Telcruz, Ayotitlán 1200 m *Vázquez-G. 4416* (WIS, ZEA)

## HERNANDIACEAE

A *Gyrocarpus jatrophifolius* Domin, "Rabelero", "Volantines"
Cuautitlán: El Durazno 960 m *Vázquez-G. 4060* (WIS, ZEA)
Tuxcacuesco: La Lima–El Rodeo 1350 m *Iltis 28931* (WIS); Zenzontla 950 m *Santana-M. 5106* (WIS, ZEA)

## HIPPOCRATEACEAE

T *Hippocratea celastroides* H. B. K.
La Resolana: El Tigre 600 m *Cuevas-G. 2342* (ZEA)

T *Hippocratea volubilis* L., "Hierba del cáncer"
Cuautitlán: Cuzalapa 800 m *Cuevas-G. 1973* (ZEA)
Tuxcacuesco: La Cañita, Zenzontla 950 m *Cuevas-G. 5098* (WIS, ZEA), 1100 m *Cuevas-G. 2048* (ZEA)

## HYDROPHYLLACEAE

H *Hydrolea spinosa* L., "Borrajillo", "Espinocilla"
Cuautitlán: Cuzalapa 700 m *Cuevas-G. 1942* (WIS, ZEA)
Tuxcacuesco: La Palma–El Camichín, Zenzontla 700 m *Guzmán-H. 198* (WIS, ZEA)

H *Phacelia platycarpa* (Cav.) Spreng., "Berro", "Quelite de borrego"
Autlán: El Zarzamoro, Las Joyas 1900 m *Vázquez-G. 3006* (ZEA), *Cuevas-G. 1399* (WIS, ZEA), 1940 m *Vázquez-G. 3536* (ZEA)
Cuautitlán: Rincón de Manantlán 1700 m *Vázquez-G. 3349* (ZEA)

a *Wigandia urens* (Ruiz & Pav.) H. B. K., "Mala mujer", "Quemadora"
Autlán: Ahuacapán 1100 m *Cuevas-G. 2292* (WIS, ZEA)

## ICACINACEAE

A *Calatola laevigata* Standl., "Aguacatillo", "Morado"; DISYUNTA: Oaxaca
La Resolana: Arroyo El Tecolote 800 m *Cuevas-G. 1864* (WIS, ZEA)

## JUGLANDACEAE

A ***Juglans major*** (Torr.) Heller var. ***glabrata*** Manning s. l., "Nogal", "Nogal cimarrón", "Nuéz real"
Autlán: Ahuacapán 1000 m *Santana-M. 4385* (ZEA); S de Ahuacapán *McVaugh & Koelz 930* (MICH)
Cuautitlán: El Durazno 1350 m *Cuevas-G. 1887a* (ZEA)

Discusión: El género ***Juglans*** requiere de estudios más detallados (Manning 1957).

## JULIANACEAE

A ***Amphipterygium adstringens*** Schlecht., "Chiche de perra", "Cuachalalate"
Autlán: La Cidrita, El Chante 900 m *Iltis 28805* (WIS)
Tuxcacuesco: El Camichín, Zenzontla 750 m *Cuevas-G. 3400* (WIS, ZEA)

## LABIATAE (LAMIACEAE)

a ***Asterohyptis stellulata*** (Benth.) Epling
Autlán: El Chante 700 m *Villarreal de Puga 11522* (IBUG, WIS)
Cuautitlán: Las Marías, Ayotitlán 800 m *Cochrane 10906* (WIS, ZEA); Manantlán 1450 m *Iltis 1195* (WIS)
La Resolana: S de Los Mazos 1655 m *Cochrane 12088* (IBUG, K, MICH, UCR, USF, WIS, ZEA)

aT ***Cunila longiflora*** A. Gray
Tolimán: El Terrero, Cerro Grande 2200 m *Iltis 29500* (MEXU, WIS), cultivada; La Laguna, Cerro Grande 2100 m *Nieves-H. 513* (WIS, ZEA), [silvestre]

H ***Cunila lythrifolia*** Benth.
Autlán: Las Playas, Las Joyas 1900 m *Iltis 1384* (MEXU, WIS)

a ***Cunila pycnantha*** B. L. Rob. & Greenm.
Autlán: Arroyo Corralitos, O de Corralitos 1650–1700 m *Guzmán-H. 1253* (WIS, ZEA)
Cuautitlán: El Durazno 1300 m *Cuevas-G. 1913* (WIS, ZEA); La Cumbre–El Almeal 2050 m *Iltis 2244* (MICH, WIS); La Cumbre–Llanos de San Miguel 2380 m *Iltis 29426* (WIS)

a ***Hyptis albida*** H. B. K., "Amargocilla", "Salvia"
Autlán: Ahuacapán 1300 m *Cárdenas-C. 7* (WIS, ZEA)
Cuautitlán: 10 km SO de El Chante 1450 m *De Níz-L. 126* (MICH, WIS, ZEA)
Tuxcacuesco: La Cañita, Zenzontla 950 m *Santana-M. 5099* (WIS, ZEA)

H ***Hyptis capitata*** Jacq.
Autlán: Ahuacapán 1000 m *Cuevas-G. 3685* (WIS, ZEA)
Cuautitlán: Arroyo Ayotitlán 840 m *Judziewicz 5201* (WIS, ZEA); La Pareja 870 m *Cuevas-G. 1636* (ZEA)
La Resolana: La Petaca 1000 m *Iltis 365* (MICH, WIS)

H ***Hyptis mutabilis*** (Rich.) Briq.
Autlán: La Yerbabuena 1120 m *Santana-M. 4742* (WIS, ZEA)
Cuautitlán: El Durazno 900 m *Santana-M. 3321* (WIS, ZEA); Manantlán 1450 m *Iltis 1199* (WIS); Rincón de Manantlán 1520 m *Iltis 1166* (MEXU, WIS)
La Resolana: El Tigre 500 m *Judziewicz 5160a* (WIS)

a ***Hyptis oblongifolia*** Benth.
Autlán: El Zarzamoro–Las Joyas 1900 m *Iltis 1342* (MEXU, WIS); Las Mantequillas–Las Juntas, Las Joyas 1900 m *Vázquez-G. 3761* (WIS, ZEA)
Cuautitlán: Las Yeguas–Manantlán 1600 m *Cochrane 10826* (WIS, ZEA); Rincón de Manantlán 1700 m *Sørensen 7869* (WIS, ZEA)
La Resolana: Torre de Transmisión, Los Mazos 1655 m *Cochrane 12083* (WIS)

H ***Hyptis pectinata*** (L.) Poit.
Autlán: La Yerbabuena 1120 m *Santana-M. 4753* (WIS, ZEA)

H *Hyptis rhytidea* Benth.
Autlán: Tecopatlán 1200 m *Iltis 1424* (MEXU, WIS)
Cuautitlán: Lagunillas de Ayotitlán 1050 m *Santana-M. 4310* (WIS, ZEA)
La Resolana: Los Mazos 1500 m *Cházaro-B. 4454* (WIS, ZEA)

H *Hyptis suaveolens* (L.) Poit., "Chan"
Autlán: Ahuacapán 1000 m *De Níz-L. 243* (WIS, ZEA)
Tuxcacuesco: Zenzontla 800 m *Cuevas-G. 3358* (WIS, ZEA)

H *Hyptis urticoides* Kunth
Autlán: Ahuacapán 1400 m *Santana-M. 5458* (WIS, ZEA); Tecopatlán 1400–1700 m *Cuevas-G. 2633* (WIS, ZEA)

H *Leonotis nepetiifolia* (L.) R. Br., "Acaute"
Autlán: SO de El Chante 1450 m *De Níz-L. 123* (WIS, ZEA)
Cuautitlán: Rincón de Manantlán 1700 m *Guzmán-H. 646* (ZEA)

H *Lepechinia caulescens* (Ort.) Epling, "Salvia"
Autlán: Los Barbechos, Las Joyas 2000 m *Cochrane 10735* (WIS)
Cuautitlán: Neverías 2350 m *Iltis 3236* (WIS)
Tolimán: El Mirador de La Laguna, Cerro Grande 2100 m *Nieves-H. 430* (WIS, ZEA); Los Picachos, Cerro Grande 2350 m *Iltis 29534* (WIS)

a *Lepechinia nelsonii* (Fernald) Epling
Autlán: Arroyo Chilacayote, Las Joyas 1800 m *Iltis 29090* (WIS); Corralitos 1700 m *Vázquez-G. 4219* (WIS, ZEA); El Zarzamoro, Las Joyas 1900 m *Iltis 1345* (MEXU, WIS)
Cuautitlán: La Cumbre 2080 m *Wetter 2003* (CHAPA, F, IBUG, UC, WIS)
Tolimán: La Laguna, Cerro Grande 2050 m *Cuevas-G. 1744* (WIS, ZEA)

H *Marrubium vulgare* L., "Marrubio"
Tolimán: Cerro Grande, Cerro Grande 2400 m *Cuevas-G. 2970* (WIS, ZEA)

H *Mentha* sp.
Cuautitlán: Llanos de San Miguel 2350 m *Guzmán-H. 1055* (ZEA)

H *Ocimum micranthum* Willd., "Albácar"
Cuautitlán: El Durazno 950 m *Vázquez-G. 4043* (ZEA)

H *Salvia albocaerulea* Lindl.
Cuautitlán: Mesa de Los Chayotes, Los Jardines 2500 m *Iltis 2495* (MEXU, WIS)

H *Salvia arthrocoma* Fernald
Tolimán: E de El Terrero, Cerro Grande 2050–2100 m *Cuevas-G. 3475* (ZEA); Lagunitas, Cerro Grande 1900–2050 m *Iltis 30207* (TEX, WIS)

H *Salvia brachyodonta* Briq.
Cuautitlán: Puente La Rosa 600 m *Guzmán-H. 205* (ZEA)
La Resolana: Cerro La Petaca 600 m *Santana-M. 5144* (WIS, ZEA), 700 m *Santana-M. 5740* (WIS, ZEA); El Tigre 480–550 m *Judziewicz 5152* (WIS, ZEA), *5160* (WIS); S de Los Mazos 1700 m *Wetter 1068* (CHAPA, MEXU, TEX, WIS, ZEA); SE de Casimiro Castillo 700–1000 m *Cuevas-G. 3136, 3138* (WIS, ZEA); SO de Los Mazos 1350 m *Iltis 30085* (ENCB, GUADA, IBUG, K, MO, TEX, UC, WIS, XAL, ZEA), 1465–1495 m *Cochrane 12056* (WIS)

H *Salvia breviflora* Moc. & Sessé
Tuxcacuesco: SO de San Pedro Toxín, Cerro Grande 1400–1700 m *Cuevas-G. 3752* (WIS, ZEA)

H *Salvia brucebenzii* Iltis & Ramamoorthy ined.; ENDÉMICA: Jalisco, Michoacán
La Resolana: La Calera 900–1000 m *Iltis 31062* (WIS, ZEA), 600–800 m *Guzmán-H. 307* (ZEA), *Vázquez-G. 4819* (ZEA); NNE de Casimiro Castillo 1000–1200 m *Vázquez-G. 4336* (ZEA); SO de Los Mazos 1350 m *Iltis 29180* (IBUG, WIS), *30084* (WIS–Holótipo; MEXU–, MICH–, TEX–, ZEA–Isótipos), 1150–1200 m *Cuevas-G. 3059* (ZEA)

H *Salvia carnea* Benth.
Cuautitlán: O de Las Capillas 2600 m *Iltis 29410* (IBUG, K, MEXU, WIS, ZEA)

H **Salvia cinnabarina** M. Martens & Galeotti. Foto p. xxxiii, LL.

Comala: Campo Cuatro–Lagunitas, Cerro Grande 1800 m *Ortíz-A. 1* (WIS)

Cuautitlán: El Almeal 2050 m *Calzada 9475* (XAL, ZEA), 2100–2240 m *Cochrane 10615* (WIS, ZEA); La Cumbre 2090 m *Vázquez-G. 3719* (ZEA), 2000 m *Iltis 28879* (TEX, UCR, WIS); E de La Cumbre 2250 m *Iltis 2327* (TEX, WIS), *Waller 2* (WIS)

Tolimán: Camino a La Laguna, Cerro Grande 2200 m *Iltis 30166* (WIS); El Terrero, Cerro Grande 2000 m *Guzmán-H. 553* (ZEA); El Terrero–Campo Cuatro, Cerro Grande 2100–2160 m *Iltis 29615* (WIS); Los Sauces–El Terrero, Cerro Grande 1850–1900 m *Vázquez-G. 4157* (ZEA); Mezcalitos–El Chivero, Cerro Grande 2250–2300 m *Iltis 29545* (MICH, TEX, WIS, ZEA); NE de Lagunitas, Cerro Grande 2400 m *Cuevas-G. 1762* (WIS, ZEA); Rastrojitos–El Terrero, Cerro Grande 1770 m *Navarrete 229* (ZEA); SE de El Terrero, Cerro Grande 2150 m *Iltis 30172* (WIS); SO de El Terrero, Cerro Grande 1750–1900 m *Cuevas-G. 3322* (ZEA)

H **Salvia concolor** Lamb.

Cuautitlán: Llanos de San Miguel, E de La Cumbre 2400 m *Iltis 2623* (MEXU, WIS)

H **Salvia cuevasiana** Ramamoorthy ined.; ENDÉMICA: RBSM

Tuxcacuesco: ENE de Zenzontla 1150 m *Santana-M. 5353* (ZEA–Holótipo)

H **Salvia firma** Fernald

Autlán: La Cascada, Las Joyas 1700 m *Vázquez-G. 3483, 3484* (ZEA), 1650 m *Cuevas-G. 1434, 1434a* (ZEA); Las Galeras, Las Joyas 1720 m *Cuevas-G. 1593* (WIS, ZEA); Las Juntas, Las Joyas 1690 m *Cuevas-G. 1474, 1475* (ZEA)

Cuautitlán: Cerro Alto Las Yeguas 2000–2160 m *Judziewicz 5012* (WIS); Rincón de Manantlán 1540 m *Sørensen 7989* (WIS)

a **Salvia gesneraeflora** Lindl. & Pax., "Mirtillo". Fotos, p. xii; p. xxxiii, LL.

Cuautitlán: Las Capillas–Neverías 2520 m *Vázquez-G. 3934* (ZEA), 2600–2800 m *Cuevas-G. 1621* (ZEA), 2700 m *Iltis 29418a, b* (WIS); Neverías 2350 m *Iltis 2353* (WIS); N de Las Capillas 2700 m *Santana-M. 3432* (WIS, ZEA); San Miguel 2300 m *Cuevas-G. 1259* (WIS, ZEA), 2400 m *Cuevas-G. 2826* (WIS, ZEA); *Pérez de la Rosa 1076* (IBUG)

Tolimán: E de El Terrero, Cerro Grande 2050–2100 m *Cuevas-G. 3473* (ZEA); El Sauz–Lagunitas, Cerro Grande 2100 m *Pérez de la Rosa 1662* (IBUG, WIS); SE de El Terrero, Cerro Grande 2150 m *Iltis 30171* (WIS); O de El Terrero, Cerro Grande 1850 m *Cevallos-E. 96* (WIS, ZEA)

H **Salvia hispanica** L.

Cuautitlán: Al N de San Miguel 1750 m *Santana-M. 4239* (WIS, ZEA)

Tolimán: NNE de El Terrero, Cerro Grande 2100–2200 m *Cuevas-G. 3347* (ZEA)

a **Salvia iodantha** Fernald, "Chía"

Autlán: Charco de Los Perros, Las Joyas 1890 m *Villalobos-S. 210* (ZEA); Corralitos 2000 m *Vázquez-G. 4248* (WIS, ZEA); El Tlacuache, Las Joyas 1850–1920 m *Vázquez-G. 3827* (ZEA), 1900 m *Lorente-A. 55* (ZEA); La Hierbabuenita, Las Joyas 1890 m *Vázquez-G. 3671* (ZEA); SE de Ahuacapán 1850–1950 m *Cuevas-G. 2280* (WIS, ZEA); ONO de El Zarzamoro 1900–1950 m *Judziewicz 4784, 4786, 4802* (WIS, ZEA)

Cuautitlán: El Almeal 2050 m *Calzada 9474* (XAL, ZEA); La Cumbre 2100 m *Iltis 1217, 1217a* (WIS), 2250 m *Waller 4* (WIS); Llanos de San Miguel 2400 m *López-H. 6* (WIS, ZEA), 2300 m *Cuevas-G. 2851* (WIS, ZEA); NE de Telcruz 1300 m *Cuevas-G. 1777* (WIS, ZEA); NNO de Telcruz, Ayotitlán 1650 m *Cuevas-G. 2148* (ZEA); NO de El Almeal 2120–2130 m *Wetter 1076* (IBUG, MEXU, TEX, WIS, ZEA)

Tolimán: E de El Terrero, Cerro Grande 2100 m *Cuevas-G. 3482* (ZEA); El Terrero, Cerro Grande 1875 m *Vázquez-G. 4146* (WIS, ZEA); Mezcalitos–El Chivero, Cerro Grande 2250–2300 m *Iltis 29548* (WIS); N de El Terrero, Cerro Grande 2300 m *Iltis 30149, 30149a, b* (WIS); SSO de El Terrero, Cerro Grande 1705 m *Cochrane 12234* (UC, WIS)

H **Salvia lasiantha** Benth.
Tuxcacuesco: Cerro del Palacio 1000 m *Santana-M. 5155* (WIS, ZEA), 1150 m *Santana-M. 5354* (WIS, ZEA)

H **Salvia lasiocephala** Hook. & Arn. [*S. hyptoides*]
Cuautitlán: San Miguel 1750 m *Santana-M. 4211, 4244* (WIS, ZEA)
La Resolana: Cerro La Petaca 1000 m *Guzmán-H. 853* (ZEA)

H **Salvia lavanduloides** Kunth, "Yerbabuenita"
Autlán: Charco de Los Perros, Las Joyas 1890 m *Villalobos-S. 207* (ZEA); La Cascada, Las Joyas 1650 m *Vázquez-G. 3610, 3610b* (ZEA); Las Playas, Las Joyas 1900 m *Lorente-A. 68* (ZEA); ONO de Las Joyas 1900–1950 m *Judziewicz 4750* (WIS, ZEA)
Cuautitlán: Aserradero Manantlán 1720 m *Calzada 9524* (XAL, ZEA); E de La Cumbre 2250 m *Waller 5* (UCR, WIS), 2100 m *Iltis 1224* (WIS); La Joya Verde, Corralitos 1900–2000 m *López-H. 100* (ZEA); Llanos de San Miguel 2400 m *López-H. 4* (ZEA); N de Telcruz, Ayotitlán 1580–1665 m *Cochrane 12172* (WIS); NNO de Telcruz, Ayotitlán 1650 m *Cuevas-G. 2150* (WIS, ZEA); NO de Telcruz, Ayotitlán 1500 m *Benz 1323* (WIS, ZEA); Rincón de Manantlán 1400 m *Villarreal de Puga 11526* (IBUG, WIS); S de San Miguel 2200–2400 m *Sørensen 7967a, 7967b* (WIS)
Minatitlán: Ranchitos 1770 m *Navarrete 241* (ZEA)
Tolimán: El Sauz–El Terrero, Cerro Grande 1875 m *Vázquez-G. 4152* (WIS, ZEA); NE de La Laguna, Cerro Grande 2100 m *Nieves-H. 514* (WIS, ZEA)

H **Salvia leucantha** Cav.
Comala: Campo Cuatro, Cerro Grande 1300 m *Guzmán-H. 1382* (ZEA)

H **Salvia longispicata** M. Martens & Galeotti. Foto p. xxxiii, LL.
Autlán: E de El Zarzamoro 1970–2000 m *Iltis 28873* (WIS, ZEA); El Chante–Tecopatlán 900 m *Robles-H. 700* (ZEA); El Huiscorol, Las Joyas 1900 m *Lorente-A. 165* (ZEA); El Roblito, Las Joyas 1900 m *Santana-M. 4008* (WIS, ZEA); El Zarzamoro, Las Joyas 1650–1940 m *Vázquez-G. 3548, 3638, 3645* (ZEA), 1900 m *Santana-M. 3972* (WIS, ZEA); Huerta El Zarzamoro, Las Joyas 1900 m *Cuevas-G. 1388* (WIS, ZEA); Los Coamiles–Las Joyas 1900 m *Santana-M. 3569, 4033* (ZEA)
Cuautitlán: Ayotitlán 940 m *Cevallos-E. 51* (WIS, ZEA); Rincón de Manantlán 1600 m *Cuevas-G. 3426* (ZEA); S de Manantlán 1450 m *Iltis 3123a* (WIS)
La Resolana: La Calera 800–1100 m *Iltis 31051* (WIS); Los Mazos–Corralitos 1800 m *Santana-M. 4300* (ZEA)
Tolimán: E de El Terrero, Cerro Grande 2050–2100 m *Cuevas-G. 3476* (ZEA); El Terrero, Cerro Grande 2200 m *Iltis 29498a* (MEXU, MICH, TEX, WIS, ZEA), *Guzmán-H. 1146* (ZEA); SE de El Terrero, Cerro Grande 2150 m *Iltis 30174* (WIS, ZEA); SSE de La Laguna, Cerro Grande 2000–2100 m *Guzmán-H. 1133* (WIS, ZEA)

H **Salvia longistyla** Benth.
Autlán: Corralitos 1700 m *Vázquez-G. 4231* (WIS, ZEA); SE de Ahuacapán 1700 m *Judziewicz 5051* (WIS, ZEA)
Cuautitlán: Rincón de Manantlán 1660 m *Iltis 2528* (WIS)
Tolimán: S de La Laguna, Cerro Grande 2000 m *Cuevas-G. 1738* (WIS, ZEA)

H **Salvia manantlanensis** Ramamoorthy; ENDÉMICA: RBSM
Autlán: Cuchilla de La Tuna, Las Joyas 1820 m *Villalobos-S. 780* (ZEA); Las Joyas–Corralitos 1940 m *Vázquez-G. 3297* (ZEA); Filo de La Vaca, Las Joyas 2040 m *Vázquez-G. 3411* (ZEA); Huerta El Zarzamoro, Las Joyas 1900 m *Cuevas-G. 1373* (ZEA); La Moza, Las Joyas 1900 m *Vázquez-G. 3454* (ZEA); San Campús, Las Joyas 1980 m *Cuevas-G. 1329, 1330* (ZEA)
Cuautitlán: Llanos San Miguel 2200–2400 m *Sørensen 7968* (MEXU–Holótipo; WIS–Isótipo); Rincón de Manantlán 1900 m *Iltis 1322, 1323* (WIS, ZEA); S de San Miguel 2200–2400 m *Iltis 2609* (MEXU, WIS, ZEA)

H *Salvia mcvaughii* Ramamoorthy ined.; ENDÉMICA: RBSM

Autlán: Las Juntas, Las Joyas 1680 m *Cuevas-G. 1471* (ZEA–Holótipo); S de Ahuacapán 1100 m *Santana-M. 3669* (ZEA)

H *Salvia meera* Ramamoorthy ined.; ENDÉMICA: RBSM

Cuautitlán: [Arriba de El Rincón de Manantlán] [1800 m] *Boutin 2505* (MEXU–Holótipo; CAS–, MICH–Isótipos); Puerta Pesada–Aserradero 1520 m *Calzada 9545* (XAL, ZEA)

a *Salvia mexicana* L., "Chan", "Chía"

Autlán: Barbechos del Sol y La Luna, Las Joyas 1755 m *Vázquez-G. 3640* (ZEA); Charco de Los Perros, Las Joyas 1850 m *Villalobos-S. 209* (ZEA); E de Corralitos 1600 m *Cuevas-G. 2295* (WIS, ZEA); El Tlacuache, Las Joyas 1900 m *Lorente-A. 58* (ZEA); La Moza, Las Joyas 1880 m *Iltis 30964* (WIS, ZEA); NE de Corralitos 1700 m *Vázquez-G. 4217* (WIS, ZEA); ONO de Las Joyas 1900–1950 m *Judziewicz 4762* (ZEA)

Cuautitlán: La Cumbre 2090 m *Vázquez-G. 3722* (ZEA), 2100–2250 m *Iltis 1230, 2328* (WIS); NE de Telcruz, Ayotitlán 1000 m *Cuevas-G. 1807* (ZEA); NO de Telcruz, Ayotitlán 1300–1400 m *Cuevas-G. 3277* (ZEA), 1400 m *De Níz-L. 279* (ZEA); NWW de San Miguel 1750 m *Santana-M. 4131* (WIS, ZEA); San Miguel 2400 m *Iltis 2624, 29429a-c* (WIS); SSE de Llanos de San Miguel 2300 m *Cuevas-G. 2858* (ZEA)

Tolimán: Cerro Breñoso, Cerro Grande 2100 m *Santana-M. 5017* (WIS, ZEA); E de Los Sauces, Cerro Grande 1850–1900 m *Vázquez-G. 4159* (WIS, ZEA); El Terrero–Campo Cuatro, Cerro Grande 1900 m *Iltis 29684* (WIS, ZEA); El Terrero–Mezcalitos, Cerro Grande 2300 m *Iltis 29494* (WIS); Lagunitas–Campo Cuatro, Cerro Grande 1800 m *Iltis 30201* (WIS); N de El Terrero, Cerro Grande 2418 m *Wetter 2070* (UCR, WIS, ZEA), 2250 m *Guzmán-H. 1102* (WIS, ZEA); N de Cerro Grande, Cerro Grande 2450 m *Cuevas-G. 2425* (ZEA); NE de La Laguna, Cerro Grande 2400 m *Iltis 29555* (WIS)

Tuxcacuesco: La Lima–El Rodeo 1350 m *Iltis 28929* (WIS)

H *Salvia platyphylla* Briq.

Autlán: Las Galeras–La Cascada 1600–1650 m *Cuevas-G. 1434b* (ZEA); Las Juntas, Las Joyas 1690 m *Cuevas-G. 1473* (ZEA); S de Ahuacapán 1500 m *Santana-M. 3673* (ZEA)

H *Salvia polystachya* Ort.

Autlán: El Chante–Tecopatlán 900 m *Nieves-H. 495* (ZEA)

La Resolana: Los Mazos 1700 m *Lorente-A. 197* (ZEA)

Tolimán: NE de La Laguna, Cerro Grande 2100 m *Nieves-H. 506a* (ZEA); NO de El Terrero, Cerro Grande 2300 m *Muñoz-M. 41* (ZEA)

H *Salvia purpurea* Cav.

Autlán: O de Ahuacapán 1400 m *Santana-M. 5457* (WIS, ZEA); SO de Ahuacapán 1100–1200 m *Santana-M. 4611* (ZEA)

Tolimán: SEE de El Sauz, Cerro Grande 1400–1500 m *Cuevas-G. 3317* (ZEA)

H *Salvia ramamoorthyana* Espejo; ENDÉMICA: Jalisco, Michoacán

Autlán: S de Corralitos 1900 m *Santana-M. 4677* (ZEA); El Chilacayote–La Piedra Bola, Las Joyas 1820–1850 m *Judziewicz 4908* (WIS, ZEA)

Cuautitlán: Cerro El Muñeco 2780 m *Sørensen 7925, 7935* (ENCB, MEXU, WIS); Las Capillas 2760 m *Iltis 2403* (ENCB, MEXU, NY, WIS); Neverías 2350 m *Waller 7* (MEXU, WIS), 2550 m *Iltis 29382* (CHAPA, IEB, WIS); Rancho Manantlán *McVaugh 10268* (LA en UC, MEXU, TEX); San Miguel 2260 m *Sørensen 7988* (MEXU, WIS); Tierritas Blancas 2400 m *López-H. 16* (ZEA)

H *Salvia riparia* H. B. K.

Cuautitlán: N de San Miguel 1750 m *Santana-M. 4216* (WIS, ZEA); NWW de San Miguel 1750 m *Santana-M. 4138, 4158* (ZEA)

Tuxcacuesco: ENE de Zenzontla 1150 m *Santana-M. 5371* (ZEA)

H **Salvia rostellata** Epling

Autlán: El Tlacuache, Las Joyas 1900 m *Cuevas-G. 1518* (WIS, ZEA); Picacho del Sol y La Luna, Las Joyas 2090 m *Vázquez-G. 3387* (ZEA); San Campús, Las Joyas 1980 m *Cuevas-G. 1328* (ZEA)

H **Salvia santanae** Ramamoorthy ined.; ENDÉMICA: RBSM. Foto p. xxxiii, LL.

Tolimán: E de El Terrero, Cerro Grande 2250 m *Iltis 29472* (TEX, WIS); El Terrero, Cerro Grande 2200 m *Navarrete 312* (WIS, ZEA); El Terrero–La Laguna, Cerro Grande 2200 m *Iltis 30168* (WIS–Holótipo; TEX–Isótipo); El Terrero–Mezcalitos, Cerro Grande 2300 m *Iltis 29495* (TEX, WIS); N de El Terrero, Cerro Grande 2300 m *Guzmán-H. 1091* (WIS, ZEA); NE de El Terrero, Cerro Grande 2300 m *Muñoz-M. 35* (WIS, ZEA); NE de Minatitlán 1750–1900 m *Cuevas-G. 3323* (WIS, ZEA); SE de El Terrero, Cerro Grande 2150 m *Iltis 30173* (TEX, WIS); S de La Laguna, Cerro Grande 2100–2200 m *Santana-M. 3463* (ZEA)

H **Salvia sapinea** Epling

Autlán: Las Mantequillas–Las Juntas, Las Joyas 1700 m *Vázquez-G. 3757* (ZEA)

Cuautitlán: Arroyo Neverías 2350–2500 m *Iltis 2350, 2351* (WIS); E de La Cumbre 2250 m *Iltis 2329* (WIS); La Cumbre 2250 m *Sørensen 7877* (MEXU, WIS), 2100 m *Kowal 2810* (WIS); S de Llanos de San Miguel 2400 m *Iltis 2629* (WIS)

Tolimán: El Terrero, Cerro Grande 2200 m *Iltis 29498b* (WIS, ZEA)

a **Salvia sessei** Benth., "Pancho Díaz", "Tacote"

Tolimán: Camino a El Terrero, Cerro Grande 1600 m *Ramírez-S. 234* (IBUG); El Sauz–El Terrero, Cerro Grande 1850 m *Vázquez-G. 4142* (WIS, ZEA); Lagunitas–Campo Cuatro, Cerro Grande 1860–1960 m *Iltis 30191* (WIS, ZEA); La Laguna–Toxín, Cerro Grande 2100 m *Nieves-H. 523* (WIS, ZEA); Paso Real, Cerro Grande 1200 m *Cházaro-B. 4470* (IBUG, WIS); Puerto de Toxín, Cerro Grande 1400 m *Rodríguez-C. 2048* (IBUG, WIS); San Pedro Toxín, Cerro Grande 800 m *Vázquez-G. 4094* (WIS, ZEA); SE de Lagunitas, Cerro Grande 1700–1800 m *Cuevas-G. 3519* (ZEA); SEE de El Sauz, Cerro Grande 1400–1550 m *Cuevas-G. 3316* (ZEA); SSO de El Terrero, Cerro Grande 1705 m *Cochrane 12233* (CHAPA, F, WIS, ZEA); SO de El Terrero, Cerro Grande 2100 m *Cuevas-G. 2481* (WIS, ZEA); SO de San Pedro Toxín, Cerro Grande 1400–1700 m *Cuevas-G. 3756* (ZEA); O de El Terrero, Cerro Grande 1700 m *Cuevas-G. 2959* (WIS, ZEA); O de San Pedro Toxín, Cerro Grande 700–850 m *Guzmán-H. 491* (ZEA)

H **Salvia thyrsiflora** Benth.

Autlán: Corralitos 2000 m *Vázquez-G. 4249* (WIS, ZEA); El Chilacayote–La Piedra Bola, Las Joyas 1950 m *Judziewicz 4952* (WIS); E de Las Joyas 1950–2000 m *Judziewicz 4859* (WIS, ZEA); El Roblito, Las Joyas 1950 m *Lorente-A. 100* (ZEA); El Tlacuache, Las Joyas 1900 m *Lorente-A. 59* (ZEA); El Zarzamoro, Las Joyas 1900 m *Iltis 1326* (ENCB, MEXU, WIS); Las Joyas *McVaugh 26584* (MICH); Las Mantequillas, Las Joyas 1600 m *Vázquez-G. 3775* (ZEA); NNE de Corralitos 1900–2000 *López-H. 90* (ZEA); NWW de San Miguel 1750 m *Santana-M. 4150* (ZEA); SE de Ahuacapán 1850–1950 m *Cuevas-G. 2289* (WIS, ZEA); Tecopatlán–Manantlán 1400 m *Cárdenas-T. 32* (WIS, ZEA)

Cuautitlán: NO de Telcruz, Ayotitlán 1350–1400 m *Cuevas-G. 2131* (WIS, ZEA); Rincón de Manantlán 1660 m *Sørensen 7956, 7991* (ENCB, WIS); San Miguel 2400 m *Iltis 2611* (ENCB, WIS)

La Resolana: E de Casimiro Castillo 1700–1800 m *Cuevas-G. 4069* (ZEA)

Tolimán: El Terrero–Campo Cuatro, Cerro Grande 1850–1900 m *Iltis 29681* (ZEA); El Terrero–La Laguna, Cerro Grande 2296 m *Wetter 2058* (TEX, UCR, WIS, ZEA); La Laguna, Cerro Grande 2100 m *Iltis 29563* (CHAPA, WIS), 2000–2100 m *Iltis 29574* (WIS); Los Sauces–El Terrero, Cerro Grande 1850–1900 m *Vázquez-G. 4147* (WIS, ZEA); SSE de La Laguna, Cerro Grande 2050–2100 m *Cuevas-G. 2215* (WIS, ZEA); O de El Terrero, Cerro Grande 1850 m *Santana-M. 5040* (WIS, ZEA)

H **Salvia uruapana** Fernald
Autlán: Ahuacapán–Las Joyas 1200 m *Lorente-A. 185* (ZEA); SO de Ahuacapán 1100–1200 m *Santana-M. 4607* (ZEA); O de Ahuacapán 1000 m *De Níz-L. 248* (WIS, ZEA)

a **Salvia vazquezii** Iltis & Ramamoorthy ined., "Tápalo"; ENDÉMICA: Nueva Galicia. Foto p. xxxiii, LL.
Tolimán: Campo de fútbol, El Terrero, Cerro Grande 2220 m *Iltis 29600* (WIS, ZEA); Cañadas Vanas, Cerro Grande 2350 m *Cuevas-G. 3459* (ZEA); E de El Terrero, Cerro Grande 2250 m *Iltis 29467* (WIS, ZEA); El Terrero, Cerro Grande 2200 m *Cuevas-G. 1723* (WIS, ZEA); El Terrero–La Laguna, Cerro Grande 2200 m *Iltis 30163* (WIS–Holótipo; MEXU–, TEX–, US–, ZEA–Isótipos), 2340 m *Iltis 30160* (WIS, ZEA); La Laguna, Cerro Grande 2000 m *Iltis 29559* (WIS, ZEA); NNO de Cerro Grande, Cerro Grande 2300–2350 m *Cuevas-G. 2229* (WIS, ZEA); NO de El Terrero, Cerro Grande 2300 m *Muñoz-M. 38* (WIS, ZEA); Primera Agua, Cerro Grande 2200 m *Benz 1170* (WIS, ZEA); SO de El Terrero, Cerro Grande 2150 m *Cuevas-G. 2465* (WIS, ZEA), 1750–1900 m *Cuevas-G. 3324* (ZEA)

H **Salvia viscidifolia** Epling
Cuautitlán: Las Capillas 2800 m *Cuevas-G. 1605* (ZEA), *Sánchez-S. 295, 306* (IBUG, WIS), 2860 m *Iltis 3214* (WIS), *Sørensen 7911* (WIS)

T **Satureja jaliscana** McVaugh & Schmid; ENDÉMICA: Jalisco
Autlán: Corralitos–Las Joyas 1840 m *Cochrane 12613* (WIS)
Cuautitlán: Manantlán 1700 m *Ramírez-D. 1129* (IBUG); San Miguel–El Durazno 1700 m *McVaugh 13998* (MICH)

a **Satureja macrostema** (Benth.) Briq. var. **laevigata** McVaugh & Schmid, "Garañona"
Autlán: Arroyo El Chilacayote, Las Joyas 1850 m *Judziewicz 4907* (WIS)
Cuautitlán: Las Capillas 2760 m *Iltis 2393, 2408, 2945* (WIS)
Tolimán: Aserradero Viejo, Cerro Grande 2100 m *Nieves-H. 431* (WIS, ZEA)

H **Scutellaria caerulea** Sessé & Moc. ex Benth.
Autlán: El Chilacayote, Las Joyas 1850 m *Cuevas-G. 1493* (WIS, ZEA); El Zarzamoro, Las Joyas 1900 m *Vázquez-G. 3501* (WIS, ZEA), *Cochrane 10750* (WIS); La Moza, Las Joyas 1950 m *Cuevas-G. 1539* (ZEA); Las Galeras–La Cascada, Las Joyas 1600–1650 m *Cuevas-G. 1442a* (ZEA); Las Mantequillas, Las Joyas 1600 m *Vázquez-G. 3766* (ZEA); San Campús, Las Joyas 1980 m *Vázquez-G. 3368* (ZEA)
Cuautitlán: E de Manantlán [2010 m] *Wilbur 1853* (MICH)
Tolimán: El Tapeizte, Cerro Grande 2300 m *Guzmán-H. 1153* (WIS, ZEA); 1 km N de El Terrero, Cerro Grande 2300 m *Iltis 30135a* (WIS); 1 km O de El Terrero, Cerro Grande 2100 m *Santana-M. 4551* (WIS)

H **Scutellaria purpurascens** Swartz
Autlán: Las Galeras–La Cascada, Las Joyas 1600–1650 m *Cuevas-G. 1442b* (ZEA)
La Resolana: Arriba de Los Mazos 1655 m *Cochrane 12091* (IBUG, MICH, UCR, WIS), 1700 m *Iltis 30109* (CAS, IBUG, K, MEXU, MICH, WIS, ZEA)

H **Stachys agraria** Cham. & Schlecht.
Autlán: Las Joyas 1900 m *Cuevas-G. 1374* (ZEA); Las Playas, Las Joyas 1800 m *Santana-M. 3628* (ZEA)
Tolimán: Cerro El Breñoso, Cerro Grande 2500 m *Santana-M. 5788* (WIS, ZEA); El Terrero–La Antena, Cerro Grande 2400 m *Leinberger 6* (WIS)

H **Stachys coccinea** Ort.
Cuautitlán: 3.5 km NO de Telcruz, Ayotitlán 1300 m *Vázquez-G. 4435* (WIS, ZEA); Telcruz, Ayotitlán 1300 m *Vázquez-G. 4435* (WIS, ZEA)
La Resolana: O de Puerto de Los Mazos 1050 m *Cochrane 10847b* (WIS, ZEA)
Tolimán: N de El Terrero, Cerro Grande 2300–2350 m *Guzmán-H. 1161* (ZEA), *Cuevas-G. 2442* (ZEA); O de El Terrero, Cerro Grande 2100 m *Santana-M. 4552* (WIS, ZEA)

H **Stachys grahamii** Benth.
Autlán: El Zarazamoro, Los Joyas 1890 m *Vázquez-G. 3514* (ZEA); La Huertita–Arroyo Las Joyas 1850 m *Vázquez-G. 3477* (WIS, ZEA); Los Coamiles, Las Joyas 1900 m *Santana-M. 3570* (ZEA)
Cuautitlán: "Arroyo La Lupe", E de Las Joyas 1950–2025 m *Cochrane 10783* (WIS)
Tolimán: El Puertecito de Los Ladrillos, NE de El Terrero, Cerro Grande 2400 m *Santana-M. 5192* (WIS, ZEA)

H **Stachys manantlanensis** B. Turner; ENDÉMICA: RBSM
Autlán: El Zarzamoro, Las Joyas 1940 m *Vázquez-G. 3535* (WIS, ZEA), *Judziewicz 4754* (WIS), 1800 m *Villarreal de Puga 13163* (IBUG); Estación Científica Las Joyas 1900–2200 m *Iltis 29063* (WIS–Holótipo; TEX–Isótipo), *29354* (TEX, WIS), *31124* (TEX, WIS); San Campús, Las Joyas 1980 m *Vázquez-G. 3308* (ZEA)
Cuautitlán: El Almeal 2140 m *Wetter 1088* (IBUG, MICH, WIS, ZEA); El Rincón 1800 m *Sánchez-S. 240* (IBUG); San Miguel–Tierritas Blancas 2200 m *Cuevas-G. 1260* (ZEA)
La Resolana: Los Mazos 1500 m *Santana-M. 3782* (ZEA); Los Mazos–Corralitos 1800 m *Santana-M. 4273a* (ZEA), *Leinberger 61* (WIS)

H **Stachys pacifica** B. Turner [*S. coccinea*, en parte]
Cuautitlán: Las Capillas 2760 m *Sørensen 7903* (WIS); Manantlán–La Cumbre 2000 m *Kowal 2811* (WIS); Rincón de Manantlán 1760 m *Iltis 1205* (WIS)
La Resolana: El Tigre 800–1000 m *Cuevas-G. 2886a* (ZEA); La Calera 900 m *Santana-M. 4683* (ZEA)
Tolimán: El Terrero–La Laguna, Cerro Grande 2200 m *Iltis 30164* (WIS)

## LAURACEAE

A **Beilschmiedia pendula** (Sw.) Hemsl. s. l.
La Resolana: NE de La Resolana 450 m *Cuevas-G. 3090* (ZEA)

A **Cinnamomum pachypodum** (Nees) Kosterm., "Laurel"
Autlán: Cuchilla de La Tuna, Las Joyas 1860 m *Vázquez-G. 3870* (WIS, ZEA); El Zarzamoro, Las Joyas 1900 m *Iltis 3163a, 29029, 29031* (WIS)
Cuautitlán: Rincón de Manantlán 2000 m *Judziewicz 5040* (WIS)

A **Licaria triandra** (Sw.) Kosterm., "Aguacatillo", "Cicuito", "Estrella". Foto p. xxxi, JJ.
La Resolana: 2 km al E del pueblo 600 m *Cuevas-G. 1829* (WIS, ZEA); 1 km al S del pueblo 550 m *Vázquez-G. 4379* (WIS, ZEA); Arroyo Tacubaya 500 m *Iltis 309* (WIS)

A **Litsea glaucescens** H. B. K., "Laurelillo"
Cuautitlán: Cerro El Muñeco 2780 m *Iltis 2432* (CHAPA, F, MO, WIS); Las Capillas 2500 m *Vázquez-G. 4018* (ZEA)

A **Nectandra glabrescens** Benth., "Aguacatillo", "Laurel"
Autlán: El Chante 1060 m *Iltis 2533* (WIS)
Cuautitlán: Ayotitlán 940 m *Cochrane 10931* (WIS, ZEA); Telcruz, Ayotitlán 1100 m *Vázquez-G. 4401* (ZEA)
La Resolana: Arroyo El Tecolote 460 m *Cuevas-G. 2927* (WIS, ZEA)

A **Persea hintonii** Allen, "Laurel"
Autlán: Cañada El Laurelito, Las Joyas 1900 m *Vázquez-G. 3432* (ZEA); Hierbabuenita, Las Joyas 1890 m *Vázquez-G. 3655* (ZEA)
Cuautitlán: La Cumbre 2150 m *Cuevas-G. 1282* (WIS, ZEA); Rincón de Manantlán 1900 m *Judziewicz 5043* (WIS)
La Resolana: Arroyo El Tecolote 1200 m *Vázquez-G. 3966* (WIS, ZEA)

A **Persea** sp.
Autlán: Las Joyas 1750 m *Jardel-P. 237* (ZEA)

## LEGUMINOSAE (incluye MIMOSACEAE, CAESALPINIACEAE, FABACEAE)

Muchas de las determinaciones fueron hechas o verificadas por Rogers McVaugh, J. Jacqueline Reynoso–D. u otros especialistas.

A ***Acacia*** cf. ***acatlensis*** Benth.
Tolimán: Los Encinitos–La Antena, Cerro Grande 1600 m *Cochrane 13038* (IBUG, WIS, ZEA)

A ***Acacia angustissima*** (Mill.) Kuntze var. ***angustissima***, "Tímbre"
Autlán: El Tlacuache, Las Joyas 1860 m *Vázquez-G. 4003* (ZEA); El Zarzamoro, Las Joyas 1890 m *Vázquez-G. 3654* (ZEA), 1900 m *Iltis 1268* (WIS); Los Barbechos, Las Joyas 1950 m *Judziewicz 4848* (WIS, ZEA)
Cuautitlán: La Ventana [2000 m] *Iltis 423* (WIS)
La Resolana: SO de Autlán *Wilbur 2278* (MICH–*Fl.NG.*)
Tolimán: SSE de La Laguna, Cerro Grande 1900 m *Cuevas-G. 2198* (ZEA)

a ***Acacia angustissima*** var. ***texensis*** (Torr. & A. Gray) Isely
La Resolana: SO de Autlán *McVaugh 11952* (MICH–*Fl.NG.*)

A ***Acacia cochliacantha*** Humb. & Bonpl. ex Willd., "Conchilla", "Espino", "Huizache"
Autlán: Ahuacapán 1000 m *Vázquez-G. 4184* (WIS, ZEA); Autlán [RBSM?] *Wilbur 1690* (MICH–*Fl.NG.*); El Chante 1660 m *Cuevas-G. 2167* (ZEA), 1050 m *Iltis 1121* (WIS)
Tolimán: San Pedro Toxín 800 m *Vázquez-G. 4106* (WIS, ZEA)
Tuxcacuesco: Zenzontla 800 m *Cuevas-G. 3365, 3397* (WIS, ZEA)

A ***Acacia farnesiana*** (L.) Willd., "Huizache"
Autlán: Región de Autlán [RBSM?] *Wilbur 1628* (MICH–*Fl.NG.*)
Tolimán: San Pedro Toxín 800 m *Vázquez-G. 4107* (ZEA); SO de El Terrero, Cerro Grande 930 m *Cochrane 11731* (F, IBUG, MICH, UCR, WIS, ZEA)

A ***Acacia glomerosa*** Benth.
La Resolana: El Zapotillo 400 m *Cuevas-G. 4000* (WIS, ZEA)

A ***Acacia hindsii*** Benth., "Huizcolote"
Cuautitlán: Cuzalapa 800 m *Cuevas-G. 1974* (ZEA)
La Resolana: NE del pueblo 400–600 m *Cuevas-G. 2370* (WIS, ZEA)

A ***Acacia macilenta*** Rose, "Chachacahuite", "Guaje"
Autlán: El Chante 1050 m *Iltis 1137* (MICH, WIS)
Cuautitlán: Cuzalapa 800 m *Cuevas-G. 1971* (WIS, ZEA); Rincón de Manantlán 1700 m *Sørensen 7852* (WIS)
La Resolana: Los Mazos 1700 m *Cuevas-G. 1826* (WIS, ZEA)
Tuxcacuesco: La Cañita, Zenzontla 1200 m *Cuevas-G. 2064, 2068* (WIS, ZEA)

A ***Acacia pennatula*** (Schlecht. & Cham.) Benth., "Tepame"
Autlán: Ahuacapán 1060 m *Vázquez-G. 4207* (WIS, ZEA); Valle al SO de Autlán [RBSM?] *McVaugh 11922* (MICH–*Fl.NG.*)
Cuautitlán: Chancol, Ayotitlán 1100 m *Vázquez-G. 4471* (WIS, ZEA); E de Cuzalapa 950 m *De Níz-L. 91* (WIS, ZEA); Rincón de Manantlán 1520 m *Iltis 1167* (WIS)

A ***Acacia riparia*** H. B. K., "Tasajillo"
Autlán: 5 km S de El Chante 1050 m *Iltis 3167* (MICH, WIS), *Sørensen 7810* (WIS)

H ***Acacia ×standleyi*** Saff. [*A. hindsii* × *A. pennatula*]; HIBRIDO
Tolimán: El Sauz, falda de Cerro Grande 960 m *Cochrane 11730* (ILL, NY, TEX, WIS)

A ***Acacia tequilana*** S. Watson
La Resolana: Abajo [6 km al S] de Los Mazos 1000 m *McVaugh 19889* (MICH)

H ***Aeschynomene americana*** L. var. ***glandulosa*** (Poir.) Rudd
Cuautitlán: Cuzalapa 700 m *Rosales-C. 170* (WIS, ZEA)
Tuxcacuesco: La Cañita, Zenzontla 1150 m *Cuevas-G. 2544* (WIS, ZEA)

a ***Aeschynomene amorphoides*** (S. Watson) Rose ex B. L. Rob.
Autlán: Ahuacapán 1350 m *Rzedowski 14576* (ENCB, WIS)
Tuxcacuesco: La Cañita, Zenzontla 1150 m *Cuevas-G. 2543* (WIS, ZEA)

a *Aeschynomene* ***histrix*** Poir. var. ***histrix***
La Resolana: [RBSM?] La Resolana–La Huerta *McVaugh 21080* (MICH–*Fl.NG.*)
a ***Aeschynomene langlassei*** Micheli ex Rudd; ENDÉMICA: Guerrero, Jalisco
Cuautitlán: El Chante–Cuzalapa 1500–1900 m *McVaugh 23217* (MICH)
a ***Aeschynomene petraea*** B. L. Rob. var. ***grandiflora*** Rudd
Autlán: Tecopatlán 1400 m *Santana-M. 4708* (WIS, ZEA)
La Resolana: Los Mazos 1350 m *Sánchez-R. 11* (ZEA)
a ***Aeschynomene rudis*** Benth.
Autlán: La Cidrita–Manantlán 1000 m *Carvajal-H. 409* (IBUG–*Fl.NG.*); Tecopatlán 1400–1700 m *Cuevas-G. 2666* (WIS, ZEA)
H ***Aeschynomene villosa*** Poir. var. ***mexicana*** (Rose) Rudd
Autlán: Ahuacapán–Corralitos 1500–1800 m *McVaugh 19601* (MICH–*Fl.NG.*)
Cuautitlán: Arriba de Telcruz, Ayotitlán 1580–1665 m *Cochrane 12185* (WIS); Telcruz, Ayotitlán 1150 m *Cuevas-G. 1813* (WIS, ZEA)
H ***Aeschynomene villosa*** var. ***villosa***
Autlán: Las Joyas 1890 m *Loza-L. 107* (ZEA)
La Resolana: SO de Autlán *McVaugh 19881* (MICH–*Fl.NG.*)
A ***Albizia occidentalis*** Brandegee
Minatitlán: Juluapan, Cerro Grande 650 m *Santana-M. 2907* (IBUG)
A ***Albizia tomentosa*** (Micheli) Standl., "Nacastillo", "Parotilla", "Pelo de ángel"
Autlán: El Chante 1100 m *Cuevas-G. 1983* (WIS, ZEA)
Tuxcacuesco: La Cañita, Zenzontla 1175 m *Cuevas-G. 2542* (WIS, ZEA)
A ***Apoplanesia paniculata*** Presl
Tuxcacuesco: El Camichín 820 m *Robles-H. 673* (WIS, ZEA)
H ***Astragalus ervoides*** Hook. & Arn. var. ***maysillesii*** Barneby
Autlán: San Campús, Las Joyas 1900 m *Judziewicz 4958* (WIS, ZEA)
H ***Astragalus guatemalensis*** Hemsl. var. ***brevidentatus*** (Hemsl.) Barneby
Autlán: Coamil del Zermeño, Las Joyas 1900 m *Iltis 1274* (MICH, WIS); El Almeal 2100 m *Cochrane 10607* (WIS)
A ***Bauhinia divaricata*** L., "Flor de reina"
La Resolana: La Calera 740 m *Judziewicz 5178* (WIS); [29–32 km] SO de Autlán *Gentry 10952* (MICH–*Fl.NG.*)
Tuxcacuesco: Cerro del Palacio 1000 m *Santana-M. 5179* (WIS, ZEA)
A ***Bauhinia pauletia*** Pers., "Periquillo"
Autlán: 1000 m *Guzmán-M. 847* (IBUG)
Cuautitlán: Ayotitlán 750 m *Santana-M. 5332* (WIS, ZEA)
A ***Bauhinia ungulata*** L.
La Resolana: El Corte Colorado 500 m *Rzedowski 15032* (ENCB, MICH)
a ***Brogniartia mortonii*** McVaugh; ENDÉMICA; Jalisco, Michoacán
Tolimán: 4–5 km O de San Pedro Toxín 800 m *Vázquez-G. 4093* (WIS, ZEA)
Tuxcacuesco: El Camichín 900 m *Cuevas-G. 3972* (ZEA); Tuxcacuesco 800 m *Cochrane 11628* (WIS, ZEA), *Guzmán-H. 871* (WIS, ZEA)
aA ***Caesalpinia cacalaco*** Humb. & Bonpl., "Cacalote"
Tuxcacuesco: Cerca del pueblo 850 m *Cuevas-G. 2529, 2531* (WIS, ZEA)
a ***Caesalpinia mexicana*** A. Gray
Autlán: Ahuacapán 1100 m *Cuevas-G. 2245a* (ZEA)
La Resolana: 2 km E de La Resolana *Ramírez-P. s. n.* (IBUG–*Fl.NG.*); El Tepejilote, El Zapotillo 420–500 m *Iltis 30984* (WIS)
aA ***Caesalpinia pulcherrima*** (L.) Sw., "Tabachín"
Cuautitlán: Ayotitlán 1100 m *Vázquez-G. 4663* (WIS, ZEA)
aA ***Calliandra anomala*** (Kunth) Macbr. var. ***longepedicellata*** McVaugh, "Pelo de ángel"; ENDÉMICA: Jalisco

Autlán: Ahuacapán–Corralitos *McVaugh & Koelz 914* (MICH–*Fl.NG.*); E de Las Joyas 1950 m *Cochrane 10719* (WIS); Las Joyas 1650 m *Vázquez-G. 3622* (ZEA), 1950–2100 m *Iltis 1235, 1241, 1327* (WIS)
Cuautitlán: Arriba de El Durazno *McVaugh 13992* (MICH–*Fl.NG.*); Arriba de Telcruz 1800 m *Cochrane 12210* (BM, WIS, ZEA); La Cumbre–El Durazno 2000 m *Cuevas-G. 1929* (WIS, ZEA); NNO de Telcruz, Ayotitlán 1700 m *Cuevas-G. 2161, 2169* (WIS, ZEA)
Tolimán: El Sauz–El Terrero, Cerro Grande 1300 m *Nieves-H. 539* (IBUG, WIS)

aA **Calliandra bijuga** Rose
Tolimán: SE de San Pedro Toxín 950 m *Wetter s. n.* (WIS)

aA **Calliandra caeciliae** Harms
Autlán: El Chante–Manantlán 1400 m *Wilbur 2089* (MICH–*Fl.NG.*)

a **Calliandra eriophylla** Benth.
Tuxcacuesco: Cerro del Palacio 1100 m *Santana-M. 5918* (WIS, ZEA)

aA **Calliandra grandiflora** (L'Hér.) Benth.
Autlán: Ahuacapán–Las Joyas 1050–1100 m *Vázquez-G. 4195* (WIS, ZEA)
La Resolana: SO de Los Mazos 2200 m *Cuevas-G. 2812* (WIS, ZEA)
Tolimán: La Laguna, Cerro Grande 1900–2000 m *Cuevas-G. 1734* (ZEA)

a **Calliandra hirsuta** (G. Don) Benth.
Cuautitlán: Barranca La Nogalera 1800 m *Rosales-C. 37* (WIS, ZEA)

a **Calliandra houstoniana** (Mill.) Standl., "Cabellos de ángel"
Cuautitlán: El Durazno 960 m *Cuevas-G. 1649* (WIS, ZEA); NE de El Durazno 1204 m *Wetter 2077* (GA, LE, RSA, WIS, ZEA)
La Resolana: Puerto de Los Mazos 1300–1400 m *Sánchez-R. 8* (WIS, ZEA); 18–20 km SO de Autlán *Wilbur 1613* (MICH–*Fl.NG.*), *Anderson 3757* (MICH–*Fl.NG.*)

A **Calliandra laevis** Rose, "Guajillo", "Palo fierro"
Autlán: La Cascada–Las Juntas, Las Joyas 1650 m *Cuevas-G. 1456* (WIS, ZEA); Las Mantequillas, Las Joyas 1700 m *Vázquez-G. 3754* (ZEA)
Cuautitlán: El Durazno–San Miguel 1550 m *Robles-H. 561* (WIS, ZEA); Telcruz, Ayotitlán 1100 m *Vázquez-G. 4442* (ZEA), 1160 m *Nieves-H. 413* (WIS, ZEA)
La Resolana: [16 km] SO de Autlán *Wilbur 2125* (MICH–*Fl.NG.*)

T **Calopogonium caeruleum** (Benth.) Hemsl.
Cuautitlán: Cercanías de Cuzalapa 700 m *Cuevas-G. 1940* (WIS, ZEA)
La Resolana: Arroyo Tacubaya, Cerro La Petaca 400 m *Sørensen 7995* (MICH, WIS)

T **Calopogonium mucunoides** Desv.
Cuautitlán: Ayotitlán 1000 m *Santana-M. 4282* (WIS, ZEA)
La Resolana: Cerro La Petaca 700 m *Cuevas-G. 2858* (ZEA)

T **Canavalia acuminata** Rose
La Resolana: 1 km al E del pueblo 600 m *Cuevas-G. 1844* (WIS, ZEA); La Calera 800–1100 m *Iltis 31025* (WIS), *Guzmán-H. 969* (WIS, ZEA)

T **Canavalia hirsutissima** Sauer
Autlán: El Zarzamoro, Las Joyas 1950 m *Cochrane 10675* (WIS); La Hierbabuenita, Las Joyas 1890 m *Vázquez-G. 3657* (ZEA)
Cuautitlán: S de Rincón de Manantlán 1600–1700 m *Iltis 1389, 2522, 28819* (WIS)

T **Canavalia septentrionalis** Sauer
Autlán: Las Juntas, Las Joyas 1700 m *Loza L. 160* (ZEA)

T **Canavalia villosa** Benth.
Autlán: [RBSM?] S y SO de Autlán *McVaugh 14186* (MICH–*Fl.NG.*)
Cuautitlán: Cerro Alto Las Yeguas 1600 m *Cochrane 10819* (WIS)
La Resolana: 11 km S de Autlán [1060 m] *Wilbur 2444* (MICH, WIS)
Tolimán: La Laguna, Cerro Grande 2000 m *Cuevas-G. 1733* (WIS, ZEA)
Tuxcacuesco: NO de La Pasión, Zenzontla 1600–1800 m *Cuevas-G. 2610* (WIS, ZEA)

T *Centrosema plumieri* (Pers.) Benth.
Cuautitlán: SE de San Miguel 1750 m *Santana-M. 4258* (WIS, ZEA)
La Resolana: La Huertita, E de La Resolana *Guzmán-M. 808* (IBUG–*Fl.NG.*)
Tolimán: Agua Salada 1000 m *Cuevas-G. 1809* (ZEA)

T ***Centrosema pubescens*** Benth., "Frijolillo"
Cuautitlán: SE de Telcruz, Ayotitlán 1000 m *Santana-M. 5560* (WIS, ZEA)
La Resolana: Cerro La Petaca 600–900 m *Cuevas-G. 2859* (WIS, ZEA)

T ***Centrosema sagittatum*** (Willd.) Brandegee ex Riley
La Resolana: Arroyo El Tecolote 500 m *Santana-M. 4244* (ZEA); Arroyo Tacubaya 500–600 m *Cochrane 11683* (WIS, ZEA)

T ***Centrosema virginianum*** (L.) Benth.
Autlán: Ahuacapán 1400 m *Santana-M. 5459* (WIS, ZEA)
Cuautitlán: Cuzalapa 800 m *Cuevas-G. 2068* (ZEA)

A ***Cercidium praecox*** (Ruiz & Pav.) Harms, "Palo verde"
Tolimán: Paso Real 700 m *Cuevas-G. 3674, 3737* (WIS, ZEA)

H ***Chamaecrista absus*** (L.) Irwin & Barneby var. ***meonandra*** (Irwin & Barneby) Irwin & Barneby
Autlán: Ahuacapán 1000 m *Santana-M. 5412* (WIS, ZEA)
La Resolana: SO de Autlán 1000 m *McVaugh 21122* (MICH); [13 km] SO de La Resolana [RBSM?] *McVaugh 21109* (MICH–*Fl.NG.*)

H ***Chamaecrista glandulosa*** (L.) Greene var. ***flavicoma*** (H. B. K.) Irwin & Barneby
Cuautitlán: El Chante–Manantlán *Anderson 12725* (MICH–*Fl.NG.*)
Tuxcacuesco: La Pasión, Zenzontla 1600–1800 m *Cuevas-G. 2603* (WIS, ZEA)

H ***Chamaecrista nictitans*** Moench var. ***jaliscensis*** (Greenm.) Irwin & Barneby
La Resolana: SO de Autlán 1000 m *McVaugh 21123* (MICH–*Fl.NG.*)

H ***Chamaecrista nictitans*** var. ***pilosa*** (Benth.) Irwin & Barneby
La Resolana: [21 km] SO de Autlán 800 m *Wilbur 2296* (MICH–*Fl.NG.*), *McVaugh 19882* (MICH–*Fl.NG.*)

H ***Chamaecrista punctulata*** (Hook. & Arn.) Irwin & Barneby, "Golondrina cimarrona"
Cuautitlán: Ayotitlán 1600 m *Santana-M. 4105* (WIS, ZEA); O de Las Marías, Ayotitlán 820 m *Cochrane 10926* (WIS)

H ***Chamaecrista rotundifolia*** (Pers.) Greene var. ***rotundifolia***
Autlán: Ahuacapán 1100 m *Vázquez-G. 4535* (ZEA)
Cuautitlán: La Pareja–El Durazno 870 m *Vázquez-G. 4078* (ZEA)
La Resolana: Cerro La Petaca 900 m *Iltis 366* (WIS); La Resolana *Rzedowski 14996* (MICH–*Fl.NG.*); [6 km] S de Autlán [1400 m] *Wilbur 2186* (MICH, WIS), *McVaugh 11933* (MICH–*Fl.NG.*)

H ***Chamaecrista serpens*** (L.) Greene var. ***wrightii*** (A. Gray) Irwin & Barneby
La Resolana: Cerro La Petaca 1200 m *Guzmán-H. 857* (ZEA)

T ***Clitoria mexicana*** Link
Autlán: Las Galeras, Las Joyas 1650 m *Vázquez-G. 3617* (ZEA)
Cuautitlán: Arriba de El Durazno *McVaugh 13988* (MICH–*Fl.NG.*); Telcruz, Ayotitlán 1500 m *Santana-M. 5536* (WIS, ZEA)

T ***Clitoria polystachya*** Benth.
La Resolana: Cerro La Petaca 1600 m *Santana-M. 2780* (IBUG); [Los Mazos] SO de Autlán *Wilbur 2447* (MICH–*Fl.NG.*), 1800 m *Leinberger 71* (WIS, ZEA)

T ***Cologania biloba*** (Lindl.) Nicholson
Autlán: Ahuacapán–Corralitos *McVaugh 19587* (MICH–*Fl.NG.*); Las Joyas 2000 m *Santana-M. 4031* (ZEA)
La Resolana: [19 km] S de Autlán *Anderson 3756* (MICH–*Fl.NG.*)

T ***Cologania broussonetii*** (Balbis) DC.
Autlán: Las Joyas 1900 m *Vázquez-G. 3528, 3620, 3702* (ZEA)

Cuautitlán: La Ventana, San Miguel 2000 m *Iltis 433a* (MICH, WIS)
Tolimán: SSE de La Laguna, Cerro Grande 2000–2100 m *Guzmán-H. 116* (WIS, ZEA)

T **_Cologania procumbens_** Kunth
La Resolana: [5 km] N de La Resolana 300 m *Wilbur 1540* (MICH–*Fl.NG.*)

A **_Conzattia multiflora_** (B. L. Rob.) Standl.
Comala: Juluapan, Cerro Grande 800 m *Cuevas-G. 1778* (ZEA)
Tuxcacuesco: NO del pueblo 1050 m *Cuevas-G. 2037* (WIS, ZEA)

a **_Coursetia caribaea_** (Jacq.) Lavin var. **_caribaea_** [*Cracca berenicea, Cracca mollis*]; ENDÉMICA: Nueva Galicia
La Resolana: Abajo del paso [Los Mazos] *McVaugh 19973* (MICH–*Fl.NG.*); SO de Autlán *Lavin & Sundberg 5102* (MEXU, ZEA); La Calera 800–1100 m *Iltis 31034* (IBUG, MEXU, WIS, ZEA)

a **_Coursetia glandulosa_** A. Gray
Autlán: La Cidrita, SO de El Chante 1000 m *Santana-M. 4719* (WIS, ZEA); [10–16 km] SO de Autlán *McVaugh 11913* (MICH–*Fl.NG.*)
Comala: Juluapan–Campo Cuatro, Cerro Grande 670 m *Cochrane 11753* (IBUG, WIS, ZEA)
Tuxcacuesco: NO de El Camichín 900 m *Cuevas-G. 3977* (WIS, ZEA); SE de El Camichín 700 m *Guzmán-H. 191* (WIS, ZEA)

a **_Coursetia mollis_** B. L. Rob. & Greenm., "Garbancillo"
Autlán: La Yerbabuena 1120 m *Santana-M. 4730* (WIS, ZEA)
Tolimán: Paso Real 1000 m *Vázquez-G. 4089* (ZEA)
Tuxcacuesco: El Camichín 700 m *Guzmán-H. 191* (WIS, ZEA)

a **_Coursetia pumila_** (Rose) Lavin [*Cracca pumila*]
La Resolana: SO de Autlán *McVaugh 19868* (MICH–*Fl.NG.*), *Lavin & Sundberg 5101* (MEXU, NY, TEX)

H **_Crotalaria acapulcensis_** Hook. & Arn.
La Resolana: Cimas al SO de Autlán *McVaugh 14184* (MICH–*Fl.NG.*)

H **_Crotalaria bupleurifolia_** Schlecht. & Cham.
Autlán: San Campús 2100 m *Judziewicz 4959* (WIS)
Cuautitlán: Arriba de El Durazno *McVaugh 13951* (MICH–*Fl.NG.*); La Cumbre 2100 m *Judziewicz 4831* (WIS); Rincón de Manantlán 1620 m *Judziewicz 5058* (WIS); Telcruz, Ayotitlán 1600 m *Cuevas G. 1800* (ZEA)
La Resolana: La Resolana–La Huertita *Guzmán-M. 794* (MICH–*Fl.NG.*); NE de La Resolana 400–600 m *Cuevas-G. 2380* (WIS, ZEA)

a **_Crotalaria cajanifolia_** H. B. K.
Autlán: El Chante–La Cidrita 900 m *Robles-H. 697* (WIS, ZEA); Zacahuautla–Ahuacapán 1600 m *Cuevas-G. 3150* (WIS, ZEA)
Cuautitlán: El Chante–Manantlán *Wilbur 2052* (MICH–*Fl.NG.*); El Durazno 940 m *Rosales-C. 52* (WIS, ZEA), 950 m *Vázquez-G. 4030* (ZEA)
La Resolana: SO de Autlán *McVaugh 11935* (MICH–*Fl.NG.*); Puerto de Los Mazos 1300–1400 m *Sánchez-R. 3* (WIS, ZEA)

H **_Crotalaria filifolia_** Rose
Autlán: Ahuacapán 1000 m *Vázquez-G. 967* (IBUG, WIS, ZEA); Ahuacapán–Corralitos *McVaugh 19602* (MICH–*Fl.NG.*); Corralitos 2000 m *Vázquez-G. 4255* (WIS, ZEA); El Zarzamoro, Las Joyas 1900 m *Judziewicz 4780* (WIS); Las Joyas 2090 m *Vázquez-G. 3389* (ZEA)
Cuautitlán: El Chante–Cuzalapa *McVaugh 13971* (MICH–*Fl. NG.*); La Ventana, San Miguel 2000 m *Iltis 396* (WIS)
La Resolana: SO de Autlán *Wilbur 2446* (MICH–*Fl.NG.*)

H **_Crotalaria incana_** L.
Autlán: [RBSM?] 860 m *Castañeda-I. s. n.* (IBUG)

H **Crotalaria longirostrata** Hook. & Arn., "Bicho", "Cascabelillo", "Quelite golpeador"
Autlán: Corralitos 2000 m *Vázquez-G. 4246* (WIS, ZEA); Las Joyas 1880 m *Vázquez-G. 3728* (ZEA); Tecopatlán 1300 m *Cuevas-G. 2127a* (ZEA)
Cuautitlán: La Pareja–El Durazno 860 m *Cuevas-G. 1694* (ZEA); La Ventana, San Miguel 2000 m *Iltis 424* (WIS); NNO de Telcruz, Ayotitlán 1700 m *Cuevas-G. 2176* (WIS); 20 km S de El Chante *Anderson 3828* (MICH–*Fl.NG.*)
La Resolana: SO de Autlán *McVaugh & Koelz 877* (MICH–*Fl.NG.*)
Tolimán: El Terrero, Cerro Grande 1900 m *Vázquez-G. 4148* (WIS, ZEA)

H **Crotalaria micans** Link
Autlán: Tecopatlán 1300 m *Cuevas-G. 2128* (ZEA)
Cuautitlán: Las Yeguas–Manantlán 1600 m *Cochrane 10810* (WIS)
La Resolana: SO de Autlán *McVaugh 19877* (MICH–*Fl.NG.*), *Anderson 3758* (MICH–*Fl.NG.*)

H **Crotalaria mollicula** H. B. K., "Capitana"
Cuautitlán: La Cumbre 2100 m *Cuevas-G. 1291* (ZEA); Manantlán 1450 m *Iltis 1149* (WIS); S de El Chante *Wilbur 1804* (MICH–*Fl.NG.*)
Tolimán: NO de El Terrero, Cerro Grande 2100 m *Cevallos-E. 71* (WIS, ZEA)

H **Crotalaria pumila** Ort.
Cuautitlán: Camino a Manantlán [RBSM?] *Carvajal-H. 419* (IBUG–*Fl.NG.*)

H **Crotalaria quercetorum** Brandegee s. l. [incl. *C. nayaritensis*]
Autlán: Los Barbechos, Las Joyas 2000 m *Cochrane 10724* (WIS); [21 km] SO de Autlán *McVaugh 19886* (MICH–Parátipo de *C. nayaritensis*–*Fl.NG.*)
Cuautitlán: Arriba de El Durazno *McVaugh 13973* (MICH–*Fl.NG.*); La Mesa de Telcruz, Ayotitlán 1580–1660 m *Cochrane 12182* (USF, WIS), 1600 m *Nieves-H. 522* (IBUG, WIS); San Miguel [2000 m] *Iltis 516* (WIS)

H **Crotalaria rotundifolia** J. F. Gmel. var. **vulgaris** Windler
Autlán: Ahuacapán 850 m *Guzmán-H. 905* (ZEA)

H **Crotalaria sagittalis** L.
Cuautitlán: Ayotitlán 750 m *Santana-M. 5325* (WIS, ZEA)
La Resolana: La Resolana–La Huerta [RBSM?] *McVaugh 21069* (MICH–*Fl.NG.*)

H **Dalea cliffortiana** Willd.
Autlán: Ahuacapán 1000 m *De Níz-L. 251* (WIS, ZEA)

H **Dalea elata** Hook. & Arn.
Cuautitlán: Lagunillas de Ayotitlán 1050 m *Santana-M. 4308* (WIS, ZEA); Las Pesadas, NO de Minatitlán 900–1000 m *Santana-M. 4808* (WIS, ZEA)

H **Dalea foliolosa** (Ait.) Barneby var. **citrina** (Rydb.) Barneby
Tuxcacuesco: La Pasión, Zenzontla 1400 m *Cuevas-G. 2588* (WIS, ZEA)

a **Dalea leucostachys** A. Gray var. **eysenhardtioides** (Hemsl.) Barneby
Autlán: El Zarzamoro, Las Joyas 1900–2000 m *Iltis 1255* (WIS), *1351* (MICH, WIS)
Cuautitlán: El Almeal 2050 m *Judziewicz 4819* (WIS); La Ventana, San Miguel [2000 m] *Iltis 406* (WIS); San Miguel 1650 m *Santana-M. 4124* (WIS, ZEA); SSO de El Chante *McVaugh 26591* (MICH–*Fl.NG.*)

H **Dalea obreniformis** (Rydb.) Barneby
Autlán: San Campús, Las Joyas 1850 m *Loza-L. 175* (ZEA)

H **Dalea pulchella** G. Don; ENDÉMICA: oeste de México
Autlán: Cerro de La Vaca, Las Joyas 1900 m *Loza-L. 110* (ZEA); San Campús, Las Joyas 1980 m *Cuevas-G. 1332* (WIS, ZEA)

H **Dalea roseiflora** (Rydb.) Riley [*D. polystachya*]
Autlán: El Almeal 2050 m *Judziewicz 4820* (WIS); El Zarzamoro, Las Joyas 1900 m *Iltis 1269* (WIS), 1950 m *Iltis 1234* (WIS)
Cuautitlán: Sierra de Manantlán 1600 m *Gentry 23518* (MICH–*Fl.NG.*)

H *Dalea sericea* Lag.
Autlán: Picacho del Sol y La Luna, Las Joyas 2000 m *Vázquez-G. s. n.* (ZEA)
Cuautitlán: Manantlán 1475–1600 m *Cochrane 10817* (WIS)
H ***Dalea versicolor*** Zucc. var. ***decipiens*** Barneby, "Pata de huilota"
Autlán: Ahuacapán 1100 m *Vázquez-G. 4198* (WIS, ZEA); Corralitos 1900 m *Cuevas-G. 2270* (WIS, ZEA)
T ***Desmodium affine*** Schlecht.
La Resolana: Arroyo Tacubaya, Cerro La Petaca 500 m *Iltis 290* (MICH, WIS)
a ***Desmodium ambiguum*** Hemsl.
Autlán: Torre de Transmisión, Los Mazos 1680 m *Wetter 1062* (CHAPA, ENCB, GH, IEB, WIS)
Tolimán: Lagunitas–Campo Cuatro, Cerro Grande 1200–1850 m *Iltis 29692* (BM, MEXU, UC, WIS)
H ***Desmodium angustifolium*** (H. B. K.) DC.
Autlán: Tecopatlán–Manantlán 1400–1700 m *Cuevas-G. 2629* (WIS, ZEA)
Cuautitlán: Las Marías, Ayotitlán 800 m *Cochrane 10924* (WIS); Rincón de Manantlán 1700 m *Sánchez-S. 252* (IBUG, WIS)
La Resolana: Autlán–La Resolana [RBSM?] *Wilbur 2316* (MICH–*Fl.NG.*), *McVaugh 19891* (MICH–*Fl.NG.*)
T ***Desmodium aparines*** (Link) DC.
Autlán: Puerto Las Tecatas, Las Joyas 1750 m *Loza-L. 90* (ZEA); Tlacuache, Las Joyas 1900 m *Santana-M. 3990* (WIS, ZEA)
Cuautitlán: San Miguel 1750 m *Santana-M. 4233* (WIS, ZEA)
H ***Desmodium barbatum*** (L.) Benth.
Autlán: Ahuacapán 1000 m *De Níz-L. 294* (WIS, ZEA)
La Resolana: Cerro La Petaca 1200–1400 m *Guzmán-H. 860* (ZEA)
a ***Desmodium bellum*** (Blake) Schubert
Autlán: El Zarzamoro, Las Joyas 1900 m *Iltis 1368* (WIS)
a ***Desmodium cinereum*** (H. B. K.) DC.
Autlán: SO de Autlán [RBSM?] *McVaugh 10214* (MICH–*Fl.NG.*); O de Tecopatlán 1400–1700 m *Cuevas-G. 2643* (WIS, ZEA)
La Resolana: E de La Resolana 600 m *Cuevas-G. 1845* (ENCB, UCR, WIS, ZEA); El Zapotillo 600 m *Cuevas-G. 2917* (WIS, ZEA)
H ***Desmodium cordistipulum*** Hemsl. forma ***cryptopodum*** (Blake) Schubert & McVaugh
Autlán: Las Joyas 1925 m *Judziewicz 4812* (WIS), 1755 m *Vázquez-G. 3587* (ZEA), 1720 m *Vázquez-G. 3594* (ZEA)
Cuautitlán: Alto Las Yeguas 2000–2160 m *Judziewicz 5011* (WIS); Casa Grande, Rincón de Manantlán 1570 m *Iltis 2318* (MICH, WIS), 1525–1650 m *Cochrane 10841* (WIS); El Chante–Cuzalapa *McVaugh 13970* (MICH– *Fl.NG.*)
La Resolana: SO de Autlán *McVaugh 14224* (MICH–*Fl.NG.*)
H ***Desmodium distortum*** (Aubl.) Macbr.
Autlán: Los Mazos 900–1000 m *Guzmán-H. 349* (WIS, ZEA)
H ***Desmodium ghiesbreghtii*** Hemsl.
Cuautitlán: Chancol, Ayotitlán 1050–1100 m *Vázquez-G. 4029* (WIS, ZEA)
H ***Desmodium glabrum*** (Mill.) DC.
Tuxcacuesco: Cerro del Palacio, Zenzontla 1150 m *Santana-M. 5511* (WIS, ZEA)
H ***Desmodium guadalajaranum*** S. Watson
Autlán: Tecopatlán 1550 m *Cuevas-G. 2641* (WIS, ZEA)
H ***Desmodium hartwegianum*** Hemsl. var. ***amans*** (S. Watson) Schubert
La Resolana: SO de Autlán 700 m *McVaugh 19880* (MICH–*Fl.NG.*)
T ***Desmodium infractum*** DC.
La Resolana: El Zapotillo 600 m *Cuevas-G. 2928* (WIS, ZEA)

a ***Desmodium jaliscanum*** S. Watson
Autlán: Arriba de Ahuacapán *McVaugh 19575* (MICH–*Fl.NG.*); Las Galeras, Las Joyas 1650 m *Vázquez-G. 3598* (ZEA)
Tuxcacuesco: La Pasión, Zenzontla 1600–1800 m *Cuevas-G. 2607* (WIS, ZEA)

a ***Desmodium macrostachyum*** Hemsl.
Autlán: Ahuacapán 1200 m *Santana-M. 5465* (WIS, ZEA); S de La Cidrita, El Chante 1000 m *Carvajal-H. 414* (IBUG); SO de Autlán *Wilbur 2180* (MICH–*Fl.NG.*)

a ***Desmodium madrense*** Hemsl.
Autlán: Arriba de Ahuacapán *McVaugh 19619* (MICH–*Fl.NG.*)
La Resolana: [16 km] SO de Autlán 700 m *Wilbur 2435* (MICH–*Fl.NG.*)

H ***Desmodium michoacanum*** Schubert & McVaugh
La Resolana: Torre de Transmisión, Los Mazos 1465–1495 m *Cochrane 12057* (IBUG, WIS, ZEA)

T ***Desmodium molliculum*** (H. B. K.) DC.
Autlán: Las Juntas, Las Joyas 1600 m *Loza-L. 166* (ZEA)

a ***Desmodium nicaraguense*** Oerst.
La Resolana: El Tepejilote, El Zapotillo 420–500 m *Iltis 30985* (WIS); [11 km] SO de Autlán 900 m *Wilbur 2443* (MICH–*Fl.NG.*)

a ***Desmodium novogalicianum*** Schubert & McVaugh
Autlán: Las Joyas 1650 m *Vázquez-G. 3599* (ZEA)

a ***Desmodium occidentale*** (Morton) Standl.; ENDÉMICA: Jalisco
Autlán: El Tlacuache, Las Joyas 2020 m *Vazquez-G. 3834* (WIS, ZEA); El Zarzamoro, Las Joyas 2000 m *Iltis 29056* (WIS, ZEA), 1950 m *Cochrane 10643, 10703* (WIS)
Cuautitlán: El Chante–El Durazno *McVaugh 14010, 23191* (MICH–*Fl.NG.*)

a ***Desmodium orbiculare*** Schlecht. var. ***rubricaule*** (Rose & Painter) Schubert & McVaugh
Autlán: Ahuacapán 1400 m *Santana-M. 5443* (WIS, ZEA)
La Resolana: Los Mazos 1450 m *Santana-M. 3824* (ZEA); SO de Autlán *Wilbur 2412* (MICH–*Fl.NG.*), *Anderson 3731* (MICH–*Fl.NG.*)

a ***Desmodium plicatum*** Schlecht. & Cham.
Autlán: Ahuacapán 1600–1800 m *Guzmán-H. 925* (WIS, ZEA); SO de Autlán 700 m *McVaugh 11928* (MICH–*Fl.NG.*)
Cuautitlán: Las Yeguas–Manantlán 1465–1600 m *Cochrane 10805* (WIS)

T ***Desmodium prehensile*** Schlecht.
Autlán: Arriba de Ahuacapán 1100 m *McVaugh & Koelz 984* (MICH–*Fl.NG.*)

T ***Desmodium procumbens*** (Mill.) Hitchc. var. ***longipes*** (Schindl.) Schubert
Autlán: Arroyo El Chilacayote, Las Joyas 1750 m *Iltis 29096* (WIS, ZEA)

H ***Desmodium procumbens*** var. ***transversum*** (B. L. Rob. & Greenm.) Schubert
La Resolana: SO de La Resolana [RBSM?] *McVaugh 21121* (MICH–*Fl.NG.*)
Tuxcacuesco: El Camichín 1000 m *Benz 1288* (WIS, ZEA)

a ***Desmodium pseudoamplifolium*** Micheli; ENDÉMICA: Guerrero, Jalisco
Cuautitlán: El Chante–Cuzalapa *McVaugh 23180* (MICH–*Fl.NG.*)

T ***Desmodium sericophyllum*** Schlecht.
Cuautitlán: Telcruz, Ayotitlán 1500 m *Santana-M. 5529* (WIS, ZEA)
La Resolana: SO de Autlán 1200 m *Wilbur 2191* (MICH–*Fl.NG.*)

a ***Desmodium skinneri*** Benth. ex Hemsl. var. ***flavovirens*** Schubert & McVaugh; ENDÉMICA: Jalisco
Cuautitlán: Arriba de El Durazno 1250 m *McVaugh 23234* (MICH); Cuzalapa *Alvarez-C. s. n.* (IBUG–*Fl.NG.*); NE de El Durazno 1000–1100 m *Santana-M. 3344* (WIS, ZEA)
La Resolana: Arroyo El Tecolote 1200 m *Vázquez-G. 3968* (WIS, ZEA)

H ***Desmodium strobilaceum*** Schlecht.
La Resolana: 10–12 km SO de Autlán 1500 m *McVaugh 19900* (MICH–*Fl.NG.*)

a ***Desmodium sumichrastii*** (Schindl.) Standl.
Autlán: Corralitos 1700–2000 m *Vázquez-G. 4216, 4244* (WIS, ZEA); El Zarzamoro, Las

Joyas 1900 m *Iltis 1256, 29353* (WIS)
Cuautitlán: La Cumbre 2250 m *Sørensen 7893* (WIS), 2080 m *Wetter 1098* (CHAPA, IBUG, MEXU, WIS, ZEA); Manantlán *McVaugh 23069* (MICH–*Fl.NG.*)

H **Desmodium tortuosum** (Sw.) DC.
Cuautitlán: O de Las Marías, Ayotitlán 820 m *Cochrane 10922, 11777* (WIS)
La Resolana: SO de Autlán *McVaugh 11917* (MICH–*Fl.NG.*)

H **Desmodium urarioides** (Blake) Schubert & McVaugh; ENDÉMICA: Jalisco, Michoacán
Cuautitlán: El Almeal 2200 m *Iltis 2202* (MICH, WIS); El Chante–Cuzalpa, E de La Cumbre 2000–2250 m *McVaugh 23095* (MICH–*Fl.NG.*)

T **Desmodium volubile** (Schindl.) Schubert & McVaugh
Tuxcacuesco: La Pasión, Zenzontla 1400 m *Cuevas-G. 2586* (WIS, ZEA)

A **Diphysa floribunda** Peyr., "Cuatillo"
Autlán: SE de Ahuacapán *McVaugh & Koelz 1017* (MICH–*Fl.NG.*)
Comala: Campo Cuatro, Cerro Grande 1545 m *Iltis 29689* (WIS, ZEA)
Cuautitlán: La Cumbre 1900 m *Cuevas-G. 1905* (ZEA)

a **Diphysa puberulenta** Rydb.
Autlán: Tecopatlán–Manantlán 1400 m *Santana-M. 4711* (WIS, ZEA)
Cuautitlán: Cuzalapa 800 m *Cuevas-G. 1970* (WIS, ZEA); Manantlán 1450 m *Iltis 1192* (WIS); S de Cuzalapa [RBSM?] *McVaugh 23256* (MICH–*Fl.NG.*)

a **Diphysa suberosa** S. Watson
Autlán: NE de Ahuacapán 1100 m *Santana-M. 3745* (WIS, ZEA)
Comala: Juluapan, Cerro Grande 1800 m *Cuevas-G. 1768* (ZEA)

T **Entada patens** (Hook. & Arn.) Standl.
La Resolana: E del pueblo 600 m *Cuevas-G. 1843* (WIS, ZEA)

T **Entada polystachia** (L.) DC., "Bejuco de agua"
La Resolana: Arroyo El Tecolote 550 m *Cuevas-G. s. n.* (ZEA)

A **Enterolobium cyclocarpum** (Jacq.) Griseb., "Huanacastle", "Parota"
Autlán: S de El Chante 1000 m *Iltis 2531* (MICH, WIS)
La Resolana: La Resolana 600 m *Cuevas-G. 1846, 2336, 2392* (ZEA)

H **Eriosema diffusum** (H. B. K.) G. Don
Autlán: El Zarzamoro, Las Joyas 1925 m *Cochrane 10774* (WIS)
Cuautitlán: Arriba de El Durazno *McVaugh 13959* (MICH–*Fl.NG.*); Rincón de Manantlán 1700 m *Sánchez-S. 340* (IBUG, WIS)
La Resolana: [Los Mazos] *Wilbur 2448* (MICH–*Fl.NG.*), *Guzmán-M. 621* (IBUG–*Fl.NG.*)

H **Eriosema longicalyx** Grear
Tolimán: El Terrero, Cerro Grande 2000 m *Cuevas-G. 2952* (ZEA)

H **Eriosema multiflorum** B. L. Rob.
Cuautitlán: Las Marías, Ayotitlán 800 m *Rosales-C. 88* (WIS, ZEA); La Pareja 860 m *Cuevas-G. 1688* (ZEA)
La Resolana: SO de Autlán *McVaugh 19883* (MICH–*Fl.NG.*), *Anderson 3759* (MICH–*Fl.NG.*)

H **Eriosema pulchellum** (H. B. K.) G. Don
Autlán: Tecopatlán 1500 m *Cuevas-G. 2646* (ZEA)

a **Erythrina breviflora** DC.
Autlán: El Chante 1320 m *Iltis 3170* (WIS); La Cascada, Las Joyas 1600 m *Vázquez-G. 3776* (WIS, ZEA)
Cuautitlán: Rincón de Manantlán 1530 m *Iltis 1153* (WIS); NO de Telcruz 1500 m *Santana-M. 5542* (WIS, ZEA); S de El Chante *Anderson 3825* (MICH–*Fl.NG.*)

A **Erythrina lanata** Rose subsp. **occidentalis** (Standl.) Krukoff & Barneby, "Colorín"
Comala: N de Campo Cuatro, Cerro Grande 1400–1500 m *Iltis 29715* (WIS)
La Resolana: Arroyo Tacubaya 425 m *Sørensen 7998* (WIS)

Tuxcacuesco: Cerro del Palacio 1150 m *Santana-M. 5385* (WIS, ZEA); NE de Zenzontla 800 m *Cuevas-G. 3728* (WIS, ZEA)

A **Eysenhardtia platycarpa** Pennell & Safford ex Pennell; ENDÉMICA: Nueva Galicia
Autlán: Ahuacapán 975 m *Vázquez-G. 4177* (WIS, ZEA)
Comala: Campo Cuatro, Cerro Grande 1400 m *Santana-M. 5265* (WIS, ZEA)
La Resolana: O de Los Mazos 1050 m *Cochrane 10848b* (WIS); SO de Autlán *McVaugh & Koelz 899* (MICH–Fl.NG.)

A **Eysenhardtia polystachya** (Ort.) Sarg., "Cuate", "Cuate macho", "Palo dulce"
Autlán: Ahuacapán 1000 m *Santana-M. 3729* (WIS, ZEA); Valle de Autlán [RBSM?] *Wilbur 2395* (MICH–Fl.NG.)
Tolimán: El Terrero, Cerro Grande 2100 m *Cuevas-G. 2484* (WIS, ZEA)

T **Galactia incana** (Rose) Standl.
Cuautitlán: EL Durazno–Las Joyas 900 m *Vázquez-G. 4054* (ZEA)

T **Galactia** sp.
Autlán: El Chilacayote, Las Joyas 1750–1825 m *Iltis 29096* (ZEA)

A **Haematoxylum brasiletto** Karst., "Palo brasil"
Comala: Juluapan–Campo Cuatro, Cerro Grande 800 m *Guzmán-H. 1324* (WIS, ZEA); Zacualpan 550 m *Pérez s. n.* (WIS)

a **Indigofera densiflora** M. Martens & Galeotti
Autlán: Las Playas, Las Joyas 1750 m *Loza-L. 174* (ZEA)
Cuautitlán: Aserradero Rincón de Manantlán 1520 m *Calzada 9566* (ZEA)

a **Indigofera jaliscensis** Rose
La Resolana: SO de Autlán *McVaugh 19903* (MICH–Fl.NG.)

a **Indigofera palmeri** S. Watson
Comala: Juluapan–Campo Cuatro, Cerro Grande 800 m *Santana-M. 5242* (WIS, ZEA)

a **Indigofera thibaudiana** DC.
Cuautitlán: San Miguel 1750 m *Santana-M. 4116* (WIS, ZEA)
La Resolana: SO de Autlán *McVaugh & Koelz 849* (MICH–Fl.NG.)
Tuxcacuesco: La Pasión, Zenzontla 1500 m *Cuevas-G. 2584* (WIS, ZEA)

A **Inga eriocarpa** Benth., "Cuil", "Guaginiguil", "Juaniquil peludo"
Autlán: Ahuacapán 950 m *Robles-H. 739* (WIS, ZEA)
Cuautitlán: Cofradía 800 m *Rosales-C. 102* (ZEA); Cuzalapa–Santiago, Col. [RBSM?] *McVaugh 23261* (MICH–Fl.NG.); El Durazno 1350 m *Cuevas-G. 1885a* (WIS, ZEA)
La Resolana: Arroyo El Tecolote 1600 m *Vázquez-G. 3954* (ZEA)

A **Inga hintonii** Sandw., "Jacanicuil cimarrón"
Autlán: Las Joyas 1850 m *Solís-M. 4445* (ZEA), 1970 m *Jardel-P. 220* (WIS, ZEA)
La Resolana: Arroyo El Tecolote 1200 m *Vázquez-G. 3970* (ZEA)

A **Inga laurina** (Sw.) Willd., "Cuaniquil", "Guajillo", "Jinicuil"
Cuautitlán: El Durazno 850 m *Cuevas-G. 1874a* (WIS, ZEA)
La Resolana: Arroyo Tacubaya 600 m *Cochrane 11684* (MEXU, IBUG, WIS, ZEA); Cerro La Petaca 1000 m *Iltis 359* (WIS); E de La Resolana 600 m *Cuevas-G. 1833* (WIS, ZEA)

A **Inga vera** Willd.; REGISTRO: Nueva Galicia
Cuautitlán: Las Marías, Ayotitlán 800 m *Rosales-C. 161* (ZEA), *Cochrane 11875* (IBUG, WIS, ZEA)

A **Leucaena esculenta** (DC.) Benth., "Huajillo", "Guaje"
Tolimán: Campo Cuatro, Cerro Grande 1600 m *Iltis 29703* (WIS, ZEA)

A **Leucaena macrophylla** Benth., "Guaje"
Autlán: Ahuacapán 850 m *Guzmán-H. 887* (WIS, ZEA)
La Resolana: Los Mazos 1400 m *Cuevas-G. 1820, 1820a* (WIS, ZEA); SO de Autlán *Delgado 284* (MICH–Fl.NG.)
Tolimán: El Sauz–El Terrero, Cerro Grande 1610 m *Cochrane 12249* (ENCB, WIS); Puerto de Toxín, Cerro Grande 1275 m *Cochrane 12277* (CHAPA, IBUG, WIS, ZEA)
Tuxcacuesco: SO de San Pedro Toxín 1400–1700 m *Cuevas-G. 3754* (WIS, ZEA)

A **Lonchocarpus hintonii** Sandw.
Comala: Campo Cuatro–El Terrero, Cerro Grande 1200 m *Cuevas-G. 3959* (WIS, ZEA)

A **Lonchocarpus lanceolatus** Benth.
Comala: Juluapan–Campo Cuatro, Cerro Grande 800 m *Santana-M. 5226* (WIS, ZEA)
La Resolana?: Autlán–La Huerta [RBSM?] *Delgado 283* (MICH–*Fl.NG.*)
Tuxcacuesco: 6 km S de Tuxcacuesco *Solís-M. 2360* (MICH–*Fl.NG.*)

A **Lonchocarpus salvadorensis** Pittier, "Cuereño", "Cuerillo"
Cuautitlán: Cuzalapa 800 m *Cuevas-G. 1968* (WIS, ZEA); Las Parejitas, Las Marías, Ayotitlán 810 m *Cochrane 11796* (CHAPA, F, IBUG, ISC, MEXU, NY, WIS, ZEA); S de Cuzalapa [RBSM?] *McVaugh 23252* (MICH–*Fl.NG.*)
La Resolana: 28 km S de Autlán [RBSM?] *Solís-M. 1644* (MICH–*Fl.NG.*)
Minatitlán: La Loma 1050 m *Vázquez-G. 4123* (WIS)

H **Lotus oroboides** (H. B. K.) Ottley ex Kearney & Peebles [*L. angustifolius*]
Autlán: El Chilacayote, Las Joyas 1800 m *Iltis 29095* (WIS, ZEA)

H **Lotus repens** (G. Don) Standl. & Steyerm. s. l.
Autlán: El Chilacayote, Las Joyas 1825 m *Iltis 29094* (WIS, ZEA); Las Joyas 1755 m *Vázquez-G. 3579* (ZEA); San Campús 2000 m *Judziewicz 4956* (WIS, ZEA)
Cuautitlán: Aserradero El Guízar *McVaugh 23117* (MICH–*Fl.NG.*); Las Capillas 2830 m *Sørensen 7941* (WIS); [Las Capillas] *Anderson 3785* (MICH–*Fl.NG.*), *McVaugh 13835, 23114, 26144* (MICH–*Fl.NG.*)

a **Lupinus elegans** H. B. K., "Cantúes"
Autlán: Las Joyas 1900 m *Cochrane 10766* (WIS)
Cuautitlán: Las Capillas 2800 m *Vázquez-G. 3933* (ZEA), 2760 m *Iltis 2399* (MICH, WIS), *29419* (IBUG, IEB, MEXU, WIS, ZEA), *McVaugh 26130* (MICH–*Fl.NG.*), *Sørensen 7919* (MICH, WIS)

a **Lupinus exaltatus** Zucc., "Cantúes"
Autlán: Barbechos del Sol y La Luna, Las Joyas 1750–1800 m *Cuevas-G. 1217* (WIS, ZEA); El Huerto de El Zarzamoro, Las Joyas 1900 m *Cuevas-G. 1396* (WIS, ZEA), *Iltis 1262* (WIS)
Tolimán: Cerro El Breñoso, Cerro Grande 2500 m *Cuevas-G. 1396* (WIS, ZEA); N de Cerro Grande, Cerro Grande 2450 m *Cuevas-G. 2427* (WIS, ZEA)

a **Lupinus madrensis** Seem., "Cantúes"
Autlán: Cimas 20 km S de El Chante 1600 m *McVaugh 26119* (MICH–*Fl.NG.*)
Cuautitlán: La Cumbre 1950–2100 m *Cuevas-G. 1922, 2907* (WIS, ZEA)

a **Lupinus stipulatus** J. Agardh, "Cantúes"
Cuautitlán: Aserradero El Cuartón *McVaugh 13848* (MICH–*Fl.NG.*); El Almeal 2100 m *Cochrane 10603* (WIS), *Cuevas-G. 3160* (WIS, ZEA); La Cumbre 2100 m *Iltis 29121* (WIS); N de Cerro El Muñeco 2600–2780 m *Sørensen 7920, 7923* (MICH, WIS); SO de La Cumbre 1700–2000 m *Cuevas-G. 3177* (WIS, ZEA)

A **Lysiloma acapulcense** (Kunth) Benth., "Tepeguaje"
Autlán: Ahuacapán 975 m *Vázquez-G. 4183* (CHAPA, WIS, ZEA); S de El Chante 1000 m *Sørensen 7806* (MICH, WIS, ZEA); [10–13 km] SO de Autlán *McVaugh 11926* (MICH–*Fl.NG.*)
Cuautitlán: Las Yeguas 1900 m *Iltis 2558* (WIS); Manantlán–Rincón de Manantlán [1660 m] *Sørensen 7863* (WIS)
Tolimán: El Sauz–El Terrero, Cerro Grande 1610 m *Cochrane 12248* (F, NY, TEX, UCR, WIS), 1100 m *Santana-M. 5073* (ZEA), 1500 m *Nieves-H. 529* (IBUG, WIS)

A **Lysiloma microphyllum** Benth., "Tepemezquite", "Tepemezquite costeño"
Comala: Campo Cuatro–El Terrero, Cerro Grande 1000–1200 m *Cuevas-G. 3960* (WIS, ZEA)
Tolimán: San Pedro Toxín 775 m *Vázquez-G. 4113* (WIS, ZEA); O de El Terrero, Cerro Grande 1600–1650 m *Cuevas-G. 2966* (ZEA)

Tuxcacuesco: La Cañita, Zenzontla 1150 m *Cuevas-G. 2556* (WIS, ZEA); Tuxcacuesco 800 m *Cochrane 11633* (WIS); Zenzontla 900 m *De Níz-L. 44* (WIS, ZEA)

A ***Lysiloma tergeminum*** Benth., "Pelo de ángel"

Tuxcacuesco: El Alcoste 900 m *Robles-H. 581* (WIS, ZEA); SO de Tuxcacuesco 850 m *Cuevas-G. 2514* (ZEA)

T ***Machaerium kegelii*** Meisner

La Resolana: Cerro La Petaca 600 m *Iltis 331* (MICH, WIS)

T ***Machaerium salvadorense*** (Donn. Sm.) Rudd, "Garabato", "Guamuchil del diablillo"

Cuautitlán: Chancol, Ayotitlán 1050 m *Vázquez-G. 4050* (WIS, ZEA); S de Cuzalapa [RBSM?] 700 m *McVaugh 23253* (MICH–*Fl.NG.*); O de Las Marías, Ayotitlán 800 m *Cochrane 11784* (WIS, IBUG, ZEA)

La Resolana: E del pueblo 600 m *Cuevas-G. 1842* (WIS, ZEA); La Cañita, Zenzontla 950 m *Santana-M. 5089* (WIS, ZEA)

T ***Macroptilium atropurpureum*** (DC.) Urban

Autlán: Tecopatlán 1600 m *Cuevas-G. 2637* (WIS, ZEA)

T ***Macroptilium*** sp.

Autlán: Ahuacapán 1400 m *Santana-M. 5453* (ZEA)

a ***Marina crenulata*** (Hook. & Arn.) Barneby

La Resolana: Los Mazos 1200 m *Cuevas-G. 1885* (WIS, ZEA)

a ***Marina diffusa*** (Moric.) Barneby var. ***diffusa***

Autlán: Ahuacapán 1500 m *Guzmán-H. 920* (WIS, ZEA); SO de Autlán 650 m *Wilbur 2312* (MICH–*Fl.NG.*), *McVaugh 11932* (MICH–*Fl.NG.*)

a ***Marina grammadenia*** Barneby; ENDÉMICA: Nueva Galicia

Autlán: Corralitos–Ahuacapán 1000 m *Vázquez-G. 984* (IBUG, WIS); El Zarzamoro, Las Joyas 1950 m *Judziewicz 4779* (WIS)

Cuautitlán: Arriba de Telcruz, Ayotitlán 1580–1660 m *Cochrane 12180* (WIS); S de El Chante *McVaugh 26590* (MICH–*Fl.NG.*)

Tolimán: La Laguna, Cerro Grande 2000 m *Cuevas-G. 1731* (WIS, ZEA)

a ***Marina neglecta*** (B. L. Rob.) Barneby var. ***neglecta***, "Escobilla"

Minatitlán: Juluapan–El Sauz, base del Cerro Grande 770 m *Cochrane 11723* (NY, TEX, WIS)

Tuxcacuesco: 7 km al SO del pueblo 900 m *Cuevas-G. 2515* (ZEA)

a ***Marina nutans*** (Cav.) Barneby

Autlán: Las Joyas 1650 m *Vázquez-G. 3612* (ZEA)

Cuautitlán: Arriba de El Durazno *McVaugh 13966* (MICH–*Fl.NG.*)

a ***Marina scopa*** Barneby

Cuautitlán: Las Marías, Ayotitlán 820 m *Cochrane 10908* (WIS)

a ***Mimosa acantholoba*** (Willd.) Poir.

La Resolana: N de La Resolana *Wilbur 1534* (MICH–*Fl.NG.*)

a ***Mimosa aculeaticarpa*** Ort. s. l.

Tuxcacuesco: Zenzontla 1150 m *Santana-M. 5366* (WIS, ZEA)

a ***Mimosa adenantheroides*** (M. Martens & Galeotti) Benth.

Autlán: Arriba de Ahuacapán *McVaugh & Koelz 943* (MICH–*Fl.NG.*), *Solís-M. 3395* (MICH–*Fl.NG.*); Arroyo El Chilacayote, Las Joyas 1700 m *Cuevas-G. 1492* (WIS, ZEA); Corralitos 2000 m *Vázquez-G. 4254* (WIS, ZEA); El Zarzamoro, Las Joyas 1900 m *Cuevas-G. 1375* (ZEA); La Tuna, Las Joyas 1820 m *Cuevas-G. 1236* (ZEA); Los Barbechos, Las Joyas 1755 m *Vázquez-G. 3590* (ZEA); Picacho del Sol y La Luna, Las Joyas 2150 m *Cuevas-G. 1336* (ZEA)

a ***Mimosa affinis*** B. L. Rob.

Cuautitlán: Peña Colorada, NO de Minatitlán [RBSM?] 1400 m *Santana-M. 6076* (ZEA)

T *Mimosa albida* Humb. & Bonpl. ex Willd. s. l., "Serrilla"
Autlán: 7–10 km al SO de Autlán 1400 m *Cuevas-G. 1881* (WIS, ZEA); El Chante 1050 m *Iltis 1133* (WIS)
Cuautitlán: El Durazno 920 m *Santana-M. 3314* (WIS, ZEA)
La Resolana: Los Mazos *Solís-M. 3354* (MICH–*Fl.NG.*)
Tolimán: Puerto de Toxín, Cerro Grande 1300 m *Cochrane 12273* (TEX, UCR, WIS, ZEA)

aA *Mimosa benthamii* Macbr.
Autlán: Región de Autlán [RBSM?] *Wilbur 2413* (MICH–*Fl.NG.*)

A *Mimosa galeottii* Benth.
Autlán: Corralitos 2000 m *Vázquez-G. 4251* (WIS, ZEA)
Cuautitlán: La Hierbabuenita, Las Joyas 1780 m *Romo-C. 97* (ZEA); San Miguel 1750 m *Santana-M. 4212* (WIS, ZEA)
Tolimán: El Terrero, Cerro Grande 2150 m *Cuevas-G. 2460* (WIS, ZEA); La Laguna, Cerro Grande 2000–2100 m *Iltis 29572* (NA, NY, WIS)

aA *Mimosa guatemalensis* (Hook. & Arn.) Benth.
Cuautitlán: Cuzalapa 700 m *Rosales-C. 202* (WIS, ZEA)

T *Mimosa invisa* Mart.
Cuautitlán: Cuzalapa 700 m *Rosales-C. 167* (ZEA)

a *Mimosa pigra* L. var. *berlandieri* (A. Gray) B. Turner
Cuautitlán: Las Marías, Ayotitlán 800 m *Rosales-C. 76* (WIS, ZEA)
Tuxcacuesco: Zenzontla 840 m *Santana-M. 5076* (WIS, ZEA)

H *Mimosa pudica* L., "Serrilla dormilona"
Autlán: Ahuacapán 1100 m *Santana-M. 4614* (ZEA)

a *Mimosa rosei* B. L. Rob.; ENDÉMICA: Nueva Galicia
Comala: Juluapan, Cerro Grande 700–800 m *Guzmán-H. 1329* (WIS, ZEA)
Tolimán: San Pedro Toxín 1100 m *Cuevas-G. 2090* (WIS, ZEA)

a *Mimosa* sp.
Tolimán: El Terrero, Cerro Grande 1875 m *Vázquez-G. 4155* (ZEA)

T *Nissolia fruticosa* Jacq.
Autlán: El Chante 1050 m *Iltis 1124* (MICH, WIS); S de Autlán *Wilbur 2393* (MICH–*Fl.NG.*)
Tuxcacuesco: Cerro del Palacio 1100 m *Santana-M. 5905* (WIS, ZEA)

T *Nissolia laxior* (B. L. Rob.) Rose
Autlán: El Chante–Sierra de Manantlán *Wilbur 2093* (MICH–*Fl.NG.*), *Anderson 3842* (MICH–*Fl.NG.*); Tecopatlán 1320 m *Iltis 3172* (MICH, WIS)
Comala: Campo Cuatro, Cerro Grande 1500 m *Guzmán-H. 1346* (WIS, ZEA)
Minatitlán: El Sauz–El Terrero, Cerro Grande 1600 m *Santana-M. 5220* (WIS, ZEA)
Tolimán: Los Encinitos–La Antena, Cerro Grande 1500 m *Cochrane 13053* (WIS, ZEA)

T *Nissolia leiogyne* Sandw.
Comala: Juluapan–Campo Cuatro, Cerro Grande 800 m *Santana-M. 5231, 5233* (ZEA)
Tuxcacuesco: El Camichín 1000 m *Santana-M. 5378* (WIS, ZEA)

T *Nissolia microptera* Poir.
La Resolana: Los Mazos 1100 m *Cházaro-B. 5664* (IBUG, WIS, ZEA)

a *Pachecoa prismatica* (Sessé & Moc.) Standl. & Schubert
Comala: Comala–La Caja [RBSM?] *Solís-M. 1848, 2064* (MICH–*Fl.NG.*)

H *Pachyrhizus erosus* (L.) Urb. var. *erosus*
Autlán: Tecopatlán 1400–1700 m *Cuevas-G. 2637* (WIS, ZEA)
Comala: Juluapan, base del Cerro Grande 700–800 m *Guzmán-H. 1328* (WIS, ZEA)

A *Parkinsonia aculeata* L.
Autlán: [RBSM?] 960 m *Orozco s. n.* (IBUG)

T *Phaseolus coccineus* L. subsp. *coccineus*, "Cema", "Frijol"
Autlán: Arriba de Ahuacapán 1200 m *McVaugh & Koelz 901* (MICH–*Fl.NG.*)

Cuautitlán: La Ventana, Cerro San Miguel [2000 m] *Iltis 433* (WIS); S de El Chante *Anderson 3829, 12726* (MICH–*Fl.NG.*); Telcruz, Ayotitlán 1500 m *Santana-M. 5526* (WIS, ZEA)

T ***Phaseolus coccineus*** subsp. ***formosus*** (H. B. K.) Maréchal et al., "Cema", "Frijol"
Autlán: El Zarzamoro, Las Joyas 1900 m *Iltis 1313, 3124* (WIS), *Sørensen 7832* (WIS); Picacho del Sol y La Luna, Las Joyas 2140 m *Vázquez-G. 3692* (ZEA)

T ***Phaseolus leptostachyus*** Benth.
Autlán: El Tlacuache, Las Joyas 1860 m *Vázquez-G. 4004* (ZEA); Las Galeras, Las Joyas 1650 m *Vázquez-G. 3634* (ZEA)
Cuautitlán: S de El Chante *Anderson 12731* (MICH–*Fl.NG.*)

T ***Phaseolus lunatus*** L. var. ***lunatus***, "Frijol de cerro", "Frijol de rata"
Comala: Campo Cuatro, Cerro Grande 1280 m *Cochrane 11772* (WIS, ZEA)
Cuautitlán: El Durazno 1050 m *Santana-M. 3349* (WIS, ZEA)

T ***Phaseolus lunatus*** var. ***silvester*** Baudet
La Resolana: NE del pueblo 500 m *Cuevas-G. 2362* (WIS, ZEA)

T ***Phaseolus micranthus*** Hook. & Arn. var. ***micranthus***
La Resolana: E de La Resolana 650 m *Guzmán-M. 780* (IBUG–*Fl.NG.*); Telcruz, Ayotitlán 1500 m *Santana-M. 5525* (WIS, ZEA)

T ***Phaseolus pauciflorus*** Sessé & Moc. ex G. Don [*Minkelersia galactioides*]
Autlán: Arriba de Ahuacapán *McVaugh 19623* (MICH–*Fl.NG.*); Charco de Los Perros, Las Joyas 1960 m *Cuevas-G. 1524* (ENCB, WIS, ZEA)

T ***Phaseolus perplexus*** A. Delgado ined.; REGISTRO: Nueva Galicia
Autlán: Picacho del Sol y La Luna, Las Joyas 2100 m *Loza-L. 149* (ZEA)

T ***Phaseolus vulgaris*** L.
Autlán: El Zarzamoro, Las Joyas 1900 m *Vázquez-G. 3494* (ZEA)
Cuautitlán: Cerro de La Ventana, San Miguel *Alvarez-C. s. n.* (IBUG–*Fl.NG.*); Manantlán 1460 m *Iltis 3123, 3123b* (WIS); San Miguel 1750 m *Santana-M. 4225, 4252* (WIS, ZEA)
Tolimán: La Lima–El Rodeo 1450 m *Iltis 28932* (WIS)

T ***Phaseolus*** sp. 1
Cuautitlán: El Durazno 900 m *McVaugh 13943* (MICH–*Fl.NG.*)

T ***Phaseolus*** sp. 2
Autlán: Las Joyas 2120 m *Cuevas-G. 4439* (CHAPA)

A ***Piscidia carthagenensis*** Jacq.
Cuautitlán: Cuzalapa–Santiago [RBSM?] 800 m *McVaugh 23258* (MICH–*Fl.NG.*)

A ***Pithecellobium acatlense*** Benth., "Palo fierro"
Tolimán: San Pedro Toxín 775 m *Cuevas-G. 2088* (ZEA)
Tuxcacuesco: Tuxcacuesco 800 m *Cochrane 11230* (IBUG, WIS, ZEA)

A ***Pithecellobium dulce*** (Roxb.) Benth., "Guamúchil"
Minatitlán: Platanarillos, S de El Sauz, Cerro Grande 600–700 m *Guzmán-H. 1195* (WIS, ZEA)
Tuxcacuesco: La Palma 800 m *Guzmán-H. 876* (WIS, ZEA)

A ***Pithecellobium lanceolatum*** (Willd.) Benth., "Guamuchilillo", "Mochaquelite"
La Resolana: N de La Resolana *Wilbur 1519* (MICH–*Fl.NG.*); Potrero El Tepejilote, El Zapotillo 500 m *Santana-M. 4421* (WIS, ZEA)

A ***Platymiscium lasiocarpum*** Sandw.
Cuautitlán: S de Cuzalapa [RBSM?] 750 m *McVaugh 23257* (MICH–*Fl.NG.*)

A ***Prosopis laevigata*** (Willd.) M. C. Johnst., "Mezquite"
Tolimán: San Pedro Toxín 1000 m *Vázquez-G. s. n.* (ZEA)
Tuxcacuesco: NO de Tuxcacuesco 760–790 m *Guzmán-H. 165* (WIS, ZEA)

T ***Ramirezella crassa*** (McVaugh) Ochoterena-Booth & A. Delgado [*Vigna strobilophora* var. *crassa*]
Cuautitlán: S de Cuautitlán [RBSM?] *Iltis 382* (MICH, WIS)

La Resolana: [21 km] SO de Autlán *Wilbur 2276* (MEXU, MICH–*Fl.NG.*), [10 km S de Los Mazos] *McVaugh 19944* (MEXU, MICH)

T ***Ramirezella lozanii*** (Rose) Piper [*Vigna lozanii*], "Cámbara"; ENDÉMICA: Nueva Galicia
Autlán: Ahuacapán–Corralitos *McVaugh & Koelz 990* (MICH–*Fl.NG.*)
Cuautitlán: Arriba de El Durazno *McVaugh 14013* (MICH–*Fl.NG.*); Las Yeguas–Manantlán 1800 m *Cochrane 10821* (WIS); NNO de Telcruz, Ayotitlán 1500–1600 m *Guzmán-H. 943* (ZEA)

T ***Ramirezella micrantha*** A. Delgado & Ochoterena-Booth
Autlán: Ahuacapán–Corralitos 1000 m *Vázquez-G. 1001* (IBUG, WIS), *McVaugh & Koelz 990* (MICH), *Ochoterena-Booth & Delgado 86* (MEXU); El Zarzamoro, Las Joyas *Loza 81* (MEXU)
Cuautitlán: Aserraderro San Miguel Uno–El Durazno *McVaugh 14013* (MEXU–Holótipo; MICH–Isótipo); La Cumbre *Vázquez-G. 3715* (MEXU)

T ***Ramirezella strobilophora*** (B. L. Rob.) Rose var. ***buseri*** (Micheli) Maráchal et al. [*Vigna strobilophora* var. *buseri*], "Gallinitas"
La Resolana: Los Mazos 1450 m *Iltis 29457* (WIS); SO de Autlán *McVaugh & Koelz 880* (MICH–*Fl.NG.*)
Tuxcacuesco: Zenzontla 1550 m *Cuevas-G. 2669* (ZEA)

T ***Rhynchosia discolor*** M. Martens & Galeotti
La Resolana: SO de Ahuacapán 900–1000 m *Vázquez-G. 4190* (WIS, ZEA); 14 km SO de Autlán 650 m *McVaugh 10228* (MICH–*Fl.NG.*)
Tolimán: El Sauz–El Terrero, Cerro Grande 1900 m *Cuevas-G. 1714* (WIS, ZEA)

T ***Rhynchosia edulis*** Griseb.
La Resolana: SO de Autlán 1200 m *Wilbur 2349* (MICH–*Fl.NG.*)

T ***Rhynchosia minima*** (L.) DC.
La Resolana: El Tepejilote, El Zapotillo 450–500 m *Iltis 30988* (WIS); Los Mazos 1400 m *Cuevas-G. 1816, 1816a* (WIS, ZEA)

T ***Rhynchosia precatoria*** DC., "Colorín", "Ojo de perico"
Cuautitlán: Cuzalapa 750 m *Cuevas-G. 1950* (WIS, ZEA)
La Resolana: SO de Autlán *McVaugh 14182* (MICH–*Fl.NG.*)
Tuxcacuesco: La Cañita, Zenzontla 950 m *Santana-M. 5092* (WIS, ZEA)

T ***Rhynchosia tarphantha*** Standl.; ENDÉMICA: Guerrero, Jalisco
Cuautitlán: Las Marías, Ayotitlán 780–820 m *Cochrane 10905, 11782* (WIS)
Tolimán: El Terrero, Cerro Grande 1950–2000 m *Cuevas-G. 2952* (WIS, ZEA)

T ***Schrankia distachya*** DC., "Sierrilla"
Cuautitlán: Ayotitlán 1040 m *Santana-M. 4315* (ZEA)

a ***Senna alata*** (L.) Roxb.
La Resolana: La Calera 850 m *Corona s. n.* (IBUG–*Fl.NG.*)

aA ***Senna atomaria*** (L.) Irwin & Barneby [*Cassia atomaria*], "Vainilla"
Autlán: Ahuacapán 975 m *Vázquez-G. 4185* (WIS); El Chante 1100 m *Cuevas-G. 1989* (WIS, ZEA); [10–13 km] SO de Autlán *McVaugh 11916* (MICH–*Fl.NG.*)
Tolimán: Campo Cuatro–El Terrero, Cerro Grande 1400 m *Cuevas-G. 4040* (WIS, ZEA); San Pedro Toxín 775 m *Vázquez-G. 4096* (WIS, ZEA)
Tuxcacuesco: La Cañita, Zenzontla 1100 m *Cuevas-G. 2051, 2061* (WIS, ZEA); Zenzontla 790–800 m *Iltis 31137* (IEB, WIS)

a ***Senna centranthera*** Irwin & Barneby
Autlán: Ahuacapán 950–1000 m *Vázquez-G. 4174* (WIS, ZEA)
La Resolana: Arriba de Los Mazos, S de Autlán *Wilbur 1416* (MICH–*Fl.NG.*), 1655 m *Cochrane 12094* (IBUG, UCR, WIS, ZEA); SO de Autlán 1200 m *Anderson 3745* (NY–Holótipo; MICH–Isótipo); El Zapotillo 600 m *Cuevas-G. 2918* (WIS, ZEA)

a ***Senna cobanensis*** (Britt. & Rose) Irwin & Barneby
La Resolana: Laguna, Cerro Grande del Chapulín 380 m *Díaz-L. 1587* (GUADA, WIS)

a *Senna foetidissima* (G. Don) Irwin & Barneby var. ***grandiflora*** (Benth.) Irwin & Barneby, "Barbasco"
Autlán: SE de Ahuacapán 1900 m *Cuevas-G. 2274* (WIS, ZEA); 1 km SE de la Estación Científica Las Joyas 2000 m *Iltis 31132* (TEX, WIS, ZEA)
Cuautitlán: El Durazno 1400 m *Cuevas-G. 1897* (IEB, WIS, ZEA); O de Manantlán 1700 m *Díaz-L. 5783* (MICH, WIS); SE de San Miguel 1750 m *Santana-M. 4115* (WIS, ZEA)

a *Senna fruticosa* (Mill.) Irwin & Barneby [*Cassia fruticosa*], "Cagada de gato"
Autlán: S de El Chante 1050 m *Sørensen 7809* (MICH, WIS)
Cuautitlán: Ayotitlán 840 m *Judziewicz 5191* (WIS); Cuzalapa 800 m *Iltis 381* (WIS)
Minatitlán: E de El Sauz, Cerro Grande 1200 m *Cuevas-G. 2499* (WIS, ZEA)

H *Senna hirsuta* (L.) Irwin & Barneby var. ***hirta*** Irwin & Barneby
Autlán: Tecopatlán 1400 m *Cuevas-G. 2662* (WIS, ZEA)
Tuxcacuesco: SSE de El Camichín 700 m *Cuevas-G. 3405* (WIS, ZEA)

a *Senna mexicana* Jacq.; REGISTRO: Nueva Galicia
Cuautitlán: O de Manantlán 1700 m *Díaz-L. 5783* (GUADA)

a *Senna mollissima* (Willd.) Irwin & Barneby var. ***glabrata*** (Benth.) Irwin & Barneby
Autlán: La Calera 800 m *Cuevas-G. 2340* (WIS, ZEA)
La Resolana: Cerro La Petaca 800 m *Santana-M. 5754* (WIS, ZEA)

a *Senna multifoliolata* (P. G. Wilson) Irwin & Barneby var. ***multifoliolata***
Cuautitlán: La Cumbre 2000–2100 m *Iltis 28880* (IBUG, NY, TEX, WIS, ZEA), *29381a* (WIS); Rincón de Manantlán 1700 m *Díaz-L. 7656* (GUADA, MICH, WIS), 2000 m *McVaugh 26595* (MICH); San Miguel 2270 m *Vázquez-G. 3918* (WIS, ZEA)

H *Senna obtusifolia* (L.) Irwin & Barneby
La Resolana: Al SE del pueblo 800 m *Cuevas-G. 3133* (ZEA); Los Mazos 900–1000 m *Guzmán-H. 346* (WIS, ZEA)

H *Senna occidentalis* (L.) Link, "Bichi"
Cuautitlán: Las Marías, Ayotitlán 800 m *Rosales-C. 80* (WIS, ZEA)
La Resolana: SO de Autlán *McVaugh 11918* (MICH–*Fl.NG.*), *Wilbur 2301* (MICH–*Fl.NG.*)

H *Senna pallida* (Vahl) Irwin & Barneby s. l.
Tolimán: San Pedro Toxín 800 m *Vázquez-G. 4098* (WIS, ZEA)
Tuxcacuesco: Tuxcacuesco 900 m *Cochrane 11638a* (WIS)

a *Senna pendula* (Willd.) Irwin & Barneby var. ***advena*** (Vogel) Irwin & Barneby
Cuautitlán: Manantlán 1450 m *Iltis 1148a* (MICH, WIS)

H *Senna pilifera* (Vogel) Irwin & Barneby var. ***subglabra*** (S. Moore) Irwin & Barneby
Cuautitlán: Cuzalapa 700 m *Rosales-C. 176* (WIS, ZEA)
La Resolana: El Zapotillo, N de La Resolana 600 m *Cuevas-G. 2929* (WIS, ZEA)

T *Senna quinquangulata* (Rich.) Irwin & Barneby var. ***quinquangulata***
Cuautitlán: El Durazno 900 m *Cuevas-G. 1871* (WIS, ZEA); N de Cuautitlán [RBSM?] *Alvarez-C. s. n.* (IBUG–*Fl.NG.*)
La Resolana: Arroyo El Tecolote 500 m *Vázquez-G. 3988* (WIS, ZEA)

a *Senna septemtrionalis* (Viviani) Irwin & Barneby
Autlán: El Chilacayote, Las Joyas 2100 m *Cuevas-G. 1489* (WIS, ZEA); Puerto de San Campús, Las Joyas 1980 m *Cuevas-G. 1303* (WIS, ZEA)
Cuautitlán: El Chante–Manantlán *Wilbur 2041* (MICH–*Fl.NG.*)

a *Senna talpana* Irwin & Barneby; ENDÉMICA: Jalisco
Cuautitlán: 1.5 km NE de La Cumbre 2000 m *Rosales-C. 18* (WIS, ZEA)

a *Senna uniflora* (Mill.) Irwin & Barneby
Autlán: Ahuacapán 1000 m *Vázquez-G. 4186* (WIS, ZEA)
Minatitlán: SO de El Terrero, Cerro Grande 1610–1620 m *Cochrane 12255* (CAS, CHAPA, TEX, WIS, ZEA)
Tuxcacuesco: Zenzontla 800 m *Cuevas-G. 3359* (WIS, ZEA)

a **Senna villosa** (Mill.) Irwin & Barneby; REGISTRO: Nueva Galicia
Tuxcacuesco: Cerca de Tuxcacuesco 850 m *Cuevas-G. 2521* (WIS, ZEA); Cerro del Palacio 1150 m *Santana-M. 5358* (WIS, ZEA)

H **Sphinctospermum constrictum** (S. Watson) Rose
Tuxcacuesco: Cerro del Palacio 1150 m *Santana-M. 6457* (ZEA)

H **Stylosanthes guianensis** (Aubl.) Sw. var. **dissitiflora** (B. L. Rob. & Seat.) 't Mannetje; DISYUNTA: Chiapas
Cuautitlán: Las Marías, Ayotitlán 820 m *Cochrane 10907* (WIS)
La Resolana: SO de Autlán *McVaugh 14222* (MICH–*Fl.NG.*)

a **Tephrosia conzattii** (Rydb.) Standl.
Autlán: El Chante 1600 m *Wilbur 2051* (MICH–*Fl.NG.*), *Rzedowski & McVaugh 1305* (MICH–*Fl.NG.*)

H **Tephrosia langlassei** Micheli
Autlán: El Laurelito, Las Joyas 1850 m *Vázquez-G. 3842* (WIS, ZEA); La Hierbabuenita, Las Joyas 1890 m *Vázquez-G. 3665* (ZEA)

a **Tephrosia macrantha** B. L. Rob. & Greenm. ex Pringle
Minatitlán: Peña Colorada, NO de Minatitlán [RBSM?] 1000 m *Santana-M. 6147* (ZEA), *6316* (WIS)

a **Tephrosia multifolia** Rose
Cuautitlán: Cuzalapa 800 m *Cuevas-G. 1965* (WIS, ZEA)
La Resolana: El Zapotillo 400 m *Cuevas-G. 4001* (WIS, ZEA)

a **Tephrosia nicaraguensis** Oerst.
Comala: Campo Cuatro, Cerro Grande 1100 m *Guzmán-H. 1389* (ZEA)
Cuautitlán: La Rosa–Las Marías, Ayotitlán 750 m *Benz 1235* (WIS, ZEA)
La Resolana: [14 km] S de Autlán [RBSM?] [1140 m] *Wilbur 2308* (MICH, WIS)

a **Tephrosia sinapou** (Buchoz) A. Chev.
Cuautitlán: La Rosa y Las Marías, Ayotitlán 750 m *Benz 1237* (WIS, ZEA)
La Resolana: SO de Autlán 700 m *Wilbur 2172* (MICH–*Fl.NG.*)

a **Tephrosia submontana** (Rose) Riley; ENDÉMICA: oeste de México
La Resolana: La Resolana–La Huerta [RBSM?] *McVaugh 21115* (MICH–*Fl.NG.*), *Rzedowski 14991* (MICH–*Fl.NG.*)

H **Tephrosia viridiflora** Telles; REGISTRO: Nueva Galicia
Cuautitlán: Las Marías, Ayotitlán 800 m *Rosales-C. 88* (ZEA)

T **Teramnus uncinatus** (L.) Sw.
Cuautitlán: La Huertita *Alvarez-C. s. n.* (IBUG–*Fl.NG.*); Las Marías, Ayotitlán 820 m *Cochrane 10920* (WIS); Las Pesadas 900–1000 m *Santana-M. 4806* (WIS, ZEA)
La Resolana: SO de Autlán *McVaugh & Koelz 859* (MICH–*Fl.NG.*)

H **Trifolium amabile** H. B. K., "Trébol"
Autlán: Barbechos del Sol y La Luna, Las Joyas 1755 m *Vázquez-G. 3580* (ZEA); Los Barbechos, Las Joyas 2000 m *Cochrane 10747* (WIS)
Tolimán: El Terrero, Cerro Grande 2300 m *Santana-M. 5879, 5880* (WIS, ZEA)

T **Vicia humilis** H. B. K.
Tolimán: El Terrero, Cerro Grande 2300 m *Iltis 30148* (WIS)

T **Vicia pulchella** H. B. K. subsp. **mexicana** (Hemsl.) C. R. Gunn
Autlán: El Zarzamoro, Las Joyas 1940 m *Vázquez-G. 3532* (ZEA)

T **Vigna adenantha** (G. F. Mey.) Maréchal et al.
Cuautitlán: La Huertita *Alvarez-C. s. n.* (IBUG–*Fl.NG.*)

T **Vigna linearis** (H. B. K.) Maréchal et al.
Cuautitlán: El Durazno 900 m *Vázquez-G. s. n.* (ZEA)

A **Willardia schiedeana** (Schlecht.) F. J. Hermann
La Resolana: SO de Autlán 700 m *Anderson 3762* (MICH–*Fl.NG.*)

a *Zapoteca formosa* (Knuth) H. M. Hern. subsp. ***formosa*** [*Calliandra formosa*]
La Resolana: [Abajo de Los Mazos] *McVaugh 19857* (MICH–*Fl.NG.*), *McVaugh & Koelz 883* (MICH–*Fl.NG.*)

aA ***Zapoteca formosa*** subsp. ***rosei*** (Wiggins) H. M. Hern. [*Calliandra rosei*]
Autlán: [11 km] S de Autlán *Wilbur 2445* (MICH–*Fl.NG.*)
La Resolana: Los Mazos 1450 m *Santana-M. 3841* (ZEA)
Tuxcacuesco: Cerro del Palacio 1150 m *Santana-M. 5372* (WIS, ZEA); Zenzontla 850 m *Santana-M. 3870* (ZEA)

a ***Zapoteca tetragona*** (Willd.) H. M. Hern. [*Calliandra tetragona*], "Barba de viejo", "Parotilla"
Cuautitlán: Cuzalapa 700 m *Rosales-C. 168* (WIS, ZEA); Cerro San Miguel–La Ventana 1200–1500 m *Iltis 470* (MICH, WIS)
Minatitlán: Ejido La Guayabera 1200 m *Cuevas-G. 2502* (WIS, ZEA)

H ***Zornia reticulata*** J. E. Smith
Autlán: El Zarzamoro, Las Joyas 1900 m *Cochrane 10771* (WIS); Las Galeras, Las Joyas 1650 m *Vázquez-G. 3619* (ZEA)
La Resolana: SO de Autlán *McVaugh 14223* (MICH–*Fl.NG.*)

H ***Zornia thymifolia*** H. B. K.
Autlán: Tecopatlán 1550 m *Cuevas-G. 2644* (WIS, ZEA)

## Lentibulariaceae

H ***Pinguicula crenatiloba*** A. DC.
Autlán: Ahuacapán–Corralitos 1500–1800 m *McVaugh 19556* (MICH)
Cuautitlán: El Durazno 960 m *Cuevas-G. 1707* (ZEA)
La Resolana: SO de Autlán 1000 m *McVaugh 19892* (MICH)

H ***Pinguicula oblongiloba*** A. DC.
Autlán: Filo de La Vaca, Las Joyas 2040 m *Vázquez-G. 3407* (ZEA); Las Galeras, Las Joyas 1625 m *Cuevas-G. 1454* (WIS, ZEA); Las Joyas 1940 m *Vázquez-G. 3285* (ZEA)
Cuautitlán: La Cumbre [2000 m] *Cuevas-G. 3184* (ZEA)
La Resolana: Los Mazos 1800 m *Leinberger 74* (WIS)

H ***Pinguicula parvifolia*** B. L. Rob.; ENDÉMICA: Jalisco
Autlán: El Tlacuache, Las Joyas 1850 m *Cuevas-G. 1317* (ZEA); San Campús, Las Joyas 1850 m *Vázquez-G. 3312* (ZEA)
Cuautitlán: La Cumbre 2000 m *Cuevas-G. 3182* (ZEA)

## Loasaceae

T ***Gronovia scandens*** L., "Hiedra", "Mala mujer", "Ortiga"
La Resolana: El Tepejilote, El Zapotillo 400–500 m *Iltis 30986* (WIS)
Tuxcacuesco: El Rodeo 1280 m *Iltis 28920* (WIS, ZEA); La Cañita, Zenzontla 1150 m *Cuevas-G. 2553* (ZEA)

H ***Klaprothia fasciculata*** (Presl) Poston [*Sclerothrix fasciculata*], "Mala mujer"
La Resolana: El Tigre 550 m *Judziewicz 5143* (WIS); Arroyo El Tecolote 400 m *Anaya-C. 32* (WIS, ZEA)

H ***Mentzelia hispida*** Willd.
Tuxcacuesco: Cerro del Palacio 1150 m *Santana-M. 5382* (ZEA)

## Loganiaceae

H ***Spigelia scabrella*** Benth.
Autlán: Ahuacapán–Corralitos 1800 m *Rodríguez-C. 931* (IBUG, WIS), 1000 m *Santana-M. 3730* (WIS, ZEA)
Tolimán: El Tapeizte, Cerro Grande 2200 m *Vázquez-G. s. n.* (ZEA); Los Encinitos, N de El Sauz 1240 m *Cochrane 13047* (WIS, ZEA); O de El Terrero, Cerro Grande 2000 m *Santana-M. 4568* (WIS, ZEA)

## LORANTHACEAE

aHP ***Cladocolea grahamii*** (Benth.) Van Tieghem, "Injerto", "Injerto de jarilla", "Malojo"
Cuautitlán: Las Yeguas 2000 m *Judziewicz 5028* (WIS)
Minatitlán: El Sauz–El Terrero, Cerro Grande 1610–1620 m *Cochrane 12243* (MICH, WIS, ZEA)
Tolimán: Cerro Breñoso, NO de El Terrero, Cerro Grande 2100 m *De Níz-L. 196* (WIS, ZEA)

aHP ***Cladocolea inconspicua*** (Benth.) Kuijt
Tuxcacuesco: 1 km al N del pueblo [RBSM?] 900 m *Cochrane 11638* (WIS), *Guzmán-H. 872* (WIS, ZEA)

aHP ***Cladocolea inorna*** Kuijt
Autlán: Cerro de Autlán 1100 m *Wilbur 1666* (MICH)

aHP ***Cladocolea loniceroides*** (Van Tieghem) Kuijt, "Malojo", "Tarahuala"
Autlán: Picacho del Sol y La Luna, Las Joyas 2090 m *Vázquez-G. 3392* (ZEA)
Cuautitlán: Neverías–Las Capillas 2650 m *Iltis 29418* (WIS); Rincón de Manantlán 1700 m *Vázquez-G. 3347* (WIS, ZEA)
Tolimán: El Terrero, Cerro Grande 2200 m *Iltis 29465* (CAS, CHAPA, IBUG, IEB, MEXU, MICH, UCR, USF, WIS, ZEA), *29503* (WIS)

aHP ***Cladocolea*** sp.
Comala: Campo Cuatro, Cerro Grande 1200 m *Cházaro-B. 4466* (IBUG)

aHP ***Psittacanthus calyculatus*** (DC.) G. Don, "Injerto", "Malojo"
Cuautitlán: Ayotitlán 940 m *Judziewicz 5194* (WIS)
Minatitlán: Río Juluapan, S de El Sauz, Cerro Grande 760 m *Cochrane 11727* (F, WIS)

aHP ***Psittacanthus palmeri*** (S. Watson) Barbour & Wiens
Autlán: El Chante 950–1050 m *Iltis 1126* (WIS)
Tuxcacuesco: Cerro del Palacio 1150 m *Santana-M. 5974* (ZEA)

aHP ***Psittacanthus ramiflorus*** (DC.) G. Don, "Injerto"
Autlán: Piedra Bola, Las Joyas 1950 m *Judziewicz 4911* (WIS)
La Resolana: Los Mazos 1500 m *Rodríguez-C. 910* (IBUG, WIS)

aHP ***Psittacanthus schiedeanus*** (Schlecht. & Cham.) Blume
Autlán: O de Ahuacapán 1200 m *De Níz-L. 269* (WIS, ZEA)
Cuautitlán: La Cumbre–San Miguel 2100 m *Cuevas-G. 1284* (ZEA)

aP ***Struthanthus condensatus*** Kuijt
Tolimán: El Sauz–El Terrero, Cerro Grande 1600 m *Cházaro-B. 6025* (WIS); El Terrero, Cerro Grande 2000 m *Iltis 29662* (ZEA); S de El Terrero, Cerro Grande 1600 m *Nieves-H. 554, 555* (WIS, ZEA)

aP ***Struthanthus interruptus*** (H. B. K.) Blume, "Corralito", "Malojo"
Cuautitlán: Ayotitlán 1040 m *Anaya-C. 54* (WIS, ZEA)
La Resolana: El Tepejilote, El Zapotillo 470 m *Cochrane 12326* (WIS, ZEA)
Tuxcacuesco: La Cañita, Zenzontla 950 m *Santana-M. 5091* (WIS, ZEA); Zenzontla 950 m *De Níz-L. 219* (WIS, ZEA)

## LYTHRACEAE

H ***Cuphea appendiculata*** Benth. var. ***appendiculata*** [*C. graciliflora*]
Cuautitlán: Ayotitlán 1170 m *Robles-H. 920* (WIS, ZEA)
La Resolana: Arroyo Tacubaya 500 m *Iltis 303* (WIS)

H ***Cuphea calaminthifolia*** Schlecht.
Autlán: E de Manantlán 2530 m *Wilbur 1832* (MICH, WIS)
Cuautitlán: Rincón de Manantlán 1600 m *Judziewicz 5111* (ENCB, MICH, WIS)

H ***Cuphea ferrisiae*** Bacigalupi var. ***rosea*** S. Graham; ENDÉMICA: oeste de México
Cuautitlán: Chancol, Ayotitlán 1100 m *Vázquez-G. 4469* (WIS)
La Resolana: NE de La Resolana 400–450 m *Cuevas-G. 3089* (WIS)

H ***Cuphea hookeriana*** Walp. Foto p. 21.
Autlán: El Zarzamoro, Las Joyas 1900 m *Judziewicz 4748* (IBUG, MEXU, WIS), 1900 m

*Iltis 1352* (WIS)
Cuautitlán: Arriba de Telcruz, Ayotitlán 1620 m *Cochrane 12187* (F, UMO, WIS)

H ***Cuphea inflata*** S. Graham; ENDÉMICA: oeste de México
La Resolana: 25 km al S de Autlán 600 m *Rzedowski 14728* (ENCB, MICH)

H ***Cuphea jorullensis*** H. B. K.
Autlán: El Chilacayote, Las Joyas 1950 m *Judziewicz 4930* (WIS)
Cuautitlán: E de Manantlán [2145 m] *Wilbur 1867* (MICH, WIS)

H ***Cuphea leptopoda*** Hemsl.
Cuautitlán: OSO de Puente de La Rosa 600 m *Guzmán-H. 222* (WIS, ZEA)
La Resolana: La Resolana [1402 m] *Wilbur 2136* (MICH, WIS); 10 km N de La Resolana [cerca de La Calera] [700 m] *Graham 730* (CHAPA, KE–G, MEXU, MICH); O de Los Mazos 1050 m *Cochrane 10854b* (WIS)

H ***Cuphea llavea*** Lex. var. ***llavea***, "Cigarrillo", "Perritos", "Pulmonaria"
Autlán: Las Galeras, Las Joyas 1650 m *Vázquez-G. 3608* (ZEA)
Cuautitlán: El Durazno 1900 m *Rosales-C. 55* (ZEA); Las Marías, Ayotitlán 800 m *Rosales-C. 81* (ZEA); Telcruz, Ayotitlán 1100 m *Vázquez-G. 4404* (ZEA)
La Resolana: Cerro La Petaca 1100 m *Iltis 364* (WIS)

H ***Cuphea lobophora*** Koehne var. ***elongata*** S. Graham; ENDÉMICA: Jalisco, Michoacán
Comala: N de Campo Cuatro, Cerro Grande 1300–1400 m *Cuevas-G. 3935* (WIS, ZEA)

H ***Cuphea lobophora*** var. ***occidentalis*** S. Graham
Cuautitlán: Cuzalapa 800 m *Robles-H. 809* (WIS, ZEA)

H ***Cuphea michoacana*** R. Foster; ENDÉMICA: Jalisco, Michoacán
Tolimán: SO de El Terrero, Cerro Grande 1800 m *Cuevas-G. 2491* (WIS, ZEA); Los Encinitos–La Antena, Cerro Grande 1600 m *Cochrane 13040* (IBUG, KE, MICH, WIS, ZEA)

H ***Cuphea tolucana*** Peyritsch
Autlán: Ahuacapán–Corralitos [1400 m?] *McVaugh 19589* (MICH)
Cuautitlán: Rincón de Manantlán [1700 m] *Sánchez-S. 235* (IBUG, WIS)

H ***Cuphea utriculosa*** Koehne
Cuautitlán: Arroyo Ayotitlán 940 m *Judziewicz 5199* (IBUG, MEXU, WIS); Las Marías, Ayotitlán 820 m *Judziewicz 5231* (WIS)

H ***Cuphea watsoniana*** Koehne
Cuautitlán: La Cumbre 2380 m *Iltis 29423* (WIS, ZEA); La Cumbre–San Miguel 2270 m *Vázquez-G. 3922* (WIS, ZEA); San Miguel 2260 m *Iltis 2691* (WIS), 2250–2400 m *McVaugh 13872* (BM, DUKE, MICH, NY, TEX, US)
Tolimán: La Laguna, Cerro Grande 2050 m *Cuevas-G. 1745* (WIS, ZEA)

a ***Heimia salicifolia*** Link, "Güinarcillo", "Jarilla"
Autlán: Barbechos del Sol y La Luna, Las Joyas 1760 m *Cuevas-G. 1218* (ZEA)
Cuautitlán: Manantlán–Rincón de Manantlán 1600 m *Cochrane 10822* (WIS)
Tuxcacuesco: SSE de El Camichín 700 m *Guzmán-H. 183* (WIS, ZEA)

## MAGNOLIACEAE

A ***Magnolia iltisiana*** A. Vázquez, "Cacao", "Laurel", "Magnolia"; ENDÉMICA: oeste de México. Fotos, insertada en la portada; p. xxxi, II.
Autlán: El Tlacuache, Las Joyas 1900 m *Vázquez-G. 3021* (ZEA); El Zarzamoro, Las Joyas 1960 m *Iltis s. n., 29052* (WIS, ZEA), 1840 m *Guzmán-M. 7008* (WIS), *Cochrane 11702* (WIS–Holótipo; BH–, BM–, IBUG–, LE– MEXU–, MICH–, MO–, US–, XAL–, ZEA–Isótipos); La Moza, Las Joyas 1880 m *Iltis 30961* (WIS); Las Galeras, Las Joyas 1750 m *Vázquez-G. 3005* (ZEA); Las Joyas 1950 m *Cochrane 10695* (WIS); Las Mantequillas, Las Joyas 1600 m *Cuevas-G. 1482* (ZEA); Piedra Bola, Las Joyas 1800 m *Judziewicz 4928* (WIS, ZEA); San Campús, Las Joyas 1980 m *Judziewicz 4986* (WIS, ZEA)

Cuautitlán: El Durazno 1200 m *Cuevas-G. 1888a, 1916* (ZEA); E de Cuzalapa 1250 m *De Níz-L. 98* (WIS, ZEA); SO de La Cumbre 1850–2050 m *Cuevas-G. 2869* (WIS, ZEA)

A ***Talauma*** sp., "Cacao", "Yoloxochitl". Foto p. xxxi, HH.
Cuautitlán: Arroyo Ayotitlán 840 m *Judziewicz 5188* (WIS, ZEA); La Palma Alta 900 m *Cevallos-E. 65* (WIS, ZEA); S de Ayotitlán 750 m *Benz 1269* (WIS, ZEA); SSE de Ayotitlán 805 m *Guzmán-M. 6641, 6648* (IBUG, WIS)
La Resolana: 2 km al SE de La Resolana 700–1000 m *Cuevas-G. 3121* (WIS, ZEA)

## MALPIGHIACEAE

a ***Bunchosia mcvaughii*** W. R. Anderson; ENDÉMICA: Colima, Jalisco
Autlán: Ahuacapán–Corralitos 1500–2200 m *McVaugh & Koelz 954* (MICH)
Cuautitlán: San Miguel–Ayotitlán 1750 m *Santana-M. 4251* (WIS)
La Resolana: La Calera 870 m *Cuevas-G. 2198* (ZEA); Los Mazos 1655 m *Cochrane 12090* (WIS); N de Los Mazos 1140 m *Cházaro-B. 4451* (IBUG, WIS)

aA ***Bunchosia palmeri*** S. Watson
Autlán: Corralitos 1700 m *Vázquez-G. 4176* (WIS, ZEA); S de El Chante 1000 m *Iltis 1122* (MICH, WIS)
La Resolana: S de Los Mazos 1700 m *Iltis 30115* (WIS)
Tolimán: San Pedro Toxín 775 m *Vázquez-G. 4090* (WIS, ZEA)

a ***Bunchosia strigosa*** Schlecht.
Cuautitlán: Chancol, Ayotitlán 1100 m *Vázquez-G. 4452* (ZEA)

A ***Byrsonima crassifolia*** (L.) H. B. K., "Nance", "Nanche"
Cuautitlán: Chancol, Ayotitlán 1050 m *Ramírez-D. 474* (IBUG); El Durazno 850–900 m *Cuevas-G. 1869* (WIS, ZEA); La Pareja 860 m *Vázquez-G. 4047* (ZEA); NE de El Durazno 900 m *Rosales-C. 59* (ZEA); Telcruz, Ayotitlán 1200 m *Vázquez-G. 4438, 4482* (WIS, ZEA)

T ***Echinopterys eglandulosa*** (Adr. Juss.) Small [*E. lappula*], "Hierba de la cucaracha"
Autlán: El Chante 1060 m *Iltis 1120, 2532* (WIS, ZEA)
Comala: N de Campo Cuatro, Cerro Grande 1750 m *Iltis 30218* (F, GH, IEB, WIS)
Tuxcacuesco: La Cañita, Zenzontla 1100 m *Cuevas-G. 2057* (WIS, ZEA)

a ***Galphimia glauca*** Cav. Foto p. xxxiii, MM.
Autlán: Tecopatlán–Manantlán 1400 m *Cárdenas s. n.* (WIS, ZEA)
Cuautitlán: El Almeal 2100 m *Judziewicz 4845* (WIS, ZEA)
La Resolana: E de La Resolana 600 m *Cuevas-G. 1828* (WIS)
Tolimán: El Terrero, Cerro Grande 2100 m *Vázquez-G. 4154* (ZEA)

H ***Galphimia gracilis*** Bartl.
Cuautitlán: Chancol, Ayotitlán 900 m *Robles-H. 712* (WIS, ZEA); La Astilla 1200 m *Santana-M. 4788* (WIS, ZEA)
La Resolana: Arroyo El Tecolote 800 m *Vázquez-G. 3981* (ZEA)

a ***Galphimia*** sp.
Autlán: SSE de Ahuacapán 800–900 m *Guzmán-H. 879* (WIS, ZEA)
Cuautitlán: Telcruz, Ayotitlán 1000 m *Cuevas-G. 2125* (ZEA)

T ***Gaudichaudia albida*** Schlecht. & Cham.
Cuautitlán: Manantlán 1450 m *Iltis 1199a* (WIS)

T ***Gaudichaudia cycloptera*** (DC.) W. R. Anderson
Cuautitlán: Ayotitlán 1000 m *Santana-M. 4101* (WIS, ZEA); Telcruz: 1300–1400 m *Cuevas-G. 3779* (WIS, ZEA)

T ***Gaudichaudia cynanchoides*** H. B. K.
Autlán: O de Ahuacapán 1000 m *Santana-M. 5415* (WIS, ZEA)
Tuxcacuesco: La Pasión, Zenzontla 1400 m *Cuevas-G. 2593* (ZEA)

T ***Gaudichaudia mcvaughii*** W. R. Anderson; ENDÉMICA: Colima, Guerrero, Jalisco
Comala: Juluapan–Campo Cuatro, Cerro Grande 700–800 m *Santana-M. 5231* (ZEA)

T *Gaudichaudia subverticillata* Rose; ENDÉMICA: Jalisco, Nayarit
La Resolana: [14.5 km S] de Autlán [1260 m] *Wilbur 2306* (MICH, WIS)

T *Heteropterys brachiata* (L.) DC. [*H. beecheyana*]
Autlán: Ahuacapán 1000 m *Vázquez-G. 4181* (UCR, WIS, ZEA); O de Ahuacapán 1300 m *Santana-M. 4386* (WIS, ZEA)

T *Heteropterys laurifolia* (L.) Adr. Juss., "Bejuco equipalero", "Palo bejucoso", "Palo de verdura"
Cuautitlán: Cuzalapa 800 m *Cuevas-G. 1972* (WIS, ZEA); SO de El Durazno 1050 m *Santana-M. 3362* (WIS, ZEA); O de Las Marías 800 m *Cochrane 11780* (F, GH, WIS)
La Resolana: Arroyo Tacubaya 660–700 m *Cochrane 11695* (IBUG, MEXU, WIS, ZEA)
Minatitlán: Río Juluapan, S de El Sauz, Cerro Grande 770 m *Cochrane 11721* (ASU, IBUG, WIS, ZEA)
Tuxcacuesco: La Cañita, Zenzontla 1100 m *Cuevas-G. 2055* (WIS, ZEA)

aA *Lasiocarpus ferrugineus* Gentry, "Guayabillo"
Cuautitlán: Cuzalapa 500 m *McVaugh 23259* (MICH)
Tuxcacuesco: ESE de Zenzontla 900 m *Cuevas-G. 3979, 3980* (WIS, ZEA); NO de Zenzontla–El Aguacate 1000 m *Iltis 31135* (WIS, ZEA)

A *Malpighia ovata* Rose; ENDÉMICA: Colima, Guerrero, Jalisco
Autlán: SE de Ahuacapán 1000 m *Santana-M. 4426* (WIS, ZEA)
Tuxcacuesco: El Rodeo 1200 m *Iltis 28890* (WIS)

A *Malpighia romeroana* Cuatr. var. *nayaritensis* Vivaldi; ENDÉMICA: Jalisco, Nayarit
La Resolana: Cerro La Petaca 800 m *Ramírez-D. 703* (IBUG)

A *Malpighia wilburiorum* W. R. Anderson: ENDÉMICA: RBSM
La Resolana: La Calera 1100 m *Vázquez-G. 4351* (ZEA), 850 m *Cuevas-G. 2208* (ZEA); 22 km SSE de Autlán *Wilbur & Wilbur 2290* (MICH–Holótipo; MEXU–Isótipo)

T *Mascagnia dipholiphylla* (Small) Bullock
Tuxcacuesco: O de Tuxcacuesco [RBSM?] 1000 m *Cochrane 11647* (F, IBUG, MICH, WIS, ZEA)

T *Mascagnia sinemariensis* (Aubl.) Griseb.
La Resolana: La Calera, SO de Los Mazos 830 m *Cochrane 12331* (MICH, WIS, ZEA)

T *Tetrapterys mexicana* Hook. & Arn.
Autlán: SE de Ahuacapán 1150 m *Santana-M. 4361* (WIS, ZEA)
Cuautitlán: Telcruz, Ayotitlán 1300 m *Cuevas-G. 2223a* (WIS, ZEA)
Tolimán: El Sauz–El Terrero, Cerro Grande 930 m *Cochrane 11728* (ENCB, F, IBUG, MICH, MO, UMO, WIS, ZEA), 1630 m *Cochrane 11739* (F, IBUG, LE, MICH, WIS, ZEA)

## Malvaceae

Muchas de las determinaciones fueron hechas o verificadas por Paul A. Fryxell o Antonio Vázquez-G.

a *Abutilon abutiloides* (Jacq.) Garcke ex Britt. & Wilson, "Amantillo"
Tuxcacuesco: Zenzontla 850 m *Santana-M. 3866* (ZEA); O de La Palma 700 m *Cuevas-G. 3407* (WIS, ZEA)

a *Abutilon barrancae* M. E. Jones
La Resolana: La Calera 740–780 m *Judziewicz 5115* (IBUG, WIS), 850 m *Cochrane 12330* (CHAPA, MICH, UCR, WIS, ZEA)
Tolimán: S de La Loma 1050–1100 m *Vázquez-G. 4122* (WIS, ZEA)

a *Abutilon ellipticum* Schlecht.
Autlán: Ahuacapán–Corralitos 1500 m *Vázquez-G. 994* (IBUG, WIS); Cañada de El Tlacuache, Las Joyas 1850–1920 m *Vázquez-G. 3825* (WIS, ZEA); El Zarzamoro, Las Joyas 1900 m *Iltis 1328, 3147* (WIS)
Cuautitlán: El Almeal 2000 m *Judziewicz 4865* (WIS); El Durazno *Cházaro-B. 5514* (IBUG); Telcruz 1260 m *Cochrane 12225* (WIS)

a *Abutilon haenkeanum* C. Presl
La Resolana: Arroyo El Tecolote 1500 m *Vázquez-G. 3983* (ZEA)
a *Abutilon reventum* S. Watson
La Resolana: El Tigre 650 m *Guzmán-H. 716* (ZEA)
a *Abutilon trisulcatum* (Jacq.) Urb., "Algodoncillo", "Mantilla"
Cuautitlán: Rincón de Manantlán 1800 m *Vázquez-G. 484* (IBUG)
Tuxcacuesco: La Cañita, Zenzontla 1100–1150 m *Cuevas-G. 2053, 2555* (ZEA)
a *Abutilon umbellatum* (L.) Sweet
La Resolana: El Tepejilote, El Zapotillo 420–500 m *Iltis 30978* (WIS), *Cochrane 12312* (WIS, ZEA)
Tuxcacuesco: SO de Zenzontla 900–940 m *Cochrane 11673* (IEB, WIS, ZEA)
H *Allosidastrum hilarianum* (C. Presl) Krapov., Fryx. & D. M. Bates
La Resolana: Arroyo Tacubaya 500–600 m *Cochrane 11699* (MICH, WIS); El Tepejilote, El Zapotillo 460–500 m *Iltis 30976* (ENCB, WIS)
Tuxcacuesco: SSE de El Camichín 800 m *Cuevas-G. 3352, 3383* (WIS, ZEA)
H *Allosidastrum pyramidatum* (Cav.) Krapov., Fryx. & D. M. Bates
La Resolana: Cerca del pueblo 800 m *Cuevas-G. 2393* (WIS, ZEA); El Tepejilote, El Zapotillo 420–500 m *Iltis 30977* (IEB, WIS); O de Los Mazos 1050 m *Cochrane 10844b* (WIS)
Tuxcacuesco: Zenzontla 900–940 m *Cochrane 11672* (WIS)
H *Anoda acerifolia* Cav. [*A. zuccagnii*]
Tolimán: San Pedro Toxín 800 m *Vázquez-G. 4109* (WIS, ZEA)
H *Anoda crenatiflora* Ortega
Tuxcacuesco: Cerro de El Palacio 1150 m *Santana-M. 5356, 5513* (ZEA)
H *Anoda cristata* (L.) Schlecht., "Malva morada", "Violeta", "Violetilla"
Autlán: Tecopatlán 1400–1700 m *Cuevas-G. 2663a* (WIS, ZEA)
Cuautitlán: SE de Cuzalapa 700 m *Rosales-C. 189* (WIS, ZEA)
Tolimán: Toxín 1350 m *Rodríguez-C. 2059* (IBUG, WIS)
Tuxcacuesco: Zenzontla 850 m *Santana-M. 3881* (ZEA)
H *Anoda maculata* Fryx.
Tolimán: Las Palmas [RBSM?] 750 m *Martínez-P. s. n.* (IBUG)
H *Briquetia spicata* (H. B. K.) Fryx.
La Resolana: El Tigre 550 m *Santana-M. 2528* (IBUG); SE de La Resolana 600 m *Cuevas-G. 2840* (WIS, ZEA)
T *Gaya minutiflora* Rose
Autlán: ONO [sic] de Ahuacapán 1000–1100 m *Cuevas-G. 3993* (WIS, ZEA)
Tuxcacuesco: Zenzontla 850 m *Santana-M. 3846* (ZEA)
a *Gossypium aridum* (Rose & Standl. ex Rose) Skovsted
Tuxcacuesco: Puerto de Toxín, Cerro Grande [1300 m] *Rodríguez-C. 2401* (IBUG, WIS)
a *Gossypium hirsutum* L.
Autlán: Ahuacapán 1000 m *Nieves-H. 433* (WIS, ZEA)
T *Herissantia crispa* (L.) Brizicky
Tuxcacuesco: Zenzontla 800 m *Cuevas-G. 3350* (WIS, ZEA)
a *Hibiscus phoeniceus* Jacq.
Tuxcacuesco: Zenzontla 850 m *Nieves-H. s. n.* (ZEA)
T *Hibiscus uncinellus* DC.
Cuautitlán: NE de El Durazno 1234 m *Wetter 2086* (IBUG, WIS, ZEA); NO de Telcruz, Ayotitlán 1350–1400 m *Cuevas-G. 2118, 2184* (WIS, ZEA); S de Cuzalapa [600 m] *McVaugh 23254* (MICH, WIS)
H *Hochreutinera amplexifolia* (DC.) Fryx.
Autlán: Ahuacapán 1000 m *Santana-M. 5413* (WIS, ZEA)
Cuautitlán: Arroyo Ayotitlán 850 m *Judziewicz 5206* (WIS, ZEA); Chancol, Ayotitlán

1150 m *Vázquez-G. 4034* (UCR, WIS, ZEA)
La Resolana: [16 km] S de Autlán [1740 m] *Wilbur 2421* (MICH, WIS)
Tolimán: El Rodeo 1200 m *Iltis 28905* (WIS, ZEA)

H ***Kearnemalvastrum subtriflorum*** (Lag.) D. M. Bates
Autlán: E de Las Joyas 1900 m *Iltis 3147a* (WIS); El Zarzamoro, Las Joyas 1940 m *Vázquez-G. 3838* (WIS, ZEA); Los Barbechos, Las Joyas 1900 m *Cochrane 10736* (WIS)
Cuautitlán: El Almeal 2100 m *Cochrane 10610* (WIS)

a ***Kosteletzkya tubiflora*** (DC.) D. J. Blanch. & McVaugh
Autlán: Los Mazos 1500 m *Santana-M. 4261* (ZEA)

H ***Malachra fasciata*** Jacq.
La Resolana: El Zapotillo 400 m *Cochrane 10856* (WIS, ZEA)

H ***Malva parviflora*** L., "Malva"
Tolimán: El Terrero, Cerro Grande 2200 m *Santana-M. 4585* (ZEA)

H ***Malva sylvestris*** L.
Comala: Campo Cuatro, Cerro Grande 900 m *Santana-M. 2922* (IBUG)

H ***Malvastrum americanum*** (L.) Torr., "Güinar"
Autlán: SSO de Autlán 1300–1400 m *Cuevas-G. 1894* (ZEA)
Tolimán: Cercanías del pueblo 750 m *Martínez-P. s. n.* (IBUG)

H ***Malvastrum coromandelianum*** (L.) Garcke
La Resolana: El Tepejilote, El Zapotillo 450–550 m *Guzmán-H. 954* (ZEA)

a ***Malvaviscus arboreus*** Cav. var. ***arboreus***
La Resolana: Cerro La Piña [RBSM?] *Pérez-E. s. n.* (IBUG)

a ***Malvaviscus arboreus*** var. ***mexicanus*** Schlecht.
Autlán: El Tlacuache, Las Joyas 1900 m *Cuevas-G. 1562* (UCR, WIS, ZEA); Las Cascadas, Las Joyas 1700 m *Vázquez-G. 3483* (WIS, ZEA); Las Joyas 1950 m *Cochrane 10665, 10705* (WIS); San Campús, Las Joyas 1980 m *Judziewicz 4980* (WIS, ZEA)
Cuautitlán: El Almeal 2100 m *Sørensen 7816* (WIS); Plaza de Gallos 1610 m *Villalobos-S. 191* (ZEA)
La Resolana: SSO de Autlán [1220 m] *Wilbur 2339* (MICH, WIS)
Minatitlán: La Loma 1300 m *Vázquez-G. 4133* (WIS, ZEA)
Tuxcacuesco: La Lima 1350 m *Iltis 28901* (WIS, ZEA)

a ***Malvaviscus penduliflorus*** DC.
La Resolana: La Resolana–La Huertita *Martínez 466* (IBUG)

H ***Neobrittonia acerifolia*** (G. Don) Hochr., "Huevos de coyote"
Autlán: El Zarzamoro, Las Joyas 1940 m *Vázquez-G. 3847* (WIS, ZEA), 1900 m *Iltis 1277* (WIS)
Cuautitlán: El Almeal 2100 m *Judziewicz 4846* (WIS); Rincón de Manantlán 1500 m *Villarreal de Puga 11571* (IBUG, WIS)
Tolimán: El Terrero–La Laguna, Cerro Grande 2113 m *Wetter 2066* (WIS, ZEA)

a ***Pavonia oxyphylla*** (DC.) Fryx. var. ***melanommata*** (B. L. Rob. & Seaton) Fryx.; ENDÉMICA: Nueva Galicia
Autlán: El Chante–La Cidrita 1050 m *Santana-M. 4091* (ZEA)
Tolimán: La Laguna–Toxín, Cerro Grande 2100 m *Nieves-H. 505* (WIS)

a ***Pavonia pleuranthera*** (DC.) Fryx., "Cicua blanca"
Cuautitlán: E de El Durazno 1300–1400 m *Cuevas-G. 1909* (WIS, ZEA); SE de San Miguel 1750 m *Santana-M. 4255* (WIS, ZEA)
La Resolana: O de Los Mazos 1050 m *Cochrane 10845b* (WIS)

a ***Periptera ctenotricha*** Fryx.; ENDÉMICA: Jalisco
Cuautitlán: El Almeal 2100 m *Vázquez-G. 4252* (ZEA); La Cumbre 2100 m *Iltis 29378* (WIS)

a ***Periptera macrostelis*** Rose; ENDÉMICA: Guerrero, Jalisco
Cuautitlán: Telcruz, Ayotitlán 1350 m *Cuevas-G. 3770* (ZEA)
La Resolana: El Tigre [500–600 m] *Flores-M. 551* (IBUG)

H *Periptera punicea* (Lag.) DC.
Autlán: Corralitos–Las Joyas [1800–1950 m] *Solís-M. 3373* (MEXU)
Tolimán: Puerto de Toxín, Cerro Grande 1400 m *Cuevas-G. 3749* (WIS, ZEA)

a *Phymosia rosea* (DC.) Kearney. Foto p. xxxvii, WW.
Cuautitlán: Arriba de [Rincón de Manantlán] *Boutin 2961* (MEXU); La Cumbre–San Miguel 2270 m *Vázquez-G. 3917* (WIS, ZEA); Rincón de Manantlán 1660 m *Iltis 1390* (WIS)

A *Robinsonella speciosa* Fryx.
Autlán: Ahuacapán–Corralitos 1400 m *Iltis 29443* (WIS, ZEA), *Cochrane 11709* (F, GH, IBUG, MICH, WIS, ZEA), *Cházaro-B. 4554* (IBUG), *Vázquez-G.* (foto–ZEA)

H *Sida abutilifolia* Mill.
Comala: Campo Cuatro, Cerro Grande 1300 m *Santana-M. 5279* (WIS, ZEA)
Tuxcacuesco: Zenzontla 800 m *Cuevas-G. 3351* (WIS, ZEA)

H *Sida acuta* Burmann f.
Cuautitlán: San Miguel 1750 m *Santana-M. 4240* (WIS, ZEA); SE de Cuzalapa 700 m *Rosales-C. 206* (WIS, ZEA)
Tuxcacuesco: SO de La Cañita, Zenzontla 1150–1200 m *Cuevas-G. 2567* (WIS, ZEA)

H *Sida aggregata* C. Presl
Minatitlán: Agua Fría–Minatitlán [RBSM?] 800 m *Iltis 29459* (WIS)
Tuxcacuesco: La Cañita, Zenzontla 1100 m *Cuevas-G. 2056* (WIS, ZEA)

H *Sida barclayi* E. G. Baker
Autlán: El Zarzamoro, Las Joyas 1900 m *Iltis 3124a* (WIS)

H *Sida ciliaris* L.
Autlán: Ahuacapán 1000 m *Santana-M. 5438* (WIS, ZEA)

H *Sida collina* Schlecht.
La Resolana: S de Autlán *Wilbur 2164* (MEXU)

H *Sida glabra* Mill.
Autlán: Tecopatlán 1550 m *Cuevas-G. 2674* (ZEA)
Cuautitlán: Telcruz, Ayotitlán 1350–1400 m *Cuevas-G. 2121* (WIS, ZEA)

H *Sida haenkeana* C. Presl
Autlán: El Zarzamoro, Las Joyas 1900 m *Iltis 3124a* (WIS)
Cuautitlán: San Miguel 1750 m *Santana-M. 4162* (WIS, ZEA); O de La Ventana, San Miguel [2000 m] *Iltis 407* (WIS)

H *Sida jamaicensis* L.
La Resolana: Cerro La Petaca 700 m *Santana-M. 5962* (WIS, ZEA)

H *Sida linifolia* Cav.
Cuautitlán: 2 km N de Cuautitlán 800 m *Santana-M. 4470* (ZEA)
La Resolana: El Corte Colorado 500 m *Rzedowski 14982* (MEXU)

H *Sida rhombifolia* L., "Babosilla", "Escobita", "Güinar", "Huinar"
La Resolana: Antena de Transmisión, Los Mazos 1680 m *Wetter 1060* (WIS)

H *Sida rzedowskii* Fryx.
Autlán: El Zarzamoro, Las Joyas 1900 m *Iltis 1254* (WIS)

H *Sida salviifolia* C. Presl
Autlán: Ahuacapán 1000 m *De Níz-L. 244* (WIS, ZEA)
Tuxcacuesco: Zenzontla 850 m *Santana-M. 3842* (ZEA)

H *Sida spinosa* L.
Tuxcacuesco: El Manantial, SO de Zenzontla 900–940 m *Cochrane 11676a* (WIS); Zenzontla 850 m *Santana-M. 3882* (ZEA)

H *Wissadula amplissima* (L.) R. E. Fries
La Resolana: El Tigre 800–1000 m *Cuevas-G. 2882* (WIS, ZEA)
Tuxcacuesco: La Cañita, Zenzontla 1175 m *Cuevas-G. 2563* (ZEA)

## Melastomataceae

H **_Arthrostema alatum_** Triana, "Yerbamora"
La Resolana: Arroyo Tacubaya, Cerro La Petaca 400 m *Iltis 319* (WIS); El Tigre 600 m *Cuevas-G. 3998* (WIS, ZEA)

a **_Clidemia matudae_** L. O. Williams
Cuautitlán: El Durazno 960 m *Cuevas-G. 1662* (ZEA), 1210 m *Cevallos-E. 76* (WIS, ZEA)
La Resolana: Cerro La Petaca 900–1600 m *Santana-M. 2783* (IBUG, WIS)

a **_Clidemia submontana_** Rose ex Gleason
Cuautitlán: El Durazno 960 m *Cuevas-G. 1651* (ZEA)

A **_Conostegia volcanalis_** Standl. & Steyerm., "Pedorra"
Autlán: Cañada de La Moza, Las Joyas 1840 m *Cuevas-G. 1246* (WIS, ZEA); El Zarzamoro, Las Joyas 1950–2000 m *Iltis 29054* (WIS, ZEA)
Cuautitlán: Rincón de Manantlán 2020 m *Vázquez-G. 3913* (WIS, ZEA), *Iltis 28882* (WIS, ZEA)

a **_Conostegia xalapensis_** (Humb. & Bonpl.) D. Don, "Mora"
Cuautitlán: El Durazno 920 m *Santana-M. 3302* (WIS, ZEA), 850–900 m *Cuevas-G. 1881* (WIS, ZEA); Puente de La Rosa 600 m *Guzmán-H. 245* (ZEA); SO de Telcruz, Ayotitlán 1200 m *Vázquez-G. 4493* (WIS, ZEA)
La Resolana: Cerro La Petaca 500–900 m *Santana-M. 2771* (IBUG, WIS); NE de La Resolana 800–900 m *Vázquez-G. 4506* (WIS, ZEA)

H **_Heterocentron mexicanum_** Hook. & Arn.
Autlán: Las Cascadas, Las Joyas 1650 m *Vázquez-G. 3624* (ZEA); Las Mantequillas, Las Joyas 1600 m *Vázquez-G. 3764* (ZEA)

H **_Heterocentron subtriplinervium_** (Link & Otto) A. Br.
Cuautitlán: El Durazno 900 m *Santana-M. 3335* (WIS, ZEA)
La Resolana: El Tigre 550 m *Judziewicz 5170* (WIS)

H **_Heterocentron_** sp. nov., fide Whiffin
La Resolana: S de Autlán [1825 m] *Wilbur 2451* (MICH), 1350 m *Anderson 3744* (MICH)

a **_Leandra cornoides_** (Schlecht. & Cham.) Cogn.
Autlán: Cañada de La Moza, Las Joyas 1840 m *Cuevas-G. 1249a* (WIS, ZEA); Picacho del Sol y La Luna, Las Joyas 2140 m *Vázquez-G. 3309* (ZEA)

a **_Leandra subseriata_** (Naudin) Cogn., "Mora del cerro"
Autlán: Corralitos 1600 m *Cuevas-G. 2300* (WIS, ZEA); El Tlacuache, Las Joyas 1900 m *Vázquez-G. 3018* (ZEA)
Cuautitlán: La Cumbre 2270 m *Vázquez-G. 3927* (WIS, ZEA); S de Rincón de Manantlán 1660–1900 m *Iltis 1391* (WIS)

a **_Miconia albicans_** (Sw.) Tr., "Mora", "Morita", "Pedorra"
Cuautitlán: El Durazno 960 m *Cuevas-G. 1683* (ZEA)
La Resolana: La Resolana 400 m *Vázquez-G. 4383* (ZEA)

a **_Miconia glaberrima_** (Schlecht.) Naud.
Autlán: Cañada de La Moza, Las Joyas 1950 m *Cuevas-G. 1249* (WIS, ZEA); Cuchilla de La Tuna, Las Joyas 1800 m *Vázquez-G. 3872* (WIS, ZEA), *3878* (ZEA)
Cuautitlán: San Miguel–Las Joyas 2200 m *Vázquez-G. 4007* (ZEA); S de Rincón de Manantlán 2400 m *Sørensen 7979* (WIS)

a **_Miconia mcvaughii_** Wurdack
Autlán: Charco de Los Perros, Las Joyas 1990 m *Vázquez-G. 3672* (WIS, ZEA)
Cuautitlán: NE de El Durazno 1875–1920 m *Wetter 2021* (CAS, MEXU, WIS)

H **_Pterolepis pumila_** (DC.) Cogn.
Autlán: El Tlacuache, Las Joyas 1900 m *Cuevas-G. 1561* (ZEA)

a **_Tibouchina scabriuscula_** (Schlecht.) Cogn. vel aff.
Autlán: Corralitos 1820 m *Cochrane 12604* (CAS, IBUG, MICH, WIS); El Laurelito, Las Joyas 1850 m *Vázquez-G. 3731* (WIS, ZEA); El Tlacuache, Las Joyas 2020 m *Vázquez-G.*

*3835* (WIS, ZEA); El Zarzamoro, Las Joyas 1900–2000 m *Iltis 1348* (WIS)
Cuautitlán: S de Rincón de Manantlán 1760 m *Iltis 1206* (WIS)

a **Tibouchina** sp. [*Tibouchina longifolia* vel aff.]. Foto p. xxxv, QQ.
Autlán: Las Joyas 1820 m *Loza-L. 25* (ZEA); La Yerbabuena, SO de El Chante 1120 m *Santana-M. 4749* (WIS, ZEA)
Cuautitlán: El Durazno 920 m *Santana-M. 3301* (WIS, ZEA); Telcruz, Ayotitlán 1300–1400 m *Cuevas-G. 1784, 2129* (WIS, ZEA)

## MELIACEAE

A ***Cedrela odorata*** L., "Cedro rojo"
Cuautitlán: El Durazno 1300 m *Cuevas-G. 1890* (WIS, ZEA)
Tolimán: La Laguna, Cerro Grande 2000 m *Cuevas-G. 1728* (ZEA)

A ***Cedrela salvadorensis*** Standl.
Tuxcacuesco: El Camichín 1050 m *Guzmán-H. 169* (ZEA); Zenzontla 800 m *Cuevas-G. 3725* (WIS, ZEA)

A ***Cedrela*** sp.
Tolimán: El Terrero, Cerro Grande 2100 m *Vázquez-G. s. n.* (ZEA), 2000 m *Santana-M. 5061* (ZEA)

A ***Guarea glabra*** Vahl, "Alamo", "Ambarito", "Periquillo"
Cuautitlán: E de El Durazno 1350 m *Cuevas-G. 1889* (WIS, ZEA)
La Resolana: Arroyo El Tecolote 1400 m *Cuevas-G. 1851* (WIS, ZEA); El Tepejilote, El Zapotillo 420–500 m *Iltis 30994* (WIS); La Resolana 600 m *Cuevas-G. 1839, 2850* (WIS, ZEA)

A ***Swietenia humilis*** Zucc., "Caoba", "Cóbano"
La Resolana: NE de La Resolana 400–600 m *Cuevas-G. 2358* (WIS, ZEA)
Tuxcacuesco: El Camichín 700 m *Guzmán-H. 182* (WIS, ZEA)

A ***Trichilia americana*** (Sessé & Moc.) Pennington [*T. colimana*], "Periquillo"
Cuautitlán: El Durazno 960 m *Vázquez-G. 4039* (WIS, ZEA)
La Resolana: Arroyo El Tecolote 1400 m *Cuevas-G. 1849* (WIS, ZEA); Cerro de La Petaca 750 m *Cházaro-B. 5687* (IBUG); SSO de Los Mazos 1200 m *Cuevas-G. 1847* (WIS, ZEA)
Tolimán: Puerto de Toxín–San Pedro Toxín 1235 m *Cochrane 12283* (F, WIS, ZEA)

A ***Trichilia havanensis*** Jacq.
Cuautitlán: SE de El Durazno 2000 m *Cuevas-G. 1931* (WIS, ZEA); San Campús–Chilillas 1900–2000 m *Judziewicz 4984* (WIS); Telcruz, Ayotitlán 1600 m *Cuevas-G. 1790* (WIS, ZEA)
La Resolana: Los Mazos 1600 m *Cuevas-G. 2980* (ZEA)

A ***Trichilia trifolia*** L. subsp. ***palmeri*** (C. DC.) Pennington
La Resolana: Arroyo El Tecolote 450 m *Santana-M. 3769* (ZEA)

## MENISPERMACEAE

T ***Cebatha diversifolia*** (DC.) Kuntze [*Cocculus diversifolius*]
Autlán: El Chante 900 m *Nieves-H. 398* (ZEA)

T ***Cissampelos pareira*** L., "Colorín", "Ojo de perico", "Orozul"
Autlán: Corralitos 975 m *Vázquez-G. 4180* (WIS, ZEA); Tecopatlán–Manantlán 1400 m *Santana M. 1715* (WIS, ZEA)
Cuautitlán: El Durazno 875 m *Cuevas-G. 1873a* (WIS, ZEA); NO de La Pareja 860 m *Vázquez-G. 4071* (WIS, ZEA); SO de Telcruz, Ayotitlán 1200 m *Vázquez-G. 4490* (WIS, ZEA); O de Las Marías, Ayotitlán 780–800 m *Cochrane 11789* (IBUG, WIS, ZEA)
La Resolana: NE de La Resolana 400–600 m *Cuevas-G. 2373* (WIS, ZEA)
Tolimán: S de San Pedro Toxín 1100 m *Ramírez-S. 235* (IBUG, WIS)
Tuxcacuesco: La Cañita, Zenzontla 1100 m *Cuevas-G. 2046* (WIS, ZEA)

T ***Disciphania mexicana*** Bullock; ENDÉMICA?
La Resolana: Cerro La Petaca 700 m *Santana-M. 5744* (WIS, ZEA), *6381* (ZEA)
Tuxcacuesco: Cerro del Palacio 1150 m *Santana-M. 6023* (ZEA)

## MONIMIACEAE

a ***Siparuna andina*** (Tul.) A. DC., "Azagar", "Chumbejo", "Limoncillo"
Cuautitlán: El Durazno 960 m *Cuevas-G. 1896* (WIS, ZEA); NE de El Durazno 1234 m *Wetter 2082, 2088* (F, IBUG, WIS, ZEA); El Pedregal 1300 m *Cuevas-G. 2106* (WIS, ZEA); La Pareja 860 m *Cuevas-G. 1658a* (WIS, ZEA); Telcruz, Ayotitlán 1200 m *Vázquez-G. 4417* (ZEA); Telcruz–Magueyito 1600 m *Cuevas-G. 1791* (WIS, ZEA)
La Resolana: Cerro La Petaca 1600 m *Ramírez-D. 401, 437* (IBUG, WIS)

## MONOTROPACEAE

H ***Monotropa hypopithys*** L. [*Hypopithys multiflora*]. Foto p. xxxvii, YY.
Autlán: Charco de Los Perros, Las Joyas 1960 m *Cuevas-G. 1527* (WIS, ZEA)
Cuautitlán: Neverías–Las Capillas 2800 m *Vázquez-G. 4302* (ZEA)
Tolimán: El Tapeizte–El Terrero, Cerro Grande 2200 m *Santana-M. 5203* (WIS, ZEA)

## MORACEAE

A ***Brosimum alicastrum*** Sw., "Capomo", "Mojo", "Mojote"
La Resolana: Arroyo El Tecolote 500 m *Cuevas-G. 1855* (WIS, ZEA), *Vázquez-G. 3992* (WIS, ZEA); La Calera 850 m *Vázquez-G. s. n.* (ZEA)
Tolimán: NE de San Pedro Toxín 700 m *Cuevas-G. 3664* (WIS, ZEA)

A ***Cecropia obtusifolia*** Bertol., "Guarumbo", "Huarumbo", "Huitapil"
Cuautitlán: NE de El Durazno 1050 m *Santana-M. 3357* (WIS, ZEA)
La Resolana: El Tepejilote, El Zapotillo 700 m *Santana-M. 4422* (WIS, ZEA)
Minatitlán: La Loma 1075 m *Vázquez-G. 4120* (WIS, ZEA)

A ***Clorophora tinctoria*** (L.) Gaud.
Tuxcacuesco: 4 km NO de Zenzontla 1000 m *Iltis & Santana-M. 31134a, b* (BM, CAS, IBUG, IEB, MEXU, MICH, UCR, WIS, ZEA)

A ***Coussapoa purpusii*** Standl., "Tescalamilla", "Tescalamillo". Foto p. xxxv, SS.
Cuautitlán: El Durazno 1350 m *Cuevas-G. 1891* (WIS, ZEA)
La Resolana: Arroyo El Tecolote 1300 m *Vázquez-G. s. n.* (ZEA), 1400 m *Cuevas-G. 1863* (WIS, ZEA)
Tuxcacuesco: N de Toxín, Cerro Grande 1350–1400 m *Cuevas-G. 3760* (WIS, ZEA)

H ***Dorstenia drakena*** L., "Barbudilla"
Cuautitlán: El Durazno 960 m *Vázquez-G. 4082* (ZEA); La Pareja 870 m *Vázquez-G. 4042* (ZEA); Telcruz, Ayotitlán 1100 m *Vázquez-G. 4393* (ZEA)
La Resolana: Arroyo Tacubaya 350–500 m *Iltis 308* (WIS); La Calera 725 m *Vázquez-G. 4365* (ZEA), *Cuevas-G. 2947* (ZEA)
Tuxcacuesco: El Alcoste 820 m *Robles-H. 572* (WIS, ZEA)

A ***Ficus cookii*** Standl. vel aff.
La Resolana: Los Mazos 1800 m *Leinberger 47* (WIS, ZEA)
Tuxcacuesco: El Alcoste 820 m *Robles-H. 572a* (WIS)

A ***Ficus cotinifolia*** H. B. K., "Tescalama"
Autlán: Tecopatlán 1150 m *Iltis 1415* (WIS); 8 km SO de El Chante 1350 m *Santana-M. 4726* (WIS, ZEA)
Comala; E de Campo Cuatro, Cerro Grande 1500 m *Guzmán-H. 1352* (WIS, ZEA)
La Resolana: La Calera 600–800 m *Cuevas-G. 2335* (ZEA); El Tepejilote, El Zapotillo 700 m *Robles-H. 768* (WIS, ZEA)
Minatitlán: S de La Loma 1100 m *Vázquez-G. 4410* (ZEA)
Tuxcacuesco: La Cañita, Zenzontla 1150 m *Cuevas-G. 2560* (WIS, ZEA)

A **Ficus goldmanii** Standl., "Tescalama", "Zalate", "Zalatón"
Autlán: La Cidrita, El Chante 1400–1700 m *Cuevas-G. 2681* (ZEA)
Comala: S de Campo Cuatro, Cerro Grande 700 m *Cochrane 11754* (F, IBUG, IEB, MEXU, MICH, WIS, ZEA)
La Resolana: [13 km] SO de Autlán [1220 m] *Wilbur 1623* (MICH, WIS)
Tolimán: San Pedro Toxín 700–800 m *Guzmán-H 464* (ZEA), *Cuevas-G. 2097, 2260* (ZEA), *Santana-M. 4721* (WIS, ZEA), *Cochrane 11804* (WIS, ZEA)

A **Ficus insipida** Willd. [incl. *F. glabrata*], "Amate", "Higuera blanca", "Higuera"
La Resolana: Arroyo El Tecolote 450 m *Vázquez-G. 4832* (ZEA), 400–600 m *Cuevas-G. 3543* (ZEA), *Cochrane 11677* (F, GH, IBUG, MICH, U, WIS, ZEA), *Iltis 28933* (WIS, ZEA), *Cuevas-G. 1969* (WIS, ZEA), *Guzmán-H. 161, 176* (WIS, ZEA)

A **Ficus insipida** subsp. **radulina** (S. Watson) Carvajal, "Camichín", "Higuera"
Tuxcacuesco: Zenzontla 820 m *Robles-H. 659* (ZEA)

A **Ficus isophlebia** Standley vel aff. [*Ficus* sp. nov., fide S. Carvajal]
Autlán: La Cidrita, El Chante 900 m *Iltis 2271* (WIS)
Cuautitlán: N de Cuzalapa 750 m *Cuevas-G. 1952* (WIS, ZEA)
La Resolana: Arroyo El Tecolote 500 m *Vázquez-G. 4831* (ZEA)
Tuxcacuesco: Zenzontla 900–940 m *Cochrane 11670* (F, GH, IBUG, MICH, WIS, ZEA)

A **Ficus lapathifolia** (Liebm.) Miq. vel aff.
Cuautitlán: Chancol, Ayotitlán 1050–1100 m *Vázquez-G. 4026* (WIS, ZEA); Rincón de Manantlán 1600 m *Cochrane 10850, 10851* (WIS)
Minatitlán: 6 km NO del pueblo 1200 m *Santana-M. 4783* (IBUG, WIS, ZEA)
Tolimán: Los Encinitos–La Antena, Cerro Grande 1700 m *Cochrane 12985* (IBUG, MICH, WIS, ZEA)
Tuxcacuesco: La Lima 1450 m *Iltis 28928* (WIS)

A **Ficus maxima** Mill. [*F. radula, F. glaucescens*], "Higuera peluda"
Comala: Campo Cuatro, Cerro Grande 900–1000 m *Cuevas-G. 3920* (WIS, ZEA)
La Resolana: La Huertita, Cerro La Petaca 900–1100 m *Iltis 368* (WIS)
Tuxcacuesco: La Cañita, Zenzontla 1150 m *Cuevas-G. 2063* (WIS, ZEA); Zenzontla 900 m *Cochrane 11664* (IBUG, MICH, MO, WIS, ZEA)

A **Ficus microchlamys** Standl., "Higuera"
Cuautitlán: Telcruz, Ayotitlán 1300 m *Guzmán-H. 837* (ZEA), 1600 m *Cuevas-G. 1822* (ZEA); O de Telcruz, Ayotitlán 1100–1200 m *Guzmán-H. 410* (ZEA)

A **Ficus obtusifolia** H. B. K. [*F. involuta*], "Higuera blanca", "Higuera grande", "Zalate"
Cuautitlán: El Durazno 900 m *Iltis 384* (WIS)
La Resolana: La Calera 760 m *Judziewicz 5179* (WIS), 800–1000 m *Cuevas-G. 3877* (ZEA)

A **Ficus pertusa** L. f. [incl. *F. padifolia*], "Camichín"
Autlán: Ahuacapán 1100–1200 m *Santana-M. 4608* (ZEA); La Cidrita, El Chante 920 m *Iltis 1411, 2529* (WIS)
Cuautitlán: Ayotitlán 900 m *Rosales-C. 130* (ZEA)
Tolimán: Los Encinitos–La Antena, Cerro Grande 1600 m *Cochrane 13037* (IBUG, WIS, ZEA)
Tuxcacuesco: NO del pueblo 760–790 m *Guzmán-H. 151* (WIS, ZEA)

A **Ficus petiolaris** H. B. K.
Autlán: Los Mazos 1100 m *Cuevas-G. 4602* (ZEA)

A **Ficus pringlei** S. Watson
Comala: SE de Campo Cuatro, Cerro Grande 1180 m *Cochrane 11757* (IBUG, WIS, ZEA)
La Resolana: 16 km SO de Autlán 1050 m *Gentry 10945* (MICH)
Minatitlán: El Sauz–El Terrero, Cerro Grande 1600 m *Santana-M. 5215* (WIS, ZEA)
Tolimán: Puerto de Toxín, Cerro Grande 1100 m *Nieves-H. 542* (IBUG, WIS); San Pedro Toxín 1400–1700 m *Cuevas-G. 3751* (ZEA)

A **Ficus tuerckheimii** Standl. vel aff. [*Ficus* sp. nov., fide S. Carvajal]
Autlán: Torre de Microondas, Los Mazos 1800 m *Santana-M. 4278* (ZEA)

A *Ficus velutina* Humb. & Bonpl. ex Willd. [*F. citrifolia*], "Camichín"

Cuautitlán: Las Yeguas 1550 m *Iltis 2560* (WIS)

La Resolana: Cerro de La Lanilla 1400 m *De Níz-L. 29* (ZEA)

Tolimán: Lagunitas–Campo Cuatro, Cerro Grande 1850–1200 m *Iltis 29697* (WIS, ZEA); N de Campo Cuatro, Cerro Grande 1300–1400 m *Cuevas-G. 3930* (WIS, ZEA)

A *Ficus* sp. 1

La Resolana: Los Mazos 1800 m *Leinberger 46* (WIS, ZEA)

A *Ficus* sp. 2

La Resolana: Los Mazos 1340 m *Iltis 30127* (WIS)

A *Ficus* sp. 3

La Resolana: Los Mazos 1760 m *Iltis 30120* (WIS)

Discusión: Algunos ejemplares, que para los autores parecen la misma especie, se hallan determinados con interrogante bajo los siguientes nombres: *F. morazaniana*? Burger, Cuautitlán: Las Yeguas 1550 m *Iltis 2560* (WIS) [Burger!] *F. lapathifolia*? (Liebm.) Miq., Cuautitlán: Cerro Alto Las Yeguas 1550 m *Iltis 2560* (WIS) [Iltis!]; *F. velutina*? H.& B. ex Willd. (syn. *F. citrifolia*). El mismo ejemplar que el anterior. [Berg!]; *F. rigidula*? Lundell, Cuautitlán: Telcruz, Ayotitlán 1100–1200 m *Guzmán-H. 410* (ZEA) [Carvajal–H.!].

A *Trophis racemosa* (L.) Urb., "Ramoncillo"

Autlán: SO de Corralitos 1700–1800 m *Cuevas-G. 3037* (WIS, ZEA)

Cuautitlán: Cañada de Los Quince Ocotes, La Cumbre 1800–1850 m *Cuevas-G. 4094* (WIS, ZEA)

La Resolana: La Calera 600 m *Judziewicz 5138* (WIS, ZEA)

## MYRICACEAE

A *Myrica cerifera* L., "Falso encino"

Autlán: Arroyo El Chilacayote–Cerro Piedra Bola 1800 m *Cuevas-G. 1504* (WIS, ZEA); Picacho del Sol y La Luna, Las Joyas 2160 m *Iltis 29375* (WIS)

La Resolana: Cerro La Petaca 500 m *Guzmán-M. 1342* (IBUG)

## MYRSINACEAE

A *Ardisia compressa* H. B. K., "Capulín", "Capulincillo", "Cordobán"

Cuautitlán: El Durazno 960 m *Cuevas-G. 1652* (ZEA); Las Marías, Ayotitlán 800 m *Cochrane 10884* (WIS, ZEA); Telcruz, Ayotitlán 1200 m *Vázquez-G. 4494* (ZEA)

La Resolana: Arroyo El Tecolote 800 m *Vázquez-G. 3980* (ZEA); SO de Autlán 1300–1600 m *McVaugh 14189* (MICH, WIS)

Minatitlán: La Loma 1100 m *Vázquez-G. 4136* (WIS, ZEA)

A *Ardisia mexicana* Lundell

La Resolana: 16 km S de Autlán 1700 m *Wilbur 2460* (MICH)

A *Ardisia revoluta* H. B. K., "Cordobán", "Timbuche agrio"

Cuautitlán: Las Marías, Ayotitlán 800 m *Cochrane 10891* (WIS, ZEA)

La Resolana: Arroyo El Tecolote 1400 m *Vázquez-G. 4166* (WIS, ZEA); Arroyo Tacubaya 500 m *Sørensen 7992* (WIS); Cerca del pueblo 400 m *Vázquez-G. 4386* (ZEA), 600 m *Cuevas-G. 1830* (ZEA)

A *Gentlea mcvaughii* (Lundell) Lundell

Cuautitlán: San Miguel–El Durazno 1700 m *McVaugh 13999* (MICH)

A *Parathesis ferruginea* Lundell

La Resolana: N de La Resolana [305 m] *Wilbur 1562* (MICH, WIS, ZEA)

aA *Parathesis villosa* Lundell, "Manzanita", "Timbuche cimarrón"

Autlán: El Laurelito, Las Joyas 1850 m *Vázquez-G. 3734* (WIS, ZEA)

Cuautitlán: La Cumbre 2100 m *Iltis 1246, 2705* (WIS); Rincón de Manantlán 1760 m *Vázquez-G. 3896* (WIS, ZEA), 2020 m *Vázquez-G. 3905* (WIS, ZEA); SO de Telcruz, Ayotitlán 1200 m *Vázquez-G. 4494* (WIS, ZEA)

A *Rapanea jurgensenii* Mez
Autlán: El Tlacuache, Las Joyas 1980 m *Cuevas-G. 1309* (WIS, ZEA); El Zarzamoro, Las Joyas 2075 m *Iltis 29060* (WIS, ZEA)
Cuautitlán: Rincón de Manantlán 1780 m *Iltis 2519* (WIS, ZEA)

A *Rapanea myricoides* (Schlecht.) Lundell
Cuautitlán: Las Yeguas–Manantlán 1600 m *Cochrane 10813* (WIS, ZEA); Rincón de Manantlán–La Cumbre 1600–1700 m *McVaugh 21502* (MICH, WIS); SO de San Miguel 1750 m *Santana-M. 4261* (WIS, ZEA)

A *Synardisia venosa* (Mast.) Lundell
Autlán: El Zarzamoro, Las Joyas 1950 m *Iltis 29060a* (WIS); Las Joyas 1950 m *Cochrane 10659, 10711* (WIS, ZEA)
Cuautitlán: La Cumbre 2250 m *Iltis 2333* (WIS); San Miguel 2260–2400 m *Sørensen 7980, 7987* (WIS)

## MYRTACEAE

A ***Calyptranthes pallens*** (Poir.) Griseb. var. ***mexicana*** (Lundell) McVaugh
La Resolana: Los Mazos [1200 m] *Wilbur 1415* (MICH)

A ***Eugenia capuli*** (Schlecht. & Cham.) Berg
Cuautitlán: Las Marías, Ayotitlán 800 m *Judziewicz 5229* (WIS, ZEA), *Cochrane 11778* (IBUG, MO, UC, WIS, ZEA), *11802* (ASU, CHAPA, F, IBUG, MICH, NY, WIS, ZEA)

a ***Eugenia crenularis*** Lundell vel aff.
Cuautitlán: La Cumbre 2000–2250 m *McVaugh 23096* (MICH)

a ***Eugenia culminicola*** McVaugh, "Alentisco"
Autlán: El Zarzamoro, Las Joyas 1900 m *Judziewicz 4905* (WIS); La Moza, Las Joyas 1950 m *Vázquez-G. 3685a* (WIS, ZEA)
Cuautitlán: Aserradero San Miguel Uno 2000 m *McVaugh 13944* (MICH); El Almeal–La Cumbre 2020 m *Vázquez-G. 3898* (WIS, ZEA); Rincón de Manantlán 2020 m *Vázquez-G. 3912* (WIS, ZEA)

a ***Eugenia petenensis*** Lundell
La Resolana: N de La Resolana 300 m *McVaugh 10190, 10190a* (MICH)

a ***Eugenia rekoi*** Standl. vel aff.
Minatitlán: El Sauz–El Terrero, Cerro Grande 1610 m *Cochrane 12258* (ENCB, IBUG, MICH, MO, WIS, ZEA)

A ***Myrcianthes fragrans*** (Sw.) McVaugh var. ***fragrans***, "Lentisco"
Autlán: El Laurelito, Las Joyas 1850 m *Vázquez-G. 3844* (ZEA)
Cuautitlán: Rincón de Manantlán 1560 m *Iltis 29131* (WIS, ZEA)
La Resolana: Arroyo El Tecolote 1200 m *Vázquez-G. 3972* (WIS, ZEA)
Minatitlán: El Sauz–El Terrero, Cerro Grande 1615 m *Cochrane 12250* (MICH, WIS, ZEA)

A ***Psidium guajava*** L., "Guayabo"
Autlán: SO de El Chante 1450 m *De Níz-L. 127* (WIS, ZEA)
Cuautitlán: Las Marías, Ayotitlán 800 m *Cochrane 11781* (MICH, WIS, ZEA)

a ***Psidium guineense*** Sw., "Guayaba del cerro", "Guayabilla", "Guayabilla venadera"
Autlán: Ahuacapán 900 m *Santana-M. 3693* (ZEA)
Cuautitlán: El Durazno 850 m *Cuevas-G. 1879a* (WIS, ZEA); La Pareja 800 m *Rosales-C. 165* (ZEA); NE de Cuzalapa 650 m *Robles-H. 913* (WIS, ZEA)

A ***Psidium sartorianum*** (Berg.) Ndzu., "Arrayán", "Guayabillo"
Autlán: Tecopatlán, 6 km NO de El Chante 1400 m *De Níz-L. 139* (WIS, ZEA)
Tolimán: La Salada 1000 m *Cuevas-G. 1810* (WIS, ZEA)

## NYCTAGINACEAE

H ***Boerhaavia coccinea*** Mill. [*B. caribaea*]
La Resolana: La Calera 850 m *Vázquez-G. 4820* (ZEA); 16 km S de Autlán 1050 m *Wilbur 1610* (MICH); SE de La Resolana 400–600 m *Cuevas-G. 3115* (WIS, ZEA)

H *Mirabilis jalapa* L., "Maravilla"
Cuautitlán: O de Ayotitlán 750 m *Santana-M. 5310* (WIS, ZEA)
La Resolana: Arroyo El Tecolote 500 m *Guzmán-H. 329* (ZEA)

H *Mirabilis nyctaginea* (Michx.) MacMill.
Autlán: Las Galeras, Las Joyas 1625 m *Cuevas-G. 1429* (WIS, ZEA)

AT *Pisonia aculeata* L. var *aculeata*, "Garabato", "Garabato prieto"
Autlán: El Chante 1050 m *Iltis 1134* (WIS)
Cuautitlán: NE de El Durazno 1249 m *Wetter 2087* (CHAPA, IBUG, WIS, ZEA)
La Resolana: Arroyo El Tecolote 1400 m *Vázquez-G. 4171* (WIS, ZEA)
Tolimán: San Pedro Toxín 775 m *Vázquez-G. 4100* (WIS, ZEA)

a *Pisoniella arborescens* (Lag. & Rodr.) Standl.
Tolimán: San Pedro Toxín 670 m *Guzmán-H. 480* (ZEA)
Tuxcacuesco: El Camichín 700 m *Cuevas-G. 3404* (ZEA)

H *Salpianthus purpurascens* (Cav. ex Lag.) Hook. & Arn.
Cuautitlán: La Cumbre 2000 m *Iltis 28880a* (WIS)
La Resolana: El Tepejilote, El Zapotillo 420–500 m *Iltis 30989* (WIS)
Minatitlán: Río Juluapan, S de El Sauz, Cerro Grande 750–790 m *Cochrane 11714* (IBUG, IEB, WIS, ZEA)
Tuxcacuesco: Zenzontla 800 m *Iltis 28800* (WIS, ZEA)

## Ochnaceae

A *Ouratea mexicana* (Humb. & Bonpl.) Engl.
La Resolana: Cerro La Petaca 800 m *Santana-M. 4410* (WIS, ZEA); El Tepejilote, El Zapotillo 420–500 m *Iltis 31002* (WIS)

## Olacaceae

a *Ximenia americana* L. var. *americana*
Autlán: SSE de Ahuacapán 1600–1800 m *Guzmán-H. 936* (WIS, ZEA); O de Ahuacapán 1400 m *Santana-M. 5450* (WIS, ZEA)
La Resolana: 13 km S de Autlán 1050 m *Wilbur 1759* (MICH)

## Oleaceae

A *Forestiera rhamnifolia* Griseb.
Cuautitlán: San Miguel 2250–2400 m *McVaugh 13879* (MICH)

aA *Forestiera reticulata* Torr.
Tolimán: El Terrero, Cerro Grande 2200 m *Santana-M. 6289* (ZEA)

A *Fraxinus uhdei* (Wenzig) Lingelsh., "Fresno"
Autlán: El Zarzamoro, Las Joyas 1925 m *Sørensen 7838* (WIS, ZEA), 1970 m *Vázquez-G. 3897* (WIS, ZEA)
Cuautitlán: El Almeal–La Cumbre 1950 m *Iltis 2713a* (WIS)
Tolimán: La Añilera, Cerro Grande 1500–1600 m *Cuevas-G. 3913* (WIS, ZEA)

a *Osmanthus americana* (L.) Benth. & Hook.
Cuautitlán: La Cumbre 1900 m *McVaugh 23204* (MICH)

## Onagraceae

H *Epilobium bonplandianum* H. B. K.
Cuautitlán: Neverías 2600 m *Cuevas-G. 1625* (ZEA)

AH *Fuchsia arborescens* Sims, "Aretillo"
Autlán: El Zarzamoro, Las Joyas 1800 m *Vázquez-G. s. n.* (ZEA); Las Joyas 1750–1850 m *Cuevas-G.4564* (ZEA)
Cuautitlán: E de La Cumbre 2080 m *Wetter 1099* (IBUG, IEB, MO, NY, WIS, ZEA); Rincón de Manantlán 1900 m *Judziewicz 5047* (WIS, ZEA); Tierritas Blancas 2175 m *Cuevas-G. 1276* (WIS, ZEA)
La Resolana: Arroyo El Tecolote 1200 m *Vázquez-G. 3975* (ZEA)

a *Fuchsia cylindracea* Lindl. [*F. michoacanensis*]
Autlán: El Zarzamoro, Las Joyas 1900 m *Iltis 1280* (WIS), *Judziewicz 4761* (WIS); Picacho del Sol y La Luna 2140 m *Vázquez-G. 3704* (WIS, ZEA)
Cuautitlán: E de Manantlán [2000 m] *Wilbur 1865* (MICH); [24 km] SE de Autlán [Rincón de Manantlán] *McVaugh 13874* (MICH)
La Resolana: Los Mazos [1500 m] *Wilbur 1432* (MICH, WIS)
Tolimán: NE de El Terrero, Cerro Grande 2200 m *Robles-H. 865* (WIS, ZEA)

aE ***Fuchsia decidua*** Standl.
Autlán: El Zarzamoro, Las Joyas 1900 m *Iltis 1285, 3137, 3157, 29049a* (WIS)
Cuautitlán: La Cumbre 2020 m *Vázquez-G. 3903* (WIS, ZEA)

aE ***Fuchsia fulgens*** DC., "Aretillo", "Chichile". Foto p. xxxiii, OO.
Autlán: Corralitos 1820 m *Cochrane 12607* (CAS, IBUG, MICH, WIS); Cuatro Caminos, Las Joyas 1950 m *Cuevas-G. 1548* (WIS, ZEA); La Moza, Las Joyas 1840 m *Cuevas-G. 1253* (WIS, ZEA); Tierritas Blancas, Las Joyas 1850 m *Cuevas-G. 1209* (WIS, ZEA)
Cuautitlán: Las Pilas 1800 m *Vázquez-G. 3334* (WIS, ZEA)
La Resolana: Los Mazos [1370 m] *Wilbur 1481* (MICH, WIS)
Tolimán: O de El Terrero, Cerro Grande 1900 m *Santana-M. 4571* (WIS, ZEA)

a ***Fuchsia microphylla*** H. B. K. subsp. ***microphylla***, "Aretillo"
Autlán: Picacho del Sol y La Luna, Las Joyas 2140 m *Vázquez-G. 3704, 3705* (ZEA)
Cuautitlán: [Sierra de Manantlán] *Wilbur & Wilbur 1831* (MICH)

a ***Fuchsia obconica*** Breedlove
Cuautitlán: La Cumbre–Rincón de Manantlán 1950–2100 m *Kowal 2821* (WIS)

a ***Fuchsia thymifolia*** H. B. K. subsp. ***thymifolia***
Autlán: Cerro La Vaca, Las Joyas 2000 m *Cuevas-G. 1360* (WIS, ZEA); El Laurelito, Las Joyas 1850 m *Vázquez-G. 3736* (ZEA)
Cuautitlán: El Quelitán, Ayotitlán 2250 m *Alcocer s. n.* (IBUG); Rincón de Manantlán 2110 m *Guzmán-M. 6383a* (IBUG, WIS)
La Resolana: El Tigre 800 m *Soltero-Q. 727* (IBUG)

H ***Gaura hexandra*** Ort.
Autlán: Las Joyas 2100 m *Vázquez-G. 3447* (ZEA)

H ***Lopezia miniata*** Lag. ex DC. subsp. ***miniata***
Cuautitlán: El Almeal 2000–2100 m *Kowal 2803* (WIS)
Sierra de Manantlán: *Breedlove 8069* (DS), *McVaugh 23099* (IPN, MICH)

H ***Lopezia racemosa*** Cav. subsp. ***racemosa***
Autlán: El Laurelito, Las Joyas 1850 m *Vázquez-G. 3746* (ZEA); Picacho del Sol y La Luna, Las Joyas 2140 m *Vázquez-G. 3701* (ZEA)
Cuautitlán: El Almeal 1950–2000 m *Judziewicz 4847* (WIS, ZEA); Las Capillas 2760 m *Sørensen 7902* (IBUG, MO, WIS, ZEA)
Tolimán: SO de El Terrero, Cerro Grande 1605–1675 m *Cochrane 12237* (WIS)

H ***Lopezia riesenbachia*** Plitman, Raven & Breedlove
Tolimán: El Tapeizte, Cerro Grande 2250 m *Cuevas-G. 2452* (ZEA)

H ***Lopezia semeiandra*** Plitman, Raven & Breedlove
Autlán: Ahuacapán 1075 m *Vázquez-G. 4196* (WIS, ZEA)
Cuautitlán: Cuzalapa–Ayotitlán 600 m *Judziewicz 5234* (WIS); Las Yeguas–Manantlán 1800 m *Cochrane 10803* (WIS, ZEA)
La Resolana: Los Mazos 1200 m *Cuevas-G. 1887* (UCR, WIS, ZEA)

H ***Ludwigia decurrens*** Walt. [*Jussiaea decurrens*]
Autlán: Tecopatlán 980 m *Cuevas-G. 2173* (ZEA)
Cuautitlán: El Durazno 980 m *Cuevas-G. 1685* (ZEA); Las Marías, Ayotitlán 800 m *Rosales-C. 94* (ZEA)

H ***Ludwigia octovalvis*** (Jacq.) Raven
Minatitlán: Crucero de San Antonio, Agua Salada 800 m *Guzmán-H. 356* (WIS, ZEA)

H **Oenothera kunthiana** (Spach) Munz
Autlán: SSE de Ahuacapán 800–900 m *Guzmán-H. 1394* (WIS, ZEA)
Comala: 4–5 km al N de Juluapan, Cerro Grande 1000 m *Guzmán-H. 1333* (WIS, ZEA)
Cuautitlán: Cerro El Almeal 2050–2150 m *Cuevas-G. 3162* (WIS, ZEA)
H **Oenothera pubescens** Willd. ex Spreng. [*O. laciniata* var. *pubescens*]
Autlán: El Tlacuache, Las Joyas 1940 m *Cuevas-G. 1347* (ZEA); El Zarzamoro, Las Joyas 1880 m *Vázquez-G. 3321* (ZEA); San Campús, Las Joyas 1980 m *Vázquez-G. 3366, 3527* (ZEA)
Cuautitlán: E de Manantlán [2530 ó 2622 m] *Wilbur 1839* (MICH)
H **Oenothera purpusii** Munz
Tolimán: El Tapeizte–El Terrero, Cerro Grande 2100 m *Cevallos-E. 80* (WIS, ZEA); El Terrero, Cerro Grande 2400 m *Cuevas-G. 2435* (ZEA)
H **Oenothera rosea** L'Her. ex Ait., "Lindo atardecer"
Autlán: Las Cascadas, Las Joyas 1650 m *Vázquez-G. 3602* (ZEA)
Cuautitlán: La Cumbre 2000 m *Cuevas-G. 3157* (ZEA)
Tolimán: El Terrero, Cerro Grande 2400 m *De Níz-L. 228* (WIS, ZEA)

## Opiliaceae

A **Agonandra racemosa** (DC.) Standl., "Suelda"
Cuautitlán: NO de Rincón de Manantlán 1550 m *Iltis 2599* (WIS)
Tolimán: San Pedro Toxín 775 m *Vázquez-G. 4097* (WIS, ZEA), 1100 m *Cuevas-G. 2100* (WIS, ZEA)
Tuxcacuesco: SSE de El Camichín 720 m *Guzmán-H. 180* (WIS, ZEA)

## Oxalidaceae

H **Oxalis alpina** (Rose) Knuth
Autlán: Corralitos 900–950 m *Cuevas-G. 1425* (WIS, ZEA)
Tolimán: Los Encinitos–La Antena, Cerro Grande 1700 m *Cochrane 12989* (WIS)
H **Oxalis corniculata** L.
Autlán: Corralitos 1940 m *Vázquez-G. 3295* (ZEA); El Zarzamoro, Las Joyas 1900 m *Cuevas-G. 1403* (WIS, ZEA), *Vázquez-G. 3497* (ZEA)
H **Oxalis galeottii** Turcz.
Cuautitlán: Arriba de Manantlán [2210 m] *Wilbur 1780* (MICH)
H **Oxalis hernandesii** DC., "Cañitas"
Autlán: Corralitos 1940 m *Vázquez-G. 3290* (ZEA)
Cuautitlán: E de Cuzalapa 1700 m *De Níz-L. 68* (WIS, ZEA)
H **Oxalis jacquiniana** H. B. K.
Cuautitlán: E de Manantlán [2134 m] *Wilbur 1824* (MICH)
La Resolana: Los Mazos 1600 m *Cuevas-G. 2991* (ZEA)
H **Oxalis macrocarpa** (Small) Kunth ex char.
Autlán: 15 km de Autlán–Barra de Navidad 1300 m *Moore 8728* (P)
Tolimán: Toxín 1350 m *Rodríguez-C. 2053* (IBUG, WIS)

## Papaveraceae

H **Argemone ochroleuca** Sweet, "Aceitilla", "Árnica blanca del campo", "Chicalote"
Cuautitlán: La Pintada, Cuzalapa 640 m *Robles-H. 903* (WIS, ZEA)
La Resolana: SE de La Resolana 700–1000 m *Cuevas-G. 3137* (WIS, ZEA)
Tuxcacuesco: Zenzontla 900 m *Vázquez-G. 4690* (ZEA)
A **Bocconia arborea** S. Watson, "Llora sangre"
Cuautitlán: La Astilla, Minatitlán 1200 m *Santana-M. 4787* (WIS, ZEA)
Tuxcacuesco: La Pasión, Zenzontla 2150 m *Cuevas-G. 2581* (WIS, ZEA)
A **Bocconia frutescens** L.
Cuautitlán: Las Capillas 2720 m *Vázquez-G. 3939* (WIS, ZEA), 2800 m *Cuevas-G. 2001* (WIS, ZEA), 2770 m *Iltis 2391* (WIS); San Miguel 2300 m *Ramos-H. 43* (ZEA)

## PASSIFLORACEAE

T **Passiflora biflora** Lam.
Cuautitlán: Ayotitlán 750 m *Cevallos-E. 137* (WIS, ZEA)

T **Passiflora colimensis** Masters & Rose
La Resolana: Cerro La Petaca 800 m *Santana-M. 5717* (WIS, ZEA); La Calera 550 m *López-V. 212* (WIS); 2 km al SE del pueblo 500 m *Santana-M. 2801* (WIS, ZEA)

T **Passiflora exsudans** Zucc.
Autlán: El Zarzamoro, Las Joyas 1900 m *Vázquez-G. 3518* (ZEA); Las Joyas 2100 m *Villarreal de Puga 13060* (IBUG); La Tuna, Las Joyas 1860 m *Vázquez-G. 3883a* (ZEA); N de Las Joyas 1900 m *Santana-M. 3573* (ZEA)
Tolimán: El Terrero, Cerro Grande 2000 m *Santana-M. 4551a* (WIS, ZEA); SSE de La Laguna, Cerro Grande 1850–1900 m *Cuevas-G. 2204* (ZEA)

T **Passiflora filipes** Benth.
Cuautitlán: Las Pesadas, NNE de Peña Colorada 900–1000 m *Santana-M. 4799* (ENCB, WIS, ZEA)
La Resolana: 25 km SO de Autlán 750 m *McVaugh 19983* (MICH); Arroyo Tacubaya 600 m *Cochrane 11681* (WIS, ZEA); El Tigre 480–550 m *Judziewicz 5156* (WIS)

T **Passiflora foetida** L.
La Resolana: Los Mazos 1200 m *Cuevas-G. 3051* (ZEA)
Tolimán: Puerto de Toxín, Cerro Grande 1400 m *Rodríguez-C. 2049* (IBUG, WIS)

T **Passiflora holosericea** L.
Tuxcacuesco: La Palma, SSE de El Camichín 700 m *Santana-M. 3397* (ZEA)

T **Passiflora jorullensis** H. B. K. var. **jorullensis**
Cuautitlán: Rincón de Manantlán 1450 m *Calzada 9437* (ZEA)
La Resolana: Los Mazos 1200 m *Ramírez-D. 1023* (IBUG)
Tuxcacuesco: La Lima 1500 m *Iltis 28918* (WIS, ZEA)

T **Passiflora pavonis** Mart.
Tolimán: El Terrero, Cerro Grande 2100 m *Santana-M. 5204* (WIS, ZEA)

T **Passiflora podadenia** Killip
Autlán: Ahuacapán–Corralitos [1372 m] *MacDougal 513* (DUKE); 1500–2200 m *McVaugh & Koelz 1006* (MICH)
Cuautitlán: La Ventana, San Miguel 1800–2400 m *Iltis 502* (IBUG, WIS)
Tolimán: Los Encinitos–La Antena, Cerro Grande 1700 m *Cochrane 12997* (WIS, ZEA)

T **Passiflora porphyretica** Masters var. **angustata** Killip
Autlán: Ahuacapán 1000 m *Santana-M. 4603a* (WIS, ZEA); La Yerbabuena 1200 m *Santana-M. 4751* (WIS, ZEA)
La Resolana: E de Los Mazos 1340 m *Iltis 30126* (CHAPA, ENCB, MO, UCR, WIS, ZEA); La Calera 800–1000 m *Guzmán-H. 1074* (WIS, ZEA)

T **Passiflora suberosa** L. vel aff.
Autlán: Las Joyas 1800–1900 m *Cuevas-G. 4257* (CHAPA)

T **Passiflora** sp. nov. 1, fide J. MacDougal; ENDÉMICA: RBSM
Autlán: E de Corralitos 1650–1750 m *Cuevas-G. 2307* (ZEA)
Cuautitlán: La Cumbre–El Durazno 1800–1900 m *Cuevas-G. 1914* (ZEA)
La Resolana: Barranca de Arroyo El Tecolote 1600 m *Vázquez-G. 3953* (ZEA)

T **Passiflora** sp. nov. 2, fide J. MacDougal
Cuautitlán: NE de Telcruz, Ayotitlán 1500 m *Santana-M. 5544* (WIS, ZEA); San Miguel–El Durazno 1700 m *McVaugh 14008* (MICH)

T **Passiflora** sp.
Tolimán: 6 km NNO de El Terrero, Cerro Grande 2400 m *Leinberger 26* (WIS)

## PEDALIACEAE (MARTYNIACEAE)

H **Martynia annua** L., "Flor de gato", "Gatitos", "Toritos"
Autlán: Tecopatlán 1550 m *Cuevas-G. 2673* (ZEA)

Cuautitlán: S de Ayotitlán 750 m *Benz 1271* (WIS, ZEA)
La Resolana: Los Mazos 900–1000 m *Guzmán-H. 343* (WIS, ZEA)
Tuxcacuesco: Zenzontla 820 m *Robles-H. 592* (WIS, ZEA)

H ***Proboscidea fragrans*** (Lindl.) Decne.
Tolimán: Cercanías de Teutlán [700 m] *Wetter & Vázquez-G. s. n.* (WIS)

## Phytolaccaceae

A ***Ledenbergia macrantha*** Standl.
La Resolana: Arroyo El Tecolote 850 m *Cuevas-G. 2926* (ZEA)
Tuxcacuesco: Temascal–El Aguacate 1000 m *Santana-M. 3247* (WIS, ZEA)

H ***Petiveria alliacea*** L., "Hierba del zorrillo", "Zorrillo"
Cuautitlán: Cuzalapa 750 m *Vázquez-G. 4041* (WIS, ZEA)
La Resolana: La Calera 620 m *Judziewicz 5127* (WIS)

H ***Phytolacca icosandra*** L., "Conguerán", "Quelite"
Autlán: Corralitos 2000 m *Vázquez-G. 4247* (WIS, ZEA); El Zarzamoro, Las Joyas 1900 m *Cuevas-G. 1400, 1598* (WIS, ZEA)
Cuautitlán: El Durazno 1200 m *Cuevas-G. 1917* (ZEA); La Ventana, San Miguel [2100 m] *Iltis 430* (WIS); Neverías–Las Capillas 2650 m *Iltis 29385* (WIS)
Tolimán: 3 km NO de El Terrero, Cerro Grande 2200 m *Robles-H. 866* (WIS, ZEA)

H ***Phytolacca rugosa*** A. Braun & Bouché, "Conguerán"
Autlán: El Tlacuache, Las Joyas 2020 m *Vázquez-G. 3832* (ZEA)
Cuautitlán: El Durazno 1800 m *Rosales-C. 39* (ZEA); San Miguel–La Cumbre 2270 m *Cuevas-G. 1271* (WIS, ZEA)

H ***Rivina humilis*** L.
Cuautitlán: Cuzalapa 640 m *De Níz-L. 62* (WIS, ZEA)
La Resolana: La Calera 800 m *Guzmán-H. 310* (ZEA); S de Los Mazos 1655 m *Cochrane 12079* (F, IBUG, MICH, WIS, ZEA), 1800 m *Leinberger 60* (WIS, ZEA)

T ***Trichostigma octandrum*** (L.) H. Walter
Autlán: Ahuacapán 1000 m *Santana-M. 4347* (ZEA)
La Resolana: Arroyo El Tecolote 600 m *López-H. 130* (ZEA)

## Piperaceae

Todos los ejemplares fueron determinados o checados por Allan J. Bornstein.

HE ***Peperomia angularis*** C. DC.
La Resolana: Torre de Microondas, Los Mazos 1800 m *Santana-M. 4291* (ZEA); 1700 m *Iltis 30118* (MICH, WIS, ZEA)

H ***Peperomia asarifolia*** Schlecht. & Cham.
Autlán: 1–2 km O de Ahuacapán 1100 m *Santana-M. 5477* (WIS, ZEA)
La Resolana: Arroyo El Tecolote 400–600 m *Cuevas-G. 3541* (ZEA); Cerro La Petaca–La Huertita 600–800 m *Iltis 326* (IBUG, NY, WIS); La Calera 600–800 m *Santana-M. 3747* (ZEA); [30 km] S de Autlán 650 m *Anderson 3764* (MICH)
Tuxcacuesco: 2 km S de Zenzontla 1000 m *Santana-M. 3930* (ZEA)

HE ***Peperomia campylotropa*** A. W. Hill [pero cf. *Peperomia gracillima* S. Watson]
Autlán: El Tlacuache, Las Joyas 1980 m *Cuevas-G. 1316* (ZEA); 2 km S de Ahuacapán 1100 m *Santana-M. 3667* (ZEA)
Cuautitlán: Arriba de Manantlán [2195 m] *Wilbur 1787* (MICH); E de Manantlán [2012 m] *Wilbur 1858* (MICH); [Riscos de] Cerro El Muñeco 2100–2450 m *Anderson 3793* (MICH)
La Resolana: Cerro La Petaca 1600 m *Soltero-Q. 522* (IBUG)
Tolimán: El Puertecito de Los Ladrillos, NE de El Terrero, Cerro Grande 2400 m *Cevallos-E. 102* (WIS, ZEA); El Tapeizte, El Terrero, Cerro Grande 2300 m *Guzmán-H. 1155* (WIS, ZEA)

HT ***Peperomia cyclophylla*** Miq.
Cuautitlán: Arroyo Ayotitlán 830–940 m *Judziewicz 5218* (WIS)
La Resolana: Cerro La Petaca 800 m *Santana-M. 5697* (WIS, ZEA); Potrero El Tepejilote, El Zapotillo 515 m *Cochrane 12316* (MICH, WIS, ZEA); SE de La Resolana 350–400 m *Santana-M. 3366* (WIS, ZEA), 400–600 m *Cuevas-G. 3119* (WIS, ZEA)

HE ***Peperomia galioides*** Kunth
Autlán: El Tlacuache, Las Joyas 1980 m *Cuevas-G. 1315* (ZEA); El Zarzamoro, Las Joyas 1890 m *Vázquez-G. 3649* (ZEA); Filo de La Vaca, Las Joyas 2040 m *Vázquez-G. 3413a* (ZEA); Los Barbechos, Las Joyas 2000–2070 m *Cochrane 10729* (IBUG, WIS)
Cuautitlán: E de Manantlán [2530 m] *Wilbur 1892* (MICH); El Almeal, La Cumbre–Las Joyas 2050–2200 m *Iltis 2240* (WIS); Rancho Manantlán–El Cuartón 2400–2600 m *McVaugh 10238* (MICH)
La Resolana: [16 km] S de Autlán [1738 m] *Wilbur 2422* (MICH)
Tolimán: Antena de Microondas, Cerro El Breñoso, Cerro Grande 2400 m *Santana-M. 5822* (ZEA)

HE ***Peperomia glabella*** (Sw.) A. Dietr.
Tolimán: Rancho Toxín 1200 m *Ramírez-D. 2078* (IBUG, WIS)

H ***Peperomia hispidula*** (Sw.) A. Dietr.
Autlán: El Tlacuache–El Zarzamoro, Las Joyas 1900 m *Cuevas-G. 1556a* (WIS, ZEA); Las Joyas 1900 m *Vázquez-G. 3799* (IBUG); Puerto de San Campús–Cerro Chilillas, Las Joyas 1900–2100 m *Judziewicz 4971* (WIS)
Cuautitlán: S y O de Aserradero San Miguel Uno 2250–2400 m *McVaugh 13922* (MICH); Río Manantlán, S de Rincón de Manantlán 1660–1750 m *Iltis 3180* (MICH, WIS)
Tolimán: Antena de Microondas, Cerro El Breñoso, Cerro Grande 2400 m *Santana-M. 5814* (WIS, ZEA); El Tapeizte, El Terrero, Cerro Grande 2300 m *Guzmán-H. 1154* (WIS, ZEA); N de El Terrero, Cerro Grande 2300 m *Iltis 30137* (ANSM, MICH, UCR, WIS, ZEA)

H ***Peperomia hoffmannii*** C. DC.
Autlán: Cuatro Caminos, O de Las Joyas )0 m *Santana-M. 3654* (ZEA); El Tlacuache, Las Joyas 1980 m *Cuevas-G. 1315* (ZEA); Las Joyas 1900 m *Iltis 1382a* (WIS); 1 km O de El Zarzamoro, Las Joyas 1950 m *Cochrane 10672* (IBUG, NY, WIS)
La Resolana: Abajo del Torre de Transmisión, Los Mazos 1700–1800 m varios colectores (WIS, ZEA); [14 km] SO de Autlán 1200–1500 m *McVaugh 10220* (MICH); [19 km] SSO de Autlán [1677 m] *Wilbur 1473* (MICH)

H ***Peperomia macrostachya*** (Vahl) A. Dietr.
La Resolana: La Calera 740–780 m *Judziewicz 5119* (NY, WIS), 800–1100 m *Iltis 31040* (WIS)

H ***Peperomia martiana*** Miq.?
La Resolana: Los Mazos 1700 m *Ramírez-D. 1061* (IBUG, ZEA)

H ***Peperomia mexicana*** (Miq.) Miq.?
Cuautitlán: Río Manantlán, S de Rincón de Manantlán 1660–1750 m *Iltis 3181* (WIS)

H ***Peperomia molithrix*** Trel. & Standl.
Autlán: 1–2 km O de Ahuacapán 1100 m *De Níz-L. 273* (WIS, ZEA)
Comala: Campo Cuatro–El Terrero, Cerro Grande 1200–1350 m *Cuevas-G. 3947* (WIS, ZEA), [sin alt.] *Cházaro-B. 6453* (WIS)
Cuautitlán: Peña Colorada, El Rincón 1300 m *Santana-M. 6125* (ZEA); 4–5 km NNO de Minatitlán 1300 m *Cuevas-G. 3659* (ZEA)
La Resolana: Cerro La Petaca–La Huertita 800 m *Iltis 325, 328, 330* (IBUG, WIS), *329* (WIS); [18–19 km] SO de Autlán 1000 m *McVaugh & Koelz 879* (MICH)

H ***Peperomia olivacea*** C. DC.?
Autlán: El Tlacuache, Las Joyas 1900 m *Cuevas-G. 1556b* (ZEA)

H ***Peperomia peltata*** C. DC. [*P. pedicellata*]
Autlán: Las Juntas, Las Joyas 1680 m *Cuevas-G. 1463* (ZEA)

Cuautitlán: E de Manantlán [2012 m] *Wilbur 1851* (MICH)
La Resolana: [16 km] S de Autlán [1585 m] *Wilbur 2123* (MICH)

HE ***Peperomia quadrifolia*** (L.) Kunth
Autlán: Filo de La Vaca, Las Joyas 2040 m *Vázquez-G. 3413b* (ZEA)
Cuautitlán: Los Jardines 2560–2700 m *Iltis 2426* (IBUG, WIS); Nacimiento del Arroyo San Miguel 2370–2420 m *Sørensen 7986* (WIS)
Tolimán: E de El Terrero, Cerro Grande 2100 m *Cuevas-G. 3481* (ZEA)

H ***Peperomia schizandra*** Trel.?
Tuxcacuesco: Cerro del Palacio 1100 m *Santana-M. 5916* (ZEA)

HT ***Peperomia tetraphylla*** (G. Forst.) Hook. & Arn.
Autlán: 3 km NNO de El Zarzamoro, Las Joyas 1850 m *Cuevas-G. 3812* (ZEA)
Cuautitlán: Arroyo San Campús, SO de Rincón de Manantlán 1560–1620 m *Judziewicz 5075* (WIS); Las Capillas 2750 m *Cuevas-G. 2010* (WIS, ZEA); Llanos de San Miguel 2250–2300 m *Santana-M. 3406* (WIS, ZEA); Río Manantlán, S de Rincón de Manantlán 1800–1900 m *Iltis 2511* (IBUG, WIS)

HE ***Peperomia*** sp. 1
Autlán: Ahuacapán–Corralitos 1500–2200 m *McVaugh & Koelz 999* (MICH); Cercanías de El Zarzamoro, Las Joyas 1950 m *Cochrane 10648* (IBUG, WIS)
Cuautitlán: Arriba de Manantlán [2195 m] *Wilbur 1828* (MICH); La Ventana–San Miguel 1200–1500 m *Iltis 469* (IBUG, NY, WIS)
Tolimán: Los Encintos–La Antena, Cerro Grande 1700 m *Cochrane 12993* (WIS)

H ***Peperomia*** sp. 2
Comala: Juluapan–Campo Cuatro, Cerro Grande [sin alt.] *Cházaro-B. 6452* (WIS)
Cuautitlán: Arroyo Ayotitlán 830–850 m *Judziewicz 5195* (WIS); Los Terreros de Ayotitlán 750 m *Benz 1245* (WIS, ZEA)
La Resolana: 1–2 km SE de La Resolana 600–700 m *Santana-M. 5947* (WIS)

H ***Peperomia*** sp. 3
Cuautitlán: La Ventana–Cerro San Miguel 1200–1500 m *Iltis 468* (IBUG, WIS); Peña Colorada, cerca de Potros 1200 m *Santana-M. 6078* (ZEA)

HE ***Peperomia*** sp. 4
Cuautitlán: E de Manantlán [2622 m] *Wilbur 1842* (MICH); Rancho Manantlán–El Cuartón 2400–2600 m *McVaugh 10262* (MICH)

H ***Peperomia*** sp. 5
Cuautitlán: O y S de Aserradero San Miguel Uno 2250–2400 m *McVaugh 13878* (MICH)

H ***Peperomia*** sp. 6
La Resolana: [16 km] S de Autlán [1738 m] *Wilbur 2417* (MICH)

a ***Piper abalienatum*** Trel.; ENDÉMICA: oeste de México
Comala: E de Campo Cuatro, Cerro Grande 1400 m *Guzmán-H. 1368* (WIS, ZEA); S de Campo Cuatro, Cerro Grande 1300 m *Santana-M. 5285* (WIS, ZEA)
Cuautitlán: El Chante–Manantlán *Wilbur 2105* (MICH)
Tuxcacuesco: Cerro del Palacio 1000 m *Santana-M. 5168* (WIS, ZEA); El Aguacate–Zenzontla 1000 m *Hernández-L. 27* (WIS)

a ***Piper amalago*** L.
Cuautitlán: Cerro El Chandepe, Lagunillas de Ayotitlán 930 m *Robles-H. 932* (WIS, ZEA)
La Resolana: Cerro La Petaca 800 m *Santana-M. 5683* (WIS, ZEA), 700 m *Santana-M. 5742* (WIS, ZEA)

a ***Piper brevipedicellatum*** Bornstein, "Hierba del arlomo", "Hoja santa"; ENDÉMICA: oeste de México
La Resolana: Arroyo El Tecolote 800–900 m *Vázquez-G. 4509* (WIS, ZEA), 500 m *Vázquez-G. 4823* (ZEA), 400–500 m *Cuevas-G. 3223* (WIS, ZEA); Cerro La Petaca 600 m *Santana-M. 5147* (WIS, ZEA); 4 km N de La Resolana *Bornstein 75* (MICH)

a *Piper jaliscanum* S. Watson
La Resolana: Cerro La Petaca 600–900 m *Cuevas-G. 2852* (WIS, ZEA); La Calera 550 m *López-V. 223* (WIS)
Tuxcacuesco: 2 km S de Zenzontla 1000 m *Santana-M. 3931* (ZEA)

a ***Piper michelianum*** C. DC., "Hierba del arlomo", "Hoja santa"; ENDÉMICA: oeste de México
Autlán: 4 km S de Ahuacapán 1400 m *Santana-M. 3663* (ZEA); 3 km SSE de El Chante 1150 m *Iltis 1416* (IBUG, WIS)
Cuautitlán: [Arroyo] Ayotitlán 750 m *Benz 1255* (WIS, ZEA); Cerro Alto Las Yeguas 1600–1800 m *Iltis 2559* (IBUG, NY, WIS)
La Resolana: Arroyo El Tecolote 400–600 m *Cuevas-G. 3540* (ZEA); La Calera 600–800 m *Guzmán-H. 302* (ZEA)

a ***Piper novogalicianum*** Bornstein; DISYUNTA: México
La Resolana: 1 km N de La Resolana *Wilbur 1591* (MICH); 4 km N de La Resolana *Bornstein 76* (MICH); 11 km S de Autlán *Bornstein 96* (MICH); 22 km SSO de Autlán *Wilbur 1589* (MICH)

a ***Piper pseudolindenii*** C. DC.
Autlán: Las Joyas 1950 m *Cochrane 10715* (IBUG, NY, WIS, ZEA)
Cuautitlán: Arroyo Manantlán, S de Rincón de Manantlán 1750–1900 m *Judziewicz 5045* (WIS); Arroyo San Campús, SO de Rincón de Manantlán 1560–1620 m *Judziewicz 5055* (WIS); Llanos de San Miguel 2100–2200 m *Cuevas-G. 2889* (WIS, ZEA)
La Resolana: Cerro La Petaca 600 m *Santana-M. 5143* (WIS, ZEA); La Calera 600–800 m *Guzmán-H. 314* (ZEA), 800–1100 m *Iltis 31039* (UCR, WIS); La Nance Gorda, N de El Zapotillo 380–400 m *Cochrane 10859* (IBUG, NY, WIS, ZEA)

a ***Piper pseudofuligineum*** C. DC.
Autlán: 2 km SE de Ahuacapán 1100 m *Santana-M. 3704* (WIS, ZEA)
Cuautitlán: 2 km SE de Cuzalapa 710 m *Robles-H. 811* (WIS, ZEA); El Durazno 1900 m *Rosales-C. 53* (ZEA); La Mochota, SE de Lagunillas de Ayotitlán 850 m *De Níz-L. 174* (WIS, ZEA), Río Ayotitlán, Ayotitlán–Chancol 1050 m *Ramírez-D. 462* (IBUG, WIS)
La Resolana: Arroyo El Tecolote 800–900 m *Vázquez-G. 4511* (WIS, ZEA); Arroyo Tacubaya 350–500 m *Iltis 292* (IBUG, WIS); La Calera 1000–1200 m *Cuevas-G. 2939* (ZEA), 600–800 m *Vázquez-G. 4817* (ZEA); NE de La Resolana 400–600 m *Cuevas-G. 3099* (ZEA), *3107* (WIS, ZEA); 7.5 km NNE de La Resolana 700–750 m *Vázquez-G. 4361* (WIS, ZEA)
Tuxcacuesco: 2–3 km S de Zenzontla 1000 m *Santana-M. 3911* (ZEA)

a ***Piper rosei*** C. DC., "Hierba del arlomo", "Hoja santa"; ENDÉMICA: oeste de México
Cuautitlán: Arroyo Ayotitlán 830–850 m *Cochrane 10877* (IBUG, NY, WIS); El Durazno 960 m *Cuevas-G. 1664* (ZEA); SO de La Calera 600–620 m *Judziewicz 5129* (WIS)
La Resolana: Cerro La Petaca 700 m *Santana-M. 5741* (WIS, ZEA); Torre de Transmisión, Los Mazos 1500 m *Santana-M. 3786* (ZEA); 15 km S de Autlán *Bornstein 97* (MICH)

a ***Piper sanctum*** (Miq.) Schlecht., "Sacamantilla"
Cuautitlán: Chancol–Ayotitlán 900 m *Anaya-C. 71* (WIS, ZEA)
La Resolana: La Nance Gorda, N de El Zapotillo 380–400 m *Cochrane 10857* (IBUG, NY, WIS)

a ***Piper stipulaceum*** Opiz [*P. aguilanum*]
La Resolana: Arroyo Tacubaya 500 m *Iltis 296* (IBUG, NY, WIS)

a ***Piper tuberculatum*** Jacq.
La Resolana: Cerro La Petaca 800 m *Santana-M. 5704* (WIS, ZEA); El Tigre 480–550 m *Judziewicz 5150* (NY, WIS, ZEA)

a ***Piper umbellatum*** L. [*Pothomorphe umbellata*], "Hoja santa", "Sacamantilla"
Cuautitlán: Arroyo San Campús, SO de Rincón de Manantlán 1560–1620 m *Judziewicz*

*5073* (NY, WIS); 2 km SE de Cuzalapa 740 m *Robles-H. 818* (WIS, ZEA); 2–3 km NO de Telcrúz 1500 m *Santana-M. 5548* (WIS, ZEA); 3–4 km N de Telcruz 1600–1700 m *Cuevas-G. 3650* (ZEA)
La Resolana: Arroyo El Tecolote 400–600 m *Guzmán-H. 801* (ZEA); Cerro La Petaca 600 m *Santana-M. 5146* (WIS, ZEA); 1–2 km NE de La Resolana 400–500 m *Cuevas-G. 3222* (ZEA)
Tuxcacuesco: 2 km S de Zenzontla 1000 m *Santana-M. 3922* (ZEA)

a **Piper villiramulum** C. DC., "Belencillo", "Cigarillo", "Cordoncillo"
Autlán: Arroyo Ahuacapán 1150 m *Santana-M. 4356* (WIS, ZEA); La Yerbabuena, SO de El Chante 1120 m *Santana-M. 4743* (WIS, ZEA); 3 km SSE de El Chante 1060–1150 m *Iltis 1413, 1414* (WIS), *2534* (IBUG, NY, WIS)
Comala: 1 km O de Campo Cuatro, Cerro Grande 1280 m *Cochrane 11768* (IBUG, WIS, ZEA)
Cuautitlán: Arroyo Ayotitlán 830–850 m *Cochrane 10875* (IBUG, NY, WIS); Cuzalapa 700 m *Rosales-C. 180* (WIS, ZEA); El Durazno 900 m *Santana-M. 3323* (WIS, ZEA); La Astilla, N de Peña Colorada 1200 m *Santana-M. 4780* (WIS, ZEA), *4782* (ZEA); 6 km NNO de Telcruz 1700 m *Cuevas-G. 2183* (WIS, ZEA)
La Resolana: Arroyo Tacubaya 350–500 m *Sørensen 7996* (IBUG, WIS); 1–2 km E de La Resolana 600 m *Cuevas-G. 1834* (IEB, UCR, WIS, ZEA); 2–4 km NE de La Resolana 400–600 m *Cuevas-G 2386* (WIS, ZEA)
Minatitlán: S de La Loma 1050–1100 m *Vázquez-G. 4130* (WIS, ZEA)
Tolimán: Puerto de Toxín–San Pedro Toxín 1235 m *Cochrane 12284* (CHAPA, F, NY, WIS, ZEA)
Tuxcacuesco: El Manantial, Zenzontla 900–940 m *Cochrane 11667* (CHAPA, IBUG, MICH, USF, WIS, ZEA)

a **Piper** sp.
Autlán: Las Joyas 1950 m *Cochrane 10663, 10710* (IBUG, NY, WIS)
Cuautitlán: "Arroyo La Lupe", OSO de Rincón de Manantlán 1950–2025 m *Cochrane 10793* (IBUG, WIS); Arroyo Manantlán, S de Rincón de Manantlán 1750–1900 m *Judziewicz 5093* (WIS); El Durazno–La Cumbre 1875–1920 m *Wetter 2022* (F, IBUG, MEXU, MICH, NY, USF, WIS, ZEA)

## PLANTAGINACEAE

H **Plantago australis** Lam. subsp. **hirtella** (H. B. K.) Rahn, "Lantén"
Autlán: El Zarzamoro, Las Joyas 1900 m *Vázquez-G. 3506* (ZEA); Las Playas, Las Joyas 1800 m *Cuevas-G. 1227* (ZEA)
Cuautitlán: NO de La Cumbre 2100 m *Iltis 29378b* (WIS)

## PLUMBAGINACEAE

T **Plumbago scandens** L., "Flor de pegajoso", "Hierba del cáncer", "Pegajoso"
Cuautitlán: Manantlán 1450 m *Iltis 1197* (WIS)
La Resolana: La Resolana 850 m *Ornelas-U. 1496* (IBUG)
Tuxcacuesco: SSE de El Camichín 700 m *Cuevas-G. 3406* (WIS, ZEA)

## PODOSTEMACEAE

H **Podostemon ceratophyllum** Michx.
Cuautitlán: Arroyo Ayotitlán 940 m *Judziewicz 5187* (WIS); Rincón de Manantlán 1500 m *Iltis 2275* (WIS)

## POLEMONIACEAE

H **Bonplandia geminiflora** Cav.
Cuautitlán: Cerro Alto Las Yeguas 1600 m *Cochrane 10834* (WIS); NO de Telcruz, Ayotitlán 1375 m *Cuevas-G. 2132* (WIS, ZEA)
La Resolana: El Tigre 550 m *Judziewicz 5140* (WIS)
Tuxcacuesco: O de Tuxcacuesco 1000 m *Cochrane 11646* (WIS)

H ***Loeselia amplectens*** (Hook. & Arn.) Benth.
Autlán: Ahuacapán 950–1000 m *Vázquez-G. 4188, 4189* (ZEA); El Laurelito, Las Joyas 1700–1800 m *Guzmán-H. 1226* (WIS, ZEA)
Cuautitlán: Plaza de Gallos 1670 m *Villalobos-S. 186* (ZEA); NE de Telcruz 1300 m *Cuevas-G. 1781* (ENCB, WIS, ZEA)

H ***Loeselia glandulosa*** (Cav.) G. Don, "Amargocilla"
Autlán: Tecopatlán 1400 m *De Níz-L. 135* (WIS, ZEA)
Comala: Cerro Grande 1800 m *Iltis 30189* (WIS)
Minatitlán: El Sauz–El Terrero, Cerro Grande 1615 m *Cochrane 12251* (MICH, WIS, ZEA)
Tuxcacuesco: Cerro del Palacio 1150 m *Santana-M. 5399* (ZEA)

H ***Loeselia mexicana*** (Lam.) Brandegee, "Espinocilla"
Autlán: Ahuacapán 1100 m *Vázquez-G. 4211* (WIS, ZEA)
Cuautitlán: Cerro Alto Las Yeguas 1600 m *Cochrane 10815* (WIS)
Tolimán: El Sauz–El Terrero, Cerro Grande 1900 m *Vázquez-G. 4159, 4160* (ZEA)

## POLYGALACEAE

a ***Monnina ciliolata*** DC. var. nov., fide T. Wendt
Autlán: Corralitos 1700 m *Vázquez-G. 4225* (WIS, ZEA); El Zarzamoro, Las Joyas 1900 m *Cuevas-G. 1386* (IBUG, WIS, ZEA), *1397* (WIS, ZEA), *Iltis 1325* (IBUG, MEXU, WIS, ZEA)
Cuautitlán: Llanos de San Miguel 2200 m *Cuevas-G. 2873* (WIS, ZEA)
Tolimán: La Laguna, Cerro Grande 2050–2100 m *Cuevas-G. 2209* (WIS, ZEA)

aA ***Monnina sylvatica*** Schlecht. & Cham.
Autlán: El Zarzamoro, Las Joyas 1900 m *Vazquez-G. 3789* (WIS, ZEA); Los Barbechos, Las Joyas 1900 m *Santana-M. 3953* (WIS, ZEA)
Cuautitlán: S de San Miguel 2400 m *Iltis 2626* (WIS)

a ***Monnina xalapensis*** H. B. K.
Autlán: Las Joyas 1900 m *Cuevas-G. 4415* (CHAPA)

H ***Polygala brachysepala*** Blake
La Resolana: Los Mazos 1350 m *Iltis 30100* (IEB, MICH, WIS)

H ***Polygala crinita*** Chod.
La Resolana: 12 km SO La Resolana 500 m *McVaugh 21072* (MICH); El Corte Colorado 500 m *Rzedowski 14981* (MICH)

H ***Polygala gracillima*** S. Watson
Autlán: El Zarzamoro, Las Joyas 2100 m *Judziewicz 4871* (WIS)
Cuautitlán: Rincón de Manantlán 1600 m *Kowal 2830* (IBUG, WIS)

H ***Polygala longipes*** Blake
Autlan: El Zarzamoro, Las Joyas 1900 m *Judziewicz 4787* (IBUG, WIS)
Cuautitlán: Cerro Alto Las Yeguas 2160 m *Judziewicz 5006* (IBUG, WIS), *5015* (WIS)
Minatitlán: El Sauz–El Terrero, Cerro Grande 1600 m *Santana-M. 5888* (WIS, ZEA)
Tolimán: Campo Cuatro–El Terrero, Cerro Grande 1300–1400 m *Cuevas-G. 3966a* (WIS, ZEA)

H ***Polygala myrtilloides*** Willd.
Autlán: El Chilacayote, Las Joyas 1950 m *Judziewicz 4950* (WIS); Picacho del Sol y La Luna, Las Joyas 2150 m *Cuevas-G. 1339* (IBUG, ZEA)
Cuautitlán: El Almeal 2200 m *Kowal 2790* (IBUG, WIS); S de Manantlán 1500 m *Villarreal de Puga 11541* (IBUG)

H ***Polygala paniculata*** L.
La Resolana: 19 km SO de Autlán 1000 m *McVaugh & Koelz 850* (MICH)

H ***Polygala rivinifolia*** H. B. K.
Autlán: El Chante–Tecopatlán 900 m *Robles-H. 704* (WIS, ZEA)
Tuxcacuesco: Cerro del Palacio 1150 *Santana-M. 5352* (WIS, ZEA)

H **Polygala violacea** Aublet [*P. monticola* var. *brizoides*]
Cuautitlán: NE de Ayotitlán 750 m *Santana-M. 5315* (WIS, ZEA)

H **Polygala** sp.
Comala: Campo Cuatro, Cerro Grande 1400 m *Santana-M. 5274* (WIS, ZEA)

T **Securidaca diversifolia** (L.) Blake
Autlán: SO de La Yerbabuena 1990 m *Santana-M. 4755* (WIS, ZEA), 1400 m *Santana-M. 4773a* (WIS, ZEA)
Cuautitlán: Cuzalapa 600 m *Cuevas-G. 1981* (WIS, ZEA)

## Polygonaceae

T **Antigonon flavescens** S. Watson, "Barba de viejo", "Cuamecate", "Hiedra"
Autlán: El Aguacate–Zenzontla 1100 m *Iltis 28801* (WIS); El Chante–Tecopatlán 900 m *Nieves-H. 500* (WIS, ZEA); SE de Ahuacapán 900 m *Santana-M. 3692* (WIS)
Tuxcacuesco: La Cañita, Zenzontla 1150 m *Cuevas-G. 2557* (ZEA); Zenzontla 820 m *Robles-H. 594* (WIS, ZEA)

A **Coccoloba barbadensis** Jacq., "Coagil", "Juan Pérez"
La Resolana: Arroyo El Tecolote 420–460 m *Iltis 30102* (WIS)
Tuxcacuesco: NO de Tuxcacuesco 760–790 m *Guzmán-H. 152* (WIS)

A **Coccoloba floribunda** (Benth.) Lindau, "Juan Pérez"
La Resolana: Arroyo El Tecolote 800–900 m *Vázquez-G. 4516* (WIS); La Calera 800–1000 m *Cuevas-G. 3067* (WIS)

H **Polygonum hydropiperoides** Michx., "Comejina de las aguas"
Autlán: EL Zarzamoro 1850 m *Cuevas-G. 3823* (WIS, ZEA); El Zarzamoro–Las Playas 1900–1950 m *Cuevas-G. 1597* (WIS, ZEA)

H **Polygonum punctatum** Ell.
Autlán: Las Playas, Las Joyas 1900 m *Vázquez-G. 3012* (ZEA), 1980 m *Cuevas-G. 1415* (WIS); O de Tecopatlán 1400–1700 m *Cuevas-G. 2665* (WIS, ZEA)

H **Rumex crispus** L., "Lengua de vaca"
Autlán: Las Playas, Las Joyas 1900–1950 m *Cochrane 10764* (WIS), 1800 m *Vázquez-G. 3462* (WIS, ZEA), 1850 m *Cuevas-G. 1225* (WIS, ZEA); El Zarzamoro, Las Joyas 1900 m *Iltis 1264* (WIS)
Cuautitlán: Neverías 2600 m *Cuevas-G. 2011* (WIS, ZEA)

H **Rumex pulcher** L. subsp. **pulcher**
Tuxcacuesco: El Camichín 750 m *Nieves-H. 410* (ZEA)

## Portulacaceae

H **Montia mexicana** (Rydb.) Standl. & Steyerm.
Cuautitlán: Los Jardines 2600 m *Sørensen 7914* (WIS)

H **Portulaca oleracea** L., "Verdolaga", "Verdolaguilla"
Cuautitlán: Telcruz, Ayotitlán 1150 m *Vázquez-G. 4437* (WIS, ZEA)

H **Talinum paniculatum** (Jacq.) Gaertn.
La Resolana: Arroyo El Tecolote 500 m *Vázquez-G. 4832* (ZEA); La Calera 850 m *Vázquez-G. s. n.* (ZEA)

## Primulaceae

H **Anagallis arvensis** L.
Autlán: El Zarzamoro, Las Joyas 1950 m *Judziewicz 4852* (WIS); Las Galeras, Las Joyas 1720 m *Cuevas-G. 1592* (WIS, ZEA)
Tolimán: A El Terrero, Cerro Grande, 1850–1900 m *Vázquez-G. 4144* (WIS, ZEA)

## Pyrolaceae

H **Chimaphila maculata** (L.) Pursh
Cuautitlán: Telcruz, Ayotitlán 2150 m *Cuevas-G. 2507* (ZEA)

## Rafflesiaceae

H **_Bdallophyton americanum_** (R. Br.) Harms
Tolimán: Puerto de Toxín, Cerro Grande 1400 m *Guzmán-H. 937* (ZEA)

## Ranunculaceae

H **_Aquilegia skinneri_** Hook. Foto p. 290.
Tolimán: El Tapeizte, Cerro Grande 2400 m *Cuevas-G. 2433* (ZEA); El Terrero–Los Picachos, Cerro Grande 2300 m *Iltis 29478* (WIS); N de El Terrero, Cerro Grande 2300 m *Iltis 30135* (WIS)

T **_Clematis acapulcensis_** Hook. & Arn., "Barbas de viejito"
Autlán: 1–2 km SSE de Ahuacapán 850 m *Guzmán-H. 898* (ZEA); 1 km SSO de Tecopatlán 1300 m *Cuevas-G. 3421* (ZEA)
Cuautitlán: 2 km SE de El Durazno 1200 m *Cuevas-G. 1934* (ZEA); El Durazno 1100 m *Cuevas-G. 1907* (WIS)
Tolimán: Agua Salada 1000 m *Cuevas-G. 1812* (ZEA); NNO de San Pedro Toxín 750 m *Guzmán-H. 465* (ZEA)

T **_Clematis rhodocarpa_** Rose, "Barbas de viejito"
Autlán: El Zarzamoro, Las Joyas 1890 m *Vázquez-G. 3723* (ZEA), 1900 m *Iltis 1289* (WIS)
Cuautitlán: La Ventana, San Miguel 1950 m *Santana-M. 4177* (ZEA); NO de Telcruz, Ayotitlán 1300 m *Guzmán-H. 837a* (ZEA)
Minatitlán: E de El Sauz, Cerro Grande 1300 m *Cuevas-G. 3295* (WIS, ZEA)
Tolimán: 3 km NNO de El Terrero, Cerro Grande 2300 m *Cochrane 12636* (WIS)

H **_Delphinium subscandens_** Ewan
Tolimán: El Terrero, Cerro Grande 2100 m *Cuevas-G. 2473* (ZEA); O de El Terrero, Cerro Grande 1850 m *Cuevas-G. 3904* (WIS, ZEA)

H **_Ranunculus petiolaris_** H. B. K. ex Don var. **_petiolaris_**
Autlán: El Zarzamoro, Las Joyas 1890 m *Vázquez-G. 3292* (ZEA), 1900 m *Judziewicz 4842* (WIS), *Iltis 1267* (WIS, ZEA), *29062* (WIS); Filo de La Vaca, Las Joyas 2040 m *Vázquez-G. 3410* (ZEA); Las Juntas, Las Joyas 1650 m *Cuevas-G. 1470* (ZEA); La Moza, Las Joyas 1990 m *Vázquez-G. 3675* (ZEA); San Campús, Las Joyas 1980 m *Cuevas-G. 1305* (ZEA)
Cuautitlán: El Almeal 2000–2100 m *Kowal 2797* (WIS); La Cumbre 2000 m *Cuevas-G. 3154* (WIS)
Tolimán: El Terrero, Cerro Grande 2400 m *Cevallos-E. 112* (WIS, ZEA)

H **_Thalictrum pringlei_** S. Watson
Autlán: El Zarzamoro, Las Joyas 1900 m *Vázquez-G. 3505* (ZEA); Las Galeras, Las Joyas 1650 m *Cuevas-G. 1428* (ZEA); Las Joyas 1940 m *Vázquez-G. 3299* (ZEA); Las Playas, Las Joyas 1850 m *Cuevas-G. 1414* (ZEA)
Cuautitlán: San Miguel 1535 m *Cárdenas-T. 87* (WIS, ZEA)

H **_Thalictrum strigillosum_** Hemsl.
Cuautitlán: Al NE del Durazno 1900 m *Iltis 413* (WIS); La Ventana, San Miguel 2200 m *Iltis 403, 410* (WIS); SE de San Miguel–Ayotitlán 1750 m *Santana-M. 4172* (WIS, ZEA)

## Rhamnaceae

a **_Ceanothus coeruleus_** Lag.
Cuautitlán: Los Jardines–Cerro El Muñeco 2600 m *Sørensen 7916* (IBUG, WIS); Neverías 2700 m *Cuevas-G. 1622* (WIS, ZEA); San Miguel 2500 m *Kowal 2848* (IBUG, WIS); San Miguel–Rincón de Manantlán 2400 m *Vázquez-G. 444* (IBUG)
Tolimán: N de Cerro Grande, Cerro Grande 2450 m *Cuevas-G. 2413* (WIS, ZEA)

aA **_Colubrina triflora_** Brongn. ex Sweet
Autlán: 1–2 km SO de Ahuacapán 1100–1200 m *Santana-M. 4624* (ZEA), *Cuevas-G. 2244* (ZEA)

Comala: E de Campo Cuatro, Cerro Grande 1400 m *Santana-M. 5273* (WIS, ZEA); SE de Campo Cuatro, Cerro Grande 680 m *Cochrane 11751* (IBUG, WIS)
La Resolana: La Calera 600–800 m *Cuevas-G. 2321* (WIS, ZEA), *Guzmán-H. 967* (IBUG, WIS, ZEA); El Tigre 550 m *Judziewicz 5163* (WIS), 800–1000 m *Cuevas-G. 2900* (ZEA)

T ***Gouania lupuloides*** (L.) Urban
Autlán: S de El Chante 950 m *Santana-M. 4089* (ZEA); O de Ahuacapán 1400 m *Santana-M. 4387* (ZEA); 2–3 km NE de La Hierbabuena 1000 m *Cuevas-G. 3987* (ZEA)
Cuautitlán: Arriba de El Durazno 1234 m *Wetter 2084* (CHAPA, GB, IBUG, RSA, TEX, USF, WIS, ZEA); El Durazno 960 m *Cuevas-G. 1893* (UCR, WIS, ZEA)
Tolimán: Los Encinitos–La Antena, Cerro Grande 1600 m *Cochrane 13036* (IBUG, WIS, ZEA)
Tuxcacuesco: La Cañita, Zenzontla 1200 m *Cuevas-G. 2069* (IBUG, WIS, ZEA), *2550* (ZEA), *2569* (WIS, ZEA)

T ***Gouania*** [forma intermedia entre ***G. lupuloides*** y ***G. polygama***]
Autlán: NE de La Yerbabuena 1100 m *Cuevas-G. 3987* (WIS, ZEA)

T ***Gouania polygama*** (Jacq.) Urban
Comala: 1–2 km E de Campo Cuatro, Cerro Grande 1500 m *Santana-M. 5251* (WIS, ZEA)

T ***Gouania stipularis*** DC.
La Resolana: El Tepejilote, El Zapotillo 420–500 m *Iltis 31003* (WIS)
Tolimán: Puerto de Toxín, Cerro Grande 1000 m *Nieves-H. 550* (IBUG), 1135–1185 m *Cochrane 12294* (MICH, UCR, WIS, ZEA); San Pedro Toxín 775 m *Vázquez-G. 4091* (WIS, ZEA)

a ***Karwinskia humboldtiana*** (Roem. & Schult.) Zucc., "Margaritaria"
Tolimán: El Terrero, Cerro Grande 1700 m *Cuevas-G. 2954* (IBUG, WIS, ZEA)
Tuxcacuesco: Rancho El Alcoste 820 m *Robles-H. 670* (WIS, ZEA); 5–6 km NE de Zenzontla 800 m *Cuevas-G. 3735* (ZEA)

A ***Rhamnus*** sp. nov., fide R. McVaugh (Febrero 1995) y R. Fernández (Marzo 1995); ENDÉMICA: Colima, Jalisco
La Resolana: Torre de Microondas, Los Mazos 1700 m *Wetter 1070* (IBUG, IEB, MICH, NY, TEX, WIS, ZEA), *Santana-M. 6263* (WIS–Holótipo; ZEA–Isótipo)

A ***Rhamnus hintonii*** M. C. & L. A. Johnst.
Autlán: El Zarzamoro, Las Joyas 1900 m *Iltis 3125* (IBUG, WIS), *Cuevas-G. 1379* (IBUG, WIS, ZEA); Cuchilla de La Tuna, Las Joyas 1860 m *Vázquez-G. 3879* (ZEA); Las Joyas 1950 m *Cochrane 10717* (CAS, TEX, WIS)
Tolimán: El Terrero, Cerro Grande 1950 m *Cházaro-B. 6016* (IBUG, WIS); La Laguna, Cerro Grande 2000 m *Guzmán-H. 1129* (WIS, ZEA)

A ***Ziziphus mexicana*** Rose, "Amole"
Tolimán: 1–4 km O de San Pedro Toxín 700–850 m *Guzmán-H. 505* (ZEA); 1000–1100 m *Cuevas-G. 2086* (UCR, WIS, ZEA)
Tuxcacuesco: El Camichín, Zenzontla 1050 m *Guzmán-H. 171* (IBUG, WIS, ZEA); La Cañita, SO de Zenzontla 950 m *Santana-M. 5082* (WIS, ZEA), 1100–1150 m *Cuevas-G. 2539* (ZEA); Tuxcacuesco 800 m *Cuevas-G. 2524* (WIS, ZEA)

## ROSACEAE

H ***Alchemilla aphanoides*** L. f. var. ***subalpestris*** (Rose) Perry
Autlán: El Zarzamoro, Las Joyas 1900 m *Santana-M. 3992* (ZEA)

H ***Alchemilla pringlei*** Fedde, "Cenicilla", "Verbena"
Cuautitlán: La Cumbre 2000 m *Cuevas-G. 3159* (WIS); Neverías 2550 m *Cuevas-G. 2855* (WIS)
Tolimán: El Terrero, Cerro Grande 2100 m *Cuevas-G. 2430* (WIS, ZEA); NO de El Terrero, Cerro Grande 2200 m *De Níz-L. 107* (WIS, ZEA)

H ***Alchemilla procumbens*** Rose
Cuautitlán: E de Manantlán [2854 m] *Wilbur 1897* (MICH)

H **Alchemilla sibbaldiaefolia** H. B. K. var. **bourgaeuii** (Rydb.) Perry
Autlán: Arriba de Ahuacapán 1500–2000 m *McVaugh & Koelz 944* (MICH); El Roblito, NE de Las Joyas 1900 m *Santana-M. 4011* (WIS, ZEA)

H **Alchemilla** sp. nov. fide H. Iltis
Cuautitlán: Cerro Las Capillas 2800 m *Cuevas-G. 1613* (WIS, ZEA); E de La Cumbre 2750 m *McVaugh 23128* (MICH); E de Las Capillas 2800–2860 m *Iltis 2418* (IBUG, U, WIS); El Guízar 2700 m *Iltis 29409* (BM, WIS)

A **Cercocarpus macrophyllus** C. Schneid., "Margarito"
Tolimán: El Terrero, Cerro Grande 2200 m *Cuevas-G. 1724* (WIS, ZEA); El Terrero–El Sauz, Cerro Grande 2000 m *Cházaro-B. 4481* (IBUG, WIS)

A **Crataegus pubescens** (H. B. K.) Steud. [*C. mexicana*], "Tejocote"
Autlán: El Zarzamoro, Las Joyas 1900 m *Iltis 1970* (ZEA), *28872* (WIS, ZEA); Las Playas, Las Joyas 1850 m *Vázquez-G. 3008* (ZEA)
Cuautitlán: Llanos de San Miguel 2200 m *Cuevas-G. 2882* (WIS)
Tolimán: EL Terrero, Cerro Grande 2150 m *Cuevas-G. 2463* (WIS); Lagunitas, Cerro Grande 1800 m *Iltis 29623* (WIS); Los Picachos, Cerro Grande 2350–2400 m *Iltis 29518* (WIS)

A **Crataegus** sp.
Autlán: El Zarzamoro, Las Joyas 1900–1950 m *Cochrane 10770* (WIS)
Tolimán: El Terrero, Cerro Grande 2300 m *Iltis 29482* (WIS)

H **Fragaria mexicana** Schlecht., "Fresa", "Fresa de campo", "Fresita cimarrona"
Tolimán: Mezcalitos, Cerro Grande 2350 m *Iltis 29516* (WIS); El Terrero, Cerro Grande 2400 m *Cuevas-G. 2429* (WIS, ZEA), 2300 m *Iltis 29479* (WIS)

aA **Holodiscus argenteus** (L. f.) Maxim.
Cuautitlán: El Guízar 2700 m *Iltis 29404* (WIS); Las Capillas 2700 m *Villarreal de Puga 12006* (IBUG, WIS), 2800 m *Cuevas-G. 1611* (WIS, ZEA), 2760 m *Sørensen 7885b* (WIS); La Cumbre–Las Joyas 2020 m *Vázquez-G. 4010* (WIS); Neverías 2520 m *Vázquez-G. 3938* (ZEA)

A **Photinia parviflora** L. O. Williams
Autlán: Corralitos 1900 m *Santana-M. 4666* (ZEA)

A **Prunus cortapico** Kerber ex Koehne, "Cortapico"
Cuautitlán: La Cumbre–El Almeal 2100 m *Iltis 2225* (WIS)
La Resolana: SE de La Resolana 650 m *Santana-M. 3373* (WIS, ZEA)
Tolimán: Lagunitas–Campo Cuatro, Cerro Grande 1000–1900 m *Iltis 30206* (WIS)

A **Prunus prionophylla** Standl.
Cuautitlán: San Miguel–Neverías 2600 m *Iltis 29396* (WIS), 2380 m *Iltis 29422* (WIS), 2250–2300 m *Santana-M. 3404* (WIS, ZEA), 2200–2300 m *Cuevas-G. 1262* (WIS)

A **Prunus serotina** Ehrh. subsp. **capuli** (Cav.) McVaugh, "Capulín"
Autlán: Corralitos 1600 m *Iltis 2298* (WIS)
Cuautitlán: Tierritas Blancas 2300 m *Cuevas-G. 1263* (WIS)
Tolimán: El Terrero–Los Picachos, Cerro Grande 2350–2400 m *Iltis 29511* (WIS); N de Cerro Grande, Cerro Grande 2300 m *Cuevas-G. 2416* (WIS, ZEA)

A **Prunus tetradenia** Koehne
Cuautitlán: El Durazno 1000–1100 m *Santana-M. 3354* (WIS, ZEA); Rincón de Manantlán 1530 m *Iltis 1152* (IEB, MICH, WIS, ZEA), 1700 m *Cochrane 10849* (WIS)
Tolimán: EL Terrero, Cerro Grande 1900 m *Iltis 29664* (WIS, ZEA)

a **Rubus adenotrichos** Schlecht., "Zarzamora", "Zarzamora criolla"
Autlán: Corralitos 1700 m *Judziewicz 4764* (WIS, ZEA), *Vázquez-G. 4236* (WIS, ZEA); El Chante 1660 m *Iltis 1152, 2225* (WIS); El Tlacuache, Las Joyas 1860 m *Vázquez-G. 3824* (ZEA); El Zarzamoro, Las Joyas 1900 m *Iltis 1328b* (WIS); Las Playas, Las Joyas 1850 m *Vázquez-G. 3013* (ZEA)
Cuautitlán: La Cumbre 2100 m *Wetter 1095* (WIS), *Sørensen 7823a* (WIS); Rincón de Manantlán 1660 m *Iltis 2524* (WIS)

Tolimán: SO de El Terrero, Cerro Grande 2140 m *Cochrane 12583* (GH, IBUG, MEXU, MICH, UCR, WIS, ZEA)

a **Rubus** cf. **palmeri** Rydb., "Zarzamora"

Autlán: El Chilacayote, Las Joyas 1800 m *Cuevas-G. 1491* (ZEA)

Cuautitlán: El Durazno 960 m *Vázquez-G. 4085* (ZEA); Telcruz, Ayotitlán 1600 m *Cuevas-G. 1795* (ZEA)

a **Rubus glaucus** Benth., "Zarzamora"

Autlán: El Zarzamoro, Las Joyas 1900 m *Vázquez-G. 3545* (ZEA)

a **Rubus** cf. **eriocarpus** Liebm., "Zarzamora de pollo", "Zarzamora pachona"

Autlán: El Zarzamoro, Las Joyas 1900 m *Iltis 1334* (WIS), *Sørensen 7827* (WIS)

Cuautitlán: El Almeal 2100 m *Judziewicz 4863* (WIS, ZEA); El Durazno 1050 m *Santana-M. 3346* (WIS, ZEA)

a **Rubus liebmannii** Focke vel aff.

Tolimán: Campo Cuatro–Lagunitas, Cerro Grande 2050 m *Iltis 30177* (WIS)

a **Rubus pringlei** Rydb.

Tolimán: Puertecito de Los Ladrillos–La Laguna, Cerro Grande 2400 m *De Níz-L. 241* (WIS, ZEA)

H **Rubus pumilus** Focke; DISYUNTA: México

Cuautitlán: Abajo de El Cuartón 2700-[2800] m *McVaugh 10292* (MICH); Cerro Alto San Jerónimo 2500 m fide Vázquez–G.

## RUBIACEAE

La mayoría de las determinaciones fueron hechas o verificadas por David L. Lorence.

A **Balmea stormae** M. Martínez

Autlán: Ahuacapán–Las Joyas 1620 m *Cochrane 12670* (ENCB, IBUG, WIS, ZEA); Las Galeras, Las Joyas 1600–1650 m *Cuevas-G. 1432* (WIS, ZEA)

A **Borreria suaveolens** G. Meyer

Autlán: Piedra Bola, Las Joyas 1980–2100 m *Judziewicz 5031* (WIS)

Cuautitlán: Arroyo Hondo 820 m *Pérez de la Rosa 1051* (IBUG)

A **Bouvardia capitata** Bullock

Autlán: Los Mazos 1450 m *Santana-M. 3819, 3820* (WIS, ZEA)

La Resolana: Cerro La Petaca 800 m *Santana-M. 5700* (ZEA)

a **Bouvardia chrysantha** Mart.

Autlán: Tecopatlán 1500 m *Cuevas-G. 2638* (WIS, ZEA)

a **Bouvardia cordifolia** DC.

Autlán: Ahuacapán 1400 m *Iltis 29451* (WIS)

Comala: Campo Cuatro, Cerro Grande 1400 m *Santana-M. 5271* (WIS, ZEA)

Cuautitlán: Chandepe 900 m *De Níz-L. 161* (ZEA); Puente de La Rosa 600 m *Guzmán-H. 203* (WIS, ZEA)

La Resolana: NE de La Resolana 750 m *Vázquez-G. 4524* (WIS, ZEA); SE de La Resolana 400–600 m *Cuevas-G. 3110* (WIS, ZEA); SO de Los Mazos 1465 m *Cochrane 12066* (IBUG, WIS, ZEA)

a **Bouvardia laevis** M. Martens & Galeotti

Cuautitlán: La Cumbre 2000 m *Rosales-C. 21* (ZEA); SE de Las Joyas 2000 m *Cuevas-G. 3843* (ZEA)

a **Bouvardia loesneriana** Standl.

La Resolana: Los Mazos 1700 m *Lorente-A. 148* (ZEA)

Tolimán: Los Encinitos–La Antena, Cerro Grande 1700 m *Cochrane 12986* (IBUG, IEB, MEXU, WIS, ZEA); O de El Terrero, Cerro Grande 2000 m *Santana-M. 4553* (WIS, ZEA)

a **Bouvardia multiflora** (Cav.) Schult. & Schult. f.

Autlán: Zacahuautla, Ahuacapán 1600 m *Cuevas-G. 3151* (ZEA)

La Resolana: Los Mazos 1450 m *Santana-M. 3818* (ZEA)

a *Bouvardia standleyana* Blackwell
Autlán: Las Mantequillas, Las Joyas 1600 m *Vázquez-G. 3787* (ZEA)
Cuautitlán: Chancol, Ayotitlán 1050 m *Ramírez-D. 471* (IBUG)
La Resolana: Los Mazos 2050 m *Cuevas-G. 2813* (ZEA); Abajo de Los Mazos 1350 m *Iltis 30096* (WIS)

aA *Chiococca alba* (L.) Hitchcock
Comala: Campo Cuatro, Cerro Grande 1400 m *Santana-M. 5266* (WIS, ZEA)
Cuautitlán: Las Marías, Ayotitlán 700 m *López-H. 184* (ZEA); NWW de Rincón de Manantlán 2000 m *Cuevas-G. 2153* (ZEA)
La Resolana: Cerro La Petaca [sin alt.] *Cházaro-B. 5689* (IBUG, WIS)

aA *Chiococca pachyphylla* Wernham
Autlán: Las Galeras, Las Joyas 1600 m *Cuevas-G. 1430* (WIS, ZEA)
Cuautitlán: El Almeal 2050 m *Cochrane 10629* (WIS, ZEA)

A *Chomelia barbata* Standl.
Cuautitlán: La Rosa–Las Marías 750 m *Santana-M. 5298* (WIS, ZEA)
La Resolana: Cerro La Petaca 650 m *Cházaro-B. 5678* (IBUG, WIS); NE de La Resolana 450–500 m *Guzmán-H. 542* (ZEA)

aA *Coffea arabica* L.
La Resolana: Cerro La Petaca 600 m *Iltis 301* (WIS), probablemente cultivada

H *Crusea calocephala* DC.
Cuautitlán: 2–3 km NO de Telcruz 1500 m *Benz 1332* (WIS, ZEA)

H *Crusea coccinea* DC.
Autlán: El Zarzamoro, Las Joyas 1950 m *Cochrane 10677* (WIS), 1900 m *Vázquez-G. 3007* (ZEA), 1940 m *Vázquez-G. 3545* (ZEA); La Moza, Las Joyas 1950 m *Cuevas-G. 1534* (ZEA); Los Coamiles, Las Joyas 1900 m *Santana-M. 3583* (ZEA)
Cuautitlán: Rincón de Manantlán 2000 m *Sánchez-S. 234* (IBUG, WIS)

H *Crusea coronata* B. L. Rob. & Greenm.
Autlán: 1–2 km O de Ahuacapán 1000 m *Santana-M. 5411* (WIS, ZEA)

H *Crusea hispida* (Mill.) B. L. Rob. var. *hispida*
Cuautitlán: ONO de San Miguel 1750 m *Santana-M. 4148* (WIS, ZEA)
La Resolana: Arroyo El Tecolote 600 m *Vázquez-G. 4822* (ZEA), *Cuevas-G. 3555* (ZEA); Cerca del pueblo 500 m *Wilbur 2256* (MICH), *Cuevas-G. 3196, 3201* (ZEA)

H *Crusea longiflora* (Willd. ex R. & S.) W. R. Anderson
Autlán: El Laurelito, Las Joyas 1960 m *Vázquez-G. 3424* (ZEA)
Cuautitlán: La Ventana–San Miguel 2000 m *Iltis 405, 414* (WIS)
Tolimán: SO de El Terrero, Cerro Grande 2150 m *Cuevas-G. 2469* (ZEA)

H *Crusea megalocarpa* (A. Gray) S. Watson
Tolimán: El Terrero, Cerro Grande 1800 m *Cuevas-G. 2496* (WIS, ZEA); Los Encinitos–La Antena, Cerro Grande 1500 m *Cochrane 13048* (WIS, ZEA)
Tuxcacuesco: S de Zenzontla 1000 m *Santana-M. 3904* (ZEA)

H *Crusea parviflora* Hook. & Arn.
Cuautitlán: NO de Minatitlán [RBSM?] 900–1000 m *Santana-M. 4802* (WIS, ZEA)

H *Crusea psillioides* (H. B. K.) W. R. Anderson
Tuxcacuesco: Zenzontla 850 m *Santana-M. 3871* (ZEA)

H *Crusea wrightii* A. Gray var. *wrightii*
Cuautitlán: NE de EL Durazno 1100–1200 m *Cuevas-G. 3644* (ZEA)
La Resolana: Los Mazos 1200 m *Wilbur 2268* (MICH)

a *Deppea cornifolia* (Benth.) Benth.
Comala: Campo Cuatro, Cerro Grande 1350 m *Cuevas-G. 3946* (ZEA)

T *Didymaea alsinoides* (Cham. & Schlecht.) Standl.
Autlán: San Campús, Las Joyas 1980 m *Cuevas-G. 1299b* (WIS, ZEA)
Cuautitlán: Los Jardines–Cerro El Muñeco 2780 m *Sørensen 7926* (WIS); San Miguel

1800–2400 m *Iltis 494* (WIS)
Tolimán: 2 km NO de El Terrero, Cerro Grande 2100 m *Santana-M. 5208* (WIS, ZEA), 2300 m *Santana-M. 5874* (WIS, ZEA)

T **_Didymaea floribunda_** Rzedowski
Autlán: El Laurelito, Las Joyas 1850 m *Vázquez-G. 3751* (WIS, ZEA); El Zarzamoro–Las Joyas 1800 m *Santana-M. 3554* (ZEA); San Campús, Las Joyas 1980 m *Cuevas-G. 1299a* (WIS, ZEA)

H **_Diodia teres_** Walter
Cuautitlán: Chancol, Ayotitlán 1100 m *Cuevas-G. 1640* (ZEA)
Tolimán: El Tapeizte, Cerro Grande 2400 m *Cuevas-G. 2436* (IBUG)

A **_Exostema mexicanum_** A. Gray
Tolimán: NO de Puerto de Toxín, Cerro Grande 700 m *Cuevas-G. 3663* (WIS, ZEA)
Tuxcacuesco: Zenzontla 750 m *Iltis 28885* (IEB, MEXU, MICH, WIS, ZEA)

aA **_Faramea occidentalis_** (L.) A. Rich., "Cafecillo"
La Resolana: Arroyo El Tecolote 1100 m *Vázquez-G. 4173, 4518* (WIS, ZEA); Cerca del pueblo 600 m *Vázquez-G. 4375* (ZEA); La Calera 600–800 m *Cuevas-G. 2317* (WIS, ZEA), *Iltis 31048* (WIS), *Judziewicz 5171* (WIS); La Huertita, Cerro La Petaca 750 m *Iltis 335* (WIS)

T **_Galium mexicanum_** H. B. K. subsp. **_mexicanum_**
Cuautitlán: Las Capillas 2600 m *Iltis 29416* (WIS)
Tolimán: N de El Terrero, Cerro Grande 2300 m *Iltis 30144* (WIS); NE de El Terrero, Cerro Grande 2200 m *Cuevas-G. 3449* (ZEA)

T **_Galium microphyllum_** A. Gray
Cuautitlán: Las Yeguas 2000 m *Judziewicz 5021* (WIS)

T **_Galium_** sp.
Cuautitlán: Rincón de Manantlán 1800 m *Vázquez-G. 441* (IBUG)

A **_Glossostipula concinna_** (Standl.) Lorence [*Randia concinna*]
La Resolana: Los Mazos 1700 m *Cuevas-G. 4124* (ZEA)

A **_Gonzalagunia panamensis_** (Cav.) K. Schum.
Cuautitlán: N de Telcruz, Ayotitlán 1700 m *Guzmán-H. 809* (ZEA); NNE de Telcruz, Ayotitlán 1200–1300 m *Guzmán-H. 354* (ZEA); Telcruz, Ayotitlán 1150 m *Vázquez-G. 4038* (WIS, ZEA)

a **_Guettarda elliptica_** Sw.
Cuautitlán: La Rosa–Las Marías 750 m *Benz 1239* (WIS, ZEA)
Tuxcacuesco: Cerro del Palacio 1100 m *Santana-M. 5927* (WIS, ZEA)

aA **_Hamelia patens_** Jacq. var. **_patens_**, "Jazmincillo"
Autlán: Tecopatlán 1300 m *Iltis 1147* (WIS)
La Resolana: SE de La Resolana 700–1000 m *Cuevas-G. 3123* (WIS, ZEA)
Tolimán: El Rodeo 1100–1300 m *Iltis 28934* (WIS)

a **_Hamelia versicolor_** A. Gray?
Cuautitlán: Ayotitlán–Chancol 900 m *Anaya-C. 68* (WIS, ZEA)

A **_Hamelia xorullensis_** H. B. K., "Nixtamalillo", "Rosa amarilla"
Autlán: El Chante 1200 m *Iltis 3120* (WIS)
Cuautitlán: Arroyo Ayotitlán 850 m *Judziewicz 5189, 5192* (WIS); Telcruz, Ayotitlán 1100 m *Vázquez-G. 4472* (WIS, ZEA); O de El Durazno 960 m *Vázquez-G. 4027* (WIS, ZEA)
La Resolana: Arroyo El Tecolote 900 m *Guzmán-H. 334* (ZEA)

A **_Hintonia latiflora_** (Sessé & Moc. ex DC.) Bullock [*H. standleyana*], "Campanillo"
Autlán: SO de La Yerbabuena 1120 m *De Níz-L. 151* (WIS, ZEA)
Tuxcacuesco: El Camichín, Zenzontla 740 m *Santana-M. 3401* (ZEA); O de Tuxcacuesco 800 m *Cochrane 11631* (IBUG, WIS, ZEA)

a **_Hoffmannia cuneatissima_** B. L. Rob.
Autlán: Las Joyas 1950 m *Cochrane 10664, 10716* (WIS); Las Mantequillas, Las Joyas

1600 m *Vázquez-G. 3758* (WIS, ZEA)
Cuautitlán: El Almeal 2100 m *Cochrane 10631* (WIS, ZEA)

H **Mitracarpus hirtus** (L.) DC.
Cuautitlán: NNO de Telcruz, Ayotitlán 1250–1400 m *Guzmán-H. 372* (ZEA); San Miguel 1750 m *Santana-M. 4159, 4218* (WIS, ZEA)

H **Mitracarpus rhadinophyllus** (B. L. Rob.) L. O. Williams
Cuautitlán: Las Yeguas 1550–2000 m *Iltis 2554* (WIS)

H **Mitracarpus schizangius** DC.
Cuautitlán: Manantlán 1600 m *Cochrane 10833* (WIS)

T **Paederia ciliata** (Bartl. ex DC.) Standl.
Comala: E de Campo Cuatro, Cerro Grande 1500 m *Guzmán-H. 1347* (WIS, ZEA); N de Juluapan, falda de Cerro Grande 700–800 m *Santana-M. 5229* (WIS, ZEA)
Tuxcacuesco: El Aguacate–Zenzontla 1000 m *Hernández-L. 26* (WIS, ZEA)

a **Psychotria grandis** Sw.
La Resolana: Arroyo Tacubaya, Cerro La Petaca 500 m *Iltis 302* (WIS)

a **Psychotria horizontalis** Sw.
La Resolana: Al NE de La Resolana 600 m *Santana-M. 2797* (WIS); NNE de La Resolana 700–750 m *Vázquez-G. 4371* (ZEA); SE de La Resolana 500 m *Cuevas-G. 3113* (WIS, ZEA); S de La Resolana 400 m *Vázquez-G. 4382* (ZEA)

a **Psychotria pubescens** Sw.
Cuautitlán: Chancol–Ayotitlán 1050 m *Ramírez-D. 461* (IBUG, WIS); SE de Cuzalapa 740 m *Robles-H. 822* (ZEA)
La Resolana: Arroyo Tacubaya, Cerro La Petaca 450 m *Iltis 294* (IBUG, WIS)

a **Psychotria tenuifolia** Sw.
La Resolana: Cerro La Petaca 700 m *Santana-M. 5737* (WIS, ZEA); La Resolana 500 m *Cuevas-G. 3204* (ZEA)

aA **Randia aculeata** L. var. **aculeata**
La Resolana: E de Arroyo El Tecolote 1400 m *Vázquez-G. 4165* (WIS, ZEA); El Tepejilote, El Zapotillo 500 m *Guzmán-H. 952* (ZEA); La Calera 740–780 m *Judziewicz 5182* (WIS), 600–800 m *Vázquez-G. 4809* (WIS, ZEA); NNE de La Resolana 700–750 m *Vázquez-G. 4360* (WIS, ZEA)
Minatitlán: La Loma 1000 m *Alcocer 60* (IBUG)

aA **Randia armata** (Sw.) DC., "Cagada de gato", "Crucecita", "Crucillo"
Cuautitlán: Ayotitlán 750 m *Santana-M. 5333* (WIS, ZEA)
La Resolana: Arroyo El Tecolote 600 m *Cuevas-G. 1841, 1848* (WIS, ZEA), 800 m *Vázquez-G. 4507* (WIS, ZEA), 500 m *Vázquez-G. 4825* (ZEA); El Tepejilote, El Zapotillo 470 m *Cochrane 12320* (CHAPA, ENCB, F, MICH, MO, WIS, ZEA); La Calera 835–850 m *Cochrane 12329* (CAS, PTBG, WIS, ZEA); La Resolana 400 m *Vázquez-G. 4387* (ZEA), *Santana-M. 3368* (ZEA)

A **Randia capitata** DC.
Autlán: SSE de Ahuacapán 800–900 m *Guzmán-H. 893* (WIS, ZEA)
Comala: Lagunitas–Campo Cuatro, Cerro Grande 1200–1850 m *Iltis 29682, 29690* (WIS, ZEA)
La Resolana: La Calera 600–800 m *Cuevas-G. 2331* (WIS, ZEA)
Minatitlán: SSO de El Terrero, Cerro Grande 1630 m *Cochrane 11741* (F, IBUG, LE, MICH, NA, TEX, UC, WIS, ZEA), 1705 m *Cochrane 12235* (CAS, ENCB, MICH, WIS, ZEA)

aA **Randia cinerea** (Fernald) Standl.
La Resolana: Arroyo El Tecolote 1400 m *Cuevas-G. 1868* (ZEA)

aA **Randia echinocarpa** Moc. & Sessé ex DC.
Cuautitlán: Las Yeguas–Manantlán 1500 m *Cochrane 10820* (WIS)

aA **Randia tetracantha** (Cav.) DC., "Crucillo"
Tuxcacuesco: El Alcoste 800 m *Robles-H. 585* (WIS, ZEA)

a *Randia* sp.
Comala: E de Campo Cuatro, Cerro Grande 1500 m *Guzmán-H. 1357* (WIS, ZEA)

H ***Richardia scabra*** L.
Cuautitlán: Cuzalapa 800 m *Cuevas-G. 1962* (WIS, ZEA); Las Marías, Ayotitlán 780–820 m *Cochrane 10879* (WIS)

aA ***Rondeletia amoena*** (Planch.) Hemsl. [*R. langlassei*]
Autlán: Arroyo San Campús, Las Joyas 1620 m *Judziewicz 5083* (WIS); NE de Corralitos 1700 m *Vázquez-G. 4215* (WIS, ZEA)
Cuautitlán: El Almeal 2050 m *Judziewicz 4822* (WIS, ZEA); La Cumbre–Las Joyas 1800 m *McVaugh 26592* (MICH, WIS); La Cumbre 2100 m *Iltis 1234, 1239* (WIS, ZEA)
La Resolana: Los Mazos 1465–1495 m *Cochrane 12072* (WIS)

a ***Rondeletia buddleioides*** Benth. [*R. affinis*]
La Resolana: S de Autlán 1200 m *Ornelas-U. 1573* (IBUG)

a ***Rondeletia jurgensenii*** Hemsl.
Cuautitlán: Arroyo San Campús, SO de Rincón de Manantlán 1620 m *Judziewicz 5064* (WIS); San Miguel 1800–2400 m *Iltis 484* (WIS)

A ***Rondeletia leucophylla*** H. B. K., "Ajuatoso"
Autlán: Tecopatlán 1300 m *Guzmán-H. 660* (WIS, ZEA)
Cuautitlán: Las Marías, Ayotitlán 820 m *Cochrane 10910* (WIS)
La Resolana: Abajo de Los Mazos 1350 m *Iltis 30084a* (IBUG, WIS); La Calera 620 m *Judziewicz 5130* (WIS), 800 m *Iltis 31042* (WIS)

aA ***Rondeletia manantlanensis*** Lorence; ENDÉMICA: RBSM
Autlán: El Laurelito, Las Joyas 1850 m *Vázquez-G. 3750* (WIS–Holótipo); El Tlacuache, Las Joyas 1920–1850 m *Vázquez-G. 3822* (ZEA)
Cuautitlán: Arriba de Telcruz, Ayotitlán 1800 m *Cochrane 12211* (WIS)
Tolimán: A El Terrero, Cerro Grande 1400 m *Nieves-H. 551* (IBUG, WIS, ZEA)

a ***Rondeletia strigosa*** (Benth.) Hemsl.
Comala: Crucero Juluapan, camino a El Terrero, Cerro Grande 1200 m *Cuevas-G. 1771* (WIS, ZEA)

A ***Sommera grandis*** (Bartl. ex DC.) Standl., "Mameicillo", "Mameyito del cerro"
Cuautitlán: El Durazno 1100 m *Santana-M. 3351* (ZEA); NE de El Durazno 1249 m *Wetter 2093* (CHAPA, F, IBUG, WIS, ZEA); NNO de Telcruz, Ayotitlán 1200 m *Vázquez-G. 4414* (WIS, ZEA)
La Resolana: Arroyo El Tecolote 850 m *Cuevas-G. 2923* (WIS, ZEA)

H ***Spermacoce assurgens*** (Lam.) Griseb. [*Borreria laevis*]
Autlán: Las Joyas 1900 m *Vázquez-G. 3510* (ZEA); Picacho de San Campús 2100 m *Judziewicz 4963* (WIS)
Cuautitlán: [Rincón de] Manantlán 1520 m *Calzada 9564* (ZEA)
Tolimán: Los Encinitos, N de El Sauz, base del Cerro Grande 1250 m *Cochrane 13183* (IBUG, MICH, WIS, ZEA)

H ***Spermacoce confusa*** Rendle
Autlán: SSE de Ahuacapán 800–900 m *Guzmán-H.* (WIS, ZEA)
La Resolana: NE de La Resolana 750 m *Cuevas-G. 3564* (ZEA)

H ***Spermacoce exilis*** (L. O. Williams.) C. Adams ined. [*S. mauritiana*]
La Resolana: El Tigre 480–550 m *Judziewicz 5141* (WIS)

H ***Spermacoce verticillata*** L.
Cuautitlán: NWW de Telcruz, Ayotitlán 1250–1400 m *Guzmán-H. 389* (ZEA); San Miguel 1750 m *Santana-M. 4120* (WIS, ZEA)
La Resolana: SE Los Mazos 1600 m *Lorente-A. 17* (ZEA)

## Rutaceae

A ***Amyris sylvatica*** Jacq.
La Resolana: La Calera 800 m *Cuevas-G. 2329* (WIS, ZEA); SSO de Autlán [610 m] *Wilbur 1452* (MICH)

A ***Casimiroa watsonii*** Engl., "Zapote blanco"
Autlán: La Yerbabuena 1200 m *Santana-M. 4758* (WIS)
Cuautitlán: El Pedregal 1200 m *Cuevas-G. 2112* (ZEA); Manantlán 1450 m *Iltis 1198* (WIS), *2277* (MICH, WIS); NO de Telcruz, Ayotitlán 1160 m *Benz 1337* (WIS)
Tolimán: El Rodeo 900 m *Iltis 28891* (WIS, ZEA)

A ***Monieria trifolia*** L.
La Resolana: N de La Resolana [328 m] *Wilbur 1597* (MICH)

A ***Ptelea trifoliata*** L. subsp. ***angustifolia*** (Benth.) V. L. Bailey
Comala: Juluapan, Cerro Grande 1000 m *Cuevas-G. 1770* (WIS, ZEA); NO de Zacualpan 1200–1350 m *Cuevas-G. 3936* (WIS)
Tolimán: El Terrero–Campo Cuatro, Cerro Grande 1850–1900 m *Iltis 29686* (MICH, WIS)

A ***Zanthoxylum arborescens*** Rose, "Capulín"
Tuxcacuesco: El Alcoste 820 m *Robles-H. 575, 662* (WIS, ZEA); S de El Camichín, Zenzontla 800 m *Cuevas-G. 3715* (WIS, ZEA)

A ***Zanthoxylum caribaeum*** Lamarck vel aff.
Tolimán: O de San Pedro Toxín 750–800 m *Vázquez-G. 4112* (ZEA)

A ***Zanthoxylum fagara*** (L.) C. Sargent, "Pochotillo"
Autlán: SO de El Chante 1350 m *Santana-M. 4727* (WIS, ZEA)
Tolimán: San Pedro Toxín 775 m *Vázquez-G. 4119* (ZEA); OSO de Campo Cuatro, Cerro Grande 570 m *Cochrane 11747* (WIS)

A ***Zanthoxylum melanostictum*** Schlecht. & Cham.
Cuautitlán: Abajo de La Cumbre 2000 m *Kowal 2814* (WIS)

A ***Zanthoxylum mollissimum*** (Engler) P. Wilson [Z. *ferrugineum*]
Cuautitlán: Puente de La Rosa 600 m *Guzmán-H. 217* (WIS)
Minatitlán: SE de El Sauz, Cerro Grande 1100 m *Cuevas-G. 4016* (WIS, ZEA)

## SABIACEAE

A ***Meliosma dentata*** (Liebm.) Urban, "Cortapico"
Autlán: Cuchilla de La Tuna, Las Joyas 1860 m *Vázquez-G. 3877* (WIS, ZEA); Los Barbechos, Las Joyas 1755 m *Cuevas-G. 1258* (WIS, ZEA); San Campús 1980 m *Vázquez-G. 3384* (ZEA), *Judziewicz 4981* (WIS, ZEA)
Cuautitlán: La Cumbre 2090 m *Vázquez-G. 3714* (ZEA); La Cumbre–Las Capillas 2580 m *Kowal 2847* (WIS); Rincón de Manantlán 1660–1900 m *Iltis 2515, 3193* (WIS)
Tolimán: La Laguna, Cerro Grande 2115 m *Wetter 2060* (LE, MICH, WIS, ZEA)

A ***Meliosma nesites*** I. M. Johnst.
Autlán: Arroyo Corralitos 1700 m *Jardel-P. 149* (WIS, ZEA); El Laurelito, Las Joyas 1960 m *Vázquez-G. 3423* (WIS, ZEA); NE de Corralitos 1750–1800 m *Cuevas-G. 2999* (WIS, ZEA)

## SALICACEAE

A ***Populus guzmanantlensis*** A. Vázquez & Cuevas, "Álamo", "Algodoncillo"; ENDÉMICA: RBSM
Cuautitlán: Telcruz, Ayotitlán 1200 m *Vázquez-G. 4421* (ZEA)
La Resolana: Arroyo El Tecolote 450 m *Vázquez-G. 4888* (IEB, MEXU, MICH, WIS, ZEA), 460 m *Iltis 30101* (WIS), 750 m *Benz 1184* (UCR, WIS, ZEA), 850 m *Cuevas-G. 3224* (ZEA–Holótipo; ENCB–, IEB–, WIS–Isótipos), 400–500 m *Cuevas-G. 3224a* (ENCB, IEB, WIS, ZEA)
Tuxcacuesco: La Pasión, Zenzontla 1200 m *Santana-M. 5111* (WIS, ZEA)

A ***Salix bonplandiana*** H. B. K.
Autlán: La Yerbabuena 1120 m *Santana-M. 4732* (WIS, ZEA)
Cuautitlán: La Guaca, Ayotitlán 900 m *Alcocer 15* (IBUG)
Tuxcacuesco: El Rodeo–La Lima 1350 m *Iltis 28895* (CAN, IEB, WIS)

A **Salix humboldtiana** Willd., "Sauce", "Sauce llorón", "Sauz"
Autlán: 2 km NO de Ahuacapán 900 m *Santana-M. 3687* (WIS, ZEA)
La Resolana: NE de La Resolana 400–500 m *Cuevas-G. 3093* (WIS, ZEA)
Tolimán: El Rodeo 1350 m *Iltis 28895* (WIS, ZEA)
Tuxcacuesco: Zenzontla 820 m *Robles-H. 656* (WIS, ZEA), 840 m *De Níz-L. 218* (WIS, ZEA)

aA **Salix microphylla** Schlecht. & Cham., "Sauce", "Taray" [*S. taxifolia* s. l.]
Autlán: Ahuacapán 950 m *Robles-H. 745* (WIS, ZEA)
Cuautitlán: Cuzalapa 700 m *Rosales-C. 184* (WIS, ZEA)
La Resolana: La Huertita–Cerro La Petaca 900 m *Iltis 345* (WIS)

aA **Salix paradoxa** H. B. K.
Cuautitlán: El Guízar 2700 m *Iltis 29402* (CAN, IEB, WIS); Las Capillas 2800 m *González-V. 2497* (IBUG), 2750 m *Cuevas-G. 2008* (WIS, ZEA); SSE de San Miguel 2550–2600 m *Santana-M. 3444* (WIS, ZEA)
Tolimán: E de El Terrero, Cerro Grande 2250 m *Iltis 29476* (WIS)

## SAPINDACEAE

T **Cardiospermum halicacabum** L.
La Resolana: La Calera 900 m *Guzmán-H. 844* (ZEA), *Iltis 31046* (WIS)

A **Cupania dentata** Sw.
Cuautitlán: Cuzalapa 750 m *Cuevas-G. 1945* (ZEA, WIS); O de La Pareja 860 m *Cuevas-G. 1659b* (WIS, ZEA)
La Resolana: El Tigre 500 m *Judziewicz 5162* (WIS); 6–7 km NE de La Resolana 520–600 m *Cuevas-G. 2347* (WIS, ZEA)

a **Dodonaea viscosa** Jacq., "Jarilla"
Autlán: Tecopatlán 1300 m *Cuevas-G. 3420* (ZEA); Tecopatlán–Manantlán 1400 m *Cárdenas-T. 27* (WIS, ZEA)
Tolimán: Lagunitas–Campo Cuatro, Cerro Grande 1850 m *Iltis 29685* (WIS)

T **Paullinia fuscescens** Kunth, "Bejuco de tres corazones"
Comala: Arriba de Juluapan, Cerro Grande 860 m *Cochrane 11806* (US, WIS)
Tolimán: San Pedro Toxín 750 m *Vázquez-G. 4099* (WIS, ZEA); Puerto de Toxín, Cerro Grande 1100 m *Nieves-H. 543* (IBUG, WIS)
Tuxcacuesco: Tuxcacuesco–El Camichín 1050 m *Cochrane 11653* (ENCB, IBUG, UCR, US, WIS)

T **Paullinia jamaicensis** McFadden
Tolimán: San Pedro Toxín 1400 m *Santana-M. 4774* (WIS, ZEA)

T **Paullinia sessiliflora** Radlk., "Guamúchil cimarrón", "Guamuchililllo", "Huamúchil cimarrón"
Autlán: SO de Ahuacapán 1100 m *Cuevas-G. 2262* (IBUG, WIS, ZEA)
Cuautitlán: Cuzalapa 800 m *Cuevas-G. 1966* (WIS, ZEA)
La Resolana: Torre de Microondas, Los Mazos [1700 m] *Ramírez-D. 674* (IBUG)
Minatitlán: Los Estanques, ESE de Minatitlán 700–800 m *Guzmán-H. 1186* (WIS, ZEA)
Tolimán: Toxín 1350 m *Rodríguez-C. 2060* (IBUG, WIS)
Tuxcacuesco: La Cañita, Zenzontla 1100 m *Cuevas-G. 2045* (WIS, ZEA)

T **Paullinia tomentosa** Jacq., "Guamúchil cimarrón", "Guamuchilillo"
Autlán: Ahuacapán–Corralitos 1000 m *Vázquez-G. 940* (IBUG)
La Resolana: E de La Resolana 850 m *Ornelas-U. 1494* (IBUG)
Tuxcacuesco: Tuxcacuesco 740 m *Guzmán-H. 159* (WIS, ZEA)

A **Sapindus saponaria** L., "Bolitario"
Comala: S de El Sauz, Cerro Grande 930–940 m *Cochrane 11733* (F, IBUG, WIS, ZEA)
Cuautitlán: El Pedregal 1300 m *Cuevas-G. 2103* (UCR, WIS, ZEA); Rincón de Manantlán 1350 m *Rzedowski 14574* (WIS)
La Resolana: Arroyo El Tecolote 500 m *Vázquez-G. 3991* (WIS, ZEA)

T **_Serjania flaviflora_** Radlk.
Cuautitlán: El Almeal 2140 m *Wetter 1080* (WIS, US)
La Resolana: Arroyo El Tecolote 1200 m *Vázquez-G. 3967* (IBUG, WIS, ZEA)

T **_Serjania mexicana_** (L.) Willd., "Cola de iguana"
Cuautitlán: Ayotitlán 1040 m *Anaya-C. 47* (WIS, ZEA), 940 m *Cochrane 11799* (F, IBUG, IEB, GB, GH, LE, MICH, UC, US, WIS, ZEA)

T **_Serjania plicata_** Radlk.
La Resolana: Arroyo Tacubaya, Cerro La Petaca 700 m *Cochrane 11692* (IBUG, MEXU, MICH, US, WIS, ZEA)

T **_Serjania psilophylla_** Radlk., "Bejuco de hiedra"
Autlán: E de Las Joyas 1950 m *Cochrane 10713* (WIS)
Cuautitlán: N de El Almeal 2140 m *Wetter 1080* (CHAPA, ENCB, IBUG, US, WIS)
Tolimán: El Terrero–El Sauz, Cerro Grande 1850 m *Santana-M. 5046* (WIS, ZEA)

T **_Serjania racemosa_** Schumacher
La Resolana: Los Mazos 1340 m *Iltis 30129* (US, WIS)
Tolimán: El Sauz–El Terrero, Cerro Grande 960 m *Cochrane 11744* (F, GB, IBUG, LE, MICH, TEX, WIS, ZEA)

T **_Serjania subtriplinervis_** Radlk.
Cuautitlán: Ayotitlán 940 m *Cochrane 11805* (ENCB, IBUG, MICH, US, WIS, ZEA)

T **_Serjania triquetra_** Radlk.
Autlán: Las Joyas 1800 m *Cuevas-G. 3820* (ZEA)

T **_Serjania_** sp.
Autlán: Ahuacapán–Tecomates 1000 m *Ramírez-D. 1110* (IBUG)

A **_Thouinia serrata_** Radlk. [*T. acuminata*], "Guayabillo"
Autlán: Corralitos 1850 m *Vázquez-G. 4178* (WIS, ZEA); El Chante 1200 m *Iltis 1140* (WIS, ZEA); SSE de Ahuacapán 800–900 m *Guzmán-H. 880* (WIS, ZEA)
Comala: Juluapan, Cerro Grande 900 m *Cuevas-G. 1767* (UCR, WIS, ZEA)
Tolimán: Puerto de Toxín 1235 m *Cochrane 12286* (UMO, USF, WIS)

A **_Thouinidium decandrum_** (Humb. & Bonpl.) Radlk.
Tuxcacuesco: NE de El Camichín, Zenzontla 740 m *Nieves-H. 403* (ZEA)

## Sapotaceae

A **_Pouteria sapota_** (Jacq.) H. E. Moore & Stearn [*P. mammosa*], "Mamey", "Huizilacate cimarrón"
Autlán: Cañada del Laurelito, Las Joyas 1700–1800 m *Guzmán-H. 1223* (WIS, ZEA)
Cuautitlán: Ayotitlán 940 m *Cevallos-E. 55* (WIS, ZEA)
Tolimán: La Taza, San Pedro Toxín, Cerro Grande 750 m *Guzmán-H. 463* (ZEA)

A **_Sideroxylon capiri_** (A. DC.) Pittier subsp. **_tempisque_** (Pittier) Pennington [*Mastichodendron capiri*], "Tempisque". Foto p. xxxvii, VV.
La Resolana: El Tepejilote, El Zapotillo 470 m *Cochrane 12327* (CHAPA, WIS, ZEA); Torre de Transmisión, Los Mazos 1750 m *Guzmán-H. 6319* (UCR, WIS, ZEA)
Minatitlán: Pueblo Nuevo, O de Juluapan, base del Cerro Grande 520 m *Cochrane 12575* (CHAPA, F, IBUG, MEXU, MICH, UCR, WIS, ZEA)
Tuxcacuesco: SSE de Camichín, Zenzontla 700 m *Guzmán-H. 188* (WIS, ZEA); Zenzontla 900 m *Cuevas-G. 2082* (WIS, ZEA), 800 m *Iltis & Santana-M. 31138* (WIS)

A **_Sideroxylon cartilagineum_** (Cronquist) Pennington [*Bumelia cartilaginea*], "Comengale", "Huizilacate"
Autlán: El Chante 1060 m *Iltis 2546* (WIS)
La Resolana: Los Mazos 1700 m *Iltis 30116* (WIS)

A **_Sideroxylon portoricense_** Urban subsp. **_minutiflorum_** (Pittier) Pennington [*Dipholis minutiflora*], "Huizilacate del cerro"
Autlán: Los Mazos 1800 m *Santana-M. 4272* (ZEA)

A *Sideroxylon* sp., "Calentura"; ENDÉMICA: RBSM
Tolimán: Los Encinitos–La Antena, Cerro Grande 1900–2300 m varios colectores (WIS, ZEA); NO de El Terrero, Cerro Grande 2300 m *Muñoz-M. 47* (WIS, ZEA), *Santana-M. 6568, 6705* (ZEA)

## SAXIFRAGACEAE

a ***Heuchera longipetala*** Ser. vel aff.
Cuautitlán: La Cumbre 2260 m *Sørensen 7891* (WIS)

T ***Philadelphus mexicanus*** Schlecht., "Jazmín"
Cuautitlán: La Cumbre–San Miguel 2270 m *Vázquez-G. 3924* (WIS, ZEA)

a ***Ribes pringlei*** Rose
Tolimán: Cerro Breñoso, Cerro Grande 2100 m *Cevallos-E. 76* (WIS, ZEA); El Tapeizte, N de El Terrero, Cerro Grande 2300 m *Guzmán-H. 1156, 1210* (WIS, ZEA); El Terrero, Cerro Grande 2300 m *Iltis 29481* (IEB, MICH, WIS)

## SCROPHULARIACEAE

H ***Bacopa repens*** (Cham. & Schlecht.) Wettstein
Autlán: San Campús, Las Joyas 1980 m *Vázquez-G. 3330* (ZEA)
Cuautitlán: El Durazno 1100 m *Cuevas-G. 1906* (ZEA)

H ***Bacopa monnieri*** (L.) Wettstein
Autlán: E de Autlán [RBSM?] [1400 m] *Wilbur 2214* (MICH, WIS)

H ***Buchnera obliqua*** Benth.
Cuautitlán: Cerro El Murcielago 1900–2000 m *Santana-M. 4202* (WIS, ZEA); Las Marías, Ayotitlán 820 m *Cochrane 10900* (WIS); Las Yeguas–Manantlán 1600 m *Cochrane 10808* (WIS)

H ***Calceolaria mexicana*** Benth.
Cuautitlán: Neverías 2600 m *Cuevas-G. 1632* (WIS, ZEA), 2540–2700 m *Iltis 2397, 3233* (WIS), *McVaugh 10305* (MICH), *Wilbur 1794, 1930* (MICH)

H ***Capraria saxifragaefolia*** Cham. & Schlecht.
Comala: SSE de Campo Cuatro, Cerro Grande 1200 m *Guzmán-H. 1377* (WIS, ZEA)
Tolimán: El Terrero, Cerro Grande 2300 m *Iltis 30145* (WIS)

H ***Castilleja arvensis*** Schlecht. & Cham.
Cuautitlán: Llanos de San Miguel 2200 m *Cuevas-G. 2876* (ZEA); NNO de Telcruz, Ayotitlán 1700 m *Cuevas-G. 2171* (WIS, ZEA); ONO de San Miguel 1750 m *Santana-M. 4145* (WIS, ZEA)
Tolimán: El Terrero, Cerro Grande 2000 m *Vázquez-G. 4151* (WIS, ZEA), 2200 m *Iltis 29506* (WIS); La Laguna, Cerro Grande 2115 m *Wetter 2061* (TEX, WIS, ZEA); Mezcalitos, N de Los Picachos, Cerro Grande 2250 m *Iltis 29549* (WIS)
Tuxcacuesco: NO de La Pasión, Zenzontla 1300–1500 m *Cuevas-G. 2578* (ZEA)

H ***Castilleja auriculata*** Eastwood var. ***verecunda*** Nesom; ENDÉMICA: Nueva Galicia
Tolimán: El Sauz–El Terrero, Cerro Grande 1850–1900 m *Vázquez-G. 4145* (WIS, ZEA)

H ***Castilleja gracilis*** Benth.
Tolimán: El Sauz, falda de Cerro Grande 1500 m *Cuevas-G. 3299* (ZEA); El Terrero, Cerro Grande 2100 m *Cuevas-G. 2477* (ZEA); La Laguna, Cerro Grande 1950 m *Guzmán-H. 1132* (WIS, ZEA)

H ***Castilleja integrifolia*** L. f. var. nov., fide H. Iltis & G. Nesom; ENDÉMICA: Jalisco
Cuautitlán: Los Jardines, Las Capillas 2800 m *Iltis 2507* (WIS, ZEA), *Cuevas-G. 1617* (WIS, ZEA), *Iltis 3227* (WIS–Holótipo; ZEA–Isótipo)

aH ***Castilleja mcvaughii*** N. Holmgren; ENDÉMICA: RBSM
Cuautitlán: E de La Cumbre 2400–2600 m *McVaugh 23124* (MICH–Holótipo; NY–Isótipo); Las Capillas 2800 m *Iltis 2410* (WIS, ZEA), 2700–2800 m *Cuevas-G. 2007, 2846* (ZEA), *Guzmán-H. 1062* (ZEA), *Santana-M. 3424* (ZEA); La Cumbre–San Miguel 2270 m *Vázquez-G. 3921* (WIS, ZEA); Los Jardines, Las Capillas 2600 m *Iltis 2423* (WIS, ZEA)

H *Castilleja nervata* Eastwood

Autlán: Arroyo El Chilacayote, Las Joyas 1800–1850 m *Iltis 29098* (IBUG, TEX, WIS, ZEA); Barbechos del Sol y La Luna, Las Joyas 1755 m *Vázquez-G. 3585* (ZEA); Las Joyas 2150 m *Judziewicz 4872* (WIS); Puerto de San Campús, Las Joyas 1980 m *Vázquez-G. 3331* (ZEA); SE de Ahuacapán 1850–1950 m *Cuevas-G. 2265* (ZEA)

Cuautitlán: N de Telcruz, Ayotitlán 1580–1665 m *Cochrane 12181* (NY, WIS); Rincón de Manantlán 1780 m *Iltis 2710* (IBUG, WIS)

Tolimán: Cerro El Breñoso, Cerro Grande 2100 m *De Níz-L. 193* (WIS, ZEA)

aH *Castilleja pterocaulon* N. Holmgren; ENDÉMICA: Jalisco

Cuautitlán: La Cumbre 2100 m *McVaugh 23174* (MICH); E de La Cumbre 2250 m *Sørensen 7892* (IEB, WIS)

H *Castilleja tenuiflora* Benth., "Envidia"

Autlán: Ahuacapán 1300–1400 m *Guzmán-H. 618* (ZEA)

Cuautitlán: La Cumbre 1950 m *Cuevas-G. 2906* (WIS, ZEA); La Cumbre–Las Joyas 1950–2100 m *Iltis 1242, 2237, 29018* (WIS, ZEA)

Tolimán: Mezcalitos–Los Picachos, Cerro Grande 2250–2300 m *Iltis 29552* (WIS); SSE de La Laguna, Cerro Grande 1850–1900 m *Cuevas-G. 2202* (WIS, ZEA)

H *Escobedia laevis* Cham. & Schlecht.

La Resolana: Los Mazos 1300 m *Vázquez-G. 4539* (ZEA)

H *Lamourouxia multifida* H. B. K. Foto p. 16.

Autlán: El Tlacuache, Las Joyas 1840 m *Vázquez-G. 3800* (ZEA); El Zarzamoro–Las Joyas 1900–2000 m *Iltis 1335* (WIS); Las Juntas, Las Joyas 1650 m *Vázquez-G. 3780* (ZEA)

Cuautitlán: El Almeal 2100 m *Judziewicz 4824* (WIS, ZEA); Las Capillas 2800 m *Iltis 2378* (WIS, ZEA)

H *Lamourouxia viscosa* H. B. K.

Autlán: Ahuacapán 1000 m *Vázquez-G. 4192* (WIS, ZEA); La Cidrita, El Chante 920 m *Iltis 2272* (WIS, ZEA)

H *Lamourouxia xalapensis* H. B. K. vel aff.

Autlán: Las Juntas, Las Joyas 1700 m *Cuevas-G. 4066* (ZEA)

H *Lamourouxia* sp.

Autlán: El Zarzamoro–Las Joyas 1900–2000 m *Iltis 1356* (WIS)

Cuautitlán: Cerro El Murcielago 1900–2000 m *Santana-M. 4190* (WIS, ZEA)

H *Leucocarpus perfoliatus* (H. B. K.) Benth.

Autlán: Las Playas, Las Joyas 1850 m *Cuevas-G. 1602* (WIS, ZEA)

Cuautitlán: NE de El Durazno 1210 m *Cárdenas-T. 68* (WIS)

H *Limosella acaulis* Sessé & Moc.

Cuautitlán: Arroyo Neverías 2350 m *Blum 3893f* (IBUG, WIS, ZEA)

H *Lindernia blancoi* (Merrill) Philcox

La Resolana: NE del pueblo 500 m *Santana-M. 4234* (ZEA)

H *Mecardonia procumbens* (Mill.) Small [*Bacopa procumbens*]

Autlán: Arroyo El Chilacayote, Las Joyas 1950–2180 m *Judziewicz 4917* (WIS); Las Mantequillas, Las Joyas 1600 m *Cuevas-G. 1479* (WIS, ZEA)

H *Mimulus* sp. 1 [sect. *Paradanthus*]

Autlán: Ahuacapán 1150 m *De Níz-L. 20* (WIS, ZEA)

H *Mimulus* sp. 2

Autlán: Los Barbechos, OSO de Las Joyas 2000–2070 m *Cochrane 10723a* (WIS)

H *Pedicularis glabra* McVaugh & Mellichamp

Cuautitlán: Los Jardines, Cerro El Muñeco 2780 m *Sørensen 7924* (WIS)

H *Pedicularis tripinnata* M. Martens & Galeotti

Autlán: El Belloteadero, Las Joyas 2040 m *Vázquez-G. 3318* (ZEA)

H **_Penstemon apateticus_** Straw
Autlán: Picacho del Sol y La Luna, Las Joyas 2140 m *Vázquez-G. 3698b* (WIS, ZEA)
Cuautitlán: La Cumbre 2250 m *Sørensen 7883* (WIS); Las Capillas 2800–2860 m *Iltis 2412, 3226* (WIS); Las Yeguas, Las Joyas 1700 m *Judziewicz 5013* (WIS, ZEA)

H **_Penstemon roseus_** (Sweet) G. Don [*P. kunthii*]
Cuautitlán: La Cumbre–San Miguel 2270 m *Cuevas-G. 1268* (WIS, ZEA); Las Capillas 2600 m *Cuevas-G. 1606* (WIS, ZEA); La Lupe 2560 m *Iltis 2494* (WIS, ZEA); Rincón de Manantlán 1660 m *Cuevas-G. 2938* (ZEA)
Tolimán: Cerro Grande, Cerro Grande 2450 m *Cuevas-G. 2407* (WIS, ZEA)

H **_Penstemon virgatus_** A. Gray
Autlán: Picacho del Sol y La Luna, Las Joyas 2140 m *Vázquez-G. 3698a* (ZEA)

H **_Russelia coccinea_** (L.) Wettst.
Cuautitlán: Plaza de Gallos 1610 m *Villalobos-S. 190* (ZEA); Telcruz, Ayotitlán 1300 m *Cuevas-G. 1785* (WIS, ZEA)

H **_Russelia floribunda_** H. B. K.
Cuautitlán: Las Marías, Ayotitlán 800 m *Rosales-C. 164* (ZEA); Puente de La Rosa–Las Marías, Ayotitlán 750 m *Benz 1234* (WIS, ZEA)

H **_Russelia obtusata_** Blake
La Resolana: Los Mazos 1200 m *Santana-M. 4275* (ZEA)

H **_Russelia retrorsa_** E. L. Greene [*R. trachypleura*]
La Resolana: Los Mazos 1200 m *Cuevas-G. 3061* (ZEA)

H **_Russelia robusta_** Blake
Autlán: El Laurelito, Las Joyas 1850 m *Vázquez-G. 3845* (ZEA)

H **_Russelia sarmentosa_** Jacq.
La Resolana: Cerro La Petaca 900–1600 m *Santana-M. 2781* (IBUG, WIS)

H **_Russelia tetraptera_** Blake
Cuautitlán: Chancol, Ayotitlán 1050 m *Vázquez-G. 4035* (ZEA); Cuzalapa 750 m *Cuevas-G. 1947* (WIS, ZEA)

H **_Scoparia dulcis_** L., "Hierba del golpe"
Cuautitlán: Ayotitlán 830–850 m *Judziewicz 5210* (WIS); NE de Cuzalapa 660 m *Robles-H. 919* (WIS, ZEA); SWW de Puente de La Rosa 600 m *Guzmán-H. 207* (WIS)
La Resolana: Arroyo El Tecolote 800–900 m *Vázquez-G. 4525* (ZEA)

H **_Sibthorpia repens_** (Mutis ex L. f.) Kuntze [*S. pichinchensis*]
Cuautitlán: Rincón de Manantlán 1660 m *Sørensen 7857* (WIS)
Tolimán: NO de El Terrero, Cerro Grande 2300 m *Santana-M. 5870* (WIS, ZEA)

H **_Stemodia durantifolia_** (L.) Sw.
Autlán: Tecopatlán 1400 m *De Níz-L. 133* (WIS, ZEA)
La Resolana: Base del Cerro La Petaca 800 m *Santana-M. 5696* (WIS, ZEA)
Tuxcacuesco: La Palma, El Camichín, Zenzontla 700 m *Guzmán-H. 200* (WIS, ZEA)

H **_Stemodia macrantha_** B. L. Rob.
Cuautitlán: El Durazno 920 m *Santana-M. 3315* (ZEA); Las Yeguas 1600 m *Cochrane 10827, 10832* (WIS); Plaza de Gallos 1670 m *Villalobos-S. 189* (ZEA); Telcruz, Ayotitlán 1350–1600 m *Cuevas-G. 1801, 2120, 2189* (WIS, ZEA)
La Resolana: 9 km al SSE de La Resolana 1250 m *Guzmán-H. 700* (ZEA)

H **_Stemodia tenuifolia_** Minod
Autlán: Ahuacapán–Corralitos 1900 m *Iltis 30968* (WIS)
Comala: 1 km SSE de Campo Cuatro, Cerro Grande 1200 m *Guzmán-H. 1377* (ZEA)
Cuautitlán: N de San Miguel 1750 m *Santana-M. 4213* (WIS, ZEA)

H **_Torenia_** sp.
La Resolana: Arroyo El Tecolote 500 m *Santana-M. 4234* (WIS, ZEA)

H **_Veronica peregrina_** L. subsp. **_xalapensis_** (H. B. K.) Pennell
Cuautitlán: Llanos de San Miguel 2350 m *Guzmán-H. 1056* (WIS, ZEA)

## Simaroubaceae

A *Alvaradoa amorphoides* Liebm. subsp. *amorphoides*, "Chinito", "Zarcillo"
Autlán: Ahuacapán 1100 m *Cuevas-G. 2239* (WIS, ZEA); Ahuacapán–Corralitos 1350 m *Vázquez-G. 3995* (WIS, ZEA)
Tuxcacuesco: El Camichín, Zenzontla 1050 m *Cochrane 11654* (IBUG, WIS, ZEA)

A *Picramnia guerrerensis* W. Thomas, "Cafecillo", "Colorín", "Venadillo"
Cuautitlán: Lagunillas de Ayotitlán 880 m *Judziewicz 5224* (WIS); O de Ayotitlán 1050 m *Santana-M. 4319* (WIS, ZEA)
Tolimán: El Terrero, Cerro Grande 2200 m *Cuevas-G. 1722* (WIS, ZEA); La Laguna, Cerro Grande 1900 m *Cuevas-G. 2199* (ZEA), *Iltis 29573* (WIS); S de El Terrero, Cerro Grande 1880 m *Cochrane 12578* (WIS); S de La Laguna, Cerro Grande 1950 m *Guzmán-H. 1140* (WIS, ZEA)

A *Picrasma mexicana* T. S. Brandegee
Cuautitlán: Rincón de Manantlán 1650 m *Vázquez-G. 4289* (ZEA)

A *Recchia mexicana* Moc. & Sessé ex DC.
Tolimán: San Pedro Toxín 1100 m *Cuevas-G. 2093* (ZEA)

## Solanaceae

H *Athenaea cernua* Donn. Sm. [*Chamaesaracha cernua*]
La Resolana: La Calera 800 m *Guzmán-H. 964* (WIS, ZEA), 600–800 m *Cuevas-G. 2332* (WIS, ZEA); La Petaca 800 m *Santana-M. 4402* (WIS, ZEA); Los Mazos 1800 m *Leinberger 45* (WIS)

H *Brachistus stramonifolius* (H. B. K.) Miers [*Witheringia stramonifolia*], "Pucheca"
Cuautitlán: NE de Telcruz, Ayotitlán 1600 m *Cuevas-G. 1799* (WIS, ZEA); NNE de Telcruz, Ayotitlán 1500 m *Cuevas-G. 2187* (WIS, ZEA)
La Resolana: La Calera 780 m *Judziewicz 5172* (WIS, ZEA)
Minatitlán: La Loma 1300 m *Vázquez-G. 4134* (WIS, ZEA)

a *Capsicum annuum* L. var. *glabriusculum* (Dunal) Heiser & Pickersgill, "Chile de iguana"
Tuxcacuesco: La Cañita, Zenzontla 1150 m *Cuevas-G. 2552* (WIS, ZEA); Zenzontla 800 m *Iltis 28943* (WIS)

a *Capsicum rhomboideum* (Dunal) O. Ktze.
Comala: Campo Cuatro, Cerro Grande 1400 m *Guzmán-H. 1360* (WIS, ZEA)
La Resolana: La Calera 900 m *Cuevas-G. 3081* (WIS, ZEA)
Tuxcacuesco: Cerro del Palacio 1100 m *Santana-M. 5935* (WIS, ZEA)

a *Cestrum aurantiacum* Lindl., "Zapotillo"
Autlán: Arroyo El Chilacayote, Las Joyas 1950–2180 m *Judziewicz 4934* (WIS), 1850–1920 m *Cuevas-G 1490* (WIS, ZEA); Las Galeras, Las Joyas 1650 m *Vázquez-G. 3626* (ZEA); El Laurelito, Las Joyas 1850 m *Vázquez-G. 3733* (WIS, ZEA)
Cuautitlán: La Ventana, San Miguel 1800–2460 m *Iltis 503* (WIS)

a *Cestrum confertiflorum* Schlecht.
Autlán: Ahuacapán 1700 m *Ramírez-D. 1129* (ZEA)

a *Cestrum dumetorum* Schlecht.
Cuautitlán: El Durazno 920 m *Santana-M. 3313* (ZEA)

A *Cestrum glanduliferum* Francey
La Resolana: Arroyo Tacubaya, Cerro La Petaca 660–700 m *Cochrane 11698* (IBUG, WIS); E de La Resolana 550 m *Santana-M. 3369* (WIS, ZEA), 800 m *Santana-M. 4404* (WIS, ZEA), 600 m *Cuevas-G. 1835* (WIS, ZEA)

A *Cestrum lanatum* M. Martens & Galeotti
Autlán: Ahuacapán, dentro del poblado 950 m *Robles-H. 741* (WIS, ZEA)
Cuautitlán: NE de El Durazno 900 m *Santana-M. 3336* (WIS, ZEA); Rincón de Manantlán 1530 m *Iltis 1151, 1181* (WIS)
Tuxcacuesco: La Pasión 1200 m *Santana-M. 5112* (WIS, ZEA)

aA ***Cestrum nitidum*** M. Martens & Galeotti
Autlán: Estación Científica Las Joyas 1950 m *Cochrane 10718* (WIS)
Cuautitlán: Neverías 2350 m *Iltis 2357* (WIS)
Tolimán: El Terrero–La Laguna, Cerro Grande 2200 m *Iltis 30165* (WIS)

aA ***Cestrum terminale*** Francey
Autlán: El Zarzamoro, Las Joyas 1950 m *Vázquez-G. 3642* (ZEA)

a ***Cestrum thyrsoideum*** H. B. K., "Zapotillo"
Autlán: Corralitos 2000 m *Vázquez-G. 4250* (WIS, ZEA)
Cuautitlán: NO de Rincón de Manantlán 1520 m *Iltis 1169* (WIS); SO de Rincón de Manantlán 1620–1700 m *Iltis 28854* (WIS)
Tolimán: La Laguna, Cerro Grande 2050 m *Iltis 29570* (WIS, ZEA)

a ***Cestrum*** sp. nov., fide M. Nee
Autlán: Ahuacapán–Las Joyas 1800 m *Iltis 29434* (WIS); Corralitos 1900 m *Guzmán-H. 1260* (WIS, ZEA)

H ***Datura discolor*** Bernh., "Tapate"
Tuxcacuesco: El Camichín, Zenzontla 800 m *Cuevas-G. 3373* (WIS, ZEA); Zenzontla 850 m *Santana-M. 3874* (ZEA)

H ***Datura meteloides*** Dunal, "Tapate"
Tuxcacuesco: Zenzontla 850 m *Santana-M. 3878* (ZEA)

H ***Datura quercifolia*** H. B. K., "Tapate"
Tuxcacuesco: Zenzontla 850 m *Santana-M. 3873* (ZEA), 800 m *Robles-H. 570* (ZEA)

H ***Datura stramonium*** L., "Tapate", "Toloache"
Autlán: Piedra Bola, Las Joyas 2100 m *Judziewicz 5034* (WIS)
Tolimán: La Laguna, Cerro Grande 2000 m *Guzmán-H. 1121* (WIS, ZEA)

H ***Jaltomata procumbens*** (Cav.) J. L. Gentry, "Jaltomate", "Pacheca", "Pucheca"
Comala: SE de Platanarillos, base del Cerro Grande 950 m *Guzmán-H. 1087* (WIS, ZEA)
La Resolana: 1–2 km NE del pueblo 400–500 m *Cuevas-G. 3194* (WIS, ZEA)
Tuxcacuesco: Zenzontla 820 m *Robles-H. 600* (WIS, ZEA)

H ***Jaltomata repandidentata*** (Bitter) Hunz.
Cuautitlán: El Durazno 1900 m *Iltis 398* (WIS)

H ***Lycianthes ciliolata*** (M. Martens & Galeotti) Bitter
Cuautitlán: Ayotitlán 850 m *De Níz-L. 173* (ZEA), *Vázquez-G. 4405* (WIS, ZEA)
Tolimán: NE de El Terrero, Cerro Grande 2400 m *Cevallos-E. 105* (WIS, ZEA)

H ***Lycianthes heteroclita*** (Sendtn.) Bitter
La Resolana: La Calera 550 m *López-V. 213* (WIS, ZEA)

H ***Lycianthes moziniana*** (Dunal) Bitter
Autlán: El Tlacuache, Las Joyas 1850 m *Loza-L. s. n.* (ZEA); Las Joyas 2040 m *Vázquez-G. 3401* (ZEA); El Zarzamoro, Las Joyas 1900 m *Cuevas-G. 1391, 1420* (WIS, ZEA)
Cuautitlán: El Chante–Manantlán [1372 m] *Wilbur 2081* (MICH, WIS)

H ***Lycianthes stephanocalyx*** (Brandegee) Bitter
La Resolana: Cerro La Petaca 900 m *Iltis 305, 348* (WIS)

a ***Lycianthes surotatensis*** J. L. Gentry, "Chile cimarrón"
Cuautitlán: La Cumbre 2250 m *Iltis 2337* (WIS)
La Resolana: Los Mazos 1500 m *Rodríguez-C. 909* (IBUG)

H ***Lycianthes*** sp. nov., fide E. Dean
La Resolana: Los Mazos 1350 m *Iltis 29181* (WIS)

H ***Lycopersicon esculentum*** Mill. var. ***leptophyllum*** (Dunal) D'Arcy, "Jitomatillo"
Autlán: SE de Ahuacapán 800–900 m *Guzmán-H. 894* (WIS, ZEA)
Cuautitlán: La Pintada 640 m *Robles-H. 897* (WIS, ZEA); SE de Cuzalapa 780–800 m *Cochrane 11791* (WIS)
La Resolana: La Calera 800–1100 m *Iltis 31055* (WIS); Los Mazos 1700 m *Santana-M. 2621* (IBUG)
Tuxcacuesco: El Camichín, Zenzontla 740 m *Nieves-H. 447* (WIS, ZEA)

H **Nectouxia formosa** H. B. K.
Tolimán: El Terrero, Cerro Grande 2000 m *Santana-M. 4549* (WIS, ZEA)

H **Nicandra physalodes** (L.) Gaertn.
Autlán: La Yerbabuena 1120 m *Santana-M. 4734* (WIS, ZEA); Tecopatlán 1550 m *Cuevas-G. 2660* (ZEA)
Tolimán: La Laguna, Cerro Grande 2000 m *Guzmán-H. 1120* (WIS, ZEA)

a **Nicotiana glauca** Graham, "Belladona", "Gigante"
Tolimán: San Pedro Toxín 900 m *Nieves-H. 516* (IBUG, WIS)
Tuxcacuesco: El Camichín, Zenzontla 740 m *Guzmán-H. 185* (WIS, ZEA)

H **Physalis angustiloba** Waterfall
La Resolana: Los Mazos 1200 m *McVaugh & Koelz 857* (MICH)

H **Physalis coztomatl** Moc. & Sessé ex Dunal [*Physalis stapelioides*]
Cuautitlán: Las Capillas 2800 m *Guzmán-H. 1042* (ZEA)

H **Physalis gracilis** Miers, "Tomatillo"
Autlán: El Zermeño, Las Joyas 1870 m *Vázquez-G. 3266* (WIS)

H **Physalis jaliscensis** Waterfall; ENDÉMICA: Jalisco
Cuautitlán: El Pinacate 1750 m *Ramírez-D. 453* (IBUG)

H **Physalis lignescens** Waterfall; ENDÉMICA: Jalisco
Autlán: El Chante 1100 m *Wilbur 1776* (MICH)

H **Physalis longipedicellata** Waterfall; ENDÉMICA: RBSM
Cuautitlán: El Cuartón 2500 m *McVaugh 13828* (MICH)

H **Physalis nicandroides** Schlecht., "Tomate peludo"
Cuautitlán: Chancol–Ayotitlán 1150 m *Vázquez-G. 4033* (WIS, ZEA)
Tolimán: El Terrero, Cerro Grande 1900 m *Cuevas-G. 1715* (WIS, ZEA)

H **Physalis orizabae** Dunal
Autlán: Arroyo El Chilacayote–Piedra Bola [1800 m] *Cuevas-G. 1509* (WIS, ZEA)
Cuautitlán: E de Manantlán 2000 m *Wilbur 2014* (WIS, MICH)

H **Physalis philadelphica** Lam., "Tomate", "Tomate agosteño", "Tomate de cáscara"
Autlán: El Chante 1000 m *Solheim 977* (WIS)
Tuxcacuesco: El Rodeo 1200 m *Iltis 28936*, "cultivado" (NY, WIS)

H **Physalis pruinosa** L. [*P. maxima*]
Autlán: El Chante–Las Cidrita 900 m *Robles-H. 689* (WIS, ZEA)

H **Physalis subrepens** Waterfall
Cuautitlán: Telcruz, Ayotitlán 1650 m *Cuevas-G. 2153* (WIS, ZEA)

T **Solandra maxima** (Sessé & Moc.) P. S. Green
Cuautitlán: Rancho Manantlán 1600 m *Cuevas-G. 2134* (WIS)
Tolimán: El Terrero, Cerro Grande 2100 m *Santana-M. 5206* (WIS, ZEA)

aA **Solanum aligerum** Schlecht.
Autlán: El Zarzamoro, Las Joyas 1950 m *Cuevas-G. 1416* (WIS, ZEA)
Cuautitlán: El Almeal 2050–2200 m *Iltis 2218* (WIS); La Cumbre 2250 m *Iltis 2236* (WIS)

H **Solanum americanum** Mill., "Hierba mora", "Quelite cimarrón"
Autlán: La Yerbabuena 1200 m *Cárdenas-T. 46* (WIS, ZEA)
Cuautitlán: O de La Marías 780–800 m *Cochrane 11790* (WIS)
Tuxcacuesco: SO de Zenzontla 950 m *Santana-M. 5104* (WIS, ZEA)

H **Solanum angustifolium** Mill.
Tuxcacuesco: SSE de El Camichín, Zenzontla 700 m *Cuevas-G. 3402* (WIS, ZEA)

a **Solanum aphyodendron** S. Knapp
Autlán: El Tlacuache, Las Joyas 1980 m *Cuevas-G. 1308* (WIS, ZEA), 1900 m *Vázquez-G. 3020* (ZEA); El Zarzamoro, Las Joyas 1980 m *Cuevas-G. 1390* (ZEA); El Zermeño, Las Joyas 1900 m *Vázquez-G. 3262* (ZEA)
Cuautitlán: El Almeal 2050–2100 m *Cochrane 10627* (WIS); La Cumbre 2000 m *Rosales-C. 16* (WIS, ZEA); Rincón de Manantlán 1520 m *Iltis 1160* (WIS)

T ***Solanum appendiculatum*** Dunal
Autlán: El Tlacuache, Las Joyas 1850 m *Vázquez-G. 3827* (ZEA); El Triguito, Las Joyas 1850 m *Cuevas-G. 1256* (WIS, ZEA); El Zarzamoro, Las Joyas 1950 m *Iltis 29075* (WIS); Los Barbechos, Las Joyas 1900 m *Vázquez-G. 3837* (ZEA)
Cuautitlán: Rincón de Manantlán 1660 m *Iltis s. n.* (WIS), 1520 m *Iltis 1160* (WIS)

a ***Solanum brachycarpum*** Correll
Minatitlán: El Sauz–El Terrero, Cerro Grande 1600 m *Santana-M. 5218* (WIS, ZEA)
Tolimán: El Terrero, Cerro Grande 2300 m *Iltis 30104, 30147* (WIS); SSE de La Laguna, Cerro Grande 2000–2100 m *Guzmán-H. 1106* (WIS, ZEA)

a ***Solanum brevipedicellatum*** Roe
Autlán: Ahuacapán–Corralitos 1700 m *Vázquez-G. 4238* (WIS, ZEA); Arroyo San Campús 1560–1620 m *Judziewicz 5077* (WIS)
Cuautitlán: La Cumbre 1800–1850 m *Cuevas-G. 4099* (WIS, ZEA); Rincón de Manantlán 1660 m *Iltis 2527* (WIS)

H ***Solanum bulbocastanum*** Dunal
Comala: E de Campo Cuatro, Cerro Grande 1500 m *Guzmán-H. 1359* (WIS, ZEA)

H ***Solanum campechiense*** L.
Tuxcacuesco: Zenzontla 1150 m *Santana-M. 5397* (ZEA)

H ***Solanum candidum*** Lindl. [*S. tequilense*], "Huevos de zopilote"
Autlán: Ahuacapán 900 m *Santana-M. 3695* (WIS, ZEA), 1050 m *Vázquez-G. 4202* (WIS, ZEA); Tecopatlán 1550 m *Cuevas-G. 2682* (WIS, ZEA)
Cuautitlán: Las Canoas 750 m *Robles-H. 531* (ZEA)
Tolimán: SO de El Terrero, Cerro Grande 1580 m *Cochrane 11807* (WIS)

A ***Solanum chrysotrichum*** Schlecht.
Autlán: San Campús, Las Joyas 1980 m *Cuevas-G. 1322* (ZEA)
Cuautitlán: El Almeal 2050 m *Kowal 2779* (WIS); La Cumbre 2200 m *Cuevas-G. 1280* (WIS, ZEA), 2150 m *Nee 16695* (WIS)

H ***Solanum clarum*** Correll
Tolimán: 2 km O de El Terrero, Cerro Grande 2300 m *Santana-M. 5839* (WIS, ZEA)

a ***Solanum douglasii*** Dunal
Tolimán: El Terrero, Cerro Grande 1900 m *De Níz-L. 201* (WIS, ZEA); NNO de El Terrero, Cerro Grande 2360 m *Cochrane 12568* (NY, WIS); SE de El Terrero, Cerro Grande 2200 m *Iltis 29505, 29602a* (WIS)

T ***Solanum dulcamaroides*** Dunal, "María Luisa"
Autlán: Las Juntas, Las Joyas 1600 m *Cuevas-G. 1465* (WIS, ZEA)
Cuautitlán: Manantlán 1600 m *Cuevas-G. 2132* (ZEA); Rincón de Manantlán 1660 m *Vázquez-G. 3350* (ZEA), 1520–1560 m *Iltis 1556, 2017a, 3164, 28832* (WIS); O de Manantlán 1500 m *Vázquez-G. 4275* (WIS)
Tolimán: Rancho Toxín 1350 m *Rodríguez-C. 2057* (IBUG, WIS)
Tuxcacuesco: El Rodeo–La Lima 1350 m *Iltis 28907* (WIS)

a ***Solanum erianthum*** D. Don
Autlán: El Chante 800 m *Iltis 1395* (WIS)
Comala: SSE de Campo Cuatro, Cerro Grande 1200 m *Guzmán-H. 1380* (WIS, ZEA)
Tolimán: Puerto de Toxín, Cerro Grande 1290–1320 m *Cochrane 12276* (IBUG, NY, WIS)

a ***Solanum ferrugineum*** Jacq. [*S. madrense*], "Mancamula", "Quebraplatos", "Sosa"
Autlán: La Moza, Las Joyas 1850 m *Vázquez-G. 3453* (ZEA); Las Juntas, Las Joyas [1600 m] *Cuevas-G. 1460* (WIS, ZEA); Los Desmontes, Las Joyas 1800 m *Cuevas-G. 1201* (WIS, ZEA)
Cuautitlán: SO de Rincón de Manantlán 1530 m *Iltis 1154* (WIS)
La Resolana: Torre de Microondas, Los Mazos 1655 m *Cochrane 12078* (IBUG, MEXU, WIS)

H ***Solanum grayi*** Rose var. ***grandiflorum*** Whalen
Autlán: Ahuacapán 900 m *Lorente-A. 162* (ZEA), *Guzmán-H. 900* (WIS, ZEA)
Tolimán: [Puerto de Toxín,] Cerro Grande 1000 m *García-P. 10* (IBUG, WIS)

H **Solanum hougasii** Correll, "Papa silvestre"
Autlán: Las Joyas 1900 m *Vázquez-G. 3464* (ZEA); Las Mantequillas, Las Joyas 1650 m *Cuevas-G. 1478* (ZEA); Las Playas, Las Joyas 1850 m *Cuevas-G. 1228* (WIS, ZEA)
Tolimán: NE de El Terrero, Cerro Grande 2400 m *De Níz-L. 238* (WIS, ZEA)

a **Solanum lanceolatum** Cav., "Tomatillo"
Autlán: O de Ahuacapán 1050–1100 m *Vázquez-G. 4204* (WIS, ZEA)
Cuautitlán: San Miguel 2300–2400 m *Iltis 401, 427, 2613* (WIS)
Tolimán: La Laguna, Cerro Grande 2110 m *Cuevas-G. 1743* (WIS, ZEA)

A **Solanum lignescens** Fernald
Autlán: Ahuacapán 1400 m *Santana-M. 3664* (ZEA)

HE **Solanum morelliforme** Bitter & Muench.
Tolimán: El Terrero, Cerro Grande 2200 m *Santana-M. 5839* (ZEA)

H **Solanum nigrescens** M. Martens & Galeotti, "Hierba mora", "Mora"
Autlán: El Zarzamoro, Las Joyas 1900 m *Vázquez-G. 3547* (ZEA), *Iltis 1276* (WIS), 1850–1900 m *Cuevas-G. 1594* (WIS, ZEA)
Tolimán: El Terrero, Cerro Grande 2200 m *Santana-M. 4541* (WIS, ZEA)

a **Solanum nigricans** M. Martens & Galeotti [*S. brachystachys*]
Autlán: Corralitos 1700 m *Vázquez-G. 4233* (WIS, ZEA); El Zarzamoro–Las Joyas 1900–2000 m *Iltis 1287, 29023a, 29050, 29362* (WIS); La Hierbabuenita, Las Joyas 1850 m *Ramos-H. 48* (WIS, ZEA); La Moza, Las Joyas 1800 m *Cuevas-G. 1250* (ZEA); La Tuna, Las Joyas 1820 m *Villalobos-S. 176* (ZEA)
Cuautitlán: La Cumbre 2100 m *Kowal 2806* (WIS); Rincón de Manantlán 1760 m *Iltis 1204* (WIS)
La Resolana: S de Los Mazos 1655 m *Cochrane 12087* (IBUG, MICH, NY, UCR, WIS, ZEA)
Tolimán: El Terrero, Cerro Grande 2200 m *Iltis 29502* (F, MICH, NY, TEX, WIS)

a **Solanum nigricans** var. nov., fide M. Nee
Tolimán: E de El Terrero, Cerro Grande 1900 m *De Níz-L. 205* (WIS, ZEA); NO de El Terrero, Cerro Grande 2200 m *De Níz-L. 109* (WIS, ZEA); SO de El Terrero, Cerro Grande 2185 m *Cochrane 12582* (BM, IBUG, MEXU, MO, NY, WIS, ZEA)

a **Solanum pseudocapsicum** L. [*S. jaliscanum*]
Tolimán: Toxín 1350 m *Rodríguez-C. 2058* (IBUG, WIS)

a **Solanum pubigerum** Dunal
Tolimán: 1 km SE de El Terrero, Cerro Grande 2000 m *Santana-M. 5059* (WIS, ZEA)

T **Solanum refractum** Hook. & Arn., "Calabacillo", "Tololonche"
Autlán: Tecopatlán 1200 m *Iltis 2548* (WIS)
Cuautitlán: Ayotitlán 950 m *Ramírez-D. 432* (IBUG, WIS)
La Resolana: Arroyo El Tecolote 1100 m *Vázquez-G. 4510* (WIS, ZEA)
Tolimán: San Pedro Toxín 775 m *Vázquez-G. 4111* (ZEA); Puerto de Toxín, Cerro Grande 1260–1290 m *Cochrane 12279* (UCR, WIS, ZEA)

a **Solanum schlechtendalianum** Walp.
Autlán: Ahuacapán–Las Joyas 1620–1640 m *Cochrane 12655* (WIS)
Cuautitlán: Ayotitlán 1170 m *Cárdenas-T. 108* (WIS, ZEA)

a **Solanum seaforthianum** Andr., "Hiedro"
Cuautitlán: El Durazno 900 m *Iltis 386* (WIS)

H **Solanum stenophyllidium** Bitter
Tolimán: E de Campo Cuatro, Cerro Grande 1400 m *Guzmán-H. 1369* (WIS, ZEA); El Terrero, Cerro Grande 2000 m *Santana-M. 4561* (ZEA); Los Encinitos–La Antena, Cerro Grande 1810 m *Cochrane 12999* (WIS, ZEA)

a **Solanum umbellatum** Mill., "Tomatillo"
Cuautitlán: Chancol, Ayotitlán 1100 m *Vázquez-G. 4456* (ZEA)
La Resolana: Cerro La Petaca 900 m *Iltis 350* (WIS); Los Mazos 1350 m *Iltis 30097* (WIS, ZEA)

## STAPHYLEACEAE

A ***Turpinia occidentalis*** (Sw.) G. Don
Autlán: Las Cascadas, Las Joyas 1650 m *Vázquez-G. s. n.* (ZEA)

## STERCULIACEAE

a ***Ayenia jaliscana*** S. Watson
Tuxcacuesco: Zenzontla 850 m *Santana-M. 3868* (ZEA)

T ***Byttneria aculeata*** Jacq.
La Resolana: Arroyo El Tecolote 1400 m *Vázquez-G. 4167* (UCR, WIS, ZEA); El Tepejilote, Cerro La Petaca 420–500 m *Iltis 31007* (IEB, WIS); NE de La Resolana 400–600 m *Cuevas-G. 2383* (WIS, ZEA)

T ***Byttneria catalpifolia*** Jacq.
Cuautitlán: Cuzalapa 750 m *Cuevas-G. 1673* (ZEA); O de Ayotitlán 750 m *Santana-M. 5311* (WIS, ZEA)
La Resolana: Arroyo El Tecolote 1400 m *Cuevas-G. 1854* (UCR, WIS, ZEA); El Tigre 800–1000 m *Cuevas-G. 2890* (WIS, ZEA); La Calera 800–1100 m *Iltis 31023* (WIS)

A ***Guazuma ulmifolia*** Lam., "Guázima"
Autlán: El Chante 950 m *Cuevas-G. 1991* (TEX, WIS, ZEA); La Cidrita, SO de El Chante 1000 m *Santana-M. 4722* (WIS, ZEA)
Cuautitlán: Arroyo Ayotitlán 850 m *Judziewicz 5209* (WIS); Lagunillas de Ayotitlán 1050 m *Anaya-C. 59* (WIS, ZEA)
La Resolana: Cerro La Petaca 450 m *Iltis 369* (WIS)
Tuxcacuesco: Zenzontla 840 m *De Níz-L. 216* (WIS, ZEA)

H ***Melochia nodiflora*** Sw., "Huinar negro"
Cuautitlán: Arroyo Ayotitlán 830 m *Judziewicz 5211* (WIS); San Miguel 1650 m *Santana-M. 4126* (WIS, ZEA), 1750 m *Santana-M. 4144* (WIS, ZEA)
La Resolana: El Tigre 480–550 m *Judziewicz 5146* (WIS); La Calera 850 m *Cuevas-G. 1894* (WIS, ZEA); Potrero El Tepejilote, El Zapotillo 470 m *Cochrane 12321* (WIS)

H ***Melochia pyramidata*** L.
Autlán: Camino a El Chante 960 m *Wilbur 2234* (MICH)
Tuxcacuesco: SO de Zenzontla 900–940 m *Cochrane 11676* (WIS)

H ***Melochia tomentosa*** L., "Escoba"
Cuautitlán: Cuzalapa 650 m *Robles-H. 914* (WIS, ZEA)

aA ***Physodium adenodes*** (A. Goldberg) Fryx. var. **acuminata** (Rose) Fryx.
Autlán: S de El Chante 950–1050 m *Iltis 1128* (WIS); Tecopatlán 1350 m *Cárdenas-T. 35* (WIS, ZEA)

aA ***Physodium adenodes*** var. ***adenodes***, "Cadillo grande"
Autlán: El Chante 950 m *Iltis 1128* (WIS)
Cuautitlán: Arroyo Ayotitlán 840 m *Judziewicz 5214* (WIS, ZEA)
La Resolana: La Calera 850 m *Cuevas-G. 1886* (WIS, ZEA), *Cochrane 10861* (WIS, ZEA); S de Autlán 1100 m *Ornelas-U. 1591* (IBUG)

H ***Waltheria americana*** L.
Autlán: Ahuacapán 1200 m *Lorente-A. 117* (ZEA)

## STYRACACEAE

A ***Styrax ramirezii*** Greenm. s. l., "Azajar", "Mamuyo", "Palo de casa"
Autlán: El Chante 1600 m *Iltis 2516* (WIS)
Cuautitlán: El Durazno–La Cumbre 2000 m *Cuevas-G. 1927* (UCR, WIS, ZEA)
Tolimán: La Antena, Cerro Grande 2485 m *Cochrane 12546* (IBUG, MICH, MO, TEX, WIS)

A ***Styrax*** sp. nov., fide P. Fritsch, "Azajar", "Mamuyo"
Cuautitlán: El Durazno 900 m *Cuevas-G. 1876* (WIS, ZEA), *Iltis 389* (WIS)
La Resolana: E de Arroyo El Tecolote 1400 m *Vázquez-G. 4164* (UCR, WIS, ZEA)

## Symplocaceae

A *Symplocos citrea* Lex. [*S. prionophylla*], "Cucharo", "Chico", "Garrapato"

Autlán: Barbechos del Sol y La Luna, Las Joyas 1900 m *Anaya-C. s. n.* (ZEA); El Chilacayote, Las Joyas 1950 m *Judziewicz 4903* (WIS); El Laurelito, Las Joyas 1900 m *Vázquez-G. 3429* (ZEA)

Cuautitlán: El Almeal 2100 m *Cochrane 10624* (WIS); La Cumbre 2100 m *Iltis 2355, 29122* (WIS); La Cumbre–Rincón de Manantlán 2020 m *Vázquez-G. 3909* (WIS, ZEA); Mesa del Chayote, S de Los Jardines 2525 m *Iltis 2496* (IBUG, XAL, WIS); San Miguel–La Cumbre 2270 m *Cuevas-G. 1273* (WIS, ZEA)

Tolimán: La Antena, Cerro Grande 2485 m *Cochrane 12552* (ENCB, F, IBUG, MICH, MO, UC, UCR, WIS, ZEA)

aA *Symplocos sousae* Almeda. Foto p. 48.

Cuautitlán: El Guízar, SE de El Chante 2743 m *Boutin & Brandt 2562* (CAS–Holótipo; HNT–, MEXU–Isótipos); Las Capillas 2760 m *Iltis 2358* (WIS, ZEA), *3229* (IBUG, WIS), 2600 m *Iltis 29412* (WIS)

## Theaceae

A *Cleyera integrifolia* (Benth.) Choisy, "Capulín de virgen"

Autlán: Estación Científica Las Joyas 1750 m *Cochrane 10679* (WIS, ZEA); El Chilacayote, Las Joyas 1950 m *Judziewicz 4906* (WIS); El Zarzamoro, Las Joyas 1900 m *Cuevas-G. 1418, 1599* (WIS, ZEA); Las Playas, Las Joyas 1850 m *Vázquez-G. 3469* (ZEA); San Campús 1980 m *Vázquez-G. 3384* (WIS, ZEA)

A *Symplococarpon purpusii* (Brandegee) Kobuski [*S. hintonii*], "Aguacatillo", "Ambaro"

Autlán: Corralitos 1700 m *Vázquez-G. 4226* (WIS, ZEA); Corralitos–Ahuacapán 1730–1760 m *Cochrane 11705* (CAS, F, GH, IBUG, LE, MICH, NA, RSA, USF, WIS, ZEA); Los Barbechos, Las Joyas 1800 m *Vázquez-G. 3839* (WIS, ZEA); O de Las Joyas 1950 m *Cochrane 11701* (CAS, F, GB, GH, IBUG, MICH, U, WIS)

A *Ternstroemia dentisepala* Bartholomew, "Flor de tila", "Tilia grande", "Trompillo"

Autlán: Las Joyas 1900 m *Solís-M. 1178* (ZEA)

Cuautitlán: NO de El Almeal 2120–2130 m *Wetter 1074* (CAS, CHAPA, IBUG, KANU, TEX, UCR, UMO, WIS, ZEA); La Cumbre–El Rincón de Manantlán 2020 m *Vázquez-G. 3906* (WIS, ZEA)

A *Ternstroemia lineata* DC. subsp. *lineata*, "Flor de tila", "Tilia grande", "Trompillo"

Autlán: El Chilacayote, Las Joyas 1950 m *Judziewicz 4912* (WIS)

Cuautitlán: Mesa de El Chayote–San Miguel 2525 m *Iltis 2498* (CAS, IBUG, WIS, XAL); San Miguel–Tierritas Blancas 2200–2300 m *Cuevas-G. 1274* (WIS, ZEA)

Tolimán: El Tapeizte, Cerro Grande 2400 m *Cházaro-B. 4476* (IBUG, WIS); El Terrero, Cerro Grande 2000 m *Cuevas-G. 1755* (WIS, ZEA)

## Theophrastaceae

A *Jacquinia macrocarpa* Cav. s. l., "Amole", "Amolillo"

Comala: Juluapán–Campo Cuatro, Cerro Grande 1200 m *Cuevas-G. 4048* (WIS, ZEA)

A *Jacquinia macrocarpa* subsp. *macrocarpa* [*J. aurantiaca*]

Tuxcacuesco: Tuxcacuesco–El Camichín, Zenzontla 900 m *Cochrane 11640* (IBUG, WIS, ZEA); 5–6 km SO de Tuxcacuesco 800 m *Cuevas-G. 3731* (WIS, ZEA)

A *Jacquinia macrocarpa* subsp. *pungens* (A. Gray) Ståhl [*J. pungens*]

Tolimán: San Pedro Toxín 775 m *Cuevas-G. 2087* (WIS, ZEA), 750–800 m *Vázquez-G. 4092* (WIS, ZEA)

Tuxcacuesco: La Palma, El Camichín, Zenzontla 700 m *Santana-M. 3391* (WIS, ZEA)

## Tiliaceae

H *Corchorus siliquosus* L.

Comala: SE de Platanarillos, base del Cerro Grande 950 m *Guzmán-H. 1086* (WIS, ZEA)

Tuxcacuesco: Zenzontla 1000 m *Santana-M. 3916* (ZEA)

A **Heliocarpus palmeri** S. Watson

La Resolana: Arroyo El Tecolote 500 m *Vázquez-G. 3994* (WIS, ZEA); Los Mazos 1760 m *Iltis 30122* (WIS), 1655 m *Cochrane 12092* (IBUG, MICH, UCR, WIS)

A **Heliocarpus terebinthinaceus** (DC.) Hochr., "Cuicuito"

Autlán: Ahuacapán–Corralitos 950–1000 m *Vázquez-G. 4187* (WIS, ZEA); El Chante–Manantlán 1200–1660 m *Iltis 1138, 1143* (WIS); Tecopatlán 1320 m *Iltis 3171* (WIS)

A **Luehea candida** (DC.) Mart.

La Resolana: La Calera 800 m *Cuevas-G. 2194* (WIS, ZEA), 725 m *Vázquez-G. 4364* (ZEA); NE de La Resolana 520–600 m *Cuevas-G. 2346* (WIS, ZEA)

A **Tilia mexicana** Schlecht., "Cirimbo", "Cirimo"

Autlán: El Tlacuache, Las Joyas 1850 m *Vázquez-G. 3015* (ZEA); La Moza, Las Joyas 1850 m *Cuevas-G. 1242* (WIS, ZEA); Las Joyas 1950 m *Cochrane 10683* (WIS)

Cuautitlán: Rincón de Manantlán 1660 m *Iltis 3177a* (WIS); San Miguel 2400 m *Vázquez-G. 3930* (UCR, WIS, ZEA)

Tolimán: El Terrero, Cerro Grande 2300 m *Santana-M. 5857* (WIS, ZEA)

A **Trichospermum insigne** (Baill.) Kosterm. [*Belotia mexicana*], "Cadillo grande", "Cascabelillo"

Cuautitlán: Ayotitlán–La Palma 600 m *De Níz-L. 157* (WIS, ZEA)

La Resolana: El Zapotillo 600 m *Cuevas-G. 2921* (WIS, ZEA); La Calera 620 m *Judziewicz 5126* (WIS); 31 km SO de Autlán [305 m] *Wilbur 1556* (MICH, WIS)

a **Triumfetta barbosa** Lay

La Resolana: El Zapotillo 500 m *Iltis 31006* (WIS, ZEA)

a **Triumfetta bogotensis** DC. vel aff.

Autlán: El Laurelito, Las Joyas 1850 m *Vázquez-G. 3854* (WIS, ZEA)

a **Triumfetta columnaris** Hochr.

Autlán: El Zarzamoro 1900 m *Iltis 1257, 1271* (WIS, ZEA); Las Joyas 1890 m *Cuevas-G. 1238* (WIS, ZEA); San Campús, Las Joyas 1980 m *Cuevas-G. 1301* (WIS, ZEA)

a **Triumfetta galeottiana** Turcz.

Autlán: E de Las Joyas 1950–2000 m *Judziewicz 4867* (WIS)

Cuautitlán: N de San Miguel 1750 m *Santana-M. 4217* (WIS, ZEA); SE de San Miguel 1750 m *Santana-M. 4245* (WIS, ZEA)

La Resolana: 3 km al S de Los Mazos 1000 m *McVaugh & Koelz 858* (MICH)

a **Triumfetta gonophora** W. W. Thomas & McVaugh, "Cadillo"; ENDÉMICA: RBSM

Cuautitlán: El Chante–Cuzalapa, 1500–1900 m *McVaugh 23229* (MICH–Holótipo); El Durazno 960 m *Cuevas-G. 1898* (WIS, ZEA); La Cumbre–El Durazno 1249 m *Wetter 2089* (CHAPA, F, GH, IBUG, MEXU, MICH, WIS, ZEA); El Chante–Cuzalapa 1500–1900 m *McVaugh 23229* (MICH–Holótipo); NE de El Durazno 1000–1100 m *Santana-M. 3348* (WIS, ZEA); Plaza de Los Gallos 1900 m *Villalobos-S. 196* (ZEA)

aA **Triumfetta grandiflora** Vahl vel aff.

Autlán: Las Joyas 1750–2090 m *Cuevas-G. 4188, 4386, 4404, 4569* (CHAPA, ZEA)

a **Triumfetta paniculata** Hook. & Arn., "Abrojo"

Autlán: Las Playas, Las Joyas 1850 m *Cuevas-G. 1231* (WIS, ZEA)

Tuxcacuesco: SE de El Camichín, Zenzontla 800 m *Cuevas-G. 3381* (WIS, ZEA)

a **Triumfetta polyandra** DC.

Autlán: SSE de Ahuacapán 1100 m *Vázquez-G. 4531* (UCR, WIS, ZEA)

Cuautitlán: Chancol, Ayotitlán 1000 m *Vázquez-G. 4455* (WIS, ZEA); S de Ayotitlán 750 m *Santana-M. 5339* (WIS, ZEA)

La Resolana: Cerro La Petaca 900 m *Iltis 372* (WIS); 21 km SO de Autlán [sin alt.] *Wilbur 2352* (MICH, WIS)

a **Triumfetta semitriloba** Jacq.

La Resolana: El Tigre 500 m *Judziewicz 5159* (WIS), 800–1000 m *Cuevas-G. 2880* (WIS, ZEA)

Tuxcacuesco: SSE de El Camichín, Zenzontla 800 m *Cuevas-G. 3376* (WIS, ZEA)

## TURNERACEAE

H *Turnera caerulea* DC., "Damiana", "Malva"
Cuautitlán: Telcruz, Ayotitlán 1200 m *Vázquez-G. 4489* (WIS, ZEA)

## ULMACEAE

A ***Aphananthe monoica*** (Hemsl.) Leroy
Autlán: SSE de Ahuacapán 800–900 m *Guzmán-H. 911* (WIS, ZEA)
Cuautitlán: Arroyo Ayotitlán 840 m *Cochrane 10874* (WIS)
La Resolana: Cerro La Petaca 500–900 m *Santana-M. 2770* (IBUG); El Tepejilote, El Zapotillo 420–500 m *Iltis 30981* (IEB, WIS), *Cochrane 12324* (CHAPA, F, GH, MICH, TEX, WIS, ZEA)

A ***Celtis caudata*** Planch.
La Resolana: Los Mazos 1330 m *Rzedowski s. n.* (IBUG, WIS)
Tolimán: San Pedro Toxín 775 m *Vázquez-G. 4103* (ZEA)

A ***Celtis iguanea*** (Jacq.) Sarg., "Garbancillo", "Granjeno"
Autlán: El Chante 1100 m *Cuevas-G. 1990* (ZEA)
Tuxcacuesco: SSE de El Camichín, Zenzontla 750–800 m *Cuevas-G. 3388* (WIS, ZEA); Zenzontla 820 m *Robles-H. 605* (WIS, ZEA), 950 m *Santana-M. 5087* (WIS, ZEA)

A ***Trema micrantha*** (L.) Blume
Cuautitlán: Arroyo La Paloma 1000 m *Cuevas-G. 2837* (WIS, ZEA); La Cumbre–El Durazno 1980–2020 m *Wetter 2094* (CLEMS, GA, IBUG, WIS, ZEA)
La Resolana: Arroyo El Tecolote 1200 m *Vázquez-G. 3969* (WIS, ZEA)

## UMBELLIFERAE (APIACEAE)

H ***Apium graveolens*** L.
Autlán: El Zarzamoro, Las Joyas 1940 m *Vázquez-G. 3550* (ZEA)

H ***Ciclospermum leptophyllum*** (Pers.) Sprague
Cuautitlán: NE de El Durazno 1940–1980 m *Wetter 2013* (WIS)

H ***Coulterophytum*** sp.; ENDÉMICA: Jalisco?
Autlán: El Zarzamoro, Las Joyas 1900 m *Iltis 1299* (WIS, ZEA), *Vázquez-G. 3493* (ZEA)
Cuautitlán: La Cumbre 2000 m *Rosales-C. 25* (WIS, ZEA)

H ***Daucus montanus*** Humb. & Bonpl. ex Spreng., "Cilantrillo"
Autlán: El Tlacuache, Las Joyas 1900 m *Santana-M. 3986* (ZEA)
Tolimán: El Tapeizte, Cerro Grande 2400 m *Cuevas-G. 2428* (WIS, ZEA); NE de El Terrero, Cerro Grande 2300–2350 m *Cuevas-G. 3887* (WIS, ZEA)

H ***Donnellsmithia juncea*** (Spreng.) Mathias & Constance
Autlán: Las Juntas, Las Joyas 1690 m *Cuevas-G. 1476* (ZEA)
La Resolana: Los Mazos 1800 m *Leinberger 66* (WIS)

H ***Enantiophylla heydeana*** Coulter & Rose
Cuautitlán: Las Yeguas–Rincón de Manantlán 1600–1800 m *Iltis 2551* (WIS); Rincón de Manantlán 1660 m *Iltis 3187* (WIS); SO de La Cumbre 1700–2000 m *Cuevas-G. 3170* (WIS, ZEA)
La Resolana: Cerro La Petaca 900 m *Iltis 377* (WIS)

H ***Eryngium beecheyanum*** Hook. & Arn.
Autlán: El Zarzamoro, Las Joyas 1900 m *Sørensen 7850* (WIS), *Iltis 1346* (WIS)

H ***Eryngium ghiesbreghtii*** Decne.
Autlán: Charco de Los Perros, Las Joyas 1960 m *Cuevas-G. 1525* (WIS, ZEA); El Laurelito, Las Joyas 1850 m *Vázquez-G. 3736* (ZEA); El Zarzamoro, Las Joyas 1900 m *Cochrane 10752* (WIS), 1890 m *Vázquez-G. 3651* (ZEA)
La Resolana: Cerro La Petaca 900–1600 m *Santana-M. 2782* (IBUG, WIS)

H ***Eryngium jaliscense*** Mathias & Constance; ENDÉMICA: Jalisco
Autlán: El Chilacayote, Las Joyas 1950 m *Judziewicz 4949* (WIS)

H ***Eryngium longifolium*** Cav.
Tolimán: La Laguna, Cerro Grande 2100 m *Iltis 29567* (WIS)

H ***Eryngium mexiae*** Constance, "Hierba del sapo"
Cuautitlán: La Cumbre 2250 m *Sørensen 7881* (WIS); Las Capillas 2760 m *Sørensen 7908* (WIS)

H ***Eryngium nasturtiifolium*** Juss. ex Delar. f., "Hierba del sapo"
Tuxcacuesco: La Palma–El Camichín 700 m *Guzmán-H. 193* (WIS, ZEA); Tecopatlán 1480 m *De Níz-L. 136* (WIS, ZEA)

H ***Eryngium palmeri*** Hemsl.
Autlán: Cuchilla de La Tuna, Las Joyas 1860 m *Cuevas-G. 1234* (WIS, ZEA); Los Barbechos, Las Joyas 2070 m *Cochrane 10732* (WIS)
Cuautitlán: Cerro Alto Las Yeguas 2000 m *Judziewicz 5010* (WIS); Los Jardines–Las Capillas 2800 m *Iltis 2416* (WIS)

H ***Foeniculum vulgare*** Mill.
Cuautitlán: Rincón de Manantlán 1800–1900 m *Cuevas-G. 2163a* (ZEA)
Tolimán: Los Encinitos–La Antena, Cerro Grande 1600 m *Cochrane 13034* (WIS, ZEA)

H ***Hydrocotyle mexicana*** Cham. & Schlecht.
Autlán: El Zarzamoro, Las Joyas 1950 m *Iltis 29065* (WIS, ZEA)
Cuautitlán: El Almeal 2075 m *Cochrane 10619* (WIS, ZEA); La Cumbre 2150 m *Iltis s. n.* (WIS); Rincón de Manantlán 1800–1900 m *Iltis 2510* (WIS)

H ***Hydrocotyle umbellata*** L.
Cuautitlán: Neverías, E de La Cumbre 2350–2500 m *Blum 3893a* (WIS)

H ***Micropleura renifolia*** Lag.
Autlán: Filo de La Vaca, Las Joyas 2040 m *Vázquez-G. 3403* (ZEA); Filo de San Rafael, Las Joyas 1960 m *Cuevas-G. 1350* (UCR, WIS, ZEA); Las Galeras, Las Joyas 1625 m *Cuevas-G. 1436* (WIS, ZEA); San Campús, Las Joyas 1980 m *Vázquez-G. 3367* (ZEA)

H ***Prionosciadium dissectum*** Coulter & Rose
La Resolana: [16 km] S de Autlán [1200 m] *Wilbur 1430* (MICH, WIS)

H ***Rhodosciadium pringlei*** S. Watson
Autlán: E de Las Joyas 1950 m *Cochrane 10742* (WIS); El Tlacuache, Las Joyas 1885 m *Vázquez-G. 3823* (ZEA); El Zarzamoro, Las Joyas 1900 m *Vázquez-G. 3502* (ZEA); La Moza, Las Joyas 1950 m *Cuevas-G. 1541* (WIS, ZEA); Las Galeras, Las Joyas 1390 m *Vázquez-G. 3630* (WIS, ZEA)
Cuautitlán: Rincón de Manantlán 1600 m *Iltis 2323* (WIS)

H ***Sanicula liberta*** Cham. & Schlecht.
Autlán: Charco de Los Perros, Las Joyas 1850 m *Vázquez-G. 3675* (ZEA); Corralitos 1700 m *Vázquez-G. 3294* (ZEA); El Tlacuache, Las Joyas 1885 m *Vázquez-G. 3813* (ZEA), 1900 m *Cuevas-G. 1521* (WIS, ZEA); El Zarzamoro, Las Joyas 1800 m *Iltis 29033* (WIS, ZEA); La Moza, Las Joyas 1950 m *Cuevas-G. 1537* (WIS, ZEA)

H ***Spananthe paniculata*** Jacq.
La Resolana: [16 km] S de Autlán [1737 m] *Wilbur 2414* (MICH, WIS)

## URTICACEAE

A ***Myriocarpa longipes*** Liebm.
Autlán: El Chante 1100 m *Cuevas-G. 1992* (WIS, ZEA); La Cidrita, El Chante 920 m *Cuevas-G. 2140* (ZEA); SO de Ahuacapán 1500 m *Cuevas-G. 3192* (WIS, ZEA)
Cuautitlán: El Durazno 960 m *Cuevas-G. 1686* (WIS, ZEA)
La Resolana: La Calera 1100 m *Cuevas-G. 2209* (ZEA)

H ***Parietaria debilis*** Forst.
Tolimán: El Terrero, Cerro Grande 2300 m *Iltis 29492* (WIS, ZEA)

H ***Parietaria macrophylla*** B. L. Rob. & Greenm.?
Cuautitlán: S de San Miguel 2400 m *Sørensen 7975* (WIS)

a **Phenax hirtus** (Sw.) Wedd.
Autlán: Corralitos 1950 m *Cochrane 10644* (WIS, ZEA); El Tlacuache, Las Joyas 1885 m *Vázquez-G. 3811* (ZEA); La Tuna, Las Joyas 1860 m *Vázquez-G. 3882* (ZEA)
Cuautitlán: El Almeal 2100 m *Judziewicz 4849* (WIS); Rincón de Manantlán 1900 m *Iltis 1381* (WIS, ZEA)
a **Phenax mexicanus** Wedd.
Autlán: Ahuacapán 1300 m *Guzmán-H. 248* (WIS, ZEA)
Comala: Campo Cuatro, Cerro Grande 1280 m *Cochrane 11771* (IBUG, WIS, ZEA)
H **Pilea hyalina** Fenzl?
La Resolana: El Tigre 480 m *Judziewicz 5142* (WIS)
H **Pilea microphylla** Liebm.
Tolimán: El Terrero, Cerro Grande 1800 m *Cuevas-G. 2492* (ZEA)
H **Pilea quercifolia** Killip?
Cuautitlán: Rincón de Manantlán 1700 m *Iltis 3183* (WIS)
a **Pouzolzia palmeri** S. Watson
La Resolana: 2 km E de Los Mazos 1075 m *Cochrane 13169* (IBUG, MICH, WIS, ZEA), 1200 m *Wilbur 1408* (MICH); 3–4 km O de Los Mazos 1000–1100 m *Santana-M. 4439* (WIS, ZEA)
Tuxcacuesco: Cerro del Palacio 1150 m *Santana-M. 5379* (WIS, ZEA)
A **Pouzolzia** sp.
Tolimán: Los Encinitos–La Antena, Cerro Grande 1700 m *Cochrane 12994* (WIS, ZEA)
a **Urera caracasana** (Jacq.) Griseb., "Quemador"
Autlán: El Laurelito, Las Joyas 1850 m *Vázquez-G. 3741* (ZEA); El Tlacuache, Las Joyas 1885 m *Vázquez-G. 3819* (ZEA); Piedra Bola, Las Joyas 2065 m *Judziewicz 4943* (WIS, ZEA)
Tolimán: Rancho Toxín 1350 m *Rodríguez-C. 2069* (WIS, ZEA)
H **Urtica urens** L.
Tolimán: El Terrero, Cerro Grande 2100 m *Iltis 29488* (WIS, ZEA)

## VALERIANACEAE

T **Valeriana candolleana** Gard. [*V. scandens* var. *candolleana*]
Autlán: Cañada El Laurelito, Las Joyas 1700–1800 m *Cuevas-G. 4057* (WIS, ZEA), *Guzmán-H. 1233* (ZEA)
H **Valeriana palmeri** A. Gray
Comala: E de Campo Cuatro, Cerro Grande 1500 m *Santana-M. 5252* (WIS, ZEA)
Cuautitlán: Ayotitlán 750 m *Santana-M. 5316* (WIS, ZEA); Chancol, Ayotitlán 1100 m *Cuevas-G. 1642b* (ZEA)
Minatitlán: El Sauz–El Terrero, Cerro Grande 1600 m *Santana-M. 5221* (WIS, ZEA)
Tolimán: El Terrero, Cerro Grande 2100 m *Cuevas-G. 2475* (WIS, ZEA)
H **Valeriana pilosiuscula** M. Martens & Galeotti
Autlán: Las Galeras, Las Joyas 1650 m *Cuevas-G. 1435* (WIS, ZEA); San Campús, Las Joyas 1980 m *Cuevas-G. 1334* (ZEA)
Cuautitlán: Manantlán 1700 m *Wilbur 1826* (MICH)
H **Valeriana procera** Kunth
Tolimán: Claro de La Antena, Cerro Grande, Cerro Grande 2560 m *Vázquez-G. 5164* (WIS)
H **Valeriana robertianifolia** Briq.
Autlán: Picacho del Sol y La Luna, Las Joyas 2140 m *Vázquez-G. 3703* (ZEA); Piedra Bola, Las Joyas 1900 m *Santana-M. 3979* (WIS, ZEA)
Cuautitlán: Cerro San Miguel 1800–2460 m *Iltis 491* (WIS); Río Manantlán, Rincón de Manantlán 1750 m *Iltis 3192* (WIS)

H ***Valeriana sorbifolia*** Kunth

Autlán: El Zarzamoro, Las Joyas 1940 m *Vázquez-G. 3846* (ZEA); La Hierbabuenita, Las Joyas 1800 m *Vázquez-G. 3575* (ZEA); Piedra Bola, Las Joyas 2000 m *Judziewicz 4915* (WIS)

Cuautitlán: Las Yeguas 2000 m *Judziewicz 5005* (WIS); Rincón de Manantlán 1530 m *Iltis 1186* (WIS)

Tuxcacuesco: La Pasión, Zenzontla 1700–1800 m *Cuevas-G. 2616* (ZEA)

H ***Valeriana urticifolia*** Kunth var. ***urticifolia***

Autlán: Barbechos del Sol y La Luna, Las Joyas 1755 m *Vázquez-G. 3581* (WIS, ZEA); El Chilacayote, Las Joyas 1950 m *Judziewicz 4914* (WIS); El Zarzamoro, Las Joyas 1900 m *Sørensen 7845* (WIS, ZEA)

Cuautitlán: San Miguel 2400 m *Vázquez-G. 518* (IBUG, WIS); Chancol, Ayotitlán 1100 m *Cuevas-G. 1642a* (ZEA)

La Resolana: [W de] Puerto Los Mazos *Cházaro-B. 5667* (IBUG, WIS)

H ***Valeriana vaginata*** Kunth; DISYUNTA: México

Cuautitlán: Las Capillas 2800 m *Cuevas-G. 3861* (ZEA)

## VERBENACEAE

A ***Aegiphila deppeana*** Steud.

Cuautitlán: Arriba de El Durazno 1250 m *Wetter 2090* (BM, CAS, CHAPA, ENCB, IBUG, MEXU, MICH, MO, UCR, US, WIS, ZEA); SSE de Cuzalapa 1000 m *Cuevas-G. 2917* (ZEA)

H ***Bouchea prismatica*** (L.) Kuntze var. ***brevirostra*** Grenz.

Autlán: Ahuacapán 1100 m *Santana-M. 3741* (WIS, ZEA)

Cuautitlán: Telcruz, Ayotitlán 1200 m *Vázquez-G. 4484* (WIS, ZEA)

a ***Citharexylum glabrum*** (S. Watson) Greenm.

Autlán: Ahuacapán 1075 m *Vázquez-G. 4212* (UCR, WIS, ZEA)

Minatitlán: El Sauz–El Terrero, Cerro Grande 1670 m *Cochrane 12343* (CHAPA, WIS, ZEA)

a ***Citharexylum hexangulare*** Greenm. vel aff.

Comala: Campo Cuatro, Cerro Grande 1700 m *Cuevas-G. 3509* (ZEA)

a ***Citharexylum mexicanum*** Moldenke

Cuautitlán: Rincón de Manantlán 1950 m *Judziewicz 5041* (WIS); Neverías–Llanos de San Miguel 2600 m *Iltis 2386* (WIS)

La Resolana: La Calera 700 m *Vázquez-G. 4802* (ZEA)

A ***Citharexylum mocinnii*** D. Don

Autlán: Corralitos 1925 m *Cochrane 10757* (WIS, ZEA); El Zarzamoro, Las Joyas 1900 m *Iltis 1314, 29079* (WIS)

Cuautitlán: El Almeal 2075 m *Cochrane 10630* (WIS, ZEA); La Cumbre 2040 m *Cuevas-G. 1289* (WIS, ZEA); Rincón de Manantlán 2020 m *Vázquez-G. 3904* (ZEA), 1750 m *Iltis 3174* (WIS, ZEA)

a ***Lantana achyranthifolia*** Desf.

Comala: Juluapan, Cerro Grande 700–800 m *Guzmán-H. 1327* (WIS, ZEA)

La Resolana: [13 km] S de Autlán [1200 m] *Wilbur 2198* (MICH, WIS)

Tuxcacuesco: Zenzontla 950 m *Santana-M. 3896* (ZEA)

a ***Lantana camara*** L., "Cinco negritos", "Frutilla", "Granadilla"

Cuautitlán: Ayotitlán 950 m *Rosales-C. 126* (ZEA); Telcruz, Ayotitlán 1200 m *Vázquez-G. 4485* (ZEA)

a ***Lantana frutilla*** Moldenke

Tuxcacuesco: Zenzontla 900 m *Vázquez-G. 4687* (ZEA)

a ***Lantana hirta*** Grah. vel aff.

Autlán: Las Juntas, Las Joyas 1650 m *Cuevas-G. 1467* (UCR, WIS, ZEA)

Cuautitlán: Telcruz–Chancol, Ayotitlán 1100 m *Vázquez-G. 4460* (WIS, ZEA)
Tolimán: Campo Cuatro–El Terrero, Cerro Grande 1300–1400 m *Cuevas-G. 3925* (WIS, ZEA)

a ***Lantana involucrata*** L.
Autlán: Ahuacapán 1100 m *Santana-M. 3727* (ZEA)

a ***Lantana urticifolia*** Mill.
Cuautitlán: Arriba de Telcruz, Ayotitlán 1375 m *Cochrane 12126a* (UCR, WIS)
Tolimán: El Terrero, Cerro Grande 1900 m *Santana-M. 4574* (WIS, ZEA)

a ***Lantana velutina*** M. Martens & Galeotti
Autlán: Ahuacapán 1200 m *Guzmán-H. 247* (WIS, ZEA)
Cuautitlán: Arriba de Telcruz, Ayotitlán 1375 m *Cochrane 12126b* (WIS)

H ***Lippia alba*** (Mill.) N. E. Br.
Tuxcacuesco: La Palma 700 m *Guzmán-H. 194* (WIS, ZEA)

H ***Lippia dulcis*** Trev., "Hierbabuena dulce"
Autlán: Ahuacapán 1000 m *Cárdenas-T. 21* (ZEA)
Cuautitlán: Las Canoas 750 m *Robles-H. 541* (WIS, ZEA)

H ***Lippia nodiflora*** (L.) Michx. [*Phyla nodiflora*]
Tuxcacuesco: La Palma 700 m *Guzmán-H. 195* (WIS, ZEA)

A ***Lippia umbellata*** Cav. [*L. pringlei*], "Gallinero"
Autlán: Ahuacapán 950 m *Vázquez-G. 4175* (UCR, WIS, ZEA); Tecopatlán 1180 m *Iltis 1144* (WIS); Tecopatlán–Manantlán 1400 m *Santana-M. 4712* (WIS, ZEA)
Comala: Campo Cuatro, Cerro Grande 1280 m *Cochrane 11767* (IBUG, WIS, ZEA)
Cuautitlán: Los Jardines–Cerro El Muñeco 2780 m *Iltis 2445a* (WIS); "Arroyo La Lupe", OSO de Rincón de Manantlán 1990 m *Cochrane 10786* (WIS, ZEA); San Miguel 2400 m *Sørensen 7985* (WIS)

H ***Priva aspera*** H. B. K.
Autlán: NE de Las Joyas 1900 m *Santana-M. 4002* (WIS, ZEA)
Cuautitlán: Rincón de Manantlán 1800 m *Vázquez-G. 541* (IBUG, ZEA); La Ventana–San Miguel [1900 m] *Iltis 402* (WIS)
Tolimán: La Laguna, Cerro Grande 1950–2000 m *Guzmán-H. 1137* (WIS, ZEA)

H ***Priva lappulacea*** (L.) Pers.
Comala: Campo Cuatro, Cerro Grande 1500 m *Santana-M. 5256* (WIS, ZEA)
Cuautitlán: Telcruz 1200 m *Vázquez-G. 4484* (WIS, ZEA)
La Resolana: SE del pueblo 700–1000 m *Cuevas-G. 3132* (WIS, ZEA)

H ***Verbena bipinnatifida*** Benth. [*V. ciliata*]
Autlán: SSE de Ahuacapán 800–900 m *Guzmán-H. 895* (WIS, ZEA)
Tolimán: El Tapeizte, Cerro Grande 2400 m *Cuevas-G. 2438* (ZEA)

H ***Verbena carolina*** L., "Verbena"
Autlán: El Laurelito, Las Joyas 1840 m *Vázquez-G. 3568* (ZEA); El Tlacuache, Las Joyas 1800 m *Cuevas-G. 1563* (ZEA); El Zarzamoro, Las Joyas 1940 m *Vázquez-G. 3544* (ZEA); La Cascada, Las Joyas 1850 m *Vázquez-G. 3475* (ZEA); Los Barbechos, Las Joyas 2000–2070 m *Cochrane 10726* (WIS)
Cuautitlán: Neverías 2600 m *Cuevas-G. 1631* (ZEA)
Tolimán: NE de El Terrero, Cerro Grande 2400 m *Santana-M. 5185* (WIS, ZEA)

A ***Vitex mollis*** H. B. K. forma ***iltisii*** Moldenke, "Ahuilote", "Uvalama"
Autlán: El Chante 1100 m *Cuevas G. 1984* (WIS, ZEA); Tecopatlán, SSE de El Chante 1160 m *Iltis 1419* (LL–Holótipo; WIS–Isótipo de forma ***iltisii***)
La Resolana: La Calera 600–800 m *Cuevas-G. 2324* (WIS, ZEA)
Tuxcacuesco: La Pasión, Zenzontla 1200 m *Cuevas-G. 2071* (WIS, ZEA)

A ***Vitex pyramidata*** B. L. Rob., "Ahuilote macho", "Cuata"
Cuautitlán: El Vigía, Cuzalapa 1100 m *Nieves-H. 461* (ZEA); Puente de La Rosa 600 m *Guzmán-H. 204* (WIS, ZEA)

## Violaceae

H ***Hybanthus attenuatus*** (Humb. & Bonpl.) Schulze
Autlán: NE de Ahuacapán 1100 m *Santana-M. 3743* (WIS, ZEA)
Comala: N de Juluapan, Cerro Grande 700–800 m *Santana-M. 5230* (WIS)
Cuautitlán: O de Puente de La Rosa 600 m *Guzmán-H. 206* (WIS, ZEA)
La Resolana: SO de Autlán 1500 m *González-V. 7522* (IBUG)
Tuxcacuesco: Zenzontla 900 m *Vázquez-G. 4682* (ZEA)

H ***Hybanthus elatus*** (Turcz.) Morton
Autlán: S de Corralitos 1900 m *Santana-M. 4679* (ZEA)
Cuautitlán: La Cumbre–El Durazno 1500 m *McVaugh 23216* (MICH); SE de San Miguel 1750 m *Santana-M. 4118* (ZEA); SO de La Cumbre 1750 m *López-H. 63* (ZEA)

a ***Hybanthus mexicanus*** Ging.
La Resolana: Arroyo El Tecolote 800–900 m *Vázquez-G. 4520* (WIS, ZEA); Cerro La Petaca 800 m *Santana-M. 5768* (ZEA); La Calera 800–1000 m *Cuevas-G. 3063* (WIS, ZEA), 600–800 m *Guzmán-H. 308* (ZEA), 800–900 m *Guzmán-H. 742* (ZEA); NNE del pueblo 1000–1200 m *Vázquez-G. 4330* (ZEA); SSO de Autlán [610–1525 m] *Wilbur 1458, 1469, 2293* (MICH)
Tuxcacuesco: Zenzontla–El Camichín 835 m *Robles-H. 639* (ZEA)

H ***Viola grahamii*** Benth. [*V. ciliata*]
Autlán: El Tlacuache, Las Joyas 1885 m *Cuevas-G. 1346* (IBUG, WIS, ZEA); El Zarzamoro, Las Joyas 1900 m *Cuevas-G. 1378* (WIS, ZEA), 1800 m *Santana-M. 3559* (ZEA); SO de Corralitos 1700–1800 m *Cuevas-G. 3026* (WIS, ZEA)
Cuautitlán: Arroyo La Lupe, N de Los Jardines 2560 m *Iltis 2492* (IBUG, WIS, ZEA); E de Manantlán [RBSM?] [2066 m] *Wilbur 2012* (MICH); Las Capillas 2800 m *Cuevas-G. 3873* (ZEA), 2600 m *Santana-M. 3409* (ZEA); SO de La Cumbre 1700–2000 m *Cuevas-G. 3183* (WIS, ZEA)
Tolimán: La Laguna, Cerro Grande 2400 m *Santana-M. 5193* (WIS, ZEA); El Tapeizte, Cerro Grande 2300 m *Guzmán-H. 1152* (ZEA); E de El Terrero–Los Picachos, Cerro Grande 2300 m *Iltis 29485* (WIS); N de El Terrero, Cerro Grande 2300 m *Iltis 30146* (WIS); NE de El Terrero, Cerro Grande 2200 m *Guzmán-H. 562* (ZEA)

H ***Viola oxyodontis*** H. E. Ballard
Autlán: El Zarzamoro, ENE de Las Joyas 1800 m *Santana-M. 3504* (WIS, ZEA); Puerto de La Moza, Las Joyas 1900 m *Vázquez-G. 3459* (WIS, ZEA); Picacho del Sol y La Luna, Las Joyas 2150 m *Guzmán-H. 1016* (WIS, ZEA); Tierritas Blancas, Las Joyas 1800 m *Ramos-H. 21* (ZEA); San Campús, Las Joyas 1980 m *Cuevas-G. 1323* (WIS, ZEA)
Cuautitlán: Las Pilas–Manantlán 1800 m *Vázquez-G. 3333* (ZEA); SO Rincón de Manantlán 1600 m *Kowal 2825* (IBUG, WIS)

## Viscaceae

aP ***Arceuthobium globosum*** Hawksworth & Wiens
Cuautitlán: Las Capillas 2800 m *Cuevas-G. 2025* (WIS, ZEA)

aHP ***Phoradendron amplifolium*** Trel.
Autlán: El Encino Herrado, Las Joyas 1800 m *Santana-M. 5134* (WIS, ZEA)
Tolimán: Cerro Grande 2100 m *Cházaro-B. 4474* (IBUG, ZEA, WIS); Mezcalitos–El Chivero, Cerro Grande 2275 m *Iltis 29541* (CHAPA, IBUG, MEXU, WIS)

aHP ***Phoradendron brachystachyum*** (DC.) Nutt., "Injerto"
Autlán: Corralitos–Ahuacapán 1700 m *Cochrane 11707* (IBUG, MICH, WIS, ZEA)
Comala: Campo Cuatro–El Terrero, Cerro Grande 1200 m *Cházaro-B. 4472* (IBUG)
Cuautitlán: Rincón de Manantlán 1650 m *Cochrane 10853* (WIS)
Tolimán: E de El Terrero, Cerro Grande 1850–1900 m *Cuevas-G. 1716* (WIS, ZEA)

aHP ***Phoradendron carneum*** Urban
Tolimán: SO de El Terrero, Cerro Grande 1630 m *Cochrane 11740* (IBUG, UVIC, WIS, ZEA)

aHP ***Phoradendron commutatum*** Trel.
Tolimán: El Sauz–El Terrero, Cerro Grande 1000 m *Cházaro-B. 6014* (WIS)

aHP ***Phoradendron falcatum*** (Schlecht. & Cham.) Trel.
Autlán: El Tlacuache, Las Joyas 1885 m *Cuevas-G. 1310* (WIS, ZEA); El Zarzamoro, Las Joyas 1900 m *Cuevas-G. 1398* (WIS, ZEA)
Cuautitlán: El Almeal 2100 m *Cochrane 10612* (WIS)

aHP ***Phoradendron longifolium*** Eichler, "Injerto", "Injerto de encino", "Malojo"
Cuautitlán: La Cumbre 1970 m *Cuevas-G. 2901* (ZEA); Telcruz, Ayotitlán 1700 m *Cuevas-G. 2170* (ZEA)
Tolimán: El Terrero, Cerro Grande 1900 m *De Níz-L. 203* (ZEA)

aHP ***Phoradendron olivae*** Wiens ined., "Injerto", "Injerto de ciprés"; ENDÉMICA: RBSM
Tolimán: El Terrero, Cerro Grande 2100 m *Cházaro-B. 4479* (IBUG, WIS, XAL), 1950 m *Wiens 7051* (IBUG–Holótipo; FPF–Isótipos); 2 km SE de El Terrero, Cerro Grande 2150–2220 m *Iltis 29606* (CAS, IEB, MEXU, WIS, ZEA), *29607, 30176* (WIS, ZEA); 1 km NO de El Terrero, Cerro Grande 2240 m *Cochrane 12594* (IBUG, MEXU, MICH, TEX, UCR, UT, WIS, ZEA)

aHP ***Phoradendron quadrangulare*** Krug & Urban
Autlán: Ahuacapán 900 m *Santana-M. 3685, 3686* (ZEA)

aHP ***Phoradendron reichenbachianum*** (Seem.) Oliv.
Cuautitlán: Rincón de Manantlán 1590 m *Cochrane 10842* (WIS)
Tolimán: El Terrero, Cerro Grande 1800 m *Vázquez-G. 4149* (WIS, ZEA); 1700 m *Cházaro-B. 6019* (IBUG, WIS), *Wiens 7053* (IBUG)

aHP ***Phoradendron robinsonii*** Urban
Comala: Campo Cuatro, Cerro Grande 1200 m *Cházaro-B. 4469* (IBUG, WIS); 1280 m *Cochrane 11764* (CHAPA, DAV, F, GH, IBUG, MICH, MO, NY, TEX, UVIC, WIS, ZEA)
Tolimán: San Pedro Toxín 775 m *Vázquez-G. 4108* (WIS, ZEA)

aHP ***Phoradendron scaberrimum*** Trel.
Tolimán: El Terrero, Cerro Grande 1700 m *Cuevas-G. 2961* (ZEA); El Terrero–Campo Cuatro, Cerro Grande 2100–2160 m *Iltis 29620* (WIS)

aEP ***Phoradendron tetrapterum*** Krug & Urban
Minatitlán: El Sauz–El Terrero, Cerro Grande 1700 m *Cházaro-B. 6023* (IBUG, WIS), *Wiens 7052, 7053* (IBUG, UT)

aHP ***Phoradendron velutinum*** DC.
Tolimán: Mezcalitos, Cerro Grande 2375 m *Iltis 29510* (CAS, IEB, MARY, MEXU, WIS), *29510a* (WIS)

aHP ***Phoradendron vernicosum*** Greenm., "Injerto"
Autlán: Ahuacapán 1000 m *Vázquez-G. 4179* (WIS, ZEA)
Tolimán: Puerto de Toxín–Piedras Cuatas, Cerro Grande 1275 m *Cochrane 12278* (MEXU, WIS, ZEA)

aEP ***Phoradendron*** sp. nov., fide D. Wiens; ENDÉMICA: RBSM
Tolimán: El Sauz–El Terrero, Cerro Grande [1700 m, fide Cházaro–B., "6700 ft." (2043 m), fide Wiens] *Wiens 7052* (IBUG)

## VITACEAE

T ***Ampelocissus acapulcensis*** (H. B. K.) Planch.
Comala: Juluapan–Campo Cuatro, Cerro Grande 1200 m *Guzmán-H. 1213* (WIS, ZEA)
Cuautitlán: 2 km SE de Cuzalapa 740 m *Robles-H. 831* (WIS, ZEA)
La Resolana: [3 km] N de La Resolana 300 m *McVaugh 10194* (MICH–*Fl.NG.*, ined.)
Tolimán: 1 km SE de El Sauz, Cerro Grande 1140 m *Cochrane 11737* (BH, MICH, WIS)

T ***Ampelopsis mexicana*** Rose
Tolimán: El Terrero–Campo Cuatro, Cerro Grande 1400 m *Cuevas-G. 4045* (ZEA)

T *Cissus* cf. ***cucurbitina*** Standley
Cuautitlán: Ayotitlán 830–850 m *Judziewicz 5196* (IBUG, WIS); Chancol, Ayotitlán 1100 m *Cuevas-G. 1657b* (ZEA); Lagunillas de Ayotitlán 880–920 m *Judziewicz 5223* (WIS)
La Resolana: El Tecolote [400 m] *Vázquez-G. 4172* (WIS, ZEA), 400–600 m *Cuevas-G. 3557* (ZEA); El Tigre 600 m *Cuevas-G. 3997* (WIS, ZEA); La Calera 600–800 m *Vázquez-G. 4808* (ZEA); Los Tecomates 500 m *Villarreal de Puga 12837* (IBUG, WIS)

T ***Cissus*** aff. ***rhombifolia*** Vahl, "Bejuco de agua", "Parrilla", "Uva"
Cuautitlán: Las Marías, Ayotitlán 800 m *Rosales-C. 79, 86* (ZEA); Orillas de Ayotitlán 940 m *Robles-H. 926* (WIS, ZEA)
Tuxcacuesco: La Cañita, Zenzontla 1200 m *Cuevas-G. 2572* (WIS, ZEA)

T ***Cissus verticillata*** (L.) Nicolson & Jarvis [*C. sicyoides*], "Parrilla"
Cuautitlán: Ayotitlán 1100 m *Vázquez-G. 4462* (ZEA), 750 m *Benz 1270* (WIS, ZEA); Las Marías, Ayotitlán 800 m *Rosales-C. 85* (ZEA)
La Resolana: La Calera 800–1000 m *Cuevas-G. 3883* (WIS, ZEA)
Tuxcacuesco: La Cañita, Zenzontla 950 m *Santana-M. 5088* (WIS)

T ***Parthenocissus quinquefolia*** (L.) Planch.
Autlán: Las Juntas, Las Joyas 1550 m *Cuevas-G. 1582* (WIS, ZEA)
Cuautitlán: Rincón de Manantlán 1750–1900 m *Judziewicz 5103* (IBUG, WIS)

T ***Vitis tiliifolia*** Planch. [incl. *V. berlandieri*], "Uva", "Uva cimarrona", "Uva criolla", "Uva del cerro"
Autlán: Cañada de La Moza, Las Joyas 1840 m *Cuevas-G. 1252* (IBUG, WIS, ZEA); El Chilacayote, Las Joyas 1790 m *Ramos-H. 31* (WIS, ZEA); El Zarzamoro, Las Joyas 1800–1950 m muchos ejemplares; S de Ahuacapán 1400 m *Iltis 29445* (WIS)
Comala: Campo Cuatro–Lagunitas, Cerro Grande 900 m *Santana-M. 2935* (IBUG), 1500 m *Ramírez-D. 2179* (IBUG); Juluapan–Campo Cuatro, Cerro Grande 1000 m *Guzmán-H. 1337* (WIS, ZEA)
Cuautitlán: Chancol–Ayotitlán 1050 m *Ramírez-D. 468* (IBUG, WIS); La Cumbre 2100 m *Cuevas-G. 2914* (WIS, ZEA); Rincón de Manantlán 2020 m *Vázquez-G. 3915* (WIS, ZEA)
Tolimán: El Terrero–Campo Cuatro, Cerro Grande 1850 m *Iltis 29687* (WIS, ZEA); El Terrero, Cerro Grande 2090 m *Cochrane 12585* (BH, IBUG, MEXU, MICH, NY, UCR, WIS, ZEA), 2150 m *Cuevas-G. 2455* (WIS)

Discusión: Aparentemente tenemos ejemplares que concuerdan con las descripciones de *V. berlandieri* Planch. [*V. cinerea* var. *helleri*], *V. tiliifolia,* y posiblemente *V. blancoii* Munson; sin embargo, de acuerdo a McVaugh (com. pers.) solo existe una especie muy variable, en cuyo caso el nombre de *V. tiliifolia* debe usarse.

## ZYGOPHYLLACEAE

A ***Guaiacum coulteri*** A. Gray, "Guayacán", "Palo fierro"
Tuxcacuesco: El Camichín, Zenzontla 740 m *Cuevas-G. 2040* (WIS, ZEA), 850 m *Cochrane 11652* (F, IBUG, WIS, ZEA); NE de El Camichín, Zenzontla 1050 m *Guzmán-H. 170* (WIS, ZEA)

H ***Kallstroemia maxima*** (L.) T. & G.
Tuxcacuesco: El Camichín, Zenzontla 740 m *Cuevas-G. 2537* (ZEA)

H ***Kallstroemia rosei*** Rydb.
La Resolana: [3 km] N de La Resolana [sin alt.] *Wilbur 1514* (MICH)

H ***Tribulus cistoides*** L.
La Resolana: [13 km] S de Autlán [1219 m] *Wilbur 1642* (MICH)

# Liliopsida
# (Monocotiledóneas)

## Araceae

HE ***Anthurium halmoorei*** Croat, "Cola de choncho", "Colomo de piedra", "Muchacha"
Cuautitlán: Las Marías, Ayotitlán 780–820 m *Cochrane 10930* (WIS, ZEA)
La Resolana: Arroyo El Tecolote 1400 m *Cuevas-G. 1858* (WIS, ZEA)

T ***Anthurium scandens*** (Aubl.) Engl.
La Resolana: Puerto de Los Mazos 1700 m *Ramírez-D. 1046* (WIS); [SW de] Autlán *McVaugh 10219* (MICH–Fl. NG), *Wilbur 1738* (MICH–*Fl.NG.*)

H ***Arisaema macrospathum*** Benth.
Autlán: Ahuacapán–Corralitos *McVaugh & Koelz 928* (MICH–*Fl.NG.*); El Zarzamoro, Las Joyas 1800–1900 m *Iltis 29025* (WIS); Las Joyas *Cházaro-B. 4839* (MICH–*Fl.NG.*)
Cuautitlán: El Almeal 2100 m *Cochrane 10620* (WIS), *Iltis 2224* (WIS); Rincón de Manantlán 1800 m *Cuevas-G. 2944* (ZEA)
La Resolana: [Arriba de] Los Mazos 2000 m *Ramírez-D. 682* (IBUG); Cerro La Petaca *Soltero-Q. 519* (IBUG); [10 km] abajo de [Los Mazos] 750 m *McVaugh 19943* (MICH–*Fl.NG.*)

T ***Monstera deliciosa*** Liebm.
Cuautitlán: Aserradero Viejo 1000 m *Nieves-H. s. n.* (ZEA)

T ***Philodendron basii*** Matuda
La Resolana: Autlán–Barra de Navidad [RBSM?] *Moore 8734* (BH–*Fl.NG.*)

T ***Philodendron scandens*** C. Koch & Sello
La Resolana: Autlán–Barra de Navidad [RBSM?] *Moore 8737* (BH–*Fl.NG.*); 1 km SE de La Resolana 600 m *Santana-M. 6888* (ZEA)

a ***Philodendron warscewiczii*** C. Koch
Comala: Campo Cuatro, Cerro Grande 1400 m *Iltis 29716* (ENCB, F, NY, MEXU, US, WIS, ZEA), *30212* (WIS)

T ***Syngonium neglectum*** Schott, "Botella", "Colomanona", "Colomito"
Cuautitlán: NNE de Ayotitlán 940 m *Cochrane 11797* (MICH–*Fl.NG.*, MO, WIS)
La Resolana: Arroyo El Tecolote 1400 m *Cuevas-G. 1859* (WIS, ZEA); Autlán–Barra de Navidad [RBSM?] *Moore 8735* (BH–*Fl.NG.*); La Calera 600 m *Judziewicz 5116* (WIS)
Minatitlán: La Loma 1075 m *Cuevas-G. 1819b* (ZEA)

H ***Xanthosoma hoffmannii*** (Schott) Schott
La Resolana: SO de Autlán *Moore 8730* (MICH–*Fl.NG.*); OSO de Autlán, arriba de La Resolana *Wilbur 2342* (MICH–*Fl.NG.*)

H ***Xanthosoma pilosum*** C. Koch
Cuautitlán: La Rosa–Las Marías, Ayotitlán 750 m *Cevallos-E. 116* (WIS, ZEA)

H ***Xanthosoma robustum*** Schott, "Colomo"
La Resolana: N de La Resolana 300 m *McVaugh & Koelz 10207a, b* (WIS)
Tuxcacuesco: Zenzontla 850 m *López-V. 45*, "especimen vivo" (ZEA), 900 m *Cochrane 11662* (WIS)

H ***Zantedeschia aethiopica*** (L.) Spreng., "Alcatraz"
Autlán: El Zarzamoro, Las Joyas 1900 m *Cuevas-G. 1381* (WIS, ZEA)

## Bromeliaceae

La mayoría de las determinaciones fueron hechas o verificadas por John F. Utley.

HE ***Aechmea bracteata*** (Sw.) Griseb. var. ***pacifica*** Beutelspach.
Cuautitlán: Las Marías–Ayotitlán 780–820 m *Cochrane 10929* (WIS); Cuzalapa 800 m *Cuevas-G. 1980* (ZEA); Las Marías–Las Parejitas, Ayotitlán 780 m *Cochrane 11794* (WIS, ZEA); La Pareja, El Durazno 860 m *Vázquez-G. 4056* (WIS, ZEA)

HE ***Billbergia pallidiflora*** Liebm.
Tuxcacuesco: 6 km ESE de Zenzontla 900 m *Iltis 28940* (NOLS, WIS, ZEA); El Camichín, Zenzontla 800 m *Cuevas-G. 3378* (WIS, ZEA)

a ***Bromelia palmeri*** Mez.
La Resolana: Cerro La Petaca [sin alt.] *Reyna-B. 727* (IEB)

a ***Bromelia plumieri*** (E. Morr.) L. B. Smith, "Jocuistle", "Cocliste", "Cocuistle"
Cuautitlán: Cuzalapa 800 m *Rosales-C. 105* (ZEA)
La Resolana: Cercanías del pueblo 725 m *Vázquez-G. 4367* (ZEA), 600–700 m *Santana-M. 5944* (WIS, ZEA)

HE ***Catopsis compacta*** Mez
Autlán: Ahuacapán 1100 m *López-V. 22*, "especimen vivo" (ZEA)
La Resolana: 16 km SO de Autlán *Wilbur 2441* (MICH–*Fl.NG.*)

HE ***Catopsis nutans*** (Sw.) Griseb.
Cuautitlán: Ayotitlán 830–940 m *Judziewicz 5198* (WIS); Manantlán 1500 m *Cuevas-G. 1994* (ZEA)

HE ***Catopsis paniculata*** E. Morr.
Cuautitlán: Sierra de Manantlán 1700 m *McVaugh 14018* (MICH–*Fl.NG.*)

H ***Hechtia jaliscana*** L. B. Smith; ENDÉMICA: Jalisco
Tolimán: Puerto de Toxín 1200 m *Santana-M. 6716* (ZEA)

H ***Pitcairnia colimensis*** L. B. Smith; ENDÉMICA: Nueva Galicia
Comala: Campo Cuatro, Cerro Grande 1300 m *Santana-M. 5289* (WIS, ZEA), 1000–1200 m *Cuevas-G. 3953* (WIS, ZEA)

H ***Pitcairnia heterophylla*** (Lindl.) Beer
Autlán: Ahuacapán–Corralitos *McVaugh & Koelz 1016* (MICH–*Fl.NG.*); Cuchilla de La Tuna, Las Joyas 1860 m *Vázquez-G. 3881* (ZEA); Las Juntas, Las Joyas 1600 m *Vázquez-G. 3765* (ZEA)
Cuautitlán: Rincón de Manantlán 1540–1600 m *Iltis 2287* (IBUG, WIS)
La Resolana: SO de Autlán *Wilbur 2295* (MICH–*Fl.NG.*), *McVaugh 14208* (MICH–*Fl.NG.*)

H ***Pitcairnia imbricata*** (Brogn.) Regel
Cuautitlán: Chancol, Ayotitlán 1100 m *Vázquez-G. 4557* (WIS, ZEA)

H ***Pitcairnia karwinskyana*** Schult. f. [*P. jaliscana*]
Autlán: Barbechos del Sol y La Luna, Las Joyas 1800 m *Cuevas-G. 1215* (WIS, ZEA); La Moza, Las Joyas 1840 m *Vázquez-G. 3355* (ZEA)
Cuautitlán: Las Pilas 1750 m *Vázquez-G. 3335* (ZEA)
Tolimán: Los Encinitos–La Antena, Cerro Grande 1600 m *Cochrane 13030* (GH, IBUG, MEXU, NOLS, UCR, WIS, ZEA)

H ***Pitcairnia micheliana*** André s. l.; ENDÉMICA: Jalisco, Michoacán
La Resolana: Los Mazos 1700 m *González-V. 69* (IBUG), 900–1000 m *Guzmán-H. 342* (WIS, ZEA); 10 km N de La Resolana 1000 m *Iltis 3116* (US, WIS); 17–18 km SO de Autlán *Dieterle 4106* (IEB, MICH–*Fl.NG.*)

H ***Pitcairnia oaxacana*** L. B. Smith
La Resolana: 25 km SO Autlán 750 m *McVaugh 19972* (MICH–*Fl.NG.*); El Tigre 800 m *Cuevas-G. 2916* (ZEA)

H ***Pitcairnia palmeri*** S. Watson
La Resolana: [16 km] S de Autlán *Wilbur 1445* (MICH–*Fl.NG.*)
Tolimán: Rancho Toxín, Cerro Grande 1350 m *Rodríguez-C. 2051* (ZEA)

HE ***Tillandsia achyrostachys*** E. Morr. ex Baker var. ***stenolepis*** L. B. Smith
Autlán: Tecopatlán, SSE de El Chante 1400 m *Santana-M. 4765* (WIS, ZEA)
Tuxcacuesco: 4 km al NO del pueblo 790 m *Guzmán-H. 164* (ZEA)

HE ***Tillandsia calothyrsus*** Mez; DISYUNTA: Oaxaca
Autlán: Torre de transmisión, Los Mazos 1750 m *Santana-M. 6316* (WIS, ZEA)

Cuautitlán: Casa Grande, Rincón de Manantlán 1540–1600 m *Iltis 2702* (WIS)
La Resolana: [14–16 km] SO Autlán *McVaugh 14216* (MICH–*Fl.NG.*), *Gardner 1538* (MICH–*Fl.NG.*)
Minatitlán: Juluapan–Campo Cuatro, Cerro Grande [sin alt.] *Cházaro-B. 6455* (WIS)

HE ***Tillandsia capitata*** Griseb.
Cuautitlán: S de El Chante *Rzedowski & McVaugh 1294* (MICH–*Fl.NG.*), *McVaugh 26096* (MICH–*Fl.NG.*)
La Resolana: SO de Autlán *Gardner 1364* (MICH–*Fl.NG.*), *McVaugh & Koelz 853* (MICH–*Fl.NG.*)

HE ***Tillandsia caput-medusae*** E. Morr., "Cebollines"
Comala: Campo Cuatro–Lagunitas, Cerro Grande 1700 m *Santana-M. 2933* (IBUG)

HE ***Tillandsia dasyliriifolia*** Baker
Cuautitlán: El Chante 1700 m *Sørensen 7860* (WIS)

HE ***Tillandsia ionantha*** Planch.
Tolimán: SE de San Pedro Toxín 950 m *Wetter s. n.* (WIS, ZEA)
Tuxcacuesco: Cerro del Palacio 1150 m *Benz 5386* (WIS, ZEA)

HE ***Tillandsia jaliscomonticola*** Matuda
Comala: Campo Cuatro–Lagunitas, Cerro Grande [sin alt.] *Cházaro-B. 6454* (WIS)
Tolimán: La Taza, San Pedro Toxín, Cerro Grande 700 m *Guzmán-H. 473* (ZEA)
Tuxcacuesco: Cerro del Palacio 1100 m *Santana-M. 5938* (WIS, ZEA)

HE ***Tillandsia juncea*** (Ruiz & Pav.) Poir.
Autlán: SO de Corralitos 1700–1800 m *Cuevas-G. 3040* (WIS, ZEA)
Cuautitlán: La Cumbre–Las Joyas 1950–2100 m *Sørensen 7826* (WIS); Las Yeguas–Rincón de Manantlán 1600–1800 m *Iltis 2555a* (WIS)

HE ***Tillandsia langlasseana*** Mez s. l., vel aff.; REGISTRO: Jalisco
Cuautitlán: Cerro Alto Las Yeguas–Manantlán 1475–1600 m *Cochrane 10840* (WIS), 1600–1800 m *Iltis 2555* (WIS)

HE ***Tillandsia macdougallii*** L. B. Smith
Autlán: S y SE de El Chante 1650 m *Wilbur 1905* (MICH–*Fl.NG.*), *McVaugh 23146* (MICH–*Fl.NG.*)
Cuautitlán: Las Capillas 2800 m *Cuevas-G. 2005* (ZEA)

HE ***Tillandsia oaxacana*** L. B. Smith
Cuautitlán: Sierra de Manantlán 2700 m *McVaugh 26153* (IEB, MICH–*Fl.NG.*)

HE ***Tillandsia plumosa*** Baker
Tolimán: El Terrero, Cerro Grande 2000 m *Santana-M. 4564* (WIS, ZEA)

HE ***Tillandsia prodigiosa*** (Lem.) Baker sensu McVaugh [incl. *Tillandsia cossonii*]
Autlán: Corralitos–Cuatro Caminos 1900 m *Ramírez-D. 1247* (IBUG, WIS); El Zarzamoro, Las Joyas 1900–2000 m *Iltis 1399* (WIS)
Cuautitlán: Cerro El Almeal 2050–2200 m *Iltis 2207* (WIS), *Cochrane 10639* (WIS), *Wetter 1073* (WIS, ZEA); SE de El Chante 1650 m *Wilbur 1976* (MICH–*Fl.NG.*)
Tolimán: El Terrero, Cerro Grande 2035 m *Cochrane 12587* (WIS), 2300 m *Santana-M. 5807, 5865* (WIS, ZEA); La Laguna, Cerro Grande 2000 m *Cuevas-G. 1821a* (WIS, ZEA)

HE ***Tillandsia pseudobaileyi*** C. S. Gardner, "Lirio"
Autlán: Ahuacapán 950 m *Robles-H. 736* (WIS, ZEA)
La Resolana: [16 km] SO de Autlán *Wilbur 2461* (MICH–*Fl.NG.*)

HE ***Tillandsia recurvata*** (L.) L.
Autlán: Ahuacapán 1000 m *Santana-M. 4428* (ZEA)
Tolimán: San Pedro Toxín 700 m *Guzmán-H. 1391* (WIS, ZEA)

HE ***Tillandsia schiedeana*** Steud., "Gallos"
Autlán: Tecopatlán, SSE de El Chante 1400 m *Santana-M. 4766* (WIS, ZEA)
La Resolana: 1 km al SO del pueblo 450 m *Santana-M. 3367* (ZEA); [13 km] S de Autlán 1000 m *Wilbur 2397* (MICH–*Fl.NG.*)
Tuxcacuesco: NO de Tuxcacuesco 760–790 m *Guzmán-H. 157* (WIS, ZEA)

HE ***Tillandsia seleriana*** Mez

Cuautitlán: Cerro Alto Las Yeguas–Rincón de Manantlán 1600–1800 m *Iltis 2567* (WIS)

HE ***Tillandsia usneoides*** (L.) L., "Paiste"

Autlán: Las Juntas, Las Joyas 1600 m *Vázquez-G. 3755* (ZEA)

La Resolana: [16 km] S de Autlán [1200 m] *Wilbur 1427* (MICH, WIS)

Tolimán: O de El Terrero, Cerro Grande 1900 m *Santana-M. 4583* (WIS, ZEA)

HE ***Tillandsia valenzuelana*** A. Rich.

Cuautitlán: Las Pesadas, 4–5 km NO de Minatitlán 900–1000 m *Santana-M. 4798* (WIS, ZEA)

## CANNACEAE

H ***Canna indica*** L., "Platanillo"

Cuautitlán: Chancol, Ayotitlán 1075 m *Cuevas-G. 1691* (WIS, ZEA); S de El Chante *Rzedowski & McVaugh 1290* (MICH–*Fl.NG.*); Telcruz, Ayotitlán 1100 m *Vázquez-G. 4459* (ZEA)

La Resolana: El Tigre 550 m *Judziewicz 5139* (WIS); [27 km] SSO de Autlán 610 m *Wilbur 2245* (MICH–*Fl.NG.*)

Tuxcacuesco: El Rodeo 1350 m *Iltis 28902* (WIS)

## COMMELINACEAE

Casi todas las determinaciones fueron hechas o verificadas por David R. Hunt.

H ***Callisia monandra*** (Sw.) Schult. f.

La Resolana: SO de Autlán [RBSM?] *Alava 1678* (MICH–*Fl.NG.*)

H ***Commelina coelestis*** Willd.

La Resolana: S de Autlán 1150 m *Anderson 3755* (MICH–*Fl.NG.*)

H ***Commelina dianthifolia*** Delile

Autlán: Charco de Los Perros, Las Joyas 1960 m *Cuevas-G. 1530* (ZEA)

Cuautitlán: E de Manantlán *Wilbur 1802* (MICH–*Fl.NG.*); Las Capillas–Los Jardines 2800–2860 m *Iltis 3215* (MICH–*Fl.NG.*)

H ***Commelina diffusa*** Burmann f.

Autlán: SO de La Yerbabuena 1200 m *Santana-M. 4763, 4763a* (WIS, ZEA)

H ***Commelina erecta*** L., "Hierba del pollo"

Autlán: Ahuacapán 1000 m *De Níz-L. 75* (ZEA)

Cuautitlán: O de Chancol, Ayotitlán 1050–1100 m *Cuevas-G. 1700* (ZEA)

La Resolana: La Calera 620 m *Judziewicz 5135* (IBUG, WIS); NNE de La Resolana 1000–1200 m *Vázquez-G. 4328* (WIS, ZEA)

H ***Commelina jaliscana*** Matuda

Autlán: Las Galeras–La Cascada, Las Joyas 1600 m *Cuevas-G. 1452* (WIS, ZEA)

La Resolana: S de Autlán *Wilbur 1742* (MICH–*Fl.NG.*)

Tuxcacuesco: E de El Aguacate 900 m *Iltis 28796* (MICH, WIS)

H ***Commelina leiocarpa*** Benth., "Hierba del pollo"

Autlán: Ahuacapán–Corralitos 1000 m *Vázquez-G. 983* (IBUG), 1500–2200 m *McVaugh & Koelz 985* (MICH–*Fl.NG.*); Cuchilla de La Tuna, Las Joyas 1860 m *Vázquez-G. 3875* (ZEA); El Zarzamoro, Las Joyas 1900 m *Sørensen 7833, 7836* (IBUG, WIS)

Cuautitlán: Arroyo San Miguel 1800 m *Cochrane 10845* (WIS); SO de Rincón de Manantlán 1620–1700 m *Iltis 28859* (MICH, WIS, ZEA)

H ***Commelina rufipes*** Seubert

La Resolana: Arroyo Tacubaya–La Huertita [450 m] *Pérez de la Rosa s. n.* (IBUG–*Fl.NG.*), 400 m *Díaz-L. 7691* (MICH–*Fl.NG.*); La Resolana–La Huertita 500 m *Guzmán-M. 779* (IBUG)

Minatitlán: 2 km S de La Loma 1050–1100 m *Vázquez-G. 4135* (ZEA)

H ***Commelina standleyi*** Steyermark

Autlán: Ahuacapán–Corralitos 1500–1800 m *McVaugh 19599* (MICH–*Fl.NG.*)

Cuautitlán: S de El Chante 1450 m *Iltis 1194* (IBUG, WIS); Telcruz, Ayotitlán 1250–1400 m *Guzmán-H. 403* (ZEA)

La Resolana: Abajo de [Los Mazos] 1000 m *McVaugh 19897* (MICH–*Fl.NG.*); SO de Autlán 1300–1600 m *McVaugh 14221* (MICH–*Fl.NG.*)

H ***Commelina tuberosa*** L. s. s.

Autlán: El Zarzamoro, Las Joyas 1890 m *Vázquez-G. 3523* (ZEA); San Campús, Las Joyas 1980 m *Vázquez-G. 3377* (ZEA)

Cuautitlán: NE de La Cumbre 2000 m *Rosales-C. 14* (WIS, ZEA), *15* (ZEA); San Miguel–Rincón de Manantlán 2400 m *Vázquez-G. 449* (IBUG)

La Resolana: S de Autlán 1150 m *Anderson 3755* (MICH–*Fl.NG.*)

H ***Gibasis pellucida*** (M. Martens & Galeotti) D. R. Hunt

Autlán: El Zarzamoro–Las Playas, Las Joyas 1980 m *Cuevas-G. 1413* (ZEA); Las Joyas 1800 m *Pérez de la Rosa 176* (IBUG)

Cuautitlán: NE de El Durazno 1210 m *Cárdenas-T. 69* (ZEA); S de Rincón de Manantlán 1850–2100 m *Iltis 28862* (WIS)

H ***Murdannia nudiflora*** (L.) Brenan

Cuautitlán: Las Marías, Ayotitlán 700 m *Cuevas-G. 3628* (ZEA)

H ***Thyrsanthemum floribundum*** (M. Martens & Galeotti) Pichon; ENDÉMICA: suroeste de México

Tuxcacuesco: Cerro del Palacio 1150 m *Santana-M. 5388* (WIS, ZEA), 1100 m *Santana-M. 5912* (WIS, ZEA)

H ***Tinantia erecta*** (Jacq.) Schlecht.

Autlán: E de Las Joyas 1900–2000 m *Santana-M. 3999, 4201* (ZEA); Las Joyas 1860 m *Iltis 1263* (WIS), 2100 m *Villarreal de Puga 13054* (IBUG)

Cuautitlán: [Arriba de] Rincón de Manantlán [2300 m] *Sánchez-S. 256* (IBUG); SO de Rincón de Manantlán 1540–1600 m *Iltis 28860* (WIS, ZEA)

H ***Tinantia glabra*** (Standl. & Steyerm.) Rohw.

Cuautitlán: Aserradero [Rincón de Manantlán] [1803 m] *Sánchez-S. 315* (IBUG)

La Resolana: SE de Los Mazos 1500 m *Santana-M. 3787* (ZEA)

H ***Tinantia leiocalyx*** C. B. Clarke ex J. D. Smith

Cuautitlán: E de Cuzalapa 1700 m *De Níz-L. 73* (ZEA); El Durazno [900–950 m] *Rosales-C. 50* (ZEA)

La Resolana: S de Autlán [1737 m] *Wilbur 2415* (MICH–*Fl.NG.*)

H ***Tinantia longipedunculata*** Standl. & Steyerm.

Cuautitlán: [Arriba de] Rincón de Manantlán 2300 m *Sánchez-S. 259* (IBUG); O de El Chante 960 m *Carvajal-H. 2308* (IBUG)

La Resolana: Arroyo Tacubaya 350–500 m *Guzmán-M. 1352* (IBUG–*Fl.NG.*); Cerro La Petaca 460 m *Iltis 349* (WIS)

H ***Tinantia macrophylla*** S. Watson

La Resolana: Arroyo El Tecolote 500 m *Santana-M. 3773* (ZEA); NE de Cerro La Petaca 600 m *Ramírez-D. 724* (IBUG); NE de La Resolana 800–900 m *Vázquez-G. 4504* (ZEA)

H ***Tinantia parviflora*** Rohw.

Cuautitlán: Chancol, Ayotitlán 1050–1100 m *Cuevas-G. 1690* (ZEA); NO de Telcruz, Ayotitlán 1200–1400 m *Cuevas-G. 3250* (ZEA)

La Resolana: Cerro La Petaca, cerca de La Huertita 900–1000 m *Iltis 342* (IBUG, WIS); E de La Resolana 400–600 m *Guzmán-H. 795* (ZEA); 15 km abajo de [Los Mazos] 750 m *McVaugh 19969* (MICH–*Fl.NG.*)

H ***Tinantia violacea*** Rohw.

Cuautitlán: E de Manantlán [1951 m] *Wilbur 1955* (MICH–*Fl.NG.*)

H ***Tradescantia andrieuxii*** C. B. Clarke

Tuxcacuesco: S de Zenzontla 1000 m *Santana-M. 3927* (ZEA)

H **Tradescantia burchii** D. R. Hunt; ENDÉMICA: RBSM
La Resolana: 20 km S [SW] de Autlán 1700 m *Burch 5299* en *Hunt 8140*, cult. (K–Holótipo); [16 km] S de Autlán [1615 m] *Wilbur 2148* (MICH–*Fl.NG.*)

H **Tradescantia commelinoides** Schult. f.
Autlán: Cañada de La Moza, Las Joyas 1950 m *Cuevas-G. 1540* (WIS, ZEA); E de Las Joyas 1950 m *Cochrane 10697* (IBUG, WIS); El Tlacuache, Las Joyas 1800 m *Santana-M. 3533* (ZEA); Las Playas, Las Joyas 1800 m *Vázquez-G. 3468* (ZEA)
Cuautitlán: E de Manantlán *Wilbur 1866* (MICH–*Fl.NG.*); Rincón de Manantlán 1660–1750 m *Iltis 3194* (IBUG, WIS); San Miguel–Rincón de Manantlán 2400 m *Vázquez-G. 450, 456, 469, 470* (IBUG)
Tolimán: NO de El Terrero, Cerro Grande 2200 m *De Níz-L. 119* (WIS, ZEA)

H **Tradescantia orchidophylla** Rose & Hemsl.; ENDÉMICA: Nueva Galicia
Tuxcacuesco: Cerro del Palacio 1000 m *Santana-M. 5159* (WIS, ZEA)

H **Tradescantia zanonia** (L.) Sw. [*Campelia zanonia*]
Autlán: El Laurelito, Las Joyas 1700–1800 m *Guzmán-H. 1236* (ZEA)
La Resolana: Cerro La Petaca 600–900 m *Cuevas-G. 2865* (ZEA)

H **Tradescantia** [forma intermedia entre **T. amplexans** y **T. amplexicaulis**]
La Resolana: SO de Autlán *Handlos 442* (BH–*Fl.NG.*)

H **Tripogandra amplexans** Handlos
Cuautitlán: N de Las Marías, Ayotitlán 700 m *Cuevas-G. 3630* (ZEA); NO de Telcruz, Ayotitlán 1300 m *Guzmán-H. 833* (ZEA)

H **Tripogandra amplexicaulis** (Klotzsch ex C. B. Clarke) Woodson
Autlán: Ahuacapán–Corralitos 1500–1800 m *McVaugh 19574* (MICH–*Fl.NG.*)
Cuautitlán: Rincón de Manantlán 1540–1600 m *Iltis 28806* (WIS, ZEA); NO de Telcruz, Ayotitlán 1200–1400 m *Cuevas-G. 3239* (ZEA)
La Resolana: Los Mazos–La Calera [sin alt.] *Cházaro-B. 5666* (IBUG, WIS, ZEA); SO de Autlán 1000 m *McVaugh & Koelz 894* (MICH–*Fl.NG.*)
Tolimán: El Tapeizte, El Terrero, Cerro Grande 2250 m *Cuevas-G. 2453* (ZEA)
Tuxcacuesco: S de Zenzontla 1000 m *Santana-M. 3926* (ZEA)

H **Tripogandra disgrega** (Kunth) Woodson
Autlán: La Hierbabuenita, Las Joyas 1890 m *Vázquez-G. 3656* (ZEA)
Cuautitlán: Aserradero [Rincón] de Manantlán [1800 m] *Sánchez-S. 312* (IBUG); El Almeal 2100 m *Cochrane 10605* (WIS); N de San Miguel 1750 m *Santana-M. 4224* (WIS, ZEA)

H **Tripogandra guerrerensis** Matuda; ENDÉMICA: Guerrero, Jalisco
Tolimán: Campo Cuatro–El Terrero, Cerro Grande 1300–1400 m *Cuevas-G. 3966* (UCR, WIS, ZEA); SO de El Terrero, Cerro Grande 2100 m *Cuevas-G. 2478* (WIS, ZEA)
Tuxcacuesco: S de Zenzontla 1000 m *Santana-M. 3928* (ZEA)

H **Tripogandra palmeri** (Rose) Woodson
Autlán: Ahuacapán–Zacahuautla 900 m *Lorente-A. 155* (ZEA)
Tuxcacuesco: S de Zenzontla 1000 m *Santana-M. 3925* (ZEA)

H **Tripogandra purpurascens** (Schauer) Handlos
Autlán: NE de Las Joyas 1900 m *Santana-M. 3451* (ZEA)
Cuautitlán: Sierra de Manantlán *Ochoa-V. s. n.* (IBUG–*Fl.NG.*)
La Resolana: Arroyo Tacubaya, Cerro La Petaca 350–500 m *Guzmán-M. 1333* (IBUG)

H **Weldenia candida** Schult. f. forma **caerulea** Matuda. Foto p. xxix, FF.
Cuautitlán: E de Manantlán 2530 m *Wilbur 1893* (MICH.*Fl.NG.*); El Almeal 2050–2150 m *Cuevas-G. 3165* (WIS, ZEA); Las Capillas, tapizando el suelo incipiente *Vázquez-G.* (foto–ZEA); San Miguel–Tierritas Blancas 2200–2300 m *Cuevas-G. 1269* (ZEA); SE de Rincón de Manantlán 2800 m *Cuevas-G. 3863* (ZEA)

## CYPERACEAE

H *Bulbostylis curassavica* (Britton) Kük. & Ekman ex Svenson
La Resolana: [21 km] SSO de Autlán *Wilbur 2269* (MEXU-, MICH-, US–*Fl.NG.*)

H *Bulbostylis funckii* (Steud.) C. B. Clarke
Autlán: Ahuacapán–Corralitos *McVaugh 19582* (MICH–*Fl.NG.*)

H *Bulbostylis juncoides* (Vahl) Kük. ex Osten
Autlán: Ahuacapán 1400 m *Santana-M. 5424, 5486* (WIS, ZEA)
Cuautitlán: Manantlán 1800 m *Iltis 3256* (WIS)
Tolimán: SE de El Sauz, Cerro Grande 2000 m *Santana-M. 4530* (ZEA)

H *Bulbostylis vestita* (Kunth) C. B. Clarke
La Resolana?: [13 km] SO de La Resolana [RBSM?] *McVaugh 21089* (MICH–*Fl.NG.*)

H *Carex boliviensis* Van Heurck & Müll.-Arg.
Autlán: Filo de La Vaca, Las Joyas 2040 m *Vázquez-G. 3452* (ZEA)

H *Carex chordalis* Liebm.
Cuautitlán: Neverías 2600 m *Guzmán-H. 1047* (ZEA)

H *Carex cortesii* Liebm.
Cuautitlán: Arriba de El Chante, SSE de Autlán *Wilbur 1917* (MICH–*Fl.NG.*)

H *Carex madrensis* L. H. Bailey
Autlán: Corralitos–La Cumbre 1600 m *Santana-M. 3677* (ZEA)
Cuautitlán: E de Manantlán *Wilbur 2072* (MICH–*Fl.NG.*)

H *Carex marianensis* Stacey
Cuautitlán: Neverías 2600 m *Cuevas-G. 1626* (WIS, ZEA)

H *Carex mcvaughii* Reznicek; ENDÉMICA: Jalisco
Tuxcacuesco: La Cañita, Zenzontla 1700 m *Santana-M. 3244* (WIS, ZEA)

H *Carex polystachya* Sw. ex Wahl. s. l.
Cuautitlán: ENE de El Durazno 1100 m *Iltis 394* (MICH, WIS); Las Marías, Ayotitlán 820 m *Cochrane 10917* (WIS)
La Resolana: Cerro La Petaca–El Durazno 800–900 m *Iltis 351, 362* (WIS)
Tolimán: O de El Terrero, Cerro Grande 1900 m *Santana-M. 449* (ZEA)

H *Carex turbinata* Liebm.
Cuautitlán: E de Manantlán *Wilbur 1825* (MICH–*Fl.NG.*)

H *Cyperus aggregatus* (Willd.) Endl.
La Resolana: [21 km] SO de Autlán *Wilbur 36670* (DUKE–*Fl.NG.*)

H *Cyperus canus* J. & C. Presl
La Resolana: Balneario El Paraíso [RBSM?] *Guzmán M. s. n.* (IBUG–*Fl.NG.*)

H *Cyperus compressus* L.
La Resolana: La Calera 700 m *Santana-M. 3759* (ZEA); SO de La Resolana [RBSM?] *Villarreal de Puga & Guzmán-M. 1219* (IBUG–*Fl.NG.*)

H *Cyperus cuspidatus* H. B. K.
La Resolana: Cerca de La Resolana *Wilbur 2261* (MICH–*Fl.NG.*)

H *Cyperus dentoniae* G. Tucker
La Resolana: Al SE del pueblo 500 m *Santana-M. 2805a* (MEXU, WIS)

H *Cyperus entrerianus* Boeck.
La Resolana?: La Huerta–Autlán [RBSM?] *Wilbur 36699* (DUKE–*Fl.NG.*)

H *Cyperus esculentus* L.
La Resolana: La Calera 700 m *Santana-M. 3762* (ZEA); SO de La Resolana [RBSM?] *Villarreal de Puga & Guzmán-M. 1218* (IBUG–*Fl.NG.*)

H *Cyperus flavescens* L. var. *piceus* (Liebm.) Fernald
Autlán: Ahuacapán–Corralitos *McVaugh & Koelz 987* (MICH–*Fl.NG.*); Las Galeras, Las Joyas 1650 m *Vázquez-G. 3603* (ZEA)
Cuautitlán: La Ventana–San Miguel 2100 m *Iltis 409* (WIS)

H *Cyperus fugax* Liebm.
La Resolana: La Calera 700 m *Santana-M. 3761* (ZEA)

H *Cyperus hermaphroditus* (Jacq.) Standl., "Zacate pelillo", "Zacate"
Autlán: El Zarzamoro, Las Joyas 1900 m *Vázquez-G. 3463, 3521* (ZEA), 1950 m *Judziewicz 4864* (WIS)
Cuautitlán: La Ventana–San Miguel [2100 m] *Iltis 422* (WIS); La Cumbre 2200 m *Sørensen 7824* (WIS)
Tolimán: El Terrero, Cerro Grande 2250 m *Cuevas-G. 2448* (WIS, ZEA)

H *Cyperus ischnos* Schlecht.
Cuautitlán: Puente de La Rosa 600 m *Guzmán-H. 230* (ZEA)
La Resolana: Cerro La Petaca 500–900 m *Santana-M. 2754* (IBUG, WIS)

H *Cyperus laxus* Lam. [*C. tolucensis*]
Cuautitlán: Ayotitlán 750 m *Santana-M. 5336* (WIS, ZEA)
La Resolana: Arroyo El Tecolote 400–600 m varios colectores (WIS, ZEA); SE de La Resolana 600 m *Cuevas-G. 2836* (WIS, ZEA)

H *Cyperus manimae* H. B. K.
Cuautitlán: Telcruz, Ayotitlán 1300 m *Guzmán-H. 387* (ZEA)

H *Cyperus michoacanensis* Britton ex C. B. Clarke; ENDÉMICA: Jalisco, Michoacán
Autlán: Filo de La Vaca, Las Joyas 2040 m *Vázquez-G. 3409* (ZEA)
Cuautitlán: SO de La Cumbre 1700–2000 m *Cuevas-G. 3173* (WIS, ZEA); [24 km] SE de Autlán [2530 m] *Wilbur 1909* (MICH–*Fl.NG.*), [1950 m] *Wilbur 1951* (MICH–*Fl.NG.*)

H *Cyperus mutisii* (H. B. K.) Griseb., "Navajilla"
Autlán: Las Juntas, Las Joyas 1600 m *Cuevas-G. 1575* (ZEA); [16 km] S de Autlán [1402 m] *Wilbur 2187* (MICH, WIS)
Cuautitlán: La Ventana–San Miguel 1800–2460 m *Iltis 511* (WIS)
Tolimán: La Antena, Cerro El Breñoso, Cerro Grande 2500 m *Santana-M. 5783* (WIS, ZEA)

H *Cyperus nayaritensis* G. Tucker; ENDÉMICA: oeste de México
Autlán: Las Galeras, Las Joyas 1650 m *Cuevas-G. 1443* (ZEA); NO de Tecopatlán 1350 m *Vázquez-G. 4318* (ZEA)
La Resolana: [18 km SO de] Autlán *Tucker 2982* (CAS, DUKE, ENCB, F, GH, MICH)

H *Cyperus niger* Ruiz & Pav.
Autlán: Las Joyas 1900 m *Santana-M. 3447* (ZEA)

H *Cyperus ochraceus* Vahl
Tuxcacuesco: El Manantial, Zenzontla 900 m *Cochrane 11668* (WIS, ZEA)

H *Cyperus odoratus* L.
La Resolana: El Llano de Los Puercos *Vargas-P. 3* (IBUG)

H *Cyperus rotundus* L.
La Resolana: SE del pueblo 600 m *Cuevas-G. 3108* (WIS, ZEA)

H *Cyperus sangineoater* Boeck.
Cuautitlán: San Miguel 2400 m *Vázquez-G. 547* (IBUG)
La Resolana: Los Mazos 1500 m *Santana-M. 3805* (ZEA)

H *Cyperus semiochraceus* Boeck.
La Resolana?: La Huerta–Autlán [RBSM?] *Wilbur 36700* (MICH–*Fl.NG.*)

H *Cyperus seslerioides* H. B. K.
Cuautitlán: Las Capillas 2800–2860 m *Iltis 3208* (MICH, WIS)

H *Cyperus surinamensis* Rottb.
Cuautitlán: Chancol, Ayotitlán 1100 m *Vázquez-G. 4450* (WIS)

H *Cyperus tenerrimus* J. & C. Presl
Cuautitlán: A El Durazno *McVaugh 15965* (MICH–*Fl.NG.*)
La Resolana: Cerca [3 km N] del pueblo [305 m] *Wilbur 1513* (MICH, WIS); Cerro La

Petaca, SE de La Resolana 500–900 m *Santana-M. 2761* (WIS); La Calera 850 m *Cuevas-G. 2949, 3076* (ZEA)

H ***Eleocharis elegans*** (H. B. K.) Roem. & Schult.
Cuautitlán: Las Marías, Ayotitlán 820 m *Cochrane 10914* (WIS, ZEA)

H ***Eleocharis geniculata*** (L.) Roem. & Schult.
Comala: Campo Cuatro, Cerro Grande 900–1000 m *Cuevas-G. 3919* (WIS, ZEA)
Tuxcacuesco: La Palma, SSE de El Camichín, Zenzontla 700 m *Guzmán-H. 192* (ZEA)

H ***Fimbristylis complanata*** (Retz.) Link
Comala: Campo Cuatro, Cerro Grande 900–1000 m *Cuevas-G. 3918* (WIS, ZEA)

H ***Fimbristylis dichotoma*** (L.) Vahl
Cuautitlán: Telcruz, Ayotitlán 1300 m *Guzmán-H. 386* (ZEA)
La Resolana: NE de La Resolana 700–800 m *Guzmán-H. 792* (ZEA)

H ***Fimbristylis miliacea*** (L.) Vahl
Cuautitlán: Arroyo Hondo, Cuautitlán–Ayotitlán *Pérez de la Rosa 1056* (IBUG–*Fl.NG.*)

H ***Fimbristylis pentastachya*** Boeck.
La Resolana: SSO de Autlán *Wilbur 1544, 2364* (MICH–*Fl.NG.*)

H ***Kyllinga odorata*** Vahl
Cuautitlán: Chancol, Ayotitlán 1100 m *Vázquez-G. 4449* (WIS)
La Resolana: Cerro La Petaca 500–900 m *Santana-M. 2762* (IBUG, MEXU, WIS); [21 km] SO de Autlán *Wilbur 36668* (DUKE–*Fl.NG.*)

H ***Kyllinga pumila*** Michx.
Autlán: Las Galeras, Las Joyas 1720 m *Cuevas-G. 1571* (ZEA), 1625 m *Cuevas-G. 1443* (ZEA)
Cuautitlán: Arroyo Ayotitlán 850 m *Judziewicz 5200* (IBUG, WIS); Chancol, Ayotitlán 1100 m *Vázquez-G. 4449* (ZEA); "Arroyo La Lupe", OSO de Rincón de Manantlán 2025 m *Cochrane 10779, 10780* (WIS)

H ***Lipocarpha micrantha*** (Vahl) G. Tucker [*Hemicarpha micrantha*]
La Resolana: Arroyo El Tecolote 500 m *Santana-M. 4233a* (ZEA)

H ***Rhynchospora aristata*** Boeck. s. l.
Autlán: El Ocote, Las Joyas 1850 m *Vázquez-G. 3474* (ZEA); El Zarzamoro, Las Joyas 1980 m *Cuevas-G. 1377, 3039* (ZEA); San Campús, Las Joyas 1980 m *Cuevas-G. 1297* (WIS, ZEA)
Cuautitlán: Las Pilas 1720 m *Vázquez-G. 3342* (ZEA)
Tolimán: Los Encinitos–La Antena, Cerro Grande 1810 m *Cochrane 13021* (CHAPA, ENCB, F, IBUG, IEB, MEXU, MICH, PH, UCR, WIS, ZEA)

H ***Rynchospora aristata*** var. ***aristata*** vel aff.
Cuautitlán: E de Manantlán 2500 m *Wilbur 1924* (MICH–*Fl.NG.*)
La Resolana: SO de Autlán [Los Mazos] 1400 m *Wilbur 2437* (MICH, WIS)

H ***Rhynchospora aristata*** var. ***suberecta*** Kük.
Autlán: El Zarzamoro, Las Joyas 1900 m *Iltis 3130* (ENCB, IBUG, MO, UCR, VDB, WIS)
Cuautitlán: ENE de El Durazno 1100 m *Iltis 392* (IBUG, WIS)

H ***Rhynchospora contracta*** (Nees) J. Raynal
Cuautitlán: Las Marías, Ayotitlán 700 m *Cuevas-G. 3638* (ZEA)

H ***Rhynchospora corymbosa*** (L.) Britton
Autlán: A El Grullo o a El Chante [RBSM?] [976 m] *Wilbur 2213* (MEXU, MICH, WIS)

H ***Rhynchospora jaliscensis*** McVaugh; ENDÉMICA: Jalisco
Autlán: Filo de San Rafael, Las Joyas 1960 m *Cuevas-G. 1357* (WIS, ZEA)

H ***Rhynchospora nervosa*** (Vahl) Boeck.
Cuautitlán: Cuautitlán 760 m *Guzmán-H. 750* (ZEA); Telcruz, Ayotitlán 1100 m *Vázquez-G. 4398* (ZEA)
La Resolana: [5 km] N de La Resolana *Wilbur 1547* (MICH–*Fl.NG.*)

H **Schoenoplectus americanus** (Pers.) Volk ex Schinz & Kell. [*Scirpus olneyi*]
Cuautitlán: Rincón de Manantlán 1620–1700 m *Iltis 28852* (WIS)

H **Scleria scabriuscula** Schlecht.
La Resolana: SO de Autlán *McVaugh 19878* (MICH–*Fl.NG.*)

H **Scleria schiedeana** (Schlecht.) Kunth
La Resolana: Cerro La Petaca 900–1600 m *Santana-M. 2785* (IBUG, WIS); La Huertita, Cerro La Petaca *Guzmán-M. 1361* (IBUG–*Fl.NG.*), 1000 m *Iltis 339, 353, 354, 355* (WIS); [13 km] SO de La Resolana [RBSM?] *McVaugh 21108* (MICH–*Fl.NG.*)

## Dioscoreaceae

T **Dioscorea convolvulacea** Schlecht. & Cham.
Cuautitlán: Arriba de El Rincón de Manantlán *Sánchez-S. 211* (IBUG); El Durazno 900 m *Iltis 387* (WIS); Río Manantlán, S de Rincón de Manantlán 1690–1900 m *Iltis 3200* (WIS)
La Resolana: La Huertita, Cerro La Petaca 900–1100 m *Iltis 363* (WIS); SO de Autlán *Wilbur 1726, 2292* (MICH–*Fl.NG.*)
Tolimán: Los Encinitos–La Antena, Cerro Grande 1600 m *Cochrane 13033* (WIS)

T **Dioscorea cymosula** Hemsl.
Tolimán: El Mirador, La Laguna, Cerro Grande 2200 m *Vázquez-G. s. n.* (ZEA)

T **Dioscorea jaliscana** S. Watson
Autlán: El Zarzamoro, Las Joyas 1900 m *Iltis 3126* (WIS), *Vázquez-G. 3504* (WIS, ZEA); Los Barbechos, Las Joyas 1890 m *Solís-M. 4487* (ZEA)
Cuautitlán: NO de Telcruz, Ayotitlán 1500 m *Santana-M. 5317* (WIS, ZEA); SO de Autlán 1200 m *Anderson 3746* (MICH–*Fl.NG.*)

T **Dioscorea mexicana** Scheidw.
Autlán: Ahuacapán 1000 m *McVaugh & Koelz 1005* (MICH–*Fl.NG.*)
La Resolana: 15–16 km SSO Autlán 1200 m *McVaugh 14179* (MICH–*Fl.NG.*)
Tuxcacuesco: O de Tuxcacuesco 800 m *Cochrane 11644* (IBUG, MICH, WIS, ZEA)

T **Dioscorea militaris** B. L. Rob.
Autlán: NE de Las Joyas 1900 m *Santana-M. 4003, 4004* (WIS, ZEA)

T **Dioscorea nematodes** Uline ex R. Knuth; ENDÉMICA: Nueva Galicia
La Resolana: Los Mazos 1200 m *Wilbur 2357* (MICH–*Fl.NG.*), *McVaugh 19879* (MICH–*Fl.NG.*)

T **Dioscorea pringlei** B. L. Rob.
Tuxcacuesco: Cerro del Palacio 1150 m *Benz 1277* (WIS, ZEA)

T **Dioscorea remotiflora** Kunth, “Camote de cerro”
Cuautitlán: S de Rincón de Manantlán 1500–1750 m *Judziewicz 5086* (WIS)
La Resolana: Los Mazos 1200 m *Wilbur 2356* (MICH–*Fl.NG.*)
Tolimán: El Terrero, Cerro Grande 1800 m *Cuevas-G. 2673* (ZEA); Los Encinitos–La Antena, Cerro Grande 1810 m *Cochrane 13022* (BM, CHAPA, ENCB, IBUG, IEB, MEXU, NY, UCR, US, WIS, ZEA)

T **Dioscorea sparsiflora** Hemsl.
Cuautitlán: El Chante 1650 m *Wilbur 2102* (MICH–*Fl.NG.*), *Anderson 3846* (MICH–*Fl.NG.*); Rincón de Manantlán 1500–1750 m *Judziewicz 5086* (WIS)

T **Dioscorea subtomentosa** Miranda
La Resolana: [3 km] N de La Resolana 300 m *McVaugh 10188* (MICH–*Fl.NG.*); [29–32 km] SO de Autlán [RBSM?] *Gentry 10969* (MICH–*Fl.NG.*)
Tuxcacuesco: La Cañita, Zenzontla 1100 m *Cuevas-G. 2060* (ZEA); Zenzontla 800 m *Santana-M. 5668* (WIS, ZEA)

T **Dioscorea ulinei** Greenm. ex R. Knuth
Autlán: Los Barbechos, Las Joyas 1850 m *Anaya-C. 7* (ZEA)

## GRAMINEAE (POACEAE)

Muchas de las determinaciones fueron hechas o verificadas por Francisco J. Santana M., Rogers McVaugh u otros especialistas.

H ***Aegopogon cenchroides*** Humb. & Bonpl. ex Willd.
Autlán: Las Joyas 1755 m *Vázquez-G. 3586* (ZEA)
Cuautitlán: La Cumbre 2100 m *Kowal 2794* (WIS), *Iltis 1226* (WIS)
La Resolana: SO de Autlán *McVaugh 19860* (MICH–*Fl.NG.*)

H ***Aegopogon tenellus*** (DC.) Trin.
Autlán: El Almeal 2170 m *Cochrane 10622* (WIS, ZEA); Los Mazos 1000 m *Iltis 3119* (WIS)

H ***Agrostis hyemalis*** (Walt.) B. S. P.
Cuautitlán: San Miguel 2400 m *Santana-M. 3412* (ZEA)

H ***Agrostis novogaliciana*** McVaugh; ENDÉMICA: RBSM
Cuautitlán: E de La Cumbre [Las Capillas] 2500–2750 m *McVaugh 23123* (MICH–Holótipo); Las Capillas 2750 m *Iltis 29387* (WIS, ZEA), 2800 m *Santana-M. 3430* (ZEA)

H ***Agrostis semiverticillata*** (Forsk.) C. Chr. [*Polypogon semiverticillatus*]
Cuautitlán: Neverías 2600 m *Cuevas-G. 2012* (WIS, ZEA)

H ***Agrostis tolucensis*** H. B. K.
Cuautitlán: Las Capillas 2830 m *Iltis 2414a* (WIS), *2417* (WIS, ZEA)

H ***Andropogon bicornis*** L.
Cuautitlán: Las Marías, Ayotitlán 750 m *Santana-M. 5308* (ZEA)

H ***Andropogon pringlei*** Scribn. & Merr.
Cuautitlán: Plaza de Gallos, Las Joyas 1670 m *Villalobos-S. 201* (ZEA)

H ***Andropogon semiglabrum*** (Nash) Beetle
Autlán: El Zarzamoro, Las Joyas 1900 m *Iltis 1355* (WIS)
Cuautitlán: San Miguel 2400 m *Iltis 2614* (WIS)

H ***Anthephora hermaphrodita*** (L.) Kuntze
Autlán: Ahuacapán 1200 m *Santana-M. 5487* (ZEA)

H ***Aristida adscensionis*** L.
Tuxcacuesco: El Camichín, Zenzontla 1000 m *Santana-M. 5364* (WIS, ZEA)

H ***Aristida appressa*** Vasey
Cuautitlán: San Miguel 1600 m *Santana-M. 4264* (WIS, ZEA)

H ***Aristida hintonii*** Hitchc.
Cuautitlán: SE de San Miguel 1600 m *Santana-M. 4266* (WIS, ZEA)

H ***Aristida jorullensis*** Kunth
Cuautitlán: San Miguel 1600 m *Santana-M. 4270* (WIS, ZEA)

H ***Aristida orizabensis*** Fourn.
La Resolana: El Zapotillo 600 m *Cuevas-G. 2924* (WIS, ZEA); [RBSM?] *McVaugh 21119* (MICH–*Fl.NG.*), *Rzedowski 15001* (MICH–*Fl.NG.*)

H ***Aristida schiedeana*** Trin. & Rupr.
Autlán: Ahuacapán–Corralitos *McVaugh 19554* (MICH–*Fl.NG.*)
Tolimán: El Terrero, Cerro Grande 1850 m *Iltis 29683* (WIS, ZEA)

H ***Aristida ternipes*** Cav.
Autlán: Ahuacapán–Corralitos *McVaugh 19573* (MICH–*Fl.NG.*); Tecopatlán 1550 m *Cuevas-G. 2652* (WIS, ZEA)

H ***Aristida tuitensis*** Sánchez-Ken & P. Dávila; ENDÉMICA: Jalisco
Cuautitlán: 10 km SSE de Las Joyas *Guzmán-M. 6120* (COCA)

H ***Arundinella berteroniana*** (Schult.) Hitchc. & Chase
Autlán: SSE de Ahuacapán 800–900 m *Cuevas-G. 3679* (WIS, ZEA)

H ***Arundinella confinis*** (Schult.) Hitchc. & Chase
Autlán: Los Mazos 1500 m *Santana-M. 4261* (ZEA)

H ***Arundinella deppeana*** Nees
Cuautitlán: Ayotitlán 940 m *Judziewicz 5193* (WIS)
La Resolana: San Miguel 1600–1750 m *Santana-M. 4254, 4273* (WIS, ZEA)

H *Axonopus centralis* Chase
Tuxcacuesco: Zenzontla 1000 m *Santana-M. 3908* (ZEA)
H *Axonopus compressus* (Sw.) Beauv.
Autlán: Ahuacapán–Corralitos *McVaugh 19583* (MICH–*Fl.NG.*)
Cuautitlán: NE de Ayotitlán 750 m *Benz 1260* (WIS, ZEA)
La Resolana: La Calera 700 m *Santana-M. 3755* (ZEA)
H *Axonopus mexicanus* G. A. Black
Autlán: Ahuacapán–Corralitos *McVaugh 19633* (MICH–*Fl.NG.*)
La Resolana: Los Mazos 1500 m *Santana-M. 2511, 2605* (IBUG, WIS, ZEA)
H *Axonopus rosei* (Scribn. & Merr.) Chase; ENDÉMICA: Jalisco, Nayarit
La Resolana: Cerro La Petaca 1600 m *Santana-M. 2785* (IBUG, WIS)
H *Bothriochloa hirtifolia* (Presl) Henrard
Autlán: Las Joyas 1900 m *Santana-M. s. n.* (IBUG)
H *Bothriochloa laguroides* (DC.) Herter subsp. ***laguroides*** [*B. saccharoides*]
Autlán: SO de Autlán, hacia La Resolana [1067 m] *Wilbur 2203* (MICH, WIS)
H *Bouteloua barbata* Lag.
Tuxcacuesco: El Camichín, Zenzontla 1150 m *Santana-M. 5406* (WIS, ZEA)
H *Bouteloua curtipendula* (Michx.) Torr.
Autlán: Ahuacapán 1200 m *Santana-M. 4629* (ZEA)
H *Bouteloua elata* Reeder & Reeder
Minatitlán: El Sauz, Cerro Grande 1300 m *Vázquez-G. s. n.* (ZEA)
Tolimán: Lagunitas–Campo Cuatro, Cerro Grande 1400 m *Iltis 30214* (WIS)
H *Bouteloua media* (Fourn.) Gould & Kapadia
La Resolana: SO de La Resolana [RBSM?] *McVaugh 21077* (MICH–*Fl.NG.*)
Tuxcacuesco: Zenzontla 800 m *Cuevas-G. 3362* (WIS, ZEA)
H *Bouteloua radicosa* (Fourn.) Griffiths vel aff.
Autlán: N [S] de Ahuacapán, SSE de Autlán *McVaugh 19536* (MICH–*Fl.NG.*)
H *Bouteloua repens* (H. B. K.) Scribn. & Merr., "Navajita"
Autlán: Tecopatlán 1550 m *Cuevas-G. 2645* (WIS, ZEA)
H *Bouteloua triaena* (Trin.) Scribn.
Tolimán: San Pedro Toxín 1250–1300 m *Vázquez-G. 4115* (WIS, ZEA)
Tuxcacuesco: Tuxcacuesco 850 m *Cuevas-G. 2530* (ZEA)
H *Brachiaria arizonica* (Scribn. & Merr.) S. T. Blake [*Panicum arizonicum*]
Tuxcacuesco: Zenzontla 950 m *Santana-M. 3890* (ZEA)
H *Brachiaria fasciculata* (Sw.) Parodi [*Panicum fasciculatum*]
La Resolana: N de La Resolana *Wilbur 1522* (MICH–*Fl.NG.*)
Tuxcacuesco: Zenzontla 850 m *Santana-M. 3851* (ZEA)
H *Brachiaria plantaginea* (Link) Hitchc.
La Resolana: La Calera 700 m *Santana-M. 3758* (ZEA)
H *Brachypodium mexicanum* (Roem. & Schult.) Link
Cuautitlán: Cerro El Muñeco 2780 m *Iltis 2434a* (WIS)
H *Bromus carinatus* Hook. & Arn.
Autlán: El Zarzamoro, Las Joyas 1890 m *Cuevas-G. 1495* (WIS, ZEA), 1940 m *Vázquez-G. 3552* (ZEA)
Tolimán: N de El Terrero, Cerro Grande 2350 m *Cuevas-G. 3899* (WIS, ZEA)
H *Calamagrostis valida* Sohns; ENDÉMICA: Jalisco, Michoacán
Cuautitlán: E de La Cumbre 2500–2750 m *McVaugh 23144* (MICH, WIS); E de Manantlán [2745 m] *Wilbur 1985* (MICH); Las Capillas 2860 m *Iltis 2506* (WIS)
Tuxcacuesco: El Camichín, Zenzontla 1000 m *Santana-M. 5355* (ZEA)
H *Cathestecum brevifolium* Swallen
Tuxcacuesco: Cerro del Palacio 1150 m *Santana-M. 5355* (WIS, ZEA); Tuxcacuesco–El Camichín 1150 m *Santana-M. 5407* (ZEA), *5408* (WIS, ZEA)

H *Cenchrus ciliaris* L., "Huizapol", "Zacate búfel"
La Resolana: Los Mazos 1200 m *Cuevas-G. 1825* (WIS, ZEA)
H *Cenchrus echinatus* L.
Autlán: El Chante–Manantlán *Wilbur 2035* (MICH–*Fl.NG.*)
Cuautitlán: San Miguel 1750 m *Santana-M. 4139* (WIS, ZEA)
H *Cenchrus pilosus* H. B. K.
Tuxcacuesco: Zenzontla 950 m *Santana-M. 3891* (ZEA)
H *Chaetium bromoides* (Presl) Benth. ex Hemsl.
Cuautitlán: San Miguel 1750 m *Santana-M. 4108* (WIS, ZEA)
H *Chloris chloridea* (Presl) Hitchc.
La Resolana: Corral de Piedra, La Resolana *Vargas-S. s. n.* (MICH–*Fl.NG.*)
H *Chloris rufescens* Lag.
La Resolana: Los Mazos 1450 m *Santana-M. 3827* (ZEA)
H *Chloris virgata* Sw.
Tuxcacuesco: Zenzontla 850 m *Santana-M. 3884* (ZEA)
A *Chusquea circinata* Soderstrom & Calderón; ENDÉMICA: suroeste de México
Autlán: Las Juntas, Las Joyas 1700 m *Santana-M. 1228* (IBUG, WIS)
Cuautitlán: Rincón de Manantlán 1625 m *Judziewicz 5088* (WIS, ZEA)
La Resolana: La Resolana–Autlán *McVaugh 14209* (MICH–, US–Parátipos–*Fl.NG.*), [1740 m] *Wilbur 2442* (MICH, WIS); Torre de Transmisión, Los Mazos 1320–1760 m varios colectores (ISC, WIS, ZEA)
T *Chusquea liebmannii* Fourn. ex Hemsl.
Cuautitlán: Lagunillas, Ayotitlán 900 m *Judziewicz 5220* (WIS, ZEA)
La Resolana: E del pueblo 600–650 m *Santana-M. 2790* (IBUG, WIS), *3376* (WIS, ZEA)
Tolimán: Arriba de Campo Cuatro, Cerro Grande 1750–1800 m *Iltis 29708* (WIS, ZEA); Los Encinitos–La Antena, Cerro Grande 1810 m *Santana-M. s. n.* (WIS, ZEA)
Villa de Alvarez: Juluapan 1200 m *Santana-M. 2666* (IBUG)
a *Chusquea nelsonii* Scribn. & Smith; REGISTRO: Nueva Galicia
Autlán: Cerro Piedra Bola 1750–1800 m *Iltis 29093* (IBUG, MEXU, MICH, TAES, UCR, WIS, ZEA); Las Joyas 1960 m *Vázquez-G. 3853* (ZEA)
Cuautitlán: La Cumbre 1850–2050 m *Cuevas-G. 2861* (WIS, ZEA); Pinacate 1750 m *Ramírez-D. 455* (IBUG); San Miguel 2000 m *Iltis 486* (WIS)
H *Coix lacryma-jobi* L.
La Resolana: El Tigre–El Zapotillo 550 m *Santana-M. 2528* (IBUG); Rancho La Loma *García-Z. s. n.* (IBUG)
H *Ctenium plumosum* (Hitchc.) Swallen
La Resolana: La Resolana–La Huerta [RBSM?] *McVaugh 21093* (MICH–*Fl.NG.*)
H *Cynodon dactylon* (L.) Pers.
Cuautitlán: San Miguel 1750 m *Santana-M. 4241* (ZEA)
La Resolana: SO de Autlán *Wilbur 2181* (MICH–*Fl.NG.*)
H *Cynodon nlemfuensis* Vanderyst
La Resolana: Los Mazos 1600 m *Cuevas-G. 2989* (WIS, ZEA)
H *Dactyloctenium aegyptium* (L.) Beauv.
La Resolana: Cerca de La Resolana *Wilbur 2249* (MICH–*Fl.NG.*); La Calera 800–1000 m *Guzmán-H. 1073* (WIS, ZEA)
Tuxcacuesco: Cerro del Palacio 1100 m *Santana-M. 5923* (WIS, ZEA)
H *Deschampsia elongata* (Hook.) Munro
Cuautitlán: San Miguel 2400 m *Santana-M. 3411* (WIS, ZEA); S de El Chante *McVaugh 10323* (MICH–*Fl.NG.*), *Wilbur 1913* (MICH–*Fl.NG.*)
H *Diectomis fastigiata* (Sw.) Beauv.
La Resolana: El Zapotillo 600 m *Cuevas-G. 2927* (WIS, ZEA); La Resolana–La Huerta [RBSM?] *McVaugh 21091* (MICH–*Fl.NG.*)

H **Diectomis laxa** Nees
La Resolana: Cerro La Petaca 1400 m *Santana-M. 4702* (ZEA)
H **Digitaria argillacea** (Hitchc. & Chase) Fernald
Cuautitlán: Ayotitlán 750 m *Santana-M. 5330* (WIS, ZEA)
Tuxcacuesco: La Pintada, Zenzontla 950 m *Santana-M. 3892* (ZEA)
H **Digitaria badia** (Scribn. & Merr.) Fernald
Autlán: Los Barbechos, Las Joyas 1900 m *Santana-M. 3947* (WIS, ZEA)
H **Digitaria bicornis** (Lam.) Roem. & Schult.
Autlán: Ahuacapán 900 m *Santana-M. 3688* (WIS, ZEA)
H **Digitaria ciliaris** (Retz.) Koeler, "Fresadilla"
Cuautitlán: San Miguel 1750 m *Santana-M. 4209* (WIS, ZEA)
La Resolana: Los Mazos 1500 m *Santana-M. 3810* (ZEA); N de La Resolana [305 m] *Wilbur 1503* (MICH, WIS)
H **Digitaria curtigluma** Hitchc.
Autlán: Las Joyas 2000 m *Santana-M. 1474* (IBUG)
Cuautitlán: Arriba de El Durazno *McVaugh 13900* (MICH–*Fl.NG.*)
H **Digitaria filiformis** (L.) Koeler
Autlán: Corralitos 1750 m *Santana-M. 4056* (ZEA); 16–20 km SO de Autlán *McVaugh 19571* (MICH–*Fl.NG.*)
H **Digitaria horizontalis** Willd.
Cuautitlán: Ayotitlán 750 m *Benz 1259* (WIS, ZEA)
La Resolana: Arroyo El Tecolote 450 m *Santana-M. 3780* (ZEA)
H **Digitaria insularis** (L.) Mez ex Ekman
La Resolana: SO de Autlán [1067 m] *Wilbur 2204* (MICH, WIS)
H **Digitaria leucites** (Trin.) Henrard
Autlán: Barbechos, Las Joyas 1900 m *Santana-M. 3946* (ZEA)
H **Digitaria paniculata** Soderstrom ex McVaugh; ENDÉMICA: RBSM
Cuautitlán: La Rosa–Las Marías, Ayotitlán 750 m *Benz 1230* (WIS, ZEA)
La Resolana: [21 km] SO de Autlán [abajo de Los Mazos] *Wilbur 2267* (MICH–Holótipo), *Wilbur 2360* (MICH); Los Mazos 1500 m *Santana-M. 3812* (ZEA)
H **Digitaria ternata** (A. Rich.) Stapf
La Resolana: Los Mazos 1450 m *Santana-M. 3831* (ZEA)
Tolimán: 3 km al N de El Terrero, Cerro Grande 2350 m *Cuevas-G. 3893* (WIS, ZEA)
H **Echinochloa colonum** (L.) Link
La Resolana: Arroyo El Tecolote 500 m *Santana-M. 4237* (ZEA)
H **Echinochloa crusgalli** (L.) Beauv.
La Resolana: SO de Autlán *Guzmán-M. 250* (MICH–*Fl.NG.*)
Minatitlán: El Sauz, Cerro Grande 1200 m *Santana-M. 4522* (ZEA)
H **Echinochloa crus–pavonis** (H. B. K.) Schult.
La Resolana: SO de Autlán *Guzmán-M. 267* (MICH–*Fl.NG.*)
H **Eleusine indica** (L.) Gaertn., "Pata de gallo"
Autlán: El Chante–La Cidrita 900 m *Nieves-H. 503* (WIS, ZEA)
La Resolana: N de La Resolana [305 m] *Wilbur 1504* (MICH, WIS)
H **Elyonurus tripsacoides** Humb. & Bonpl. ex Willd.
Cuautitlán: Las Marías, Ayotitlán 820 m *Cochrane 10893* (WIS)
H **Eragrostis acutiflora** (H. B. K.) Nees
Cuautitlán: Ayotitlán 900 m *Reyna-B. s. n.* (IBUG)
H **Eragrostis cilianensis** (All.) E. Mosher [*E. megastachya*]
Tuxcacuesco: Zenzontla 850 m *Santana-M. 3843* (ZEA)
H **Eragrostis ciliaris** (L.) R. Br.
La Resolana: SO de Autlán *Wilbur 2272* (MICH–*Fl.NG.*)
Tuxcacuesco: Zenzontla 850 m *Santana-M. 3844* (ZEA)

H *Eragrostis maypurensis* (H. B. K.) Steud.
La Resolana: [RBSM?] *Rzedowski 17436* (MICH–*Fl.NG.*)

H *Eragrostis mexicana* (Hornem.) Link
Autlán: [El Chante–Autlán] *Wilbur 2023* (MICH–*Fl.NG.*)
Cuautitlán: La Pareja, Cuzalapa 860 m *Vázquez-G. 4058* (WIS, ZEA); Rincón de Manantlán 1500 m *Cuevas-G. 2116* (ZEA)

H *Eragrostis pectinacea* (Michx.) Nees
Autlán: Ahuacapán 1100 m *Santana-M. 3717* (WIS, ZEA)

H *Eragrostis tephrosanthos* Schult.
Cuautitlán: Rincón de Manantlán 1500 m *Vázquez-G. 4259* (WIS, ZEA)
La Resolana: Los Mazos 1500 m *Vázquez-G. 4542, 4553* (ZEA), 2000 m *Vázquez-G. 4543* (WIS); N de La Resolana *Wilbur 2258* (MICH–*Fl.NG.*)

H *Eragrostis viscosa* (Retz.) Trin.
Tuxcacuesco: Zenzontla 850 m *Santana-M. 3845* (ZEA)

H *Eriochloa acuminata* (Presl) Kunth
La Resolana: SO de Autlán *Wilbur 2271* (MICH–*Fl.NG.*), *Guzmán-M. 287* (MICH–*Fl.NG.*)
Tolimán: El Rodeo 1200 m *Iltis 28894* (IBUG, IEB, WIS, ZEA)

H *Eriochloa nelsonii* Scribn. & Smith var. ***papillosa*** R. B. Shaw; ENDÉMICA: Nueva Galicia
Autlán: Ahuacapán–Corralitos *McVaugh 19546* (MICH-, NY–*Fl.NG.*)
La Resolana: Los Mazos 1450 m *Santana-M. 3829* (ZEA)

H *Festuca amplissima* Rupr.
Tolimán: Mezcalitos, Cerro Grande 2350 m *Iltis 29507* (WIS)

H *Festuca breviglumis* Swallen
Autlán: El Zarzamoro, Las Joyas 1950 m *Iltis 28874, 29019a* (WIS, ZEA); Las Joyas 1650 m *Vázquez-G. 3616* (ZEA), 1840 m *Vázquez-G. 3567* (ZEA)
Cuautitlán: Sierra de Manantlán *McVaugh 13869* (MICH–*Fl.NG.*), *McVaugh & Koelz 941* (MICH–*Fl.NG.*)

H *Festuca pringlei* St.-Yves
Cuautitlán: Neverías 2500 m *Wilbur 1807* (MICH–*Fl.NG.*)

H *Festuca rosei* Piper
Cuautitlán: El Guízar 2600 m *Iltis 29404a* (WIS)

H *Gouinia virgata* (Presl) Scribn.
Autlán: N [S] de Ahuacapán *McVaugh 19533* (MICH–*Fl.NG.*)
Cuautitlán: NE de Cuzalapa *Alvarez-C. s. n.* (MICH–*Fl.NG.*)
Tuxcacuesco: Zenzontla 950 m *Santana-M. 3893* (ZEA)

A *Guadua paniculata* Munro, "Otate amargo"
Cuautitlán: Las Marías, Ayotitlán 760 m *Judziewicz 5225* (WIS, ZEA), 850 m *Santana-M. 4302* (WIS, ZEA)
La Resolana: Cerro La Petaca 600–750 m *Santana-M. 3377* (WIS, ZEA); Cerro La Petaca–El Durazno 900–1000 m *Iltis 340* (US, WIS); El Molino, La Huertita [sin alt.] *Guzmán-M. 6123* (WIS, ZEA)

H *Hackelochloa granularis* (L.) Kuntze
Cuautitlán: Ayotitlán 750 m *Santana-M. 5326* (WIS, ZEA)
Tuxcacuesco: Zenzontla 950 m *Santana-M. 3888* (ZEA)

H *Heteropogon contortus* (L.) Beauv. ex Roem. & Schult.
La Resolana: [14 km] S de Autlán [1200 m] *Wilbur 2321* (MICH, WIS)

H *Heteropogon melanocarpus* (Ell.) Ell. ex Benth.
Autlán: Tecopatlán 1250 m *Iltis 3168* (WIS)
Cuautitlán: Manantlán 1450 m *Iltis 1196* (WIS)

H *Hilaria ciliata* (Scribn.) Nash
Autlán: Ahuacapán 1200 m *Santana-M. 3708* (ZEA)

H **Hymenachne amplexicaulis** (Rudge) Nees
Autlán: [RBSM?] *Parga-S. s. n.* (MICH–*Fl.NG.*)
La Resolana: Cerro La Petaca 1000 m *Iltis 367* (WIS)

H **Hyparrhenia rufa** (Nees) Stapf
La Resolana: El Zapotillo 600 m *Cuevas-G. 2925* (WIS, ZEA)

H **Ichnanthus nemorosus** (Sw.) Doell.
Cuautitlán: El Almeal 2100 m *Cochrane 10621* (WIS, ZEA)
La Resolana: *Guzmán-M. 635, 786* (MICH–*Fl.NG.*), *Pérez de la Rosa 27* (MICH–*Fl.NG.*)

H **Ischaemum rugosum** Salisb.
La Resolana: La Resolana *Guzmán-M. 799* (MICH–*Fl.NG.*), *García-Z. s. n.* (MICH–*Fl.NG.*); Los Mazos 1500 m *Santana-M. s. n.* (IBUG)

H **Ixophorus unisetus** (Presl) Schlecht., "Pataiste", "Pataxtle", "Zacate grullo"
Autlán: N [S] Ahuacapán–Autlán 900 m *McVaugh 19537* (MICH–*Fl.NG.*)
La Resolana: La Resolana *Díaz-L. 1600* (MICH–*Fl.NG.*)
Tuxcacuesco: SE de Zenzontla 800 m *Cuevas-G. 3364* (WIS, ZEA); Zenzontla 835 m *Robles-H. 675* (WIS, ZEA)

a **Lasiacis divaricata** (L.) Hitchc. vel aff.
La Resolana: SO de Autlán *Villarreal de Puga 8305* (IBUG), *McVaugh 19981* (MICH–*Fl.NG.*)

a **Lasiacis nigra** Davidse
Cuautitlán: N de Ayotitlán 1000 m *Santana-M. 4103* (WIS, ZEA)
La Resolana: [Cimas] SO de Autlán *McVaugh 14232* (MICH–*Fl.NG.*)
Tolimán: El Terrero, Cerro Grande 1800, 1850 m *Cuevas-G. 2487, 3905* (WIS, ZEA)

H **Lasiacis oaxacensis** (Steud.) Hitchc.
Cuautitlán: San Miguel 1200–1500 m *Iltis 465* (WIS)
La Resolana: Arroyo La Calera 740–780 m *Judziewicz 5121* (WIS); El Tigre 550 m *Santana-M. 2538* (IBUG, WIS), 800–1000 m *Cuevas-G. 2894* (WIS, ZEA)

a **Lasiacis procerrima** (Hack.) Hitchc., "Carricillo"
Autlán: SO de Ahuacapán 1500 m *Santana-M. 5494* (WIS, ZEA)
Cuautitlán: Telcruz, Ayotitlán 1100 m *Vázquez-G. 4476* (WIS, ZEA)
La Resolana: O de Los Mazos 1050 m *Cochrane 10850b* (MICH, WIS)

a **Lasiacis ruscifolia** (H. B. K.) Hitchc. var. **ruscifolia**
Cuautitlán: Ayotitlán 830–850 m *Judziewicz 5204* (WIS)
La Resolana: Los Mazos–Cerro Autlán 1050 m *Cochrane 10863* (WIS)
Tuxcacuesco: Zenzontla 800 m *Cuevas-G. 3360* (WIS, ZEA)

H **Leptochloa aquatica** Scribn. & Merr.
Cuautitlán: Ayotitlán 750 m *Santana-M. 5337* (WIS, ZEA)

H **Leptochloa filiformis** (Lam.) Beauv.
La Resolana: Arroyo El Tecolote 500 m *Guzmán-H. 544* (ZEA)

H **Leptochloa panicoides** (Presl) Hitchc.
La Resolana: Corral de Piedra, La Resolana *Vargas-S. s. n., 7* (MICH–*Fl.NG.*)
Minatitlán: El Sauz, Cerro Grande 1200 m *Santana-M. 4520* (ZEA)

H **Leptocoryphium villaregalis** McVaugh & R. Guzmán; ENDÉMICA: Jalisco
Cuautitlán: San Miguel 1900–2000 m *Santana-M. 4200* (ZEA)

H **Lithachne pauciflora** (Sw.) Beauv. ex Poir.
La Resolana: La Huertita 500 m *Guzmán-M. 788* (IBUG)

H **Melinis minutiflora** Beauv.
Cuautitlán: Cuzalapa 900 m *Del Campo s. n.* (ZEA)
La Resolana: Campo Experimental [RBSM?] *García-G. 235* (MICH–*Fl.NG.*)

H **Microchloa kunthii** Desv.
Autlán: Ahuacapán 1400 *Santana-M. 5428* (WIS, ZEA), 1500 m *Santana-M. 5496* (WIS, ZEA)
La Resolana: SO de Autlán *Wilbur 2138* (MICH–*Fl.NG.*)

H *Muhlenbergia brevifolia* Scribn. ex Beal; ENDÉMICA: Nueva Galicia
Cuautitlán: Plaza de Gallos 1670 m *Villalobos-S. 200* (ZEA)
H *Muhlenbergia ciliata* (H. B. K.) Kunth
Autlán: Los Barbechos, Las Joyas 2100 m *Cochrane 10728* (WIS)
Cuautitlán: SE de San Miguel 1750 m *Santana-M. 4242* (WIS, ZEA)
H *Muhlenbergia distichophylla* (Presl) Kunth
La Resolana: 400–500 m *McVaugh 21086, 21106* (MICH–*Fl.NG.*)
H *Muhlenbergia diversiglumis* Trin.
Autlán: Arriba de Ahuacapán *McVaugh 19549* (MICH–*Fl.NG.*); [2 km al S] de Ahuacapán 1500 m *Santana-M. 4062* (ZEA)
Cuautitlán: San Miguel 1750 m *Santana-M. 4111* (WIS, ZEA)
H *Muhlenbergia dumosa* Scribn. ex Vasey
Autlán: El Chante *McVaugh 10276* (MICH–*Fl.NG.*); El Zarzamoro, Las Joyas 2100 m *Judziewicz 4815* (WIS, ZEA); Las Joyas 2140 m *Vázquez-G. 3706* (ZEA)
Cuautitlán: Las Capillas 2800 m *Iltis 3213a* (WIS); La Ventana 2000 m *Iltis 489* (WIS); S del Rincón de Manantlán 2200–2400 m *Iltis 2607* (WIS)
H *Muhlenbergia gigantea* (Fourn.) Hitchc.
La Resolana: Los Mazos 1500 m *Santana-M. 4260* (ZEA); SO de Autlán *Hernández-X. 4643* (CHAPA–*Fl.NG.*)
H *Muhlenbergia grandis* Vasey
Autlán: N [S] de Ahuacapán *McVaugh 19531* (MICH–*Fl.NG.*)
La Resolana: SO de Autlán *Hernández-X. 4637* (MICH–*Fl.NG.*)
H *Muhlenbergia implicata* (H. B. K.) Kunth
Autlán: Ahuacapán 1400 m *Santana-M. 5483* (ZEA)
H *Muhlenbergia jaliscana* Swallen; ENDÉMICA: Jalisco
Autlán: Ahuacapán–Corralitos 1500–1800 m *McVaugh 19616* (MICH–*Fl.NG.*), 1900 m *Santana-M. 4671* (ZEA); El Zarzamoro, Las Joyas 1900 m *Iltis 1369* (WIS)
Cuautitlán: Aserradero San Miguel Uno–El Durazno 1700 m *McVaugh 13991* (US–Holótipo, MICH–Isótipo); San Miguel 2400 m *Iltis 2608* (WIS)
H *Muhlenbergia longiglumis* Vasey
Autlán: Ahuacapán 1550 m *Santana-M. 4061* (ZEA)
Cuautitlán: NNO de San Miguel 1950 m *Santana-M. 4181* (WIS, ZEA)
H *Muhlenbergia macrotis* (Piper) Hitchc.
Autlán: El Zarzamoro, Las Joyas 2100 m *Judziewicz 4818* (WIS, ZEA), 1900–2200 m *Iltis 1363, 2266, 29071* (WIS), 1900–1950 m *Sørensen 7846* (WIS)
Cuautitlán: Arriba de El Chante 2500 m *Wilbur 1975* (MICH–*Fl.NG.*); Manantlán–Rincón de Manantlán [1500 m] *Sørensen 7871* (WIS)
Tolimán: Mezcalitos–El Chivero, Cerro Grande 2250–2300 m *Iltis 29550* (WIS)
H *Muhlenbergia macroura* (H. B. K.) Hitchc.
Cuautitlán: La Lupe 2560 m *Iltis 2491* (WIS)
H *Muhlenbergia pusilla* Steud.
Tolimán: La Laguna, Cerro Grande 1800 m *Iltis 29567a* (WIS)
H *Muhlenbergia quadridentata* (H. B. K.) Kunth
Cuautitlán: La Cumbre–San Miguel 2270 m *Vázquez-G. 3923* (ZEA)
H *Muhlenbergia ramulosa* (H. B. K.) Swallen
Cuautitlán: Las Capillas 2800–2860 m *Iltis 3212* (WIS)
H *Muhlenbergia robusta* (Fourn.) Hitchc.
Cuautitlán: Plaza de Gallos, Las Joyas 1890 m *Villalobos-S. 202* (ZEA)
La Resolana: SO de Autlán *McVaugh 19899* (MICH–*Fl.NG.*)
H *Muhlenbergia scoparia* Vasey
Cuautitlán: Cerro El Murciélago, O de San Miguel 1900–2000 m *Santana-M. 4204* (WIS, ZEA)

H ***Muhlenbergia speciosa*** Vasey, "Cola de zorra"
Cuautitlán: La Pintada–Cuzalapa 660 m *Robles-H. 916* (WIS, ZEA); Las Marías, Ayotitlán 820 m *Cochrane 10899* (WIS, ZEA)
La Resolana: [Cimas] SO de Autlán 820 m *Guzmán-M. 612* (MICH–*Fl.NG.*); El Zapotillo, La Resolana 600 m *Cuevas-G. 2926* (WIS, ZEA)

H ***Muhlenbergia tenella*** (H. B. K.) Trin.
Autlán: San Campús, Las Joyas 1620 m *Judziewicz 5076* (WIS)
La Resolana: La Petaca 1200–1400 m *Santana-M. 4705* (ZEA)

H ***Muhlenbergia vaginata*** Swallen
Cuautitlán: Llanos de San Miguel 2600 m *Guzmán-M. s. n.* (IBUG); Neverías 2600 m *Cuevas-G. 2854* (WIS, ZEA), 2350–2500 m *Blum 2893g* (WIS)

H ***Muhlenbergia virescens*** (H. B. K.) Kunth [*M. durangensis*]
Autlán: Arroyo El Chilacayote–Cerro Piedra Bola, Las Joyas 1950–2180 m *Judziewicz 4926* (WIS); Picacho de San Campús, Las Joyas 1900–2100 m *Judziewicz 4960* (WIS)
Cuautitlán: Las Capillas 2800 m *Iltis 29389* (WIS, ZEA)

a ***Olyra latifolia*** L.
La Resolana: Arroyo La Calera 600–620 m *Judziewicz 5136* (MICH, WIS); Corral de Piedra, La Resolana *Vargas-P. [Guzmán-M. 590]* (MICH–*Fl.NG.*); Los Mazos [sin alt.] *Cházaro-B. 5960* (IBUG, WIS); 5 km N de La Resolana [305 m] *Wilbur 2202* (MICH–*Fl.NG.*)

H ***Oplismenus burmannii*** (Retz.) Beauv. var. ***burmannii***
Cuautitlán: San Miguel 1750 m *Santana-M. 4243* (WIS, ZEA)
La Resolana: Los Mazos 1700 m *Santana-M. 2521* (IBUG); Torre de Transmisión, Los Mazos 1480 m *Cochrane 12508* (WIS)

H ***Oplismenus burmannii*** var. ***nudicaulis*** (Vasey) McVaugh; ENDÉMICA: Nueva Galicia
Autlán: El Chante–La Cidrita 900 m *Nieves-H. 504* (WIS, ZEA)
Tuxcacuesco: La Cañita, Zenzontla 1150 m *Cuevas-G. 2562* (ZEA)

H ***Oplismenus compositus*** (L.) Beauv. [*O. rariflorus*]
Autlán: Ahuacapán–Corralitos *McVaugh 19568* (MICH–*Fl.NG.*); La Yerbabuena 1890 m *Vázquez-G. 3669* (ZEA); Los Barbechos, Las Joyas 1840 m *Vázquez-G. 3565* (ZEA)
Cuautitlán: Cerro San Miguel, ENE de El Durazno 1200–1500 m *Iltis 464* (WIS); La Cumbre 2100 m *Iltis 1226* (WIS)

H ***Oryza latifolia*** Desv.
Cuautitlán: La Rosa 600 m *Guzmán-M. s. n.* (ZEA)
La Resolana: A Corral de Piedra, La Resolana *Guzmán-M. 635* (MICH–*Fl.NG.*), *Vargas-P. s. n.* (MICH–*Fl.NG.*)

a ***Otatea acuminata*** (Munro) Calderón & Soderstrom subsp. ***aztecorum*** (McClure & E. W. Smith) R. Guzmán et al., "Otate dulce"
La Resolana: El Tigre 600 m *Santana-M. 2529* (WIS, ZEA); El Zapotillo 550 m *Guzmán-M. s. n.* (IBUG); Los Mazos 950–1450 m *Iltis 3114, 29454a* (WIS)
Tolimán: El Rodeo 1300 m *Iltis 28935* (WIS, ZEA); SE de El Sauz, Cerro Grande 1140 m *Cochrane 11736* (F, GH, IBUG, MICH, WIS, ZEA); 6 km SO de El Terrero, Cerro Grande 1800 m *Cuevas-G. 2493* (WIS, ZEA)

a ***Otatea fimbriata*** Soderstrom
La Resolana: SO de Autlán *Rzedowski 14725* (MICH–*Fl.NG.*)
Tolimán: Lagunitas–Campo Cuatro, Cerro Grande 1500 m *Iltis 29712* (WIS)

H ***Panicum albomaculatum*** Scribn.
Autlán: Arriba de Ahuacapán *McVaugh & Koelz 946* (MICH–*Fl.NG.*); El Zarzamoro, Las Joyas 1900 m *Iltis 1353* (WIS), *Cochrane 10748* (WIS); Las Joyas 1980 m *Vázquez-G. 3526* (ZEA)
Cuautitlán: Arriba de El Durazno *McVaugh 13984* (MICH–*Fl.NG.*)

H ***Panicum aquaticum*** Poir.
Autlán: Ahuacapán 1200 m *Santana-M. 5492* (ZEA)

H *Panicum arundinariae* Trin. ex Fourn.
Autlán: Ahuacapán–Corralitos 1600 m *McVaugh 19560* (MICH–*Fl.NG.*)
Tolimán: El Terrero, Cerro Grande 1900 m *Santana-M. 4498* (ZEA); Los Encinitos–La Antena, Cerro Grande 1600 m *Cochrane 13044* (WIS, ZEA)
H *Panicum bulbosum* H. B. K.
Autlán: Arroyo Chilacayote, Las Joyas 1950–2180 m *Judziewicz 4939* (WIS, ZEA); Cerro Las Juntas, Las Joyas 1650 m *Cuevas-G. 1466* (ZEA); Las Joyas 1980 m *Vázquez-G. 3386* (ZEA), 1850 m *Vázquez-G. 3473* (ZEA); Las Playitas, Las Joyas 1780 m *Loza-L. 44* (ZEA)
Cuautitlán: S de El Chante *Wilbur 1805* (MICH–*Fl.NG.*)
H *Panicum hirticaule* Presl
La Resolana: La Calera 700 m *Santana-M. 3752* (ZEA)
Tuxcacuesco: El Alcoste 900 m *Robles-H. 580* (WIS, ZEA)
H *Panicum laxum* Sw.
Cuautitlán: Telcruz, Ayotitlán 800 m *Vázquez-G. 4408* (ZEA)
H *Panicum lepidulum* Hitchc. & Chase
La Resolana: [RBSM?] *Rzedowski 14986* (MICH–*Fl.NG.*)
H *Panicum maximum* Jacq., "Pasto guinea"
Cuautitlán: Chancol, Ayotitlán 1050 m *Vázquez-G. 4036* (ZEA)
H *Panicum parcum* Hitchc. & Chase
La Resolana: La Resolana–La Huerta [RBSM?] *McVaugh 21107* (MICH–*Fl.NG.*)
H *Panicum parviglume* Hack.
Autlán: Ahuacapán–Corralitos *McVaugh 19564* (MICH–*Fl.NG.*); El Zarzamoro, Las Joyas 1900 m *Iltis 3153* (WIS), *Guzmán-M. 889* (MICH–*Fl.NG.*)
Cuautitlán: San Miguel 1750 m *Santana-M. 4147* (WIS, ZEA)
La Resolana: SO de Autlán *McVaugh 14231* (MICH–*Fl.NG.*)
H *Panicum pilosum* Sw.
Cuautitlán: Ayotitlán 830–850 m *Judziewicz 5205* (WIS); Chancol, Ayotitlán 1050 m *Vázquez-G. 4036a* (ZEA)
La Resolana: Cerro La Petaca 1100 m *Iltis 338* (WIS); 3 km N de La Resolana [360 m] *Wilbur 1505* (MICH–*Fl.NG.*)
H *Panicum sphaerocarpon* Ell.
Cuautitlán: Manantlán 1520 m *Calzada 9543* (XAL, ZEA); Rincón de Manantlán 1620 m *Judziewicz 5067* (WIS)
H *Panicum trichoides* Sw.
La Resolana: La Calera 780 m *Judziewicz 5180* (WIS); La Resolana–La Huerta [RBSM?] *McVaugh 21100* (MICH–*Fl.NG.*)
Tuxcacuesco: Cerro del Palacio 1150 m *Benz 1290* (WIS, ZEA)
H *Panicum virgatum* L.
Autlán: Los Mazos 1450 m *Santana-M. 3809* (ZEA)
H *Paspalum botterii* (Fourn.) Chase
Autlán: Ahuacapán 900 m *Santana-M. 3691* (WIS, ZEA); Ahuacapán–Corralitos *McVaugh 19569* (MICH–*Fl.NG.*)
La Resolana: S de Autlán *Wilbur 2179* (MICH–*Fl.NG.*)
Minatitlán: E de Minatitlán, Cerro Grande 950 m *Guzmán-H. 1082* (WIS, ZEA)
H *Paspalum candidum* Flüggé; REGISTRO: Nueva Galicia
Cuautitlán: San Miguel 1600 m *Santana-M. 4109* (WIS, ZEA), 1750 m *Santana-M. 4210* (WIS, ZEA)
H *Paspalum centrale* Chase; DISYUNTA: América Central, Chiapas; REGISTRO: Nueva Galicia
Autlán: Ahuacapán 1200 m *Santana-M. 5490* (WIS, ZEA)
H *Paspalum clavuliferum* C. Wright
La Resolana: Cerro La Petaca 1200 m *Santana-M. 4696* (ZEA)

H **Paspalum conjugatum** Berg. var. **conjugatum**, "Grama real"
Cuautitlán: Cuzalapa 900 m *De Níz-L. 141* (ZEA)
H **Paspalum conspersum** Schrad. ex Schultes vel aff.
La Resolana: Los Mazos 1450 m *Santana-M. 3826* (ZEA), *Guzmán-M. 604* (IBUG)
H **Paspalum convexum** Humb. & Bonpl.
Autlán: Ahuacapán–Corralitos 1500–1800 m *McVaugh 19578* (MICH, WIS)
La Resolana: La Calera 700 m *Santana-M. 3751* (WIS, ZEA)
H **Paspalum crassum** Chase
Tuxcacuesco: Zenzontla 950 m *Santana-M. 3887* (ZEA)
H **Paspalum crinitum** Chase
Minatitlán: El Sauz, falda de Cerro Grande 1200 m *Santana-M. 4516* (ZEA)
H **Paspalum hintonii** Chase
Cuautitlán: Las Marías, Ayotitlán 820 m *Cochrane 10925* (WIS)
La Resolana: Cerro La Petaca 1000 m *Iltis 337* (WIS)
H **Paspalum humboldtianum** Flüggé
Autlán: Ahuacapán 1200 m *Santana-M. 4635* (ZEA)
H **Paspalum jaliscanum** Chase
Tolimán: El Terrero, Cerro Grande 2000 m *Santana-M. 4550* (WIS, ZEA)
H **Paspalum langei** (Fourn.) Nash
Comala: Campo Cuatro, Cerro Grande 1200 m *Guzmán-H. 1379* (WIS, ZEA)
La Resolana: Los Mazos 1500 m *Santana-M. 3811* (ZEA)
Tuxcacuesco: SO de Zenzontla 900–940 m *Cochrane 11675* (WIS)
H **Paspalum lentiginosum** Presl
La Resolana: Cerro La Petaca 1600 m *Santana-M. 2772* (IBUG, WIS)
H **Paspalum lividum** Trin.
Minatitlán: El Sauz, falda de Cerro Grande 1200 m *Santana-M. 4525* (ZEA)
H **Paspalum notatum** Flüggé var. **notatum,** "Cabeza de burro"
Autlán: Ahuacapán 900 m *Santana-M. 3690* (WIS, ZEA)
H **Paspalum paniculatum** L.
Cuautitlán: S de El Chante *Wibur 2087* (MICH–*Fl.NG.*)
La Resolana: Los Mazos 1300 m *González 7524* (IBUG)
H **Paspalum paucispicatum** Vasey; REGISTRO: Nueva Galicia
Autlán: Las Juntas, cerca de El Chante 1000 m *Santana-M. 531* (IBUG)
H **Paspalum plicatulum** Michx.
Cuautitlán: Ayotitlán 1600 m *Santana-M. 4277* (ZEA)
H **Paspalum prostratum** Scribn. & Merr. var. **pygmaeum** Scribn. & Merr.
Cuautitlán: Las Capillas 2860 m *Iltis 3206* (WIS), *Guzmán-M. 898* (MICH–*Fl.NG.*)
H **Paspalum squamulatum** Fourn.
Autlán: El Zarzamoro, Las Joyas 1900 m *Vázquez-G. 3508* (ZEA), 1970 m *Iltis 28870b* (WIS), 2040 m *Vázquez-G. 3451* (ZEA); Las Playas, Las Joyas 1780 m *López-C. 19* (ZEA); Los Barbechos, Las Joyas 1840 m *Vázquez-G. 3562* (ZEA)
La Resolana: S de Autlán [1400 m] *Wilbur 2438* (MICH, WIS); SO de Autlán 600 m *Wilbur 2291* (MICH–*Fl.NG.*)
H **Paspalum unispicatum** (Scribn. & Merr.) Nash
Autlán: Las Juntas, Cerca de El Chante 1000 m *Santana-M. 1144* (IBUG)
H **Paspalum variabile** (Fourn.) Nash; REGISTRO: Nueva Galicia
Autlán: El Chante 950 m *Santana-M. 4299* (ZEA)
H **Paspalum virgatum** L.
La Resolana: La Calera [610 m] *Wilbur 2244* (MICH, WIS)
H **Paspalum** sp.
La Resolana: Cerro La Petaca 1400 m *Santana-M. 5726* (WIS, ZEA)

H *Pennisetum bambusiforme* (Fourn.) Hemsl. ex B. D. Jackson
Cuautitlán: El Salto, La Huertita 800 m *Alvarez-C. s. n.* (IBUG, MICH)
La Resolana: Cerro de La Lanilla 1400 m *Robles-H. 752* (WIS, ZEA)

H *Pennisetum setosum* (Sw.) Rich.
La Resolana: El Tigre 550 m *Santana-M. 2530* (IBUG); Los Mazos–Cerro Autlán 1050 m *Cochrane 10855b* (MICH, WIS), *Guzmán-M. 606* (MICH–*Fl.NG.*); SSO de Autlán 900–1000 m *Guzmán-H. 341* (WIS, ZEA)

H *Pereilema ciliatum* Fourn.
La Resolana: Los Mazos 1000 m *Iltis 3118* (WIS); [11 km] SO de Autlán *Harvey 9375* (MICH–*Fl.NG.*)
Tolimán: 7–8 km al N de Campo Cuatro, Cerro Grande 1300–1400 m *Cuevas-G. 3967* (WIS, ZEA)

H *Pereilema crinitum* Presl
Autlán: Ahuacapán–Corralitos *McVaugh 19552* (MICH–*Fl.NG.*), 1550 m *Santana-M. 4058* (ZEA); Arroyo El Chilacayote–Cerro Piedra Bola 1950–2180 m *Judziewicz 4880* (WIS)
La Resolana: SO de Autlán *Harvey 9376* (MICH–*Fl.NG.*)

H *Pharus mezii* Prodoehl
La Resolana: Arroyo Tacubaya [350–500 m] *Guzmán-M. 1231* (MICH–*Fl.NG.*), *Pérez de la Rosa 25* (MICH–*Fl.NG.*); El Zapotillo 380 m *Judziewicz 5235* (WIS)

A *Phragmites australis* (Cav.) Trin. ex Steud.
Cuautitlán: Cuzalapa 800 m fide Santana–M.

H *Piptochaetium virescens* (H. B. K.) Parodi
Autlán: N de Las Joyas 1800 m *Santana-M. 1358* (IBUG, WIS)
Cuautitlán: Cerro Alto Las Yeguas 2800 m *Judziewicz 5030* (WIS)
Tolimán: N de El Terrero, Cerro Grande 2300–2350 m *Cuevas-G. 3889* (WIS, ZEA)

H *Poa annua* L.
Autlán: El Zarzamoro, Las Joyas 1900 m *Cuevas-G. 1407* (ZEA); Las Joyas 1890 m *Vázquez-G. 3551* (ZEA)
Cuautitlán: Las Capillas 2860 m *Iltis 3211* (WIS)

H *Polypogon elongatus* H. B. K.
Autlán: SO La Yerbabuena 1500 m *Santana-M. 5131* (ZEA)

a *Rhipidocladum racemiflorum* (Steud.) McClure, "Carricillo", "Otate chino", "Otatillo"
Cuautitlán: Las Marías 800 m *Cochrane 10911* (WIS)
La Resolana: Arroyo El Tecolote 850 m *Vázquez-G. 4522* (ZEA); El Tigre 800–1000 m *Cuevas-G. 2873* (WIS, ZEA); La Calera 760 m *Judziewicz 5175* (WIS), 1100 m *Cuevas-G. 2190* (ZEA); Potrero El Tepejilote, El Zapotillo 515 m *Cochrane 12322* (ISC, MO, TAES, WIS, ZEA)

H *Rhynchelytrum repens* (Willd.) C. E. Hubb. [*R. roseum*]
Autlán: La Piedra Bola 1850 m *Judziewicz 5033* (WIS)
La Resolana: SO de Autlán *Wilbur 1617* (MICH–*Fl.NG.*)

H *Schizachyrium brevifolium* (Sw.) Nees ex Büse
Autlán: Ahuacapán 1550 m *Santana-M. 4060* (ZEA)

H *Schizachyrium cirratum* (Hack.) Woot. & Standl.
Cuautitlán: El Durazno 1400 m *McVaugh 13956* (MICH–*Fl.NG.*)

H *Schizachyrium sanguineum* (Retz.) Alston
Autlán: Ahuacapán–Corralitos *McVaugh 19610* (MICH–*Fl.NG.*), *McVaugh & Koelz 925* (MICH–*Fl.NG.*); Cerro de La Tierra 1850 m *Ramos-H. 11* (ZEA)
Cuautitlán: Cerro Alto de Las Yeguas 2000–2160 m *Judziewicz 4995* (WIS, ZEA)

H *Schizachyrium tenerum* Nees
Cuautitlán: El Durazno 950 m *Vázquez-G. 4045* (ZEA)

H *Setaria geniculata* (Lam.) Beauv.
Autlán: Las Joyas 1900 m *Cuevas-G. 1389* (ZEA), 1950 m *Ramos-H. s. n.* (ZEA)
La Resolana: Los Mazos 2000 m *Vázquez-G. 4540* (WIS, ZEA)

H *Setaria grisebachii* Fourn.
Comala: Campo Cuatro, Cerro Grande 1100 m *Santana-M. 5290* (WIS, ZEA)
Tuxcacuesco: Zenzontla 950 m *Santana-M. 3899* (ZEA)

H *Setaria liebmannii* Fourn.
Tuxcacuesco: Zenzontla 850 m *Santana-M. 3863* (ZEA)

H *Setaria longipila* Fourn.
La Resolana: SO de Autlán [610 m] *Wilbur 2242* (MICH, WIS)

H *Setaria scandens* Schrad.; REGISTRO: Nueva Galicia
Cuautitlán: Ayotitlán 1000 m *Santana-M. 4097* (WIS, ZEA); San Miguel 1750 m *Santana-M. 4228, 4253* (WIS, ZEA)

H *Setariopsis auriculata* (Fourn.) Scribn.
Autlán: N [S] de Ahuacapán *McVaugh 19535* (MICH–*Fl.NG.*)
Tuxcacuesco: Zenzontla 850 m *Santana-M. 3859* (WIS, ZEA)

H *Setariopsis latiglumis* (Vasey) Scribn.
Tuxcacuesco: Cerro del Palacio 1150 m *Santana-M. 5221, 5351* (ZEA)

H *Sorghastrum incompletum* (Presl) Nash
La Resolana: Arriba de Los Mazos 1500 m *Santana-M. 2513* (IBUG, WIS)

H *Sorghastrum nudipes* Nash; REGISTRO: Nueva Galicia
La Resolana: Cerro La Petaca 1400 m *Santana-M. 4707* (ZEA)

H *Sorghum bicolor* (L.) Moench [*S. vulgare*]
Cuautitlán: Manantlán 1450 m *Iltis 1191* (WIS)

H *Sorghum trichocladum* (Hack.) Kuntze
La Resolana: Los Mazos 1750 m *Cuevas-G. 1679* (ZEA), 1500 m *Santana-M. 2596* (IBUG, WIS)

H *Sporobolus indicus* (L.) R. Br.
Autlán: El Tlacuache, Las Joyas 1885 m *Cuevas-G. 1312* (ZEA); Los Barbechos, Las Joyas 1840 m *Vázquez-G. 3566* (ZEA)
Cuautitlán: San Miguel 2000 m *Iltis 418* (WIS)

H *Sporobolus macrospermus* Scribn. ex Beal
Autlán: Arriba de Ahuacapán 1200 m *McVaugh 19553* (MICH, WIS), 1400 m *Santana-M. 5482* (WIS, ZEA)

H *Trachypogon montufari* (H. B. K.) Nees
Autlán: El Chilacayote, Las Joyas 1950 m *Judziewicz 4923* (WIS, ZEA); El Zarzamoro, Las Joyas 2100 m *Judziewicz 4858* (WIS, ZEA); Las Joyas 1720 m *Vázquez-G. 3591* (ZEA)
Cuautitlán: Arriba de El Durazno *McVaugh 13957* (MICH–*Fl.NG.*)

H *Triniochloa stipoides* (H. B. K.) Hitchc.
Autlán: El Zarzamoro, Las Joyas 1900–2000 m *Iltis 1318* (WIS), *1324* (WIS, ZEA), *29352* (WIS)

H *Tripsacum dactyloides* (L.) L.
Autlán: Ahuacapán 1400 m *Santana-M. 5429* (WIS, ZEA); [14 km] S de Autlán *Wilbur 2319* (MICH–*Fl.NG.*)

H *Tripsacum laxum* Nash
La Resolana: Los Mazos 1750 m *Cuevas-G. 1693* (ZEA), *Crop Evolution Laboratory 4616* (MICH–*Fl.NG.*)

H *Tripsacum maizar* Hernández–X. & Randolph
Tolimán: SO de El Terrero, Cerro Grande 1800 m *Cuevas-G. 2495* (WIS, ZEA), *Crop Evolution Laboratory 4638* (MICH–*Fl.NG.*)

H *Tripsacum pilosum* Scribn. & Merr.
La Resolana: 10 km N de La Resolana 1000 m *Iltis 3115* (WIS)

H *Tripsacum zopilotense* Hernández–X. & Randolph
Comala: 1 km O de Juluapan, base del Cerro Grande 700–800 m *Santana-M. 5248* (WIS, ZEA)
La Resolana: Los Mazos 1300 m *Santana-M. 4257* (ZEA)

H ***Trisetum deyeuxioides*** (H. B. K.) Kunth

Autlán: El Zarzamoro, Las Joyas 1900 m *Cochrane 10776* (WIS)

Tolimán: 3 km N de El Terrero, Cerro Grande 2350 m *Cuevas-G. 3896* (WIS, ZEA)

H ***Tristachya avenacea*** (Presl) Scribn. & Merr.

Cuautitlán: Arriba de El Durazno *McVaugh 13955* (MICH–*Fl.NG.*); Las Marías, Ayotitlán 820 m *Cochrane 10885* (WIS)

H ***Vulpia myuros*** (L.) C. C. Gmel.

Tolimán: El Terrero, Cerro Grande 2250 m *Cuevas-G. 2447* (UCR, WIS, ZEA); Los Picachos, Cerro Grande 2350 m *Iltis 29536* (WIS, ZEA)

H ***Zea diploperennis*** Iltis, Doebley & Guzmán, "Milpilla", "Teocintle", "Teosinte"; ENDÉMICA: RBSM. Fotos, insertada en el lomo del libro; p. xv, B.

Autlán: El Zarzamoro, Las Joyas 1900 m *Iltis 1250, 28870, 30080* (WIS), *Sørensen 7829* (WIS); Las Joyas 1600–1800 m *Guzmán-M. 1512* (IBUG), *Iltis 1120*–semillas distribuídas ampliamente (WIS), *Iltis 1375, 22665* (WIS)

Cuautitlán: Cerro San Miguel 2250–2400 m *Iltis et al. 450* (IBUG–Holótipo; BH–, CHAPA–, ENCB–, GH–, MEXU–, MICH–, WIS–, ZEA–Isótipos); La Ventana, Cerro San Miguel *Guzmán-M. 777* (ARIZ–, IBUG–, MICH–Parátipos); Manantlán 1450 m *Iltis 1190, 2276, 2549, 3276, 29015* (WIS); Rincón de Manantlán 1350 m *Guzmán-M. 1516c* (WIS), *Iltis 1155* (WIS)

H ***Zea diploperennis*** × ***Z. mays*** subsp. ***mays***; HIBRIDO

Cuautitlán: Manantlán 1450 m *Iltis 2550, 29016* (WIS)

H ***Zea mays*** L. subsp. ***mays***, "Maíz"

Autlán: Las Joyas 1900 m *Iltis 1374* (WIS)

H ***Zea mays*** subsp. ***parviglumis*** Iltis & Doebley, "Milpilla", "Maíz de duende"

Cuautitlán: La Huertita, SE de La Resolana *Guzmán-M. 1367* (MICH–*Fl.NG.*)

Minatitlán: El Sauz, Cerro Grande 1100 m *Vázquez-G. s. n.* (ZEA), *Iltis 29460, 30134* (WIS)

Tuxcacuesco: El Rodeo 1200–1450 m *Iltis 28888* (CAS, IBUG, WIS, ZEA), *Benz 967*–semillas distribuídas ampliamente (WIS)

H ***Zeugites americana*** Willd. var. ***mexicana*** (Kunth) McVaugh

Autlán: El Zarzamoro, Las Joyas 1900–1950 m *Judziewicz 4759* (WIS); La Hierbabuenita, Las Joyas 1890 m *Vázquez-G. 3662* (ZEA); Los Barbechos, Las Joyas 1840 m *Vázquez-G. 3569* (ZEA)

Cuautitlán: Arriba de El Durazno *McVaugh 14001* (MICH–*Fl.NG.*)

H ***Zeugites americana*** var. ***pringlei*** (Scribn.) McVaugh

Autlán: El Chilacayote, Las Joyas 2065 m *Judziewicz 4886* (WIS, ZEA); El Zarzamoro, Las Joyas 1900 m *Iltis 1282, 29049* (WIS), *Sørensen 7835* (WIS); Los Barbechos, Las Joyas 1860 m *Anaya-C. 352* (ZEA)

Cuautitlán: La Ventana, San Miguel 2000 m *Iltis 472* (WIS)

H ***Zeugites capillaris*** (Hitchc.) Swallen

Comala: Juluapan–Campo Cuatro, falda de Cerro Grande 700–800 m *Santana-M. 5243* (WIS, ZEA)

La Resolana: La Calera 750 m *Vázquez-G. 4369* (WIS, ZEA); Los Mazos [1050 m] *Wilbur 2288* (MICH, WIS); S de Autlán *Rzedowski & McVaugh 1284* (MICH–*Fl.NG.*); SSO de Autlán *Reeder 4437* (MICH–*Fl.NG.*), *Wilbur 2243* (MICH–*Fl.NG.*)

H ***Zeugites smilacifolia*** Scribn.

Autlán: Arriba de Ahuacapán *McVaugh 19027* (MICH–*Fl.NG.*), *McVaugh & Koelz 945* (MICH–*Fl.NG.*); Las Joyas 1650 m *Vázquez-G. 3611* (ZEA)

Cuautitlán: Arroyo San Campús, Rincón de Manantlán 1590 m *Judziewicz 5081, 5082* (WIS, ZEA); Cuzalapa *Alvarez-C. s. n.* (MICH–*Fl.NG.*)

La Resolana: SO de Autlán *McVaugh 14181* (MICH–*Fl.NG.*)

## Heliconiaceae

A ***Heliconia mooreana*** R. R. Smith
Cuautitlán: Telcruz, Ayotitlán 1300 m *Vázquez-G. 4432* (WIS, ZEA)
La Resolana: Cerro La Petaca, E de La Resolana 350–500 m *Guzmán-M. 1342* (IBUG)

## Iridaceae

H ***Cipura paludosa*** Aubl.
Cuautitlán: La Pareja, El Durazno 1300 m *Franco-A. 59* (ZEA); NNE de El Durazno 760 m *Guzmán-H. 768* (ZEA)

H ***Sisyrinchium abietum*** McVaugh; ENDÉMICA: Jalisco
Autlán: San Campús, Las Joyas 1980 m *Vázquez-G. 3525* (WIS, ZEA)
Cuautitlán: Aserradero San Miguel Uno *McVaugh 13868* (MICH–Holótipo–*Fl.NG.*); S de Manantlán 1900 m *Iltis 1293* (WIS), 2400–2600 m *Sørensen 7897, 7961a* (WIS), 2100–2450 m *Anderson 3810* (MICH), 1530 m *Wilbur 1885* (MICH)

H ***Sisyrinchium cernuum*** (Bickn.) Kearney
Cuautitlán: S de El Chante 2000 m *McVaugh 26594* (MICH); El Rincón 1500 m *Villarreal de Puga 11569* (IBUG)

H ***Sisyrinchium convolutum*** Nocca
Autlán: Filo de La Vaca, Las Joyas 2040 m *Vázquez-G. 3402* (WIS, ZEA); Las Joyas *Pérez de la Rosa 183* (IBUG)
La Resolana: [16 km] S de Autlán [1463 m] *Wilbur 1732* (MICH)
Tolimán: N de El Terrero, Cerro Grande 2350 m *Cuevas-G. 3891* (WIS, ZEA)

H ***Sisyrinchium palmeri*** Greenm.
Autlán: Filo de San Rafael, Las Joyas 1960 m *Cuevas-G. 1352* (WIS, ZEA)
Tolimán: El Terrero–Puerto de Los Ladrillos, Cerro Grande 2400 m *Santana-M. 5181* (ZEA)

H ***Sisyrinchium pringlei*** B. L. Rob. & Greenm.
Autlán: El Belloteadero, Las Joyas 2040 m *Vázquez-G. 3327* (ZEA)
Cuautitlán: Cimas E de Manantlán [2744 m] *Wilbur 1984* (MICH–*Fl.NG.*)

H ***Sisyrinchium schaffneri*** S. Watson
Cuautitlán: El Guízar 2700 m *McVaugh 23119* (MICH)

H ***Tigridia ehrenbergii*** (Schlecht.) Molseed
Autlán: El Zarzamoro, Las Joyas 1900 m *Pérez de la Rosa 183* (IBUG), 1890 m *Vázquez-G. 3500* (ZEA), 1950 m *Cochrane 10689* (WIS)
Cuautitlán: La Ventana, San Miguel 1800–2460 m *Iltis 498* (WIS)

H ***Tigridia meleagris*** (Lindl.) Nichols.
Autlán: Las Joyas 1800 m *Pérez de la Rosa 184* (IBUG)
Cuautitlán: E de Manantlán [1981 m] *Wilbur 2015* (MICH)
La Resolana: Los Mazos 1200 m *Vázquez-G. s. n.* (ZEA); [18–21 km] SO de Autlán [1067 m] *Wilbur 1604* (MICH), *2168* (MICH, WIS)

H ***Tigridia mexicana*** Molseed subsp. ***lilacina*** Molseed; ENDÉMICA: Jalisco
Autlán: Las Mantequillas, Las Joyas 1680 m *Cuevas-G. 1464* (WIS)
Cuautitlán: San Miguel–Rincón de Manantlán 1800 m *Vázquez-G. 466* (IBUG)

H ***Tigridia pavonia*** (L. f.) DC.
Cuautitlán: Ayotitlán 1000 m *De Níz-L. s. n.* (ZEA); Terreros de Ayotitlán 750 m *Benz 1244* (ZEA)

H ***Tigridia pulchella*** B. L. Rob.; ENDÉMICA: Jalisco, Michoacán
Autlán: Ahuacapán–Corralitos 1500–1800 m *McVaugh 19625* (MICH); Barbechos del Sol y La Luna, Las Joyas 1755 m *Vázquez-G. 3583* (ZEA); La Tuna, Las Joyas 1860 m *Vázquez-G. 3878* (ZEA)

H ***Tigridia violacea*** Schlecht.
Autlán: 5 km al S de Ahuacapán 2280 m? *Lott 451* (MICH)

H ***Tigridia*** sp.
Tolimán: 500 m al E de La Laguna, Cerro Grande 2050 m *Vázquez-G.* (foto–ZEA)

## JUNCACEAE

H ***Juncus effusus*** L.
Cuautitlán: Neverías 2600 m *Cuevas-G. 2013* (ZEA), 1500–2900 m *Iltis 2395* (IBUG, WIS)

H ***Juncus liebmannii*** Macbr.
Cuautitlán: Neverías 2600 m *Cuevas-G. 1627* (WIS, ZEA)

H ***Juncus microcephalus*** H. B. K.
Cuautitlán: Rincón de Manantlán 1520 m *Iltis 1178* (IBUG, WIS, ZEA); Arroyo San Campús, Rincón de Manantlán 1560 m *Judziewicz 5057, 5072* (WIS)

H ***Luzula caricina*** E. Meyer
Cuautitlán: Las Capillas 2800 m *Iltis 3226a* (WIS), *McVaugh 23130* (MICH–*Fl.NG.*)

## LEMNACEAE

H ***Lemna aequinoctialis*** Welw.
Cuautitlán?: Cuautitlán–Autlán [RBSM?] *Barr 62-802* (ARIZ–*Fl.NG.*)

## LILIACEAE

a ***Agave angustifolia*** Haw. var. ***angustifolia***
Autlán: Ahuacapán 1000 m *Santana-M. 4427* (ZEA); Ahuacapán–Las Joyas 900 m *Ramírez-D. 1248* (IBUG, WIS)
Tolimán: Al S de La Laguna, Cerro Grande 2000 m *Vázquez-G. s. n.* (ZEA)

a ***Agave attenuata*** Salm–Dyck
Cuautitlán: Arriba de El Durazno 2195 m *Kimnach 3019* (DES–*Fl.NG.*)

a ***Agave colimana*** H. S. Gentry; ENDÉMICA: Colima, Jalisco
La Resolana: SO de Autlán [sin alt.] *Gentry 10942* (MICH)
Tolimán: Hacia El Terrero, Cerro Grande 900 m *Cházaro-B. 4468* (WIS)

a ***Agave gypsophila*** H. S. Gentry; ENDÉMICA: oeste de México
Autlán: Las Joyas 1870 m *Vázquez-G. 3458* (ZEA)

a ***Agave maximiliana*** Baker [*A. maximiliana* var. *katharinae*], "Lechuguilla", "Tecolote"
Autlán: Ahuacapán 1100 m *Vázquez-G. 4205* (ZEA)
Cuautitlán: Arriba de El Chante [2744 m] *Wilbur 1987* (MICH), [1219–1372 m] *Gentry 23535* (MICH); San Miguel, S de Rincón de Manantlán 2600 m *Iltis 2618* (WIS)

a ***Agave pedunculifera*** Trel., "Lechuguilla". Foto p. xxxi, GG.
Cuautitlán: Cerro Las Yeguas 1700 m *Iltis 2552* (IBUG, WIS, ZEA), 1800 m *Guzmán-M. 6547* (IBUG); El Almeal 2100 m *Iltis 2717* (IBUG, IEB, MEXU, WIS, ZEA); SO de El Chante–Rincón de Manantlán *Gentry 23507* (MICH–*Fl.NG.*)

a ***Agave vilmoriniana*** Berger
Cuautitlán: El Almeal 2000 m *Cuevas-G. 2915* (ZEA)

H ***Allium glandulosum*** Link & Otto, "Ajillo", "Cebollín"
Tolimán: El Terrero, Cerro Grande 2000 m *Santana-M. 4560* (WIS, ZEA)

H ***Bessera elegans*** Schult. f.
Autlán: Tecopatlán 1275 m *Vázquez-G. 4273* (WIS, ZEA)
Cuautitlán: Aserradero San Miguel Uno–El Durazno 1700 m *McVaugh 13990* (MICH)
La Resolana: [5 km] N de La Resolana 300 m *Wilbur 1543* (MICH)
Minatitlán: El Sauz–El Terrero, Cerro Grande 1600 m *Santana-M. 5214* (WIS, ZEA)

H ***Bomarea hirtella*** (H. B. K.) Herb., "Granadilla". Foto p. xxix, DD.
Autlán: Las Joyas 1900 m *Vázquez-G. 3790, 3828* (ZEA)
Cuautitlán: Barranca de La Nogalera 1300 m *Franco-A. 61* (WIS, ZEA); Cerro El Muñeco 2100–2450 m *Anderson 3805* (MICH); La Ventana, San Miguel [sin alt.] *Iltis 416* (WIS); S de El Chante 1600 m *Anderson 3827* (MICH)
Tolimán: La Laguna, Cerro Grande 1950–2000 m *Guzmán-H. 1138* (WIS, ZEA)

H ***Calochortus fuscus*** Schult. f.; DISYUNTA: México
Tolimán: El Terrero, Cerro Grande 2100 m *Cuevas-G. 2474* (ZEA)
H ***Calochortus purpureus*** (H. B. K.) Baker
Autlán: Ahuacapán–Corralitos 1500–1800 m *McVaugh 19621* (MICH); Las Juntas, Las Joyas 1650 m *Cuevas-G. 1577* (WIS, ZEA)
H ***Crinum erubescens*** Solander, "Cebollín"
Cuautitlán: 7 km E de Cuzalapa 1700 m *De Níz-L. 66* (ZEA)
H ***Echeandia imbricata*** Cruden
Autlán: Las Joyas 1920 m *Cuevas-G. 4267* (CHAPA)
H ***Echeandia longipedicellata*** Cruden
Autlán: Asoleaderos de El Tlacuache, Las Joyas 1900 m *Santana-M. 3985* (ZEA)
H ***Echeandia mcvaughii*** Cruden; ENDÉMICA: Nueva Galicia
Comala: Juluapan–Campo Cuatro, Cerro Grande 800 m *Santana-M. 5239* (ZEA)
H ***Echeandia mexicana*** Cruden
Autlán: El Zarzamoro, Las Joyas 1950 m *Sørensen 7844* (WIS)
H ***Echeandia occidentalis*** Cruden; ENDÉMICA: Nueva Galicia
Autlán: Rincón de Manantlán 1650 m *Vázquez-G. 511* (IBUG)
Cuautitlán: E de Manantlán [1646 m] *Wilbur 2056* (MICH)
La Resolana: [16 km] S de Autlán [1615 m] *Wilbur 2119* (MICH)
H ***Echeandia parviflora*** Baker
La Resolana: SO de Autlán *Cruden 1673, 1883* (MICH–*Fl.NG.*)
H ***Echeandia ramosissima*** (C. Presl) Cruden
Cuautitlán: Ayotitlán 750 m *Benz 1258* (ZEA)
H ***Echeandia robusta*** Cruden; ENDÉMICA: Jalisco, Michoacán
La Resolana: 15 km SO de Autlán 970 m *Cruden 1990* (UC–Holótipo; ENCB–, GH–, K–, MEXU–, MO–Isótipos), *McVaugh 19890* (MICH–*Fl.NG.*)
Tolimán: Arriba de El Rodeo 1200–1300 m *Iltis 28906* (WIS)
A ***Furcraea bedinghausii*** K. Koch
Cuautitlán: Las Capillas 2860 m *Iltis 29394* (WIS), *Vázquez-G. 4620* (ZEA)
A ***Furcraea guerrerensis*** Matuda vel aff.
Cuautitlán: 1 km N de El Durazno 1100 m *Iltis 395* (WIS); Las Marías, Ayotitlán 820 m *Judziewicz 5227* (WIS)
La Resolana: SO de Autlán *McVaugh & Koelz 863* (MICH–*Fl.NG.*), *McVaugh 19937* (MICH–*Fl.NG.*); La Calera 800–1100 m *Iltis 31022* (WIS)
H ***Hymenocallis acutifolia*** (Herb.) Sweet, "Flor de araña"
Autlán: Ahuacapán 980 m *Iltis 31122* (WIS)
Cuautitlán: E de Manantlán [1981 m] *Wilbur 2005* (MICH)
H ***Hymenocallis azteciana*** Traub, "Cebollín"; ENDÉMICA: Jalisco, Nayarit
La Resolana: Cerro La Petaca 700 m *Ramírez-D. 388* (IBUG, WIS); 16 km SO de Autlán 610 m *Wilbur 1455* (MICH), *Bauml 139* (BH–*Fl.NG.*)
H ***Hymenocallis concinna*** Baker vel aff.
Tuxcacuesco: Zenzontla 820 m *Robles-H. 612* (WIS, ZEA)
H ***Hymenocallis proterantha*** Bauml vel aff.
Autlán: Las Joyas 1900 m *Cuevas-G. 1371* (WIS, ZEA)
Cuautitlán: O de Ayotitlán 750 m *Santana-M. 5309* (ZEA)
La Resolana: Cerro La Petaca 700 m *Santana-M. 2763* (WIS); [5 km] N de La Resolana [305 m] *Wilbur 1586* (MICH–*Fl.NG.*)
H ***Hypoxis fibrata*** Brackett
Cuautitlán: Barranca de La Nogalera 1200 m *Solís-M. 4838* (ZEA)
H ***Hypoxis lucens*** McVaugh
Tolimán: La Laguna, Cerro Grande 2000 m *Guzmán-H. 1144* (ZEA)

H *Hypoxis mexicana* Schult. f.
Autlán: Las Joyas 1960 m *Judziewicz 4953* (WIS); San Campús 1980 m *Franco-A. 54* (ZEA)
Cuautitlán: E de Manantlán [2530 m] *Wilbur 1771, 1811, 1845, 1869* (MICH); San Miguel 2000 m *Vázquez-G. 523* (IBUG)
H ***Manfreda jaliscana*** Rose
Autlán: SSE de Ahuacapán 1600–1800 m *Guzmán-H. 928* (ZEA)
La Resolana: Cerro La Petaca 1000 m *Santana-M. 4691* (ZEA)
H ***Manfreda longibracteata*** Verhoek
La Resolana: OSO de Los Mazos 1050 m *Cochrane 10856b* (WIS), 1000 m *Iltis 30085a* (WIS), 1300 m *Santana-M. 4263* (ZEA)
Tolimán: Campo Cuatro–El Terrero, Cerro Grande 1400 m *Cuevas-G. 4042* (ZEA)
H ***Manfreda scabra*** (Ort.) McVaugh [*M. brachystachys*]
Autlán: Las Joyas 2140 m *Vázquez-G. 3707* (ZEA)
Tolimán: La Laguna, Cerro Grande 1950 m *Guzmán-H. 1145* (WIS, ZEA)
H ***Milla biflora*** Cav.
Autlán: Ahuacapán 1000 m *Santana-M. 5416* (WIS, ZEA)
H ***Nothoscordum bivalve*** (L.) Britton
Tolimán: La Laguna, Cerro Grande 2050 m *Vázquez-G. s. n.* (ZEA)
H ***Polianthes geminiflora*** (Lex.) Rose var. ***clivicola*** McVaugh; ENDÉMICA: Jalisco, Michoacán
La Resolana: 29–32 km SO de Autlán 400 m *Gentry 10971* (MICH); NE de La Antena, Los Mazos 1400–1600 m *Cuevas-G. 2994* (WIS, ZEA)
H ***Prochnyanthes mexicana*** (Zucc.) Rose [*P. viridescens*]
Autlán: 2 km SO de Rincón de Manantlán 1700 m *Iltis 28830* (WIS)
H ***Schoenocaulon jaliscense*** Greenm. var. ***regulare*** (Brinker) Frame; ENDÉMICA: Jalisco
Autlán: El Chilacayote–La Piedra Bola, Las Joyas 2000 m *Judziewicz 4948* (WIS); Las Joyas 1880 m *Bedoy-V. s. n.* (ZEA)
H ***Sprekelia formosissima*** (L.) Herb., "Gradiola"
Autlán: Ahuacapán 1900 m *Cuevas-G. 1424* (WIS, ZEA)
Cuautitlán: Arriba de Manantlán 1390 m *Guzmán-S. 6682* (IBUG)
A ***Yucca jaliscensis*** (Trel.) Trel., "Izote"; ENDÉMICA: Jalisco, Nayarit
Autlán: Arriba de Ahuacapán 1500–2200 m *McVaugh & Koelz 952* (MICH)
Tolimán: La Laguna, Cerro Grande 2000 m *Cuevas-G. 1729* (WIS, ZEA)
A ***Yucca*** sp.
Cuautitlán: La Ventana, San Miguel [sin alt.] *Iltis* (foto–WIS)
H ***Zephyranthes fosteri*** Traub
Tolimán: La Laguna, Cerro Grande 1900 m *Vázquez-G. s. n.* (ZEA)
H ***Zigadenus virescens*** (H. B. K.) Macbride
Cuautitlán: E de Manantlán 2105 m *Wilbur 1821* (MICH–*Fl.NG.*); Neverías 2700 m *Cuevas-G. 1624* (ZEA)
Tolimán: N de El Terrero, Cerro Grande 2350 m *Cuevas-G. 3892* (WIS, ZEA)

## Marantaceae

H ***Calathea atropurpurea*** Matuda
Cuautitlán: El Chandepe, Lagunillas de Ayotitlán 930 m *Robles-H. 943* (WIS, ZEA)
H ***Calathea soconuscum*** Matuda, "Corhuinche", "Curhuinche", "Huertilla"
La Resolana: Arroyo Tacubaya 350–500 m *Iltis 300* (ENCB, F, WIS), *316* (MEXU, WIS, ZEA); Cerro La Petaca 700 m *Soltero-Q. 513* (IBUG), 600 m *Ramírez-D. 386* (IBUG); 7 km al NE del pueblo 750 m *Vázquez-G. 4376* (ZEA)
H ***Maranta arundinacea*** L., "Huertilla", "Huertito", "Platanillo"
Cuautitlán: Puente de La Rosa 600 m *Guzmán-H. 238* (WIS, ZEA); Telcruz, Ayotitlán 1200 m *Vázquez-G. 4495* (ZEA)

La Resolana: SO Autlán *Wilbur 2320* (MICH–*Fl.NG.*)

H *Thalia geniculata* L.

La Resolana: Corral de Piedra, La Resolana 360 m *Villarreal de Puga 9866* (IBUG)

## ORCHIDACEAE

La mayoría de las determinaciones fueron realizadas o corraboradas por Roberto González–T. o Rogers McVaugh.

HE ***Barkeria barkeriola*** Reichb. f.

La Resolana: SO de Autlán 1500 m *McVaugh 19853* (MICH–*Fl.NG.*)

HE ***Barkeria obovata*** (Presl) Christenson [*B. chinensis*]

Cuautitlán: Cuzalapa 700 m *López-V. s. n.* (ZEA)

HE ***Barkeria palmeri*** (Rolfe) Schltr.

Tuxcacuesco: Zenzontla 800 m *Cuevas-G. 3371* (WIS, ZEA)

H ***Bletia adenocarpa*** Reichb. f.

La Resolana: [21 km] SSO de Autlán *Wilbur 2173, 2372* (MICH–*Fl.NG.)*

H ***Bletia amabilis*** C. Schweinf. vel aff.

Autlán: O de Tecopatlán 1250–1300 m *Cuevas-G. 2131* (ZEA); [RBSM?] *Rosillo de V. s. n.* (MICH–*Fl.NG.)*

La Resolana: Cerro La Petaca 1000 m *Soltero-Q. 747* (IBUG)

H ***Bletia campanulata*** Llave & Lex.

Cuautitlán: Barranca La Nogalera 1500 m *Rosales-C. 48* (ZEA)

H ***Bletia jucunda*** Linden & Reichb. f. [*B. reflexa*]

Cuautitlán: SO de La Cumbre 1750 m *López-H. 50* (ZEA)

H ***Bletia macristhmochila*** Greenm.

Autlán: La Moza, Las Joyas 1840 m *Vázquez-G. 3356* (ZEA); NE de Corralitos 1750–1800 m *Cuevas-G. 3008* (ZEA)

La Resolana: [Los Mazos] *Wilbur 1392, 1622* (MICH–*Fl.NG.*); Los Mazos–La Calera 1000–1100 m *Santana-M. 4440* (ZEA), *Cuevas-G. 3060* (ZEA)

H ***Bletia palmeri*** S. Watson [*B. adenocarpa*]

Cuautitlán: Las Marías 700 m *Ramírez-D. 424* (IBUG)

La Resolana: Cerro La Petaca 1000 m *Soltero-Q. 757* (IBUG)

H ***Bletia purpurea*** (Lam.) DC.

La Resolana: Puerto de Los Mazos 1100–1200 m *Sánchez-R. 34* (WIS, ZEA), 1000 m *Iltis 3117* (MICH, WIS)

H ***Bletia roezlii*** Reichb. f.

Cuautitlán: Peña Colorada, NO de Minatitlán [RBSM?] 1300 m *Santana-M. 6205* (ZEA); ENE de El Durazno 1100–1200 m *Cuevas-G. 3646* (ZEA)

La Resolana: Los Mazos 1700 m *Reyna-B. 719* (IBUG)

HE ***Brassavola cucullata*** (L.) R. Br. "Cola de ratón"

La Resolana: Cerro La Petaca 500 m *Soltero-Q. 748* (IBUG); [10–11 km] SO de Autlán 1300 m *McVaugh 10213* (MICH–*Fl.NG.*)

HE ***Bulbophyllum cirrhosum*** L. O. Williams; ENDÉMICA: Guerrero, Jalisco

Autlán: [RBSM?] fide Rosillo de V. (*Fl.NG.*); S de Ahuacapán 1800 m *Soltero-Q. 460* (IBUG)

HE ***Bulbophyllum nagelii*** L. O. Williams

Autlán: Ahuacapán–Corralitos *McVaugh & Koelz 922* (MICH–*Fl.NG.*)

HE ***Bulbophyllum solteroi*** R. González; ENDÉMICA: Jalisco

Cuautitlán: Cuautitlán 1000 m *Soltero-Q. s. n.* (IBUG)

HE ***Catasetum pendulum*** Dodson

Cuautitlán: Cuautitlán-Ayotitlán 820 m *Flores-M. 1237* (IBUG)

La Resolana: Cerro La Petaca 800 m *Soltero-Q 539* (IBUG); [Los Mazos, SO de] Autlán *Rosillo de V.* (foto–*Fl.NG.*)

HE *Cattleya aurantiaca* (Batem.) P. N. Don, "Lirio"
Cuautitlán: La Cofradía 800 m *Cuevas-G. 1957* (ZEA); La Ventana 1700 m *Villarreal de Puga 15990* (IBUG); NO de Ayotitlán 1800 m *Soltero-Q. 6668a* (IBUG)
HE *Clowesia dodsoniana* Aguirre L. [*C. thylaciochila*]
Autlán: [RBSM?] *Rosillo de V.* (foto–*Fl.NG.*)
HE *Clowesia ruselliana* (Hook.) Dodson
Tolimán: Campo Cuatro, Cerro Grande 800 m *Ramírez-D. s. n.* (IBUG)
H *Corallorrhiza fimbriata* Schltr.
Autlán: El Chilacayote, Las Joyas 1950 m *Judziewicz 4924* (WIS)
H *Corallorrhiza maculata* Raf.
Autlán: Picacho del Sol y La Luna, Las Joyas 2150 m *Iltis 29372* (WIS)
Cuautitlán: E de Manantlán *Wilbur 1904* (MICH–*Fl.NG.*)
Tolimán: N de El Terrero, Cerro Grande 2300–2350 m *Cuevas-G. 3890* (ZEA)
H *Cranichis apiculata* Lindl.
Autlán: Los Mazos *González-T. s. n.* (MICH–*Fl.NG.*)
Cuautitlán: Cerro San Miguel–La Ventana 1100–1500 m *Iltis 451* (WIS)
La Resolana: E del pueblo 1600 m *Soltero-Q. s. n.* (IBUG)
H *Cranichis sylvatica* Rich. & Gal. vel aff.
Autlán: Ahuacapán 1000 m *Soltero-Q. 345* (IBUG, ZEA)
La Resolana: SO de Autlán 1300 m *McVaugh 19855* (MICH–*Fl.NG.*)
H *Crybe rosea* Lindl. [*Bletia rosea*]
Autlán: Tierritas Blancas, Las Joyas 2000 m *Soltero-Q. 336* (IBUG, ZEA)
HE *Cuitlauzina pendula* Lex.
Autlán: [RBSM?] fide Rosillo de V. (*Fl.NG.*); Las Joyas 1800 m *López-V. 9* (ZEA)
H *Cypripedium irapeanum* Lex. vel aff., "Zapatito", "Zapatilla de venus". Foto p. xxix, BB.
Comala: Campo Cuatro, Cerro Grande 1100 m *Guzmán-H. 1388* (WIS, ZEA)
La Resolana: [SW de] Autlán *Wilbur 2175* (MICH–*Fl.NG.*)
H *Cyrtopodium punctatum* (L.) Lindl.
Tolimán: Campo Cuatro, Cerro Grande 1450 m *Iltis 30215* (WIS)
Tuxcacuesco: La Cañita, Zenzontla 1200 m *Cuevas-G. 2076* (ZEA)
HE *Encyclia adenocaula* (Lex.) Schltr.
Autlán: Corralitos 1800 m *Vázquez-G. 3001, 3002* (ZEA); [RBSM?] 2000 m *Rosillo de V. 171* (AMO–*Fl.NG.*)
La Resolana: SO de Autlán *Wilbur 1413* (MICH–*Fl.NG.*)
HE *Encyclia aenicta* Dressler & Poll.
Cuautitlán: Las Yeguas–Rincón de Manantlán 1800 m *Iltis 2563* (WIS, ZEA)
La Resolana: SO de Autlán *Wilbur 1444* (MICH–*Fl.NG.*)
HE *Encyclia favoris* Reichb. f. [*E. boothiana* subsp. *favoris*]
Autlán: [RBSM?] *Rosillo de V.* (foto–*Fl.NG.*)
Sierra de Manantlán: 2500 m *Santillán-S. s. n.* (IBUG)
HE *Encyclia chacaoensis* (Reichb. f.) Dressler & Poll.
Cuautitlán: O de Las Marías, Ayotitlán 780–800 m *Cochrane 11793* (WIS)
La Resolana: [RBSM?] 600 m *Soltero-Q. 405* (IBUG)
HE *Encyclia chondylobulbon* (Rich. & Gal.) Dressler & Poll.
Autlán: Tierritas Blancas, Las Joyas 2000 m *Soltero-Q. 340* (IBUG, ZEA)
Cuautitlán: E de Cuzalapa 950 m *De Níz-L. 92* (ZEA)
La Resolana: Los Mazos *Rosillo de V.* (foto–*Fl.NG.*)
HE *Encyclia citrina* (Lex.) Dressler
Tolimán: Lagunitas, Cerro Grande 2000 m *Santana-M. 1263* (IBUG)
HE *Encyclia cretacea* Dressler & Pollard
Tolimán: El Terrero, Cerro Grande 2200 m *Santana-M. s. n.*, cultivada (IBUG)

HE ***Encyclia lancifolia*** (Lindl.) Dressler & Poll.
La Resolana: El Tecolote 450 m *Santana-M. 3770* (ZEA); SO de Autlán 1500 m *Wilbur 1724, 2160* (MICH–*Fl.NG.*)

HE ***Encyclia linkiana*** (Kl.) Schltr.
Autlán: Ahuacapán–Las Joyas 1600 m *González-T. s. n.* (IBUG)
Cuautitlán: Rincón de Manantlán 1650 m *Guzmán-M. 2520* (IBUG, MICH)
Tolimán: Lagunitas, Cerro Grande 2000 m *Santana-M. 2945* (IBUG)

HE ***Encyclia meliosma*** (Reichb. f.) Schltr. vel aff. Foto p. xxix, Z.
Cuautitlán: Rincón de Manantlán 1560 m *Iltis 29129* (WIS)
Tolimán: Campo Cuatro–El Terrero, Cerro Grande 2000 m *Iltis 29662a* (WIS)

HE ***Encyclia microbulbon*** (Hook.) Schltr.
Autlán: Barbechos del Sol y La Luna, Las Joyas 1755 m *Vázquez-G. 3588* (ZEA); Las Yeguas, NO de Rincón de Manantlán 1800 m *Iltis 2565* (MICH, WIS)
Tolimán: El Terrero, Cerro Grande 1800 m *González-T. s. n.* (IBUG)

HE ***Encyclia pterocarpa*** (Lindl.) Dressler
Autlán: Ahuacapán 1000 m *Soltero-Q. 342* (IBUG, ZEA)
Cuautitlán: Telcruz–Ayotitlán 1200 m *Soltero-Q. 623* (IBUG)
La Resolana: Los Mazos 1800 m *González-C. s. n.* (IBUG), *Cházaro-B. 4947* (IBUG), *Salazar 3555* (IBUG); Región de Autlán *Wilbur 2159, 2298* (MICH–*Fl.NG.*)

HE ***Encyclia spatella*** (Reichb. f.) Schltr. vel aff.
Autlán: La Antena–Tecopatlán 1700 m *Rosales-C. s. n.* (ZEA)

HE ***Encyclia tenuissima*** (Ames et al. ) Dressler
Autlán: [RBSM?] fide Rosillo de V. (*Fl.NG.*)

HE ***Encyclia trachycarpa*** (Lindl.) Schltr.; ENDÉMICA: oeste de México
Cuautitlán: El Durazno–La Ventana *Pérez de la Rosa s. n.* (IBUG–*Fl.NG.*)

HE ***Encyclia trulla*** (Reichb. f.) Salazar & Soto [*E. rhombilabia*]
Autlán: Cerro de La Vaca, Las Joyas 1980 m *Cuevas-G. 1362* (ZEA)
La Resolana: El Tecolote 450 m *Santana-M. 3770* (IBUG)

HE ***Encyclia varicosa*** (Lindl.) Schltr.
Cuautitlán: La Cumbre 2250 m *Soltero-Q. 447* (IBUG)

HE ***Encyclia venosa*** (Lindl.) Schltr.
Cuautitlán: Cerro San Miguel 1100–1500 m *Iltis 460* (WIS); E de Manantlán [sin alt.] *Wilbur 1964* (MICH, WIS)

HE ***Epidendrum anisatum*** Lex.
Autlán: Las Joyas 1900 m *Arreola s. n.* (IBUG)
Tolimán: NO de El Terrero, Cerro Grande 2300 m *Santana-M. 5803* (ZEA)

HE ***Epidendrum carolii*** Schltr.
[La Resolana: Los Mazos, SO de] Autlán *Rosillo de V.* (foto–*Fl.NG.*)

HE ***Epidendrum chlorops*** Reichb. f. [*E. clowesii*]
Cuautitlán: Las Pesadas, NO de Minatitlán 900–1000 m *Santana-M. 4809* (WIS, ZEA)
La Resolana: El Tigre 600 m *Cuevas-G. 2352* (WIS, ZEA); [La Resolana: Los Mazos, SO de] Autlán *Rosillo de V.* (foto–*Fl.NG.*)

HE ***Epidendrum ciliare*** L.
Cuautitlán: Cuzalapa 900 m *Rosales-C. 214* (IBUG, ZEA)
La Resolana: SO de Autlán 1200 m *Wilbur 1393* (MICH–*Fl.NG.*)

HE ***Epidendrum citrosum*** Hágsater
Cuautitlán: El Durazno *Rosillo de V. s. n.* (MICH–*Fl.NG.*); NO de Cuzalapa 700 m *López-V. 6* (ZEA); O de Las Marías, Ayotitlán 760 m *Judziewicz 5226* (WIS)
La Resolana: E del pueblo 500 m *Soltero-Q. 410* (IBUG)

HE ***Epidendrum examinis*** S. Rosillo; ENDÉMICA: Jalisco
La Resolana: Los Mazos 1400 m *González-G.*, cultivada (IBUG)

HE ***Epidendrum gladiatum*** Lindl.
Autlán: Charco de Los Perros, Las Joyas 1830 m *Santana-M. 6730* (ZEA)

HE ***Epidendrum gomezii*** Schltr.
Autlán: [RBSM?] *Rosillo de V.* (foto–*Fl.NG.*); Las Joyas 1860 m *Vázquez-G. 3876* (ZEA)
HE ***Epidendrum gonzalez-tamayoi*** Hágsater; ENDÉMICA: Jalisco
Cuautitlán: Cuautitlán–Ayotitlán 820 m *Flores-M. 1234* (IBUG)
HE ***Epidendrum longicaule*** (L. O. Williams) L. O. Williams; ENDÉMICA: Jalisco, Sinaloa
Autlán: Ahuacapán 1500 m *Santana-M. 5493* (WIS, ZEA)
HE ***Epidendrum miserum*** Lindl.
Cuautitlán: Ayotitlán 820 m *Flores-M. 1232* (IBUG); Las Yeguas 1800 m *Iltis 2561* (MICH, WIS), 1475–1600 m *Cochrane 10838* (WIS)
HE ***Epidendrum neogaliciense*** Hágsater & R. González; ENDÉMICA: Jalisco
Cuautitlán: Sierra de Manantlán [fide el protólogo–Orquídea (Méx.) 9: 144. 1983.]
HE ***Epidendrum parkinsonianum*** Hook.
Autlán: Ahuacapán–Corralitos *McVaugh & Koelz 933* (MICH–*Fl.NG.*); La Moza, Las Joyas 1890 m *Vázquez-G. 3357* (ZEA); Puerto de San Campús, Las Joyas 1620 m *Judziewicz 5052* (WIS, ZEA)
Cuautitlán: Aserradero [Rincón] de Manantlán 1500 m *González-T. 1321* (IBUG), 1800 m *Pérez de la Rosa s. n.* (IBUG)
HE ***Epidendrum polyanthum*** Lindl.
Autlán: El Zarazamoro, Las Joyas 1950 m *Cuevas-G. 4224* (IBUG, ZEA), *Iltis 29023* (IBUG, WIS); Tierritas Blancas, Las Joyas 1800 m *Soltero-Q. 348* (IBUG, ZEA)
Cuautitlán: Aserradero de Manantlán 1700 m *González-T. s. n.* (IBUG)
HE ***Erycina diaphana*** (Reichb. f.) Schltr.
Autlán: El Chilacayote, Las Joyas 1800 m *Iltis 29099* (WIS); Las Joyas 1950 m *Cochrane 10688* (WIS); Las Playas, Las Joyas 1800 m *Vázquez-G. 4024* (ZEA); Rincón de Manantlán 1540–1600 m *Iltis 2325* (MICH, WIS)
Tolimán: El Terrero, Cerro Grande 1900 m *Iltis 29665* (WIS)
HE ***Gongora galeottiana*** Rich. & Gal.
La Resolana: Los Mazos 1700 m *González-T. s. n.* (IBUG); SO de Autlán 1400 m *Wilbur 2429* (MICH–*Fl.NG.*), *Rosillo de V.* (foto–*Fl.NG.*)
HE ***Goodyera striata*** Reichb. f.
Autlán: Arriba de El Chante *Wilbur 1768* (MICH–*Fl.NG.*); El Zarzamoro, Las Joyas 1800–1900 m *Iltis 29032* (WIS); Las Joyas 1950 m *Cochrane 10654* (WIS)
H ***Govenia liliacea*** (Llave & Lex.) Lindl.
Autlán: Las Joyas 1950 m *Guzmán-M. s. n.* (IBUG); San Campús, Las Joyas 1980 m *Cuevas-G. 1419* (ZEA)
H ***Govenia purpusii*** Schltr. vel aff.
Cuautitlán: Neverías–Capillas 2900 m *Cuevas-G. 2162a* (ZEA)
H ***Govenia superba*** (Llave & Lex.) Lindl. ex Lodd.
Autlán: El Tlacuache, Las Joyas 1900 m *Cuevas-G. 1511* (WIS, ZEA); San Campús, Las Joyas 1980 m *Vázquez-G. 3365, 3398* (ZEA)
Tolimán: El Terrero, Cerro Grande 2200 m *Santana-M. 4542* (WIS, ZEA), *Guzmán-H. 1160* (MEXU, WIS, ZEA)
H ***Habenaria adenantha*** Rich. & Gal.
Autlán: Ahuacapán 1100 m *Santana-M. 5501* (ZEA)
H ***Habenaria brevilabiata*** Rich. & Gal.
Autlán: Tierritas Blancas, Las Joyas 1750 m *Soltero-Q. 343* (IBUG)
La Resolana: Los Mazos *Ruíz-T. s. n.* (AMO, ENCB–*Fl.NG.*)
H ***Habenaria clypeata*** Lindl. vel aff.
Autlán: Arriba de El Chante *Wilbur 1772* (MICH–*Fl.NG.*); Tierritas Blancas, Las Joyas 1750 m *Soltero-Q. 334* (IBUG)
La Resolana: [16 km] S de Autlán [1400 m] *Wilbur 2450* (MICH, WIS)
H ***Habenaria diffusa*** Rich. & Gal.
Cuautitlán: La Pareja, Cuzalapa 860 m *Cuevas-G. 1669* (ZEA)

H ***Habenaria filifera*** S. Watson vel aff.
Autlán: Los Barbechos, Las Joyas 1850 m *Solís-M. 4491* (ZEA)
Cuautitlán: San Miguel 1800–2400 m *Iltis 487, 500* (WIS)
H ***Habenaria flexuosa*** Lindl.
Tolimán: El Terrero, Cerro Grande 2300 m *Cuevas-G. 3888* (ZEA)
H ***Habenaria jaliscana*** S. Watson
Autlán: El Zarzamoro, Las Joyas 1900 m *Iltis 3145* (WIS)
H ***Habenaria lucaecapensis*** Fernald
Tuxcacuesco: Zenzontla–La Pintada 950 m *Santana-M. 3895* (ZEA)
H ***Habenaria macroceratitis*** Willd. [*H. quinqueseta*]
Cuautitlán: Telcruz 1200–1400 m *Cuevas-G. 3561* (ZEA)
Tuxcacuesco: Cerro del Palacio 1150 m *Santana-M. 5391* (ZEA)
H ***Habenaria mitodes*** Garay & Kittredge; ENDÉMICA: Jalisco, Nayarit
Autlán: Ahuacapán–Corralitos *McVaugh 19624* (MICH–*Fl.NG.*); Tierritas Blancas, Las Joyas 1750 m *Soltero-Q. 347* (IBUG)
H ***Habenaria novemfida*** Lindl., "Lirio"
Cuautitlán: El Durazno 1100 m *Iltis 393* (WIS); La Ventana, ENE de El Durazno 1800–2400 m *Iltis 485* (WIS)
La Resolana: SO de Autlán *Wilbur 2418* (MICH–*Fl.NG.*)
Tolimán: E de Encinitos–Las Antenas, Cerro Grande 1700 m *Cochrane 12987* (WIS), 1600 m *Cochrane 13035* (WIS, ZEA)
H ***Habenaria turckheimii*** Schltr. vel aff. [*H. distans*]
Cuautitlán: Cerro San Miguel 1000 m *Iltis 457* (WIS); N de Telcruz, Ayotitlán 1700 m *Guzmán-H. 823* (ZEA)
La Resolana: Arroyo Tacubaya, E del pueblo *Guzmán-M. 1334* (MICH–*Fl.NG.*); Arroyo Tacubaya, Cerro La Petaca 420 m *Iltis 324* (WIS)
H ***Habenaria virens*** Rich. & Gal.
Autlán: Ahuacapán 1100 m *Vázquez-G. 964* (IBUG)
H ***Habenaria*** sp. nov. fide R. González
Cuautitlán: NO de Telcruz 1200–1400 m *Cuevas-G. 3248* (ZEA)
H ***Habenaria*** sp.
Tolimán: La Laguna, Cerro Grande 2000 m *Guzmán-H. 1130* (WIS, ZEA)
HE ***Hagsatera rosilloi*** R. González; ENDÉMICA: Jalisco
Cuautitlán: Arriba de El Durazno 1200 m *Rosillo de V.* (foto–*Fl.NG.*)
Sierra de Manantlán: 1800 m *Pérez de la Rosa s. n.* (IBUG)
HE ***Hexadesmia reedii*** Reichb. f. [*Scaphyglottis reedii*]
Autlán: Tecopatlán 1400 m *Santana-M. 4769* (IBUG)
Cuautitlán: Las Yeguas 1900 m *Iltis 2562* (MICH, WIS)
La Resolana: E del pueblo 500 m *Soltero-Q. 427* (IBUG)
H ***Hexalectris brevicaulis*** L. O. Williams
Autlán: SO de Ahuacapán 1300–1500 m *Santana-M. 5421, 5495* (WIS, ZEA); Tierritas Blancas, Las Joyas 1750 m *Soltero-Q. 349* (IBUG, ZEA); "W de Autlán" [RBSM?] *Wilbur 2410, 2411* (MICH–*Fl.NG.*)
HE ***Hexisea bidentata*** Lindl.
La Resolana: Los Mazos 1200 m *Anderson 3743* (MICH–*Fl.NG.*), [Los Mazos, SO de Autlán] *Rosillo de V.* (foto–*Fl.NG.*)
HE ***Hintonella mexicana*** Ames
La Resolana: Los Mazos 1700 m *Hernández-P. s. n.* (IBUG)
HE ***Isochilus amparoanus*** Schltr.
Autlán: El Zarzamoro, Las Joyas 1900 m *Iltis 29036* (WIS)
Cuautitlán: Las Yeguas 2100 m *Judziewicz 5017* (WIS, ZEA)
La Resolana: S de Autlán [1740 m] *Wilbur 2423* (MICH, WIS)

HE ***Jacquiniella leucomelana*** (Reichb. f.) Schltr.
Autlán: Tierritas Blancas, Las Joyas 1750 m *Soltero-Q. 344* (IBUG, ZEA)
H ***Kreodanthus casillasii*** R. González ined.
Autlán: El Tlacuache, Las Joyas 2020 m *Vázquez-G. 3688* (ZEA)
HE ***Laelia albida*** Batem. ex Lindl.
Autlán: Ahuacapán–Corralitos 1000 m *Vázquez-G. 952* (IBUG); [7 km] S de El Chante *Chase 83202* (MICH–*Fl.NG.*)
HE ***Laelia autumnalis*** (Lex.) Lindl. Foto p. xxix, AA.
Autlán: La Joya Verde, Corralitos 1900–2000 m *López-H. 106* (ZEA); Picacho del Sol y La Luna, Las Joyas 2140 m *Vázquez-G. 3708* (ZEA)
Cuautitlán: Rincón de Manantlán 1560 m *Iltis 29128* (IBUG)
HE ***Laelia rubescens*** Lindl.
Cuautitlán: Cuautitlán–Ayotitlán 820 m *Flores-M. 1235* (IBUG); Las Yeguas 1800 m *Iltis 2564* (WIS)
HE ***Leochilus crocodiliceps*** (Reichb. f.) Kraenzl; ENDÉMICA: oeste de México
Cuautitlán: El Chante–Manantlán 1500 m *Chase 83207* (MICH–*Fl.NG.*)
[La Resolana: Los Mazos, SO de] Autlán *Rosillo de V.* (foto–*Fl.NG.*)
Tolimán: Campo Cuatro–El Terrero, Cerro Grande 1500 m *González-T. s. n.* (IBUG)
HE ***Leochilus oncidioides*** Knowles & Westc.
Autlán: [RBSM?] *Rosillo de V.* (foto–*Fl.NG.*)
H ***Liparis vexillifera*** (Lex.) Cogn.
Cuautitlán: La Pareja 860 m *Cuevas-G. 1669* (ZEA)
H ***Liparis wendlandii*** Reichb. f.
Tolimán: NO de El Terrero, Cerro Grande 2300 m *Santana-M. 5851* (ZEA)
HE ***Lockhartia oerstedii*** Reichb. f.
La Resolana: Cerro La Petaca 1600 m *Soltero-Q 516* (IBUG); SO de Autlán *McVaugh 10223* (MICH–*Fl.NG.*), [1465 m] *Wilbur 1728* (MICH–*Fl.NG.*, WIS)
HE ***Lycaste crinita*** Lindl.
Cuautitlán: San Miguel 1300 m *Guzmán-M. 6668* (IBUG); Sierra de Manantlán fide Rosillo de V. (*Fl.NG.*)
La Resolana: NE del pueblo 900 m *Soltero-Q. 140* (IBUG); SO de Autlán *Wilbur 1477* (MICH, WIS)
H ***Malaxis brachyrrhynchos*** (Reichb. f.) Ames
Autlán: S de El Chante *Wilbur 1800, 1823, 1847* (MICH–*Fl.NG.*)
Cuautitlán: Cerro El Pinacate 1750 m *Ramírez-D. 450* (IBUG)
La Resolana: Cerro La Petaca 1600 m *Soltero-Q. 514* (IBUG); SO de Autlán *Wilbur 1745* (MICH–*Fl.NG.*)
H ***Malaxis corymbosa*** (S. Watson) Kuntze vel aff.
Autlán: S de El Chante *Wilbur 1889* (MICH–*Fl.NG.*)
Tolimán: Los Encinitos–Las Antenas, Cerro Grande 1600 m *Cochrane 13042* (WIS, ZEA); O de El Terrero, Cerro Grande 2000 m *Santana-M. 4556* (MICH, WIS, ZEA)
H ***Malaxis ehrenbergii*** Reichb. f. [*M. tepicana*]; ENDÉMICA: Jalisco, Nayarit
Cuautitlán: Las Capillas 2860 m *Iltis 3224* (MICH, WIS)
H ***Malaxis fastigiata*** (Reichb. f.) Kuntze
Autlán: Filo de La Vaca, Las Joyas 2040 m *Vázquez-G. 3406* (ZEA)
Cuautitlán: [N de] El Durazno *McVaugh 13854* (MICH–*Fl.NG.*)
H ***Malaxis hagsateri*** Salazar
Autlán: Cuchilla de La Tuna, Las Joyas 1860 m *Vázquez-G. 3883* (ZEA); El Zarazamoro, Las Joyas 1950 m *Cuevas-G. 4274* (IBUG, ZEA)
H ***Malaxis histionantha*** (Link, Kl. & Otto) Garay & Dunsterv.
La Resolana: Arroyo Tacubaya 500 m *Iltis 310* (WIS), *Guzmán-M. 1334* (IBUG, MICH–*Fl.NG.*), *Pérez de la Rosa s. n.* (IBUG)

H ***Malaxis parthonii*** Morren
Comala: Campo Cuatro–Lagunitas, Cerro Grande 1500 m *Ramírez-D. 2174* (IBUG), *González-T. s. n.* (IBUG)

H ***Malaxis pollardii*** L. O. Williams; DISYUNTA: Oaxaca
Tolimán: Cerro El Breñoso, N de El Terrero, Cerro Grande 2300 m *Santana-M. 5798* (WIS, ZEA); El Terrero, Cerro Grande 2220 m *Santana-M. 5871* (IBUG, WIS, ZEA)

H ***Malaxis pringlei*** (S. Watson) Ames
Autlán: Charco de Los Perros, Las Joyas 1960 m *Cuevas-G. 1529* (ZEA)

H ***Malaxis ramirezii*** R. González; ENDÉMICA: RBSM
Tolimán: Campo Cuatro, Cerro Grande 1500 m *Ramírez-D. s. n.* (IBUG–Holótipo)

H ***Malaxis rosei*** Ames vel aff.
Cuautitlán: Las Capillas 2780 m *Sørensen 7927* (WIS)
Tolimán: Cerro El Breñoso, N de El Terrero, Cerro Grande 2400 m *Santana-M. 5818* (WIS, ZEA)

H ***Malaxis rosilloi*** R. González & Greenwood
Autlán: El Tlacuache, Las Joyas 1980 m *Cuevas-G. 1314* (WIS, ZEA); El Zarzamoro, Las Joyas 1800–1900 m *Iltis 29035* (WIS)
Tolimán: Los Encinitos–Las Antenas, Cerro Grande 1810 m *Cochrane 13016* (WIS)

H ***Malaxis soulei*** L. O. Williams
Autlán: S de El Chante *Wilbur 1833* (MICH–*Fl.NG.*)
Tolimán: Sierra de Manantlán [1300 m?] *González-T. s. n.* (IBUG)

H ***Malaxis tamayoana*** Garay & Kittredge; ENDÉMICA: Jalisco
Cuautitlán: El Almeal 1900 m *McVaugh 13982* (AMES, MICH–*Fl.NG.*)

HE ***Maxillaria atrata*** (Llave) Lindl.
Autlán: Tierritas Blancas, Las Joyas 1750 m *Soltero-Q. 339* (IBUG, ZEA)

HE M***axillaria cucullata*** Lindl.
Cuautitlán: Cuautitlán–Ayotitlán 820 m *Flores-M. 1239* (IBUG)

HE ***Maxillaria curtipes*** Hook. vel aff.
Autlán: Corralitos 1800 m *Soltero-Q. 337* (IBUG)

H ***Maxillaria unifolia*** Michx.
La Resolana: Los Mazos 1650 m *Martínez s. n.* (IBUG)

HE ***Maxillaria variabilis*** Batem. ex Lindl. vel aff.
Autlán: [RBSM?] fide González-T. (*Fl.NG.*)
Cuautitlán: Los Terreros de Ayotitlán 750 m *Santana-M. 5312* (WIS, ZEA)
Tolimán: El Terrero, Cerro Grande 2000 m *Santana-M. 4565* (WIS, ZEA)

HE ***Maxillaria*** sp.
Autlán: S de Auacapán 1400 m *Santana-M. 3658* (IBUG, ZEA)

HE ***Meiracyllium wendlandii*** Reichb. f.
La Resolana: Los Mazos 1300 m fide R. González (*Fl.NG.*)

HE ***Mexicoa ghiesbreghtiana*** (Rich. & Gal.) Garay. Foto p. 88.
Autlán: Las Joyas 2000 m *González-T. s. n.* (IBUG)
Cuautitlán: La Cumbre 2200 m *Iltis 2234* (IBUG, MICH, WIS, ZEA)

HE ***Mormodes badium*** Rolfe ex S. Watson; ENDÉMICA: Jalisco, Nayarit
Cuautitlán: Manantlán 1600 m *Soltero-Q. s. n.* (IBUG, ZEA)

HE ***Mormodes luxatum*** Lindl.
Autlán: El Chaparral, Las Joyas 1700 m *Soltero-Q. s. n.* (IBUG); El Zarzamoro, Las Joyas 1880 m *Vázquez-G. 3320* (ZEA); [RBSM?] *Rosillo de V.* (fotos–*Fl.NG.*)

HE ***Mormodes ramirezii*** S. Rosillo; ENDÉMICA: RBSM
Cuautitlán: 1750 m *Ramírez-S. s. n.*, especímen cult. (AMO–Holótipo–*Fl.NG.*)

HE ***Mormodes saccatum*** S. Rosillo
Autlán: El Chaparral, Las Joyas 1900 m *Román-L. s. n.* (IBUG); NE de Corralitos 1750–1800 m *Cuevas-G. 3013* (ZEA)

HE ***Nidema boothii*** Schltr.
Cuautitlán: Cuautitlán 1000 m *Soltero-Q. s. n.* (IBUG)
HE ***Notylia barkeri*** Lindl.
La Resolana: La Resolana 500 m *Rodríguez s. n.* (AMO–*Fl.NG.*)
HE ***Oncidium cavendishianum*** Batem.
Autlán: [RBSM?] *Rosillo de V.* (fotos–*Fl.NG.*)
Cuautitlán: Cerro El Almeal, O de La Cumbre 2000 m *Iltis 2258* (WIS); La Cumbre 2020 m *Vázquez-G. 3911* (ZEA)
HE ***Oncidium cebolleta*** (Jacq.) Sw.
Autlán: S de El Chante 1050 m *Iltis 2547* (MICH, WIS); Tecopatlán 1400 m *Santana-M. 4770* (IBUG, ZEA); 2 km E de El Aguacate, El Chante 900 m *Iltis 28804* (WIS)
Cuautitlán: Rincón de Manantlán 1500 m *Pérez de la Rosa s. n.* (ZEA)
La Resolana: E del pueblo 500 m *Soltero-Q 435* (IBUG)
HE ***Oncidium flavovirens*** L. O. Williams; ENDÉMICA: oeste de México
Cuautitlán: SE de Telcruz 1200 m *Soltero-Q 617* (IBUG)
[La Resolana: Los Mazos, SO de] Autlán *Rosillo de V.* (foto–*Fl.NG.*)
HE ***Oncidium graminifolium*** (Lindl.) Lindl.
Cuautitlán: La Cumbre 2000 m *Cuevas-G. 2902* (WIS, ZEA)
HE ***Oncidium hastatum*** (Batem.) Lindl.
[La Resolana: Los Mazos, SO de] Autlán fide Rosillo de V. (*Fl.NG.*)
HE ***Oncidium hintonii*** L. O. Williams
[La Resolana: Los Mazos, SO de] Autlán *Rosillo de V.* (foto–*Fl.NG.*)
HE ***Oncidium hyalinobulbon*** Llave & Lex.
Autlán: Las Playas, Las Joyas 1800 m *Vázquez-G. 4024* (ZEA)
Cuautitlán: Arroyo San Miguel, Rincón de Manantlán 1600–1800 m *Judziewicz 5112* (WIS)
Tolimán: Lagunitas, Cerro Grande 2100 m *Pérez de la Rosa 1657* (IBUG)
HE ***Oncidium karwinskii*** (Lindl.) Lindl.
[La Resolana: Los Mazos, SO de] Autlán *Rosillo de V.* (foto–*Fl.NG.*)
HE ***Oncidium leleui*** R. Jiménez [*O. ensatum*]
Cuautitlán: Cuzalapa–Cofradía 750 m *Cuevas-G. 1946* (ZEA); La Huertita, especímen cult. en [IBUG,] U. de G. (*Fl.NG.*); Las Marías, Ayotitlán 780–800 m *Cochrane 12674* (WIS, ZEA)
La Resolana: Arroyo el Tecolote 400–850 m *López-H. 137* (ZEA); 2–4 km al NE del pueblo 400–600 m *Cuevas-G. 2364* (WIS, ZEA), 600 m *Soltero-Q. 404* (IBUG)
Tolimán: La Salada 1000 m *Cuevas-G. 1816b* (WIS, ZEA)
HE ***Oncidium liebmannii*** Reichb. f.
Autlán: S de Ahuacapán 1700 m *Soltero-Q. 453* (IBUG)
Cuautitlán: Cuautitlán–Ayotitlán 820 *Flores-M. 1238* (IBUG)
HE ***Oncidium nebulosum*** Lindl. vel aff.
Autlán: Ahuacapán–Corralitos 1700 m *McVaugh & Koelz 965* (MICH–*Fl.NG.*)
HE ***Oncidium oestlundianum*** L. O. Williams
Autlán: Ahuacapán 1000 m *Soltero-Q. 341* (IBUG)
HE ***Oncidium reflexum*** Lindl.
Autlán: Ahuacapán–Corralitos [sin alt.] *Vázquez-G. 959* (IBUG)
La Resolana: Los Mazos *González-T. s. n.* (MICH–*Fl.NG.*)
HE ***Oncidium reichenheimii*** (Linden & Reichb. f.) Garay & Stacy
Cuautitlán: Rincón de Manantlán–El Durazno 1800 m *Peréz s. n.* (IBUG)
HE ***Oncidium stelligerum*** Reichb. f.
Cuautitlán: Rincón de Manantlán 1500 m *González-T. 1326* (IBUG)
La Resolana: Los Mazos 1800 m *González-T. s. n.* (IBUG)
HE ***Oncidium tigrinum*** Lex.
Autlán: Charco de Los Perros, Las Joyas 1900 m *Vázquez-G. 3677* (ZEA); El Chante 1050 m *Sørensen 7812* (WIS); El Tlacuache, Las Joyas 1990 m *Vázquez-G. 3687*

(ZEA); Picacho del Sol y La Luna, Las Joyas 2140 m *Vázquez-G. 3709* (ZEA)
Cuautitlán: Arriba de El Durazno *McVaugh 13987* (MICH–*Fl.NG.*)

HE ***Osmoglossum dubium*** S. Rosillo
Cuautitlán: [Cimas de] Manantlán 2200 m *Pérez de la Rosa,.Rosillo de V.* (foto–*Fl.NG.*)

H ***Physogyne gonzalezii*** (L. O. Williams.) Garay
Tolimán: Campo Cuatro–El Terrero, Cerro Grande 1500 m *Ramírez-D. s. n.* (IBUG)

H ***Physogyne sparsiflora*** (C. Schweinf.) Garay
La Resolana: Los Mazos 1700 m *González-C. s. n.* (IBUG)

HE ***Physosiphon tubatus*** (Lodd.) Reichb. f. [*P. loddigesii*]
La Resolana: SO de Autlán *McVaugh 14191* (MICH–*Fl.NG.*)

H ***Platanthera sparsiflora*** (S. Watson) Schltr. var. ***brevifolia*** (Greene) Luer
Cuautitlán: El Chante–Cuzalapa *Anderson 3809* (MICH–*Fl.NG.*)

H ***Platythelys vaginata*** (Hook.) Garay
La Resolana: Arroyo Tacubaya, Cerro La Petaca 500 m *Iltis 318* (WIS)

HE ***Pleurothallis chrysantha*** Lindl.
Cuautitlán: Rincón de Manantlán 1650 m *McVaugh 26598* (MICH–*Fl.NG.*)

HE ***Pleurothallis ciliaris*** (Lindl.) L. O. Williams
La Resolana: SO de Autlán *Wilbur 1725* (MICH–*Fl.NG.*)

HE ***Pleurothallis hieroglyphica*** Ames
Tolimán: La Antena–Los Encinitos, Cerro Grande 2300 m *Vázquez-G. 5153* (WIS); 3 km O de El Terrero, Cerro Grande 2300 m *Santana-M. 6594* (ZEA)

HE ***Pleurothallis longispicata*** L. O. Williams
Autlán: Las Joyas 2150 m *Cuevas-G. 4532* (ZEA)
Tolimán: El Terrero, Cerro Grande 2000 m *Flores-M. 2657* (IBUG)

HE ***Pleurothallis quadrifida*** (Lex.) Lindl.
Autlán: El Fresnal 1490 m *Romo-C. s. n.* (ZEA); SO de Autlán *McVaugh 10236* (MICH–*Fl.NG.*)
Tuxcacuesco: N de Toxín 1350–1400 m *Cuevas-G. 3769* (ZEA)

HE ***Pleurothallis sanguinolenta*** Garay & Kittredge; ENDÉMICA: Jalisco
Cuautitlán: El Durazno–Aserradero San Miguel Uno 1900 m *McVaugh 13911* (AMES–Holótipo–*Fl.NG.*)

HE ***Pleurothallis schiedei*** Reichb. [*P. hirsuta, P. ornata*]
Autlán: El Chilacayote 1835 m *Judziewicz 4892* (WIS, ZEA); La Huertita, La Joyas 1850 m *Vázquez-G. 3477a* (ZEA); Tierritas Blancas, Las Joyas 1750 m *Soltero-Q. 338* (IBUG)
La Resolana: Los Mazos *Rosillo de V.* (foto–*Fl.NG.*)

H ***Ponthieva ephippium*** Reichb. f.
Autlán: La Moza, Las Joyas 1950 m *Cuevas-G. 1532* (ZEA); Tierritas Blancas, Las Joyas 1750 m *Soltero-Q. 346* (IBUG, ZEA)
Cuautitlán: Rincón de Manantlán 1800 m *Vázquez-G. 465* (IBUG, MICH)
Tolimán: El Terrero, Cerro Grande 2200 m *Santana-M. 5898* (WIS, ZEA)

HE ***Ponthieva brenesii*** Schltr.
Tolimán: El Terrero, Cerro Grande 2200 m *González-T.* (IBUG)

H ***Potosia*** sp.
Autlán: Cerro Alto, Las Joyas 2100 m *Vázquez-G. 3438* (ZEA); El Laurelito, Las Joyas 1960 m *Vázquez-G. 3419* (ZEA); Las Joyas 1900 m *Solís-M. 4495* (ZEA)

HE ***Rhynchostele aptera*** (Llave & Lex.) Soto & Salazar [*Cymbiglossum apterum*]
Autlán: El Chante–Manantlán 1300 m *McVaugh 10255* (MICH–*Fl.NG.*)

HE ***Rhynchostele cervantesii*** (Llave & Lex.) Soto & Salazar [*Cymbiglossum cervantesii*], "Lirio". Foto p. xxix, EE.
Autlán: Ahuacapán–Corralitos 1750 m *Cochrane 11704* (WIS); Charco de Los Perros, Las Joyas 1890 m *Villalobos-S. 205* (WIS, ZEA); El Zarzamoro–Rincón de Manantlán 1950 m *Villalobos-S. s. n.* (WIS, ZEA)
Cuautitlán: Arriba de El Chante *McVaugh 10281* (MICH–*Fl.NG.*)

HE ***Rhynchostele maculata*** (Llave & Lex.) Soto & Salazar [*Cymbiglossum maculatum*]
Autlán: El Chante–Manantlán 1300 m *McVaugh 10280* (MICH–*Fl.NG.*)
HE ***Rossioglossum splendens*** (Reichb. f.) Garay & Kennedy; ENDÉMICA: oeste de México. Foto p. xxix, CC.
Autlán: Arriba de Ahuacapán *McVaugh 19607* (MICH–*Fl.NG.*); Charco de Los Perros, Las Joyas 1990 m *Vázquez-G. 3676* (ZEA); Corralitos 1800 m *Soltero-Q. 335* (IBUG, ZEA); El Zarzamoro, Las Joyas 1900 m *Iltis 3156* (MICH, WIS), *29040* (WIS); Los Barbechos, Las Joyas 1840 m *Vázquez-G. 3554* (ZEA)
Cuautitlán: Arriba de El Durazno *McVaugh 13952* (MICH–*Fl.NG.*)
La Resolana: Los Mazos *Rosillo de V.* (foto–*Fl.NG.*)
H ***Spiranthes albovaginata*** C. Schweinf. [*Deiregyne albovaginata, Schiedeella albovaginata*]; DISYUNTA: México
Autlán: El Zarzamoro, Las Joyas 1900 m *Iltis 1260* (MICH, WIS), *3150* (WIS), *30972a* (WIS); Las Playas, Las Joyas 1850 m *Vázquez-G. s. n.* (ZEA)
H ***Spiranthes aurantiaca*** (Lex.) Hemsl. [*Stenorrhynchos aurantiaca*]
Autlán: El Zarzamoro, Las Joyas 1900 m *Iltis 3151* (WIS); Las Mantequillas, Las Joyas 1600 m *Cuevas-G. 1483* (ZEA); S de El Chante *Wilbur 1809* (MICH–*Fl.NG.*); Tierritas Blancas, Las Joyas 1750 m *Soltero-Q. 333* (IBUG, ZEA)
HE ***Spiranthes congestiflora*** L. O. Williams vel aff. [*Svenkoeltzia congestiflora*]
Cuautitlán: La Cumbre 2200 m *Soltero-Q. 446* (IBUG)
H ***Spiranthes costaricensis*** Reichb. f. [*Beloglottis costaricensis*]
Autlán: [RBSM?] 1750 m *Rosillo de V. s. n.* (AMO–*Fl.NG.*)
H ***Spiranthes elata*** (Sw.) Rich. vel aff [*Beadlea elata*]
Autlán: [RBSM?] 1650 m *Rosillo de V. 177* (AMO–*Fl.NG.*)
H ***Spiranthes densiflora*** C. Schweinf. [*Dithyridanthus densiflorus*]
Autlán: El Zarzamoro, Las Joyas 1970 m *Vázquez-G. 3895* (ZEA)
H ***Spiranthes lanceolata*** (Aubl.) León [*Sacoila lanceolata*]
Tuxcacuesco: La Cañita, Zenzontla 1100 m *Cuevas-G. 2058* (WIS, ZEA)
H ***Spiranthes nonantzin*** R. González ex McVaugh [*Oestlundorchis nonantzin*]; ENDÉMICA: Jalisco
Autlán: Las Joyas 1600 m *Guzmán-H. 999* (ZEA)
H ***Spiranthes pulchra*** Schltr. "Gallitos" [*Deiregyne pulchra, S. hemichrea*]
Autlán: SO de Ahuacapán 1000 m *Santana-M. 4379* (ZEA)
Tuxcacuesco: La Cañita, Zenzontla 1000 m *Santana-M. 3243* (ZEA)
H ***Spiranthes pyramidalis*** Lindl. [*Deiregyne pyramidalis*]
Cuautitlán: Cuautitlán–Ayotitlán 820 m *Flores-M. 1233* (IBUG)
Tolimán: Campo Cuatro, Cerro Grande 1000 m *Soltero-Q. s. n.* (IBUG)
H ***Spiranthes rhombilabia*** (Garay) McVaugh [*Deiregyne rhombilabia, Triceratostris rhombilabia*]
Tolimán: Campo Cuatro, Cerro Grande 1300–1400 m *Reynoso-D. s. n.* (IBUG)
H ***Spiranthes rosulata*** Lindl. [*Sarcoglottis rosulata*]; DISYUNTA: América Central, Veracruz
Cuautitlán: La Rosa, Ayotitlán 600 m *Guzmán-H. 232* (ZEA)
H ***Spiranthes schaffneri*** Reichb. f. [*Pelexia schaffneri*]
Autlán: Las Joyas 1700 m *Cuevas-G. 4336* (ZEA)
Cuautitlán: S de El Chante *Wilbur 2004* (MICH–*Fl.NG.*)
H ***Spiranthes transversalis*** Rich. & Gal. [*Schiedeella llaveana*]
Cuautitlán: Manantlán–Rincón de Manantlán 1600 m *Cochrane 10835* (WIS)
La Resolana: Los Mazos 1600 m *González-T. s. n.* (IBUG)
HE ***Stanhopea intermedia*** Klinge
[La Resolana: Los Mazos, SO de] Autlán *Rosillo de V.* (foto–*Fl.NG.*)
HE ***Stanhopea maculosa*** Knowles & Westc.
Autlán: [RBSM?] *Rosillo de V.* (foto–*Fl.NG.*)

HE ***Stanhopea martiana*** Batem. ex Lindl., "Toritos"
Autlán: E de Corralitos 1650–1750 m *Cuevas-G. 2314* (ZEA)
[La Resolana: Los Mazos, SO de] Autlán *Rosillo de V*. (fotos–*Fl.NG.*)
Cuautitlán: Telcruz, Ayotitlán 1200 m *Vázquez-G. 4426* (ZEA)

HE ***Stanhopea saccata*** Batem. vel aff. [*S. radiosa*]
Autlán: El Zarzamoro, Las Joyas 1900 m *Iltis 29042* (WIS)
Cuautitlán: Base del Cerro San Miguel 1400 m *Iltis* (foto–*Fl.NG.*, WIS)
La Resolana: Los Mazos 1500 m *Suárez-J.* (foto–IBUG); SO de Autlán *Wilbur 1723* (MICH–*Fl.NG.*)

H ***Triphora trianthophora*** (Sw.) Rydb.
La Resolana: Cerro La Petaca 800 m *Santana-M. 6384* (ZEA), *Rosales-A. 59* (ZEA)

T ***Vanilla pompona*** Schiede vel aff.
La Resolana: NO del pueblo 500 m *Cuevas-G. 3195* (ZEA)

## Palmae (Arecaceae)

A ***Acrocomia mexicana*** Karwinski ex Mart., "Coyul". Foto p. xxvii, Y.
Cuautitlán: Cuautitlán 650 m *Vázquez-G.* (foto–ZEA)

A ***Brahea dulcis*** (Kunth) Mart.
Comala: Campo Cuatro–Lagunitas, Cerro Grande 900 m *Santana-M. 2936* (IBUG); SE de Campo Cuatro, Cerro Grande 1180 m *Cochrane 11759* (CHAPA, F, IBUG, LE, MO, UC, US, WIS, ZEA)
La Resolana: El Tepejilote, El Zapotillo 420–500 m *Iltis 31008* (WIS)

A ***Brahea pimo*** Becc.
Cuautitlán: Barranca de La Palmera 1880 m *Alvarez-C. s. n.* (IBUG)

a ***Chamaedorea pochutlensis*** Liebm.
Autlán: E de Corralitos 1700 m *Cuevas-G. 2302* (IBUG, WIS, ZEA); La Cascada, Las Joyas 1650 m *Vázquez-G. 3480* (ZEA); Las Tecatas, Las Joyas 1850 m *Iltis 29106, 29107* (WIS)
Cuautitlán: Las Marías, O de Ayotitlán 820 m *Cochrane 10892* (WIS); NE de Las Joyas 1850 m *Iltis 29106, 29107* (IBUG, WIS)
La Resolana: Arriba de Los Mazos, SO de Autlán 1500 m *McVaugh 10222* (MICH–*Fl.NG.*); La Calera 750 m *Vázquez-G. 4370* (WIS, ZEA); La Petaca 1600 m *Soltero-Q. 520* (IBUG); Torre de Microondas, Los Mazos 1700 m *Iltis 30111* (WIS)

A ***Crysophila nana*** (Kunth) Salomon
Cuautitlán: Rincón de Manantlán 1660 m *Judziewicz 5056* (WIS)
La Resolana: Cerca del pueblo 600 m *Cuevas-G. 1840* (WIS, ZEA); Cerro La Petaca *Santana-M. 2773* (IBUG–*Fl.NG.*); La Calera 870 m *Vázquez-G. 4363* (ZEA); SO de Autlán 1000 m *McVaugh 19864* (MICH–*Fl.NG.*)

A ***Orbignya guacuyule*** (Mart.) Hernández X. [*O. cohune*], "Coquito de aceite"
Cuautitlán: Cuzalapa 800 m "silvestre y en cultivo" fide Cuevas–G.

## Pontederiaceae

H ***Eichhornia crassipes*** (Mart.) Solms
Autlán: El Chante 800 m *Cuevas-G. 2114* (ZEA)

H ***Heteranthera peduncularis*** Benth.
Tuxcacuesco: Cerca del Río Ayuquila 900 m *Santana-M. 212* (IBUG)

H ***Heteranthera reniformis*** Ruiz & Pav.
Cuautitlán: Ayotitlán 750 m *Santana-M. 5338* (WIS, ZEA)
Tuxcacuesco: La Palma 700 m *Guzmán-H. 197* (ZEA)

## Smilacaceae

T ***Smilax domingensis*** Willd.
Autlán: Las Joyas 1880 m *Iltis 29058* (IBUG, WIS)
La Resolana: [3 km] N de La Resolana 305 m *Wilbur 1509* (MICH)

T *Smilax moranensis* M. Martens & Galeotti, "Calcomeca", "Coalcomeca", "Cocolmeca"
Autlán: Puerto del Escobedo, Las Joyas 1920 m *Cuevas-G. 1497* (WIS, ZEA)
Cuautitlán: El Chante–Manantlán 2400–2600 m *McVaugh 10254* (MICH); San Miguel 2200 m *Cuevas-G. 2878* (WIS, ZEA)
Tolimán: El Terrero–La Laguna, Cerro Grande 2463 m *Wetter 2053* (CHAPA, IBUG, MEXU, WIS, ZEA)

T *Smilax pringlei* Greenm.
Cuautitlán: Neverías–San Miguel 2400 m *Iltis 2349, 2692* (WIS)

T *Smilax spinosa* Mill., "Zarzaparrilla"
Autlán: Las Joyas 1900 m *Cochrane 10699* (WIS)
Cuautitlán: Barranca de La Nogalera 1260 m *Franco-A. 68* (ZEA); Rincón de Manantlán 1800–1900 m *Iltis 2517* (WIS)

## TYPHACEAE

H *Typha domingensis* Pers. [*T. angustifolia*, non L.]
Autlán: El Chante 800 m *Cuevas-G. 2113a* (ZEA)

## ZINGIBERACEAE

H *Costus pictus* D. Don
Cuautitlán: El Durazno 960 m *Vázquez-G. 4062* (WIS, ZEA); Las Marías, Ayotitlán 780–820 m *Cochrane 10898* (WIS)
La Resolana: Arroyo El Tecolote 500 m *López-V. 133* (ZEA), 1300 m *Vázquez-G. s. n.* (ZEA)

H *Zingiber officinale* Roscoe
La Resolana: Arroyo El Tecolote 1300 m *Vázquez-G. s. n.* (ZEA)

# Apéndice 1
## Especialistas Colaboradores

*Extendemos un agradecimiento especial a todos expertos taxónomos aquí mencionados por su muy valiosa contribución en hacer este listado lo más exacto posible y a los curadores de los respectivos herbarios, en especial a Mark A. Wetter (WIS), Richard K. Rabeler (MICH), y J. R. Massey (NCU), por su labor altruísta en facilitar el manejo y distribución de los especímenes bajo investigación. Favor de disculparnos si omitimos a alguien.*

---

ACANTHACEAE
Thomas F. Daniel (CAS)
Dieter C. Wasshausen (US)
ANACARDIACEAE
Ricardo Ornelas U. (ex-IBUG)
Raymundo Ramírez D. (IBUG)
ANNONACEAE
George E. Schatz–***Annona*** (MO)
APOCYNACEAE
Bruce F. Hansen (USF)
AQUIFOLIACEAE
Susyn M. Andrews–***Ilex*** (K)
ARACEAE
Thomas B. Croat–***Philodendron*** (MO)
ASCLEPIADACEAE
Steven P. Lynch–***Asclepias*** (LSUS)
Conrado Sánchez S. (ex-IBUG)
W. Douglas Stevens (MO)
BEGONIACEAE
Kathleen Burt-Utley–***Begonia*** (NOLS)
BIGNONIACEAE
Alwin H. Gentry (MO)
BOMBACACEAE
William S. Alverson (WIS)
Paul A. Fryxell (TEX)
BORAGINACEAE
Michael W. Frohlich–***Heliotropium*** (UCS)
James S. Miller (MO)
BROMELIACEAE
Rogers McVaugh (NCU)
John F. Utley (NOLS)
BUDDLEJACEAE
Eliane M. Norman–***Buddleja*** (RUTPP)
BURSERACEAE
Jerzy Rzedowski–***Bursera*** (IEB)
CACTACEAE
Hilda Arreola N. (IBUG)
Luis Guzmán H. (ZEA)
Leia Scheinvar (MEXU)
CAMPANULACEAE
Tina J. Ayers–***Heterotoma*** (ASC)
CAPPARACEAE
Hugh H. Iltis (WIS)
CAPRIFOLIACEAE
Michael J. Donoghue–***Viburnum*** (A/GH)
CARYOPHYLLACEAE
Richard K. Rabeler (MICH)
COMMELINACEAE
Robert B. Faden (US)
David R. Hunt (K)
COMPOSITAE (ASTERACEAE)
Theodore M. Barkley–***Senecio*** (KSC)
Bonnie L. Clark-***Senecio*** (KSC)
Robert R. Kowal–***Senecio*** (WIS)
Rogers McVaugh (NCU)
Thomas E. Melchert (IA)
Guy L. Nesom (TEX)
Billie L. Turner (TEX)
CONVOLVULACEAE
Andrew McDonald (A)
CRASSULACEAE
Melinda F. Denton (WTU)
CRUCIFERAE (BRASSICACEAE)
Ihsan Al-Shehbaz (MO)
CUCURBITACEAE
Rafael Lira S. (MEXU)
Michael Nee (NY)
CUSCUTACEAE
Tania del C. Béliz–***Cuscuta*** (ex-UC)
CYPERACEAE
Theodore S. Cochrane (WIS)
Rogers McVaugh (NCU)
Anton A. Reznicek–***Carex*** (MICH)
S. Galen Smith–***Schoenoplectus*** (University of Wisconsin, Whitewater WI)
Gordon C. Tucker–***Cyperus*** (NYSM)
DIOSCOREACEAE
Ma. Baudelia Franco A. (ex-ZEA)
Raquel Galván V. (ENCB)
Rogers McVaugh (NCU)
ERICACEAE
George M. Diggs (Austin College, Sherman TX)
Luz Ma. González V. (IBUG)
James L. Luteyn (NY)
Paul D. Sørensen (DEK)
EUPHORBIACEAE
Emily J. Lott–***Jatropha*** (UCR)
Rogers McVaugh (NCU)
Grady L. Webster (DAV)
FAGACEAE
Dennis E. Breedlove (CAS)
Luz Ma. González V. (IBUG)

GENTIANACEAE
C. Rose Broome–***Centaurium*** (MARY)
Robert L. Wilbur–***Halenia*** (DUKE)
GESNERIACEAE
Lawrence E. Skog (US)
James F. Smith (SRP)
GRAMINEAE (POACEAE)
Kelly W. Allred–***Bothriochloa*** (NMCR)
Mary E. Barkworth–***Piptochaetium*** (UTC)
Lynn G. Clark–***Rhipidocladum*** (ISC)
Gerrit Davidse–***Lasiacis*** (MO)
Rafael Guzmán M. (ex-IBUG)
Michael J. Harvey–***Agrostis*** (Victoria, British Columbia, Canada)
Emmet J. Judziewicz (WIS)
Rogers McVaugh (NCU)
Paul M. Peterson–***Muhlenbergia*** (US)
Jorge Sánchez-Ken–***Agrostis, Aristida*** (MEXU)
Francisco J. Santana M. (ZEA)
HEPATICOPHYTA
A. T. Whittemore–***Bryopteris*** (MO)
HYDROPHYLLACEAE
J. Antonio Vázquez G. (ZEA)
IRIDACEAE
Ma. Baudelia Franco A. (ZEA)
Raquel Galván V. (ENCB)
Rogers McVaugh (NCU)
JUNCACEAE
Henrik Balslev (AAU)
LABIATAE (LAMIACEAE)
Alan Paton–***Scutellaria*** (K)
T. P. Ramamoorthy (TEX)
Jerzy Rzedowski–***Stachys*** (IEB)
Billie L. Turner–***Stachys*** (TEX)
LAURACEAE
Henk van der Werff (MO)
LEGUMINOSAE (FABACEAE, CAESALPINIACEAE, MIMOSACEAE)
David R. Brunner–***Calliandra*** (MO)
John E. Ebinger–***Acacia*** (EIU)
Rogers McVaugh (NCU)
J. Jacqueline Reynoso D. (IBUG)
Velva E. Rudd–***Machaerium*** (SFV)
Bernice C. Schubert (A/GH)
Mario Sousa S.–***Inga*** (MEXU)
LENTIBULARIACEAE
Sergio Zamudio R.–***Pinguicula*** (IEB)
LILIACEAE s. l.
James A. Bauml–***Hymenocallis*** (LASCA)
Dawn Frame–***Schoenocaulon*** (UC)
Ma. Baudelia Franco A. (ZEA)
Raquel Galván V. (ENCB)
Rogers McVaugh (NCU)
Susan E. Verhoek–***Manfreda*** (Lebanon Valley College, Annville PA)
LORANTHACEAE
Miguel de J. Cházaro B. (IGE)
Job Kuijt (UVIC)
LYTHRACEAE
Shirley A. Graham–***Cuphea*** (KE)
MAGNOLIACEAE
J. Antonio Vázquez G. (ZEA)
MALPIGHIACEAE
William R. Anderson (MICH)
MALVACEAE
Natalia Cervantes A. (ex-IBUG)
Paul A. Fryxell (TEX)
J. Antonio Vázquez G. (ZEA)
MARANTACEAE
Helen Kennedy–***Calathea*** (UBC)
MELASTOMATACEAE
Frank Almeda (CAS)
MORACEAE
C. C. Berg–***Ficus*** (U)
William C. Burger–***Ficus*** (F)
Servando Carvajal H.–***Ficus*** (IBUG)
MYRSINACEAE
Cyrus L. Lundell (TEX)
MYRTACEAE
Leslie R. Landrum–***Eugenia*** (ASU)
ONAGRACEAE
Paul E. Berry–***Fuchsia*** (MO)
Dennis E. Breedlove–***Fuchsia*** (CAS)
Peter C. Hoch–***Lopezia*** (MO)
Elsa Zardini–***Ludwigia*** (MO)
ORCHIDACEAE
Roberto González T. (IBUG)
Rogers McVaugh (NCU)
Rafael Soltero Q. (IBUG)
PALMAE (ARECACEAE)
Rogers McVaugh (NCU)
PASSIFLORACEAE
John M. MacDougal (MO)
PINACEAE
Servando Carvajal H. (IBUG)
William B. Critchfield (IFGP)
Ramón Cuevas G. (ZEA)
Jorge A. Pérez de la R. (IBUG)
PIPERACEAE
Allan J. Bornstein (SEMO)
Ricardo Callejas–***Piper*** (ex-NY)
POLYGALACEAE
Thomas L. Wendt–***Polygala*** (LSU)
PTERIDOPHYTA
John T. Mickel (NY)
Ramón Riba (UAMIZ)
Ma. C. de la O Villalobos S. (ZEA)
RANUNCULACEAE
Thomas Duncan–***Ranunculus*** (UC)
Nancy P. Moreno–***Clematis*** (Rice University, Houston TX)

RHAMNACEAE
- Rafael Fernández N. (ENCB)
- Marshall C. Johnston–***Rhamnus*** (TEX)
- Rogers McVaugh (NCU)

ROSACEAE
- R. J. Pankhurst–***Rubus*** (BM)

RUBIACEAE
- Lauramay T. Dempster (JEPS)
- David H. Lorence (PTBG)

RUTACEAE
- Carlos Reynel–***Zanthoxylum*** (MO)

SALICACEAE
- George W. Argus–***Salix*** (CAN)

SAPINDACEAE
- Pedro Acevedo R.–***Serjania*** (US)
- Hans T. Beck–***Paullinia*** (NY)

SCROPHULARIACEAE
- Clark P. Cowan–***Stemodia*** (TEX)
- Deborah Q. Lewis (ISC)
- Guy L. Nesom–***Castilleja*** (TEX)

SIMAROUBACEAE
- W. Wayt Thomas (NY)

SMILACACEAE
- Ma. Baudelia Franco A. (ZEA)
- Rogers McVaugh (NCU)

SOLANACEAE
- William E. D'Arcy–***Capsicum*** (MO)
- Ellen A. Dean–***Lycianthes*** (UC)
- Michael Nee (NY)
- Aarón Rodríguez C. (IBUG)
- David M. Spooner–***Solanum*** (WIS)

SPIGELIACEAE
- Dieter C. Wasshausen–***Spigelia*** (US)

STERCULIACEAE
- Paul A. Fryxell (TEX)
- Stephen L. Solheim (WIS)

STYRACACEAE
- Peter W. Fritsch-***Styrax*** (DUKE)

SYMPLOCACEAE
- Frank Almeda–***Symplocos*** (CAS)
- Miguel de J. Cházaro B.–***Symplocos*** (IGE)

THEACEAE
- Bruce Bartholomew (CAS)

UMBELLIFERAE (APIACEAE)
- James M. Affolter (UC)
- Lincoln Constance (UC)

URTICACEAE
- David E. Boufford–***Pilea*** (A/GH)

VALERIANACEAE
- Fred R. Barrie (F/MO)

VERBENACEAE
- Roger W. Sanders–***Lantana*** (FTG)

VIOLACEAE
- Harvey E. Ballard, Jr. (WIS)

VISCACEAE
- Miguel de J. Cházaro B. (IGE)
- Job Kuijt (UVIC)
- Delbert Wiens (UT)

***Aquilegia skinneri,*** El Terrero, Cerro Grande
foto: H. H. Iltis

# Bibliografía Comprensiva


Altieri, M. y L. C. Merrick. 1987. *In-situ* conservation of crop genetic resources through maintenance of traditional farming systems. Econ. Bot. 41:86–96.

Anaya C., M. 1989. El fuego en la regeneración natural del bosque de ***Pinus-Quercus*** en la Sierra de Manantlán, Jalisco. Tesis. Facultad de Agronomía, Univ. de Guadalajara. Zapopan, Jalisco. 76 pp.

Anderson, W. R. 1978. Two new species of ***Bunchosia*** from western Mexico. Contr. Univ. Michigan Herb. 11:273–276.

Bailey, L. H. 1949. Manual of cultivated plants. Ed. rev. MacMillan. New York. 116 pp.

Bailey Hortorium. 1976. Hortus third. Ed. rev. MacMillan. New York. 1290 pp.

Batisse, M. 1986. Developing and focusing the biosphere reserve concept. Nat. & Resources 22:1–10.

Beals, E. W. 1969. Vegetation change along altitudinal gradients. Science 165:981–985.

Beetle, A. A. 1983. Las gramíneas de México. SARH-COTECOCA. México, D. F. Vol.1, 260 pp.

Beetle, A. A. 1987. Las gramíneas de México. SARH-COTECOCA. México, D. F. Vol. 2, 344 pp.

Beetle, A. A. 1991. Las gramíneas de México. SARH-COTECOCA. México, D. F. Vol. 3, 332 pp.

Benson, L. 1957. Plant classification. D. C. Heath. Boston, Mass. Pp. 398–400.

Benz, B. F. 1988. *In situ* conservation of the genus ***Zea*** in the Sierra de Manantlán Biosphere Reserve. Pp. 59–69. En: Recent advances in the conservation and utilization of genetic resources. Proc. of the global maize germplasm workshop. CIMMYT. México, D. F.

Benz, B. F. (compilador). 1993. Biología, ecología y conservación del género ***Zea***. Contr. Simp. Int. sobre ***Zea diploperennis*** y la conservación de recursos genéticos. Univ. de Guadalajara. Guadalajara, Jalisco. 302 pp.

Benz, B. F., F. J. Santana M., J. Cevallos E., E. Muñoz M., J. Rosales A., M. R. Pineda L. y D. De Níz L. 1992. Ethnobotanical research in the Sierra de Manantlán Biosphere Reserve (II). P. 23. En: III Int. Congr. of Ethnobiology. México, D. F.

Benz, B. F., F. J. Santana M., M. R. Pineda L., J. Cevallos E., L. Robles H. y D. De Níz L. 1994. Characterization of mestizo plant use in the Sierra de Manantlán, Jalisco-Colima, Mexico. J. Ethnobiol. 14:23–41.

Benz, B. F., L. R. Sánchez V. y F. J. Santana M. 1990. Ecology and ethnobotany of ***Zea diploperennis***: preliminary investigations. Maydica 35:85–98. [Traducción y reimpresión (en Español). Pp. 139–163. En: B. F. Benz (compilador). 1994.]

Bianchi, A. y P. A. Peterson (eds.). 1990. The Professor Hugh H. Iltis commemorative issue: an avid investigator and researcher for the origins of corn. Maydica 35: 81–186. [Int. Symp. on ***Zea diploperennis*** and the conservation of genetic resources. Univ. of Guadalajara. Guadalajara, Jalisco, Dec. 8–11, 1988.]

BOSTID (Board Sci. & Tech. Int. Development). 1992. Conserving biodiversity. National Academy Press. Washington, D. C. 127 pp.

Bravo H., H. 1978. Las cactáceas de México. Inst. Biol., UNAM. México, D. F. Vol. 1, 743 pp.

Bravo H., H. y H. Sánchez M. 1991. Las cactáceas de México. Univ. Nacional Autónoma de México. México, D. F. Vol. 2, 404 pp.

Bravo H., H. y H. Sánchez M. 1991. Las cactáceas de México. Univ. Nacional Autónoma de México. México, D. F. Vol. 3, 643 pp.

Carvajal H., S. 1987. ¿Qué es el Herbario del Centro de Enseñanza Técnica Industrial? Bol. Técn. CERETI 1:1–6.

Cervantes A., N. 1992. La familia Malvaceae en el Estado de Jalisco [, México]. Colección Flora de Jalisco. Instituto de Botánica, Univ. de Guadalajara. Guadalajara, Jalisco. 393 pp.

CETENAL (Centro de Estudios del Territorio Nacional). 1970. Cartas climáticas. Escala 1:50,000.

CETENAL. 1973. Cartas topográficas. Escala 1:50,000. [Reimpresión 1976.]

CETENAL. 1975a. Cartas geológicas. Escala 1:50,000.

CETENAL. 1975b. Cartas edafológicas. Escala 1:50,000.

Chaney, R. W. 1947. Tertiary centers and migration routes. Ecol. Monogr. 17:139–148.

Cházaro B., M. J. 1990. Notas sobre el Herbario del Instituto de Botánica de la Univ. de Guadalajara. Tiempos de Ciencia 19:29–37.

Cházaro B., M. J., R. Acevedo R., E. Lomelí M. y R. Patiño B. 1994. La Flora Novo-Galiciana y Rogers McVaugh. Fontqueria 39:263–279.

Cowan, C. P. 1983. Listados florísticos de México. 1. Flora de Tabasco. Inst. Biol., UNAM. México, D. F. 123 pp.

Correa C., T. (en prep.). Plantas cultivadas en la Reserva de la Biosfera Sierra de Manantlán. Tesis. Facultad de Ciencias, Univ. de Guadalajara. Guadalajara, Jalisco.

Cronquist, A. 1981. An integrated system of classification of flowering plants. Columbia Univ. Press. New York. 1262 pp.

Cruz C., P. 1989. Atlas cartográfico de la Reserva de la Biosfera Sierra de Manantlán, Jalisco, México. LNLJ, Univ. de Guadalajara. El Grullo, Jalisco (inéd.).

Cuanalo de la C., H., E. Ojeda T., A. Santos O. y C. A. Ortíz S. 1989. Provincias, regiones y subregiones terrestres de México. Colegio de Postgraduados. Chapingo, México. 624 pp.

Cuevas G., R. 1988. El bosque mesófilo de montaña en la Sierra de Manantlán, Jalisco, México. LNLJ, Univ. de Guadalajara. Notas sobre la Flora de Manantlán 1(11):49–58 (inéd.).

Cuevas G., R. 1994. Flora de la Estación Científica Las Joyas, Municipio de Autlán, Jalisco, México. Tesis de Maestría. Colegio de Postgraduados. Montecillo, México. 133 pp.

Cuevas G., R. y N. M. Núñez L. 1988. Taxonomía de los pinos de la Sierra de Manantlán, Jalisco. Tesis. Facultad de Agronomía, Univ. de Guadalajara. Zapopan, Jalisco. 104 pp.

Cuevas G., R., J. A. Vázquez G., L. Guzmán H. y N. M. Núñez L. 1988. Listado de nombres vulgares y científicos de plantas de la Reserva de la Biosfera Sierra de Manantlán. LNLJ, Univ. de Guadalajara. Notas sobre la Flora de Manantlán 1(12):59–76 (inéd.).

Cuevas G., R., E. V. Sánchez R., N. M. Núñez L. y F. J. Santana M. 1991. Guía para identificación de arboles de la Estación Científica Las Joyas en la Sierra de Manantlán, Jalisco. LNLJ, Univ. de Guadalajara-SEDUE. Guadalajara, Jalisco. 32 pp.

Cuevas G., R., N. M. Núñez L., D. De Níz L., L. Guzmán H. y F. J. Santana M. 1992. Catálogo de nombres vulgares y científicos de plantas de la Reserva de la Biosfera Sierra de Manantlán, Jalisco-Colima, México. Bol. Inst. Bot. Univ. Guadalajara. Época 3, 1:217–306.

Curtis, J. T. 1959. The vegetation of Wisconsin: an ordination of plant communities. Univ. Wisconsin Press. Madison, Wis. 657 pp.

Curtis, J. T. y R. P. McIntosh. 1951. An upland forest continuum in the prairie-forest border region of Wisconsin. Ecology 32:376–396.

Daniel, T. F. 1993. Mexican Acanthaceae: diversity and distribution. Pp. 541–558. En: T. P. Ramamoorthy, R. Bye, A. Lot y J. Fa (eds.). Biological diversity of Mexico: origins and distribution. Oxford Univ. Press. New York.

De Níz L., D. 1989. Contribución al conocimiento de las plantas medicinales de la Sierra de Manantlán, Jalisco. Tesis. Facultad de Ciencias, Univ. de Guadalajara. Guadalajara, Jalisco. 103 pp.

Diamond, J. 1987. The worst mistake in the history of the human race. Discover (May):64–66.

Doebley, J. F. y H. H. Iltis. 1980. Taxonomy of ***Zea*** (Gramineae). I. A subgeneric classification with key to taxa. Amer. J. Bot. 67:982–993.

Ehrlich, P. 1988. The loss of diversity: causes and consequences. Pp. 21–27. En: E. O. Wilson (ed.). Biodiversity. National Academy Press. Washington, D. C.

Farnsworth, N. R. 1988. Screening plants for new medicines. Pp. 83–97. En: E. O. Wilson (ed.). Biodiversity. National Academy Press. Washington, D. C.

Favarger, C. y J. Contandriopolus. 1961. Essai sur l'endémisme. Bull. Soc. Botan. Suisse 71:383–408.

Figueroa R., B. L. 1991. Estructura y distribución de las poblaciones de ***Abies*** sp. en

Cerro Grande, municipios de Tolimán, Jalisco y Minatitlán, Colima. Tesis. Facultad de Ciencias, Univ. de Guadalajara. Guadalajara, Jalisco. 83 pp.

Forero, E. 1975. La importancia de los herbarios nacionales de América Latina para la investigación botánica moderna. Taxon 24:133–138.

Fryxell, P. A. 1988. Malvaceae of Mexico. Syst. Bot. Monogr. 25:1–522.

García, E. 1972. Modificaciones al sistema de clasificación climática de Köppen. Inst. Geogr. y Est., UNAM. México, D. F. 243 pp.

García M., A., P. Tenorio L. y J. Reyes S. 1994. El endemismo en la flora fanerogámica de la Mixteca Alta, Oaxaca-Puebla, México. Acta Bot. Mex. 27:53–73.

Gentry, A. H. 1986. Endemism in tropical versus temperate plant communities. Pp. 153–181. En: M. E. Soulé (ed.). Conservation biology: the science of scarcity and diversity. Sinauer Associates. Sunderland, Mass.

Gentry, A. H. 1992a. Bignoniaceae—Part II (tribe ***Tecomeae***). Fl. Neotrop. Monogr. 25(II):1–370.

Gentry, A. H. 1992b. Tropical forest biodiversity: distributional patterns and their conservational significance. Oikos 63:19–28.

Gleason, H. A. 1926. The individualistic concept of the plant association. Bull. Torrey Bot. Club 53:7–26.

Gómez-Pompa, A., C. Vázquez Y. y S. Guevara. 1972. The tropical rain forest: a nonrenewable resource. Science 177:762–765.

Gómez-Pompa, A. 1985. Los recursos bióticos de México: reflexiones. INIREB-Alhambra Mexicana, S.A. México, D. F. Pp. 11–16.

González T., R. 1976. Relación preliminar de las orquídeas jaliscienses. Orquídea (Mexico City) 5:329–349.

González V., L. M. 1986. Contribución al conocimiento del género ***Quercus*** en el Estado de Jalisco. Colección Flora de Jalisco. Univ. de Guadalajara. Guadalajara, Jalisco. 240 pp.

González V., L. M. 1990. Las Ericáceas de Jalisco, México. Colección Flora de Jalisco. Univ. de Guadalajara. Guadalajara, Jalisco. 140 pp.

Good, R. 1974. The geography of flowering plants. Longman. London, Inglaterra. 557 pp.

Graf, A. B. 1981. Tropica. Color cyclopedia of exotic plants and trees for warm-region horticulture. Ed. 2. Roehrs. East Rutherford, N. J. 1118 pp.

Graf, A. B. 1982. Exotica. Pictorial cyclopedia of exotic plants from tropical and near-tropic regions. Ed. 11. Roehrs. East Rutherford, N. J. Ser. 4. Vols. 1, 2, 2576 pp.

Graham, S. A. 1988. Revision of ***Cuphea*** section ***Heterodon*** (Lythraceae). Syst. Bot. Monogr. 20:1–168.

Grubb, P. J. 1971. Interpretation of the "Massenerhebung" effect on tropical mountains. Nature 229:44–45.

Grubb, P. J. 1974. Factors controlling the distribution of forest types on tropical mountains: new facts and new perspective. Pp. 13–46. En: J. R. Flenley (ed.). Altitudinal zonation in Malesia. Trans. 3rd Aberdeen-Hull Symp. on Malesian Ecol. Dept. of Geogr., University of Hull. Hull, Inglaterra.

Guzmán H., L. 1992. Las cactáceas de la Sierra de Manantlán. Jalisco. Tesis. Facultad de Agronomía, Univ. de Guadalajara. Guadalajara, Jalisco. 81 pp.

Guzmán M., R. 1978a. Redescubrimiento de ***Zea perennis*** (Gramineae). Phytologia 38:177.

Guzmán M., R. 1978b. Una nueva localidad para el teosinte ***Zea perennis*** y primer reporte de ***Zea mexicana*** para Jalisco. Bol. Inst. Bot. Univ. Guadalajara. Época 2, 6:9–10.

Guzmán M., R. 1982. El teosinte en Jalisco: su distribución y ecología. Tesis. Facultad de Agronomía, Univ. de Guadalajara. Zapopan, Jalisco. 88 pp.

Guzmán M., R. 1984. Reserva de la Biosfera de la Sierra de Manantlán, Jalisco. Documentos Científicos. Univ. de Guadalajara. Guadalajara, Jalisco. 16 pp.

Guzmán M., R. 1985a. Protección e investigación al hábitat de ***Zea diploperennis***. Documentos Científicos. Univ. de Guadalajara. Guadalajara, Jalisco. 40 pp.

Guzmán M., R. 1985b. Reserva de la Biosfera de la Sierra de Manantlán, Jalisco. Estudio descriptivo. Tiempos de Ciencia 1:10–26.

Guzmán M., R. 1991. Gauging success in protecting Mexican biosphere reserves. M.S. Thesis. University of Wisconsin. Madison, Wis. 154 pp.

Guzmán M., R. y H. H. Iltis. 1991. Biosphere reserve established in Mexico to protect rare maize relative. Diversity 7:82–84. [Traducción y reimpresión bajo el titulo de Protección a genes perennes de maíz en una Reserva de la Biosfera. Diversity 7:89–92. 1991. (Edición en Español.)]

Guzmán M., R. y F. J. Santana M. 1987. Las especies mexicanas del género ***Paspalum*** L. (Gramineae). Folleto Técn. Univ. de Guadalajara. Guadalajara, Jalisco. 1:1–82.

Halffter, G. 1987. La Reserva de la Biosfera Sierra de Manantlán y la conservación *in situ* de los recursos bióticos. Revista Soc. Mex. Hist. Nat. 39:27–34.

Hernández L., L. 1991. Análisis y evaluación de las áreas silvestres protegidas de Jalisco y Colima, México. Tesis. Facultad de Ciencias, Univ. de Guadalajara. Guadalajara, Jalisco. 157 pp.

Hernández L., L. 1995. The endemic flora of Jalisco, Mexico. Centers of endemism and implications for conservation. M. S. Thesis. Univ. of Wisconsin. Madison, Wis. 74 pp.

Hernández X., E. 1985. Lecturas en etnobotánica. Colegio de Postgraduados. Chapingo, México. Pp. 126–128.

Hernández X., E. 1993. La agricultura tradicional como una forma de conservar el germoplasma de los cultivos *in situ*. Pp. 243–256. En: B. F. Benz (compilador). Biología, ecología y conservación del género ***Zea***. Univ. de Guadalajara. Guadalajara, Jalisco.

Heywood, V. H. (consultant ed.). 1978. Flowering plants of the world. Mayflower Books. New York. 335 pp.

Hill, A. F. 1952. Economic botany. Ed. 2. McGraw-Hill. New York. Pp. 286–290.

Holmgren, P. K. y N. H. Holmgren. 1993. Additions to Index Herbariorum (herbaria), Ed. 8.—second series. Taxon 42:496–497.

Holmgren, P. K., N. H. Holmgren y L. C. Barnett. 1990. Index Herbariorum. Part I. Ed. 8. Regnum Veg. 120:1–693.

Hunt, D. R. 1993. The Commelinaceae of Mexico. Pp. 421–437. En: T. P. Ramamoorthy, R. Bye, A. Lot y J. Fa (eds.). Biological diversity of Mexico: origins and distribution. Oxford Univ. Press. New York.

Huntley, B. J. 1988. Conserving and monitoring biotic diversity: some African examples. Pp. 248–260. En: E. O. Wilson (ed.). Biodiversity. National Academy Press. Washington, D. C.

Iltis, H. H. 1980. The third University of Wisconsin–University of Guadalajara teosinte expedition to the Sierra de Manantlán, Jalisco, Mexico. Contr. Univ. Wisconsin Herb. 1:1–78. [Ed. 2. 1980 y Ed. 3. 1983.]

Iltis, H. H. 1981. Wild maize, wild mountains and wild tomatoes: the role of good fortune and serendipity in botanical explorations. Bot. Soc. America. Misc. Ser. Publ. 160:39.

Iltis, H. H. 1987a. Sierra de Manantlán (Jalisco, Mexico) miscellanea. Contr. Univ. Wisconsin Herb. 7:1–70. [Ed. 2. 1989.]

Iltis, H. H. 1987b. Los bosques tropicales y la extinción de la vida en la tierra: haciendo las preguntas correctas. Biocenosis (San José, C. R.) 3:27–35.

Iltis, H. H. 1988. Serendipity in the exploration of biodiversity: what good are weedy tomatoes? Pp. 98–105. En: E. O. Wilson (ed.). Biodiversity. National Academy Press. Washington, D. C.

Iltis, H. H. 1991. Tropical deforestation and the fallacies of agricultural hope. Pp. 499–512. En: C. V. Blatz (ed.). Ethics and agriculture: an anthology on current issues in world context. Univ. Idaho Press, Moscow.

Iltis, H. H. 1993. La taxonomía del ***Zea*** desde una perspectiva historica. Pp. 17–41. En: B. F. Benz (compilador). Biología, ecología y conservación del género ***Zea.*** Univ. de Guadalajara. Guadalajara, Jalisco.

Iltis, H. H. y J. F. Doebley. 1980. Taxonomy of ***Zea*** (Gramineae). II. Subspecific categories in the ***Zea mays*** complex and a generic synopsis. Amer. J. Bot. 67:994–1004.

Iltis, H. H. y J. F. Doebley. 1984. ***Zea***—a biosystematical odyssey. Pp. 587–616. En: W. F. Grant (ed.). Plant biosystematics. Academic Press Canada. Ontario.

Iltis, H. H., J. F. Doebley, R. Guzmán M. y B. Pazy. 1979. ***Zea diploperennis*** (Gramineae): a new teosinte from Mexico. Science 203:186–188.

Janzen, D. H. 1988. Tropical dry forests: the most endangered major tropical ecosystem. Pp. 130–137. En: E. O. Wilson (ed.). Biodiversity. National Academy Press. Washington, D. C.

Jardel P., E. J. 1990. Conservación y uso sostenido de recursos forestales en ecosistemas de montaña. Pp. 209–235. En: R. Rojas (ed.). En busca del equilibrio perdido: el uso de los recursos naturales en México. Univ. de Guadalajara. Guadalajara, Jalisco.

Jardel P., E. J. 1991. Perturbaciones naturales y antropogénicas y su influencia en la dinámica sucesional de los bosques de Las Joyas, Sierra de Manantlán, Jalisco. Tiempos de Ciencia 22:9–26.

Jardel P., E. J. (Coord.). 1992. Estrategia para la conservación de la Reserva de la Biosfera Sierra de Manantlán. LNLJ, Univ. de Guadalajara. El Grullo, Jalisco. 312 pp.

Jardel P., E. J., R. Cuevas G., M. A. León C., P. León C., L. G. Mariscal R., M. R. Pineda L., A. Saldaña A., L. R. Sánchez V. y J. Téllez. 1989. Conservación y aprovechamiento de los recursos forestales de la Reserva de la Biosfera Sierra de Manantlán. Tiempos de Ciencia 16:18–24.

Jardel P., E. J. y L. R. Sánchez V. 1989. La sucesión forestal: fundamento ecológico de la silvicultura. Ciencia y Desarrollo 14:33–43.

Jardel P., E. J., A. L. Santiago P. y M. E. Muñoz M. 1995 [1993]. El bosque mesófilo de montaña de la Sierra de Manantlán. Tiempos de Ciencia 30:20–28.

Johnston, M. C. y L. A. Johnston. 1978. ***Rhamnus***. Fl. Neotrop. Monogr. 20:1–96.

Jones, S. B., Jr. 1987. Sistemática vegetal. Ed. 2. McGraw Hill. México, D. F. Pp. 209–212.

Kitayama, K. 1992. An altitudinal transect study of the vegetation of Mount Kinabalu, Borneo. Vegetatio 102:149–171.

Kowal, R. R. 1991. A new variety of ***Senecio*** (Asteraceae: Senecioneae) from the Sierra de Manantlán, Jalisco, Mexico, with notes on the ***S. Roldana*** complex. Brittonia 43:102–115.

Kruckeberg, R. L. y M. L. Rabinowitz. 1985. Biological aspects of endemism in higher plants. Ann. Rev. Ecol. Syst. 16:447–479.

LaBastille, A. y D. J. Pool. 1978. On the need of a system of cloud forest parks in Middle America and the Caribbean. Environm. Conservation 5:183–190.

Lawrence, G. H. M. 1951. Taxonomy of vascular plants. MacMillan. New York. 823 pp.

Lazcano S., C. 1988. Las cavernas de Cerro Grande, estados de Jalisco y Colima. LNLJ, Univ. de Guadalajara. Guadalajara, Jalisco. 144 pp.

Leavenworth, W. C. 1946. A preliminary study of the vegetation of the region between Cerro Tancítaro and the Río Tepalcatepec, Michoacán, México. Amer. Midl. Naturalist 36:137–206.

LNLJ (Laboratorio Natural Las Joyas). 1985. Plan global, estructura y desarrollo. LNLJ, Univ. de Guadalajara. Guadalajara, Jalisco. 277 pp.

LNLJ. 1987. Plan operativo 1986–1987: Reserva de la Biosfera Sierra de Manantlán. LNLJ, Univ. de Guadalajara. Guadalajara, Jalisco. 219 pp.

LNLJ. 1989a. Plan operativo 1989–1990: Reserva de la Biosfera Sierra de Manantlán. LNLJ, Univ. de Guadalajara. El Grullo, Jalisco. 90 pp.

LNLJ. 1989b. La Reserva de la Biosfera Sierra de Manantlán y el Laboratorio Natural Las Joyas. LNLJ, Univ. de Guadalajara. El Grullo, Jalisco. 11 pp. [Mimeo.]

Lorente A., M. P. 1992. Plantas de importancia apícola de tres localidades de la Reserva de la Biosfera Sierra de Manantlán. Jalisco, México. Tesis. Facultad de Ciencias, Univ. de Guadalajara. Guadalajara, Jalisco. 70 pp.

Lott, E. J. 1985. Listados florísticos de México. III. La Estación de Biología Chamela, Jalisco. Inst. Biol., UNAM. México, D. F. 47 pp.

Lott, E. J. 1993. Annotated checklist of the vascular flora of the Chamela Bay region, Jalisco, Mexico. Occas. Pap. Calif. Acad. Sci. 148:1–60.

Lott, E. J., S. H. Bullock y J. A. Solís M. 1987. Floristic diversity and structure of upland and arroyo forest of coastal Jalisco. Biotropica 19:228–235.

Lovejoy, T. E. 1979a. The conservation of evolution. Parks 4:23.

Lovejoy, T. E. 1979b. Conservation beyond our borders. Nat. Conservancy News (Arlington) 29:4–7.

Lovejoy, T. E. 1980. A projection of species extinctions. Pp. 328–332. En: The global 2000 report to the President. Council on Environmental Quality. U. S. Dept. of State. Washington, D. C.

Loza L., J. A. 1988. Estudio florístico de las leguminosas en la Estación Científica Las

Joyas de la Sierra de Manantlán, Jalisco. Tesis. Facultad de Ciencias, Univ. de Guadalajara. Guadalajara, Jalisco. 83 pp.

Lyons, J. y S. Navarro P. 1990. Fishes of the Sierra de Manantlán, west-central Mexico. Southw. Naturalist 35:32–46.

MacArthur, R. y H. Wilson. 1967. The theory of island biogeography. Princeton Univ. Press. Princeton, New Jersey. 203 pp.

MacDougal, J. M. 1994. Revision of ***Passiflora*** Subgenus ***Decaloba*** Section ***Pseudodysosmia*** (Passifloraceae). Syst. Bot. Monogr. 41:1–146.

Madrigal S., X. 1970. Caracterización fitoecológica preliminar de los volcanes de Fuego y Nevado de Colima, México. INIF, Secretaría de Agricultura y Ganadería. Bol. Divulg. 31:1–36.

Major, J. 1988. Endemism: a botanical perspective. Pp. 117–146. En: A. A. Myers y P. S. Miller (eds.). Analytical biogeography. Chapman and Hall. New York.

Manning, W. E. 1957. The genus ***Juglans*** in Mexico and Central America. J. Arnold Arbor. 38:121–150.

Martínez, M. 1948. Los pinos mexicanos. Ed. 2. Botas. México, D. F. 361 pp.

Martínez, M. 1979. Catálogo de nombres vulgares y científicos de plantas Mexicanas. Fondo de Cultura Económica. México, D. F. 1220 pp.

Martínez R., L. M., J. J. Sandoval L. y R. D. Guevara G. 1991. El clima en la Reserva de la Biosfera Sierra de Manantlán (Jalisco-Colima, México) y en su área de influencia. Agrociencia Ser. Agua-Suelo-Clima 2:107–119.

McVaugh, R. 1952. A cloud forest in Jalisco. Asa Gray Bull. N. S. 1:373–375.

McVaugh, R. 1961. Euphorbiaceae novae Novo-Galicianae. Brittonia 13:145–205.

McVaugh, R. 1972a. Botanical exploration in Nueva Galicia, Mexico from 1790 to the present time. Contr. Univ. Michigan Herb. 9:205–357.

McVaugh, R. 1972b. Compositarum Mexicanarum Pugillus. Contr. Univ. Michigan Herb. 9:359–484.

McVaugh, R. 1974. Flora Novo-Galiciana (Fagaceae. Beech Family). Contr. Univ. Michigan Herb. 12:1–93.

McVaugh, R. 1983. Flora Novo-Galiciana (Gramineae). Univ. Michigan Press, Ann Arbor. Vol. 14, 436 pp.

McVaugh, R. 1984. Flora Novo-Galiciana (Compositae). Univ. Michigan Press, Ann Arbor. Vol. 12, 1157 pp.

McVaugh, R. 1985. Flora Novo-Galiciana (Orchidaceae). Univ. Michigan Press, Ann Arbor. Vol. 16, 363 pp.

McVaugh, R. 1987. Flora Novo-Galiciana (Leguminosae). Univ. Michigan Press, Ann Arbor. Vol. 5, 786 pp.

McVaugh, R. 1989. Flora Novo-Galiciana (Bromeliaceae to Dioscoreaceae). Univ. Michigan Herb. Ann Arbor. Vol. 15, 398 pp.

McVaugh, R. 1992. Flora Novo-Galiciana (Gymnosperms and Pteridophytes). Univ. Michigan Herb. Ann Arbor. Vol. 17, 467 pp.

McVaugh, R. 1993. Flora Novo-Galiciana (Limnocharitaceae to Typhaceae). Univ. Michigan Herb. Ann Arbor. Vol. 13, 480 pp.

McVaugh, R. 1994. Exploración botánica en Nueva Galicia y su importancia en la producción de una nueva Flora Novo-Galiciana. Bol. Inst. Bot. Univ. Guadalajara. Época 3, 1:1–38.

McVaugh, R. 1995. Euphorbiacearum sertum Novo-Galicianarum revisarum. Contr. Univ. Michigan Herb. 20:173–215.

Mickel, J. T. 1992. Pteridophytes, Fern Allies. En: R. McVaugh. Flora Novo–Galiciana (Gymnosperms and Pteridophytes). Univ. Michigan Herbarium, Ann Arbor. 17:120–431.

Miranda, F. y E. Hernández X. 1963. Los tipos de vegetación de México y su clasificación. Bol. Soc. Bot. México 28:29–179.

Miranda, F. y A. J. Sharp. 1950. Characteristics of the vegetation in certain temperate regions of eastern Mexico. Ecology 31:313–333.

Moreno G., S. 1989. Uso múltiple del bosque. Tiempos de Ciencia 17:20–26.

Mittermeier, R. A. 1988. Primate diversity and the tropical forests: case studies from Brazil and Madagascar and the importance of megadiversity countries. Pp. 145–154. En: E. O. Wilson (ed.). Biodiversity. National Academy Press. Washington, D. C.

Muñoz M., Ma. E. 1992. Distribución de las especies arbóreas del bosque mesófilo de montaña en la Reserva de la Biosfera Sierra de Manantlán. Tesis. Facultad de Ciencias, Univ. de Guadalajara. Guadalajara, Jalisco. 102 pp.

Myers, N. 1988. Tropical forests and their species: going, going...? Pp. 28–35. En: E. O. Wilson (ed.). Biodiversity. National Academy Press. Washington, D. C.

Nations, J. D. 1988. Deep ecology meets the developing world. Pp. 79–82. En: E. O. Wilson (ed.). Biodiversity. National Academy Press. Washington, D. C.

Nault, L. R. y W. R. Findley. 1982. ***Zea diploperennis***: a primitive relative offers new traits to improve corn. Desert Pl. 3:203–205.

Navarro P., S. 1987. Los recursos acuáticos de la Sierra de Manantlán: inventario y análisis preliminar sobre la conservación y utilización. Tesis de Licenciatura. Facultad de Ciencias. Univ. de Guadalajara. Guadalajara, Jalisco. 119 pp

Norton, B. 1988. Commodity, amenity and morality: the limits of quantification in valuing biodiversity. Pp. 200–205. En: E. O. Wilson (ed.). Biodiversity. National Academy Press. Washington, D. C.

Ornelas U., R. 1983. El género ***Amaranthus***. Ciencias medico biológicas, Univ. de Guadalajara. Cuad. Divulg. 13:1–25.

Ornelas U., R. 1985. Contribución al conocimiento agronómico de las amarantáceas de Jalisco. Tesis. Facultad de Agronomía, Univ. de Guadalajara. Guadalajara, Jalisco. 74 pp.

Parnell, J. 1993. Plant taxonomic research, with special reference to the tropics: problems and potential solutions. Conservation Biol. 7:809–814.

Pennington, T. D. 1990. Sapotaceae. Fl. Neotrop. Monogr. 52:1–770.

Pennington, T. D. y J. Sarukhan. 1968. Arboles tropicales de México. INIF-FAO. México, D. F. 413 pp.

Pennington, T. D., B. T. Styles y D. A. H. Taylor. 1981. Meliaceae. Fl. Neotrop. Monogr. 28:1–470.

Pineda L., M. R. 1988. Efecto de las perturbaciones en la estructura y composición de los bosques templados en Las Joyas, Sierra de Manantlán. Tesis de Maestría en Ciencias. Instituto Nacional de Investigación Sobre Recursos Bióticos (INIREB). Xalapa, Veracruz. 56 pp.

Puig, H. y R. Bracho (eds.). 1986. El bosque mesófilo de montaña de Tamaulipas. Instituto de Ecología. México, D. F. 186 pp.

Quintero A., A. L. 1988. Contribución al estudio sobre la formación del suelo en la Estación Científica Las Joyas, Sierra de Manantlán, Jalisco. Tesis. Facultad de Agronomía, Univ. de Guadalajara. Zapopan, Jalisco. 53 pp.

Ramamoorthy, T. P., R. Bye, A. Lot, J. Fa (eds.). 1993. Biological diversity of Mexico: origins and distribution. Oxford Univ. Press. New York. 812 pp.

Ramamoorthy, T. P. y M. Elliot. 1993. Mexican Lamiaceae: diversity, distribution, endemism, and evolution. Pp. 513–539. En: T. P. Ramamoorthy, R. Bye, A. Lot y J. Fa (eds.). Biological diversity of Mexico: origins and distribution. Oxford Univ. Press. New York.

Ramos, M. A. 1988. The conservation of biodiversity in Latin America. Pp. 428–436. En: E. O. Wilson (ed.). Biodiversity. National Academy Press. Washington, D. C.

Raup, D. M. y J. J. Sepkoski, Jr. 1984. Periodicity of extinctions in the geologic past. Proc. Natl. Acad. Sci. U. S. A. 81:801–805.

Raven, P. H. y D. L. Axelrod. 1974. Angiosperm biogeography and past continental movements. Ann. Missouri Bot. Gard. 61:539–673.

Raven, P. H., R. F. Evert y S. E. Eichhorn. 1992. Biology of plants. Ed. 5. Worth Publishers, Inc. New York. 791 pp.

Reid, W. V. y K. R. Miller. 1989. Keeping options alive: the scientific basis for conserving biodiversity. World Resources Institute. Washington, D. C. 128 pp.

Riba, R. 1993. Mexican pteridophytes: distribution. Pp. 379–398. En: T. P. Ramamoorthy, R. Bye, A. Lot y J. Fa (eds.). Biological diversity of Mexico: origins and distribution. Oxford Univ. Press. New York.

Rogers, D. J. y S. G. Appan. 1973. ***Manihot, Manihotoides*** (Euphorbiaceae). Fl. Neotrop. Monogr. 13:1–272.

Rohwer, J. G. 1993. Lauraceae: ***Nectandra***. Fl. Neotrop. Monogr. 60:1–332.

Rosales A., J. J. 1992. Descripción cuantitativa de los bosques de la Estación Científica Las Joyas de la Reserva de la Biosfera Sierra de Manantlán. Tesis. Facultad de Ciencias Biológicas. Univ. de Guadalajara. Guadalajara, Jalisco. 80 pp.

Rzedowski, J. 1965. Relaciones geográficas y posibles orígenes de la flora de México. Bol. Soc. Bot. México 29:121–177.

Rzedowski, J. 1978. Vegetación de México. Limusa. México, D. F. 432 pp.

Rzedowski, J. 1991. El endemismo en la flora fanerogámica mexicana: una apreciación analítica preliminar. Acta Bot. Mex. 15:47–64.

Rzedowski, J. 1993. Diversity and origins of the phanerogamic flora of Mexico. Pp. 129–146. En: T. P. Ramamoorthy, R. Bye, A. Lot y J. Fa (eds.). Biological diversity of Mexico: origins and distribution. Oxford Univ. Press. New York.

Rzedowski, J. y M. Equihua. 1987. Atlas cultural de México: flora. SEP-INAH-Planeta. Impresora y Editora Mexicana, S. A. Tecoloapan, México. 222 pp.

Rzedowski, J. y R. McVaugh. 1966. La vegetación de Nueva Galicia. Contr. Univ. Michigan Herb. 9:1–123.

Rzedowski, J. y G. C. de Rzedowski (eds.). 1979. Flora fanerogámica del Valle de México (Saururaceae-Polygalaceae). CECSA. México, D. F. Vol. 1, 403 pp.

Rzedowski, J. y G. C. de Rzedowski (eds.). 1985. Flora fanerogámica del Valle de México. Dicotyledoneae (Euphorbiaceae–Compositae). Escuela Nacional de Ciencias Biológicas-IPN-Instituto de Ecología. Vol. 2, 674 pp.

Rzedowski, J. y G. C. de Rzedowski (eds.). 1990. Flora fanerogámica del Valle de México (Monocotyledoneae). Instituto de Ecología. Vol. 3, 494 pp.

Saldaña A., A. y E. Jardel P. 1991. Regeneración natural del estrato arbóreo en bosques subtropicales de montaña en la Sierra de Manantlán, México: estudios preliminares. Biotam 3:36–49.

Sánchez V., L. R. 1988. Sucesión forestal en la Sierra de Manantlán, Jalisco. Tesis de Maestría en Ciencias. Colegio de Postgraduados, Centro de Botánica. Chapingo, México. 54 pp.

Sánchez V., L. R. y E. García M. 1993. Sucesión forestal en los bosques mesófilo de montaña y de ***Pinus*** de la Sierra de Manantlán, Jalisco, México. Agrociencia Ser. Recursos Naturales Renovables 3:7–27.

Santana C., E., L. I. Iñiguez D., S. Navarro P., C. Palomera G., L. E. Rivera C., R. Amparán S. y V. Bedoy V. 1987. Ecología y conservación de la fauna en la Reserva de la Biosfera Sierra de Manantlán. Pp. 113–156. En: O. Pérez P. (ed.). Primer curso de educación ambiental con profesores de la Reserva de la Biosfera Sierra de Manantlán. LNLJ, Univ. de Guadalajara-SEP. El Grullo, Jalisco. [Mimeo.]

Santana C., E., R. Guzmán M. y E. Jardel P. 1989. The Sierra de Manantlán Biosphere Reserve: the difficult task of becoming a catalyst for regional sustained development. Pp. 212–222. En: W. P. Gregg, S. L. Krugman y J. D. Wood (eds.). Proc. symp. on biosphere reserves, IV World Wilderness Congress. U. S. National Park Service. Atlanta, Ga.

Santana M., F. J. 1984. Contribución al conocimiento de los pastos nativos de los municipios de Autlán, El Grullo y El Limón del Estado de Jalisco. Tesis. Univ. de Guadalajara. Zapopan, Jalisco. 70 pp.

Santana M., F. J., B. F. Benz, M. R. Pineda L., D. De Níz L. y J. Cevallos E. 1992. Usos tradicionales de las plantas por los pobladores de la Reserva de la Biosfera Sierra de Manantlán, Jalisco-Colima, México. Pp. 138–139. En: Congreso Int. de Etnobotánica. Córdoba, España.

Santiago P., A. L. y E. J. Jardel P. 1995 [1993]. Composición y estructura del bosque mesófilo de montaña en la Sierra de Manantlán, Jalisco-Colima. Biotam 5:13–26.

SEDUE (Secretaría de Desarrollo Urbano y Ecología). 1984. Programa nacional de ecología 1984–1988. Poder Ejecutivo Federal. México, D. F. 271 pp.

Sharp, A. J. 1953. Notes on the flora of Mexico: world distribution of the woody dicotyledonous families and the origin of the modern vegetation. J. Ecol. 41:374– 380.

Sharp, A. J., H. Crum y P. M. Eckel (eds.) 1994. The moss flora of Mexico. Mem. New York Bot. Gard. 69. Pts. 1, 2, 1113 pp.

Sheen-Stone, O. 1989. Mexico's wonder weed. World Wildlife Fund Report (Aug./Sep.): 9–12.

Sleumer, H. O. 1980. Flacourtiaceae. Fl. Neotrop. Monogr. 22:1–499.

Smith, L. B. y R. J. Downs. 1977. Tillandsioideae (Bromeliaceae). Fl. Neotrop. Monogr. 14(2):663–1492.

Smith, L. B. y R. J. Downs. 1979. Tillandsioideae (Bromeliaceae). Fl. Neotrop. Monogr. 14(3):1493–2142.

Smith, R. L. y K. J. Sytsma. 1990. Evolution of ***Populus*** (Sect. ***Aigeiros***): introgressive hybridization and the chloroplast contribution of ***Populus alba*** (Sect. ***Populus***). Amer. J. Bot. 77:1176–1187.

Solís Magallanes, J. A. 1980. Leguminosas de Chamela, Jalisco. Tesis. Facultad de Ciencias, Univ. Nacional Autónoma de México. México, D. F. 188 pp.

Sosa, V., J. S. Flores, V. Rico-Gray, R. Lira y J. J. Ortíz. 1985. Lista florística y sinonimia maya. Etnoflora yucatanense. INIREB. Xalapa, Veracruz. 225 pp.

Soulé, M. E. y D. Simberloff. 1986. What do genetics and ecology tell us about the design of nature reserves? Biol. Conservation 35:19–40.

Soulé, M. E. y S. A. Kohm (eds.). 1989. Research priorities for conservation biology. Island Press. Washington, D. C. 97 pp.

Sousa S., M. y E. F. Cabrera C. 1983. Listados florísticos de México. II. Flora de Quintana Roo. Inst. Biol., UNAM. México, D. F. 100 pp.

Sousa S., M. y A. Delgado S. 1993. Mexican Leguminosae: phytogeography, endemism and origins. Pp. 459–511. En: T. P. Ramamoorthy, R. Bye, A. Lot y J. Fa (eds.). Biological diversity of Mexico: origins and distribution. Oxford Univ. Press. New York.

Standley, P. C. 1920–1926. Trees and shrubs of Mexico. Contr. U. S. Natl. Herb. 23:1–1721.

Standley, P. C., J. A. Steyermark et al. 1946–1977. Flora of Guatemala. Fieldiana, Bot. 24, pts. 1–13.

Stebbins, G. L. 1974. Flowering plants: evolution above the species level. Harvard Univ. Press. Cambridge, Mass. 399 pp.

Stebbins, G. L. 1979. Strategies for preservation of rare plants and animals. Great Basin Naturalist Mem. 3:87–93.

Takhtajan, A. 1986. Floristic regions of the world. Univ. California Press. Berkeley, Calif. 522 pp.

Toledo, V. M. 1982. Pleistocene changes of vegetation in tropical Mexico. Pp. 93–111. En: G. Prance (ed.). Biological diversification in the tropics. Columbia Univ. Press. New York.

Toledo, V. M. 1988. La diversidad biológica de México. Ciencia y Desarrollo 81:17–30.

Trelease, W. 1924. The American oaks. Mem. Natl. Acad. Sci. 20:Figs. 255, 420.

Tucker, G. C. 1994. Revision of Mexican species of ***Cyperus*** (Cyperaceae). Syst. Bot. Monogr. 43:1–213.

Turner, B. L. 1995. A new species of ***Stachys*** (Lamiaceae) from the Sierra de Manantlán of Jalisco, Mexico. Phytologia 78:209–210.

Turner, B. L. y G. L. Nesom. 1993. Biogeography, diversity, and endangered or threatened status of Mexican Asteraceae. Pp. 559–576. En: T. P. Ramamoorthy, R. Bye, A. Lot y J. Fa (eds.). Biological diversity of Mexico: origins and distribution. Oxford Univ. Press. New York.

UICN (Unión Int. para la Conservación de la Naturaleza y de los Recursos Naturales). 1980. Estrategia mundial para la conservación. UICN-PNUMA-WWF. Morges, Suiza. 42 pp.

UICN. 1981. Como usar las categorías del libro rojo de datos de la UICN. Kew Herbarium, Royal Botanic Gardens. Kew, Inglaterra. 10 pp.

UNESCO. 1984. Action plan for biosphere reserves. Nat. & Resources 20:1–12.

Valdés R., J. y I. Cabral C. 1993. Chorology of Mexican grasses. Pp. 439–446. En: T. P. Ramamoorthy, R. Bye, A. Lot y J. Fa (eds.). Biological diversity of Mexico: origins and distribution. Oxford Univ. Press. New York.

Vázquez G., J. A. 1983. Contribución al conocimiento de las hidrofiláceas en el Estado de Jalisco. Ciencias medico biológicas, Univ. de Guadalajara. Cuad. Divulg. 14:1–29.

Vázquez G., J. A. 1984. Diversidad, distribución e importancia agronómica de las malváceas en el Estado de Jalisco. Tesis. Facultad de Agronomía, Univ. de Guadalajara. Zapopan, Jalisco. 98 pp.

Vázquez G., J. A. 1987a. El bosque mesófilo de montaña. Notas sobre la Flora de Manantlán. LNLJ, Univ. de Guadalajara. 1(2):7–10 (inéd.).

Vázquez G., J. A. 1987b. Listado de nombres científicos y vulgares de plantas de la Reserva de la Biosfera Sierra de Manantlán. Notas sobre la Flora de

Manantlán. LNLJ, Univ. de Guadalajara. 1(6):28–32 (inéd.).

Vázquez G., J. A. 1990. Taxonomy of the genus ***Magnolia*** in Mexico and Central America. M.S. Thesis. University of Wisconsin. Madison, Wis. 225 pp.

Vázquez G., J. A. 1993. Cloud forest archipelagos: preservation of montane ecosystems in tropical America. Pp. 203–216. En: L. S. Hamilton, J. O. Juvik y F. N. Scatena (eds.). Proc. int. symp. on tropical montane cloud forests. East West Center-UNESCO (Int. Hydrol. Program)-IITF. San Juan, Puerto Rico. [Véase la versión más reciente, 1995].

Vázquez G., J. A. 1994. ***Magnolia*** (Magnoliaceae) in Mexico and Central America: a synopsis. Brittonia 46:1–23.

Vázquez G., J. A. 1995. Cloud forest archipelagos: preservation of montane ecosystems in tropical America. Pp. 315–332. En: L. S. Hamilton, J. O. Juvik y F. N. Scatena (eds.). Tropical montane cloud forests. Ecol. St. 110. Springer-Verlag. New York.

Vázquez G., J. A. y R. Cuevas G. 1987. Listado preliminar de recursos silvestres de importancia económica en la Sierra de Manantlán, Jalisco, México. LNLJ, Univ. de Guadalajara. Notas sobre la Flora de Manantlán 1(1):1–6 (inéd.).

Vázquez G., J. A. y R. Cuevas G. 1989. Una nueva especie tropical de ***Populus*** (Salicaceae) de la Sierra de Manantlán, Jalisco, México. Acta Bot. Mex. 8:39–45.

Vázquez G., J. A., R. Cuevas G., T. S. Cochrane y H. H. Iltis. 1990. Flora de la Reserva de la Biosfera Sierra de Manantlán, Jalisco-Colima, México. Univ. de Guadalajara. Guadalajara, Jalisco. 166 pp.

Vázquez G., J. A. y Ma. B. Franco A. 1987. Contribución al conocimiento del estatus florístico de la Sierra de Manantlán. LNLJ, Univ. de Guadalajara. Notas sobre la Flora de Manantlán 1(4):16–23 (inéd.).

Vietmeyer, N. D. 1979. A wild relative may give corn perennial genes. Smithsonian 10:68–76.

Villalobos S., M. C. de la O (en prep.). Pteridofitas de la Sierra de Manantlán. Tesis. Facultad de Ciencias. Univ. de Guadalajara. El Grullo, Jalisco.

Villalpando I., F. y E. García. 1993. Agroclimatología del Estado de Jalisco. Univ. de Guadalajara. Guadalajara, Jalisco. 80 pp.

Villaseñor, J. L. 1991. Las Heliantheae endémicas a México: una guía hacia la conservación. Acta Bot. Mex. 15:29–46.

Walter, H. 1985. Vegetation of the earth and ecological systems of the geo-biosphere. Ed. 3. Springer-Verlag. Berlin, Alemania. 318 pp.

Whittaker, R. 1956. Vegetation of the Great Smoky Mountains. Ecol. Monogr. 26:1–80.

Whittaker, R. 1975. Communities and ecosystems. Ed. 2. MacMillan. New York. 385 pp.

Wiggins, I. L. 1964. Flora of the Sonoran Desert. Pp. 189–1669. En: F. Shreve y I. L. Wiggins. Vegetation and flora of the Sonoran Desert. 2 vol. Stanford Univ. Press. Stanford, Calif.

Wiggins, I. L. 1980. Flora of Baja California. Stanford Univ. Press. Stanford, Calif. 1025 pp.

Williams, L. O. 1951. The Orchidaceae of Mexico. Ceiba 2:1–344.

Wilson, E. O. (ed.). 1988. Biodiversity. National Academy Press. Washington, D. C. 521 pp.

Wofford, B. E. y R. Kral. 1993. Checklist of the vascular plants of Tennesee. Sida, Bot. Misc. 10:1–66.

Zúñiga P., R. 1988. Guía foliar de las especies arbóreas de la Sierra de Manantlán. Tesis. Facultad de Ciencias, Univ. de Guadalajara. Guadalajara, Jalisco. 84 pp.

# Índice de Nombres Comunes

*Solo se incluyen los nombres señalados en el listado del Capítulo 4.*

# Índice de Géneros, Familias y Clases

*Los nombres aceptados se presentan en negrillas e itálicas, las sinonimias de géneros en itálicas y las clases y familias en mayúsculas.*

# Acerca de los Autores

**J. Antonio Vázquez G.** (1961–, Guadalajara, Jal., México) ha laborado como botánico, desde 1980, en la Universidad de Guadalajara, donde se graduó de Ingeniero Agrónomo (1984); se integró al Sistema Nacional de Investigadores de México desde 1991; obtuvo su maestría (1990) en taxonomía vegetal y su doctorado (1995) en ecología de comunidades vegetales, ambos en la Universidad de Wisconsin–Madison, donde está concluyendo un doctorado en ecología comunidades vegetales. Su investigación se ha enfocado en las floras de Jalisco y especialmente de la Sierra de Manantlán; en la sistemática de ***Magnolia*** y ***Talauma*** en México y Centro América; en la biogeografía de bosques de montaña neotropicales; y en la ecología cuantitativa y diversidad de bosques de la Sierra de Manantlán. Su trabajo como director del «Proyecto Flora de Manantlán» contribuyó al establecimiento de la Reserva de la Biosfera Sierra de Manantlán y a la creación del LNLJ, del Área de Flora y del Herbario ZEA, todos del ahora Instituto Manantlán de Ecología y Conservación de la Biodiversidad (IMECBIO).

**Ramón Cuevas Guzmán** (1963–, Tequesquitlán, Cuautitlán, Jal., México) ha laborado como botánico, desde 1984, en la Universidad de Guadalajara, donde se graduó como Ingeniero Agrónomo (1988); en 1986 se integró al Laboratorio Natural Las Joyas, ahora IMECBIO, de la misma Universidad; obtuvo su maestría (1994) en botánica en el Colegio de Postgraduados–Montecillo, México. Su investigación se ha enfocado en taxonomía de gimnospermas de la Sierra de Manantlán, en aspectos de planificación y de conservación de la Sierra de Manantlán, y desde 1988, en la flora de la Sierra de Manantlán, Jalisco–Colima. Ha contribuido además al establecimiento de la Reserva de la Biosfera Sierra de Manantlán y a la creación de herbarios locales en la Universidad de Guadalajara.

**Theodore S. Cochrane** (1942–, Beloit, Wisconsin) ha laborado como botánico (Curador III) en la Universidad de Wisconsin–Madison en el departamento de Botánica desde 1970. Su investigación se ha enfocado en la identificación y distribución de la flora de Wisconsin, especialmente de la familia Cyperaceae y Juncaceae. Ted ha trabajado también con Capparidaceae neotropicales, en particular ***Podandrogyne***, y con ***Carex*** de Norte América (series selectas); se ha dedicado, desde 1984, al estudio de la flora de la Reserva de la Biosfera Sierra de Manantlán.

**Hugh H. Iltis** (1925–, Brno, Checoslovaquia) ha dedicado su vida al estudio de la flora de Wisconsin, de la familia Capparidaceae y de las especies silvestres y cultivadas del género ***Zea***, los cuales incluyen maíces y teosintes. Desarrolló la teoría de transmutación sexual catastrófica del maíz y posteriormente (1994) la de evolución gradual de teosinte a maíz. Descubrió la cuarta especie de teosinte conocida de ***Zea, Z. diploperennis***, y se convirtió por ello en el padrino del establecimiento de la Sierra de Manantlán como Reserva de la Biosfera en el occidente de México. Ha apoyado fuertemente la biofilia, la necesidad humana (de carácter genético) de contacto con la naturaleza; ha luchado por la preservación de la naturaleza y el control de la población; ha sido además profesor de la Universidad de Wisconsin–Madison y Director del Herbario desde 1955 hasta 1993, y es ahora emérito y todavía Director (ejecutivo) del Herbario WIS, el cual cuenta con cerca de un millón de especímenes. Además, desde 1979, ha estudiado la flora de la Sierra de Manantlán.

**Francisco Javier Santana Michel** (1958–, El Limón, Jal., México) ha laborado como botánico, desde 1981, en la Universidad de Guadalajara, donde se graduó como Ingeniero Agrónomo (1984); en 1988 se integró al Laboratorio Natural Las Joyas, ahora IMECBIO, de la misma Universidad. Su investigación se ha enfocado en la taxonomía, florística y etnobotánica, en especial, de las gramíneas de Jalisco, de la flora de Colima y desde 1988, de la flora de la Reserva de la Biosfera Sierra de Manantlán, Jalisco–Colima. Actualmente es Director del Laboratorio de Botánica de IMECBIO.

**Luis Guzmán Hernández** (1962–, García de la Cadena, Zac., México), ha laborado, desde 1986, como botánico en la Universidad de Guadalajara, donde se graduó como Ingeniero Agrónomo (1992); en 1988 se integró al Laboratorio Natural Las Joyas, ahora IMECBIO, de la misma Universidad. Su investigación se ha enfocado en la taxonomía de las cactáceas de la Sierra de Manantlán y se ha dedicado al estudio de la flora de la Reserva de la Biosfera Sierra de Manantlán, Jalisco–Colima. Desde 1988, ha laborado como Curador del Herbario ZEA de IMECBIO.

# About the Authors

**J. Antonio Vázquez G.** (1961–, Guadalajara, Jal., Mexico) studied botany with Luz María Villarreal de Puga at the University of Guadalajara, where he obtained his B. S. in 1984 as an agricultural engineer. In the Mexican National System of Researchers since 1991, he obtained an M. S. degree in botany in 1990 with Hugh H. Iltis at the University of Wisconsin–Madison, where he also completed his Ph. D. in plant community ecology in 1995. His research has focused on the flora of the Sierra de Manantlán, the systematics of ***Magnolia*** and ***Talauma*** in Mexico and Central America, the biogeography of Neotropical montane cloud forests, and the quantitative ecology of the Manantlán forest vegetation. As a director of the "Proyecto Flora de Manantlán," he contributed to the establishment of the Sierra de Manantlán Biosphere Reserve and the Flora Laboratory and Herbarium (ZEA) of the Instituto Manantlán de Ecología y Conservación de la Biodiversidad (IMECBIO) of the University of Guadalajara.

**Ramón Cuevas Guzmán** (1963–, Tequesquitlán, Cuautitlán, Jal., Mexico) studied botany since 1984 at the University of Guadalajara, where he graduated in 1988 as an agricultural engineer. In 1986, he joined the Laboratorio Natural Las Joyas, now IMECBIO, obtaining an M. S. in botany at the Colegio de Postgraduados–Montecillo, Mexico, in 1994. His research has focused on the taxonomy of the Sierra de Manantlán gymnosperms, planning the conservation of the Sierra de Manantlán flora, and since 1988 on the exploration of its flora. His work contributed to the establishment of the Sierra de Manantlán Biosphere Reserve and its herbarium at the University of Guadalajara.

**Theodore S. Cochrane** (1942–, Beloit, WI, USA ) has been Herbarium Curator at the University of Wisconsin–Madison since 1970, and received his M. S. in botany there in 1983. His research has focused on the identification and distribution of the Wisconsin flora, especially Cyperaceae and Juncaceae, Neotropical Capparidaceae, in particular ***Podandrogyne***, and selected series of North American ***Carex***. For the past 10 years he has been working with Herbarium Director Hugh H. Iltis and Mexican colleagues of the University of Guadalajara on the flora of the Sierra de Manantlán Biosphere Reserve.

**Hugh H. Iltis** (1925–, Brno, Czechoslovakia) has resided in the U. S. since 1939, receiving his Ph. D. from the Missouri Botanical Garden/Washington University, St. Louis, in 1952. Botanist and environmentalist, he has devoted his life to the study of the flora of Wisconsin, the Neotropical species of the Caper Family (Capparidaceae), and ***Zea***, the genus of cultivated maize and the ancestral teosintes. He is the co-describer of the fourth known species of ***Zea***, namely ***Z. diploperennis***, of the Sierra de Manantlán, and thus became godfather to the establishment of the Manantlán Biosphere Reserve. For long a strong advocate of what is now known as Biophilia, the gene-based human need for contact with nature and natural patterns, and a well-known fighter for nature preservation and population control, he has been a professor at the University of Wisconsin–Madison and Director of the Herbarium from 1955 to 1993, and is now emeritus but still Acting Director of the nearly one-million-specimen collection.

**Francisco Javier Santana Michel** (1958–, El Limón, Jal., Mexico) studied botany since 1981 at the University of Guadalajara, where he graduated in 1984 as an agricultural engineer. Since 1988 he has worked at the Laboratorio Natural Las Joyas, now IMECBIO, of the same university. His research has focused on the taxonomy, floristics and ethnobotany of the grasses of Jalisco, the flora of Colima, and since 1988 the flora of the Sierra de Manantlán Biosphere Reserve. He is currently the Director of the Botany Laboratory at IMECBIO.

**Luis Guzmán Hernández** (1962–, García de la Cadena, Zac., Mexico) has studied botany since 1986 at the University of Guadalajara, from which he graduated in 1992 as an agricultural engineer. Since 1988 he has worked at IMECBIO as its Herbarium Curator. His research has focused on the taxonomy of Cactaceae of the Sierra the Manantlán and on the general flora of the Biosphere Reserve.

# Para los Interesados en la Flora de la Región

La presente *Flora de Manantlán* representa nuestro segundo intento de producir una lista completa de plantas vasculares de la Sierra de Manantlán. La información sobre distribución se basa en especímenes examinados por los autores y/o por especialistas; y aunque tratamos de cubrir totalmente los herbarios apropiados (MEXU, MICH, ENCB, IBUG o GUADA) la tarea dista de ser completa. Conforme crece nuestro conocimiento de la flora de la Sierra de Manantlán, como resultado del incremento de botánicos quienes trabajan en México y con plantas mexicanas, se espera que los colectores reportarán a los autores (ver domicilios en esta página) un número significativo de registros además de otra información—taxonomía y nomenclatura así como la presencia, abundancia y distribución de especies de plantas—y depositarán las colecciones en los herbarios de las universidades de los estados de Jalisco y Wisconsin. Por lo tanto, a cualquier botánico que trabaje en monografías, florística, curación de herbarios, mera afición se le agradece que nos envíe la información. Datos completos de etiqueta y aún fotocopias de especímenes serán de gran utilidad y aumentarán nuestro conocimiento florístico.

The *Flora de Manantlán* represents our second attempt to produce a complete listing of the vascular plants of the Sierra de Manantlán. Distribution data are based on specimens examined by the authors and/or specialists; and although we have tried to cover the appropriate herbaria quite thoroughly, not all specimens have been examined at such institutions as MEXU, MICH or even IBUG and GUADA. As a result of the increasing number of botanists working in Mexico and on Mexican plants, knowledge about the Sierra de Manantlán flora continues to grow. It is hoped that collectors will make known to the authors (see addresses below) significant records or other information—taxonomy and nomenclature as well as the presence, abundance and distribution of particular plant species—and will deposit collections in the herbaria of the universities of the states of Jalisco and Wisconsin. Thus, any botanists—monographers, floristic workers, herbarium curators—or amateurs who know of additions, corrections or other information are encouraged to send this data to us. Full label data and even photocopies of specimens would be very useful and add to our floristic knowledge.

Herbario ZEA, Instituto Manantlán de Ecología
y Conservación de la Biodiversidad
Centro Universitario Costa Sur
Universidad de Guadalajara
Independencia Nacional No. 151
Ap. Postal 64 Autlán
Jalisco, C. P. 48900 México
Fax: 388•1•03•85

Herbarium WIS, Department of Botany
University of Wisconsin-Madison
430 Lincoln Drive
Madison WI 53706-1381 USA
Tel.: 608•262•2792
Fax: 608•262•7509